风景园林工程材料

雷凌华　编著

中国建筑工业出版社

图书在版编目（CIP）数据

风景园林工程材料／雷凌华编著. —北京：中国建筑工业出版社，2016.7（2022. 2 重印）

ISBN 978-7-112-19330-1

Ⅰ. ①风… Ⅱ. ①雷… Ⅲ. ①园林-工程施工-建筑材料 Ⅳ. ①TU986.3

中国版本图书馆CIP数据核字（2016）第068918号

本书根据国家最新规范标准及国内外材料最新发展动态编写而成，系统地分析了风景园林工程材料的发展、构成、分类、性质、选用、检测以及各类风景园林工程材料的种类、性能及应用特点，以供读者查阅使用。内容分为总论篇与各论篇，总论篇包括风景园林工程材料概论、风景园林工程材料的构成与分类、基本性质、选配以及质量控制等，各论篇包括土、木材、天然石材、草、糯米等天然材料，以及砖、瓦、人造石材、金属材料、玻璃、水泥、混凝土、砂浆、气硬性无机胶凝材料、沥青等各类人工风景园林工程材料。本书可作为高等院校风景园林、园林及相关专业学生学习用书，也可供城乡规划设计、旅游规划设计等专业人员阅读和参考，还可供工程施工、设计及管理人员使用。

责任编辑：田启铭　兰丽婷
责任校对：王宇枢　党　蕾

风景园林工程材料
雷凌华　编著
*
中国建筑工业出版社出版、发行（北京西郊百万庄）
各地新华书店、建筑书店经销
北京锋尚制版有限公司制版
北京建筑工业印刷厂印刷
*
开本：787×1092毫米　1/16　印张：28　字数：729千字
2016年7月第一版　2022年2月第四次印刷
定价：80.00元
ISBN 978-7-112-19330-1
（28576）

前言

风景园林工程材料是风景园林规划设计及工程实施的基础，是风景园林、园林及相关专业的基础课程。由于各方面原因，全国各高等院校开设的风景园林工程材料相关教学及工程实践参考书还很不完善，不利于该学科的发展。针对目前国内大多数高等院校风景园林工程材料课程教学及工程实践现状，本书以笔者多年来园林工程材料教学及研究经验为基础，以高等学校风景园林学科专业指导委员会编写的《高等学校风景园林本科指导性专业规范》（2013年版）为指导方针，广泛吸收国内外园林工程材料的学术成果，精心编写而成。本书包含了风景园林工程材料的分类、材料构成、材料性质、材料选用、材料质量控制，各种风景园林工程材料类型及应用等基本理论与应用技术。通过对本书的认真学习与研究，读者能够掌握主要的风景园林工程材料的类型、性质、用途、使用方法以及质量控制方法，能针对不同工程合理地选用材料，能掌握材料与设计参数及施工措施选择间的相互关系，能了解风景园林工程材料性质与结构的关系及其性能改善的途径。

本书在编写阶段参阅了大量著作文献，对柯国军先生、周维权先生等材料界前辈及其他文献作者深表谢意。另借本书即将出版之际，对提供宝贵意见的诸位先生表示感谢，本书的出版离不开他们的精心指导。在本书的编写过程中李妙同志进行了总论部分一些图片的修饰完善工作，赵丽娟同志对书中公式进行了一丝不苟的校核修正。同时，南华大学齐增湘博士、湖南农业大学向智莉博士、湖南理工学院陈艳华博士等为本书的编写提供了无私帮助，中国建筑工业出版社田启铭先生、兰丽婷女士为本书的出版不辞辛劳，在此一并致以诚挚的谢意！最后，还要特别感谢湖南农业大学于晓英博士/教授、龙岳林教授，他们在百忙之中对本书进行了细致的审阅，并提出了非常宝贵而中肯的修改意见。

在编写过程中，笔者参阅了国内外大量有关著作、论文及公司材料与产品，其中不少图例摘自其中，但只是做了技术上的加工，并未一一注明来源，在此谨向有关专家、原作者、单位致谢，同时敬请谅解。由于风景园林工程材料发展快，新材料、新工艺层出不穷，各行业的技术标准不统一，加之我们的水平所限，书中难免有不当之处，敬请专家、学者及广大读者批评指正。

本书采用了工程材料最新技术标准，理论联系实际，突出应用性，并有代表性地介绍了风景园林工程材料的新技术和发展方向，适用面广，可作为风景园林、园林、景观学等相关各专业的教学用书，也可供风景园林规划设计、风景园林工程设计与施工、科研、工程管理、监理人员学习参考。

编　者

2015年8月

目 录

第1篇

总论

第1章 风景园林工程材料概论

1.1 风景园林工程材料的内涵

风景园林工程材料是指在风景园林工程中所使用的各种材料和制品，除各种园林植物材料和构筑风景园林建筑物的各种建筑材料之外，还包括堆塑场地地形的土石方工程材料、涵养园林用水的工程材料、场地给水排水用的管材与管件及其附属材料、硬质地面铺砌材料和种植功能材料等，以及施工过程中的暂设工程材料，如支架、脚手架、模板及场地围护等所用的材料。

风景园林工程材料是风景园林的物质基础。不同风景园林工程材料的物理力学性能、生产和使用成本以及损耗机制各不相同，正确选择和合理使用风景园林工程材料对工程景观特征，工程结构的安全性、适用性、经济性和耐久性有直接的影响。随着现代科技的迅猛发展，各种新材料不断涌现，结构设计和施工工艺日益进步，风景园林工程的设计和施工技术人员必须熟练掌握风景园林工程材料的基本知识，熟悉各类常用风景园林工程材料的组成结构、技术性能、形态特征、选用规律和应用特点。

1.2 风景园林工程材料在风景园林建设中的作用

风景园林工程材料与风景园林规划设计，风景园林工程结构、施工和风景园林建设成本密切相关。材料自身的发展水平也决定了景观的形式和空间类型；同时，材料直接关系到风景园林工程的结构形式。作为风景园林设计师，只有在熟悉材料性能的基础上才能准确地确定构件的尺寸，充分发挥材料的性能而不至于浪费材料；作为施工技术人员，更是要对材料进行合理的选择、运输、储存、加工和安装，以及采取正确的施工工艺和设备，才能减少和降低工程质量事故的发生；作为风景园林造价预算师，在充分考虑材料性能的基础上，鉴于风景园林工程材料的费用占到整个建筑工程造价的60%以上，不但要最大限度地节约和合理地使用材料，而且在达到降低工程造价、节省投资的同时还应考虑风景园林的运行和管护成本。由此可见，从事风景园林工程的技术人员都必须了解和掌握风景园林工程材料的有关知识。

风景园林工程材料在风景园林行业中具有举足轻重的地位与作用。

第一，风景园林工程材料是一切风景园林工程项目的物质基础，是体现不同园林风格的载体。

第二，风景园林工程材料与风景园林建筑、工程结构和工程施工之间存在着相互依存、相互促进的密切关系。

第三，风景园林建筑物、构筑物的功能作用和使用寿命在很大程度上由风景园林工程材料的性能所决定。

第四，风景园林工程的质量主要取决于其材料的质量。

第五，包括风景园林建筑物、构筑物在内的风景园林的可靠度评价，相当程度上取决于风景园林材料的可靠度评价。

1.3 风景园林工程材料发展史

工程材料是随着人类社会生产力和科技水平的提高而逐步发展起来的。

1.3.1 中国古代园林工程材料的应用

中国文化在长期的发展和演变过程中，孕育了独具特色的中国园林体系。早在奴隶社会就有造园活动。造园者在探索园林内容和形式的同时，也一直探求和挖掘可用于造园的材料。在中国历史上，劳动人民在风景园林工程材料的认识、生产和使用方面，有着光辉范例。

1. 殷周时期的园林工程材料

中国园林最早雏形——囿中的“台”，是奴隶社会后期殷末周初产生的中国古代园林雏形。《吕氏春秋》高诱注：“积土四方而高曰台。”用土堆筑而成方形高台，土台外表包砌以石，并已广泛采用版筑方式。殷王都邑宫室遗址的基址全部由夯土筑成，所有础石都用直径15 ~ 30cm的天然卵石，个别还留着若干铜盘。

据《诗经》记载，西周时的观赏植物已有栗、梅、竹、桑、槐、楮、枫、桂、柳、杨、榆、楝、梧桐、梓、桧、芍药、茶花、女贞、兰、蕙、菊、荷等种类。西周早期建筑用陶瓦铺于草顶建筑的檐口，散水常用卵石铺砌，也有经稍稍硬化的土质散水，道路除大多采用硬土路面外，还有铺石材的做法。西周中期用陶瓦铺屋面，砖的使用稍迟于瓦。战国时期燕下都的瓦当有20余种不同的花纹。战国晚期出现了大块空心砖（1300mm × 400mm × 150mm）铺砌于墓室的底、顶及四周，或台阶的踏跺。战国晚期开始出现陶制栏杆砖和排水管。

这个时期园林工程天然材料有土、水、草、木、石、观赏植物和动物，手工材料有陶、陶瓦、陶砖、陶管和金属。

2. 秦汉时期的园林工程材料

秦始皇在其最著名的上林苑里，“筑土为蓬莱山”，开创了人工堆土山的记录。《史记正义》：“于驰道外筑墙，天子于中行，外人不见。”秦始皇统一六国后，为驰道于天下，东穷燕齐，南极吴楚。江湖之上，滨海之观毕至。道广五十步，三丈而树，厚筑其外，隐以金椎，树以青松。至此，行道树开始出现于秦代。

夯土工程在秦代仍占重要地位，其特点是夯筑层较薄、质地坚密、层次清晰。秦代常用的陶质建材有砖、瓦、水管、井圈、漏斗等数种，目前发现的秦瓦有板瓦和筒瓦两类，砖有空心砖、方砖、条砖和供特定用途的异型砖多种。石材仅见于房屋的柱础、散水、石阶、石水道、凹槽石条与若干部件，以及桥梁的桥墩。秦代的金属材料有铜、铁两类，铁钉、涂朱地面于秦代建筑中首次出现。

东汉时出现了全部石造的建筑物，如石祠、石阙和石墓。东汉园林树木见于文献记载的有松、柏、梓、杨、柳、榆、槐、檀、楸、柞、竹等用材林木，桃、李、杏、枣、栗、梨、柑橘、龙眼、荔枝等果林木，山姜、留求子等药用植物，桑、漆树等经济林木，以及菖蒲等花卉。

西汉瓦作包括以陶砖砌造的地面、壁体、拱券、弯隆，陶瓦覆兽的屋顶，陶管铺设的地下排水管道、井壁等。所使用的材料有陶质空心砖、小砖、铺地方砖、楔形砖、刀形砖、异形企口砖、板瓦、附瓦当或不附之筒瓦、下水道陶管及陶井圈等。汉代建筑中使用的金属材料为数不多，已出土的多属建筑中的零配件，如铺首、套件、绞页、钉等。

3. 魏晋南北朝时期的园林工程材料

魏晋南北朝是中国古代园林发展史上一个转折时期，出现了皇家园林、私家园林、寺庙园林三大类型，并开始出现公共园林的记载。

魏晋南北朝的皇家园林中，已开始用石堆叠为山，开始出现单块美石的特置。理水与石雕、木雕、金属铸造等雕刻物相结合。南朝宋人刘缅造园于“钟岭之南，以为栖息，聚石蓄水，仿佛丘中”，这是最早见于文献记载的用石来砌筑水池驳岸的做法。

风景园林植物普遍栽培，梅、桑、松、茱萸、椒、槐、樟、枫、桂等均常作为观赏花灌木，而芍药、海棠、茉莉、栀子、木兰、木樨、兰花、百合、梅花、水仙、莲花、鸡冠花等花木常见于诗文当中。

两晋、南北朝时期建筑材料的发展主要体现在砖瓦的产量和质量的提高以及金属材料的运用等方面。金属材料主要用作装饰，如塔刹上的铁链、金盘，檐角和链上的金铎，门上的金钉等。台基外侧已有砖砌的散水。

4. 隋唐时期的园林工程材料

在唐代，传统的木构建筑无论在技术或艺术方面均已趋于成熟，具有完善的梁架、斗栱制度，以及规范化的装修装饰。观赏植物也已培育出许多珍稀品种，如牡丹、琼花等。

皇家园林兴庆宫建筑材料已使用带字的砖、瓦和瓦当等，以及黄、绿两色的琉璃滴水瓦，可见当年建筑之华丽程度。华清宫贵妃汤即杨贵妃的专用石砌汤池，亦名海棠汤，形似盛开的海棠花。温泉的水源通道由青砖砌成，沿地下陶质暗管供应各处汤池，池中央以玉石雕成莲花状的喷水口。白香木船置于其中，船的楫棹皆以珠玉装饰。

隋唐时风景式园林创作技法有所提高，园林中的“置石”已经出现。“假山”一词开始作为园林筑山的称谓，筑山既有土山，也有石山，但以土山居多。石山因材料及施工费用昂贵，仅见于宫苑和贵族官僚的园林中。在《太湖石记》中，白居易阐述了园林山石中的上品——太湖石的美学意义。

这个时期的建筑材料，包括土、石、砖、瓦、琉璃、石灰、木、竹、铜、铁、矿物颜料和油漆等，其应用技术都已达到熟练的程度。夯土技术在前代经验的基础上继续发展。砖的应用逐步增加。瓦有灰瓦、黑瓦和琉璃瓦三种。灰瓦较为粗松，用于一般建筑。黑瓦质地紧密，经过打磨，表面光滑，多用于宫殿和寺庙。琉璃瓦以绿色居多，蓝色次之，并有绿琉璃砖，表面雕刻莲花。唐朝重要建筑的屋顶，常用叠瓦屋脊及鸱吻。瓦当则多用莲瓣图案。还有用木做瓦，外涂油漆，及“镂铜为瓦”。在金属材料方面，用铜、铁铸造的塔、纪念柱等日益增多。

5. 两宋时期的园林工程材料

宋代园林的内容和形式均趋于定型，造园技术和艺术达到了历年来的最高水平，形成中国古代园林发展史上的一个高潮阶段。太平兴国年间由官府编纂的类书《太平御览》，从卷953到卷976共登录了果、树、草、花近300种，卷994到卷1000共登录了花卉110种。品石已成为普遍使用的造园素材，出现了以叠石为业的技工，刊行出版了多种“石谱”。

在中国造园史上，艮岳是以筑山为主体的大型人工山水园，以山为苑名，主山为寿山，仿杭州凤凰山筑土而成，后从洞庭、湖口、绩溪、仇池的深水中，从泗滨、林虑、灵璧、芙蓉的山上开采上好石料，用石料堆叠而成大型石山。

观赏植物由于园艺技术发达而具有丰富的品种，为成林、丛植、片植、孤植的植物造景提供了多样选择。

在材料方面，砖的产量比唐代增加，广泛用于砌筑城墙、路面、砖塔、墓葬等。宋代出现了预制贴面砖。

6. 元、明、清初的园林工程材料

著名造园家计成于1634年出版中国最早、最系统的造园著作——《园冶》，被誉为世界上最早的造园名著，“选石篇”指出选石不一定都要太湖石或古旧的“花石”，应考虑开采和运输的成本，更列举了江南园林中常见的太湖石、昆山石、英石、散兵石、黄石、旧石、锦川石、方合子石等16种石料。

“铺地篇”介绍了用小乱石、鹅卵石、英石、乱青板石、砖等材料铺地。砌墙有砌白粉墙，用黄沙加上质量好的石灰打底子，其上再涂一层石灰，用麻帚扫上；或磨砖墙，用水磨或方砖来斜向粘贴，或用方砖裁成八角拼合，空处嵌以小方砖；乱石墙只要是乱石都可用，用青石板砌的要用油灰色勾缝，称作冰裂墙。

到了明代，砖的生产大量增加，不仅很多民间建筑使用砖瓦，全国大部分城墙都加砌砖面，建成雄厚的砖城。夯土技术在明清时期有了更高成就。

明、清两代琉璃瓦的生产，无论数量还是质量都超过过去任何朝代，不过瓦的颜色和装饰题材仍受封建社会等级制度的严格限制，其中黄色琉璃瓦仅用于宫殿、陵寝和高级的祠庙。这时期，贴面材料的琉璃砖多使用于佛塔、牌坊、照壁、门、看面墙等处。

7. 清代中晚期的园林工程材料

清代的乾隆、嘉庆两朝，皇家园林的建设规模和艺术造诣都达到了清中晚期的高峰境地。精湛的造园技艺结合宏大的园林规模，使皇家气派得以充分地凸显。乾隆时期的北京西北郊，已经形成了一个庞大的皇家园林集群。其中规模宏大的五座——圆明园、畅春园、香山静宜园、玉泉山静明园、万寿山清漪园，即著名的“三山五园”。运用材料和新技术最有特色的当数圆明园的北景区，即“西洋楼”。

这个时期的皇家园林在保持北方建筑传统风格的基础上大量使用游廊、水廊、爬山廊、拱桥、亭桥、平桥、舫、榭、漏窗、门洞、花街铺地等江南园林形式，大量运用江南各流派堆叠假山的技法，但叠山的材料则以北方盛产的青石和北太湖石为主，还结合北方的自然条件引种驯化南方的许多花木。

个园在扬州新城的东观街，清嘉庆二十三年（1818年）由大盐商黄应泰利用废园“寿之圃”的旧址建成。这座宅院占地大约600m^2，以假山堆叠之精巧而名重一时。《扬州画舫录》：“扬州以园亭胜，园厅以叠石胜。”个园采用分峰用石的办法，充分了解和把握材料的特点本性，特定的材料设计到特定的位置，创造了象征四季景色的“四季假山”。春景为石笋与竹子，夏景为太湖石山与松树，秋景为黄石山与柏树，冬景的雪石山不配植物象征疏寒。这是中国古代园林中对园林材料属性把握得恰到好处的最典型例子。清代乾、嘉两朝的私家园林传统材料运用已经达到炉火纯青的地步。

1.3.2　国外古代园林材料的应用

国外园林与中国园林一样，有着悠久的历史和光荣的传统，材料的运用充分体现出鲜明的地域特征，与当时当地的园林形式相适应。

1. 国外古代园林材料的应用

国外古代园林通常都从古埃及谈起。埃及特殊的地理环境其园林形式。在干旱炎热的环境里，人们以行列式种植的树木营造舒适的小气候环境，配以直线形的水池。这时期应用的植物材料大致有：虞美人、牵牛花、黄雏菊、玫瑰、茉莉、夹竹桃、桃金娘等。水池驳岸通常以花岗岩或斑岩砌造，池中种有荷花和纸莎草等水生植物，还饲养水禽、鱼等。树木和水体是埃及园林中的主要材料。古埃及园林中的动物、植物等材料的运用，深受宗教思想的影响，体现出鲜明的民族特征。

与古埃及园林同时发展的还有古巴比伦园林。两河流域的肥沃土壤孕育出古巴比伦园林所独有的形式。人们很早就开始人工种植植物，引水蓄池，堆叠土丘设祭坛、神殿等。这一时期园林植物材料主要有：香木、意大利柏木、石榴、葡萄等。此外，古代世界八大奇迹之一——巴比伦的“空中花园”建在数层平台之上，平台大都由石材砌筑，带有拱券外廊，平台上覆土层，可以种植树木花草，平台之间有阶梯相连。据史料推测，种植土层由重叠的芦苇、砖、铅皮和泥土组成。平台的角落处安置了提水的辘轳，将河水提到顶层平台上，逐层往下浇灌植物，可形成活泼动人的跌水。蔓生和悬垂植物及各种树木花草遮住了部分柱廊和墙体，远远望去仿佛立在空中一般，空中花园或悬园便由此得名。

园林艺术在古希腊时期得到同步发展。荷马史诗描述了希腊早期的宫廷庭园。宫殿中所有的围墙用整块的青铜铸成，上边有蓝色的挑檐，柱子饰以白银，门为青铜铸成，而门环金制……从院落中进入一个很大的花园，周围绿篱环绕，下方是管理很好的菜圃。园内有两座喷泉，一座喷出的水，流出宫殿，形成水池，供市民饮用……。这时期园内木本植物材料有：油橄榄、苹果、梨、无花果、棕榈、槲树、悬铃木、齐墩果、榆树、悬铃木、石榴、月桂、桃金娘、山茶、蔷薇、牡荆等。常用的花卉材料有：紫罗兰、三色堇、罂粟、石竹、勿忘我、百合、番红花、风信子、飞燕草、芍药、鸢尾、金鱼草、水仙、向日葵等。

古罗马文明可谓西方文明历史的开端。常用大理石等石材制成园林小品、水池、喷泉等规则地设置在庄园中。“建筑旁的台地有黄杨、月桂形成的装饰性绿篱，有蔷薇、夹竹桃、素馨、石榴等花坛及树坛，还有番红花、晚香玉、三色堇、翠菊、紫罗兰、郁金香、风信子等组成的花池”。古罗马的庭园汲取了希腊的柱廊园形式，中庭中增添了水池、水渠等，有时以小桥相连接。木本植物种在很大的陶盆或石盆中，草本植物则种在方形的花池或花坛中。柱廊围合的中庭内，铺装常采用大理石或马赛克镶嵌。中庭内的水池，有时砌有大理石压顶的池岸高出铺地数英寸。此外，还设置一些与喷泉相呼应的大理石桌、雕像等。

意大利台地园园路以砂砾铺置，设置在花坛周围，狭小的园路则用来划分花坛内的花床。园中的雕塑大都为各种石材所制。经修剪造型的树木已经开始应用于园林中，并有专门的园丁进行培育。“绿色雕塑”从简单的几何图形，到复杂的文字、场景，应有尽有。常用于修剪造型的植物有黄杨、紫杉、杜松、罗汉松和柏树等。另外，园中还出现了嵌着玻璃或透明石材（云母片）的温室，用来在冬季保护不耐寒的植物，并且对植物进行驯化。

国外古代园林在园林材料的运用上，基本以植物、水体、石材、木材、马赛克、陶等当地材料为基础。

2. 中世纪欧洲及波斯园林材料的应用

（1）中世纪西欧造园

欧洲从5世纪起，进入了“黑暗时期”的中世纪。在这段时间里，基督教统治着整个欧洲，同时也影响着园林艺术。这一时期的园林主要分为寺院庭园和城堡庭园两种。

寺院庭园的发展以意大利为中心，形成了早期的巴西利卡式寺院风格。寺院前面有拱廊围成的露天庭园，以砾石或石材铺设成十字交叉的路，道路交叉点处设有大理石雕刻的喷泉、水池或水井。四块园地上以植物及草坪为主，点缀着果树和灌木、花卉等，形成寺院菜园、果园及草药园等实用性园林。

城堡庭园要比寺院庭园具有装饰性和游乐性。据《玫瑰传奇》描述，果园四周环绕着高墙，墙上只开有一扇小门，庭园里的木格子墙将庭园划分成几部分，两旁种满蔷薇和薄荷的小径；草地中央有喷泉，水由铜狮口中吐出，落至圆形的水盘中；喷泉周围是纤细的天鹅绒般的草地，草地上散生着雏菊；园内还有修剪过的果树、花坛及一些小动物，更增添了田园牧歌式的情趣。

在中世纪园林中，植物是庭园中的主要材料。随着庭院由实用性逐渐向装饰性发展，花卉材料也逐渐应用于庭园中。查理大帝颁布的《法令集》就记录了74种蔬菜和草药、16种果树用于宫廷庭园的栽植。之后，黄杨、罗汉松、紫杉、百合、玫瑰、紫花地丁、芍药、水仙，以及由紫杉和黄杨制成的多层重叠的树木雕刻等也开始应用于庭园中。由大理石或草皮铺成园路的迷园在中世纪时期也非常流行。

花园的外围墙主要由石、砖及灰泥等材料制成，划分园内区域则多用“编枝栅栏、木桩栅栏、栏杆、花格墙、树篱等，最常见的是编枝栅栏和木桩栅栏”。花台是庭园中的重要元素，用砖或木构造成2英尺（约60cm）或2英尺以上的边缘，上铺草坪，再种鲜花，或直接将花卉密密地栽种在花台的土中，台的边缘用海石柱和黄杨，或用铅、板、骨、瓷砖、石等人造材料。此外，还有用低矮的绿篱组成的花结花坛，将耐修剪的植物造型成各种几何图形或者是徽章纹样，中间的空地填充各种颜色的碎石、土、碎砖，或种植花卉。

（2）伊斯兰造园

中世纪的伊斯兰造园，主要分为波斯伊斯兰园林与西班牙伊斯兰园林两个部分。炎热干旱的沙漠环境决定了波斯园林的特征。水在庭园中显得极为珍贵，但盘式的涌泉给庭园带来生机，水池以坡度很小的狭窄明渠连接。园中的植物材料以修剪整齐的绿篱为主，院落之间的树木种类相同或相似。在庭园中，彩色的马赛克被广泛应用于水池、水渠底部、水池池壁、地面、台阶及踢脚铺装等处。

西班牙的伊斯兰庭园由摩尔人兴建于台上，围以高墙，形成封闭的内部空间。墙内布置交叉或平行的运河、水渠等，以分割内部空间。庭园道路常用有色砾石或马赛克进行铺装，组成漂亮的装饰图案。除种植床外，所有地面以及垂直的墙面、栏杆、坐凳、池壁等都用鲜艳的陶瓷马赛克镶铺。园内植物材料主要包括柠檬、柑橘、松、柏、夹竹桃、桃金娘、月季、薰衣草、紫罗兰、薄荷、百里香、鸢尾、黄杨、月桂等。黄杨、月桂、桃金娘等灌木可修剪成绿篱，以分隔空间，常春藤、葡萄及迎春等攀缘植物爬满园亭，形成遮蔽效果。

3. 文艺复兴时期园林材料的应用

随着经济的发展和海上贸易的繁荣，意大利的新兴资产阶级在新的历史环境下，发起了以人文主义思潮为中心、重视人的价值和思想意识的文艺复兴运动。

意大利地处丘陵地带，所以其园林也多建于台地上。文艺复兴时期，不仅材料的应用种类多种多样，而且加工工艺也有很大提高。石材上，大理石、石灰岩、砂岩等石材多用于亭、廊、栏杆、棚架等园林建筑、小品的建造中。植物的种类逐渐丰富，理水工艺达到了前所未有的高度。

这一时期的园林，普遍选用石杯、瓶饰、雕像、浮雕等石材装饰，灰泥雕刻、镀金的小五金器具、彩色大理石，以及青铜装饰、雕塑，通常设置在栏杆、台阶以及挡土墙上。水景设计强调水与植物及周围自然环境背景的关系，以及色彩、明暗上的对比，注重水的光影和音响效果，且结合大理石的水盘、雕塑。细节处装饰采用贝壳、马赛克、陶、金属等材料，雕塑、台阶、挡土墙、壁盒、堡坎等沿轴线分布，除建筑外，还设有花架、绿廊、拱廊等。灌木被修剪成绿丛植坛，开始引种凌霄、七叶树、核桃、椿树、樟树、刺槐、日本木瓜、玉兰、鹅掌楸、雪松、仙客来、迎春以及多种竹子等植物。展示植物个性特征的有罗汉松、伞松；可以遮荫的常绿树种有月桂、紫杉、青冈栗、棕榈等；落叶树以悬铃木、白杨等为主，还将柑橘、柠檬等芳香类植物，栽植在盆中作为装饰。

4. 17世纪法国勒诺特式园林材料的应用

法国的园林艺术在17世纪达到了一个前所未有的高度。勒诺特式园林的出现，标志着单纯模仿意大利形式的法国园林的结束，为欧洲现代园林的发展奠定了良好基础。虽然勒诺特式园林继承了传统的造园要素，但材料表达方式上有所不同，体现出其独特的魅力。

首先，在植物材料的运用上，以突出轴线布局、增加透视效果为原则，在道路两侧都有整齐列植的林荫树木。林荫树通常由榆树、椴树、七叶树、悬铃木等巴黎地区的乡土树种构成，耐修剪并有很强的适应性。丛林的运用形式在勒诺特式园林中占有重要的地位。它分为“滚木球戏场”、“组丛林”、“星形丛林”、“V形丛林”等四种。花坛也是勒诺特式园林的重要装饰要素，大致可分为“刺绣花坛”、“组合式花坛”、“英式花坛”、“分区花坛”、“柑橘花坛”、“水花坛”等六种类型。勒诺特式园林中的花坛，多以修剪的黄杨勾勒线条图案，配以花卉水景，地面以彩色石子、碎砖或大理石屑相衬托。

其次，水在勒诺特式园林中的主要表现形式为喷泉、跌水、瀑布、池、湖及水渠。喷泉与雕塑相结合，有时在水盘底部用彩色瓷砖和砾石加以装饰，布置在轴线中，仿佛是被串起的粒粒珍珠。在高差较大的地方置以跌水、瀑布，增加了园林的灵气。水渠是勒诺特式造园的重要特征，宽阔的池、湖等水面都呈人工开凿的几何形式。

再次，运用石材于园林建筑小品及雕塑上，与修剪整形植物在质感上相互映衬。

最后，木制花格墙也是勒诺特式园林中的常用造园要素。木制的隔墙以盘绕植物，形成园林中的亭、厅、门、廊，既分隔空间，又带有透景效果。陶瓷等材料也被应用于凡尔赛园林中镶嵌瓷砖的“瓷宫”、种植箱、种植盆上。金属材料也广泛应用于细部装饰上，如镀金的喷泉雕塑、青铜制造的雕塑小品等。

5. 18世纪英国风景式园林材料的应用

18世纪英国自然式风景园的出现，改变了欧洲自古希腊以来由规则式园林统治数千年的历史。

英国本身的自然地理及气候条件，决定了风景式园林在英国的盛行。园林材料的运用以自然式植物、水体为主，在园林中散置一些体现田园风格的建筑小品以及环形的凉棚、喷泉、瀑布等。园林建筑常设置在山谷间以及弯曲的园路旁等意想不到的地方，通常以石材、铁艺为建筑赋予仿古气息，掩隐在植物丛中，尽可能地与自然相融合而丝毫不露出人工雕琢的痕迹。规则式花园与自然式风景园相结合的过渡空间内保留了平台、栏杆、台阶、规则式的花坛及草坪。

6. 19世纪近代园林材料的应用

随着经济的发展和社会的进步，在18 ~ 19世纪，工业时代的来临和资产阶级的崛起，赋予园林以全新的形式。

19世纪，纽约城市公园的设计体现出一种全新概念的城市公园的兴起。材料的自然形态与人工工艺相互对比，增加了景观的趣味性。随着植物的引种和驯化，植物材料更加丰富，大量建造植物园是19世纪园林发展的一个特征。

随着科学技术的不断发展，不仅传统材料的施工工艺及加工技术有所提高，而且出现了许多高新技术材料、环保材料。新材料的运用也在某种程度上重新定义了园林及景观设计的概念。新的园林形式的出现，也同样在呼唤着材料的不断变化。两者之间相辅相成，共同发展。

1.3.3　国外现代园林工程材料的应用

当今，随着各项科学技术的不断发展，钢铁、金属、水泥、混凝土等各类景观材料层出不穷。近年来，随着科学技术及工艺水平的不断提高，塑料、树脂、有机玻璃、合金等许多新型材料也开始应用于景观中。

西方发达国家在材料的运用方面，设计师充分运用自然条件，注重表达对场所的尊重，延续场所文脉，设计保留和再利用场地设备和材料。通过对旧材料的运用，寻求对景观要素的新解释、新展示。废弃的材料、设施设备和建筑，常成为场所的纪念性景观。在设计中充分遵循和利用场地生态，体现自然、人、技术的和谐交融，人与自然共生，在简洁与单纯中表现高科技景观的品质，如“绿色幕墙”，钢架、钢网所组成钢架支撑绿色植物屏障。

随着科学技术的发展和工艺技术的进步，新型材料在园林中逐渐被使用，传统材料在园林中逐渐减少乃至消失。设计师不仅注重新材料新技术的运用，而且以新艺术理念为支撑，挖掘传统材料的潜在魅力，经过再创新赋予其新的价值，使空间通过材料的巧妙引导，在与传统文脉衔接的同时，承传与创新园林景观。

1.3.4　中国现代园林工程材料的应用

新中国成立以来，特别是改革开放以来，材料工业得到飞速发展。历史上作出过巨大贡献的秦砖汉瓦正在逐步更新为各种新型材料，我国已跻身于玻璃、水泥、陶瓷等产品世界生产大国之列。20世纪末期在第十一届亚运会工程中，以补偿收缩特种混凝土用于体育建筑结构自防水，打破了外防水的传统施工技术，防渗漏效果显著，反映了中国风景园林工程材料的发展水平。化学工业的快速发展使建筑塑料开始应用于园林。

1. 传统材料的继承与扬弃

传统材料，是指古代园林中被沿袭和继承的常用材料，如石材、水、土、植物等。中国园林应用石材有着悠久的历史，从掇山、置石到园林建筑的营造，石材被广泛应用。除了掇山、置石的功能外，现代工程技术的发展使石材还广泛应用到各种建筑、道路、花坛、水池等构筑物的面层装饰，以及根据需要加工制作成各种景观小品。但是，随着钢筋混凝土等现代工程材料的出现，作为结构工程材料而应用在园林中的石材已大幅减少。

2. 新材料、新技术、新工艺的涌现

近年来不断涌现的陶瓷制品的种类和品种繁多，其中，应用于园林道路、广场的主要种类有麻面砖、劈离砖等；应用于建筑、小品、景墙立面装饰的种类有彩釉砖、无釉砖、玻花砖、陶瓷艺术砖、金属光泽釉面砖、黑瓷装饰板、大型陶瓷装饰面板等；而应用于陶瓷壁画或浮雕花纹图案的材料有陶瓷面砖、陶板、马赛克等，具有较高的景观价值，集绘画、书法、雕刻等艺术于一体。陶瓷透水砖是一种新型生态环保材料，由其铺设的场地在下雨时能使雨水快速渗透至地下，具有优异的生态应用价值。环保透水砖不适应载重车通行，适于休闲无承载场所以及园林游步道等，而高强度陶瓷透水砖由于采用了两次高温煅烧，强度高，耐磨、防滑性能佳，可用于停车场、人行道、步行街等处。

混凝土也因可塑性良好、经济实用，除用作结构材料外，常运用于彩色混凝土装饰路面，也可根据需要运用压印混凝土压印出各种图案，产生较为完美的视觉效果。

3. 材料与现代科技相融

随着现代科技的发展与进步，越来越多的先进技术被引用到园林中。无论是规划设计，还是施工工艺，抑或是园林工程材料，无不与现代科技相融合，这使现代园林景观更富生机与活力。如，表面用树脂黏附荧光玻璃珠的沥青路面，既有助于夜晚行车安全，又使道路景观增色，还丰富了园林夜景；暗藏于人造石材中的光纤灯，使人造石材显得华丽多彩，大大增强了园林小品的表现力。

1.3.5 中国现代风景园林材料应用中存在的问题

中国各地在开发、推广新型环保材料以及如何利用废弃材料等方面取得了一定成绩。但从建设节约型园林的角度来看，当前有不少园林建设项目仍然存在贪大媚洋、不计成本、过度设计、盲求高档、滥用材料、重利轻生态等问题。

1. 滥纵设计

近年来，城市园林建设中高档石材和木材的使用率呈直线上升趋势。一些设计师误以为是否使用昂贵的风景园林工程材料是评价一个风景园林作品好坏的标准之一，从而放弃使用体现本土特色的材料，追求高档、豪华、珍稀材料。为了创建所谓的百年工程、精品工程，同时为了迎合某些领导的审美要求，抛弃实用、经济和美观的原则，盲目使用各种大规格的材料和新型材料，从而造成不必要的资源浪费。以石材为例，2002年中国石材产量达到1.8亿m^3，是1990年的7.2倍，2002年中国进口石材已达到4.4亿美元。

2. 盲求形式

风景园林材料的形式和功能同等重要，设计师在追求园林作品艺术美的同时，也应该注重其使用功能。有些风景园林师片面地追求形式美，而抛弃了使用功能，甚至埋下了安全隐患。例如，在园林铺地设计中，为丰富图案样式，采用光面或镜面材料作铺装装饰带，不考虑使用者稍不留神就有可能跌倒，尤其对老年人来讲更是“致命陷阱”。

3. 忽视场地精神

合理再现并有机组织场地中已有的景观元素，是因地制宜建设节约型园林的基本要求。部分设计师为了迎合社会上某种追新求奇的心理，不顾现场实际情况，使用一些隔绝场地历史、缺少地方特色的风景园林工程材料，反而抛弃了现场一些通过改造便可应用的风景园林材料。这样不仅增加了造价，而且造成了资源浪费和环境污染，更重要的是割断了这些材料所体现的场地精神和历史文脉。另外，在材料使用方面缺乏对场地自身特色的体现。

4. 重利轻生态

目前，环保材料的造价普遍比普通材料的造价高，一些开发商和建设方为了追求短期的经济利益，忽视材料的生态效益，大量使用非环保材料。非透水材料不仅影响雨水的回收、地下水资源的补给，而且雨水会冲走路面上的污染物，易造成二次污染。有些表面“透水”工程中，虽然设计、铺设了透水面材，但铺装结构层的做法却采用的是没有透水功能的下垫层设计，形成一个隔水层，使透水材料的使用成为面子工程，丝毫达不到应有的生态效益。合理的工程做法是应用透水混凝土和级配碎石作为道路结构层，与面层的透水材料相呼应。

5. 材料频换

风景园林作品建成之后，相关责任部门没有对易污损的材料，如木材、金属、玻璃等进行定期维护，这不仅影响了景观效果，而且造成材料污损严重，频繁进行更换，产生了许多不必要的浪费。

6. 缺失导向

在当前社会，一方面一些开发商将园林视为性价比很高的卖点，这无疑将园林定位为赚钱的工具，将构建园林的各种材料作为收回投资的工具，以至于选用一些昂贵的材料营造出高贵、奢华的园林，形成“唯我独尊、尊贵独显”的氛围，以吸引人气。另方面，部分政府领导用高规格、高档次的园林“精品”求政绩，把工程造价作为衡量园林作品优劣的唯一标准，认为高成本与高景观质量、好效果成正比，认为中国传统造园“保守、落后、不够气势”，地方材料不如外来材料新、奇、特，废旧材料更是“土”、档次低、经济不发达的表征。盲目攀比心理严重，不论什么材料都非雄大厚重不足以显示其档次。这在一定程度上驱动了豪华奢侈的风气，有悖于节约型社会的发展趋势。

1.4　风景园林工程材料的发展趋势

随着新工艺、新技术的不断问世，依靠材料科学和化学等现代科学技术，人们已开发出许多高性能和多功能的新型风景园林工程材料。社会进步、环境保护和节能降耗对风景园林材料提出了更高、更多的要求。为了提高工程质量、降低工程造价、保护环境，未来的风景园林工程材料逐步朝着功能化、绿色化和可持续化的方向发展，呈现出以下趋势。

（1）高性能化。研制高轻、高强、高韧性、高装饰性、高智能和低成本性的材料，对提高风景园林的景观性、安全性、适用性、经济性和耐久性有着非常重要的意义。智能化材料具有类似于植物生长、新陈代谢的功能，破坏或受到伤害的部位能进行自我修复，可以重复利用，减少工程垃圾等。

（2）复合化、多功能化。利用复合技术生产多功能材料、特殊性能材料及智能材料，这对提高风景园林的生态效益和施工效率意义重大。

（3）绿色化。在生产及应用风景园林工程材料过程中，充分利用地方可再生资源和工业废料，减少对环境的污染和对自然生态环境的破坏。

（4）高耐久化。材料的耐久性直接影响风景园林建筑物及其构筑物的安全性、经济性，尤其是处于特殊环境下的构筑物，耐久性比强度更重要。对于耐久性高的风景园林建筑物需同时考虑初始建设费、运行维护费和解体处理费等全部费用。

（5）饰面材料新型化。开发既具有较高的抗冻性、抗裂性、耐久性，质轻，低能耗，又具有可再利用性的饰面材料是今后的发展方向。随着城市建设的加快，城市“热岛效应”日趋严重，饰面材料还要具有较强的透水性、排水性、透气性，保持地下水位，调节土壤湿度，增加地面、墙面的生态性、景观性，为人们提供一个赏心悦目的空间环境。

1.5 学习任务及方法

风景园林工程材料课程是风景园林、园林及相近专业的一门技术基础课。通过学习可获得风景园林工程材料的技术性能、特征和应用方面的基本理论、基本知识和基本技能，以根据不同工程条件合理选择和正确使用材料，为后续课程的学习提供材料的基础知识，并为今后从事设计、施工、管理和科研工作能够合理选择和正确使用风景园林工程材料奠定基础。

本书分总论和各论两部分。总论包括风景园林工程材料概论、基本性质、材料的选用及其质量控制。各论包括土、木材、天然石材、草、糯米等天然材料，砖、瓦、金属材料、玻璃、混凝土、砂浆、气硬性无机胶凝材料等人工材料。在学习过程中，应注意以下几点：

（1）由于这些材料的组成和用途不同，要注意各类材料的学习侧重点，如结构材料、墙体材料决定了园林建筑物及构筑物的可靠度和安全度，应重点学习其基本力学性质和工程应用；有机材料、功能材料表现建筑物、构筑物的使用功能，侧重于学习其种类和应用，以利于开阔思路和合理选择材料。

（2）始终以风景园林工程材料的性能和合理使用为中心，了解材料的本质和内在联系。掌握材料的组成、结构与性质的关系，以及材料各性质之间的关系；在不同材料之间除了了解其共性以外，还应了解它们各自的特性和具备这些特性的原因以及外界条件对材料性能的影响，这对于合理使用材料十分重要。

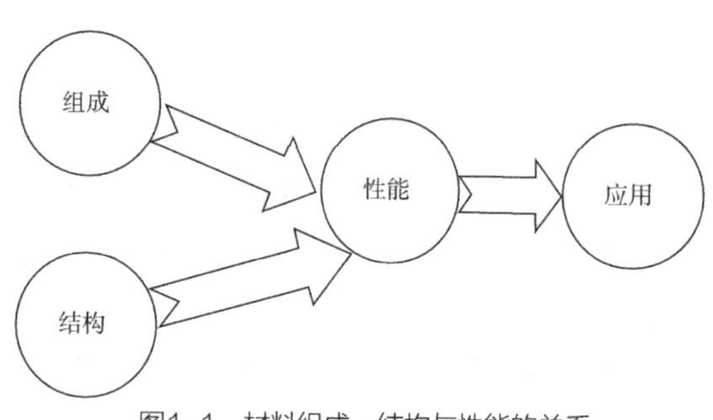

图1-1　材料组成、结构与性能的关系

（3）学习本课程要善于归纳总结，理顺课程的知识脉络，抓住贯穿本课程的主线：材料的组成、结构、性能与应用之间的关系（图1-1）；从材料的组成、结构来分析材料的性质，从材料的技术性质来探讨材料的合理应用，而且要以材料的性能和合理应用作为学习的重点。

（4）要善于类比学习，举一反三。对于同一类属的不同种类的材料，除了要学习它们的共性，更要了解各自的特性。

（5）学习本课程还应结合实践，尽可能多地参与实际工程，以增强感性知识，加深对学习内容的理解与掌握。

第2章　风景园林工程材料的构成与分类

风景园林工程材料的组成和结构是其分类的主要根据，是认知和掌握风景园林工程材料知识的基础。

2.1　材料的组成与结构

2.1.1　材料的组成

材料的组成是指材料的化学成分和矿物组成。

1. 化学组成

化学组成是指构成材料的化学元素及化合物的种类和数量。

无机非金属材料的化学组成常以各氧化物所占的百分比来表示，金属材料则常以各化学元素所占的百分比来表示，有机材料常用各化合物所占的百分比来表示。化学组成是决定材料化学性质（耐腐蚀性、燃烧性等）、物理性质（耐水性、耐热性、保温性等）、力学性质（强度、变形等）的主要因素之一。

当材料与环境因子或某物质接触时，常会发生化学作用。如材料遇酸、碱、盐类物质发生侵蚀作用，材料遇火时表现出可燃性、耐火性，钢材及其他金属材料在空气中发生锈蚀、腐蚀作用等，都是由其化学组成所决定的。

2. 矿物组成

材料科学中常将具有特定的晶体结构、特定的物理力学性能的组织结构称为矿物。矿物组成是指构成材料的矿物种类和数量，矿物组成是在材料化学组成确定的条件下，决定材料性质的主要因素。

材料的化学组成不同，则材料的矿物组成也不同。而相同的化学组成，可以有不同的矿物组成（即微观结构不同），且材料的性质也不同。

3. 相组成

物理化学称物质系统中结构相近、性质相同的均匀部分为相。自然界中的物质结构可分为气相、液相、固相三种基本形式。

材料中，同种化学物质由于加工工艺的不同，温度、压力等环境条件的不同，可形成不同的相。如在碳合金中有铁素体、渗碳体、珠光体。同种物质在不同的温度、压力等环境条件下，也常常会转变其存在状态，如由气相转变为液相、固相等。

许多风景园林工程材料是多相固体材料，这种由两相或两相以上的物质组成的材料，称为复合材料。如混凝土可认为是由骨料颗粒（骨料相）分散在水泥浆体（基相）中所组成的两相复合材料。

复合材料的性质与其构成材料的相组成和界面特性有密切关系。所谓界面是指多相材料中相与相之间的分界面。在实际材料中，界面是一个较薄区域，此区域内的成分和结构与相区域内的部分是不一样的。这一区域可作为“界面相”来处理。对工程材料，可通过改变和控制其相组成和其界面特性来改善、提高材料的技术性能。

2.1.2 材料的结构

材料的结构是指物质内部质点（离子、原子、分子）所处的状态特征。若质点是按特定的规律排列在空间内，则会成为具有一定几何形状的晶体。若质点的排列没有一定规律，则成为无定形状态的玻璃体。如果材料的化学成分和矿物组成相同，但质点排列不同，则性质各异。晶体和玻璃体的性质迥然不同。材料的结构是决定材料性能的另一个极其重要的因素。

按层次观进行结构分析时，工程材料的结构可分为以下四个层次：

1. 宏观结构

宏观结构又称构造，是指材料宏观存在的状态，即用肉眼或放大镜就能观察到的粗大组织，其尺寸在1mm以上。在设计上，材料的宏观结构是指设计计算时忽略了材料内部结构差异时的一种理想化的均匀结构状态。

材料的宏观结构较易改变，是影响材料性质的重要因素。材料的宏观结构不同，即使组成与微观结构相同，材料的性质与用途也不同，如玻璃与泡沫玻璃、密实的灰砂硅酸盐砖与灰砂加气混凝土，它们的性质及用途有很大的不同。材料的宏观结构相同或相似，则即使材料的组成或微观结构等不同，材料也具有某些相同或相似的性质与用途，如泡沫玻璃、泡沫塑料、加气混凝土等。

宏观结构主要研究和分析材料的组成与复合方式、材料中的裂纹、孔隙构造及其构造缺陷等。常见的宏观结构形式有致密结构、多孔结构、纤维结构、层状（叠合）结构、散粒结构、聚集结构、纹理结构、粒状聚集结构和纤维聚集结构等。材料的宏观结构分类及其主要特征见表2-1。

2. 细观结构

细观结构是指可用光学显微镜观察到的纳米组织。其尺寸范围为1μm ~ 1mm。风景园林工程材料的细观结构，只能针对某种具体材料来进行分类研究。如混凝土的基相、骨料相、界面相、裂缝，天然岩石的矿物、晶体颗粒和非晶体组织，钢铁的铁素体、渗碳体和珠光体，木材的木纤维、导管、髓线和树脂道等。在细观结构层次上，材料的各种组织的性质各不相同，这些组织的特征、数量、分布以及界面之间的结合情况等，对材料的各方面性能都有重要影响。

3. 微观结构

微观结构是指可利用电子显微镜、X射线衍射仪等检测手段来观察、分析、研究材料的原子级或分子级的结构，其尺寸范围为1nm ~ 1μm。材料的许多基本物理性质，如强度、硬度、弹塑性、熔点、导热性和导电性等都取决于材料的微观结构。

显微镜下的晶体材料是由大量的大小不等的晶粒组成的，而不是一个晶粒，因而属于多晶体。材料的亚微观结构对材料的强度、耐久性等有很大影响。材料的亚微观结构相对较易改变。

材料宏观结构及其主要特征　表2-1

宏观结构	常用材料	主要特征
致密结构	钢材、玻璃、天然石材、玻璃钢	内部基本无孔隙，高强、高硬、不透水、耐腐蚀，吸水性小，抗渗性及抗冻性好，绝热性差
多孔结构	石膏制品、加气混凝土、泡沫混凝土、泡沫塑料、泡沫玻璃及刨花板	内部匀布开口或闭口孔隙，质轻、保温、绝热、吸声
纤维结构	木、竹、石棉、玻璃纤维	各向异性，抗拉强度高、质轻、保温、吸声
层状结构	纸面石膏板、胶合板、夹芯板、塑料贴面板	平面各向同性，强度高、硬度大、绝热或装饰性好，综合性能好
散粒结构	陶粒、膨胀珍珠岩	轻质多孔颗粒，保温绝热材料
	砂子、石子	密实颗粒致密，强度高
聚集结构	陶瓷、砖、天然岩石	强度高
纹理结构	木材、大理石、人造石材、复合地板	装饰性强
粒状聚集结构	混凝土、砂浆	综合性能好、价低
纤维聚集结构	石棉水泥制品、岩棉板、纤维板、纤维增强塑料	抗拉强度高、质轻、保温、吸声

一般而言，材料内部的晶粒越细小、分布越均匀，则材料的受力状态越均匀、强度越高、脆性越小、耐久性越高；晶粒或不同材料组成之间的界面粘结（或接触）越好，则材料的强度和耐久性等越好。

在微观结构层次上，固体材料可分为晶体、玻璃体和胶体结构三大类。

（1）晶体结构

晶体结构是材料内部质点（离子、原子、分子）在三维空间按特定规律排列形成的周期重复的空间点阵，见图2-1*a*。质点按照在空间的排列规则不同而构成不同的晶格形式。材料的晶格发生改变，其性质也随之而变。晶体材料有固定几何外形，并显示各向异性；化学稳定性好，不易与其他物质发生化学作用。根据组成晶体的质点及化学键的不同，晶体可分为离子晶体、原子晶体、分子晶体和金属晶体等，各种晶体的性质见表2-2。

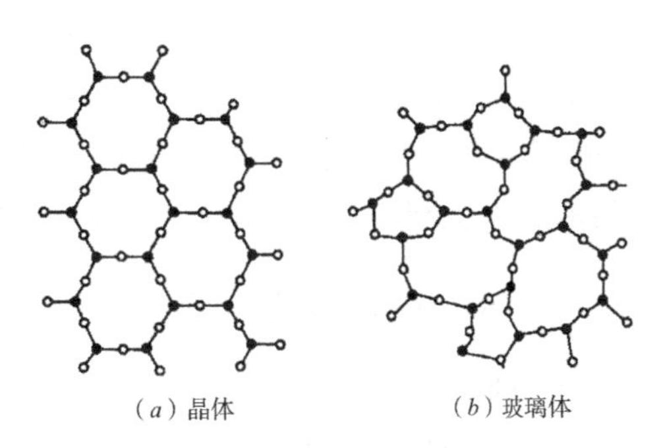

图2-1　晶体与玻璃体质点排列示意图

（2）玻璃体

熔融状态的物质缓慢冷却可形成晶体结构。如经急冷处理，在将近凝固温度时尚有很大的黏度，质点来不及按一定规律排列便凝固成固态，此时便形成玻璃体结构，又称无定形体，见图2-1*b*。

各种晶体的性质 表2-2

晶体类型	质点间作用力	密度	熔点、沸点	硬度	延展性	种类
原子晶体	共价键	较小	高	大	差	石英、金刚石、碳化硅
离子晶体	离子键	中等	较高	较大	差	氯化钠、石灰石、石膏等
分子晶体	范德华力	小	低	小	差（固态）	蜡及有机化合物晶体
金属晶体	金属键	大	较高	较大	良	钢、铁、铝及其合金

玻璃体具有各向同性，没有固定的熔点。玻璃体还具有化学不稳定性，即存在化学潜能，容易和其他物质反应或自行缓慢向晶体转变。如在水泥、混凝土等材料中使用的粒化高炉矿渣、火山灰、粉煤灰等活性混合材料，正是利用了它们活性高的特点。

（3）胶体

由一些微细的固体粒子（粒径1～100nm）分散在介质中所形成的结构。分散粒子一般带有某种电荷（正电荷或负电荷），而介质带有相反的电荷，从而使胶体保持稳定。由于胶体的质点很微小，其总的表面积很大，因而表面能很大，有很强的吸附力，所以胶体具有较强的粘结力。

胶体可经脱水或质点的凝聚而形成凝胶，从而具有固体的性质，在长期应力作用下，又具有黏性液体的流动性质。硅酸盐水泥的主要水化产物是水泥凝胶，混凝土的徐变即由于水泥凝胶而产生。

材料的化学组成相同，但在不同条件下可形成不同的微观结构，其性能就有显著的差异。如石英、石英玻璃和硅藻土化学成分均为二氧化硅（SiO_2），但物理力学性能各不相同。材料中各种成分相对含量的变化也可能导致材料性质的改变，如石油沥青在其沥青质、油分及树脂的相对含量不同时，可以形成溶胶、凝胶或溶胶-凝胶三种胶体结构，并表现为迥异的力学性能。

4. 原子-分子级结构

此结构是指可用隧道扫描电子显微镜或X射线来分析研究的分子或原子间相互作用的层次结构。原子之间靠化学键、离子键、共价键、金属键相互结合；分子之间靠范德华力相互作用。材料的许多性质，如强度、硬度、熔点、导热、导电性以及吸附等表面性质，都是由此层次结构所决定的。纳米材料和技术就是在这一结构层次上对材料进行的研究、实践和应用。

2.1.3 材料的构造

材料的构造是指材料孔隙、岩石层理、木材纹理、疵病等宏观状态特征。材料的构造密实，强度就高，抗渗、抗冻及耐久性也好。材料的孔隙特征也影响材料的绝热、吸声等性能。由于材料的层理、纹理等特征，而使材料形成各向异性。因此，同类材料也会因它们的构造状态不同，而成为建筑性能完全不同的材料，如普通混凝土与加气混凝土等。

因此，材料的组成、结构、构造发生变化时，材料的性质也随之而变。

2.2 风景园林工程材料的分类

风景园林工程材料来源广泛，组成多样，性质各异，作用和功能各异。为了方便应用，常按不同的分类标准进行分类。

（1）按材料来源分类。分为天然材料和人造材料，具体见表2-3。

风景园林工程材料按来源分类　表2-3

类型	种类
天然材料	木材、竹材、草材、园林植物、糯米、血、石材、生土等
人造材料	砖、瓦、水泥、混凝土、沥青、气硬性无机胶凝材料、玻璃、陶瓷、涂料、防水材料、彩画材料、人造石材、人造木材、塑料、张拉膜、种植器具、功能材料等

（2）按主要用途分类。可分为结构材料、围护材料、防水材料、地面材料、饰面材料、植物材料及其他特殊材料。

1）结构材料

风景园林工程结构材料主要是指构成风景园林工程结构受力构件和结构所用的材料，须有足够的强度和耐久性。目前所用的主要结构材料有灰土、砖、石、木材、钢材、水泥、混凝土及两种材料的复合物——钢筋混凝土和沥青混凝土等。随着材料工业的发展，轻钢结构、铝合金结构、复合材料、合成材料应用的比重将会逐渐加大。

2）墙体材料

墙体材料是指建筑物内外及分隔墙体所用的材料，有承重和非承重两类。目前，我国大量采用的墙体材料为砌墙砖、混凝土、混凝土砌块、石材等。此外，还有混凝土墙板、金属板材及复合墙体等。

3）功能材料

风景园林工程功能材料主要是指担负某些风景园林工程特殊功能的非承重用材料，如防水材料、防腐材料、装饰材料、采光材料、养护材料等。这些材料的种类、形式繁多，功能各异，越来越多地应用于风景园林工程中。

（3）按化学成分分类。风景园林工程材料根据化学成分可划分为无机材料、有机材料和复合材料三大类，各大类又可进行更细的分类，具体见表2-4。

风景园林工程材料按化学成分分类　表2-4

<table>
<tr><th colspan="3">类型</th><th colspan="2">种类</th></tr>
<tr><td rowspan="10">无机材料</td><td rowspan="2">金属材料</td><td>黑色金属</td><td colspan="2">钢、铁及其合金、合金钢、不锈钢等</td></tr>
<tr><td>有色金属</td><td colspan="2">铝、铜、铅及其合金等</td></tr>
<tr><td rowspan="8">非金属材料</td><td>天然石材</td><td colspan="2">砂、石及石材制品等</td></tr>
<tr><td>烧土制品</td><td colspan="2">砖、瓦、玻璃、陶瓷及其制品等</td></tr>
<tr><td rowspan="6">胶凝材料</td><td>气硬性胶凝材料</td><td>石灰、石膏、苛性菱苦土、水玻璃等</td></tr>
<tr><td rowspan="3">水硬性胶凝材料</td><td>各种水泥</td></tr>
<tr><td>混凝土</td></tr>
<tr><td>砂浆</td></tr>
<tr><td rowspan="2">以胶凝材料为基料的人造石</td><td>石棉水泥制品</td></tr>
<tr><td>硅酸盐制品</td></tr>
<tr><td rowspan="3">有机材料</td><td colspan="2">天然高分子材料</td><td colspan="2">木材、竹材、草材及其织物纤维制品，石油沥青、煤沥青及其制品等</td></tr>
<tr><td colspan="2">合成高分子材料</td><td colspan="2">塑料、涂料、胶粘剂、合成橡胶等</td></tr>
<tr><td colspan="2">园林植物</td><td colspan="2">园林乔灌木、园林地被植物</td></tr>
</table>

续表

类型		种类
复合材料	无机-无机复合材料	混凝土、钢筋混凝土、钢纤维混凝土，部分功能陶瓷等
	有机-有机复合材料	沥青类防水材料及其制品等
	无机-有机复合材料	沥青混凝土、聚合物混凝土，玻璃钢、PVC钢板及其制品等

2.3 风景园林工程材料的标准化

产品标准化是现代工业化大发展的产物，是现代化、程序化、标准化生产的重要手段，也是科学管理的重要组成部分。目前我国许多风景园林工程材料都制定有产品的技术标准，这些标准一般包括：产品规格、分类、技术要求、检验方法、验收规则、标志、运输和贮存等方面的内容。

风景园林工程材料的技术标准是产品质量的技术依据。对于生产企业，必须按标准生产合格的产品，同时它可促进企业改善管理，提高生产率，实现生产过程合理化。对于使用部门，则应当按标准选用材料，使设计和施工标准化，从而加速施工进度，降低工程造价。再者，技术标准又是供需双方进行产品质量验收的依据，是保证工程质量的先决条件。

风景园林工程材料的选择和使用，应根据场地情况、工程特点和使用环境，遵照有关技术标准进行。风景园林工程材料技术标准是生产企业和使用单位生产、销售、采购以及产品质量验收的依据，也是设计、施工、管理和研究等部门共同遵循的依据，绝大多数工程材料均有专门机构制定并发布了相应的技术标准，对其质量、规格、检验方法和验收规则均作了详尽而明确的规定。

风景园林工程材料不仅要求符合产品标准，更重要的是要遵照有关设计、施工和应用的规范、规程来选择和使用。在科学技术突飞猛进的今天，风景园林工程中的新材料、新技术层出不穷，许多新材料、新技术相关的技术标准制定滞后，在这种情况下只能熟悉和参考类似材料的技术标准。

风景园林工程材料涉及的标准主要包括两类。一是产品标准，其内容主要包括：产品规格、分类、技术要求、检验方法、验收规则、应用技术规程等；二是工程建设标准，其内容主要有风景园林工程材料选用有关的标准，各种结构设计规范、施工及验收规范等。

第3章 风景园林工程材料的基本性质

工程材料在正常使用的状态下，总是要承受一定的外力，同时还会受到周围各种介质（如雨、阳光、大气等）的作用以及各种物理作用（如温度差、湿度差、摩擦等）与机械作用。为保证景观的效果，材料必须具有抵抗上述各种破坏作用的能力，还要具有一定的防滑性、装饰性与防反光能力。掌握风景园林工程材料的组成、结构、构造及其基本性质是正确选择与合理使用风景园林材料的基础。本书所讲的风景园林工程材料主要是指除了园林植物材料以外的其他风景园林工程材料。

利用材料的组成可以大致判断出材料的某些性质。如材料的组成易与周围介质（酸、碱、盐等）发生化学反应，则该材料的耐腐蚀性差或较差；如材料的组成易溶于水或微溶于水（或其他溶剂），则材料的耐水性（或耐溶剂性）很差或较差；有机材料耐火性和耐热性较差，且多数可以燃烧；合金的强度高于非合金的强度等。

3.1 材料的体积

体积是物体占有的空间尺寸。由于材料的物理状态不同，同一种材料可以表现出不同的体积，包括材料的绝对密实体积（V）、表观体积（V_0）和堆积体积（V'）。

3.1.1 材料的绝对密实体积

绝对密实体积（V）是指只有构成材料的固体物质本身的体积，或不包括材料内部空隙的固体物质本身的体积，即材料内部不含有孔隙的体积。除钢、铝合金、玻璃等少数材料外，绝大多数工程材料均含有一定数量的孔隙。为了测定含孔材料的绝对密实体积，需将材料磨细成细粉末，使材料内部的所有孔隙外露（即全部成为开口孔隙），干燥后用排液体的方法来测定出细粉的实体积，作为材料绝对密实的体积。材料磨得越细，测得的数值就越接近它的绝对密实体积。

材料自然状态下并非绝对密实，所以绝对密实体积一般难以直接测定，只有玻璃等材料可以近似地直接测定其密实体积。

3.1.2 材料的表观体积

表观体积（V_0）是指整体材料的外观体积，包括材料的内部孔隙。外形规则材料的表观体积，可以直接用尺度量后计算求得；外形不规则材料的表观体积，必须用排水法或排油法测定。

3.1.3 材料的堆积体积

堆积体积（V'）是指散粒状材料堆积状态下的总体外观体积。根据其堆积状态不同，同一材料表现的体积大小可能不同，松散堆积下的体积较大，密实堆积状态下的体积较小。材料的堆积体积，常以材料填充容器的容积大小来测量。

体积的度量单位通常以立方厘米（cm^3）或立方米（m^3）表示。

3.2 材料的物理性能

3.2.1 材料的密度

材料在绝对密实状态下（不含内部任何孔隙），单位体积的质量称为材料的密度，用式（3-1）表示：

$$\rho = m / V \tag{3-1}$$

式中 ρ——材料的密度（g/cm^3）；

m——干燥材料的质量（g）；

V——材料在绝对密实状态下的体积（cm^3）。

材料的密度大小取决于材料的组成与材料的微观结构。当材料的组成与微观结构一定时，材料的密度为常数。

材料在自然状态下不含开口孔隙时，单位体积的质量称为材料的视密度。

测定材料的视密度时，直接采用排水法测定材料的体积。

3.2.2 材料的表观密度

材料在自然状态下，单位体积的质量称为材料的体积密度，也称表观密度，俗称容重。用式（3-2）表示：

$$\rho_0 = m / V_0 \tag{3-2}$$

式中 ρ_0——材料的表观密度（g/cm^3或g/m^3）；

m——材料的质量（g或kg）；

V_0——材料在自然状态下的体积（cm^3或m^3）；

材料在自然状态下的体积是指除了固体物质本身的体积外，还包括材料体积内的孔隙体积。

表观密度与含水情况有关。因此，在测定含水状态材料的表观密度时，需同时测定其含水率，并加以注明。如未注明其含水率，是指其干表观密度。材料的自然状态体积对于规则形状的材料直接测定外观尺寸即可；对于不规则形状的材料则须在材料表面涂蜡后（封闭开口孔隙），用排水法测定。

通常所指的体积密度是材料在气干状态下的，称为气干体积密度，简称体积密度。材料在绝干状态时，则称为绝干体积密度。材料的体积密度与材料内部孔隙的体积及材料的含水率有很大关系。材料的孔隙率越大，含水率越小，则材料的体积密度越小。

3.2.3 材料的堆积密度

散粒材料或粉末状材料在自然堆积状态下的单位体积的质量称为堆积密度。用式（3-3）表示：

$$\rho'_0 = m / V'_0 \tag{3-3}$$

式中 ρ'_0——材料的堆积密度（kg/m^3）；

m——材料的质量（kg）；

V'_0——材料的堆积体积（m^3）。

材料的堆积体积包含了材料固体物质体积、材料内部的孔隙体积和散粒材料之间的空隙体积。

测定材料的堆积密度时，材料的质量可以是任意含水状态下的，但须说明材料的含水率。通常所指的堆积密度是在气干状态下的，称为气干堆积密度，简称堆积密度。材料在绝干状态时，称为绝干堆积密度。材料的堆积密度与材料的体积密度、含水率、堆积的紧密程度等有关。

在风景园林工程中，计算材料的用量、构件及建筑物的自重、材料的配合比以及材料的运输量与储存量时经常要用到材料的密度、视密度、表观密度和堆积密度。常用风景园林工程材料的密度、表观密度、堆积密度及孔隙率见表3-1。

常用风景园林工程材料的密度、表观密度、堆积密度及孔隙率 表3-1

材料名称	密度（g/cm^3）	表观密度（kg/m^3）	堆积密度（kg/m^3）	孔隙率（%）
石灰岩	2.40～2.60	1800～2600	—	0.6～1.5
花岗岩	2.60～3.00	2500～2900	—	0.5～3.0
碎石（石灰岩）	2.60	—	1400～1700	—
砂	2.50～2.60	—	1450～1650	—
水泥	2.80～3.20	—	1200～1300	—
黏土	2.50～2.70	—	1600～1800	—
烧结空心砖	2.50～2.70	1000～1480	—	—
烧结普通砖	2.50～2.70	1600～1900	—	20～40
木材	1.55	400～800	—	55～75
红松木	1.55～1.60	400～600	—	55～75
泡沫塑料	—	20～50	—	95～99
钢材	7.80～7.90	7850	—	0
普通混凝土	2.60	2100～2600	—	5～20
轻质混凝土	2.60	1000～1400	—	60～65

3.2.4 材料的孔隙率及其与材料性质的关系

1. 材料的孔隙率

孔隙率是指材料内部孔隙体积占材料在自然状态下体积的百分率，分为总孔隙率（简称孔隙率）、开口孔隙率和闭口孔隙率，可用式（3-4）计算。

$$P=\frac{V_0-V}{V_0}\times 100\%$$

$$或P=\left(1-\frac{\rho_0}{\rho}\right)\times 100\% \tag{3-4}$$

式中 P——材料的孔隙率；其他参量含义同前。

材料内部开口孔隙的体积与材料在自然状态下体积的百分率称为材料的开口孔隙率。由于水可进入开口孔隙，工程中常将材料在吸水饱和状态下所吸水的体积，视为开口孔隙的体积。

材料内部闭口孔隙的体积与材料在自然状态下体积的百分率称为材料的闭口孔隙率。

孔隙率的大小直接反映了材料的致密程度。材料内部的孔隙可分为连通的和封闭的两种，连通孔隙不但彼此贯通且与外界相通，而封闭孔隙不仅彼此不连通，而且与外界隔绝；孔隙按本身尺寸大小又有粗孔、细孔之分。孔隙是否封闭及孔隙的粗细称为材料的孔隙构造（或称孔隙特征）。孔隙率的高低及孔隙特征与材料的许多性质，如强度、吸水性、抗渗性、抗冻性和导热性等，都有密切关系。

材料的孔隙结构特征表现为，孔隙是在材料内部被封闭，还是在材料表面与外界连通，前者为闭口孔，后者为开口孔。有的孔隙在材料内部是相互独立的，有的孔隙在材料内部是相互连通的。此外，单个孔隙尺寸的大小、孔隙在材料内部的分布均匀程度等都是孔隙在材料内部的特征表现。这些特征对材料的性质有重要影响，材料的各种性质经常受到这些孔隙特征的影响。

2. 材料的孔隙与材料性质的关系

大多数风景园林工程材料在宏观层次上或亚微观层次上均含有一定大小和数量的孔隙，甚至是相当大的孔洞。这些孔隙几乎对材料的所有性质都有相当大的影响。

按孔隙的大小，可将孔隙分为微细孔隙、细小孔隙（毛细孔）、较粗大孔隙、粗大孔隙等。对于无机非金属材料，孔径小于20nm的微细孔隙，水或有害气体难以侵入，可视为无害孔隙。

按孔隙的形状可将孔隙分为球形孔隙、片状孔隙（即裂纹）、管状孔隙、墨水瓶状孔隙、带尖角的孔隙等。片状孔隙、尖角孔隙、管状孔隙对材料性质的影响较大，往往使材料的大多数性能降低。

将常压下水可以进入的孔隙称为开口孔隙（或称连通孔隙），而将常压下水不能进入的孔隙称为闭口孔隙（或称封闭孔隙）。这种划分是一种粗略的划分，实际上开口孔隙和闭口孔隙没有明显的界限，当水压力较高或很高时，水也可能会进入部分或全部闭口孔隙中。开口孔隙对材料性能的影响较闭口孔隙大，往往使材料的大多数性能降低（吸声性除外）。

一般情况下，材料内部的孔隙含水量（即孔隙率）越多，则材料的体积密度、堆积密度、强度越小，耐磨性、抗冻性、抗渗性、耐腐蚀性、耐水性及其他耐久性越差，而保温性、吸声性、吸水性与吸湿性等越强。孔隙的形状和孔隙的状态对材料的性质也有不同程度的影响，如开口孔隙、非球形孔隙（如扁平孔隙或片状孔隙）相对于闭口孔隙、球形孔隙而言，往往对材料的强度、抗渗性、抗冻性、耐腐蚀性、耐水性等更为不利，对保温性稍有不利，而对吸声性、吸水性与吸湿性等有利，并且孔隙尺寸越大，上述影响也越大。

天然植物材料由于植物生长的需要（输送料等），在植物材料的内部形成一定数量的孔隙。天然岩石则由于地质上的造岩运动等，在岩石等材料的内部夹入部分气泡或形成部分孔隙。人造材料内部的孔隙由于人造材料的生产工艺并非尽善尽美，生产时总是不可避免地会卷入部分气泡（或气体），对于无机非金属材料其孔隙则在很大程度上与生产材料时所用的拌合用水量有关，或者是在生产材料时，有意识地在材料内部留下（或造成）部分孔隙以改善材料的某些性能。

影响人造工程材料内部孔隙率、孔隙形状、孔隙状态的因素或影响生产材料时拌合用水量的因素均是影响材料性质的因素。适当控制上述因素，即可使它们成为改善材料性质的措施或途径。如在生产保温材料时，应采取适当措施来提高产品的孔隙数量（即孔隙率），而在生产结构用混凝土时，则应控制影响孔隙数量的因素，尽量降低孔隙含量（即降低孔隙率）。另外，利用天然材料的孔隙特点，用高压法对孔隙进行填充，可以改善或增强天然材料的物理力学性能。如天然石材加工的薄板易碎，通过高压将高分子材料压入石材孔隙后，可以方便地切出超薄的石板。

3.2.5　材料的空隙率

散粒材料在堆积状态下，颗粒间空隙的体积占堆积体积的百分率称为空隙率。对于致密材料，如普通天然砂、石，可用视密度近似替代绝干体积密度。

空隙率用式（3–5）表示：

$$P_0=\frac{V'_0-V_0}{V'_0}\times 100\%$$

$$\text{或}P_0=\left(1-\frac{\rho'_0}{\rho_0}\right)\times 100\% \tag{3–5}$$

式中　P_0——散粒材料的空隙率，其他参量含义同前。

空隙率的大小反映了散粒材料的颗粒互相填充的密实程度、颗粒大小及颗粒级配、颗粒间的相互联结状况等。当空隙率较大时，表明内部颗粒间空隙较多，材料本身的结构稳定性较差，强度较低，但表观密度会较小，保温绝热性可能较好。

3.2.6　材料的密实度

材料体积（自然状态）内固体物质的充实程度称为材料的密实度。密实度反映材料内部被固体所填充的密实程度。密实度用式（3–6）表示：

$$D=V/V_0\text{或}D=\rho_0/\rho \tag{3–6}$$

式中　D——密实度，其他参量含义同前。

3.2.7　材料的声学性能

1. 吸声性能

当声波在传播中遇到材料表面时，声能的一部分被材料表面反射，一部分透过材料传至另一面，还有一部分在材料内传播时被材料所吸收。根据能量守恒定律，在一定时间内入射到材料表面的总声能（E_o）应等于被反射的声能（E_r）、被吸收的声能（E_a）和透过的声能（E_τ）之和，用式（3–7）表示：

$$E_o=E_r+E_a+E_\tau \tag{3–7}$$

材料对于声能的吸收能力用吸声系数α表示，见下式：

$$\alpha=E_a/E_o \tag{3–8}$$

但是，若以入射声波和反射声波所在的空间来考虑问题的话，材料的吸声系数亦可用式（3–9）表示：

$$\alpha=(E_o-E_r)/E_o=(E_a+E_\tau)/E_o \tag{3–9}$$

吸声系数α值越大，表示材料的吸声效果越好。吸声系数与声波的频率及声波的入射方向有关。因此吸声系数采用的是声音从各个方向入射的平均值，并需指出是对哪个频率的系数。通常采用的六个频率为125Hz、250Hz、500Hz、1000Hz、2000Hz、4000Hz。任何材料对声音都能吸收，但程度不同。通常将对上述六个频率的平均吸声系数α大于0.2的材料称为吸声材料。

吸声材料大多是疏松、多孔材料，若表面光滑、材质坚硬的材料接触声波后，绝大部分声波将反射回空气，而吸收和穿透的仅是极少部分，这就失去了吸声的作用。材料吸声的机理是复杂的，可以认为：声波进入材料内部空间中，在此经多次反射，振动的空气分子受到摩擦和黏滞阻力，而使声波的能量降低，这些能量传给细小纤维或孔壁，而使它们产生机械振动，最终转换成热能而被吸收。这些疏松、多孔材料的吸声系数，一般从低频到高频逐渐增大，故对高频、中频声音的吸收效果较好。

对于同一种材料，吸声系数也不是不变的，影响吸声系数的因素主要有：

（1）材料的厚度

增加材料的厚度，对低频吸声系数会有所提高，而对高频没有多大影响。

（2）孔结构

对于同一种多孔或纤维材料，当其孔隙率增加或表观密度下降时，对低频的吸声系数有所降低，而对高频、中频的吸声系数有所提高，其平均吸声系数也有所增加，这正是吸声材料疏松、多孔的原因。

孔隙特征对吸声材料至关重要。一般来讲，孔隙越多越细小，吸声效果越好。若孔隙太大，则效果变差。若材料的孔隙大部分为独立的封闭的气泡（如泡沫塑料），因声波不能进入，从吸声机理来看，就不属于吸声材料。当多孔材料表面涂刷油漆或材料吸湿，材料的孔隙被涂料或水分堵塞，则吸声效果大大降低，因此，吸声材料还应具有透气性。

2. 隔声性能

隔声与吸声是两个不同的概念。隔声是指材料阻止声波的传播，是控制环境中噪声的重要措施。声波在建筑物中传递基本上分为以下两种途径。

（1）空气传声

声波透过围护结构（如墙体）传播，当空气传播的声音遇到密实的墙体时，声波将激发墙体产生振动，并使声音透过墙体传至另一空间中。空气对墙体的激发服从“质量定律”，即墙体的单位面积质量越大，隔声效果越好。因此，采用砖及混凝土等材料的结构，隔声效果都很好。

（2）固体传声

建筑物在机械撞击或振动作用下产生的声音通过墙体、楼板等直接传至另一空间中属于固体传声。

对于固体传声只能采用构造上的措施来降低外来声波的干扰，如在结构面层上铺设柔软材料或在楼板上加做弹性垫层，也可在楼板下做吊顶处理等。

结构的隔声性能用隔声量表示，隔声量指入射声能与透过材料声能相差的分贝（dB）数。隔声量越大，隔声性能越好。

3.2.8 材料的光学性能

光同声一样，当传播过程中遇到材料表面也会产生反射、吸收与透过的问题。对建筑采光来说，主要是光的反射与透过。

1. 材料表面对光的反射

光在传播过程中遇到材料表面，将有一部分光能被反射，反射光通量（F_ρ）与入射光通量（F）之比称为材料反光系数（ρ），用式（3-10）表示：

$$\rho=F_\rho / F \tag{3-10}$$

材料表面对光的反射主要取决于材料表面的颜色及光滑程度，颜色越浅并且越光滑的表面，其反射能力越强，反光系数越大。

2. 透明材料的透光率

光透过透明材料时，透过材料的光能与入射光能之比称为透光率（透光系数）。玻璃的透光率与组成及厚度有关，厚度越大，透光率越小。普通窗玻璃的透光率为0.75～0.90。

3.3　材料的热工性能

材料的热工性能是指材料与热相关的物理性质，包括热容性、导热性、导温性、传热性、热变形性、耐热性及耐火性等。

3.3.1　材料的热传导性

1. 导热性

材料两侧有温差时，材料将热量由温度高的一侧传导至温度低的一侧的性质，即材料的导热性。导热性用热导率即材料的导热系数表示，导热系数（λ）表示材料导热能力。

$$\lambda=\frac{Qa}{FZ(t_2-t_1)} \tag{3-11}$$

式中　λ——热导率［W/（m·K）］；

Q——传导热量（J）；

a——材料厚度（m）；

F——热传导面积（m^2）；

Z——热传导时间（h）；

（t_2-t_1）——材料两侧温差（K）。

在物理意义上，热导率为单位厚度的材料，当两侧温差为1K时，在单位时间内通过单位面积的热量。

材料的热导率越小，绝热性能越佳。几种典型材料的热导率见表3-2。

几种典型材料的热工性能指标　表3-2

材料	热导率 W/（m·K）	比热 J/（g·K）	材料	热导率 W/（m·K）	比热 J/（g·K）
铜	370.00	0.38	绝热用纤维板	0.050	1.46
钢	55.00	0.46	玻璃棉板	0.040	0.88
花岗岩	2.90	0.80	泡沫塑料	0.030	1.30
普通混凝土	1.80	0.88	冰	2.200	2.05
普通黏土砖	0.55	0.84	水	0.600	4.19
松木（横纹）	0.15	1.63	密闭空气	0.025	1.00

热导率与材料内部的孔隙构造有密切关系。由于密闭空气的热导率很小［$\lambda=0.025$W/（m·K）］，所以一般来说，材料的孔隙率越大，其热导率越小。但如果孔隙粗大或贯通，由于增加热的对流作用，材料的热导率反而提高。材料受潮或受冻后，热导率会大大提高。这是由于水和冰的热导率比空气的热导率高很多［分别为0.60W/（m·K）和2.20W/（m·K）］。因此，在设计、构造和施工时，应采取有效措施，使绝热材料经常处于干燥状态，以发挥材料的绝热效能。

2. 热阻（R）

导热系数的倒数称为热阻。热阻越大，则材料层抵抗热流通过的能力越大，保温隔热性越好，反映出材料两侧有温差时材料阻止热量由温度高的一侧向温度低的一侧传递的能力。材料的热阻值大小与其厚度成正比，与其导热系数成反比。

3. 绝热性

材料的导热系数大，则导热性强，绝热性差。

不同材料的导热性差别很大，通常把室温下导热系数（λ）<0.2W/（m·K）的材料称为绝热性材料。

材料的导热性与其结构和组成、含水率、孔隙率及孔特征等有关，与材料的表观密度有很好的相关性。一般非金属材料的绝热性优于金属材料。材料的表观密度小、孔隙率大、闭口孔多、孔分布均匀、孔尺寸小、材料含水率小时，则表现出导热性差、绝热性好。通常所说的材料导热系数是指干燥状态下的导热系数。当材料吸水受潮时，导热系数会显著增大，绝热性明显变差。

4. 导温性

在冷却或加热过程中，材料内各点达到同样温度的速度即为导温性，常用导温系数表示。

材料的导温系数越大，材料各部分达到同样温度所需要的时间越短。当建筑材料的导温系数较低时，才具有更强的保温效果。导温系数很小时也有不利的一面，如玻璃、花岗岩等材料因导温系数很小，当局部受热时很容易产生炸裂现象。

3.3.2 材料的热容性

1. 热容性

亦称热容量，指材料受热时吸收热量或冷却时放出热量的能力，以材料升温或降温时的热量变化来表示。

材料吸收或放出的热量可由式（3–12）计算：

$$Q=c\cdot G\cdot(t_2-t_1)$$

$$\text{或}c=\frac{Q}{G\cdot(t_2-t_1)} \qquad (3\text{–}12)$$

式中 Q——材料吸收或放出的热量（J）；

G——材料的质量（g）；

c——材料的比热，kJ/（kg·K）；

（t_2-t_1）——受热或冷却前后的温差（K）。

材料的热容量大小可用比热表示，即1g材料升高1K时所需的热量。水的比热最高，为4.19

J/（g·K），故材料含水量增加时，比热增大。

材料的热容量大，则材料受热时吸收的热量或冷却时放出的热量多，材料的温度变化速度慢，作为建筑物的围护结构时，可以使室内温度稳定。

2. 比热

比热值是真正反映不同材料间热容性差别的参数。材料的比热值大小与其组成和结构有关，比热值大的材料对延缓建筑物的温度变化有利，工程中常优先选择比热值高、热容量大的材料。水的比热值最大，当材料含水率增高时，比热值增大。通常所说材料的比热值是指干燥状态下的比热值。

3.3.3 材料的热稳定性

热稳定性是指材料抵抗高温或低温的能力。

1. 耐热性

耐热性指材料在较高温度下，使用性能保持稳定的能力。

大部分有机材料在温度达到一定高度时，容易产生某些物理变化或化学变化。如起泡、变软、变形、变色、起层、流淌、脱落、分解或分离等现象，从而使材料丧失其使用功能。材料的耐热指标，就是指在不产生上述变化的条件下材料可以承受的最高温度（℃）。

2. 耐低温性

材料在较低环境温度下，能基本保持其使用性能的能力。

有些材料在低温下容易变脆，并且产生收缩变形，这不仅会影响外观，而且可能出现开裂、脆断、脱落等性能恶化现象。反映材料耐低温性的技术指标，就是在不产生这些性能恶化现象的前提下，材料可以承受的最低温度（℃）。

对于有些材料还要求其抵抗高、低温循环的能力。此时，以不产生上述性能恶化现象为前提，用材料可以承受的高、低温循环次数来表示抗高低温能力。

3. 温度变形

常用建筑材料的热物理参数 表3-3

材料名称	导热系数 W/（m·K）	比热 J/（g·K）	线膨胀系数（1/K）$\times 10^{-6}$
钢材	55	0.63	10 ~ 20
普通混凝土	1.28 ~ 1.51	0.48 ~ 1.0	5.8 ~ 15
烧结普通砖	0.47 ~ 0.7	0.84	5 ~ 7
木材（横纹）	0.17	2.51	
水	0.60	4.187	
花岗岩	2.91 ~ 3.08	0.716 ~ 0.787	5.5 ~ 8.5
玄武岩	1.71	0.766 ~ 0.854	5 ~ 75
石灰岩	2.66 ~ 3.23	0.749 ~ 0.846	3.64 ~ 6
大理石	3.45	0.875	4.41
沥青混凝土	1.05		（负温下）20

温度变形指温度升高或降低时的体积变化程度。常用建筑材料的热物理参数见表3-3。

多数材料在温度升高时体积膨胀，温度下降时体积收缩。材料的线膨胀系数与材料的组成和结构有关。风景园林工程中，对材料的温度变形的关注大多集中在某一单向尺寸的变化上。因此，研究其平均线膨胀系数具有实际意义，通常选择合适的材料来满足工程对温度变形的要求。

4．耐火性

材料抵抗高热或火的作用，保持其原有性质的能力称为建筑材料的耐火性。耐火性可用燃烧性、氧指数和耐火极限等指标来表示。材料在高温作用下会发生变质或显著变形而影响材料的正常使用。

（1）受热变质

一些材料长期在高温作用下会发生材质变化。如二水石膏在65～140℃时脱水成为半水石膏；石英在573℃时由α石英转变为β石英，同时体积增大2%；石灰石、大理石等碳酸盐类矿物在900℃以上分解；可燃物常因在高温下急剧氧化而燃烧，如木材长期受热发生碳化，甚至燃烧。

（2）受热变形

材料受热作用会发生热膨胀导致结构破坏。材料受热膨胀大小常用线膨胀系数表示。普通混凝土膨胀系数为10×10^{-6}/℃（20℃），钢材为（10～12）$\times10^{-6}$/℃。由于它们之间具有相近的热膨胀系数，因此它们能组成钢筋混凝土。普通混凝土在300℃以上时，由于水泥石脱水收缩，骨料受热膨胀，因而混凝土长期在300℃以上工作会导致结构破坏。钢材在350℃以上时，其抗拉强度显著降低，会使钢材产生过大的变形而失去稳定性。因此，建筑钢材、铝材、混凝土、花岗岩、木材、热塑性的有机材料等均不宜长期在较高温度下工作。

金属材料、玻璃等虽属于非燃烧材料，但在高温或火的作用下在短时间内就会变形、熔融，因而不属于耐火材料。《建筑设计防火规范》（GB 50016—2014）规定建筑材料或构件的耐火极限用时间来表示，即在标准耐火试验条件下，建筑构件、配件或结构从受到火的作用时起，直到材料失去稳定性、完整性或隔热性时止所用的时间，以小时（h）表示。如无保护层的钢柱，其耐火极限仅有0.25h。

1）材料燃烧性指标。

材料按照燃烧性指标分为3类：

非燃烧类：在大气环境中材料受到火焰或高温作用时，不燃烧，也不碳化。大多数无机材料为非燃烧类材料。

难燃烧类：在大气环境中材料受到火焰或高温作用时，难点燃、难碳化，即使着火后，一旦火源离开，就会立即自动熄火。许多有机–无机复合材料、部分有机材料属于难燃烧类材料。

可燃烧类：在大气环境中材料受到火焰或高温作用时，容易起火燃烧，即使火源离开，材料仍能继续燃烧。许多有机材料为可燃烧类材料。

2）可燃烧类材料的耐火性能参数以氧指数来表示。氧指数是指在规定条件下，材料试样在氧氮混合气体中维持平稳燃烧的最低氧浓度。其中氧浓度以氧气所占的体积百分数来表示。氧指数较高时，说明材料可持续燃烧所需要的氧浓度较高，其耐火性就较强。如对普通建筑，室内装饰材料的氧指数应大于40%。

3）非燃烧类材料耐火性指标用耐火极限来表示。耐火极限是指材料试样在耐火试验时失去支撑能力，产生穿透裂缝或孔洞，或背面温度达到220℃时所需的时间。

材料抵抗燃烧的性质称为耐燃性，它是影响建筑物防火和耐火等级的重要因素。建筑材料按其燃烧性质分为以下四级：

①不燃性材料（A级）；

②难燃性材料（B1级）；

③可燃性材料（B2级）；

④易燃性材料（B3级）。

3.4　材料与水有关的性质

3.4.1　材料的亲水性与憎水性

材料与水接触时，根据材料表面被水润湿的情况，分为亲水性材料和憎水性材料两类。

润湿就是水被材料表面吸附的过程，它和材料本身的性质有关。如材料分子与水分子间的相互作用力大于分子本身之间的作用力，则材料表面能被水所润湿。此时，在材料、水和空气三相的交点处，沿水滴表面所引的切线与材料表面所成的夹角（称润湿角）$\theta<90°$（见图3-1*a*），这种材料称为亲水材料。润湿角θ愈小则材料润湿性愈好。如材料分子与分子间的相互作用力小于水分子本身之间的作用力，则材料表面不能被水润湿，此时，润湿用$\theta>90°$（如图3-1*b*），这种材料称为憎水材料。

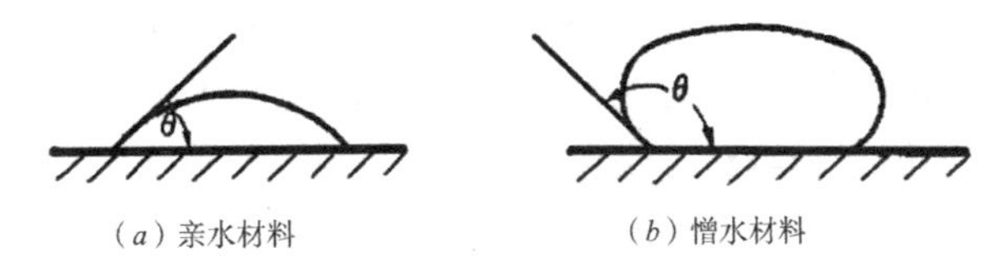

（*a*）亲水材料　（*b*）憎水材料

图3-1　材料的润湿角

憎水性材料具有较好的防水性、防潮性，常用作防水材料，也可用于对亲水性材料进行表面处理，以降低吸水率，提高抗渗性。大多数园林工程材料属于亲水性材料，如混凝土、钢材、木材、砖、石等；大部分有机材料属于憎水性材料，如沥青、石蜡、塑料等。但是，孔隙率较小的亲水性材料同样也具有较好的防水性、防潮性，仍可作为防水或防潮材料使用，如水泥砂浆、水泥混凝土等。

3.4.2　吸水性与吸湿性

1. 吸水性

吸水性是材料在水中吸收水分的性质，用质量吸水率或体积吸水率来表示。两者分别是指材料在吸水饱和状态下，所吸水的质量占材料绝干质量的百分率，或所吸水的体积占材料自然状态体积的百分率。

吸水率按式（3-13）计算：

$$W=(m_1-m)\ /m\times100\% \qquad (3\text{-}13)$$

式中　W——材料的质量吸水率（%）；

m——材料在干燥状态下的质量；

m_1——材料在吸水饱和状态下的质量。

吸水率主要与材料的孔隙率，特别是开口孔隙率有关，并与材料的亲水性和憎水性有关。孔隙率大或表观密度小，特别是开口孔隙率大的亲水性材料具有较大的吸水率。多孔材料的吸水率一般用体积吸水率来表示。若是封闭孔隙，水分就难以渗入。粗大的孔隙，水分虽然容易渗入，但仅能润湿孔壁表面，而不易在孔隙内存留，所以有封闭孔隙或粗大孔隙的材料，它的吸水率是较低的。

材料的吸水率可直接或间接反映材料的部分内部结构及其性质，即可根据材料吸水率的大小对材料的孔隙率、孔隙状态及材料的性质做出粗略的评价。

2. 吸湿性

材料不但能在水中吸收水分，也能在空气中吸收水分，所吸水分随空气湿度的大小而变化。材料在潮湿空气中吸收水分的性质称为吸湿性。材料孔隙中含有水分时，则这部分水的质量与材料质量之比的百分数叫作材料的含水率，与空气湿度达到平衡时的含水率称为平衡含水率。建筑材料在正常使用状态下，均处于平衡含水状态。

材料的吸湿性主要与材料的组成、孔隙含量，特别是毛细孔的含量有关。

材料吸水或吸湿后，可削弱材料内部质点间的结合力或吸引力，引起强度下降，表观密度增加，导致体积膨胀。同时也使材料的导热性增加，几何尺寸略有增加，而使材料的保温性、吸声性下降，并使材料受到的冻害、腐蚀等加剧。由此可见吸水使材料的绝大多数性质下降或变差。

绝热材料吸收水分后，导热系数提高，绝热性能降低。

3.4.3 耐水性

材料长期在饱和水作用下不被破坏，强度也无显著降低的性质称为耐水性。随着含水量的增加，由于材料内部分子间的结合力减弱，强度会有不同程度的降低。如花岗岩长期浸泡在水中，强度将降低3%左右，而普通黏土砖和木材所受的影响更为明显。材料的耐水性用软化系数表示，可按式（3-14）计算：

$$软化系数=\frac{材料在吸水饱和状态下的抗压强度}{材料在干燥状态下的抗压强度}\times 100\% \tag{3-14}$$

软化系数的范围波动为0～1。位于水中和经常处于潮湿环境中的重要构件，须选用软化系数不低于0.75的材料。软化系数大于0.80的材料，通常可认为是耐水的。

对于结构材料，耐水性主要指强度变化；对装饰材料，耐水性则主要指颜色的变化、是否起泡、起层等，即材料不同，耐水性的表示方法也不同。

材料的耐水性主要与其组成、在水中的溶解度和材料的孔隙率有关。溶解度很小或不溶的材料，则软化系数一般较大；若材料可微溶于水，且含有较大的孔隙率，则软化系数较小或很小。

3.4.4 抗渗性

抗渗性是指在压力水或其他压力液体作用下，材料抵抗水或其他液体渗透的性质。抗渗等级用材料抵抗压力水渗透的最大压力值来确定。抗渗等级愈大，则材料的抗渗性愈好。材料的抗渗性可用渗透系数K表示。渗透系数越大，材料的抗渗性越差。渗透系数按式（3-15）计算：

$$K=\frac{Q}{Ft}\cdot\frac{d}{H} \tag{3-15}$$

式中　K——渗透系数［$cm^3/(cm^2\cdot h)$或cm/h］

Q——渗水量（cm^3）；

F——渗水面积（cm^2）；

d——试件厚度（cm）；

H——渗水高度（cm）；

t——渗水时间（h）。

材料抗渗性的高低与材料孔隙特征及内部的孔隙率，特别是开口孔隙率有关，并与材料的亲水性和憎水性有关。开口孔隙率越大，大孔含量越多，则抗渗性越差。绝对密实或具有封闭孔隙的材料，实际上是不透水的。此外，材料毛细管壁是亲水的或憎水的，对抗渗性也有一定的影响。

材料的抗渗性也可用抗渗标号来表示，即在规定试验方法下，材料所能抵抗的最大水压力来表示。如P2、P4、P6、P8等，分别表示可抵抗0.2MPa、0.4MPa、0.6MPa、0.8MPa的水压力。如混凝土的抗渗标号是按标准试件在28天龄期所能承受的最大水压确定。

水池、基础、管道及水工构筑物等，因为经常受压力水的作用，所用材料应具有一定的抗渗性，所以防水材料应具有很好的抗渗性。

材料的抗渗性与材料的耐久性（抗冻性、耐腐蚀性等）有着非常密切的关系。一般而言，材料的抗渗性越高，水及各种腐蚀性液体或气体越不易进入材料内部，则材料的其他耐久性越高。

3.4.5　抗冻性

抗冻性是材料在吸水饱和状态下，经受多次冻结和融化作用（冻融循环作用）抵抗破坏保持其原有性质，强度也无显著降低的性质。对结构材料主要指保持强度的能力。以试件能经受的冻融循环次数表示材料的抗冻标号。抗冻标号用材料在吸水饱和状态下（最不利状态），经冻融循环作用，强度损失和质量损失均不超过规定值时所能抵抗的最多冻融循环次数来表示。如F25、F50、F100、F150等，分别表示材料在经受25、50、100、150次的冻融循环后仍可满足使用要求。

材料在冻融循环作用下遭到破坏，是由于材料内部毛细孔隙及大孔隙中的水结冰时的体积膨胀（约9%）造成的。膨胀会对材料孔壁产生巨大压力，由此产生的拉应力超过材料的抗拉强度极限时，材料内部则产生微裂纹，强度下降。此外在冻结和融化过程中，材料内外的温差所引起的温度应力也会导致微裂纹的产生或加速微裂纹的扩展。材料抗冻性的高低取决于材料吸水饱和程度和材料对结冰时体积膨胀所产生的压力的抵抗能力。

材料强度越高，抵抗冻害的能力越强，即抗冻性越高。

材料的其他耐久性指标往往与材料抗冻性的好坏有很大关系。一般地，材料的抗冻性越高，则材料的其他耐久性也越高。

抗冻性良好的材料，对于抵抗温度变化、干湿交替等风化作用的性能也强。所以抗冻性常作为矿物材料抵抗大气物理作用的一种耐久性指标。处于温暖地区的风景园林建筑物，虽不会遭受冰冻作用，但为抵抗大气的风化作用，确保其耐久性，对材料往往也提出一定的抗冻性要求。

材料的抗冻性大小与材料的孔隙率和开口孔隙率（一般情况下，孔隙率越大，特别是开口孔隙率越大，则材料的抗冻性越差）、孔隙的充水程度和材料本身的强度、材料的构造特征、变形特点、含水程度等因素有关。通常，密实的以及具有闭口孔的材料有较好的抗冻性。具有一定强度以及受力变形较大的材料对冰冻有一定的抵抗能力；材料含水率越大，冰冻破坏作用愈大。此外，经受冻融循环的次数愈多，材料破坏愈严重。

为提高材料的抗冻性，在生产材料时常有意引入部分封闭的孔隙，如在混凝土中掺入引气剂。这些引入的闭口孔隙可切断材料内部的毛细孔隙，当开口的毛细孔隙中的水结冰时，所产生的压力可将开口孔隙中尚未结冰的水挤入无水的封闭孔隙中，即这些封闭的孔隙可起到卸压的作用。

材料经多次冻融循环后，表面将出现裂纹、剥落等现象，造成质量损失、强度降低。这是由于材料内部孔隙中的水分结冰时体积增大（约9%）对孔壁产生很大的压力（可达100MPa左右），冰融化时压力又骤然消失所致。无论是冻结还是融化过程都会使材料冻融交界面产生明显的压力差，并作用于孔壁，使之破损。

材料的抗冻性试验是指材料吸水饱和后，在一定的冻融制度下冻结和融化，经过规定次数的冻融循环后，测定其强度损失、质量损失或动弹性模量降低值来衡量材料的抗冻性。

对于冬季室外温度低于-10℃的寒冷地区，风景园林工程中使用的材料必须进行抗冻性检验。

3.4.6 材料的耐腐朽性

金属类的材料在使用环境中主要是遭受氧化腐蚀，尤其是在一定湿度的情况下。有了水，金属类的氧化锈蚀作用更加显著，而且这种侵蚀作用常伴有电化学腐蚀，使腐蚀作用加剧。防止金属材料腐蚀的主要措施是在金属表面进行处理，如加设镀层或涂敷涂料。

无机非金属材料在环境中受到的侵蚀作用主要是溶解、溶出、碳化及酸、碱或盐类的化学作用。如水泥及混凝土构筑物受到流动的软水作用，其内部成分会被溶解和溶出，使结构变得疏松，当遇到酸、碱或盐类时，还可能发生化学反应从而使结构遭受破坏。

一般来说，有机材料对酸类、碱类均有较好的抗侵蚀能力。

为了提高抗侵蚀能力，应针对侵蚀环境的条件选取适当的材料，在侵蚀作用剧烈的条件下，还应采用表面保护层的做法。

3.5 材料的力学性质

3.5.1 材料的受力变形

材料在外力作用下产生变形，当外力取消后，变形随即消失，能完全恢复到原来状态，材料的这种完全消失的变形称为弹性变形。材料的弹性变形曲线如图3-2所示。材料的弹性变形与外力（荷载）成正比。明显具备这种特征的材料称为弹性材料。

材料在外力作用下产生变形，当外力取消后，材料仍保持变形后的形状和尺寸，这种变形称为塑性变形（或永久变形）。具有较高塑性变形的材料称为塑性材料。许多材料受力不大时，仅产生弹性变形，受力超过一定限度后，即产生塑性变形，如建筑钢材。有的材料在受力时弹性变形和塑性变形同时产生（图3-3）。如果取消外力，则弹性变形a可以消失，而其塑性变形b则不能消失，如混凝土。

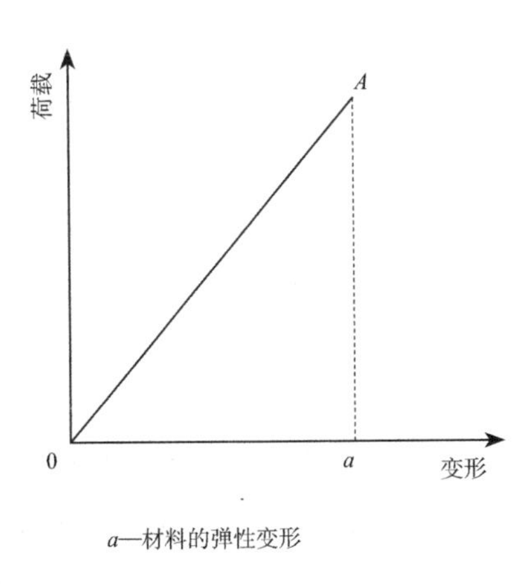

图3-2　材料的弹性变形曲线

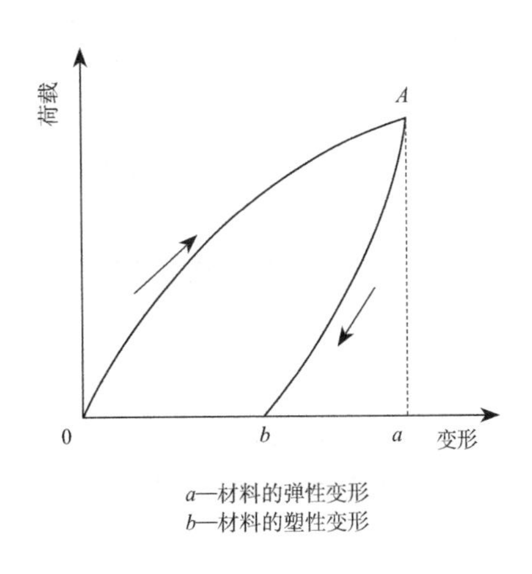

图3-3　材料的弹塑性变形曲线

材料在恒定荷载下，随时间而缓慢增长的不可恢复的变形称为徐变变形，简称徐变。徐变属于塑性变形。作用的外力越大，则徐变越大，最后使材料趋于破坏。受力初期，材料的徐变速度较快，后期逐步减慢直至趋于稳定。晶体材料（如岩石）的徐变很小，而非晶体材料及合成高分子材料（如木材、塑料等）的徐变较大。

3.5.2　材料的强度

材料在外力或应力作用下，抵抗破坏的能力称为材料的强度，并以材料在破坏时的最大应力值来表示。

当材料承受外力时，内部就产生应力。外力逐渐增加，应力也相应增大，直到材料内部质点间的作用力不再能抵抗这种应力时，材料即被破坏，此时的极限应力就是材料的强度。

材料的破坏实际上是固体材料内部质点化学键的断裂。固体材料的强度决定于各质点间的结合力，即化学键力。对无缺陷的理想化固体材料（包括不含晶格缺陷），其理论强度，即材料所能承受的最大应力，是克服固体材料内部质点间结合力形成两个新的表面所需的力。实际材料内部常含有大量的缺陷，如晶格缺陷、孔隙、微裂纹等。材料受力时，在缺陷处形成应力集中，导致强度降低。根据受力形式，材料强度分为抗压强度、抗拉强度、抗折强度、抗剪强度等，如图3-4所示。

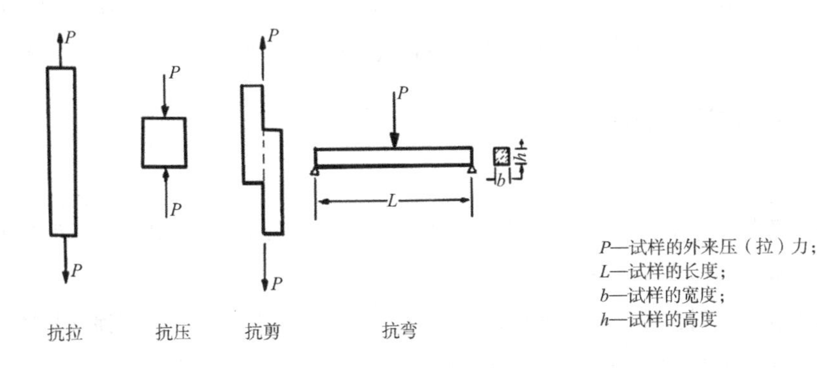

图3-4　材料承受各种外力示意图

材料的实际强度常采用破坏性试验测定。将试件放在材料试验机上，施加荷载，直至破坏，根据破坏时的荷载，即可计算材料的强度。

材料的抗压、抗拉及抗剪强度的计算如式（3-16）所示：

$$R=P/F \tag{3-16}$$

式中　R——材料的极限强度（MPa）；

P——材料破坏时最大荷载（N）；

F——试件受力截面面积（mm^2）。

材料的抗弯强度与试件受力情况、截面形状及支承条件有关。一般试验方法是将条形试件（梁）放在两支点上，中间作用一集中荷载。对矩形截面试件，其抗弯强度用式（3-17）计算：

$$R_w=\frac{3PL}{2bh^2} \tag{3-17}$$

式中　R_w——抗弯极限强度（MPa）；

P——弯曲破坏时最大荷载（N）；

L——两支点的间距（mm）；

b、h——试件截面的宽、高（mm）。

大部分材料根据其极限强度的大小，划分为若干不同的强度等级或标号。砖、石、水泥、混凝土等材料，主要根据其抗压强度划分强度等级或标号。建筑钢材的钢号主要按其抗拉强度划分。将建筑材料划分为若干强度等级或标号，对掌握材料性能、合理选用材料、正确进行设计和控制工程质量，是十分必要的。

材料的强度主要取决于材料成分、结构及构造。不同种类的材料，其强度不同；即使同类材料，由于组成、结构或构造的不同，其强度也有很大差异。疏松及孔隙率较大的材料，其质点间的联系较弱，有效受力面积较小，孔隙附近产生应力集中，故强度低。某些具有层状或纤维状构造的材料在不同方向受力时所表现的强度性能不同，即所谓各向异性。

材料的强度除与材料内部的因素（组成、结构）有关外，还与外部因素有关，即与材料的测试条件也有很大关系。

当加荷速度较快时，由于变形速度往往落后于荷载的增长，故测得的强度值偏高；而加荷速度较慢时，则测得的强度值偏低；当受压试件与钢板间无润滑作用时（即未涂石蜡等润滑物），加压钢板对试件的两个端部的横向约束限制了试件的开裂，因而测得的强度值偏高；试件越小，上述约束作用越大，且含有缺陷的概率越小，故测得的强度值偏高；受压试件以立方体试件测得值高于棱柱体试件测得值；一般温度较高时，测得的强度值偏低。材料的抗压、抗拉、抗剪、抗弯强度计算公式见表3-4。

3.5.3 材料的脆性与韧性

1. 脆性

脆性是材料在荷载作用下，当受力达到一定程度后，突然破坏，而在破坏前无明显的塑性变形，表现为突发性破坏的性质。

脆性材料的特点是材料在外力作用下接近破坏时，塑性变形很小，且抗压强度与抗拉强度的比值较大（5~50倍）。脆性材料主要用于承受压力。砖、石材、陶瓷、玻璃、普通混凝土、普通灰铸铁等无机非金属材料多属于脆性材料。

材料的抗压、抗拉、抗剪、抗弯强度计算公式　　表3-4

强度类别	受力作用示意图	强度计算式	附注
抗压强度 f_c（MPa）		$f_c=\frac{F}{A}$	F——破坏荷载（N） A——受荷面积（mm^2） l——跨度（mm） b——断面宽度（mm） H——断面高度（mm）
抗拉强度 f_t（MPa）		$f_t=\frac{F}{A}$	
抗剪强度 f_v（MPa）		$f_v=\frac{F}{A}$	
抗弯强度 f_{tm}（MPa）		$f_{tm}=\frac{3Fl}{2bh^2}$	

2. 韧性

韧性又称冲击韧性，是材料抵抗冲击振动荷载的作用，而不发生突发性破坏的性质，或是在冲击振动荷载作用下，材料吸收较大能量、同时产生较大的变形而不致破坏的性质。

材料的冲击韧性可用具有一定形状和尺寸的试件（具有U形或V形缺口），在一次冲击作用下冲断时所吸收的功来表示，称为冲击吸收功；或用断口处单位面积所吸收的功来表示，称为冲击韧性值。韧性材料的特点是变形大，特别是塑性变形大，抗拉强度接近或高于抗压强度。脆性材料的冲击韧性很低。木材、建筑钢材、橡胶等属于韧性材料。钢材的抗拉和抗压强度都很高，韧性也高，它既适用于承受压力，也适用于承受拉力及弯曲，可用于地面、轨道、吊车梁等有动力荷载作用的部件。

3.5.4　材料的硬度与耐磨性

1. 硬度

硬度是材料抵抗较硬物体压入或刻画的能力。不同材料的硬度测定方法不同。木材、钢材、混凝土、矿物材料等多采用钢球或钢锥（圆锥或角锥）压入法来测定。矿物材料有时也用刻画法（又称莫氏硬度）测定，并划分有十级，由小到大为滑石1、石膏2、方解石3、萤石4、磷灰石5、正长石6、石英7、黄玉8、刚玉9、金刚石10。

此外，材料的硬度还可用钻孔、射击等方法测定。

一般来说，硬度大的材料耐磨性较强，但不易加工。在工程中，有时可用硬度间接推算材料的强度。

2. 耐磨性

耐磨性是材料表面抵抗磨损的能力，材料的耐磨性以磨损前后单位表面的质量损失，即磨损率（B）表示，其计算公式为：

$$B=\frac{m_1-m_2}{A} \tag{3-18}$$

式中　B——材料的磨损率（g/cm^2）；

m_1、m_2——分别为材料磨损前、磨损后的质量（g）；

A——试件受磨损的面积（cm^2）。

材料的耐磨性与硬度、强度及内部构造有关。材料的硬度愈大，则其耐磨性愈高。

地面、路面、楼梯踏步及其他有较强磨损作用的部位等，需选用具有较高硬度和耐磨性的材料。

3.6 材料的景观性质

风景园林工程材料的景观性质既包括风景园林植物的美学特性，也包括用于园林建筑物或构筑物内外墙面、地面和顶棚等的结构材料、饰面材料的美学特征，还包括用于构建风景园林设施的各种材料的美学特征，以及各种硬质活动场地的饰面材料的美学特征。利用这些饰面材料修饰风景园林建筑结构的面层，能大大地改善建筑物的艺术形象。饰面材料在园林建筑中是一种不可或缺的材料。对装饰要求较高的建筑，用于装饰上的费用常常高达建筑总造价的30%，甚至高达50%。

材料的景观性质主要体现在材料的颜色、光泽、透明性、花纹图案、形状、尺寸、质感等方面。

3.6.1 色彩

材料的颜色并非材料本身所固有，而是决定于材料对光的反射。不同的光源射在同一物体上，会有不同的颜色。从物理上讲，颜色是光能的集中反映，无光即无色。从生理、心理上讲，颜色是眼部神经与脑感应的结果，它是一种感受。不同的颜色给人以不同的感觉、不同的感情。因此，材料的颜色是选材的重要因素。

材料色彩的形成与两方面有关，一是光的存在，是客观的；二便是眼睛的感知，是主观的。因此，我们看到的色彩现象，是融合了客体存在和主观感受的复杂现象。物体所呈现出的颜色又包含两个概念：一是物体在自然光下所呈现出来的本真色彩——固有色；二是物体在人工照明环境下所呈现出的更为绚丽多姿的色彩——显现色。由此看来，材料的本体、光源的性质以及眼睛直达大脑的主观感受，这三个方面决定了我们对物体色彩的视觉。

1. 固有色

自然地理环境的差异直接影响了传统建筑材料的固有色。不论是石材、木材还是砖瓦，这些取自大地的材料，都或多或少地受到当地土壤和形成条件的影响，这也使得这些材料天生就带有本土地域的烙印。

材料的固有色彩，即材料的天然色彩属性是设计创作中可贵的色彩，必须充分发挥其色彩的美感属性，力求避免因为人为的设计因素削弱或影响材料色彩的美感功能的发挥，而应当运用对比、点缀等设计手法去加强其色彩的美感功能和天然色彩的自然状态，丰富其表现力。

2. 人工色

这些传统材料在为人所使用的过程中，或多或少地经过了人的再次加工，其色彩也便与最初的固有色（彩图3-5）有所不同了。砖在历经不同的烧制技术程序之后，有黄赭色和青灰色之别，并可能留下各种不同纹理的瘢痕，木材若经过化学和物理两种不同的防腐处理之后，可变得更加黄绿或深褐。也正是因为传统材料取自自然的原因，其色彩多灵活不一，与人工材料的均一性形成了对比，传统材料细微的色彩变化使其在大面积的铺设中，也不会显得呆板乏味，更增添了几分灵动的自然气息。例如，砖块在焙烧的过程中，由于摆放和受热不均所产生的印迹，使得每块砖头的色彩图案不均，在大面积的墙砌体中，避免了呆板封堵的感觉，一定程度上削减了墙体的体量和阻挡感（彩图3-6）。

3. 环境色

任何一件物体都不可能单独地呈现在我们眼前，都有它所处的环境。因此我们看到的不仅有物体本身，也包括这个物体所处的环境背景。更确切地说，我们在观察一件物体的时候，就相当于把这个物体自身的性质同它所处的背景联系起来。鲁道夫·阿恩海姆（Rudolf Arnheim）曾说："同一种颜色处在两种截然不同的背景之下就不再是同一种颜色了……这就意味着，一种颜色的特征不在于其本身，而是通过这种颜色与外界的关联而确立的"。

3.6.2　光泽

光泽是材料表面方向性反射光线的一种特性。材料表面愈光滑，则光泽度越高。在评定材料的外观时，其重要性仅次于色彩。

光线射到物体上，一部分被反射，一部分被吸收，如果是透明的，则有部分光线透过物体。若被反射光线分散在各个方向，称漫反射；若反射光线与光线的入射角集中对称，则称镜面反射。镜面反射是材料产生光泽的主要原因，即光泽是光线入射于物体，受其表面反射或曲折变化而发生的光辉。不同的光泽度，可改变材料表面的明暗程度，并可扩大视野或造成不同的虚实对比。

光泽度是指光在物体表面正反射的程度，即正反射光占入射光的百分率。材质光泽的强弱与材料种类、构造特征、加工工艺、光线射到板面上的角度、材质的切面等因素有关。一般来说，具有侵填体的材质和打磨程度较高的表面，如檫木和光面石材等，常具有较强的光泽，例如，木材径切面对光线的反射较弦切面为强，石材的抛光面比锯解面光泽要强，材质在直射光下比漫射光下的光泽要强。

各种天然材质除正反射之外，尚具有较强且各向异性的内层反射，产生特色各异的光泽，如汉白玉的晶莹剔透，檀木材质的油润等，这是仿制品很难模拟的。研究表明，材质的光泽与材质的反射特性有直接联系，当入射光与结晶或纤维方向平行时反射量大，而当相互垂直时反射量较小，因此不同观看方向所呈现的材色也不一样。例如，家具表面粘贴不同纹理方向的薄木后呈现不同的颜色，当用木纹纸贴面时表面就不存在这种方向性，这就是家具档次不同的原因之一。从材料表面柔和的亚光到光滑的高光，我们体验到的是触觉的舒适和视觉的悦目，这是材料的重要表现特征。

3.6.3　透明度

透明度是光线透过材料的性质。根据透明度可将材料分为透明体（可透光、透视）、半透明体（透光但不透视）和不透明体（不透光、不透视）。利用不同的透明度可隔断或调整光线的明暗，营造特殊的光学效果，也可使物象清晰或朦胧。

3.6.4 纹样

在生产或加工材料时，利用不同的工艺将材料的表面做成各种不同的表面组织，或密实，或疏松，或细致，或粗糙，或平整，或光滑，或镜面，或凹凸，或麻点等；或将材料的表面制作成各种花纹图案（或拼镶成各种图案），如山水风景画、人物画、仿木花纹、陶瓷壁画、拼镶陶瓷砖等。

材料的形状和尺寸对饰面景观效果有很大的影响。将板材和砖块做成一定的形状和尺寸，以便拼装成各种线条或图式。改变装饰材料的形状和尺寸，并配合花纹、颜色、光泽等可拼镶出各种线形和图案，从而获得不同的景观效果，最大限度地发挥材料的装饰性。

纹理美：不同的材质有不同的花纹质地，金属的辉光、皮革的纹理、木材的生长轮都诠释着材质的纹理美，材质的纹理无论如何切削，在径切面和横切面上都是彼此自由的、随机的、近于鬼斧神工的，绝不会有相同的图案。例如，胡桃木颜色较深、樱桃木色泽较浅，但无论颜色如何变化，其内在的纹理、树节和刺纹都能够被看见，这种天然的图案对于木材本身来说，也许是一种瑕疵，但在设计师眼中，则是一种造美的素材。

3.6.5 质感

质感是材料的表面组织结构、花纹图案、颜色、光泽、透明度等给人的一种综合感觉。材料的质感不仅取决于饰面材料的性质，而且还取决于生产工艺、表面处理形式及施工方法。剁斧成粗糙面的花岗石粗犷，磨光的花岗石板显得华贵。对于与人们活动密切接触的部位，选择有良好质感的材料就显得特别重要。

材料的质感会通过不同的形式感作用于人们的审美感知，我们根据视觉、触觉和综合心理反应的特定方式，感受到材料丰富的质感。材料的质感所呈现出的丰富的表现形式，本身就具有天然的审美特征，从客观上讲材料的物质属性决定了它的外观形式，是无法根据人的主观愿望而改变的，同时它又影响着人的主观感受，引起人们不同的审美反映，因而材质本身具有很强的感染力和表现力。传统材料的审美特征极为丰富，并在室内外空间中得到广泛的运用。任何材料都有作用于感官的表面质感，质感可分为触觉质感、视觉质感、听觉质感、嗅觉质感和心理质感五类。

视觉质感美：感知材料的色泽、纹样、肌理、明暗、造型、大小、凹凸等。

触觉质感美：感知材料的光滑和粗糙、温暖和寒冷、干燥和潮湿、柔软和坚硬、轻盈和沉重。

听觉质感美：感知材料的个体美妙声音、群体美妙声音、群体环境美妙声音。

嗅觉质感美：感知材料心神气爽的芳香，呼吸材料净化、释放的清新空气等。

心理质感美：不同的材质体现着不同的心理审美感受。石头使人感知到古朴、沉稳、庄重、神秘、坚实，木材使人感知到自然、健康、典雅、亲切、灵巧，金属使人感知到工业、力量、沉重、精确、坚硬、尖锐，玻璃使人感知到整齐、光洁、锋利、艳丽，有些材料还能让人感知到安全、紧张、华贵、舒适与柔和等。

材料的质感之间有着相对关系：水刷石相对于毛石就是细质感，而相比于木材，就是粗质感。各种材料的质感都具有不同的表情，其中粗质感调子性格粗放，显得粗犷有力，表情倾向于庄重、朴实、稳健；细质感调子性格细腻、柔美，显得精细、华贵，表情倾向于轻松和快乐；中间质感调子性格中庸，是两者的中间状态，但表情丰富，耐人寻味。相似材质的配置，如开放性空间中的地面材料、座凳座椅材料、设施小品材料等，同是木质材料，但各有差异，在材质上可形成微差上的美感。对比材质的配置，如粗犷、闪光、凹凸、纹理鲜明的强质材料，在空间中具有吸引视觉的诱惑力，而柔软、平滑、无光、不显眼的弱质材料，往往在空间中起抑制作用。强质与弱质材料的对比使用使空间层次加强，主从关系明晰，通过材质对比，可以显示材质的表现力，展示其美感属性。

3.6.6 肌理

"肌"，是物质的表皮;"理"，是物质表皮的纹理。肌理是指材料本身的肌体形态和表面纹理，而表面纹理质地基本上介于光滑和粗糙两者之间。人们对材料视觉肌理的判定往往依赖于光。表面越光滑的材料反射比越高，越具有镜面的效果，使人觉得精密、光洁、充满现代感；而表面肌理越粗糙的材料，越会产生漫反射，给人以自然、亲切，甚至原始、粗犷的印象，使人觉得返璞归真，有浓郁的历史传统韵味。传统工程材料的肌理往往具有后者的特点。

材料的肌理有一次性肌理和二次性肌理之分。一次性肌理一般指材料在自然生成过程中自身结构的纹理、凹凸、图案的外在表现形式，如石材、木材、竹材等材料表面或切面的纹理；二次性肌理是在一次性肌理的基础上以人为加工为主形成新的肌理，也可称为人为肌理。任何物质表面都有其固有的肌理形式，它代表材料表面的质感，体现物质属性的形态，这种肌理形式是我们认识物质的最直接的媒介，也是研究视觉肌理形态的实质。

1. 自然肌理

物体表面都有一层"肌肤"，在自然的造化中，它有着各种各样的组织结构，或平滑光洁，或粗糙斑驳，或轻软疏松，或厚重坚硬。这种物体表面的组织纹理变化，使之形成一种客观的自然形态，即肌理，从而给人以不同的视觉感受。肌理并不都能给人带来美感，只有当它在一个适合的空间、适合的环境、适合的光线之中才能呈现其最美的一面，这也需要人们去观察、去挖掘。

2. 人工肌理

人工肌理是由人工造就的现实纹理，即原有材料的表面经过加工改造，与原有肌理不一样的一种形式。通过雕刻、压揉等工艺，再次进行排列组合而形成。天然花岗石经过人工加工可以做成如彩图3-7所示的光面、荔枝面、自然面、烧面等不同的人工肌理形式。

3. 造型肌理

材料的肌理在当代环境艺术设计中加入了更加多维、模糊、综合、多元的空间感，使材料本身所具有的潜在视觉美感得以更大程度地发挥。越来越多的当代设计将肌理的美感作为增强视觉冲击力的重要表现手段，越来越重视对物质材料的选择和肌理的再创造，探求其深邃的艺术语言表达方式。

质感与肌理是材料装饰性质中易被忽视却十分重要的性质，是材料被人的视觉与触觉感知经过大脑综合处理产生的印象。它们不像材料的形态和色彩图案那样直观明了，而是需经仔细观察品味方能觉察其本质所在。材料的质感和肌理经过组合能形成整个景观的质感和肌理。

风景园林师只有充分了解材料的特性，理解材料的质感和肌理所表达的内涵，才能设计好风景园林。选择风景园林工程材料时应结合景观的特点、环境（包括周围的建筑物）、空间及材料使用的部位等，充分考虑材料的性质，最大限度地表现出风景园林材料的景观效果。

3.6.7 形态

1. 自然形态

传统材料在自然中存在的天然形态，被人类采伐之后直接运用到人工环境中，便是中国古代园林的用材方法之一。最大限度地运用自然材料，极尽所能展现其独到的美姿，表现了古人对自然的向往与崇敬。古往今来的设计师常选用形体最具代表性的原材料，充分展示材料本身的形体美和自然界的奇妙恩赐。

2. 人工形态

就个体而言，砖、瓦是一种有着标准尺寸的材料单位，而石和木则依照开采和加工方式的不同，尺度变化较之砖瓦更为丰富。

3. 艺术形态

传统建筑材料可用纯砖瓦组成席纹、人字纹、间方、斗纹；用砖瓦为图案界线，可镶以各色卵石及碎瓦片，组成六角、套六角、套六方、套八方等图案；以碎瓦、石片、卵石混合砌成海棠、十字灯景；以色彩鲜艳的瓷片铺成动植物图案，如“暗八仙”、“五福（五蝙蝠）捧寿（松鹤）”（彩图3-8）、“六（鹿）合（鹤）同（桐树）春”等。有的以地面铺装为环境背景，创造出图案之外的意境和韵味。

3.7 抗风化性

抗风化性是指材料在环境中，抵抗干湿变化、温度变化、冻融变化等气候作用的能力。

一般来说，吸水率较小的材料（尤其是饱和系数小的材料）和抗冻性较好的材料，其抗风化性能均较好，因此往往通过对材料的吸水率、饱和系数和抗冻性的测定来评价材料的抗风化性能。

3.8 材料的耐久性与环境协调性

3.8.1 材料的耐久性

材料在风景园林中正常使用时长期抵抗各种自然因素或腐蚀介质的侵蚀，在规定使用期限内不破损，保持其原有性质的能力称为材料的耐久性。材料的耐久性是材料的一种综合性质，一般包括有抗渗性、抗冻性、耐腐蚀性、抗风化性、抗老化性、抗碳化性、耐热性、耐溶蚀性、耐化学侵蚀性、耐磨性、耐光性等多项。

对材料耐久性的主要要求随材料的组成、性质和功能的不同而不同。如结构材料主要要求强度不显著降低，满足结构力学要求，而装饰材料则主要要求色彩、光泽、图案尺寸等不发生显著变化，满足面饰景观要求等。

对材料耐久性年限的要求除因材料的组成和性质不同而不同，还随工程的重要性及所处环境的不同而不同。如在一般使用条件下，普通混凝土的耐久性使用寿命在50年以上，花岗岩的耐久性使用寿命在数十年甚至数百年以上，而质量上乘的外墙涂料的耐久性寿命多在10~15年。

工程上应根据工程的重要性，所处环境及材料的组成、特性，正确、合理地选择材料的耐久性。

3.8.2　耐老化性

高分子材料在光、热、大气（氧气）作用下，其组成和结构发生变化，致使其性质变化，如失去弹性、出现裂纹、变硬、变脆、变软、发黏，失去原有的使用功能，这种现象称为老化。聚合物的老化主要是由于高分子发生交联或裂解两类不可逆的化学反应造成的。交联是指分子从线型结构转变为体型结构的过程，交联反应使高分子材料变硬、变脆，失去弹性、塑性。裂解是指分子链发生断裂，相对分子质量降低，但不改变其化学组成的过程，裂解反应使高分子材料变软、发黏，丧失机械强度。常用的防老化措施主要有改变聚合物的结构、涂防护层的物理方法和加入防老化剂的化学方法。

3.8.3　材料的环境协调性

传统工程材料在为人类社会风景园林事业作出重大贡献的同时，给环境也带来了压力。传统工程材料资源消耗大、能源消耗高、环境污染重，这些都成了传统材料业可持续发展的瓶颈。研究开发与环境协调的新型材料是风景园林材料业走可持续发展之路的重要举措。所谓材料的环境协调性，是指材料所用的资源和能源的消耗量最少，生产与使用过程对生态环境的影响最小，再生循环率最高。正因为如此，生态环境材料正日益受到人们的垂注。

生态环境材料，也可以指那些直接具有净化和修复环境等功能的材料。这类材料的共同特点就是资源和能源消耗少，对生态和环境污染小，再生利用率高，且从材料制造、使用、废弃直到再生循环利用的整个寿命过程，都与生态环境相协调。主要包括：环境相容材料（如木材、石材等纯天然材料，人工骨、人工脏器等仿生物材料，无毒装饰材料等生态建材等）、环境降解材料（如生物降解塑料等）、环境工程材料（如环境修复材料、分子筛、离子筛材料等环境净化材料）等。

3.9　耐久性的主要影响因素及保证措施

3.9.1　影响耐久性的主要因素

材料的内部因素是造成材料耐久性下降的根本原因。内部因素主要包括材料的组成、结构与性质。当材料的组成易溶于水或其他液体，或易与其他物质产生化学反应时，则材料的耐水性、耐化学腐蚀性等较差；无机非金属脆性材料在温度剧变时易产生开裂现象，耐急冷耐急热性较差；晶体材料较非晶体材料的化学稳定性高；当材料的孔隙率较大时，特别是开口孔隙率较大时，材料的耐久性往往较差；有机材料因含有不饱和键等，抗老化性较差；当材料强度较高时，则材料的耐久性往往较高。

外部因素也是影响材料耐久性的主要因素。外部因素主要包括各种酸、碱、盐及其水溶液，各种腐蚀性气体，对材料具有化学腐蚀作用或氧化作用；光、热、电、温度差、湿度差、干湿循环、冻融循环、溶解等对材料的物理作用；冲击、疲劳荷载；各种气体、液体及固体引起的磨损与磨耗等的机械作用和菌类、昆虫等使材料产生腐朽、虫蛀的生物破坏。

在实际工程的使用环境中，材料受到的外部破坏因素往往是两种以上因素同时作用的结果。金属材料常因化学和电化学作用而引起腐蚀和破坏；无机非金属材料常因化学作用、溶解、冻融、风蚀、温差、湿差、摩擦等引起破坏；有机材料常因生物作用、溶解、化学腐蚀、光、热、电等作用而引起破坏。

物理作用包括温度和干湿的交替变化，循环冻融等。温度和干湿的交替变化引起材料的膨胀和收缩，长期、反复的交替作用，会使材料逐渐破坏。在寒冷地区，循环的冻融对材料的破坏甚为明显。机械作用包括荷载的持续作用、反复荷载引起材料的疲劳、冲击疲劳、磨损等。化学作用包括酸、碱、盐等液体或气体对材料的侵蚀作用。生物作用包括昆虫、菌类等的作用而使材料蛀蚀或腐朽。

一般矿物质材料，如石材、砖瓦、陶瓷、混凝土、砂浆等，暴露在大气中时，主要受到大气的物理作用；当材料处于水位变化区或水中时，还受到环境水的化学侵蚀作用。金属材料在大气中易遭锈蚀。木材及植物纤维材料，常因虫蚀、腐朽而遭到破坏。沥青及高分子材料，在阳光、空气及热的作用下，会逐渐老化、变质而破坏。

3.9.2 材料的耐久性及其判断

对材料耐久性能的判断应在使用条件下进行长期的观察和测定，但这需要很长时间。因此通常根据使用要求使其在最不利的条件下进行相应的快速试验，如干湿循环、冻融循环、碳化、化学介质浸渍等试验，从而做出耐久性评价。

3.9.3 材料的耐久保证措施

为提高材料的耐久性，可根据使用情况和材料特点采取相应的措施，如设法减轻大气或周围介质对材料的破坏作用（降低湿度、排除侵蚀性物质等）；提高材料本身对外界作用的抵抗性（提高材料的密实度、采取防腐措施等）；也可用其他材料保护主体材料免受破坏（覆面、抹灰、油漆涂料等）。

第4章　风景园林工程材料的选配

4.1　材料选择与生态环境

4.1.1　材料的自然生态观

任何工程材料都来自于自然。今天做风景园林规划设计更须注意的一个重要问题就是生态环境问题。古代人口数量少，相对来说各种工程材料资源非常充足。然而，在人口爆炸的今天，相比人口数量自然资源已经非常有限，风景园林也是消耗地球资源的大行业之一，因此风景园林师不能不考虑这一严肃问题。

中国古人非常注重人和自然和谐共处。尽管古代各种哲学流派在政治观、道德观等方面千差万别，但在自然观方面却有惊人的相似。儒家注重“天人合一”，道家讲究“道法自然”，其他各家学说提倡“顺应自然，尊重自然”。按照自然规律做事，不破坏自然是人们自觉信守的格律。如古人伐树“必以时”，选择在秋冬两季砍伐已成材的树木，注重“春生，夏长，秋收，冬藏”，即按照自然规律，适时适事。这也是我们今天的生态观念。不仅要注意风景园林和周围自然环境的关系，还要注意风景园林工程材料和自然的关系，后者甚至比前者更重要。

4.1.2　材料与地理气候条件的关系

中国幅员辽阔，覆盖亚热带、温带、亚寒带等气候带，即使同一纬度，各地因地形差别气候也会不同。中国古代充满智慧的劳动人民因地制宜，适应当地地理气候条件，形成了较成熟的地区风景园林用材体系。如北方和西北寒冷干旱地区发展出生土工程材料和夯土建筑形式，中原地区古时因森林茂密木材成为主要建材，温暖潮湿的南方，除木、砖、石、青瓦外，还利用竹子和芦苇；在石料丰富的山区，石块、石条和石板不拘一格。这样，在不同地理气候条件下，形成了中国古代工程用材的多样化倾向。

4.1.3　材料与自然生态的关系

根据材料的生态性，风景园林工程材料可分为以下三类。

（1）可自然再生的材料。这类材料最生态，如木材、竹材、草材等植物性材料，生长于自然，用完之后最后回归到大自然，形成一个自然大循环的生态系统。

（2）不可自然再生，但可回收利用的材料。如金属、玻璃、石材等自然矿藏资源不可再生，但是使用过的废金属、玻璃和石材可以回收再利用，形成一种矿产资源社会小循环。

（3）不可自然再生，不可回收利用或只能部分回收利用的材料。这类材料最不生态，如混凝土、砖材、瓦材、陶瓷等。这类材料从自然界获取，通过冶炼烧制等加工技术，改变了材料原来的自然性质，使用完后，既不能回归自然，又不能回收利用，或不能完全回收利用，只能形成一种人工资源社会小循环。

中国古代风景园林用材除了园林植物外，主要有木、砖、土、石等，而现代风景园林中则大量使用钢、混凝土、玻璃以及其他金属材料、高分子材料。从总体来看，传统的风景园林工程材料多符合生态原则，现代材料符合生态原则的占少数。

木材从自然中来，又回到自然中去，属最生态的材料。

土从自然中来，也可以回到自然去，也是生态的材料。

石材从自然中来，虽然不能再回到自然去，但用过的石材可以再利用。

砖材虽从自然中来，但它不仅要消耗大量的黏土，还要消耗大量的燃料，被废弃以后又不能再回到自然，只能部分被再利用，给自然环境带来破坏。因此，在风景园林设计的材料选择上应尽量少用黏土砖，或收集旧建筑废弃的旧砖块。

在现代风景园林常用的材料中，钢、玻璃和其他金属虽不可再生，但可以回收再利用。尽管如此，废金属和废玻璃回收再冶炼需要消耗煤炭、石油等能源，且冶炼过程还会带来环境污染。

混凝土的生产需要消耗大量的自然资源和能源，并且其生产过程会对空气、水体等造成严重污染，混凝土基础会严重碱化周边土壤，引起周边园林植物生长不良，甚至死亡；作为建筑材料的混凝土被废弃以后很难回收再利用，更不能回归自然界，是最不生态的风景园林工程材料。基于生态，应尽量少用混凝土。

4.1.4 木质材料的生态优越性

中国古代风景园林建筑的主要材料是木材，从地球资源和自然生态的未来发展来看，未来最符合生态原则的风景园林建筑材料还是木材。为此，需要特别探讨一下木质材料的生态优越性。

（1）木材生产首先应该是科学、有计划地种植，种植到一定规模，生长到一定体量的时候才梳伐，梳伐的同时合理计划种植，种植的数量超过梳伐的数量，形成种植和梳伐的良性循环，如此木材就会取之不尽。木材生产不仅不会破坏环境，相反会大大改善环境。

（2）木材生产不需冶炼、烧制，不消耗能源，不污染环境，反而因树木吸收CO_2、蒸腾作用、吸附有害物质、滞尘等作用而大大改善环境质量。

（3）木质材料废弃后可以回归自然，不会给环境带来压力。

（4）研究发现，木质材料不仅对人体无害，且很多木材有益人体健康。

（5）木构建筑寿命长。尽管木构建筑耐腐蚀、耐虫蛀性差，需要保护，但这是相对的。许多风景区今天保存下来的古建筑，基本上都是木构建筑。这类建筑数量很多，一般都在百年以上。这说明木材本身就可以有这么长的寿命。而今天的混凝土建筑，其理论寿命多不到100年。

4.1.5 材料与生态成本的关系

风景园林规划设计的生态成本与风景园林工程材料的选择直接相关。

材料的生态成本既要考虑材料的采集成本、运输成本、加工成本和维修成本，更要考虑材料采集导致的水土破坏成本、资源消耗成本、环境修复成本等各方面的生态成本。

4.2　材料的选用原则

4.2.1　功能性原则

风景园林工程材料的作用是构筑风景园林建筑物及设施小品，美化园林环境。同时，根据活动空间、场地地形地貌的不同，其选用还应满足一定的功能要求。

风景园林墙柱外饰材料作为风景园林建筑物的外饰面，它对建筑物起保护作用，使建筑外部结构避免直接受到风吹、日晒、雨淋、冰冻等大气因素的影响，以及腐蚀性气体和微生物的作用，从而使风景园林建筑物的耐久性提高，使用寿命延长。利用园林植物、雕塑、灯光营造风景园林建筑物周围的艺术空间，既净化大气污染、增强空气含氧量与空气负离子水平、改变小区气候，又极大地改善了人们的居住和工作环境。水景各部位应具有防水、防渗漏、保护水体内部结构的作用，并能调节水景“小环境”。屋顶花园所选用的风景园林工程材料除了满足美化、防渗漏的需求外，还应满足屋顶承重、耐干旱的功能作用。

4.2.2　地方性原则

随着科技和交通的快速发展，材料的选择愈来愈多，区域性限制已不复存在，而地方材料不仅是体现地域特色、彰显地域文化的优良载体，也是降低工程造价、节约工程成本的重要措施。地方材料的运用一方面使材料本身较其他材料具有一定的价格优势，节约运输成本、损耗成本，减少后期管护成本，以利于建设节约型园林；一方面地方材料蕴涵着城市深厚的历史文化或民俗民风，在一定程度上能体现所属城市的特点，有利于城市特色的宣传，有利于城市独特名片的树立，有利于体现出城市连续而非断裂的地域性特征；此外，开发运用地方性特色材料或涉及地方特色传统工艺产品的用途转型，会促进一些传统工艺的保护和继承。当今科学技术日新月异，越来越多的新技术、新材料被应用到了风景园林建设中，将这些传统工艺产品当作景观材料来使用，不仅能充分反映地方特色，同时还能拯救濒临灭亡的传统工艺，促进传统工艺产业的新发展。

因此，在风景园林建设中应合理选用地方材料，改变过去地方材料不够时尚、档次低的错误价值观，要不断地将新技术、新活力注入传统材料工艺中，更好地发挥地方材料易于协调周围环境、充分高效利用自然资源、有利于可持续发展等优点。选用合适的园林材料既能在作品中传承地方文化，又能营造出符合现代审美标准的景观，这是时代赋予每个风景园林设计师的社会责任。

4.2.3　艺术性原则

风景园林不仅是一门自然科学，也是一门技术科学，更是一门艺术学。

风景园林建筑物与构筑小品的室内外地面、柱体、屋顶、墙体，广场与园路路面及照明灯具等部位通过风景园林工程材料的质感、线条、色彩的正确运用和搭配，可以增加其艺术魅力，更能体现风景园林的个性和主题。园林植物的姿、枝、叶、花、果、根千姿百态，丰富多彩，释氧增湿，呈现出多样的美。风景园林工程材料修饰美化的效果，由于区域不同、民族习俗不同、文化传统不同、历史不同、环境不同、时间不同、每个人的审美观不同而呈现多样化的风景园林效果。清新的空气、妩媚的阳光、清澈的水体、富有季相变化的美丽的花草树木及得体的风景园林建筑，每一样都是自然艺术的结晶，风景园林工程材料的选用会影响整体环境的和谐协调。因此选择材料时，需以艺术性为指导原则，以创造出具有艺术欣赏价值的景观。

4.2.4 节约性原则

2007年8月，建设部下发的《关于建设节约型城市园林绿化的意见》，对建设节约型园林绿化的重要意义、指导思想、基本原则和主要措施等作了规范和要求。2007年10月在嘉峪关市召开的全国节约型园林绿化经验交流会中，对建设节约型园林绿化进行了进一步研究讨论，并推广落实到全国各地的城市园林绿化建设中去。节约型园林建设俨然已成为中国城市绿地建设的主旋律。

目前，国内已经有很多关于节约型园林绿化方面的研究，对节约型园林的内涵、指导思想及其节地、节水、节能、节土、节材和节力等建设模式都有相应的理论研究和实践成果，但是具体到每一个单体建设模式，还缺少进一步的系统性研究。国内的一些致力于环保型材料研究的机构也推出了不少适用于园林建设使用的材料，如透水砖、透水胶粘自然石、粉煤灰砖等。这些材料已经在一定范围内得到了推广使用，并获得了一定的环保效益。

总体而言，中国的节材设计研究现状还处于较初级的阶段，虽在废旧材料再利用与新型环保材料的研发与推广方面有不少尝试，并取得了一定的成果，但尚无对过度设计、追求形式、忽视场所精神和后期维护管理等我国城市园林建设实践中园林材料设计和应用中存在的一些问题的深入研究，未能形成能指导设计和施工实践的系统性理论。

在崇尚节约型景观建设的当今社会，经济指标成了景观建设的重要依据。同一处景观，甚至同一个设计方案，采用不同的风景园林材料，就需有不同的财力投资。开发本土特色材料的初衷本就是为了节约资源。在选用本土特色景观材料时，就必须以节约性为原则，节省开支，创造理想的作品。节材型园林，就是用最少的场地介入、最少的用水、最少的投资、最少的能源消耗、最少的排放、最少的材料维护，选择对周围生态环境最少的干扰与最高的场地环境资源利用的风景园林绿化模式。

4.2.5 安全性原则

作为景观的重要构成要素，材料的安全性是保障城市景观完整的重要因素。安全性是所有其他要素存在的基础。因此在选用风景园林材料时，必须优先考虑材料的安全性，主要从材料的牢固程度、材料本身的安全程度和对人身安全保障三方面考虑。在排除施工因素后，材料的牢固程度决定了园林构筑物的质量。选择的材料能否抵抗住光、湿、酸碱、冰冻等的考验是该材料能否被广泛推广使用的重要依据。同时，材料本身也存在一定的安全隐患，如材料附生有细菌而使人致病，含有致病挥发物而影响人健康，易使人产生物理性伤害等，选择时就必须考虑这些问题。也不能忽视部分材料内部有毒物质对人体的侵害，如少量石材中含放射性元素，油漆、涂料中所含的苯、二甲醛、甲醛等挥发物质会对人体健康造成危害，极少数园林植物会释放对人体有害的化学物质等，应用前一定要进行全面的安全检查，采取必要的排查措施。

4.2.6 生态性原则

风景园林建设的根本目标之一就是恢复场地生态环境，创造生态效益，使场地环境园林生态系统中的各个组成部分在数量上、结构功能上处于平衡状态，使风景园林资源得到合理的利用和保护，以促进风景园林的可持续发展。在风景园林建设中，风景园林师应尽可能选用能耗低、排放少、破坏少、环境污染少的资源材料，充分挖掘材料的特性，通过特定的技术和艺术手段，使资源循环利用，营造出新的景观。推广应用新型的生态环保材料，不要局限在眼前的短期效益上，着眼于长远，注重生态环保材料的长期效益。

在现代园林中，新材料层出不穷，需要更加注重材料的生态环保性，在风景园林工程材料的开发研究过程中，应注重透水材料、再生材料和绿色环保材料及其综合功能材料的开发和应用。在选用材料的过程中，风景园林师既不应盲目崇拜材料的新、奇、特，又要敢于和善于应用新型生态环保材料。

4.2.7 经济性原则

选用风景园林工程材料时，必须考虑工程造价问题，既要体现风景园林的功能性和艺术效果，又要做到经济合理。在风景园林建造过程中，应用风景园林工程材料应遵循“循环、经济、节约”的原则，合理使用各种材料并减少各类废弃材料对环境的影响，各种废弃材料或因不符合生态环保要求而被淘汰的人造材料都可以经不同工艺重塑而循环利用，成为有用之材，降低造园成本。伴随社会经济的发展和科学技术的进步，许多工业废物循环利用制成环保材料，应用于现代园林。这样处理不但可以利用工业废物，减少工业废渣的堆放和污染，而且可以节省能耗，提高对资源的利用效率，降低对资源的破坏，具有较高的生态价值和经济价值。例如，以火力发电厂排出的粉煤灰为主要原料烧制的粉煤灰砖、以煤矸石为原料烧制的煤矸石砖及应用工业废料制成的压印混凝土等具有很好的生态环保性。

自然资源是人类生存的必需资源，我们必须对自然资源加以保护和限制使用。首先，对不可再生的自然资源须坚决予以保护，须实施可持续的开发应用战略，条件不成熟时坚决不开发、不采用。其次，要尽可能科学合理、有计划、可持续地开发应用木材等可再生自然资源材料，充分挖掘材料的特性，通过特定的技术手段和艺术手段，将废弃的自然资源尽可能循环使用，营造出新的景观。

4.2.8 遵循设计理念的原则

选用何种风景园林工程材料，如何应用该材料的质感和肌理及耐久性以获得不同的视觉效果和心理感受，以及如何合理配置风景园林材料是诠释不同设计理念、不同设计风格的重要途径和手段。

每一种风景园林工程材料都有它自己的语言，每一种风景园林工程材料都含有风景园林师需要表达的信息。不同的材料因外形、色彩、材质、造型规格等自身特性呈现出不同的视觉效果，产生不同的景观效果。不同的材料以及不同的加工工艺对同种材料都会表现出不同的材料触觉效果。同种材料经过不同的处理方式可以表现不同的质感和肌理，产生不同的景观效果，也会产生不同的经济效益。因此，风景园林师应从设计理念出发，根据材料的特性，综合考虑材料的造型、规格、耐久性及其传递的文化艺术内涵等因素，因地制宜地选用最能体现设计意图的材料。

4.2.9 以人为本的原则

景观作为一个社会发展的产物，反映了整个社会的意识形态，为整个社会所服务。作为社会的主体，人是一切景观的主人，是风景园林作品的设计者，更是使用者、欣赏者。景观必须以人为本，选用材料也必须严格遵守以人为本的原则。如果某个材料在生活习惯中被人赋予了特定的含义，那么选用时就须慎重。

4.2.10 耐久性原则

风景园林工程材料直接受风吹、日晒、雨淋、冰冻、腐蚀性气体等环境因素的作用，同时还要受到摩擦、洗刷、刻画等作用，因此在选择风景园林工程材料时既要讲究美观实用，也要注重材料的耐久性。

4.3 合理选用风景园林工程材料

4.3.1 合理选用本土材料

本土材料不仅承载着本地独特的肌理，沉淀了本土历史的印痕，蕴含了丰富的地域内涵，形成了独特的民俗风格，而且承载着本地悠久的独特文化。因地制宜、就地取材不仅是体现出本土文化连续性而非断裂性、标志性而非雷同性的重要手段，还是节约风景园林工程项目成本的重要途径。

在风景园林建设中，本土材料经过了数百年甚至上千年的历史洗礼，拥有自己独特的表现手法。但随着社会的进步，一些传统材料的传统表现方法已不再适用于现代园林风格，风景园林师应凭借自己对园林艺术和材料特性的独特理解，充分挖掘应用传统材料的新手段、新手法、新技术。根据当今时代精神和时代特点，以非传统的方法运用传统本土材料，以不熟悉的方法手段组合熟悉的本土材料，从而创新园林景观效果。如风景园林师通过砖的凹凸砌筑、空斗砌筑、错缝叠砌、七孔叠砌、渐次削砌等多种砌筑方法以及砖的色彩、肌理、质感来展示不同的设计理念和景观效果。

4.3.2 推广应用新型材料

风景园林建设过程中，风景园林的生态效益是重中之重。在挖掘本地材料生态效益的同时，通过科技手段积极研发新的生态环保材料，以顺应社会主义高度文明建设的需要，实是应新时代所需之举。

1. 应用绿色环保材料

“绿色材料”于1988年在第一届国际材料科学研究会上被首次提出。绿色材料也称生态材料、健康材料，是指采用清洁生产技术生产的无毒害、无污染、无放射物、有利于环境保护和人体健康的建筑材料。绿色材料的出现为风景园林生态材料的研发创造了具有里程碑意义的研发机遇。例如近年来研发出的彩色透水透气混凝土既可增加地表透水、透气面积，又能吸收车辆行驶时产生的噪声，还能防止雨天路面积水和夜间反光。又如木塑产品可锯、可刨、可榫接，也不会产生虫蛀，易施工，免维护，在使用过程中不会向周围环境散发危害人类健康的挥发物，可以回收利用，且并不降低其物理性能。

2. 应用再生材料

随着新型工业技术的发展，各种以废料为原料制作而成的再生材料产品广泛应用于风景园林中。如以煤矸石为原料烧制成煤矸石砖，以建筑垃圾、粉煤灰为原料经优化配料制成节能、节土、利废、环保的轻骨质、高强度、多功能复合型墙材，以大量工业废料制成压印混凝土等，这些再生材料不但充分利用了工业废物，减少了工业废渣的堆放和污染，而且节省了能耗，减少了对资源的破坏，又有优异的力学性能和耐久性能，适于大规模生产，成本低，经济效益好。

4.3.3　合理利用废弃材料

在风景园林建设中，废弃材料主要包括建设场地内遗留的各种材料和被其他行业认为是无用之物的各种材料，如废旧金属构件、玻璃晶体、汽车轮胎、碎石、混凝土、枯枝、落叶和树皮等。对于建设场地内遗留的各种材料，风景园林师都应充分挖掘它们的特性，利用其特征及其所附的历史痕迹，营造出具有纪念性和生命力的景观，以高效利用材料，减少成本，达到节材的目的。风景园林师应积极、准确、乐观地构筑新材料与传统材料之间的关系，通过材料的新旧搭配延续地域文化，展现现代园林的传统情感，弥补传统材料的局限，赋予其现代艺术气息，使得传统材料本身的特性和生命力得以延续。对于其他行业认为是无用之物的材料，可以通过改造而用于景观营造。

再利用废弃的土地以及场地原有材料服务于新功能，可以大大节约资源和能源的耗费。目标场地遗留下来的各种材料，大到厂房、库房，小到砖头、石块，都可以根据项目定位和设计理念，经过一定的艺术加工，变废为宝，塑造成为风景园林环境中必不可少的点睛之材。尤其是那些带有时代特征、具有纪念意义的材料，可将材料上附着的场所精神通过适当的艺术方法展示出来，激励人、教育人、启迪人。正如俞孔坚先生所言："作为文物，它们都被认为毫无价值；作为废铁，它们论吨计价；作为景观，它们往往离现代普通人的审美期望相距甚远，大多不堪入目。它们是被遗弃的、却曾经是备受宠爱的孤儿，可它们所讲述的故事却是动人而难忘的。"

自然资源是十分可贵的珍稀资源，我们不仅要保护未被开采利用的自然资源，也要充分利用已被利用的自然资源，使其循环再使用。石材和木材是风景园林中最常用的两种材料，都属不可再生的自然资源，应"材尽其用"，不要轻易抛弃老旧、废弃的材料，应利用材料的特性，通过适当的艺术加工手段，将这些材料重新利用起来，形成既具有景观效益又具有生态环保效益的园林素材。如废石做成石笼墙、废木块做成地面覆盖物。

4.3.4　根据施工技术选配材料

任何行业的发展都离不开技术，风景园林建设也不例外。在风景园林的发展历程中，从古到今各种技术措施不断得到传承、发展。不同的工程项目，其技术复杂性各异，有低技术、轻型技术、高技术等之别。每一个风景园林工程项目都必须选择适合的技术路线，寻求具体的技术途径和方法，并根据场地自身的建造条件，对技术加以整合、改进和创新，从而选用最适宜的风景园林工程材料。

1. 根据传统施工技术选配材料

中国风景园林建设历史悠久，园林技术措施十分丰富。但是随着社会发展，许多技术措施日渐流失，有些不符合现代的生态要求，有些因落后而被遗弃。事实上，一些传统工艺与技术仍有良好的操作性、生态性和节约性，需要因地制宜地根据项目的实际情况来选择和应用传统的技术措施。

2. 根据新型施工技术选配材料

材料技术革新一直是风景园林建设行业关注的热点话题之一。随着技术的发展和人们对园林生态功能认识的不断深入，许多新材料和新技术被广泛应用到风景园林建设中。正如一个人词汇量的不足会限制他的思考能力一样，在风景园林规划设计中，材料应用的局限性也会限制概念的思考。风景园林师应不断对材料应用提出挑战，以塑料、金属、玻璃、合成纤维等令人意想不到的材料，结合现代技术，打破风景园林传统思维。

新技术的应用不仅体现在对废旧材料回收再利用方面，还可以将新技术应用于替代一些常规的建设材料。如毛石、混凝土等常规的挡土墙材料在园林建设中的应用非常广泛，特别是在塑造地形、处理高差方面。这些材料的开采在一定程度上破坏生态环境，混凝土施工周期长、造价高，而新开发的自嵌式挡土墙材料，由单排自嵌式挡土块一层层直接干垒组成，无需用砂浆砌筑和锚栓加固，对地基处理的要求也相当低。自嵌式挡土墙体积小，材料用量少，挡墙一次成型无需任何表面处理或装修；施工方便快捷，可以节省大量的人工费用，使用寿命长，无需后期维护，造价较低，长期经济效应比其他任何形式的挡土墙都要好。

新技术应用还体现在对建设材料的不同用法上，如现在可将原本用于地面铺装的卵石、雨花石等用于构筑物的面层装饰或砌筑一些形态各异的景观小品。这样既节省了工程辅料，又使土壤保持良好的透气性，更适于植物生长。

4.3.5 根据材料属性选择材料

1. 根据材料的自然属性选择材料

自18世纪早期起，科学家和工程师们就开始关注认知和定量材料的特性，从而量化材料的性能。1932年吉迪翁敦促设计师们尊重材料的自然属性，任何一种材料都有一定的物理特性，这决定了它的适应性。木材是人类最早使用的建材之一，它材质轻，强度高，有较好的弹性和韧性，耐冲击耐振动性好，容易加工和进行表面装饰，对电、热、声有良好的绝缘性，有优美的纹理和柔和温暖的质地，这些优点是其他材料无法取代的。风景园林师不只靠眼睛看材料，还要亲自去感受材料，根据材料的自然属性来进行设计。即使景观空间相似、大小相同，但只要选取的材料不同，就会产生完全不同的效果。每一种材料都有其独特的情感，正如它们具有不同的物理属性和承载力一样。对于风景园林师来说，最重要的是将风景园林材料看成是“有生命的机体”，尊重它的“权利”，以寻找“正确的”表达方式。这是寻找展现材料独一无二特性的最佳途径。

从概念构思到加工成型，风景园林景观依赖于各种风景园林工程材料得以物化。材料是风景园林造型的物质基础，园林造型的艺术感染力通过光、色、形等材料的自然属性传达给我们的感官系统。不同材料因质感不同而给人不同的视觉感受，材料的组织和构造不同而使人得到不同的视觉质感与触觉质感，材料的重量感、柔软感及冷暖感多由质感而产生，会使人产生丰富的审美体验与精神共鸣。风景园林师须以一种审美的态度和创造精神对待材料的自然属性，最大限度地赋予园林景观以视觉魅力。

2. 充分利用材料特性选择材料

在选用材料时应注意材料的尺寸规格、抗压性、耐磨性等特性，特别应注意各个景观细部的尺寸与材料的规格和标准相适应，以避免设计尺寸不当造成的材料浪费。以石材为例，2002年全国石材产量达到1.8亿m^3，是1990年全国石材产量的7.2倍，2002年全国进口石材已达到4.4亿美元。石材行业的快速发展，以及与石材行业相关的新技术的不断进步，为节约型园林建设中节材设计方法探究及使用提供了良好的基础。为了方便石材的开采与加工，中国石材有相应的开采规格和加工尺寸，石材的荒料有自定的三种常用规格：大理石荒料（长×宽×高），大料：2800mm×800mm×1600mm、中料：2000mm×800mm×1300mm、小料：1000mm×500mm×400mm；花岗石荒料（长×宽×高），大料：2450mm×1000mm×1500mm、中料：1850mm×600mm×950mm、小料：650mm×400mm×700mm。在不了解常用石材规格的前提下，随意设计材料规格，大量使用异型石材，易造成二次资源浪费，不仅增加成本，还对资源产生极大损害。

由于同种材料所对应的价格往往与其规格大小成正比，选用小规格材料可节省材料开支，小规格材料的运输与施工成本也可能更低。因此，在保证景观效果的前提下，为降低成本选取风景园林工程材料时可以用小规格的材料替代大规格的同种材料。

3. 根据材料的地域属性选择材料

"地域"常让人想起某个地点一成不变的特质，且这与当地的精神息息相关。地域精神能够通过敏锐的洞察力进行发掘。当谈到材料的地域性，人们能够感受到"从大地土壤中生长出来一样"的气氛，当地域性材料被挖掘出，或被本土化时，人们常常将其认为是对归属感或"居所感"的暗示。

4. 根据材料的时间属性选择材料

在材料的选择上，与时间相协调的做法自古有之。《考工记》载："轮人为轮，斩三材必以其时"。制造车轮的工匠，选伐用于毂、辐、牙三种构件的木材必须注意季节，朝阳的树木要在冬天砍伐，背阳的树木要在夏天砍伐，并作好阴阳向背的标志，以利加工时选择，使成器后不至于变形。

4.3.6　材料的保留

建设场地材料的保留与再利用不仅是出于节材的需要，更是传承场所文脉精神的需要。舒尔兹认为场所是自然环境与人工环境有意义聚集的产物，人们在场所中生活不仅意味着寄身于场所，而且还包含了精神和心理归宿，可以简单地理解为环境场所具体现象特征的总和或"气氛"。

再处理废弃物包括废弃不用的工业材料、残砖瓦片和因工业活动产生的废渣等。对于没有产生环境污染的，可以就地保留。保留是对场地自然与人文印迹的尊重，保留的场地会经历时间的洗礼而发展。创造良好而富有含意的园林环境的上策是保留过去的遗留，而不是风景园林师的凭空创造。从风景园林工程材料应用的角度来看，材料保留的方式有：

一是整体保留。如整体承袭以前工厂的原状，包括工业建筑、构筑物、设备设施及工厂的道路系统和功能分区，全部改造成公园，让人感知到以前工业生产的操作流程。

二是部分保留。如留下废弃工业景观的片段，使其成为公园的标志性景观。保留的片段可以是具有典型意义的、代表工厂性格特征的工业景观，也可以是有历史价值的工业建筑或是质量好的、只需适当维修加固的老建筑。

三是保留构件。保留一座建筑物、构筑物、设施结构或构造上的一部分，以保留以前工业景观的蛛丝马迹，引发人们的联想和记忆。如墙、基础、框架等这些构件可以处理成雕塑，强调视觉上的标志性效果。

第5章 风景园林工程材料的质量控制

5.1 品质管制体系

为了保证风景园林工程材料的检测过程、检测结果都具有较高的质量和可信的数据，必须有一个高质量的质量管理体系。

《质量管理和质量保证　术语》(ISO 8402—1994）对质量管理体系的定义是：“为实施质量管理的组织结构、程序、职责、过程和资源。”这一整体构成了质量管理体系。实际上，这种质量管理体系包含了硬件部分和软件部分，两者缺一不可。对于一个实验室必须具备相应的检验条件，包括必要的、符合要求的仪器设备，实验场地及办公设施，合格的检验人员等，然后通过其相应的组织机构，分析确定各检验工作的过程，分配协调各检验工作的职责和接口，指定检验工作的工作程序及检验依据方法，使各项检验工作有效、协调地进行，成为一个有机的整体，并通过采用管理评审，内外部的审核，实验室能力验证及实验室之间的比对等方式，使质量管理体系不断完善和健全，以保证实验室有信心、有能力为社会出具准确、可靠的检验报告。

5.2 材料的质量控制

5.2.1 质量控制依据

1. 材料标准

（1）实施标准化的目的和作用

1）产品系列化，使产品种类得到合理的发展。通过产品标准，统一产品的型号、尺寸、化学成分、物理性能、功能等要求，保证产品质量的可靠性和互换性。

2）通过生产技术、试验方法、检验规则、操作程序、工作方法、工艺规程等各类标准统一生产和工作的程序和要求，保证每项工作的质量。

3）通过安全、卫生、环境保护等标准，减少疾病的发生和传播，防止或减少各种事故的发生，有效地保障人体健康、人身安全和财产安全。

4）通过术语、符号、代号、制图、文件格式等标准消除技术语言障碍，加速科学技术的合作与交流。

5）通过标准传播技术信息，介绍新科研成果，加速新技术、新成果的应用和推广。

6）促使企业实施标准。依据标准建立全面的质量管理制度，推行产品质量认证制度，健全企业管理制度，提高和发展企业的科学管理水平。

（2）材料标准的分类

按照标准化对象，通常把标准分为技术标准、管理标准和工作标准三大类。

1）工作标准

工作标准是指对工作的责任、权利、范围、质量要求、程序、效果、检查方法、考核办法所制定的标准。工作标准一般包括部门工作标准和岗位（个人）工作标准。

2）管理标准

管理标准是指对标准化领域中需要协调统一的管理事项所制定的标准。管理标准包括管理基础标准、技术管理标准、经济管理标准、行政管理标准、生产经营管理标准等。

3）技术标准

技术标准是指对标准化领域中需要协调统一的技术事项所制定的标准。主要是对产品与工程建设的质量、规格及其检验方法等所做的技术规定，是从事生产、建设、科学研究工作与商品流通的一种共同的技术依据。技术标准包括基础技术标准、产品标准、工艺标准、检测试验方法标准及安全、卫生、环保标准等。材料技术标准（规范）包含内容很多。如原料、材料及产品的质量、规格、等级、性质要求以及检验方法；材料及产品的应用技术规范（或规程）；材料生产及设计的技术规定；产品质量的评定标准等。建筑材料技术标准是针对原材料、产品以及工程应用中的质量、规格、检验方法、评定方法、应用技术等所作出的技术规定。因此，材料的采购、验收、质量检验与使用均应以产品标准为依据。

每个技术标准都有自己的代号、编号与名称。标准代号反映了该标准的等级是国家标准、行业标准还是企业标准。代号用汉语拼音字母表示，其含义、代号及举例见表5-1。编号表示标准的顺序号和颁布年代号，用阿拉伯数字表示。例如：《烧结空心砖和空心砌块》（GB 13545—2003）。

材料产品标准种类及代号　　表5-1

标准种类	说明	代号
国家标准（简称国际）	国家标准是指对全国经济、技术发展有重要意义而必须在全国范围内统一的标准，主要包括：基本原料、材料标准；有关广大人民生活的、量大面广的、跨部门生产的重要工农业产品标准；有关人民安全、健康和环境保护的标准；有关互换配合、通用技术语言等的基础标准；通用的零件、部件、元件、器件、构件、配件和工具、量具标准；通用的试验和检验方法标准；被采用的国际标准	（1）GB是“国标”两字的汉语拼音字头。各类物资（建材）的国家标准，均使用此代号。 （2）GBJ是“国标建”三字的汉语拼音字头，它代表工程建设技术方面的国家标准，现已用“GB”，但仍有沿用的标准使用“GBJ”
行业标准（简称部标）	行业标准主要是指全国性的各专业范围内统一的标准。由主管部门组织制定、审批和发布，并报送国家标准局备案。行业标准分为强制性和推荐性两类	（1）JCJ是建筑材料工业部（国家建材局）部颁标准的代号（老代号为“建标”、“JG”等）。 （2）JGJ是建设部部颁标准的代号（老代号“BIG”、“建规”、“JZ”）。 （3）LYJ是林业局标准的代号。 （4）其他：略
协会标准	由各种协会组织制定的标准	CECS
地方标准	由各省、市、自治区组织制定的标准	DB
企业标准（简称企标）	凡无国家标准、部标准（行业标准）协会标准的产品，都要制定企业标准。为了不断提高产品质量，企业可制定比国家标准、行业标准更先进的产品质量标准	QB

注：1. 标准代号由标准名称、部门代号（1991年以后，对于推荐性标准加“/T”，无“/T”为强制性标准）、编号和批准年份四部分组成。
2. 现行部分建材行业标准有两个年份，第一个为批准年份，括号年份为重新校对年份。
3. 国家标准、行业标准，均为全国通用标准，属国家指令性文件，黑体字条文为强制性条文。
4. DB××是地方性标准，其中××为省、市、自治区序号，由国家统一规定。

国内外绝大多数工程材料都有相应的技术标准，它包括产品规格、分类、技术要求、验收规则、代号与标志、运输与贮存及抽样方法等。

工程材料技术标准根据发布单位与适用范围分为国际标准、国家标准、部委行业标准、地方标准与企业标准，按其权威程度分为强制性标准和推荐性标准等，按其特性可分为基础标准、方法标准、原材料标准、能源标准、包装标准、产品标准等。各级技术标准在必要时又可以分为试行与正式标准两大类。

①国际标准

国际标准是在世界上许多个国家通用的标准。目前应用比较广泛的国际标准是由世界上最大的国际标准化组织ISO（International Organization for Standardization）制定出来的。

ISO制定出来的国际标准除了有规范的名称之外，还有编号，编号的格式是：ISO+标准号+[—+标准号]+冒号+发布年号（方括号中的内容可有可无），例如《质量管理和质量保证 术语》（ISO 8402：1987）。

但是，"ISO 9000"不是指一个标准，而是一族标准的统称。根据《质量管理和质量保证 第1部分选择和使用指南》（ISO 9000—1：1994）的定义："'ISO 9000族'是由ISO/TC 176制定的所有国际标准。"TC 176即ISO中第176个技术委员会，全称是"品质保证技术委员会"，1987年又更名为"品质管理和品质保证技术委员会"。TC 176专门负责制定品质管理和品质保证技术的标准。1987年3月，ISO正式发布了《质量管理和质量保证 选择和使用指南》（ISO9000：1987）、《质量体系 设计、开发、生产、安装和服务的质量保证模式》（ISO 9001：1987）、《质量体系 最终检验和试验的质量保证模式》（ISO 9002：1987）、《质量体系 最终检验和试验的质量保证模式》（ISO 9003：1987）、《质量管理和质量体系要素 指南》（ISO 9004：1987）共5个国际标准，与《质量管理和质量保证 术语》（ISO 8402：1986）一起统称为"ISO 9000系列标准"。1994年对前述"ISO 9000系列标准"统一作了修改，分别改为ISO 8402：1994、ISO 9000—1：1994、ISO 9001：1994、ISO 9002：1994、ISO 9003：1994、ISO 9004—1：1994，并把TC 176制定的标准定义为"ISO 9000族"。1995年，TC 176又发布了一个标准，编号是ISO 10013：1995。至今，ISO 9000族一共有17个标准。

对于上述标准，生产企业和质量监督检测部门以及大型的实验室必须选用如下三个标准之一：《品质体系 设计、开发、生产、安装和服务的品质保证模式》（ISO 9001：1994）；《品质体系 生产、安装和服务的品质保证模式》（ISO 9002：1994）；《品质体系 最终检验和试验的品质保证模式》（ISO 9003：1994）。

中国采用国际标准的程度分为等同采用、修改采用和非等效采用。三种采用程度在中国国家标准封面和首页上的表示方法举例如下：

等同采用：GB××××—××××（idt ISO××××—××××）；

修改采用：GB××××—××××（mod ISO××××—×××）；

非等效采用：GB××××—××××（neq ISO××××—××××）。

②国家标准

国家标准是由国务院授权履行行政管理职能的国家标准化管理委员会SAC（Standardization Administration of the People's Republic of China）统一管理和制定的国家级标准。由国家质量监督检验检疫总局发布，是国家指令性文件，各级生产、设计、施工等部门均必须严格遵照执行。其表示方式为：《××××》（GB ××××—××××）。GB表示国家标准，第一组××××表示标准号，第二组××××表示标准颁布实施年份，第三组表示标准名称。如《水泥胶砂强度检验方法》（GB/T 17671—1999）表示国家标准，标准号为T17671，颁布实施年份为1999年，标准名称为水泥胶砂强度检验方法。若在“GB/T 17671—1999”的后边还标有“idtISO 679：1999”，说明本标准等同于国际标准1999年颁布的679号标准。

③行业标准

国务院有关行政主管部门和有关行业协会也设有标准化管理机构，分工管理本部门、本行业的标准化工作。

与风景园林工程材料有关的标准及其代号主要有：建筑工程国家标准GBJ，建设部行业标准JGJ或JG，国家建材行业标准JC，中国石油化学工业行业标准SH和HG，冶金部标准YB，林业部标准LY，国家级专业标准ZB，中国工程建设标准化协会标准CECS。

这些标准的表示方法由部门代号、标准编号、批准年份和标准名称四部分组成，如《建筑生石灰》（JC/T 479—2013）、《彩色硅酸盐水泥》（JC/T 870—2012）等。这些行业标准对本行业的发展起到了很大作用。

④地方标准及企业标准

各省、自治区、直辖市和市、县政府部门也设有标准化管理机构。为提高产品的水平，适应日益提高的建筑要求，并与国际标准接轨，同时满足区域经济的发展，各地方都制定了适合本地区的地方标准，标准号为DB。由于新产品不断出现，有些产品出现后，没有相应的国家标准或行业标准，很多企业制定了相应的企业标准，报请本省、本市有关主管机构审批执行，标准号为Q。企业标准一般都属暂时的，一旦条件成熟，就应争取改进提高成为国家标准。材料产品各标准种类及代号如表5-1。

工程中使用的材料除必须满足产品标准外，有时还必须满足有关的设计规范、施工及验收规范（或规程）等的规定。这些规范对建筑材料的选用、使用、质量要求及验收等还有专门的规定（其中有些规范或规程的规定与建筑材料产品标准的要求相同）。如防水材料除满足其产品质量要求外，当用于屋面工程时还须满足《屋面工程质量验收规范》（GB 50207—2012）的规定。

工程中有时还会涉及美国标准ASTM、英国标准BS、日本标准JIS、德国标准DIN等，相关的从事质量检测的技术人员都应该有一定的了解。

（3）材料标准的更新

标准是根据一个时期的技术水平制定的，因此它只能反映这个时期的技术水平，具有相对稳定性、暂时性、过渡性。随着科学技术的发展，不变的标准不但不能满足技术飞速发展的需要，而且会对技术的发展产生限制和束缚。所以应根据技术发展的速度与要求不断地进行修订。目前中国与世界各国都确定为每五年左右修订一次。

2. 工程相关的技术文件与合同

（1）工程设计文件及施工图。

（2）产品说明书、产品质量证明书、产品质量试验报告、质检部门的检测报告、有效鉴定证书、试验室复试报告。

（3）工程施工合同。

（4）施工组织设计。

（5）工程建设监理合同。

5.2.2 风景园林工程材料进场前的质量控制

（1）熟悉工程设计文件、施工图、施工合同、施工组织设计、与工程所采用材料有关的文件，以及这些文件对材料种类、规格、型号、强度等级、生产厂家与商标的规定和要求。

（2）掌握所用材料的质量标准，材料的基本性质，材料的应用特性、适用范围。

（3）掌握材料信息，认真考察供货单位。

掌握材料质量、价格、供货能力等方面的信息，可获得质量好、价格低的材料资源，既能确保工程质量，又能降低工程造价。

5.2.3 风景园林工程材料进场时的质量控制

1. 物单须相符

材料进场时，应检查到场材料的实际情况与所要求的材料在品种、规格、型号、强度等级、生产厂家与商标等方面是否相符，检查产品的生产编号或批号、型号、规格、生产日期与产品质量证明书是否相符。如有任何一项不符，应退货或要求供应商提供材料的资料。标志不清的材料可退货或进行抽检。

2. 料证须相配

进入施工现场的各种原材料、半成品、构配件都必须有相应的质量保证资料。

（1）生产许可证或使用许可证。

（2）产品合格证、质量证明书或质量试验报告单。合格证等都必须盖有生产单位或供货单位的红章并标明出厂日期、生产批号或产品编号。

5.2.4 风景园林工程材料进场后的质量控制

1. 施工现场材料基本要求

（1）所有原材料、半成品、构配件及设备，都必须经验收后方可进入施工现场。

（2）施工现场不能存放与本工程无关或不合格的材料。

（3）所有进入现场的原材料与提交的资料在规格、型号、种类、编号上必须一致。

（4）不同种类、不同厂家、不同型号、不同批号的材料须分别堆放，界限清晰，并有专人管理。

（5）应用新材料前须通过试验和鉴定，代用材料须通过计算和充分论证，并要符合结构构造的要求。

2. 及时复验

对重要的工程材料应及时进行复验。凡标志不清或认为质量有问题的材料，对质量保证资料有怀疑或与合同规定不符的一般材料，均应进行复验。对于进口的材料设备和重要工程或关键施工部位所用材料，则应全部进行复验。对涉及结构安全的试块、试件和材料应实行见证取样和送检。

（1）取样方法

在每种产品质量标准中，均规定了取样方法。材料的取样必须按规定的部位、数量和操作要求来进行，确保所抽样品有代表性。抽样时，按要求填写材料取样表。

（2）见证取样和送检材料

1）用于承重结构的混凝土试件。

2）用于承重墙体的砌筑砂浆试块。

3）用于承重结构的钢筋及连接接头试件。

4）用于承重墙的砖和混凝土小型砌块。

5）用于拌制混凝土和砌筑砂浆的水泥。

6）用于承重结构的混凝土中使用的掺加剂。

7）水体、屋顶使用的防水材料。

8）国家规定必须实行见证取样和送检的其他试块、试件和材料。

见证取样和送检的数量不得低于有关技术标准中规定：应取总数量的30%。

（3）认真审定抽检报告

与材料见证取样表对比，做到物单相符；将试验数据与技术标准规定值或设计要求值进行比对，确认合格后方可允许使用。否则，责令施工单位将该种或该批材料立即运离施工现场，对已应用于工程的材料及时做出处理意见。

3. 合理组织材料供应

合理、科学地组织材料采购、加工、储备、运输，建立严密的计划、调度与管理体系，加快材料的周转，减少材料的占用量，按质、按量、如期地满足建设需要，确保施工正常进行。

4. 合理组织材料使用

减少材料的损失，正确按定额计量使用材料，加强材料运输和库管工作，加强材料限额管理和发放工作，健全现场管理制度以避免材料损失。

—第2篇—

各论

第1部　天然材料

第6章　土

土是人类最早使用的建筑工程材料之一，其历史可追溯到距今8000年前的新石器时期，其使用范围遍布拉美、非洲、亚洲大陆、中东、欧洲南部等世界各地，也是现代建筑材料的重要原料（图6–1、图6–2）。中国生土建筑有7000多年的历史，距今6000年前的半坡遗址中的半穴居、穴居和建筑地面都采用生土作为建筑材料。从4000年前的龙山文化遗址中发现，当时人们已掌握了较成熟的夯土技术，并用夯土建造了城墙、台基和墙壁。生土建筑是世界上的各种建筑形式的始祖。据统计，至今世界仍有30%的人口居住在生土建筑中，发展中国家此比例高达50%。

土是中国古建筑最原始的材料，最早的穴居和后来的窑洞类生土建筑，很好地利用了土的自然属性，即利用厚土保持地温，与外界气温隔绝，营造冬暖夏凉的居住环境。一类用作建筑的是夯土，即用生土去杂质，或掺入石灰、砂子搅拌，称为“三合土”，然后进行夯筑。地面分层夯筑拍打，墙体则用板箱夹固，层层夯筑（图6–3）。另外还有一类，即土坯砖建筑，这类建筑在南方很多地方至今还在沿用。南方的土坯砖一般直接使用水稻田里的田泥，掺进稻草套模制作，晒干后直接砌筑。三合土和土坯砖建筑仍然保留着土的特性，隔热保温性能好。在西北和东北一些地方有用土做屋顶的习惯，先在墙上搭木檩条，上铺木板，木板上铺草，草上再铺泥土拍紧，这也有很好的保温隔热效果。

6.1　土的内涵

土是由连续、坚固的岩石，经物理、化学、生物风化作用形成的大小悬殊的颗粒，在原地残留以及经剥蚀、搬运、沉积等作用在各种自然环境中形成的各类沉积物。

生土是指未经过焙烧，深度在地表面1m以下，且不掺合植物根茎和腐草，仅经过简单筛选加工的保持原质原状、取自自然界的原生土壤。生土保持着原始的土质特性，是中国古代民居建筑中使用最为广泛的乡土建筑工程材料。

生土材料是指因应气候、环境和功能需要而将生土按一定比例掺上细砂、石灰、竹片、木条、红糖水、糯米浆等副材料，反复揉压，简单加工成型的原状土质材料。

工程项目基地上的土壤（非表层土）、冲击沉淀土、砂石生产副产品、废弃生土建筑的回收土都是很好的土壤来源。

自古以来，人类的生存就离不开土，土取之于自然，使用后又归之于自然。土广泛覆盖于地表，取材方便，用材简易，所以土是自然界最易取得的工程材料，也是廉价、经济的建筑材料之一。大量生土广泛应用于生土建筑、基础工程、土方工程及种植工程，整个使用过程对自然环境几乎无污染，因此，土成为传统民居极富有生命力的精神传承载体，也是现今国内外使用量最大的原生民居建筑材料之一。

(*a*) 夯土墙

(*b*) 草泥黏土墙

图6-1 传统版筑土墙

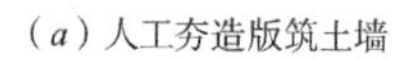

(*a*) 人工夯造版筑土墙

(*b*) 机械夯造版筑土墙

图6-2 现代版筑土墙

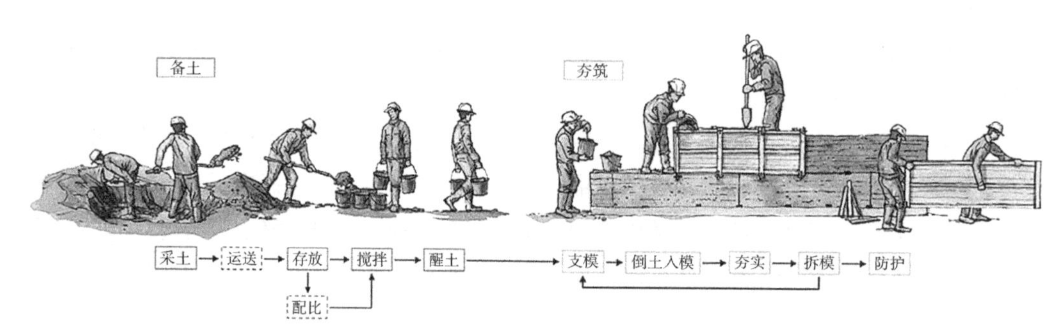

图6-3 夯土墙制作工艺

6.2 土的组成、结构与构造

土是由包括石块、石砾、砂、粉土和黏土等不同粒径的颗粒（固相）、水溶液（液相）和气（气相）所组成的三相体系，其中固体颗粒——土粒是其最主要的组成部分，是构成土的骨架。土的断面层次及粒径组成见图6-4。地质形成的差异使各地土质的颗粒组成比例不同，这就要求不同地区的生土应根据其颗粒组成的比例选择相应的建筑建造方式。颗粒分布均衡的生土适用于夯土建造，而以细小颗粒的砂和黏土为主的生土适于作建筑抹面材料。

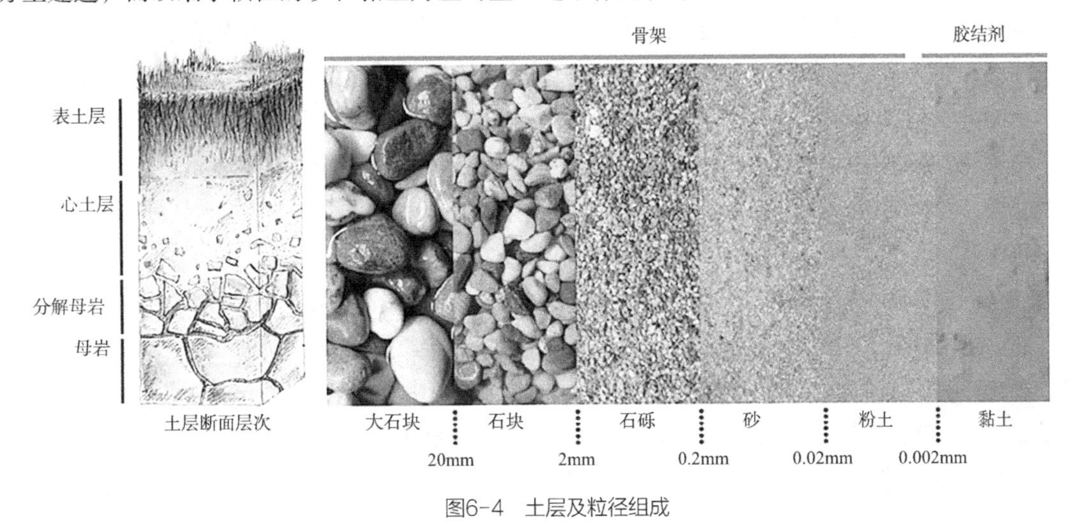

图6-4 土层及粒径组成

6.2.1 土的矿物组成

1. 原生矿物

组成土的原生矿物主要有石英、长石、角闪石、云母等。这些矿物是组成卵石、砾石、砂粒和粉粒的主要成分，其颗粒粗大，物理、化学性质比较稳定，对土的工程性质影响比其他几种矿物要小得多。

2. 不溶于水的次生矿物

组成土的这类矿物主要有：①黏土矿物为含水铝硅酸盐，主要有高岭石、伊利石、水云母石及蒙脱石等；②次生SiO_2（胶态、准胶态SiO_2）；③氧化物（Al_2O_3和Fe_2O_3等）。它们是组成黏土的主要成分。这类矿物的主要特点是呈高度分散状态——胶态或准胶态，具有很高的表面能、亲水性及一系列特殊的性质。所以，只要这类矿物在土中有少量存在，就会引起土的工程性质的显著改变，如产生大的塑性、强度剧烈降低等。

3. 可溶盐类及易分解的矿物

土中常见的可溶盐类，按其被水溶解的难易程度可分以下几种。

①易溶盐。主要有$NaCl$、$CaCl_2$、$Na_2SO_4 \cdot 10H_2O$、$Na_2CO_3 \cdot 10H_2O$等。

②中溶盐。主要有$CaSO_4 \cdot 2H_2O$（石膏）和$MgSO_4$等。

③难溶盐。主要有$CaCO_3$和$MgCO_3$等。

土中常见的易分解矿物有黄铁矿（FeS_2）及其他硫化物和硫酸盐类。

4. 有机质

自然界中的土，特别是淤泥质土，通常都含有一定数量的有机质。当有机质在黏土中的含量达到或超过5%或在砂土中的含量达到或超过3%时，就会对土的工程性质产生显著影响。

6.2.2 生土建筑用土的组成

天然土由固体土颗粒、水和空气组成，空气和水填充固体骨架中颗粒间的空隙。一般地，空隙体积近似等于或大于固体骨架的体积。在固体骨架中，全应力Σ_{ij}、有效应力σ_{ij}和孔隙压力u三者之间的相互作用是土的响应和建模的重要方面，其关系可以用公式表示为$\Sigma_{ij}=\sigma_{ij}+u\delta_{ij}$。生土的含水量对生土的空隙水压力和全应力有很大影响，含水量过大则增大了生土液限，可塑性变差；如果含水量过小，生土的胶结程度则会大大降低。

生土建筑所使用的土壤主要由淤泥、黏土、砂子、砂砾四类成分组成，其成分体积比一般为黏土15%、淤泥35%、砂子和砂砾50%。它们也可以是黏土、淤泥和土壤粘合材料的混合，还可以是肥土、砂子（颗粒直径在0.5~2mm之间）和砂砾（颗粒直径大于2mm）的混合。为了增强建筑物的坚固性和耐久性，有时还会加入3%~8%的水泥、石灰或者粉煤灰。

黏土是指颗粒直径小于0.005mm，潮湿的时候可以使土壤颗粒粘结在一起的黏性无机土壤材料，黏土具有很高的干燥强度和中等的塑性。土砖和泥灰中一般有8%~15%的黏土，土壤黏土含量超过30%就会产生过量的裂缝。黏土土壤中蒙脱土和膨润土的膨胀系数很高，干燥后更容易收缩开裂。生土建筑最好的材料是“含黏土砂”。高岭土、红土和伊利土都不容易膨胀和开裂，适合建造生土建筑。

砂子是指由颗粒直径在0.05~2mm之间的细小岩石颗粒构成的无机土壤材料，其主要成分是石英，主要特点是强度高、孔隙率小。含黏土的砂子非常适合建筑生土建筑。

淤泥是指颗粒直径在0.005~0.05mm之间的无机土壤材料，它的干硬性和塑性较低，遇水易软化。在有水和压力作用时，淤泥颗粒之间结合得很紧密，但在潮湿和寒冷的作用下，它又容易膨胀并失去强度。因此，淤泥含量高的土壤需要添加乳化沥青或其他接合剂才能使之保持稳定。

砂砾是指颗粒直径大于2mm的无机土壤，它具有相对高的抗压强度、抗冻融变化以及孔隙率小等特性。砂砾适用于建筑地基以及地基之上的部分。如果先把颗粒较大的砂砾筛出来，再与黏土混合，就得到了砂砾颗粒较小的黏土砂砾混合土壤，它是非常好的生土建筑材料。

有机土壤是指颜色较深，潮湿时多孔而有弹性，有腐烂的气味，呈酸性（pH≤5.5）的土壤。切忌将有机土壤用于建筑生土建筑。

有机添加物是指麦秆、毛发和谷壳等有机纤维粘合材料，可以有效地减少生土建筑养护期裂缝的产生。

6.2.3 土中水及其与土粒的相互作用

在自然条件下，土中含水。在一般黏性土中，特别是饱和软黏性土中，水的体积常占整个土体的50%~60%，甚至高达80%。

土中水溶液与土颗粒表面及气体有着复杂的相互作用，该作用程度不同，则形成不同性质的土中水。

1. 结合水

结合水是指受分子引力、静电引力作用吸附于土粒表面的土中水。

由于土粒表面一般带有负电荷，围绕土粒形成电场。土粒周围水溶液中的阳离子和水分子，一方面受到土粒所形成电场的静电引力作用；另一方面又受到布朗运动（热运动）的扩散力作用。在最靠近土粒表面处，静电引力最强，把水化离子和水分子牢固地吸附在颗粒表面，形成固定层。在固定层外围，静电引力比较小，因此水化离子和水分子的活动性比在固定层中大些，形成扩散层。固定层和扩散层中所含的阳离子（亦称反离子）与土粒表面负电荷一起即构成双电层。在工程中可以利用土粒反离子层的离子交换原理来改良土质。例如用三价及二价离子（如Fe^{3+}、Al^{3+}、Ca^{2+}、Mg^{2+}）处理黏土，使得它的扩散层变薄，从而增加土的稳定性，减少膨胀性，提高土的强度；有时，可用含一价离子的盐溶液处理黏土，使扩散层增厚，从而大大降低土的透水性。

2. 非结合水

土粒孔隙中超出土粒表面静电引力作用范围的一般液态水，称为非结合水。

（1）毛细水

毛细水是土的细小孔隙中，因与土粒的分子引力和水与空气界面的表面张力共同构成的毛细力作用而与土粒结合，存在于地下水面以上的一种过渡类型水。毛细水主要存在于直径为0.002～0.5mm的毛细孔隙中，在砂土、粉土和粉质黏性土中含量较大。

毛细水上升接近建筑物基础底面时，毛细压力将作为基底附加压力的增值，而增大建筑物的沉降；毛细水上升接近或浸没基础时，在寒冷地区将加剧冻胀作用；毛细水浸润基础或管道时，水中盐分对混凝土和金属材料常具有腐蚀作用。

（2）重力水（或称自由水）

重力水是存在于较粗大孔隙中、具有自由活动能力、在重力作用下流动的水，为普通液态水。重力水流动时，产生动水压力，能冲刷带走土中的细小土粒，这种作用称为机械潜蚀作用。重力水还能溶解土中的水溶盐，这种作用称为化学潜蚀作用。两种潜蚀作用都将使土的孔隙增大，从而增大压缩性，降低抗剪强度。

（3）气态水和固态水

气态水以水汽状态存在，从气压高的地方向气压低的地方移动。水汽可在土粒表面凝聚转化为其他各种类型的水。气态水的迁移和聚集使土中水和气体的分布状况发生变化，可使土的性质改变。

当温度降低至0℃以下时，土中的水主要是重力水冻结成固态水（冰）。固态水在土中起着暂时的胶结作用，提高土的力学强度，降低透水性。但温度升高固态水解冻后变为液态水，土的强度急剧降低，压缩性增大，土的工程性质显著恶化，特别是水冻结成冰时其体积增大，解冻融化为水时，土的结构变得疏松，使土的性质变得更坏。

6.2.4 土中气体及其与土粒的相互作用

土中的气体主要为空气和水汽。气体在土孔隙中以游离气体和封闭气体两种形式存在。游离气体通常存在于近地表的包气带中，与大气连通，与大气有交换作用，处于动平衡状态，其含量的多少取决于土孔隙的体积和水的充填程度，它一般对土的性质影响较小。封闭气体呈封闭状态，存在于土孔隙中，通常是由于地下水面上升，而土的孔隙大小不一、错综复杂，使部分气体没能逸出而被水包围，与大气隔绝，呈封闭状态存在于部分孔隙内，它对土的性质影响较大，如降低土的透水性和使土不易压实等。饱和黏性土中的封闭气体在压力长期作用下被压缩后具有很大内压力，有时可能冲破土层而逸出，造成意外沉陷。

6.2.5 土的结构和构造

1. 土的结构

土的结构是指土颗粒本身的特点和颗粒间相互关系的综合特征，如土颗粒大小、形状和磨圆度及表面性质（粗糙度）、土粒间排列及连接性质等。土的结构分为单粒（散粒）结构和集合体（团聚）结构两大基本类型。

（1）单粒结构

单粒结构也称散粒结构，是碎石（卵石）、砾石类土和砂土等无黏性土的基本结构形式。碎石（卵石）、砾石类土和砂土由于其颗粒粗大，比表面积小，所以颗粒间几乎没有静电引力连接和水胶连接，只在潮湿时具有微弱的毛细力连接，故在沉积过程中，只能在重力作用下一个一个沉积下来，每个颗粒受到周围各颗粒的支承，相互接触堆积。

单粒结构分为疏松结构和紧密结构两种。土粒堆积的松密程度取决于沉积条件和后来的变化作用。当堆积速度快、土粒浑圆度又较低时，如洪水泛滥堆积的砂层、砾石层，往往形成较疏松的单粒结构，存在较大孔隙，土粒位置不稳定，在较大压力，特别是动荷载作用下，土粒易移动而趋于紧密。当土粒堆积过程缓慢，并且被反复推移，如海、湖岸边波浪的冲击推移作用，所沉积的砂层常呈紧密的单粒结构，砂粒浑圆光滑者排列将更紧密，孔隙更小。紧密结构的土粒位置较稳定，具有坚固的土粒骨架，静荷载对它几乎没有压缩作用。

（2）集合体结构

集合体结构也称团聚结构或絮凝结构。这类结构为黏性土所特有。

由于黏性土组成的颗粒细小，表面能大，颗粒带电，沉积过程中粒间引力大于重力，并形成结合水膜连接，使之在水中不能以单个颗粒的状态沉积下来，而是凝聚成较复杂的集合体进行沉积。这些黏粒集合体呈团状，常称为团聚体，构成黏性土结构的基本单元。

对集合体结构，根据其颗粒组成、连接特点及性状的差异性，分为蜂窝状结构和絮状结构两种类型。

具有集合体结构的土体，有如下特征：

1）孔隙率很大（50%～98%），而各单独孔隙的直径很小，特别是聚粒絮凝结构的孔隙直径更小，孔隙率更大，因此土的压缩性更大。

2）水容度、含水量很大，往往超过50%，而且因以结合水为主，排水困难，故压缩过程缓慢。

3）具有大的易变性——不稳定性。

外界条件变化（如加压、振动、干燥、浸湿以及水溶液成分和性质变化等）对其影响很大，且往往使之产生质的变化，故集合体结构又称为易变结构。例如，软黏性土的触变性就是由于这类结构的不稳定性而形成的一种特殊性质。

软黏性土的触变性是指其土体经扰动（如振动、搅拌、搓揉等）致使结构破坏时，土体强度剧烈减小，但如将受过扰动的土体静置一定的时间，则该土体强度将又随静置时间的增大而逐渐有所增长、恢复的特性。例如在黏性土中打桩时，桩侧土的结构受到破坏而强度降低，但在停止打桩后一定时间，土的强度逐渐有所恢复，桩的承载力增加，这就是受土的触变性影响的结果。

软黏性土的触变性的实质是当土体被扰动时，其粒间静电引力、分子引力连接及水胶连接被破坏，使土粒相互分散成流动状态，因而土体强度剧烈降低，而当外力撤除后，软黏性土的上述粒间连接又在一定程度上重新恢复，因而使土体强度渐渐有所增大。

2. 土的构造

土的构造是指整个土层（土体）构成上的不均匀性特征的总和，包括层理、夹层、透镜体、结核、组成颗粒大小及裂隙发育程度与特征等。

（1）粗石状构造

粗石状构造是由相互挤靠着的粗大碎屑构成骨架，外表很像“干砌石”一样，如图6–5所示。岩堆、泥石流上游堆积物及山区河流上游的河床沉积物等常具有这种构造特征。这种构造的土体，一般具有很高的强度和很好的透水性（但还取决于粗大碎屑孔隙间充填物的性质和充填程度）。

（2）假斑状构造

假斑状构造是在较细颗粒组成的土体中，混杂着一些较粗或粗大碎屑，而粗大碎屑（颗粒）互不接触，不能形成骨架，如图6–6所示。

这种构造土体的工程性质主要取决于其细粒物质的成分（土类）/性质，特别是所处稠度状态（对于黏性土）或密实状态（对于砂土和粉土）。

（3）夹层和透镜体构造

在砂土和砂质粉土层中，常具有黏性土或淤泥质黏性土夹层和透镜体构造（图6–7），形成土体中的软弱面，从而可能造成建筑物地基失稳或边坡土体产生滑动，其力学性质和透水性呈各向异性。

冲积层、河流三角洲沉积层、浅海沉积层及近冰川的冰水沉积层等，常具这种构造特征。

（4）交错层构造

粒度较均匀的交错层构造，如风积砂等（图6–8），其性质可看成是均质的，在静荷载作用下强度较高。

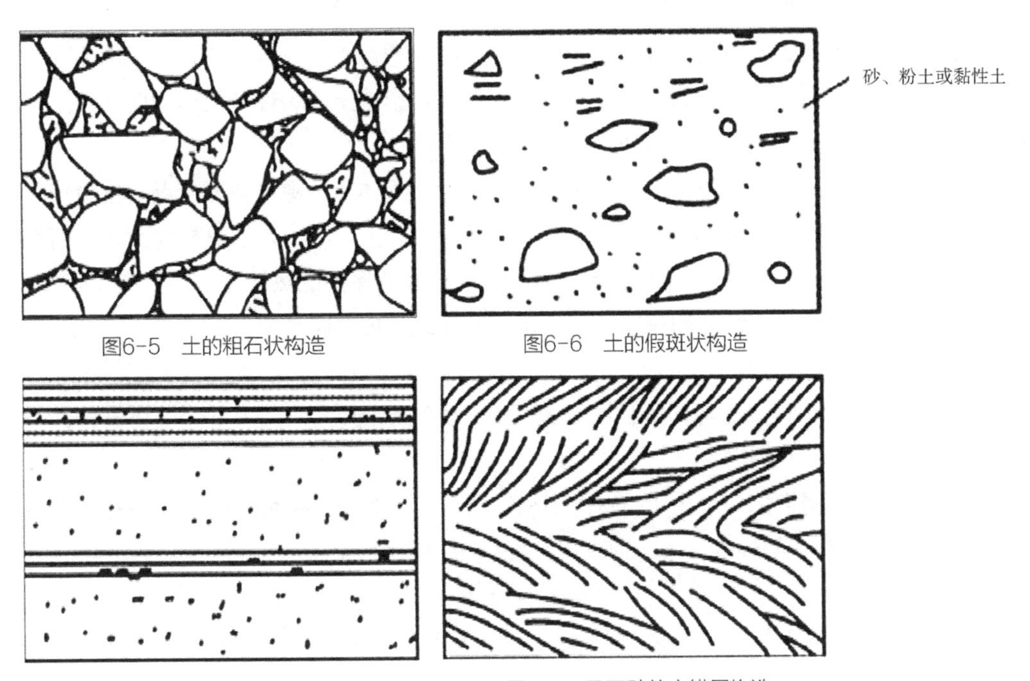

图6–5　土的粗石状构造

图6–6　土的假斑状构造

图6–7　浅海沉积砂夹黏性土层构造

图6–8　风积砂的交错层构造

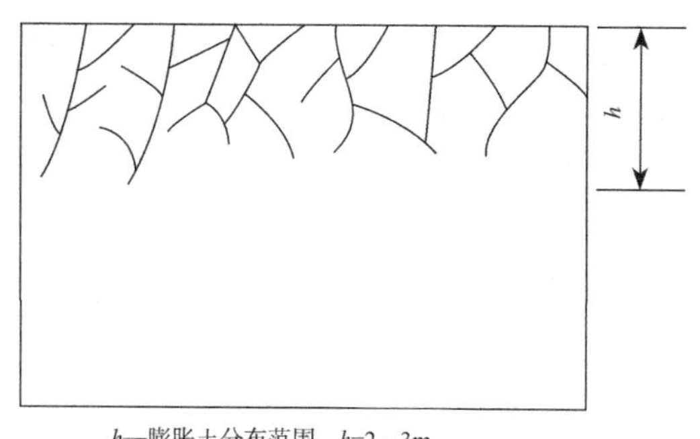

h—膨胀土分布范围，*h*=2～3m

图6-9　膨胀土体表层的裂隙构造

（5）显微层状构造

显微层状构造是指厚层黏性土层中间夹数量极多的极薄层（厚度为1.2mm）砂，呈“千层饼”状的构造，为滨海相或三角洲相静水环境沉积者所具有。这类构造也使土体具有各向异性，并有利于排水固结。

（6）裂隙、节理构造

某些黏性土，例如膨胀土的裂隙常在离近地表2～3m范围内呈网状分布，上宽下窄直至消失，一般宽度常达2～5mm，内充填有高岭石或伊利石等黏土矿物，浸水后软化。黏性土层的裂隙、节理构造，使土体丧失整体性，强度和稳定性大幅度降低（图6-9）。

6.3　土的主要特性

土是一种复杂材料，其性质主要取决于种类、密度以及扰动力的特性等。下面就土的物理特性、力学特性、工程特性、景观特性及建筑特性等方面进行分析。

6.3.1　土的物理特性

1. 渗透性

土是由固、液、气三相组成的复杂材料，其物理属性中以颗粒结构、孔隙率、含水率、渗透性与热工性能等对其影响最大。

土的结构是土的存在形式，体现土中矿物颗粒的相互关系。土颗粒之间的结构类型有散粒结构和团聚结构两种，散粒结构由颗粒靠重力相互堆砌而成，颗粒之间无联结。而团聚结构中土颗粒间相互联结，按其联结形式可分为蜂窝状、骨架状、基质状、层流状等。

土颗粒之间存在着孔隙，水分与空气填充于其中，孔隙体积与土的总体积的百分比即为孔隙率；填充水的质量与固体颗粒的比即为含水率，含水率的高低影响土的塑性与胶结程度——土的可塑性随含水率的增大而变差，胶结能力随含水率的减小而降低。

土的渗透性是土中的液体因能量差的影响而产生的运动，液体从孔隙中高能量点受重力作用流向低能量点，从而发生渗透。MacDougall的研究结果显示，生土材料不是绝热材料而是热惰性材料，具有储存和调控热量的能力。以土建造成的墙体有很好的保温隔热性能，例如夯土墙体、土坯砖墙体，其热惰性要优于烧结砖砌筑墙体，其建造的建筑室内冬暖夏凉。

2. 土颗粒的相对密度

土颗粒相对密度是指土粒重力与同体积的4℃水的重力之比，其值取决于土的矿物成分，一般为2.65～2.75。

土颗粒相对密度为实测指标，可在实验室内用相对密度瓶法测定。一般土的颗粒相对密度值可参考表6-1。由于颗粒变化的幅度不大，通常可按经验数值选用。

3. 土的重度

单位体积土的重力称为土的重度，单位为kN/m，用γ表示。

土颗粒相对密度参考值　　表6–1

土的名称	砂土	粉土	黏性土	
			粉质黏土	黏土
颗粒相对密度	2.65～2.69	2.70～2.71	2.72～2.73	2.74～2.76

4. 含水性

土的干湿程度可用含水量与饱和度两个指标来表示。

（1）含水量

含水量ω又称含水率，是指土中水的重力与土粒重力之比，常用百分数表示。

含水量是表征土潮湿状态的重要物理指标。天然土层的含水量变化范围很大，它与土的种类、埋藏条件及其所处的自然地理环境等有关。一般砂类土的含水量为10%～30%，干的粗砂土其值接近于零，而饱和砂土可达35%；坚硬细粒土的含水量为20%～30%，而饱和状态的淤泥土，则可达80%。一般来说，同一种土其含水量增大，强度则降低。土的含水量一般用“烘干法”测定。先称小块原状土样的湿土重，然后置于100～105℃烘箱内烘至恒重，再称干土重，湿、干土重之差与干土重的比值，就是土的含水量。

（2）饱和度

饱和度S_r是指土中被水充填的孔隙体积与孔隙总体积之比，也用百分数表示。含水量是一个绝对指标，表征土中水的含量，不能反映土中孔隙被水充填的程度，而饱和度能说明土中孔隙被水充填的程度。饱和度值愈大，表明土中水占据的孔隙比例愈大。孔隙完全被水充填时，S_r=100%，土处于饱和状态；孔隙中全为气体时，S_r=0，土处于干燥状态。实际工程中常按饱和度值，将砂土划分为稍湿的（$S_r \leqslant 50\%$）、很湿的（$50\% < S_r \leqslant 80\%$）和饱水的（$S_r > 80\%$）三种含水状态。

5. 土的孔隙性

土的孔隙性是土中孔隙的大小、多少和连通情况等的总称。

（1）孔隙率

孔隙率n，又称孔隙度，是指土中孔隙所占体积与土的总体积之比，常以百分数表示。

（2）孔隙比

孔隙比e是指土中孔隙体积与土颗粒体积之比，常以小数表示。

孔隙率与孔隙比都是表征土结构特征的重要指标。其数值愈大，表明土中孔隙体积愈大，土结构愈疏松；反之，结构愈密实。由于土的松密程度差别极大，土的孔隙比变化范围也大，一般为0.25～4.0，相应孔隙率为20%～80%。无黏性土虽孔隙较大，但因孔隙数量少，孔隙比相对较低，一般为0.5～0.8，孔隙率相应为33%～45%。黏性土则因孔隙数量多和大孔隙的存在，孔隙比常相对较高，一般为0.67～1.2，相应孔隙率为40%～55%。少数近代沉积的未经压实的黏性土，孔隙比甚至在4.0以上，孔隙率可大于80%。一般地，$e<0.6$的土是密实的低压缩性土，$e>1.0$的土是疏松的高压缩性土。根据砂类土的孔隙比，可分为密实、中密、稍密和松散4种（表6–2）。

土的上述基本物理性质指标包括土的颗粒相对密度、重度、含水量、饱和度、孔隙比和孔隙率等，在工程上统称为土的三相比例指标。其中，土粒相对密度G、含水量ω和重度γ 三个指标是通过试验测定的。在测定这三个基本指标后，可以计算出其余各指标。

砂类土的紧密状态（天然孔隙比） 表6-2

土的名称	土的紧密度			
	密实	中密	稍密	松散
细/粉砂土	$e<0.70$	$0.70\leqslant e<0.85$	$0.85\leqslant e\leqslant 0.95$	$e>0.95$
砾砂，粗/中砂土	$e<0.60$	$0.60\leqslant e<0.75$	$0.75\leqslant e\leqslant 0.85$	$e>0.85$

6.3.2 土的力学特性

土的力学属性包括土的压缩性、压实性与抗剪能力等。土固体颗粒间存在着孔隙，在外力作用下，孔隙体积被压缩，土颗粒间变得密实，夯土墙就是用外力作用将土体压缩密实，使固体颗粒之间达到最佳结构关系，增强土体的强度的一种墙。抗剪能力是土体强度的重要影响因素，是土体发生剪切破坏时所承受的应力。土的抗剪强度跟土自身的组成成分、颗粒间的结构以及含水率等因素有关。抗剪强度是夯土墙的重要力学指标，大多数夯土墙的破坏都是由于剪力作用引起的。

1. 土的压缩性

（1）土压缩变形的特点和机理

土的压缩性是指土在压力作用下体积缩小的性能。在一般压力作用下，土粒和水的压缩性很小，可忽略不计，故土的压缩可视为土中孔隙体积的减小。

饱和土压缩时，随着孔隙体积减小，土中孔隙水则被排出，其压缩过程实际上就是孔隙水压力的消散过程。饱和土在一定荷载作用下的渗透压密过程称为渗透固结。饱水砂土的孔隙大、透水性强，在一定荷载作用下其孔隙中的水会很快排出，压缩速度也就很快。但由于其孔隙度值较小，所以，其压缩量也较小。

饱和细粒土的孔隙很小、透水性极弱，在一定压力作用下其孔隙中的水很难尽快排出，故其压缩速度也就很慢，其压缩常常需要很长的时间。但由于其孔隙度值很大，所以，其压缩量也大。

非饱和土在一定的压力作用下，先是游离气体被挤出，然后是密闭气体被压缩。随着土被压缩，其饱和度不断增高。当其达到饱和后，压缩过程则与饱和土一样。

（2）土的压缩性指标

土的压缩性高低通常采用其压缩性指标进行描述。常用的土的压缩性指标有压缩系数a、压缩模量E_s和变形模量E_0，其中a、E_s通过土样的室内压缩试验确定，E_0通过现场原位测试（如载荷试验、旁压试验等）取得。

2. 土的抗剪强度

大量研究表明，土的抗拉强度很小，一般可忽略不计。土体在通常应力状态下的破坏主要表现为剪切破坏，因此，土的强度问题实质上是土的抗剪强度问题。

（1）无黏性土的抗剪强度

对于无黏性土，其抗剪强度与土的密实度、土颗粒大小、形状、粗糙度和矿物成分以及颗粒级配的好坏程度等因素有关。土的密实度愈大，土颗粒愈大，形状愈不规则，表面愈粗糙，级配愈好，则其内摩擦角愈大，相应的抗剪强度愈高。此外，土中含水量大，水分在土颗粒之间起润滑作用，会使土的抗剪强度降低。根据库仑定律，土的抗剪强度还与土体所受到的正压力有关，正压力越大，土的抗剪强度也越高。

（2）黏性土的抗剪强度

对于黏性土，其抗剪强度除与土的内摩擦角和所受正压力有关外，还与土颗粒之间的黏聚力有关。黏聚力越大，土的抗剪强度越高。

3. 土的动力特性

一般而言，土体在动荷载，例如震动或机器等的振动作用下抗剪强度将有所降低，并且往往产生附加变形，抗剪强度降低及变形增大的幅度除取决于土的类别和状态等特性外，还与动荷载的振幅、频率及震动（或振动）加速度有关。

4. 黏性土的稠度与塑性

黏性土因含水量变化而表现出的稀稠软硬程度，称为稠度。随着含水量的变化，黏性土由一种稠度状态转变为另一种状态，相应的分界点含水量称为界限含水量，亦称为稠度界限，包括液限W_t、塑限W_p和缩限W_s。液限是指黏性土由可塑状态转变到流塑、流动状态的界限含水量；塑限是指土由半固状态转变到可塑状态的界限含水量；黏性土由半固状态不断蒸发水分，体积逐渐缩小，直至体积不再缩小时的界限含水量称为缩限。液限、塑限、缩限都以百分数表示。

液限和塑限的差值称为黏性土的塑性，表示黏性土处在可塑状态的含水量变化范围，用塑性指数I_p表示。

黏性土的天然含水量和塑限的差值与塑性指数之比称为液性指数，可定量表示黏性土所处的软硬状态，用I_L表示。根据液性指数值，可将黏性土划分为下列五种状态：

①坚硬，$I_L \leqslant 0$；

②硬塑，$0 < I_L \leqslant 0.25$；

③可塑，$0.25 < I_L \leqslant 0.75$；

④软塑，$0.75 < I_L \leqslant 1.0$；

⑤流塑，$I_L > 1.0$。

6.3.3 土的工程特性

1. 黏性土的抗水性

黏性土的抗水性是指其受水胀缩、崩解的程度，反映其抵抗因水而变形破坏的能力。

（1）土的膨胀性

土的体积因浸水而增大的性能称为土的膨胀性。土的膨胀是由干燥黏性土因浸水而使土粒表面弱结合水膜变厚所引起的。土遇水后，在胶粒及黏粒周围形成的结合水膜使颗粒间的连接力减弱，并把它们拉开，从而使土的体积增加。

土的膨胀性一般用膨胀率、膨胀含水量及膨胀力等指标表示。膨胀率是土浸水后所增加的体积与原体积之比值，以百分数表示。土的膨胀率是一个实测指标，在室内多用无侧胀的膨胀仪测定。

土膨胀产生的最大内应力称为土的膨胀力，单位是MPa，在室内常用压缩仪测定。

土浸水膨胀稳定后的含水量，称为膨胀含水量，以百分数表示。测定方法与土的天然含水量相同。当土的天然含水量小于膨胀含水量时，只要土被浸水，任何情况下均能膨胀。

（2）土的收缩性

土在失水过程中体积减小的性能称为土的收缩性。收缩性是由土粒表面弱结合水膜变薄，土粒得以互相靠近引起的。土的收缩强弱与其粒度成分、矿物成分、水溶液的离子成分、电解质浓度和极性有关，也取决于土的原始含水量。原始含水量愈大，土体收缩愈显著。

收缩性使土变得较为致密，甚至变成固态，因此可提高土的强度。但伴随收缩而产生的裂隙，又使土的渗透性加强，造成土体整体稳定性降低。

（3）土的崩解性

黏性土在水中崩散解体的性能称为土的崩解性。这是由于土的水化，使颗粒间连接力减弱及部分胶结物溶解而引起的崩解，是表征土的抗水性的指标。

土崩解的主要影响因素是物质成分（如矿物成分、粒度成分及交换阳离子成分）、结构特征（主要是结构连接）、含水量等。孔隙大，透水性好，结构连接差，则崩解速度大，抗水性弱；相反，孔隙小，透水性差，结构连接强而致密，则土抗水性强，崩解速度小。土的崩解性在很大程度上与原始含水量有关，干土或未饱和土比饱和土崩解要快得多。

2. 土的透水性

重力水在土中渗透的能力称为土的透水性。水在天然土层中多以层流形式运动，服从达西定律。砂砾土的渗透系数等于水力坡度为1时的渗透速度。单位为m/h；而黏性土的渗透系数，则等于水力坡度差为1时的渗透速度，单位亦为m/h。土的渗透系数是一个实测指标，如无实测值时，可参考表6-3取值。

各种土的渗透系数参考值 表6-3

土的名称	砾石	粗砂	中砂	细砂	极细砂	粉质黏土	黏土
渗透系数（m/h）	>2.1	0.8～2.1	0.2～0.8	0.04～0.2	4×10^{-4}～4×10^{-2}	4×10^{-5}～4×10^{-3}	$<4\times10^{-5}$

土的渗透性受很多因素影响，对不同的土来说，影响因素及影响程度各不相同。土的粒度成分对粗碎屑土及砂土的透水性影响较大，一般是颗粒愈粗、愈均匀、愈浑圆，土的透水性愈强；相反，透水性愈弱。土愈密实，土中孔隙就愈少、愈小，土的透水性就愈弱。黏性土的透水性还与土中胶体含量和交换阳离子成分有关。

土可塑性强，抗风蚀性能、隔声性能良好，可降解性、可再生性能优异，工程服役结束后能够重新回归自然或能被直接再生利用，同时土还具有调湿、透气、防火、低能耗、低造价、零排放、零污染、可循环利用、使用寿命长等生态特点。Morton等研究了生土材料的声学性能，36～63cm厚的生土墙体的消声指数介于46～57dB，优于11cm黏土烧结砖的消声性能（35dB）。Matthew Hall等证明生土材料的导热系数与干密度和孔隙率无关，而与吸水饱和度线性相关，影响饱和度的主要因素是材料颗粒间的接触程度，也就是说随着原料颗粒级配和压实程度的变化，导热系数会发生相应变化。

土是一种自然的、健康的、环保的和经济的工程材料。不过，生土材料强度低，易变形，抗震性、耐水性、耐剪性差，致使生土建筑在抗震、抗水和维持体积稳定性等方面存在先天性不足。研究表明，水分主要是在毛细吸力的作用下侵入到夯土材料内部而破坏生土建筑结构，生土材料吸水率远远低于传统的建筑材料（砌块、混凝土、天然石材和砂浆等），其单位表面水分流入量与侵入时间的平方根呈线性关系，而毛细管吸水率正比于拌合物集料的总表面积与胶凝材料质量分数的比值。因此，可以通过人为调整生土材料拌合物颗粒分布的方法控制水分侵入速率。

6.3.4 土的景观特性

土因矿物成分与形成条件的差异而形成黄、黑、红、白以及青色等不同土色。事实上，用于建造生土建筑的生土多呈黄色，不论在中国的黄土高原抑或西北地区，还是世界上其他大部分生土建房地区，黄土都与当地环境与气候条件相协调一致，产生和谐之美，反映人们对于生土材料的情感记忆，体现人们生活之沧桑壮美，呈现出大气壮丽的自然美。

有时夯土建筑的主要原料中会加入少量稳定剂（水泥）和着色剂（金属氧化物），使得土的颜色表现出多样化。不同区域的土壤具有不同的颜色，同一片区域深度不同土壤颜色也不尽相同。水泥的颜色也有很多种，除了灰色的普通水泥外，还有白色水泥、彩色水泥。常用的着色剂中，氧化铬呈绿色，二氧化锰有褐、黑两种，氧化铁有红、黄、褐、黑之别。

自然状态下的土呈松散的颗粒状，经加工营造建筑物后，土有鲜明的质地与纹理特征。夯土版筑墙质地密实坚硬，墙面有一层一层的纹理，晾干成型的土坯砖质地致密，其砌筑的墙体呈现土坯砌块层层累叠的纹理，这是土坯砖砌筑文化的真实表现。除此之外，由于功能要求与文化影响，由生土建造的建筑印记精美的建筑细部，这些细部丰富了建筑立面的光影变化，形成了独特的人文表情。

6.3.5 土的建筑特性

土的建筑特性是指具有适当颗粒结构的土配以适量水夯实后土体夯实密度大，保温隔热性能优异，强度随水分蒸发而逐渐增强，适于构筑生土建筑的特性。土的建筑特性包含土的颗粒结构即颗粒尺寸的分布情况、塑性、聚密性、内聚性、保温隔热等性能。土壤、气候条件以及建筑地基状况是建造生土建筑的主要影响因素。其中，土壤的特性是最重要的因素。生土建筑材料应当具备高强度、低吸湿性、低收缩膨胀系数以及较好的耐腐蚀性等特性。

颗粒尺寸的分布情况是指土壤颗粒中各种成分的组成结构，即土壤中各种不同大小的颗粒所占的百分比。粗糙颗粒含量高的土壤容易造成建筑的破裂、瓦解，需要加入颗粒细小的材料来弥补。土壤中细小的颗粒含量过高需要加入一定的砂子才可以应用于生土建筑。

塑性是指在结构没有破裂之前变形的能力。塑性反映了使土壤成形的难易程度和土壤在潮湿环境中变形后的安全性。

聚密性是指反映土壤在降低自身孔隙率和空隙率方面的潜力。密度越大，孔隙率越低，渗入的水就越少。

内聚性是指在受到拉力作用时，土壤颗粒之间保持紧密的能力。内聚力的大小取决于粘合剂或自身粗糙颗粒（黏土、泥砂、细砂）的粘合性。

6.4 土的分类

中国的土资源极为丰富，许多地区都有深厚的土层，土的分类标准和方法很多。根据地区的不同，按色调土可划分为黑土、黄土、红土、青土以及白土等五类，见表6–4。

土的分类 表6-4

类别	主要特点	分布
黑土	有机物含量高，黏性强，易变形，土色以黑色、栗色为主，具强烈的胀缩性能和扰动特性	东北平原及内蒙古地区
黄土	有机物含量少，多孔，呈黄色，粉性，具有柱状节理，受水浸湿后极易沉陷	西北地区的黄土高原和华北地区的黄土平原
红土	网层发育明显，黏土矿物以高岭石为主，矿物质分解彻底，氧化铁等矿物质残留在土壤上层，红色土层深	南方地区，以长江以南的低山丘陵区为主
青土	因排水不良或长期被淹，红土的氧化铁被还原成浅蓝色的氧化亚铁，使土变成灰蓝色	南方部分水稻田
白土	白土中含有较高的镁、钠等盐类，从外观上看有两种类型，一种是呈致密块状，另一种是呈叶片状，层理清晰，可塑性和黏性都好	大部分地区

6.5 生土的检验

1. 生土性能测试

如果要使用基地上的土壤，须先在工程项目基地上进行生土性能测试，然后再在土壤检验实验室中进行后续测试。通过测试土壤性能才能确定该土壤是否适合建设生土建筑以及可以采用何种改良土壤的方法，因此生土性能测试应该要先于设计阶段进行。

2. 生土成分测试

根据生土成分的密度差异，利用重力原理来测试并分析其成分组成。首先在一个玻璃广口瓶中放入约半瓶左右的被检测土壤，然后一边注水，一边用玻璃棒搅动土壤，使土壤颗粒松散开，然后再轻轻用力均匀晃动瓶子，使所有的生土颗粒都悬浮在水中，最后把玻璃广口瓶静放在一个平台上。待一会儿，这时所有颗粒都会按照各自的重量依次分层，最先落向瓶子底部的是石子，其次是砂子，然后是淤泥，黏土会保持悬浮，有机物将浮在水面上。

3. 生土混合比测试

根据现有的土壤情况，将不同混合比的土壤样本分别夯筑成大小形状一样的试块，在实验室里挤压变形，分析比较给出合适的土壤混合比例，从而确定合理的土壤混合比和含水量。

4. 质量控制测试

观察夯土墙、铺筑地面的功能试块在各种物理、化学作用下的表现，测试它们的抗压强度、断裂模数、耐水性和防潮性等，保证建筑的质量。

6.6 土料的选择

（1）碎石类土、砂土和爆破石碴，可用作表层以下的填料。

1）土块颗粒不大于5cm，含水量符合压实要求的黏性土（粉质黏土、粉土）可用作各层填料。

2）碎块草皮和有机质含量大于8%的土，仅用于无压实要求的填方。

3）淤泥和淤泥质土一般不能用作填料，但在软土或沼泽地区，经过处理，含水量符合压实要求后，可用于填方中的次要部位。

4）含盐量符合规定的盐渍土，一般可以使用，但填料中不得含有盐晶、盐块或含盐植物的根茎。

5）水溶性硫酸盐大于2%的土，不能用作填土，因在地下水作用下，硫酸盐会逐渐溶解流失，形成孔洞，影响土的密实性。

6）砂土应采用质地坚硬粒径为0.25～0.5mm的中粗砂，如采用细砂、粉砂时，须取得设计单位的同意。

7）冻土、膨胀性土等不应作为填方土料。

（2）碎石类土或爆破石碴用作填料时，其最大粒径不得超过每层铺填厚度的2/3（当使用振动碾时，不得超过每层铺填厚度的3/4）。铺填时，大块料不应集中，且不得填在分段接头处或填方与山坡连接处。填方内有打桩或其他特殊工程时，块（漂）石填料的最大粒径不应超过设计要求。

6.7 土的应用

土在风景园林中应用非常广泛，它不仅是园林植物的种植基质，生土建筑物及构筑物的主要材料，也是一种生态胶凝材料，还是一些重要风景园林设施小品的结构性材料。

6.7.1 生土建筑材料

生土建筑是指利用未经焙烧的土材料营建主体结构的建筑物、构筑物，也指在自然界原土中挖掘的洞穴类建筑物或利用生土、砂石作屋顶覆盖材料的各类建筑物。生土建筑在世界范围内分布相当广泛，从发展中国家，到发达国家，从炎热地区到寒冷地区，从干旱地区到多雨地区，到处都能见到各地区的人们根据当地的气候、地理与环境条件，结合各自的民族传统与生活习惯，以各自的营建技术，用生土建造着自己“土中的家”。

生土材料是名副其实的低能耗、低排放、低污染的节能、环保、绿色建筑材料。如采用现代的材料技术手段，对生土进行改性，就可以优化与升级其性能，从而可以大大提高生土的热学性能、受力变形性能，大大提升生土建筑抗风蚀、雨蚀、盐蚀的能力。研究表明，常用的改性材料有单掺秸秆等植物纤维、粉煤灰等矿物掺合料、熟石灰、水泥、矿渣、石膏等。下面从改性机理方面进行简单的分析。

在生土中加入适量秸秆等植物纤维，增加了土的内摩擦阻力，提高了土的抗剪强度和抗压强度，增强了土墙的抗震性能，减少了墙体干裂。植物纤维在土中起到了“加筋”作用。

在表面光滑呈玻璃态实心或空心球状的粉煤灰中占，活性成分SiO_2和AlO_3占60%以上，在碱性环境下其与土颗粒发生火山灰反应生成类似水泥的水化产物，可以作为胶凝材料的一部分起增强作用。由于球状玻璃体含量多，故水化需水量少、干缩小、抗裂性好。另外，粉煤灰表面光滑、结构比较致密，使改性土易于密实，降低改性土的孔隙率。反应生成的水化产物能填充土体的孔隙，提高土体的抗冻性。研究表明，灰土的抗剪强度较素土、麦秸土的抗剪强度大，说明灰土抗剪性能要优于麦秸土与素土，但抗压强度降低。

当石灰加入到含有黏粒的土中，土孔隙溶液中Ca^{2+}离子浓度大幅度增加，由于Ca^{2+}离子具有较强的离子交换能力，因此Ca^{2+}可置换出黏土吸附的水合Na^+离子，从而降低黏土颗粒的水膜层厚度，有利于增强黏土颗粒的结构联结，促使黏土微结构团粒化。但石灰与微细黏粒中活性成分SiO_2和Al_2O_3间的火山灰反应缓慢。石灰固化土的强度低、干缩大、易开裂、易软化、水稳定性差、适应性差。

水泥加入土中，发生水泥水化反应，产生CSH和CAH凝胶，附着在颗粒表面，并形成$Ca(OH)_2$。Ca^{2+}与土粒表面吸附离子发生阳离子交换反应，使较小的土颗粒形成较大的土团粒，使土体的强度提高。随着水泥水化反应的深入，溶液中析出大量的钙离子，当其数量超过离子交换所需量后，在碱性环境中，能使组成黏土矿物的SiO_2及Al_2O_3的一部分或大部分与钙离子进行化学反应，逐渐生成不溶于水的胶凝物质，增大固化土的强度。当然水泥水化物中游离的$Ca(OH)_2$能吸收水中和空气中的CO_2，生成不溶于水的$CaCO_3$，这种反应也能使固化土增加强度，但增长强度较慢，幅度较小。水泥掺加其他辅助改性材料如石灰、矿渣等适宜的改性材料的合理配比，可获得显著的经济效益和社会效益。

矿渣是冶炼生铁时产生的废渣，主要成分SiO_2、CaO、Al_2O_3常达到90%以上，是一种良好的矿物资源。矿渣加入土中一般需在碱性条件下才能很好地发挥作用，矿渣与黏土颗粒中的硫酸盐、铝酸盐发生化学反应，生成针状晶体，反应后体积膨胀，产生很好的稳定性。经过矿渣改性的土体，由于孔隙被填塞，阻断了水的自由流动，既增强了土的抗水性和抗水中有害离子的化学侵蚀性，又增强了土体的强度。

石膏添加到土中，石膏与土颗粒中的铝酸钙反应生成钙矾石。同时，土中可溶性Al_2O_3也可能与石膏反应生成钙矾石。钙矾石含32个结晶水，在其形成过程中固相体积将增长120%左右。由于其体积膨胀、填充孔隙，使改性土结构密实，除自身膨胀作用外，其针柱状结晶相互交叉，与CSH一起形成独特的空间网状结构，在孔隙中形成了很好的支架结构。钙矾石的这种填充和支撑孔隙的作用进一步弥补了CSH的不足，增加了改性土的强度。

生土除了可以直接作为建筑材料外，还可以利用生土做成黏土砖，用于砌筑土砖墙。生土与黏土砖的区别如表6-5所示。

生土与黏土砖的区别　　表6-5

类别	加工过程	物理性能	受力性能	环保性能	使用概况
生土建筑材料	未经烧制	质量重，易吸水、比热较大	受力情况较弱	使用后能回归自然环境	曾经普及，现已较少使用
黏土砖等土质材料	经过焙烧	质量轻，较防水、比热较小	受力强度较高	使用后无法直接回归环境	使用较广泛，但正在逐步禁用

中国幅员辽阔，自然资源丰富，各地区土质情况差异较大，在选择生土墙体改性材料时，应依据土质特征，结合改性材料的改性机理，充分利用地方资源，结合地方气候特点，寻求最佳的掺合料的种类及合理掺量，对生土进行生态改性，使改性后的生土墙体材料的力学性能和耐久性能等得到改良。

黏土因其高塑性、不易透水性、高压缩性、低强度以及对环境条件变化的敏感性等一般不用作土工结构物的填料。

6.7.2 生土胶凝材料

黏土、黏土石灰混合物、糯米灰浆等都是传统的优质生态胶凝材料。

6.7.3 生土基础材料

碎石土、砂土、粉土由于易松散，不适于作建筑材料，一般只用在建筑物的地基。由石灰和素土按3：7或2：8的比例混合而成灰土基础材料，灰土基础有比较好的凝固条件，灰土经凝固后不透水，可减少土壤冻胀的破坏。

6.7.4 植被混凝土

植被混凝土是一种由壤土、水泥、有机质、肥料、保水剂、草种和绿化添加剂等混合而成，具有一定的强度，能在其表面上栽种花草的混凝土材料。植被混凝土具有以下几方面特点：①水泥用量大于5%，以增加种植基质强度；②需用干式喷播法喷射到种植坡地；③使用绿化添加剂，使植被混凝土有良好的结构、pH值和营养条件，适于植物生长；④含植物种子。

植被混凝土配方中用量最大的是壤土，壤土砂粒含量小于10%，最大粒径不大于10mm，对于达不到要求的土壤，须改良或粉碎。了解所用壤土的类型及其性质（密度、含水量、养分含量、pH值、交换性酸含量、盐基饱和度、铁铝富集情况等）是确定其他组分的先决条件。在此基础上参考土壤学中改良土壤的方法初步确定其他组分如水泥、化肥、添加剂等的用量，再选取几组配方，加水制成拌合物，测试三相比、孔隙率、最大持水量、田间持水量、有效持水量、抗压强度和抗冲刷能力等。将拌合物装进土钵，种植确定的草种，观察生长情况。选取既有强度，又能让草种发芽和生长良好的配方，进行现场试验，以检验配方的可操作性，然后对配方进行微调，最终确定配方。植被混凝土参考配方见表6-6。

植被混凝土配方 表6-6

材料名称	含量	要求	功能
壤土	80%～90%	砂量少于10%，最大粒径小于10mm	为植物营造生长环境
425级水泥	5%～12%	含游离CaO、MgO少	提高植被混凝土强度和抗冲刷能力
有机质	10%～20%（体积比）	酒糟、稻壳、锯末	改善土壤结构，增加养分
肥料	0.6%～1.0%	一般用复合肥	改善土壤营养状况
保水剂	0.08%～0.1%	一般用吸水树脂	增强植被混凝土抗旱能力
草种	30g/m^2	暖季型和冷季型混合草种	播种
绿化添加剂	2%～5%	专利产品	调节土壤pH值，改善土壤结构和营养状况

6.7.5 种植土

种植土是指用于种植乔灌木、花卉、地被及草坪等植物用的土壤。种植土要求有良好的理化性能，结构疏松，透气，保水、保肥能力强，适于园林植物生长。

种植土是场地"土地"的主要组成部分，指包含着植物根系和包括微生物在内的众多生命物质的自然表层，是风景园林设计重要的材料之一，是风景园林竖向设计最基本的介质，也是风景园林师进行地形地貌艺术塑造和丰富空间的重要手段，还是基底景观营造的最重要载体。不同的土壤暗示着不同地貌、水体的作用过程。作为具有极大可塑性的工程材料，土可被拉升、扭曲、挤压，具有极大的表现力。

1. 配制

适宜植物生长的最佳土壤体积比为矿物质：有机质：空气：水=45%：5%：20%：30%，土壤团粒最佳粒径为1～5mm，土壤酸碱适中，排水良好，疏松肥沃，不含建筑和生活垃圾，且无毒害物质。对于不适于植物生长的工程基地土壤，需因地制宜地改良。为了改良土壤弥补绿地土壤肥力不足，可选用经3%的过磷酸钙加上4%的尿素堆沤且充分腐熟后的堆沤蘑菇肥或花生饼肥或木屑作为土壤基肥使用，草坪及花坛用量在10kg/m^2左右，施肥后应进行1次约30cm深的翻耕，使肥与土充分混匀，做到肥土相融，起到既提高土壤养分，又使土壤疏松、通气良好的作用。

2. 质量要求

（1）绿化种植土壤应具备常规土壤的外观，有一定的疏松度，无明显结块，无明显石块、垃圾等杂物，常规土色，无明显染色或异味。

（2）绿化种植土壤有效土层应满足表6-7的厚度要求。

（3）除有地下空间、屋顶绿化等特殊隔离地带，绿化种植土壤有效土层下应无大面积的不透水层，否则应打碎或钻孔，使土壤种植层和地下水能有效贯通。

（4）污泥、淤泥等不应直接作为绿化种植土壤，应清除建筑垃圾。

（5）绿化种植土壤使用前宜先进行消毒，其中花坛用土或对土壤病虫害敏感的植物应先消毒处理后方可使用。

绿化种植土壤有效土层厚度的要求　　表6-7

植被类型			土层厚度（cm）
一般种植	乔木	直径≥20cm	≥180
		直径＜20cm	≥150（深根）、≥100（浅根）
	灌木	高度≥50cm	≥60
		高度＜50cm	≥45
	花卉、草坪、地被		≥30
屋顶绿化	乔木		
	灌木	高度≥50cm	≥50
		高度＜50cm	≥30
	花卉、草坪、地被		≥15

（6）绿化种植土壤的理化指标应满足表6-8的要求。

绿化种植土壤理化指标　　表6-8

项目			指标		
主控指标	pH值		一般植物		5.5～8.3
			特殊要求		施工单位提供要求在设计中说明
	全盐量	*EC*（mS/cm）（适用于一般绿化）	一般植物		0.15～1.2
			耐盐植物种植		≤1.8
		质量法（g/kg）（适用于盐碱土）	一般植物		≤1.0
			盐碱地耐盐植物种植		≤1.8
	密度（mg/m^3）		一般种植		≤1.35
			屋顶绿化	干密度	≤0.5
				最大湿密度	≤0.8
	有机质（g/kg）				≥12
	非毛管孔隙度（%）				≥8
一般指标	碱解氮（mg/kg）				≥40
一般指标	有效磷（mg/kg）				≥8
	速效钾（mg/kg）				≥60
	阳离子交换量［cmol（+）/kg］				≥10
	土壤质地				壤土
	石砾质量分数（%）	总含量（粒径≥2mm）			≤20
		不同粒径	草坪（粒径≥20mm）		≤0
			其他（粒径≥30mm）		≤0

3. 取样送样及检测方法

（1）取样送样

1）准备

①人员准备

取样人员应接受专业培训，有一定野外调查经验。绿化工程种植土壤宜实行见证取样送样制度，即在建设单位或监理单位人员见证下，由施工人员或专业试验室取样人员在现场取样，并一同送至专业试验室进行检测。

②取样器具准备

A. 工具类：铁锹、铁铲、土钻、削土刀、竹片以及适合特殊取样要求的工具，对长距离或大规模取样需车辆等运输工具。

B. 器材类：GPS、罗盘、照相机、标本盒、卷尺、标尺、环刀、铝盒、样品袋、样品箱以及其他特殊仪器。

C. 文具类：样品标签、记录表格、文件夹、铅笔等。

D. 安全防护用品：工作服、工作鞋、工作帽、常用药品等。

③技术准备

A. 各种图件：交通图、施工图、大比例的地形图（标有居民点、村庄等标记）。

B. 各种技术文件：项目施工方案（含土壤改良措施、种植植物种类和养护情况等）、进度计划等。

2）土壤取样点确立

①根据土壤类型、植被、地貌、质地、成土母质等情况，确定土壤样品检测单元。

②根据检测单元内不同环境条件、利用方式、肥力水平等因子，确定土壤取样点个数；特殊样品的取样，如地势不平坦、土壤不均匀、荒地、废墟地等，按土壤类型可适当增加取样深度和取样个数。

③每个取样点为土壤混合样，混合样的取样主要有3种方法（图6-10）。

A. 梅花点法：适用于面积较小、地势平坦、土壤比较均匀的地块，设分点5个左右。

B. 棋盘法：适宜中等面积、地势平坦、土壤不够均匀的地块，设分点5～8个。

C. 蛇形法：适宜于面积较大、土壤不够均匀且地势不平坦的地块，设分点8～12个。

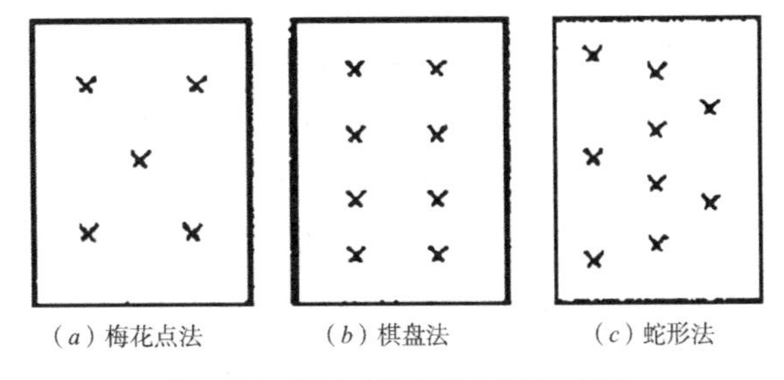

图6-10 混合土壤取样点布设示意图

3）取样密度

①原土

A. 面积小于10000m^{2}时，每2000m^{2}作为一个检测单元取一个混合样，至少含5个取样点。

B. 面积为10000～50000m^{2}时，每3000m^{2}作为一个检测单元取一个混合样，含6～8个取样点。

C. 面积为50000～100000m^{2}时，每5000m^{2}作为一个检测单元取一个混合样，含9～12个取样点。

D. 面积大于100000m^{2}时，每10000m^{2}作为一个检测单元取一个混合样，含13～15个样点。

E．居住小区视绿地面积大小，一般每500～1000m²作为一个检测单元取一个混合样，至少含5个取样点。

②客土

以50～100m³取1个混合样品，由5～10个取样点组成；如果以客土为主，可以根据土方的不同来源取样，不同来源的客土根据其量的多少来确定样点数，然后混合在一起；如果土壤性质差别不大，也可将同一来源的客土作为一个土壤样品。

③不同绿化形式

A．一般绿地、生产绿地和草坪等绿地：取样密度同原土的方法。

B．花坛、花境：以50～100m²取1个混合样品，由5～10个取样点组成。

C．树坛或树穴：每50棵树分两层或三层各取一个样，总取样区域不满50棵按50棵计。

D．若有特殊要求，增加取样密度。

4）取样方法

①在确定的土壤取样点上，用小土钻（湿润、不含石砾且疏松的土壤）或用小土铲（干燥，含石砾而坚硬的土壤）垂直向下切取一片上下厚度（至少2～3cm）相同的土块，见图6-11。

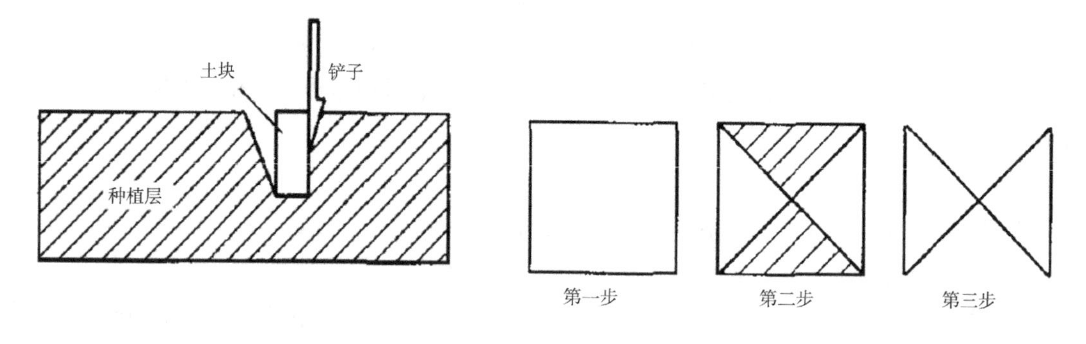

图6-11 土壤取样图

图6-12 四分法取样步骤图

②每个土壤取样点等量采集后土块均匀混合在一起，然后根据图6-12所示的四分法去掉多余的土壤，依此方法直至最后保留1kg左右的土壤混合样。

③一个检测单元内一般取一个土壤混合样。

④物理性质测定时用环刀取原状土，表层土至少要做3次重复。

5）取样深度

分层取样的应是土壤混合样，即不同取样点同一层次取的样品混合后作为该层次的土壤混合样；如果土壤30cm以下取样困难或差异不大，可以选择一个有代表性取样点的地下取样点作为该层的混合样。

①绿化植物种植前的绿地本底调查：种植草本植物或小灌木的取0～30cm一层；种高大乔灌木的取0～30cm和30cm ～60cm两层；必要时根据需要取更深的层次。

绿化种植土检测分析法　表6-9

项目	测定方法	方法来源
外观		目测法
有效土层	米尺测定（读数精确到1.0cm）	
pH值	电位法（水浸提）	《森林土壤pH值的测定》（LY/T 1239—1999）
全盐量	质量法/电导率法（土水质量比1：5）	《森林土壤水溶性盐分分析》（LY/T 1251—1999）
密度	环刀法	《森林土壤水分-物理性质的测定》（LY/T 1215—1999）
非毛管孔隙度		
有机质	重铬酸钾氧化—外加热法	《森林土壤有机质的测定及碳氮比的计算》（LY/T 1237—1999）
水解性氮	碱解—扩散法	《森林土壤水解性氮的测定》（LY/T 1229—1999）
有效磷	钼锑抗比色法	《森林土壤有效磷的测定》（LY/T 1233—1999）
速效钾	火焰光度法	《森林土壤速效钾的测定》（LY/T 1236—1999）
阳离子交换量	乙酸铵交换法（酸性和中性土壤） 氯化铵—乙酸铵交换法（石灰性土壤）	《森林土壤阳离子交换量的测定》（LY/T 1243—1999）
质地	密度计法	《森林土壤颗粒组成（机械组成）的测定》（LY/T 1225—1999）
石砾含量	筛分法	《园林绿化种植土壤》（DB11/T 864—2012）
总镉	KI-MIBK萃取原子吸收分光光度法	《土壤质量　铅、镉的测定　KI-MIBK萃取火焰原子吸收分光光度法》（GB/T 17140—1997）
总汞	石墨炉原子吸收分光光度法	《土壤质量　铅、镉的测定　石墨炉原子吸收分光光度法》（GB/T 17141—1997）
	冷原子吸收分光光度法	《土壤质量　总汞的测定　冷原子吸收分光光度法》（GB/T 17136—1997）
总铬	KI-MIBK萃取原子吸收分光光度法	《土壤质量　铅、镉的测定　KI-MIBK萃取火焰原子吸收分光光度法》（GB/T 17140—1997）
	火焰原子吸收分光光度法	《土壤质量　总铬的测定　火焰原子吸收分光光度法》（GB/T 17137—1997）
总砷	原子荧光法	《土壤质量　总铬、总砷、总铅的测定　原子荧光法　第2部分：土壤中总砷的测定》（GB/T 22105.2—2008）
总镍	火焰原子吸收分光光度法	《土壤质量　镍的测定　火焰原子吸收分光光度法》（GB/T 17139—1997）
总锌	火焰原子吸收分光光度法	《土壤质量　铜、锌的测定　火焰原子吸收分光光度法》（GB/T 17138—1997）
总铜	火焰原子吸收分光光度法	《土壤质量　铜、锌的测定　火焰原子吸收分光光度法》（GB/T 17138—1997）

②已种植绿化植物的：可以根据检测的实际需要确定取样的深度或是否需要分层取样。通常：一层花坛、花境、草坪、保护地取0～30cm；二层中小乔木和灌木取0～30cm、30～60cm，高大乔灌木取0～30cm、30～90cm两层或0～30cm、30～60cm和60～90cm三层，必要时根据需要取更深的层次。

6）现场记录

①对取好的混合样应标明样品名称、土壤类型、取样地点、取样深度和时间等标识。

②对取样点种植植物等情况进行描述，有图纸的将取样点标识到图纸中，有条件时进行GPS定位并做好记录。

7）取样时间

①应避开暴雨后或炽热的阳光，宜在土壤干湿度适宜时进行。

②若作为新建、改建、扩建绿地的绿化工程验收，宜在种植的前10天进行取样。

③若作为绿地养护质量评价，应错开施肥季节。

（2）检测方法

绿化种植土壤检测分析方法应按表6–9执行。

4．绿化种植土壤评定

绿化种植土壤检验应由符合要求的专业试验室进行。

（1）一般绿化工程

表6–8中pH、全盐量、密度、有机质和非毛管孔隙度5个主控指标是必测指标，检验结果应100%符合标准要求，若有一项指标不符合标准要求则该土壤视为不合格。

（2）重点绿化工程

表6–8中pH、全盐量、密度、有机质和非毛管孔隙度5个主控指标是必测指标，另可根据实际需要选择表6–7中的一般指标；其中5个主控指标的检验结果应100%符合标准要求，一般指标的检验结果至少有80%符合标准要求，否则该土壤视为不合格。

（3）公园、学校或居住区的绿化工程

对应于表6–10中8种重金属和应用于绿化种植土壤的种子发芽指数应大于80%，检验结果应100%符合标准要求，若有一项指标不符合标准要求则该土壤视为不合格。

土壤重金属含量指标　　表6–10

控制项目	Ⅰ级	Ⅱ级		Ⅲ级		Ⅳ级	
		pH<6.5	pH>6.5	pH<6.5	pH>6.5	pH<6.5	pH>6.5
总镉≤	0.3	0.4	0.6	0.8	1.0	1.0	1.2
总汞≤	0.3	0.4	1.0	1.2	1.5	1.6	1.8
总铅≤	85	200	300	350	450	500	530
总铬≤	100	150	200	200	250	300	380
总砷≤	30	35	30	40	35	55	45
总镍≤	40	50	80	100	150	200	220
总锌≤	150	250	300	400	450	500	650
总铜≤	40	150	200	300	350	400	500

第7章　木材

木材是大自然赐予人类的天然、低能耗、无害化、可再生、可塑性好的工程材料，也是所有建筑工程材料中最和谐最广泛最常用的传统材料。它是一种有机材料，有着完整的循环周期——从参天大树到原木材料，最后变成腐殖质或燃料。自然、朴素、温暖的木材不仅具有生态学功能，也具有物质功能，还具有文化功能、情感功能、心理功能和保健功能等因素，富有人性特征。作为一种古老而原始的材料，从古至今木材被广泛应用于不同的地域、气候和文化环境以及各类建设工程项目中。

7.1　木材的概念

木材是指树木被砍伐后，经初步加工，可应用于各类工程建设及制造器物用的木制材料，工程中所用的木材主要取自于树木的树干部分。

7.2　木材分类

木材按树种分为针叶树材与阔叶树材两种，按加工程度分为原条、原木与板枋材三种，材质特点与应用特点详见表7-1。

木材的分类　　表7-1

分类标准	名称	材质特点	应用范围
按树种分类	针叶树材	多为常绿树木，树干高大通直，纹理平顺直，材质均匀，一般较软，表观密度和胀缩变形较小，强度较高，耐腐蚀性强，易于加工，不易变形，易得大材。代表树材有各种松树、杉树以及柏树等	建筑工程，桥梁工程，木质家具，枕木，桩木，铺地工程等
	阔叶树材	多为落叶树木，树干通直部分较短，材质一般较硬，材质较密实，木材强度高，纹理显著，图案美观，但胀缩变形较大，易翘曲和干裂，较难加工。代表树材有水曲柳、榆木、柞木等（较硬）；桦木、山杨、青杨、楠木、樟树等（较软）	建筑工程，桥梁工程，木质家具制作，枕木，胶合板等
按加工程度分类	原条	仅去除了树皮、树根与树梢，未加工尺寸	脚手架，建筑用材，家具装潢等
	原木	仅去除了树皮、树根与树梢，加工尺寸	梁、檩、椽、桩木、电杆、胶合板
	板方材	加工锯解成材	建筑工程，桥梁工程，家具制作，装饰工程等

7.3　木材的构造

7.3.1　木材的宏观构造

凭肉眼或用放大镜所能观察到的木材组织称为宏观构造。为便于观察木材的组织构造，可以将木材树干切成3个不同切面，一个是垂直于树轴的横切面，一个是通过树轴的径切面，另一个是与树

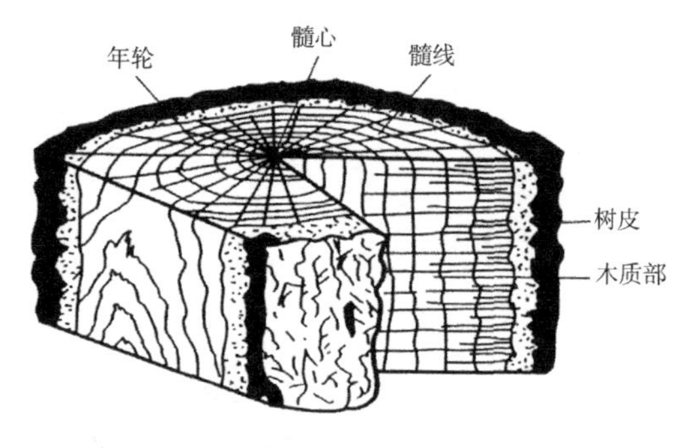

图7-1 木材的宏观构造

轴平行并与年轮相切的弦切面。木材的宏观构造如图7-1所示。结构上，木材由树皮、木质部和髓心组成。木质部位于树皮和髓心之间，是可用作工程材料的主要部分。

1. 年轮

树木被砍伐后其横切面上木质部内所分布的深浅相间、以髓心为圆心的同心圆环称为年轮。树木生长呈周期性，在一个生长周期内（一般为一年）产生一个生长年轮，即产生一层木材环轮。

在同一生长年中，春天细胞分裂速度快，生长的细胞体积大、细胞壁较薄、细胞腔大，其构成的木质较疏松，颜色较浅，此部分木材称为早材或春材。而夏秋两季细胞分裂速度慢，生长的细胞体积小、细胞壁较厚、细胞腔小，材质紧密，其构成的木质较致密，颜色较深，此部分木材称为晚材或夏材。

同一个生长年形成的早、晚材合称为一个年轮。相同的树种，径向单位长度的年轮数越多，分布越均匀，则材质越好。同样，径向单位长度的年轮内晚材含量（称晚材率）越高，则木材的强度也越大，耐久性越好。

2. 木质部

木质部是维管植物中由导管、管胞、木纤维和木薄壁组织细胞以及木射线组成的运输组织。构成木材的木质部颜色分布不均匀，颜色较深，靠近髓心部分的木材称为心材。相应地，颜色较浅，靠近树皮部分的木材称边材。在立木期，边材具有生理活性，能运输和储存水分、矿物质和营养物等，随着树木的生长边材逐渐老化而转变成心材。边材含水量较大，易翘曲变形，抗腐蚀性较差。心材含水量较少，不易翘曲变形，抗腐蚀性较强。心材比边材的利用价值大。

3. 髓线

在横切面上，从髓心向外的辐射线称为髓线，又称木射线。木材干燥时易沿髓线开裂，但髓线与年轮组成了木材美丽的天然花纹。

4. 树脂道和导管

树脂道是大部分针叶树种的特有构造。它是由泌脂细胞围绕而成的孔道，富含树脂。在横切面上呈棕色或浅棕色的小点，在纵切面上呈深色的沟槽或浅线条。

导管是一串纵行细胞复合生成的管状构造，起输送养料的作用。阔叶树材因导管仅出现于其中而称有孔材，针叶树材没有导管而称为无孔材。

木材构造上的各向异性，不仅影响木材的物理性质，也影响木材的力学性质，使木材的各种力学强度都具有明显的方向性。在顺纹方向（作用力与木材纵向纤维方向平行），木材的抗拉和抗压强度都比横纹方向（作用力与木材纵向纤维方向垂直）高得多；对横纹方向，弦向又不同于径向；当斜纹受力（作用力方向介于顺纹和横纹之间）时，木材强度随着力与木纹交角的增大而降低。

7.3.2 木材的构造缺陷

木材在生长、采伐、储存、加工和应用过程中会产生一些节子、裂纹、变色、斜纹、弯曲、伤疤、腐朽和虫眼等缺陷。这些缺陷不仅会降低木材的力学性能，也会降低木材的外观质量，以节子、裂纹和腐朽对材质的影响最大。

1. 节子

包含在木材树干中的枝条基部称节子。按节子与树干的连生程度，分为活节和死节。活节由活枝条所形成，与周围木质部紧密连生在一起，质地坚硬，构造正常；死节由枯死枝条所形成，与周围木质部大部或全部脱离，质地坚硬或松软，在板材中有时脱落而形成空洞。按节子的材质不同可分为健全节、腐朽节和漏节三种。材质完好的节子称为健全节，腐朽的节子称为腐朽节，节子已腐朽，且深入树干内部引起木材内部腐朽的节子称为漏节。节子对木材质量的影响随节子的种类、分布位置、大小、密集程度及木材的用途而不同。健全节对木材力学性能无不利影响，而死节、腐朽节和漏节对木材力学性能和外观质量影响很大。

2. 裂纹

木材纤维与纤维之间分离所形成的缝隙称为裂纹。根据裂纹的部位和方向分为径裂和轮裂。在木材内部，从髓心沿半径方向开裂的裂纹称为径裂，沿年轮方向开裂的称为轮裂。沿材身顺纹方向、由表及里方向开裂的径向裂纹称为纵裂。裂纹影响木材的装饰价值，降低木材的强度，提供了真菌侵入的通道。

7.4 木材的主要特性

7.4.1 木材的物理特性

1. 密度

木材的密度是指单位体积的木材质量，不同树种的木材其密度不同。一般的木材相对密度多小于1，这也是大多数木材都能漂浮于水面的原因。不过，也有密度大于1的木材，比如铁梨、檀香等珍贵木材，入水则沉，在清代李斗著的《工段营造录》中还按重量对木材进行分级，以一尺见方为准，越重者级别越高。即使同种木材，在不同的含水率状态下，其密度也不相同。木材在自然状态下放置会风干失水，最终形成其气干密度，而气干密度越大的木材，其力学强度一般也越高。

2. 含水率

木材的含水量以含水率表示，木材的含水率是指木材中含水的质量与烘干后木材质量的百分比。木材是亲水性材料，其吸附水的能力很强。通常，新伐木材的含水率在35%以上，风干木材的含水率约为15%～25%，室内干燥木材的含水率约为8%～15%。木材中的水分有细胞腔内和细胞间隙的自由水、存在于细胞壁内的吸附水以及木材化学成分中的化合水三种。化合水总含量通常不超过1%～2%，一般情况下不予考虑。自由水与木材的体积密度、渗透性、保水性、抗腐蚀性、干燥性、传导性和燃烧性有关，而吸附水是影响木材强度和湿胀干缩的主要因素。当吸附水达到饱和而无自由水时，木材中水分达到纤维饱和点，它是影响木材的强度与胀缩性的转折点——低于这个点，木材会发生收缩，且因收缩的不均匀影响其强度。木材在大气中蒸发或吸收水分而达到平衡含水率，它受地区、季节与气候等因素的影响，一般在10%～18%之间。

当木材干燥时，首先是自由水很快地蒸发，但并不影响木材的尺寸变化和力学性质。当自由水完全蒸发后，吸附水才开始蒸发，蒸发较慢，而且随着吸附水的不断蒸发，木材的体积和强度均发生变化。自由水含量的变化仅影响木材的密度、抗腐蚀性、干燥性和燃烧性。而吸附水是影响木材强度和湿胀干缩的主要因素。

3. 纤维饱和点

木材内细胞壁吸水饱和，而细胞腔及细胞间隙内无自由水时的含水率称为木材的纤维饱和点。纤维饱和点是水分对木材物理力学性能影响的转折点，是影响木材强度和湿胀干缩的临界值。

4. 木材的吸湿性

由于木材中存在大量孔隙，潮湿的木材在干燥的空气中能释放水分，干燥的木材从周围的空气中能吸收水分，这种性能称为木材的吸湿性。木材的吸湿性用含水率来表示，即木材所含水的质量与干燥木材质量的百分比。

5. 平衡含水率

当将木材置放于某种介质中一段时间后，木材自介质吸入的水分和放出的水分相等，即木材的含水率与周围介质的湿度达到了平衡状态，此时的含水率称为平衡含水率。木材的平衡含水率与周围介质的温度及相对湿度有关。当环境的温度和湿度变化时，木材的平衡含水率会发生较大的变化。达到平衡含水率的木材，其性能保持相对的稳定，因此在木材加工和使用之前，应将木材干燥至周围环境的平衡含水率。

6. 湿胀干缩

木材有显著的湿胀干缩性能。当木材从潮湿状态干燥至纤维饱和点时，蒸发的均为自由水，不影响细胞形状，木材尺寸不变。继续干燥，当含水率降至纤维饱和点以下时，细胞壁中纤维素长链分子之间的距离缩小，细胞壁厚度变薄，木材发生体积收缩。在纤维饱和点以内，木材的收缩与含水率的减小一般为线性关系。

木材细胞壁内吸附水含量的变化会引起木材的变形。木材在干燥过程中，尺寸或者体积收缩；相反，干燥的木材吸收水分，由于吸附水增加，尺寸或体积将会膨胀，当达到纤维饱和点时，其体积膨胀率最大。此后，即使含水率继续增加，其体积也不再膨胀。木材的失水过程是先失去细胞间的自由水，再失去细胞壁内的吸附水，当吸附水开始失去时，木材就会产生干缩。由于木材的各向异性，木材在不同方向的干缩值不同。木材顺纹方向的干缩率约为0.1%，径向干缩率约为3%～6%，弦向干缩率约为6%～12%，径向与弦向干缩率的差别会导致木材在干燥过程中产生裂缝与翘曲。木材的纵向干缩湿胀一般可以忽略不计，横向干缩湿胀远大于纵向，弦向干缩湿胀远大于径向。木材的湿胀干缩大小因树种而异。

为了避免木材在使用过程中含水率变化太大而引起变形或开裂，防止木构件接合松弛或凸起，最好在木材加工使用之前，将其风干至使用环境中长年平均的平衡含水率。例如，预计某地木材使用环境的年平均温度为20℃，相对湿度为70%，那么其平衡含水率约为13%，则事先宜将木材风干至该含水率后再加工使用。

7. 木材的导热性

木材是一种多孔性材料，也是一种热的不良导体。这是由于木材孔隙中充满导热系数较小的空气和水分，传热能力较低。但是木材的燃点低，容易燃烧。

8. 木材的导电性

完全干燥的木材是良好的电绝缘体，但木材的绝缘性能会随其含水率的增加而下降。

9. 木材的传声性

木材中的大量孔隙常常成为空气的通道，声音随空气通过其中并向前传播，使木材具有传声性。同时，由于木材中管状细胞结构，形成了一个个共鸣箱，又使木材具有共振效应。

7.4.2 木材的力学特性

木材的主要力学性质有抗压强度、抗拉强度、抗弯强度和抗剪强度以及弹性、硬度、韧性、塑性等。木材微观上由一系列管状细胞组成，并表现出明显的方向性，这导致木材的力学特性也具有明显的方向性。

1. 强度

木材的强度是木材抵抗外力免遭破坏的能力，主要受含水量、负荷时间、环境温度、疵病等因素的影响。当木材含水率在纤维饱和点以下时，木材强度随含水率的降低而提高，随含水率的升高而降低。当木材含水率在纤维饱和点以上变化时，木材强度不变。木材的持久强度仅为短期强度的50%～60%（木材在一长期荷载作用下不致引起破坏的最高强度称为持久强度）。木材的强度还随环境温度的升高而降低。

（1）抗压强度

顺纹抗压强度是作用力方向与木板纤维方向平行时的抗压强度，这种受压破坏是细胞壁丧失稳定性的结果，而并非纤维断裂。木材顺纹抗压强度受疵病影响较小，是木材各种力学性质中的基本指标之一。其强度仅次于顺纹抗拉和抗弯强度，在风景园林建筑工程中利用最广，常用于柱、桩、斜撑及桁架等承重构件。木材的横纹受压使木材受到强烈的压紧作用，产生大量变形。起初变形与外力成正比，当超过比例极限后，细胞壁丧失稳定，此时虽然压力增加较小，但变形增加较大，直至细胞腔和细胞间隙逐渐被压紧后，变形的增加又放慢，而受压能力继续上升。所以，木材的横纹抗压强度以使用中所限制的变形量来确定。一般取其比例极限作为横纹抗压强度极限指标。横纹抗压强度又分弦向与径向两种。当作用力方向与年轮相切时，为弦向横纹抗压；作用力与年轮垂直时，则为径向横纹抗压。木材横纹抗压强度一般只有其顺纹抗压强度的10%～20%。

（2）抗弯强度

木材的受弯应力分布比较复杂，例如建筑的梁上部为顺纹受压，下部为顺纹受拉，水平方向上受到的还有剪切力，两个端部又承受横纹挤压。木材的受弯通常是受压区首先达到极限应力，但不马上破坏，产生微小的不明显的裂纹，随着应力增大，裂纹逐渐扩展，然后产生较大的塑性形变。当受拉区内许多纤维达到强度极限时，最后会随着纤维本身的断裂以及纤维间的联结断裂而导致木材最后被破坏。

木材具有良好的抗弯性能，抗弯强度通常为顺纹抗压强度的1.5~2倍，因此在景观建筑工程中应用很广，如用作木梁、桁架、脚手架、桥梁、地板等。木材中木节、斜纹对抗弯强度影响较大，特别是当它们分布于受拉区时。

（3）抗剪强度

木材的剪切应力有顺纹剪切、横纹剪切和横纹切断等三种受力方式，因此有顺纹抗剪强度、横纹抗剪强度和横纹切断强度。顺纹剪切使木材的纤维之间产生纵向滑移，纤维本身不破坏，但由于纤维之间的横向联结很弱，所以木材的顺纹抗剪强度很小。横纹剪切使纤维之间产生横向滑移，所以木材的横纹抗剪强度更低。横纹切断要使木材破坏，须将木材纤维切断，所以木材的横纹切断强度较大，一般为顺纹剪切强度的4~5倍。

（4）抗拉强度

横纹拉力的破坏，主要是木材纤维细胞联结的破坏。横纹抗拉强度仅为顺纹的2%～5%，其值很小，因此使用时应尽量避免木材受横纹拉力作用。

顺纹抗拉强度指拉力方向与木材纤维方向一致时的抗拉强度。这种受拉破坏，往往木纤维并未被拉断，而纤维间先被撕裂或联结处受到破坏。顺纹抗拉强度在木材诸强度中最大，一般为顺纹抗压强度的2～3倍，其值介于49～196MPa间，波动较大。木材顺纹抗拉强度虽高，但往往并不能得到充分利用。因为受拉连接处应力复杂，木材可能在顺纹受拉的同时，还存在着横纹受压或横纹受剪，而它们的强度远低于顺纹抗拉，在顺纹抗拉强度尚未达到之前，其他应力已导致木材破坏。另外，木材抗拉强度受木材疵病，如木节、斜纹影响极为显著，而木材又多少都有一些缺陷，因此顺纹抗拉强度实际反较顺纹抗压强度为低。

2. 弹性

木材的弹性是将木材产生形变的外力撤去后木材恢复原来尺寸、形状及位置的性质。木材是一种软性材料，具有一定的弹性，能减弱外力的冲击作用，对外力有一定缓冲的效果。在风景园林中常应用木材做铺装，铺装面材采用防腐木板，弹性适中，人行于其上，感觉舒适，面材下的枕木可以缓冲和传递来自面层的压力。

3. 硬度

木材的硬度是木材抵抗其他刚性物体压入的能力。按硬度的大小可将木材分为软质木材（如红松、樟子松、云杉、冷杉、椴木等）、较硬木材（如落叶松、柏木、水曲柳和栎木等）和硬木材（如黄檀、麻栎、青冈等）。

4. 韧性

木材的韧性是木材吸收外部冲击能量并抵抗反复冲击荷载的能力。在景观木铺装等用途中，木材抵抗磨损的韧性是选材的重要依据。木材是具有各向异性的材料，木材的各向异性，不仅仅表现在物理性质方面，而且对木材的各项力学性能，同样具有方向性。

5. 塑性

木材的塑性是木材在外力作用后产生不可恢复的形变的性质。木材的力学特性还会因为树种、产地、砍伐季节、树木部位、加工方式、物理特性的不同而各不相同。

7.4.3 木材的景观特性

1. 木材的图纹性

木材由于树皮、节子、树瘤、材色、年轮、木射线、轴向薄壁组织、导管、木纤维及色素等自然因素以及人工锯切等人为因素所产生的任何自然纹样和图样，这称之为木材的图纹性。其中木材纹理是木材图纹的主要表现形式。

木材纹理是指木材外观面中外表构造纹理以及人工锯切面中主要细胞（纤维、导管、管胞、薄壁细胞等）的排列组合纹理。树皮、木节、树丫、树瘤等都是木材外表构造纹理的直观表现。不同树种由于受到不同生长基因的调控，其树皮的外表构造纹理差异很大，或粗糙，或平滑，或纵裂，或横裂，或网状，或鳞片状，或条纹状，或带凸刺。树皮的质地也呈现出丰富的特性，或柔软，或坚硬，或脆绷。木材人工锯切面纹样按纹样的走向可分为直纹和斜纹。直纹是指木材锯切面中轴向细胞的长轴与树干轴线平行或近似平行的排列状态。多数针、阔叶树材以及树干端直而无扭转纹的原木纹样都是直纹样，如杉木、榆木等。这些木材易于加工，切面较光滑。斜纹是指木材锯切面中轴向细胞的长轴与树干轴线呈现各种偏斜的排列状态。如柏木、香樟等常为斜纹样。这些木材不易加工，刨削面不光滑，干燥时易出现反翘和开裂现象，但能刨切出特殊的纹样。

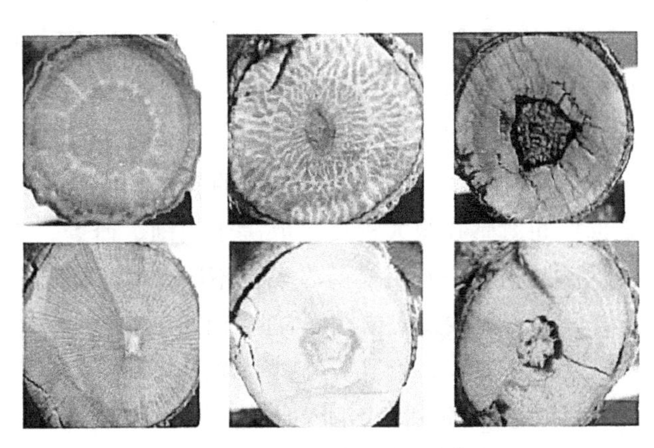

图7-2 木材横切面纹理分布

木材斜纹中由于偏斜状态的不同，有些木材的轴向细胞呈螺旋状排列状态的螺旋纹样，仅见于原木的木纹中，原木成材后即为斜纹样，如柏木、枫香等；有些木材的轴向细胞在径切面上呈相互交错排列状态的交错纹样，如桉木等；部分有交错纹样的木材沿径向锯解后在板材的径面上还会呈现出深浅相间的带状纹样，如香樟、桃花心木等；有些木材的轴向细胞在弦切面上按一定规律向左右卷曲而又不相交接，在径切面上出现似小幅度波浪状态的波浪纹样，如樱桃木、七叶树、安哥拉紫檀、白蜡等；有时也会出现比波浪变动幅度大的皱状纹样，如槭树、杨梅等；有些木材细胞沿径向前后卷曲呈波浪形，弦面上因光线的反射，形成许多起伏不平呈圆形的团絮状纹样，如桦木、槭木等；有些由于木纤维排列的后部扭曲，在生长轮中呈圆锥形凹痕，旋切成单板时，其板面上便具有许多小块扭曲组织形成鸟眼，如槭木、桦木；有些由于早材、晚材过渡急变，生长密度不同导致弦切板面显示美丽的抛物线，如水曲柳、榆木、榉木等。

研究发现，木材髓心横切面大多呈圆形，偶有椭圆形、三角形、四棱形、五角星形和花瓣形（图7-2），木材髓心的纵剖面呈柱状，按其构造分空心、实心和分隔三种。早、晚材的色差使年轮呈现有规律的图纹变化，同时，由于木材细胞内含有各种色素、树脂、树胶、单宁及油脂并可能渗透到细胞壁中，也使木材呈现不同的图纹变化。

木材的图纹作为一种新的艺术形式，在设计中受到越来越多的关注。对纹样的设计是对先前的艺术表现手段的突破，朝着不同的方向前进，从而产生独特的艺术魅力，满足艺术欣赏者寻求新颖的审美需求。

2. 木材的人文性

木材体现着文化传统与民族喜好。木材表面依使用者的身份地位涂以朱红、褐色或保留原色，或甚至饰以盘龙；木结构根据建筑等级饰以和玺、旋子或彩画。这既保护、装饰美化了木材，又赋予木材独特的东方人文表情。

木材承载着人类的情感记忆。从人类因木材获得第一把火而步入历史新纪元，再到后来的构木为巢，以致后来世界各地建立起成熟的木结构建筑体系，木材不仅为人类构筑温暖舒适的家提供了材料，也为构筑人类的木建筑文化提供了载体。木材以其柔和细腻的视觉、亲和温暖的触觉以及芬芳清新的嗅觉，为人类营造舒适自然的居住环境提供材料，让人们感受到大自然的清新。

3. 木材的触觉性

木材属暖性材料，外观朴实、性能稳定，易使人亲近，营造的生活空间令人感觉亲切、放松。木材具有良好的触觉效果，当手触摸材料表面时，界面间的温度变化会刺激人的感觉器官，使人感到温暖或冷凉。人对木材的冷暖感觉主要受皮肤与木材界面的温度变化和湿流的影响。木材作为一种天然材料，是材料中最有人情味的一种，有着其他材料不可比拟的可亲近性。冬天触摸它，不会觉得特别冷；夏天触摸它，反会给我们带来清凉感。

木材表面具有粗滑感。木材的粗滑程度是由其表面上微小的凹凸程度所决定的。木材表面的粗滑感在很大程度上取决于刨削、研磨、涂饰等加工效果的好坏以及木材导管的粗细。不同的树种其粗糙的因素也不同，对于阔叶树材来说，主要是表面的粗糙度对粗糙感起作用，木射线及交错纹样有附加作用；而针叶树材的粗糙感主要来源于木材的年轮。

木材表面具有软硬感。通常多数针叶树材的硬度小于阔叶树材，木材表面的硬度因树种而异。不同树种、同树种不同个体以及同株不同位置、不同断面的木材硬度差异都很大，触感或轻软，或硬重。因此人们更喜欢用较硬的阔叶树材做桌面，如硬性木材树种黄花梨、紫檀、铁梨木、鸡翅木、乌木等，因其质地坚硬，给人光洁古典的感觉，适于制作高档家具、木雕、仪器、乐器和木面板等；而软性木材树种如栓皮树等，质地轻软，富有弹性，很适于制作园林中的栏杆、窗格、扶手、垂花门等，体现了木材雕刻造型的美感。

4. 木材的光泽性

木材的光泽性是木材经过刨削以后细胞壁吸收和反射光线的特性。木材具有漫反射的特点，它可以减弱和吸收光线，使光线变得柔和，看起来自然素雅。木材若反射光线能力较强，吸收光线的能力较弱时，就显著呈现光泽，反之就表现较暗淡或无光泽。由于纵切面存在成片的富有光泽的射线组织，因此木材的纵切面有最好的光泽。也由于木材多数细胞为纵向排列，所以横切面不易显现，横切面几乎没有光泽，弦切面稍现光泽。同时，不同的木材在同样光照条件下呈现的光泽也不同。

光线明显与否，因树种而异。导管粗大的木材，其纵切面多发光泽，在木射线部分发光尤烈。木材结构细致，含蜡质，其光线较强，如槭木、桦木等。透明涂饰可提高光泽度，使光滑感增强，但同时会引起其他方面的变化。由于清漆本身都不同程度地带有颜色，涂在木材表面会使木材颜色变深，阔叶树材的变化幅度高于针叶树材。涂饰会提高阔叶树材颜色的对比度，使木纹有漂浮感，赋予木材华丽、光滑、寒冷、沉静感。

光泽是木材反射光的性能。如果表面正反射量大，光泽度高，人会感到表面光亮；反之，粗糙表面漫反射多，光泽度低，人会感到表面光泽低。通过木材的光泽度可以确定木材表面的粗糙度和光亮程度，所以木材的光泽也具有各向异性。木材的光泽消失，是木材初期腐朽的初始症状表现。不过，有时木材表面的光泽在空气及日光的作用下，也会逐渐减弱以至消失，但这种改变仅限于原木表面。同时，木材的光泽性受光的角度、强弱、颜色等因素的影响。木材的光泽性是木材外观特征表现之一，也是体现木材肌理美感的一个方面。木材的光泽美感主要通过视觉感受来引起人们心理和生理反应，获得某种情感，产生某种联想从而形成审美体验。

5. 木材的色彩

在影响木材景观质量的各要素中，色彩十分独特，它通常有强烈的视觉控制性，给人第一印象，但这种控制性多以色彩的特性为基础。如红、黄、橙等暖色可加强木材视觉上的温暖感。蓝、蓝绿、紫蓝增加材料的沉静感。

木材的固有色彩是指木材本身由于细胞内含有各种色素、树脂、树胶、单宁及油脂并可能渗透到细胞壁中，致使木材呈现不同的色彩。木材的固有色彩和其他的材料感要素有着密切的关系：表面粗糙的木材的色彩明度会因光线漫反射而较低，有复杂肌理的木材会降低其色彩纯度。

木材的加工色彩是指在木材成型后通过喷涂或镀膜的手段所赋予的色彩，不同材料的加工色彩可以相同。当喷涂厚度较小时，对木材的其他要素一般不会发生影响。加工色彩在效果上基本等同于固有色彩效果。但当喷涂厚度较大时，涂料特性很容易掩盖木材感觉，这时色彩成为唯一的材料要素。

此外，色彩还对材料的重量感起作用，色彩的明度越大感觉越轻，反之越重。用黑木材做成的小品会显得很厚实，产生沉甸甸的感觉，而用浅黄色或白色的木材时，小品的重量感变轻了。

7.4.4 木材的工程特性

木材具有良好的工程性能，容易进行锯、刨、切割、打孔等工序，易组合加工成型。木材的工程加工性能常用抗劈性和握钉力来表示。抗劈性是指木材抵抗沿纹样方向被劈开的性质。抗劈裂的能力易受到木材异向性、介子、纹样等因素的影响。握钉力是指木材对钉子的握着能力。握钉力与木材的纹样方向、含水率、密度有关。木材还有较好的可塑性，容易在热压等作用下弯曲成型，也容易用胶、钉、榫眼等方法进行部件的牢固结合。由于其管状细胞吸湿受潮，木材对涂料附着能力强，易于着色和涂饰。

7.5 木材的防腐

7.5.1 木材的腐朽条件

作为工程材料，木材最大的缺点就是易腐朽、易虫蛀和易燃烧。这大大地影响了木材的耐久性，也限制了它的应用范围，因此研究木材的腐朽条件以找出木材的防腐措施，显得十分必要。

木材的组成中含有对真菌和昆虫有营养的纤维素、半纤维素、木质素、低聚糖和淀粉等成分，真菌和昆虫容易在木材内繁殖生长，因此木材易腐朽和被蛀蚀。侵蚀木材的真菌有腐朽菌、变色菌及霉菌等三类。变色菌以木材细胞腔内含物为养料，不破坏细胞壁；霉菌只寄生在木材表面，是一种发霉的真菌，因此这两种菌对木材的破坏作用很小。而腐朽菌是以细胞壁为养料，供自身生长和繁殖，致使木材腐朽破坏。

腐朽菌的生存和繁殖，除靠木材提供养料外，还必须同时具备适宜的水分、空气、温度、酸度和传染途径等条件。当木材含水率在35%～50%，温度在25～30℃，pH值在4.0～6.5，木材中存在一定量的空气时，最适宜腐朽菌繁殖，如果设法破坏其中一个条件，就能防止木材腐朽。下面就木材腐朽必须同时具备的几个条件进行简单的分析。

（1）营养。木腐菌的生长需要木材中纤维素、半纤维素和木质素，但并非所有树种的木材都适合于木腐菌。有些木材含有较多的树脂、芳香油、生物碱和酚类物等，这些养料对一些木腐菌和昆虫有一定的毒杀或抑制能力，因而这些木材不易腐朽。霉菌和变色菌则需要以木材中的低聚糖、淀粉为养料，而这些物质在边材细胞中含量较多。因此，多数木材的边材既不耐腐朽又不抗脏。

（2）水分。水不仅是构成木腐菌菌丝体的主要成分，也是木腐菌分解木材的媒介。多数真菌适合木材含水率在35%～60%时生长。如果木材含水率低于20%或者含水率达到100%均可抑制真菌的发育。

（3）空气。真菌和其他生物一样需要空气才能生存。木材含水率很高时木材内部就缺乏空气，抑制真菌生长。但是真菌生长发育所需的最低空气量仅为木材体积的5%，木材细胞结构中的孔隙含有的空气足以适应真菌生长。

（4）传染。很多孢子通过空气传播，菌丝靠接触传染，木材的生物结构和解剖特性适合微生物栖息繁殖。

（5）酸度。木腐菌一般喜于弱酸性介质中繁殖和发育。世界上绝大多数木材的pH值在4.0～6.5之间，刚好适应菌类寄生的需要。

7.5.2 木材的腐朽机理

木材在长期贮存和使用过程中常受到真菌、细菌、害虫和海生钻孔动物等的危害，产生不同程度的分解变质或腐朽。危害木材的生物种类不同，分解破坏木材的程度也不同。木材害虫通常钻入木材组织内部摄取木材组织内贮存的水溶性糖类和淀粉作为养料，在木材内变成各种形状的虫道，不同程度地损伤木材组织，木材表面同时出现大小不等的各式各样的虫眼。细菌侵入木材后也只分解木材细胞腔内的单糖和淀粉，通常不会分解细胞壁物质。霉菌和变色菌不仅完全分解木材细胞腔内的单糖和淀粉，还分解部分半纤维素。腐朽菌将组成木材细胞壁的高分子聚合物分解成低分子量的物质并摄取这些物质作为能源，致使木材组织迅速严重损坏。

防腐处理就是通过某种合适的措施或手段，消除致腐微生物赖以生存的必要条件之一，以达到阻止其侵害木材的目的。目前木材防腐主要是利用化学防腐剂的防腐作用。防腐剂的防腐机理主要体现在机械隔离和毒性防腐等两个方面。机械隔离防腐，是利用装饰涂料等材料作为木材防腐剂，将木材暴露的表面保护起来，阻止木材与外界环境因素直接接触，以防止微生物的侵蚀。这种方法防腐效能很有限。毒性防腐是利用防腐剂的毒性来抑制微生物的生长，或通过微生物吸收防腐剂而毒死微生物。现有的防腐剂多以毒杀作用来达到防腐目的。由于人们越来越注意到防腐剂与人类生存和生态环境的关系，因此，高效无毒、一剂多效的化学药剂将是今后的发展方向。

7.5.3 木材的防腐及防腐木在园林中的应用

木材防腐通常采用两种方式，一种是创造条件，使木材不适于腐朽菌寄生和繁殖，具体办法是将木材进行干燥，使木材含水率小于20%，储存和使用时注意通风、除湿，在木构件表面上刷油漆；另一种是把木材变成有毒物质，使其不适于作真菌的养料，具体办法是用化学防腐剂对木材进行处理，所用防腐剂见后文“木材的储存”。

随着人们环保意识的提高和对回归与重塑自然的不断追求，越来越多的防腐木制品应用到风景园林中，制成防腐木建筑，轻巧简洁，自然环境相融合，在满足功能的同时又起到了画龙点睛的作用。既有防腐性能极优的天然防腐木，也有防腐加工的后天防腐木。

1. 印茄木——天然防腐木（彩图7-3）

别名：菠萝格、铁梨木、太平洋铁木。

产地/分布：东南亚及太平洋各群岛的天然雨林。

特性：外皮灰白至灰褐色、较薄、坚硬、易小片状脱落而残留浅凹坑；密布卵圆开皮孔。内皮新鲜时黄白色，久则成橘黄色。心材暗红褐色，略具深色纹。边材淡黄白色，厚约3~4cm。微具光泽，纹理深交错。极珍贵热带硬木，成熟需80年。

应用：适于重型结构、地板、枕木、桥梁、码头、雕刻、家具等。

2. 巴劳木——天然防腐木（彩图7-4）

别名：印尼玉檀、黄梢、油抄、金油檀、沉水梢、白炒、巴劳。

产地/分布：印度尼西亚、马来西亚。

特性：阔叶材，耐磨性优异，开裂少，抗劈裂，原木无须化学处理即可长期在户外使用。密度较高，近似于水的密度，水较难将木材完全渗透。浅至中褐色，部分微黄，时间长久可渐变为银灰和古铜色。原木颜色高贵，寿命长。

应用：适用于铺地、水岸、园林景观、小桥、花架、木栅栏、墙面饰板等。

3. 加拿大红雪松——天然防腐木（彩图7-5）

别名：北美红松。

产地/分布：加拿大。

特性：北美等级最高的天然耐腐木材，具天然持久的防细菌侵害能力。密度低，收缩小，稳定性极佳，耐久性强，不易变形。导热系数低，很好的绝缘和绝热性能，同时易于干燥，为软木。具极佳的声音抑制和吸收性能。造型、刨平、打磨、钉接和胶粘性能良好。边材较薄，浅黄色，其心材颜色由浅草色到粉红色到深褐色不等。纹理、质地和色彩丰富。重量轻，纹路纤细笔直、木理均匀。

应用：适用于墙板、露台、窗框、门框、围栏、种植槽、隔屏、木棚和庭园家具等。

4. 美国南方松——人工防腐木（彩图7-6）

别名：长叶松、短叶松、湿地松和火炬松等四种集群名称。有“世界顶级结构用材”、“世界软木之王”之称。

产地/分布：美国南部广大地区。

特性：强度高、耐久性高、钉着力强、易涂装。强渗透性，极佳的防腐性，高耐磨性。具有特别的强度和结构力，出色的抗弯、抗剪能力。木理纹路独特且优美，能极好地体现出自然美。边材黄白色，心材为红褐色，干燥心材为橙色至红褐色，具淡树脂香味，有光泽。

应用：适用于各种条件下各种类型的建筑结构，以及户外平台、步道、桥梁等景观设施。

5. 芬兰木——人工防腐木（彩图7-7）

别名：北欧赤松，“北欧的绿色之钻”。

产地/分布：主要生长于芬兰。

特性：木质坚硬，自然纹理匀称笔直细密，树节小而少，低树脂。具有很好的结构性能，质量上乘，木质紧密，含脂量低，木节小。

应用：适用于景观建筑结构、户外平台和设施小品等。

6. 俄罗斯樟子松——人工防腐木（彩图7-8）

产地/分布：主要生长于俄罗斯。

特性：质细、纹理直。

应用：适用于庭园观赏、防护林及固沙林树种以及建筑、家具等。

7. 碳化木——天然防腐木（彩图7-9）

特性：环境稳定性好，防腐性极强，握钉力欠佳，能净化空气，易涂饰和维护。材色华丽，纯天然、纯绿色、无污染。

应用：不宜用于接触土壤和水的环境。先打孔再钉孔安装，室外使用时宜用防紫外线木材涂料，以防褪色。

7.6 木材的着色

木材的颜色和质感影响着它的价值。木材着色的目的是为了丰富木材颜色，提高木材的装饰性和美学价值，满足人们对自然美的追求。

木材着色剂根据其着色形式可分基底着色、木纹着色、涂膜着色3种。基底着色是直接对基材进行的全面着色；木纹着色主要是使导管着色，从而显现出年轮和纹样的一种方法；涂膜着色是将涂膜成为已着色的基底的颜色，补正基底颜色的不均匀，并起烘托作用等。着色剂的性质、种类及使用目的见表7-2~表7-4。

着色剂的种类、性质及应用　　表7-2

种类	应用	类型		性质			
				透明性	耐光性	浸透性	基材膨胀性
基材着色	基材全面着色	水性	染料	中—大	小—中	中	大
			颜料	小—中	中—大	小	
			药品	大	中	中	小
		油性	染料	大	小	大	
			颜料	小—中	中—大	中	中
		有机溶剂	染料	大	中	大	
			颜料	小—中	中—大	中	
木纹着色	导管着色	油性	颜料	中	大	中	小
	清晰木纹	有机溶剂	颜料	中	中—大	中	中
涂膜着色	消除基底色斑，深化颜色	有机溶剂	染料	大	中		
			颜料	小—中	大		

基材着色剂的种类及特征　　表7-3

种类	着色物质	溶剂	优点	缺点
水性着色剂	酸性染料直接染料	水	作业容易，耐光性好，不易引起火灾，无渗色，价格便宜	木材易于膨胀起木毛，干燥慢
油性着色剂	油性染料	石油溶剂油（汽油）、涂料用溶剂	基材无膨胀，渗透性好，纹样鲜明，涂料吸收少，着色深度较大	易于引起渗色，耐光性差，干燥慢，价格高
醇性着色剂	醇溶性染料	甲醇、乙醇	渗透性好，干燥快，颜色鲜明，不褪色	少量的木毛立起，易于产生色斑，耐光性差，刷涂困难
NGR着色剂	酸性染料、醇溶性染料	乙二醇、乙二醚、甲醇、甲苯	基材不膨胀，木毛立起，渗透性好，干燥快，不褪色	涂漆时颜色有变化，价格高，刷涂困难
颜料着色剂	微粒子颜料	水、石油、溶剂油	耐热、耐光性好，无色斑	纹样不鲜明，渗透性差，不能进行较深层染色
药品着色剂	高锰酸钾、重铬酸钾、硫酸铁、石灰、氮水植物染料混合	水	能获得古雅的色调，不褪色，能清晰地表现树种的特点，有较深层的染色	材质不同产生的颜色有异，操作复杂，易于损坏工具

化学药品着色法的效果 表7-4

树种 \ 颜色 \ 化学药品	木醋酸铁10%	硫酸亚铁15%	重铬酸钾1%	高锰酸钾1%	苏方木精3%，重铬酸钾3%
桦木	浅茶色	浅茶色	黄茶	茶灰	茶黑
刺楸	灰白	灰白	黄茶	白茶	黑茶
胡桃	黑藏青	黑藏青	茶	茶灰	黑
柞木	黑藏青	黑藏青	茶	浅茶	紫黑

7.7 木材的加固保护

用化学物质处理木材，以保持木材的基本形状，增加尺寸稳定性，提高耐损害能力和物理力学强度的方法，叫作木材的化学加固。

木材加固药剂是使遭受各种损害的木材变得坚固，保持了木材的尺寸稳定性的一类化学物质。药剂分为无机和有机两类。无机药剂主要指硫酸铝、硫酸铝钾（明矾）、碱金属硅酸盐（如 $Na_2O \cdot nSiO_2$）和重铬酸钠、钾盐等各种盐类化合物，用于高含水率木材的保护，但加固可逆，已很少单独使用。有机化合物包括低分子和高分子两类，水溶性化合物主要用于含水率在纤维饱和点以上的木材的加固处理，高分子化合物只能透入木材表层，低分子化合物可以透入木材深层，但加固效果不如高分子聚合物。除此之外，还有各种天然加固物质，如各种天然胶（皮胶、骨胶等）、各种干性油（亚麻子油、桐油等）、非干性油（蓖麻子油、松节油等）、各种油脂、蜡和天然树脂（樟脑、松香等）等。

当今常用的木材固定药剂主要是高分子有机化合物，简介如下：

1. 多元醇

常用药剂有乙二醇、丙二醇（甘油）和聚乙二醇（PEG）等。

乙二醇在20世纪60~70年代曾被用来进行湿材的加固和保护，现在一般用作冷冻干燥时的预处理药剂，不适于坚硬的木材。

甘油单独或与NaF等防腐剂混用，近年已很少使用，有时可作木材的软化剂。

聚乙二醇的使用是用PEG或PEG的叔丁醇溶液浸渍潮湿木材，用PEG替换出木材中的水分，再经冷冻干燥，除去溶剂，使PEG在木材中聚合。多用于含水率较高木材的浸渍。

2. 聚乙烯化合物

聚醋酸乙烯（PVAC），只能有条件地使用，如在木材受损严重、内部空隙较大时，可用PVAC混合细刨花填充。通常主要用作胶粘剂，固化后无色，干强度高，胶着性强，低温下流动性降低，对木腐菌和木材害虫没有毒性。

聚乙烯醇缩丁醛（PVB），用5%的PVB丙酮溶液（木制品表面有石蜡时）或5%的PVB乙烷溶液涂刷，或用20%的乙烷溶液在84.6kPa压力下加压浸注，浸注后用塑料薄膜包裹，室温下缓慢干燥。

3. 苯乙烯

用苯乙烯单体真空浸注木材，并在Co60照射下聚合，可大大改善木材力学强度。处理潮湿木材，须用苯乙烯的甲醇、乙醇或丙酮等亲水性溶液。

事实上，还可以通过热改性来提高木材的物理特性和力学特性，增强木材的使用品质。研究表明，热改性可以显著降低木材的吸湿性，大幅度提高木材的尺寸稳定性，明显提高木材的耐腐耐虫性、耐久性，木材物理特性在提高的同时也改善了木材的力学特性。

7.8 木材的应用

7.8.1 木质地面

木材在园林铺地中应用比较广泛，形式和场地不拘，如疏林草地木栈道、海岸木栈道、庭院木栈道、水池岸边木栈道、沙滩木栈道；木台阶；湿地景观木平台、庭院木平台、亲水景观平台、观景平台、楼梯平台、走廊平台、观海平台；各种码头等。作为铺面材料，木材的柔软和富有弹性的质地容易让人感觉亲切，使人愿意在木平台上停留。同时，由于木材具有良好的透气透水性，所以许多生态敏感景区也常用架空于地面的木栈道来组织交通，以减少人类活动对环境的干扰，同时通过木材的自然品质使得其与环境更好地融合。

7.8.2 木质建筑及小品

中国的传统建筑是木结构体系，木材最早应用于墙、柱、屋顶等园林建筑的构件以及景桥上。一些历史名园以及风景名胜区中，依然保留着很多中国传统风格的木结构建筑，这体现了中国高超的传统造园艺术。在现代园林景观中，木材以简洁的造型和纯净的轮廓线来突出结构与材质的天然美感，与人的行为和活动发生着最直接的接触，并广泛应用于亭、廊、桥等现代园林建筑，艺术制品、游艺设施、通信设施、园桌园椅等休息设施，指示牌等配套设施及桥梁、护栏、公共场所的楼梯、扶手等对人类安全很重要的构件上，适用于原生态景区环境。木材以其安装方便、工程量少、体量较小、体质轻盈、形式融合等特征满足了园林环境的需要，减少了对原有环境的破坏，与生态景观环境融合一体。

7.8.3 木皮装饰品

木材采伐或加工生产时从树干上剥下来的树皮，由内里的韧皮部、外表皮以及由木栓、木栓形成层和栓内层组成的周皮等构成，它不仅可以吸附环境中的有毒物质，而且可以监测大气环境的污染情况。作为木材的一部分，木皮同样具有温和的质感，对人有着与生俱来的亲和力。木皮在木材采伐或加工生产时从树干上剥下来后，按一定的规格要求进行简单的切割加工，再经过严格的熏蒸、炭化、上色等技术处理，就可以变成一种无病无菌、产品质量完全符合安全要求的优质装饰景观工程材料，可广泛应用于城乡各类园林绿地的树下、树坛、花坛装饰以及盆栽装饰，丰富景观层次和效果，同时还可以有效改善土壤结构。

7.9 木材储存

木材从立木伐倒、贮存、流通，到最终使用的全部过程，都存在着损害的问题。如果保管、处理不善，木材会开裂、变形，遭受真菌腐朽、昆虫蛀蚀、火灾危害，导致木材败坏变质，降低以至丧失原有的利用价值。造成木材败坏的因素多种多样，主要有生物败坏、物理破坏和化学降解等，其中最主要的是生物败坏。为了使木材始终保持原有的质量，合理地利用木材资源，对木材防护保管是十分必要的。

7.9.1　干存法

干存法是使木材含水率在短期内尽快降到25%以下，达到抑制菌、虫生长繁殖和侵害的目的。适于干存法的原木含水率一般在80%以下，且尽可能剥去树皮，或树皮损伤已超过1/3。原木剥皮时尽量保留韧皮部，并在原木两端留存10～15cm的树皮圈，以及在端面涂防裂涂料，如10%石蜡乳剂、石灰水、煤焦油、聚醋酸乙烯乳液与脲醛树脂（30：70）混合液，或钉“S”形钉子等措施，以防止原木开裂。对于木材上有损伤和树节的，要涂刷防腐剂（如氯化锌、硫酸铜、硫酸锌、氟化钠、五氯酚钠等）以防菌、虫侵染。

干存法保管木材的场地应选地势较高、场地空旷、通风良好的地方；堆垛时要清除场地内的枯枝、树皮、木屑和腐木等杂物，保持清洁；场地以水泥地面为佳，或煤屑碎石铺平压实，可防止潮湿或杂草丛生。干存原木以利于垛内空气流通，使木材迅速干燥为目的。

7.9.2　湿存法

湿存法的目的是使原木边材保持较高的含水率，以避免菌害、虫害和开裂的发生。此法适于新伐材和水运材，原木边材含水率通常高于80%。已气干和已受菌、虫害的原木以及易开裂、湿霉严重的阔叶树材原木不可采用此法，南方易遭白蚁危害的地区也不宜采用湿存法。

湿存保管的原木应具有完整的树皮，或树皮损伤不超过1/3。楞堆的结构是要密集堆紧并尽量堆成大楞。新伐或新出河原木立即归密集大楞，归楞前的原木不应在露天存放5天以上，归楞后的原木立即封楞，施行遮荫覆盖。为防止原木断面失水而发生开裂或菌、虫感染，可用防腐剂湿涂料涂刷端面；还可在涂料上面再涂一层石灰水，以避免日光照射使涂料融化消失。如有水源条件或有喷雾装置的地方，可使用喷水法。施行喷水的木材，可不必覆盖和遮荫。喷水时均匀地喷射在楞垛内，使每根原木都能浸湿，喷浇时间一般在4～9月。归楞后10天内开始喷水，第一次喷浇时间要长，以后每次喷浇10～20min，每昼夜3～4次。

7.9.3　水疗法

原木水存保管是将原木浸水中，以保持木材最高含水率，防止菌、虫危害和避免木材开裂。水疗法一般利用流速缓慢的河湾、湖泊、水库以及制材车间旁的贮木池等贮存原木，海水中因有船蛆等，不适于贮存木材。

水存保管原木的方法有水浸楞堆法和多层木排水浸法等，目的是尽可能将原木存入水中，层层堆垛或扎排，并注意捆扎牢固，用木桩、钢索等加固拴牢，以防被流水或风浪冲走。楞堆露出水面的部分，还应定期喷水，以保证原木湿度。

7.9.4　木材的干燥

对木材进行干燥是木材保管的最重要和最有效的措施。这不仅可防止变色菌、腐朽菌和昆虫的危害，还可以减少木材开裂和变形，减轻木材重量，增强木材的韧性、机械强度、硬度和握钉力，改善木材表面涂饰性能。木材干燥有自然干燥和人工干燥两种。

自然干燥又称气干，指将木材堆放在空旷场所，利用空气作传热、传湿介质，利用太阳辐射热量，使木材内的水分逐渐排除，达到一定的干燥程度。气干木材的最低含水率受自然条件下平衡含水率的限制，通常为12% ~18%。此外，气干质量受堆垛方式、院板布置的影响。

人工干燥方法很多，目前国内外广泛应用的是对流加热的窑干干燥方法。窑干（或称室干）是将木材置于保温性和气密性都很好的建筑物或金属容器内，人为地控制干燥介质的温度、湿度及气流循环方向和速度，促使木材在一定时间内干燥到指定的含水率的一种干燥方法，能杀死全部害虫，设备和工艺比气干复杂，投资较大，成本较高。

7.9.5 木材的化学保护

木材的化学保护是指用化学药剂对木材进行处理，能防止菌、虫及海生钻孔动物对木材的破坏，或使木材具有耐火性，以保护木材，延长木材使用寿命和节约木材资源。

1. 木材的防腐剂

木材防腐剂是指那些能保护木材免受微生物危害的化学药剂，一般来说，能有效地防止木材腐朽的药剂，也能有效地防止木材害虫和海生钻孔动物的危害。木材防腐剂的种类繁多，但常用的却不很多，大致可分为三类：油质防腐剂、有机溶剂型防腐剂和水溶性防腐剂。

（1）油质防腐剂

油质防腐剂是指具有足够毒性和防腐性能的油类。油质防腐剂有煤焦油、蒽油、林丹五氯酸合剂等，木材防腐工业常用的油类防腐剂主要为煤杂酚油和煤焦油，后者主要用于与前者混合使用以降低成本。油质防腐剂广泛地用于枕木、桥梁结构用材、桩木等。

（2）有机溶剂型防腐剂

这是一类具有杀菌、杀虫毒效的有机化合物，又称油溶性防腐剂。药剂以有机溶剂为浸注载体，进入木材，然后有机溶剂挥发，药剂保留在木材内。常用的有机防腐剂有五氯气苯酚、环烷酸铜、8-羟基喹啉铜、有机锡化合物、苯基苯酚等，有机溶剂则以石油产品为主。该类型防腐剂被广泛用于枕木、建筑用材、细木工制品等的防腐。

（3）水溶性防腐剂

它是目前世界各国应用广泛、种类最多的一类防腐剂。这类防腐剂以水为溶剂，由具毒性离子的盐类溶液组成，成本较低，木材干后无特殊气味，表面整洁，不影响油漆、胶合，但处理后的木材会吸水膨胀，对安装尺寸要求较高的木材，干后需进行再加工。

水溶性防腐剂分两类，即单一防腐剂和复合防腐剂。单一防腐剂仅以一种盐类作为毒杀菌、虫的有效成分，其毒性和抗流失性能较差，有氟化物、硼化物、砷化物、铜化物、五氯酚钠和烷基铵化物等，如氯化锌、氟化钠、氟硅酸钠、硼铬合剂、硼酸合剂等。复合防腐剂以两种或两种以上盐类按一定比例混合，除了有效的毒性成分外，一些非活性成分也起着重要作用，它们能促使盐类的溶解，提高盐类的渗透性和增加药剂在木材中的保持量，如氟酚、氟铬酚和氟铬砷酚合剂，硼酚合剂，酸性铬酸铜，氨溶砷酸铜，铜铬砷合剂，铜铬硼合剂等。水溶性防腐剂常用于建筑用材和家具等的防腐、防虫处理，木材保管也采用。

2. 木材的防虫剂

木材的防虫剂或称杀虫剂是指那些能毒杀或预防木材害虫的药剂。一般说来，常用的木材防腐剂有一些防虫作用，在防腐剂中加一些防虫剂，可增加防腐剂对某种害虫的毒杀能力。

防虫剂种类很多，按害虫虫体对药剂的吸收部位不同，可以分为以下三类：

（1）触杀剂

药剂黏附在虫体表面，溶解于表皮脂肪中，从而进入体内组织，造成昆虫死亡，如氯丹、有机磷（辛硫磷）、合成除虫菌酯等药剂。

（2）胃毒剂

害虫蛀食药剂处理过的木材，经害虫消化系统中毒致死，如硼化物、氟化物等。

（3）熏蒸剂

药剂以气态通过害虫的呼吸系统进入虫体，使其中毒死亡，如硫酰氟、溴甲烷等。

3. 木材的耐风化药剂

为了提高木材的耐候性能，同时改善木制品的涂饰效果，近年来，一些研究者采用无机化合物水溶液处理木材表面。这种处理具有以下优点：（1）可以阻止由于紫外线辐射引起的木材表面降解；（2）改善了透明有机涂料对紫外线的耐久性；（3）改善了油漆和染色剂的耐久性；（4）提高了木材表面的尺寸稳定性；（5）提高了木材表面和表面涂料的耐腐性；（6）固定木材中的水溶性抽提物，减少乳胶漆的变色；（7）兼作木材的表面涂料，无须再行处理。

常用的无机处理剂有：铬酸、铬酸铜、氨溶铬酸铜和氨溶氧化锌等。其中以铬酸和氨溶铬酸铜效果最好。

4. 木材的阻燃处理

木材阻燃处理是用特殊的化学药剂对木材进行处理，使得木材在遇到高温或明火燃烧时，能阻止可燃气体的散发，断绝氧气的来源，降低木材的温度，达到阻燃耐火的要求。

常用的阻燃剂有硼砂、氯化锌、氯化铵、硫酸铵、磷酸氢二铵、磷酸钠、磷酸等。阻燃处理时，往往多种药剂混合，取长补短、降低成本、提高效果。如用于浸注到木材内部的阻燃剂之一，其配方为：氯化铵35%+硫酸铵35%+硼酸25%+重铬酸钠5%。

5. 木材化学保护处理方法

将化学药剂注入木材的方法很多，可根据药剂、处理要求、处理条件来选择不同的处理方法，通常分常压法和加压法两大类。

（1）常压法处理

对处理木材不施加人为的压力，药剂浸注木材时充分发挥木材的毛细管作用，在常压下通过木材本身的毛细管将药剂吸收透入木材内。常压处理法的药剂只能停留在木材表层，残留期不长，效果有限。具体方法有：涂刷法、喷淋法、浸渍法、热冷槽法、扩散法、熏蒸法等。

（2）加压法处理

将木材放入特制的密闭罐内，用压力将处理药剂注入木材内部。它能取得较好的注入深度，并能控制药剂的吸收量，生产效率高，适用于量大、质量要求高及难浸注的木材的处理，是当前最有效、最重要的工业处理方法。

第8章　天然石材

8.1　石材发展概况

2010年2月初，意大利石材界举办了一次主题为“建筑用天然石材的选择、使用、铺装和维护保养对经济、环境和社会可持续发展的作用”的研讨会。研讨会认为，从岩性学、起源学、物理化学上讲，天然石材和人造石材都是包括风景园林在内的建筑项目的理想石材。石材的生产过程只有简单的物理分解，石材加工不会产生二次污染，是一种低碳建材产品。只要对石渣、石粉进行合理再利用，石材行业就是个清洁的行业。

勘测表明，中国大理石储量达30亿～50亿m^3，花岗石储量达100亿m^3以上，石材原料和产量居世界第一。经过近二三十年的发展，目前中国石材装饰行业有20余万家企业，从业者达1000多万人，年产值达2000亿人民币。石材业已成为建材行业的支柱产业，中国已经成为石材生产大国，石材加工量居世界第二。在风景园林工程中使用的石材主要是自然界的岩石，大多数石材使用者对岩石的基本知识并不很了解，而且在石材产品的使用、石材施工质量的评判、石材的商品检验等方面经常出现争议。基于此，本章节立足石材矿物学、岩石学、风景园林学，结合石材的形态特征，对天然石材的资源、特性及应用等方面进行系统探讨。

8.2　天然石材及其相关概念

1. 地球岩石

地球岩石是在地球形成和演化历史中，在地壳中形成的坚硬物质。

2. 石材

石材是一个广泛的概念，一般是指自然界存在的坚硬物质。从物质来源和物质存在的空间位置来看，分为地球岩石（地球表面、地壳中形成的坚硬物质）和宇宙岩石（地球之外，太阳系或宇宙中存在的坚硬物质）。

3. 天然石材

天然石材是指从天然的地球岩体中开采出来，未经加工或经加工成块状或板状或特定形状的工程材料的总称。天然石材是应用最广泛、最古老的一种建筑材料，从古代的石窟、石桥、石塔、石亭到现代普遍使用的砌筑基础、驳岸、墙体、挡墙用材、各种装饰石材以及各种岩画、雕像、壁刻和纪念碑等，都可使用石材。

4. 毛石

毛石是指天然石料被爆破后直接得到的形状不规则的石块。根据表面平整度，毛石有乱毛石和平毛石之分。乱毛石形状不规则，平毛石形状虽不规则，但它有大致平行的两个面。风景园林工程中使用的毛石，一般高度＞15cm，一个方向的尺寸可达30～40cm。毛石的抗压强度＞10MPa，软化系数＜0.75。毛石常用来砌筑基础、墙身、挡土墙等。

5. 片石

片石是指天然石料被爆破得到的厚度少于宽度、尺寸大于15cm的各种形状的石块。一般片石的体积>$0.01m^3$，每块质量一般在30kg以上，其抗压强度>20MPa，用于工程主体的片石抗压强度>30MPa。片石主要用于砌筑护坡、护岸等。

6. 料石

料石是由人工或机械开采出的较规则的六面体天然块石，再经人工略加凿琢而成的天然块石。依其表面加工的平整程度可分为毛料石、粗料石、半细料石和细料石四种。制成长方形的称作条石，长、宽、高大致相等的称为方石，楔形的称为拱石。料石一般由致密的砂岩、石灰岩、花岗岩加工而成，用于风景园林工程结构物的基础、墙体等部位。

7. 天然石板

石板是用致密石料凿平或锯解而成的厚度不大的石料。对饰面用的石板或地面板，要求耐磨、耐久、无裂缝或水纹、色彩美观，一般采用花岗岩和大理岩制成。花岗岩板材主要用于室外园林工程饰面，大理石板材可用于室内装饰。

8. 研磨抛光

镜面式饰面95°以上（玻璃镜面为100°），石材表面具有最大的反射光线的能力以及良好的光滑度，并使石材固有的花纹色泽最大限度地显示出来，使石材不仅有硬度感，更表现材料细腻的内涵。

9. 烧毛加工

将锯切后的花岗岩石板材，通过火焰喷射进行表面烧毛等工序，使其表面色彩和触感满足不同的设计要求。

10. 琢石饰面

通过手工或机器对石材表面进行凿成的加工技术，可凿成各种图案及肌理，形成不同表面效果的石材，如图8-1所示。

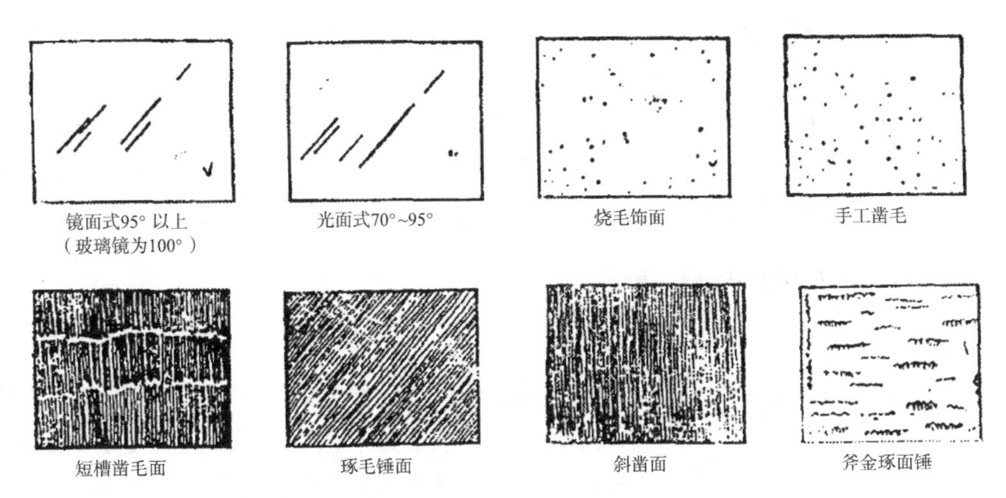

图8-1 天然石材加工面肌理特征

8.3 天然石材的主要特性

8.3.1 天然石材的结构与构造

天然石材的结构是指天然石材中矿物的结晶程度、颗粒大小、形态及结合方式的特征。

天然石材构造是指天然石材中不同矿物集合体之间的排列方式和填充方式，或矿物集合体的形状、大小及空间的组合方式。它可通过肉眼或显微镜进行观察确定。

1. 块状构造

天然石材中的矿物质成分较均匀且无定向排列所组成的构造称为块状构造。火成岩中的深成岩具有块状构造，变质岩中的一部分也呈块状构造，但变质岩的结晶一般都经过了重结晶作用，所以在描述其结构构造时，一般加“变晶”二字以示与火成岩和沉积岩的晶体结构构造相区别。

块状构造的特点是成分均匀、结构致密、整体性好。具有块状构造的天然石材抗压强度高、表观密度大、吸水性小，抗冻性及耐久性好，具有良好的使用价值。花岗岩、正长岩、大理岩和石英岩均具有块状构造。

2. 层片状构造

天然石料由于其组成矿物的成分、颜色和结构不同，沿垂直方向变化而形成的一层一层的构造称为层状构造。层理是沉积岩所具有的特殊构造。变质岩中的一部分因受变质作用的影响而形成了厚薄不等的片状构造。

具有层片状构造的天然石料，在水平和垂直方向表现了不同的物理力学性质。垂直于层理方向的抗压强度高于平行层理方向的抗压强度。各层之间的连接处易被水分和其他侵蚀性介质所进入，从而导致片层间的风化和破坏。因此，除片状较厚的板状构造石料外，片状较薄的片状构造的石料，比如砂岩、页岩和片麻岩等只能用作人行道板和踏步等。

3. 气孔状构造

地层深处的岩浆压力很大，且含有一些气体，当岩浆活动喷出地表时，由于温度和压力急剧降低，岩浆在冷却凝固后便可形成气孔状构造。火山喷出岩具有典型的气孔构造。具有气孔构造的石料，因为其孔隙率较大，所以吸水性较强而表观密度较低；当受到外力作用时，因其受力面较小且在孔隙周围形成集中应力而使其强度大大降低。气孔状构造的石料的耐久性与它的孔隙构造有关，封闭孔隙者较开口孔隙者耐久性好。此类石料因质轻、多孔、保温隔热性良好，宜作墙体材料，也可作混凝土的轻集料。常见的气孔状构造石料有浮石、火山凝灰石等。

8.3.2 天然石材的物理性质

1. 光泽度

光泽度是指石材装饰面对可见光的反射程度，即石材板磨光面对斜照光的镜面反射能力的相对大小。石材的光泽度常用光泽单位来表示，最高级为100光泽单位。石材的光泽度主要受石材内矿物成分、颜色、硬度、密度、孔隙率以及加工后石材光面的平度等因素影响。光泽度是评价一种石材品质最重要的指标之一。石材光泽度高则表明石材光亮、平整、密实。

2. 密度

密度是指石材单位体积的质量，常用表观密度来表示，即比重。石材密度的常用单位为

g/cm³，密度值越大，表示该石材在同量体积时重量越大。按表观密度大小，天然石材可分为轻石和重石两大类。表观密度＞1.8g/cm³者为重石，适于建筑物的基础、覆面、地表、路面、桥梁、水工建筑物等用材；表观密度≤1.8g/cm³者为轻石，适于有保温要求的建筑用材。石材的密度大小取决于石材的岩石成分、孔隙率大小、数量、密集度、含水量等。应用于园林的主要石材——花岗岩密度如表8-1所示。

花岗石密度（比重）表　　表8-1

种类	密度（g/cm³）	种类	密度（g/cm³）	种类	密度（g/cm³）
G602	2.62	G666	2.66	浪花白	2.66
G603	2.70	绿闪	2.80	三宝红	2.52
G608	2.62	冰花黑	2.72	枫叶红	2.68
G611	2.72	冰花兰	2.72	山西黑	3.08
G612	2.90	豹皮花	2.72	中国绿	2.94
G613	3.15	冰花绿	2.81	齐鲁红	2.64
G614	2.70	沙滩绿	2.83	光泽红	2.70
G633	2.70	蒙古黑	3.00	菊花黄	2.70
G634	2.59	虎皮红	2.80	虎贝红	2.66
G672	2.59	五莲花	2.65	攀西蓝	2.62
G673	2.65	五莲红	2.65	虎皮白	2.80
G677	2.95	石岛红	2.80	彰浦红	2.80
G681	2.60	五莲灰	2.70	彰浦锈	3.00
G683	2.64	莱州白	3.00	菊花青	2.90
G684	3.03	山东锈石	3.00	雪花青	2.80
G688	2.63	石榴红	2.70	珍珠黑	2.97
G696	2.59	崂山红	2.80	虎皮黄	2.80
G637	2.77	山东白麻	2.90	丰镇黑	3.07
G640	2.70	崂山灰	2.80	蒙山花	2.62
G654	2.70	将军红	2.65	桃木石	2.70
G655	2.70	孔雀绿	2.76	晚霞红	2.70
G660	2.98	海浪花	2.67	粉红花	2.60
G663	2.60	蒙山灰	2.62	琥珀花	2.68
G665	2.64	鲁灰	2.61	珍珠花	2.80
G664	2.70	雪花青	2.75		

3. 孔隙率

孔隙率是指单位石材中孔隙的体积占石材体积的百分比。它与吸水率密切相关，孔隙率高且开放性孔隙多，吸水率就高。孔隙率是天然石材与人工建材的显著区别之一，人工建材的孔隙一般较均匀，天然石材的孔隙天然不均匀。

4. 吸水率

吸水率是指石材吸收水分的能力，用吸收水分后的石材质量和干燥石材质量的比值来表示。吸水率主要取决于石材矿物成分、内部孔隙的体积大小、孔隙特征、密集度及敞开或闭合的程度。细孔石材的水分通过毛细作用吸进，能保持比较久；粗孔石材的水分易进入也易排出。岩浆岩和变质岩的吸水率一般不大于0.5%。沉积岩孔隙率与孔隙特征的波动很大，吸水率波动也很大。如致密的石灰岩吸水率小于1%，而多孔的贝壳石灰岩可高达15%。一般孔隙率越大其吸水率越大，但对于封闭的孔隙率，因水不能贯通，吸水率不一定大。石材的相对抗风化能力与吸水率呈正相关。

5. 抗冻性

抗冻性也称冻融性，是指石材抵抗冻融破坏的能力，也就是石材在潮湿状态下，经多次冻融而无显著破坏，又不降低强度的性能，常用冻融循环次数来表示。石材的抗冻性与其矿物成分、颗粒大小、均匀程度、结构构造、裂隙、吸水率等密切相关。一般若吸水率小于 0.5%，就不考虑其抗冻性能。

6. 放射性

根据《建筑材料放射性核素限量》（GB 6566—2010）国家标准，大理石、板岩、砂岩、洞石、人造石、水磨石类等多种石材都不需要作放射性检验。石材中只有天然花石类需作放射性检验，应用花岗石时需要提供放射性指标，可注意生产厂商检验报告合理选购。

7. 耐久性

天然石材具有良好的耐久性，用石材建造的建筑物及构筑物具有永久保存性的可能。古人很早就认识到这一点，以至于古代许多重要的建筑物及纪念性构筑物都使用石材建筑。

8. 颜色

石材的颜色是指石材对不同波长的可见光吸收和反射以后，在人的肉眼中引起的视觉感觉而呈现的各种色彩。石材的美丽颜色和光泽与其所含矿物成分、结构、构造密切相关。

一般地，板岩多由黏土类矿物组成，其颜色因黏土矿物杂质的不同而不同。砂岩因海砂、泥砂在沉积中而形成，泥质、金属矿物等杂质的存在使砂岩呈现多种花纹（或缝合线）。

9. 其他物理特性

天然石材的其他物理特性见表8-2。

天然石材其他物理特性　　表8-2

物理特征	物理特征含义
裂纹、裂隙	石面有细小、间断性、不规则的断裂纹路
缝合线	石面呈锯齿状，且有不造成破坏性的曲线
色斑、色线	与石面基本颜色、花纹不谐调的条纹状、条带状或斑状物
两核	一般多在碳酸岩中的团块状包裹体
砂眼	石面中具有一定深度的凹坑，一般直径在2mm以下
原生污点	由原生、原次生形成的污染板材的异物
粘结性、复合性	石面经胶粘剂粘合的难易程度
粘结强度	经胶粘剂粘合后的石材强度，以结构强度和拉伸强度衡量

续表

物理特征	物理特征含义
花纹	经锯切、磨抛加工后而显现的石面自然纹理
质感	经锯切、磨抛加工后，人对石材自然、直接感知到的结晶程度。结晶度高，则矿物晶体纯洁，明亮，具有半透明玉质感
粒度	石材粒度有大小之分，或将石材粒度称结构
层理性（可劈分性）	石材在地质过程中形成大的解理、断面及有规律性、可分离的断层
色差性	因矿物成分的不均匀而在石面显现的颜色等不均匀，为天然石材独有
变色性	矿物成分经氧化、日照或人为作用使石材成分发生物理、化学反应
防滑性	在石面采取人为防滑措施

8.3.3　天然石材的化学性质

天然石材的化学特性与其成分密切相关。花岗石类以硅酸盐类为主，对碱性和酸性都有一定的抵抗力；大理石类以碳酸盐类为主，对酸十分敏感，而石灰石、洞石对酸也相当敏感；板岩类需视硅质或钙质而定，钙质类对酸敏感，硅质类耐酸碱。

1. 耐酸碱性

耐酸碱性是指石材暴露在空气中，与酸性气体、碱性气体或溶液接触后，逐渐被腐蚀破坏的程度，石材的耐酸碱性能可用耐酸碱度来表示。石材接触酸、碱时间长，接触浓度高，破坏慢则表示耐酸碱能力强，相反就不耐酸碱。大理石类主要含CaO、MgO，因此耐酸性能差，一般不适合作室外装饰用，而花岗石因含大量SiO_2及其他硅酸盐成分，耐酸性能好，因此，花岗石适于作为室内外一切场所的饰面用材。

2. 耐火性

各种石材的耐火性都不同，有些石材在高温作用下会发生化学分解。石膏在大于107℃时分解，石灰石、大理石在大于910℃时分解，花岗石在600℃时因组成矿物成分受热不均而裂开。

3. 化学成分

天然石材的化学成分天然存在，且成分分布的不均匀性也客观存在，而人造石的化学成分由于是人工制造，故可控、分布均匀，石材成分都可以通过检测确定。天然石材的成分与岩石类别、种类及出产地有较大关系。现实生活和生产中，当无法利用检测手段确定石材基本成分时，可利用酸滴入石材表面，观察石材表面是否起泡，判断石材是钙质或非钙质类。

8.3.4　天然石材的工程力学性质

1. 硬度

硬度是指石材抵抗某种外来机械作用力的能力。石材的硬度受其化学成分、矿物成分、岩石结构、构造等影响。

硬度分相对硬度和绝对硬度两种。相对硬度是选用一些矿物作为硬度的标准，按硬度的大小顺序分为10级，以后一种矿物能刻划前一种矿物为准。该标准由德国地质学家莫尔发明并命名的，简称莫氏硬度，见表8-3。由于表中所列相邻两矿物间的相对硬度数值差不是等级差级数，如滑石与石膏之间的硬度差达15倍之多，硬度相差很大，而黄玉与石英的硬度几乎接近，相差很小；因此，这种硬度的分级主要作为石矿地质勘查的初步定量使用，只能大致判别矿物的硬度，没有很严格的数量上的标准，适于野外操作。

莫氏硬度表　　表8-3

莫氏硬度等级	1	2	3	4	5	6	7	8	9	10
矿物名称	滑石	石膏	方解石	萤石	磷灰石	正长石	石英	黄玉	刚玉	金刚石

绝对硬度是指利用专门的仪器对石材进行测定的硬度。根据实验时施加负荷的方式又分为静态硬度和动态硬度。通常采用肖氏硬度计对岩石进行动态硬度测定，以HSD值表示，简称肖氏硬度。HSD数值越大，表示越硬。一般花岗石较硬，大理石较软，人造石介于两者之间。

岩石硬度与抗压强度有密切的相关性。岩石硬，其耐磨性和抗刻划性能好，但表面加工困难。一般说来，花岗岩、安山岩等岩浆岩的耐磨性良好，大理岩次之，大多数沉积岩较差。耐磨性差的岩石磨光后光泽度也差。

2. 强度

强度是指石材抵抗外作用力的能力，即在石材不发生破坏的前提下，所能经受的最大应力，包括压缩强度和弯曲强度。压缩强度是指石材试样承受单向压缩力而破坏的应力值，是常用的强度指标。弯曲强度是指石材试样弯曲至破坏时所能承受的应力值。

石材的抗压强度因矿物成分、结晶粗细、胶结物质的均匀性、荷重面积、荷重作用与解理所成角度等因素而不同。致密的火山岩在干燥及水分饱和后，抗压强度并无差异（吸水率极低），若属多孔性及怕水之胶结岩石，其干燥及潮湿之强度，就有显著差别。砌筑用石料的抗压强度由边长为70mm的立方体试件进行测试，并以三个试件破坏强度的平均值表示。石料的强度等级由抗压强度来划分，并用符号MU和抗压强度值来表示，划分有MU100、MU80、MU60、MU50、MU40、MU30、MU20、MU15、MU10九个等级。当试块为非标准尺寸时，按表8-4中的系数进行换算。装饰用石料的抗压强度则采用边长为50mm的立方体试件来测试。

石料强度等级换算系数　　表8-4

立方体边长（mm）	200	150	100	70	50
换算系数	1.43	1.28	1.14	1.00	0.86

国内的有关国家、行业标准分别规定了天然饰面石材板材和荒料的干燥、水饱和及冻融循环后的压缩强度试验方法及指标，规定了天然饰面石材干燥、水饱和的弯曲强度指标试验方法及指标，也规定了干挂石材的挂装强度试验方法和指标。强度是反映石材坚固性的重要指标之一，它对石材的开采、加工、使用、维修、翻新等产生直接影响。石材强度过高，将给石材的开采、加工、使用、维修、研磨、翻新等带来困难，降低石材的经济效益。相反，石材强度太低，则降低石材寿命，增加维修、翻新成本。

3. 耐磨性

耐磨性是指石材抗磨损的能力，一般用耐磨率（M）表示，M等于一定面积大小的试样在一定压力下研磨100次后，试样失去的质量（G）与试样截面（A）之比，即$M=G/A$（g/cm^2）。耐磨率小的石材，抗磨损能力强，但磨光加工效率高。耐磨率过低的石材不易抛光，过高的石材则不易研磨，会增加加工成本。所以，选用石材时应根据使用部位来考虑选用不同耐磨性能的石材。一般石材的耐磨性随岩石硬度的增加而增加。耐磨性既是石材抗磨损能力的指标，也是石材经研磨抛光的难易程度指标，还是衡量石材优劣的重要指标。

4. 磨光性

磨光性是指天然石材能磨成平整光滑表面的性质，致密、均匀、细粒的岩石具有良好的磨光性，疏松多孔、有鳞片状构造的岩石一般磨光性不好。

5. 可加工性

石材具有可加工性是指可以利用切、铣、钻、磨、烧蚀等物理加工，酸腐蚀等化学加工以及阳光照射等自然法对天然石材施以外力作用，以获得所需要的各种规格、形状、颜色的天然石材产品。

6. 可分离性

石材的可分离性是指可以在天然石材事先并不存在的断层、裂隙处使用导爆索、胀楔、膨胀剂等措施人为开裂断面，分离石材来获得天然石料的性质。

8.3.5　天然石材的景观性质

天然石材形态千变万化，或具文字、山峰、动物等形姿美，或具瘦、皱、漏、透、丑等形态美，或被人类赋予如镇妖辟邪观念、生命意识和伦理道德信仰等各种意义与精神的意象美。其中天然石材形态自然古朴，浑厚憨实，这是天然石材的主体美。

天然石材色彩丰富多样，常有黄色系、灰色系、白色系、红色系、黑色系、青色系等多种色彩系列，并常常伴以交织纹理，相互映衬，凸显天然石材的观赏价值。天然石材或以单色为主，呈现天然石材的纯净，或以混合色为主，呈现天然石材的色块图案的变化，体现不同色泽的巧妙组合美。

天然石材经过长期的自然风化和流水冲刷形成以构成图案、文字、符号等为主的规则或不规则的纹理图案，石材纹理或显露在表面，或深藏不露，千变万化的纹理呈现丰富的内涵，并以天然流畅、褶皱深刻为妙。纹理美也是天然石材的绝妙之处。

8.3.6　影响石材外观质量的因素

石材外观是天然石材景观特性的集中体现，也是石材物质成分和结构的外在表现。影响外观质量的因素除由内部本质决定外，石材的加工和后期应用环境也是重要的方面。

（1）石材外观色彩

石材外观色彩主要是由石材所含的矿物的种类、大小、分布和含量决定的，并随使用环境和使用年限而发生一定的变化。含有大量石英和长石的花岗岩呈白色、灰白色或灰色，含有较多钾长石的花岗岩呈红色或粉红色，含有少量角闪石、辉石或黑云母的花岗岩呈墨绿色及黑色，含有橄榄石的花岗岩呈黑色及黑绿色，含有蛇纹石的花岗岩呈暗绿色及果绿色。主要由方解石或白云石构成的大理石呈白色或灰白色，若发生蛇纹石化或受到铁质、有机质等杂质污染，则呈黑色、红色、绿色、黄色、灰色及其他花色。

（2）石材外观图纹

结晶岩石材的外观图纹受其成因和构造类型影响，分流动类、斑晶类、气孔充填类等三类。花岗质岩石斑杂构造和条带构造使石材呈现不规则花纹或条带状花纹，沉积岩及其一定变质程度岩石的外观图纹，有层理类、山水花纹类、生物网纹类、结核类、交代残余类、碎屑类、拼贴类等。构成石材外观的图纹有大小、粗细、圆直之别，丰富多彩，变幻莫测。除其内在本质外，要研究石材外观花纹图案的规律，并通过一定的加工方案进行挖掘。

8.4 天然石材的矿物组成

地壳中的化学元素，除极少数呈单质存在外，绝大多数元素都以化合物的形态存在。这些存在于地壳中的具有一定化学成分和物理性质的自然元素和化合物叫作矿物。

组成地壳的石料，都是在一定地质条件下由一种或几种矿物自然组成的集合体。简单地说，矿物的集合体就是石料，而组成石料的矿物称为造岩矿物。矿物的成分、性质及其在各种因素影响下的变化，都会对石料的性质产生直接影响。所以，要认识石料，分析石料在各种条件作用下的变化，并对石料的工程性质进行评价，就必须认识和了解矿物。

8.4.1 石英

石英的化学成分是SiO_2，为结晶体。晶形为两端突出的六方柱状，柱面上有横纹，颜色很多，常见者为白色、乳白色和浅灰色。其中无色透明者称为“水晶”。其莫氏硬度为7，密度为2.60~2.70g/cm^3；无解理，断口呈贝壳状。石英硬度大、强度高、化学稳定性好、耐久性高，但受热时（573℃）因晶型转变会发生体积膨胀。

8.4.2 正长石

正长石的化学成分是$KAlSi_2O_8$。晶体呈短柱状和原板状，常见的为粒状或块状；颜色呈肉红色、褐黄色。莫氏硬度为6，密度为2.50~2.60g/cm^3；有玻璃光泽和两组解理。

8.4.3 云母

云母晶体呈片状或板状集合体。其莫氏硬度为2~3，密度为2.76~3.2g/cm^3，有一裂成的平面称为解理面，平行底面的解理极完全。易裂成薄片，薄片有弹性，耐久性差。根据颜色可分为黑云母及白云母两种。

白云母［$KAl(Si_2AlO_{10})(OH)_2$］，无色或白色。常见者为浅绿色、浅黄色等，呈玻璃光泽。黑云母［$K(Mg, Fe)_3(Si_3AlO_{10})(OH)_2$］，黑色或褐色，呈珍珠光泽。

8.4.4 白云石

白云石晶体呈菱面体，常是致密块状。其颜色为灰白色，有时带浅黄色。莫氏硬度为3.5~4.0，密度为2.8~2.9g/cm^3。呈玻璃光泽，有菱面体解理，解理面大部分弯曲。它与稀冷盐酸作用极缓慢，以此作为与方解石的区别。强度、耐酸腐蚀性及耐久性略高于方解石，遇酸时分解。

8.4.5　石膏

石膏（$CaSO_4 \cdot 2H_2O$）晶体呈板状，透明或半透明，集合体为纤维状、块状。其颜色为无色或白色：莫氏硬度为2，密度为2.30～2.40g/cm^3。呈玻璃光泽，有解理，解理面呈珍珠光泽。

8.5　天然石材的分类

由于天然石材的价值在于其矿物颜色、结构、构造特性、尺寸、表面纹理和整体的装饰性能，所以天然石材是一种结构与成分兼备型岩石矿产资源。应用天然石材既利用了岩石的色彩、纹理、质地，也利用了岩石的整体装饰性能，而较少直接利用石材的天然形态，因而天然石材分类的主要依据应是石材的矿物学、岩石学特性及其表观特征。

天然石材制品的材料来源是地球岩石，由于地球岩石的天然性和独特性，使得天然石材制品具有无与伦比的装饰效果和独特魅力。根据各种岩石的成因，地球岩石分为火成岩、沉积岩和变质岩。

8.5.1　火成岩

火成岩是地球中地幔软流体侵入地壳形成的坚硬岩石。一般来说，火成岩易出现于板块交界地带的火山区，由岩浆在活动过程中，经过冷却凝固而成。岩浆是存在于地下深处的成分复杂的高温硅酸盐熔融体。绝大多数火成岩的主要矿物组成是石英、长石、云母、角闪石、辉石及橄榄石等六种。

根据其矿物和化学成分的不同，火成岩分为超基性岩、基性岩、中性岩、酸性岩、碱性岩和碳酸岩等，见表8-5。根据侵入位置的不同，又可分为形成于地壳之中的侵入岩（浅成岩和深成岩）和溢出地壳的喷出岩。侵入岩主要矿物为碱性长石和斜长石，次要矿物为暗色矿物，有石英、似长石，副矿物有磷灰石、磁铁矿、锆石等。其中当石英含量增加时过渡为花岗岩，当斜长石含量增加时可过渡为二长岩。侵入岩为全晶质结构（石料全部由结晶的矿物颗粒组成），且没有解理。侵入岩的表观密度大、抗压强度高、吸水率低、抗冻性好。

常见的火成岩石材　　表8-5

种类	常见侵入岩	常见火山喷出岩
超基性岩	橄榄岩、辉石岩、角闪岩	
基性岩	辉长岩、辉绿岩	辉石玄武岩、斜长玄武岩
中性岩	正长岩、石英正长岩、闪长岩、闪长玢岩	辉石安山岩、粗面岩玄武岩
酸性岩	花岗岩、二长岩、花岗斑岩	流纹岩、英安岩、黑耀岩、火山熔岩
碱性岩	霞石正长岩	响岩

1. 深成岩

深成岩是地球中地幔软流体在地壳数千米深处由上部覆盖层很大的压力作用下，缓慢且较均匀地冷却而形成的岩石。它们的特点是矿物全部结晶，而且颗粒较粗，呈块状构造，结构致密，具有抗压强度高、吸水率小、抗冻性好、表观密度及导热系数大，成分偏向于基性，岩浆黏度较大等性能。根据石材的矿物学和岩石学特征，结合石材的表观特型、使用特点，常见的深成岩有花岗岩、正长岩、闪长岩、二长岩、辉长岩、橄榄岩等。闪长岩与花岗岩类及正长岩类之间都有过渡种属。若闪长岩中碱性长石含量增加，可过渡为二长岩至正长岩；石英含量增加，暗色矿物含量降低，可过渡为石英闪长岩至斜长花岗岩；若碱性长石及石英含量同时增加而暗色矿物减少时则可过渡为石英二长岩至花岗闪长岩、花岗岩。闪长岩也可向辉长岩过渡，当暗色矿物含量增加（辉石增加），斜长石号数增大，可过渡为辉长闪长岩至辉长岩。

2. 浅成岩

浅成岩是地球中地幔软流体在地壳数百米深处冷凝而成的岩石。其特点是岩浆不能全部结晶，或结晶成细小颗粒，甚至为隐晶质，其成分偏向于基性，岩浆黏度大，结构致密。常见的浅成岩有闪长玢岩、二长斑岩、花岗岩、斑岩、正长斑岩、辉绿岩等。

3. 喷出岩

喷出岩是地球中地幔软流体喷出地表时，在压力急剧释放和迅速冷却的条件下形成的岩石。其特点是岩浆不能全部结晶，或结晶成细小颗粒，常呈非结晶的玻璃质结构、细晶结构或斑状结构。当喷出岩形成很厚的岩层时，其结构和性能接近深成岩；当岩层较薄，因冷却很快，常呈多孔状构造，其表观密度和强度较小。常见的有玄武岩、辉绿岩、流纹岩、粗安岩、粗面岩和安山岩等。玄武岩常见的呈间粒结构，流纹岩常见的呈霏细结构，安山岩几乎均具斑状结构，无斑隐晶者少见。对于安山岩和玄武岩的界线问题截至目前尚未能取得一致的意见。有的强调颜色指数，有的强调SiO_2含量，也有的强调斜长石号码。国际地科联火成岩分类小组委员会（1979年）认为，主要应按SiO_2含量和颜色指数相结合的方法划分安山岩和玄武岩。SiO_2以52%为界，标准矿物颜色指数按重量计为40%，相应的按体积计为35%。常用作混凝土骨料、水泥混合材料，如火山灰、火山渣、浮石等。

8.5.2 沉积岩

沉积岩是指露出地面的地球物质经过物理和化学风化作用，被搬运到地表及地下不太深的地方沉积和压密胶结而形成的岩石。在沉积岩的形成过程中，由于物质是一层一层沉积下来的，所以其构造是层状的。这种层状构造称为沉积岩的层理，每一层都具有一个面，称为层面。层面与层面间距离称为层的厚度。有些沉积岩可以形成一系列斜交的层，称为交错层。因此，沉积岩的表观密度较小、孔隙率较大、强度较低、耐久性也较差。沉积岩的主要造岩矿物有石英、白云石及方解石等。

按形成条件，沉积岩分为机械沉积岩、生物化学沉积岩和火山碎屑沉积岩。机械沉积岩是由岩石或矿物碎片、碎粒经风、水等的搬运、沉积，重新压实或胶结而成的，如以物理过程为主的砂岩、页岩等；生物化学沉积岩是生物的遗骸沉积而成的岩石，如以生物化学过程为主的碳酸盐岩、燧石等；火山碎屑沉积岩也称火山灰沉积岩，是由火山碎屑岩沉积而成的岩石，如凝灰岩等。冰川作用形成的冰渍岩也是沉积岩。

8.5.3 变质岩

变质岩是指地壳中的岩石，由于地壳运动产生的挤压或者由于地球深部的岩浆、汽液的作用，使得原有岩石矿物成分和结构构造产生物理和化学成分的改变（称为变质作用）而形成的岩石。

变质岩的矿物成分，除保留原来石料的矿物成分，如石英、长石、云母、角闪石、辉石、方解石和白云石外，还产生了新的变质矿物，如绿泥石、滑石、石榴子石和蛇纹石等。这些矿物一般称为高温矿物。根据变质岩的特有矿物，可以把变质岩与其他石料区别开来。变质岩的结构和构造几乎和火成岩类似，一般均是晶体结构。变质岩的构造，主要是片状构造和块状构造。片状构造根据片状的成因特点及厚薄，又可分成板状构造（厚片）、千层状构造（薄片）、片状构造（片很薄）及片麻状构造（片状不规则）等。

一般由火成岩变质而成的称为正变质岩，而由水成岩变质而成的则称为副变质岩。根据其变质作用的不同，可分为区域变质作用、接触变质作用、汽液变质作用和混合变质作用等，见表8-6。按变质程度的不同，又分为深变质岩和浅变质岩。一般浅变质岩，由于受到高压重结晶作用，形成的变质岩较原岩更密实，其物理力学性质有所提高。比如由砂岩变质而成的石英岩就较原来的石料坚实耐久。反之，原为深成岩的石料，经过变质作用，产生了片状构造，其性能还不如原深成岩。比如由花岗岩变质而成的片麻岩，就较原花岗岩易于分层剥落，耐久性降低。工程中常用的变质岩有石英岩、片麻岩和板岩等。

常见的变质岩石材　　表8-6

种类	常见岩石	种类	常见岩石
区域变质	片麻岩、角岩	汽液变质	晶洞石
接触变质	矽卡岩	混合变质	混合花岗岩

8.6　天然石材的商业种类及应用

石材种类是指在一定的经济条件下，能满足人们的需求，具有特定的成分和一定的颜色、色调、花式，并拥有一定数量的石材产品。石材的矿石成分是石材种类划分的依据，石材的颜色、色调、花式是石材种类的表现形式，它决定了石材种类的优劣。目前，石材种类十分丰富，不同的石材种类其工业指标不同。

8.6.1　天然花岗石

花岗石与花岗岩不是同一个概念。花岗石是一个商品名称，不是岩石学名称。英文的Granite在石材行业中也是一个商品名，等同于中文的花岗石。海关税则等不少文件中，关于石材商品的名称，有些使用花岗岩作为商品名称，这是错误的。花岗岩是岩石学名称，它只是花岗石中的一个品种，不能代替花岗石。

天然花岗岩质地坚硬，构造致密，耐磨、耐酸碱、耐腐蚀、耐高温、耐光照、耐冰冻，耐久性优越，一般耐用年限达75~100年，种类多，色彩丰富，白、黄、红、黄红、青、黑等俱有。

花岗岩是指岩石学中的火成岩和变质岩中以铝硅酸盐矿物为主要成分的岩石。天然花岗岩以石英、长石和云母为主要成分，属硬石材，莫氏硬度一般在6~7级，质坚硬密实，密度一般为2700~2800kg/m^3，易于磨光，抗压强度高，约为120~250MPa，吸水率低。

花岗岩是因熔融的岩浆体由地壳内部上升并经冷却，从而生成的火成岩。根据火成岩形成过程中所处环境压力大小变化、冷却速度快慢的条件不同，分为深成岩、喷出岩、浅成岩三种，花岗岩属深成岩。花岗石构造细密，虽具有前述优点，但自重大，质脆，耐火性差。

天然花岗石在风景园林中主要以板材的形式出现。根据加工方式，天然花岗石板材可分为剁斧板材、机刨板材、粗磨板材、磨光板材等四类。

（1）剁斧板材。石材表面经手工剁斧加工，表面粗糙，常有规则的条状斧纹，质感粗犷大方，一般用于外墙、防滑地面、台阶等。

（2）机刨板材。石材表面被机械刨成较平整的表面，有相互平行的刨切纹，用于与剁斧板材类似的场合。

（3）粗磨板材。石材表面经过粗磨，表面平滑无光泽，主要用于需要柔光效果的墙面、柱面、台阶、基座、纪念碑等。

（4）磨光板材。石材表面经磨细加工和抛光，表面光亮，花岗石的晶体纹理清晰，颜色绚丽多彩，多用于室内外地面、墙面、立柱、台阶等的装饰。

花岗石主要用于碑石、建筑物外墙、台面、铺地、景观建设等，室内外使用都适用。下面仅就广泛应用于风景园林中的天然花岗石种类作简单的介绍。

1. 中国黑（彩图8-2）

材质：天然花岗岩。

产地：中国河北。中国黑是河北石材中最有名也是产量最大的花岗岩。1990年开始开采并出口。

底色：黑色系。

性能：中国黑硬度高，莫氏硬度7，用普通小刀刻划，其面上不会出现刻划印痕。中国黑密度也大，达2.9～3.2g/cm^3，1m^{3}的净石料的重量达3t左右。用硬物敲打，会发出类似金属的声音。中国黑呈细小粒状伴晶结构，所以其强度比较大，耐光蚀、耐水浸、耐热胀冷缩、耐酸碱腐蚀、耐风化能力强，有着极强的耐久性，历有“千年永存”的说法。做镜面抛光，光度可达100度以上，所以有黑镜面之称。

应用：中国黑可根据需要加工成各种型材、板材，板面可加工成镜面磨光面、亚光面、火烧面、荔枝面、剁斧面、菠萝面、自然面、喷砂面、机刨面、仿古面、绸缎面等，主要用作建筑物墙面、室内外铺地、台面板、柱，以及墓碑、塔、雕塑等各种纪念性建筑小品的材料。质感柔和，美观庄重，格调高雅。

2. 滨州青（彩图8-3）

材质：天然花岗岩。

产地：中国河北。

底色：青色系。

性能：滨州青细粒，芝麻点，青黑色，光亮晶莹，坚硬永久，高贵典雅。可以根据工程应用的需要加工成荔枝面、镜面板、光面板、火烧板、规格板、大板、毛板、路沿石等各种规格。该天然石材有以下优点：（1）石材结构致密，抗压强度高，大部分石材的抗压强度可达100MPa以上；（2）耐磨性好；（3）耐水性好；（4）装饰性好，石材具有纹理自然、质感厚重、庄严雄伟的艺术效果；（5）耐久性很好，使用年限可达百年以上。

应用：适用于建筑外墙装饰、碑石、雕刻等各种园林用石。

3. 竹叶青（彩图8-4）

材质：天然花岗岩。

产地：浙江。

底色：青色系。

性能：吸水率0.5%，抗压强度248MPa，抗折强度20.5MPa。

应用：室内地面、室外地面。

4. 广西黑（彩图8-5）

材质：天然花岗岩。

底色：黑色系。

产地：广西。

性能：密度2.7g/cm^3，吸水率0.26%，抗压强度114MPa，抗折强度13.8MPa。

应用：室内地面、室外地面。

5. 深芝麻黑（彩图8-6）

材质：天然花岗岩。

产地：中国福建。

底色：黑色系。

性能：体积密度2.8g/cm^3，吸水率0.15%，抗压强度111.6MPa，抗折强度20.9MPa。

应用：室内地面、室外地面。

6. 福建黑（彩图8-7）

材质：天然花岗岩。

产地：福建。

底色：黑色系。

性能：密度2.6g/cm^3，吸水率0.39%，抗压强度127.8MPa，抗折强度15.3MPa。

应用：室内地面、室外地面。

7. 山西黑（彩图8-8）

别称：夜玫瑰（日）、帝王黑、太白青。

材质：天然辉绿岩。

产地：中国山西。

颜色：黑色。

性能：山西黑被公认为世界石材极品。呈深黑色，以斜长石和辉石为主，结晶质细粒结构，块状构造，纯黑发亮。

应用：山西黑是世界上最纯最黑的花岗石，其结构均匀，光泽度高，硬度强，纯黑发亮、质感温润雍容。适用于墓碑、建材、雕刻。

8. 印度黑（彩图8-9）

材质：天然辉绿岩。

产地：印度。

颜色：黑色。

性能：密度3.1g/cm^3，吸水率0.02%，肖氏硬度89，抗折强度36.1MPa，抗压强度242MPa。

应用：斑点颗粒，颗粒细小。适用于建筑室内外高档装饰构件、台面板、洗手盆、碑石等。

9. 瑞典黑（彩图8-10）

材质：天然辉绿岩。

产地：瑞典。

颜色：黑色。

性能：密度3.0g/cm^3，吸水率0.02%，肖氏硬度89，抗折强度29MPa，抗压强度330MPa。

应用：斑点颗粒，颗粒细小。适用于室内外高档装饰构件、台面板、洗手盆、碑石等。

10. 赤峰黑（彩图8-11）

材质：天然玄武岩。

产地：中国内蒙古赤峰。

颜色：黑色。

性能：密度3.0g/cm^{3}左右，抗弯强度221.3MPa，抗压强度279～327MPa。结构致密、质地坚硬，耐酸碱、耐气候性好。

应用：纹路多变，且独具一格不规律，给人自然舒适之感。辐射较低，耐高温，坚硬，耐磨损，无渗透，光泽温润。可加工成磨光板、毛光板、火烧板、荔枝面、拉丝面等用材。适用于自然石、蘑菇石、踢脚线、墓碑石以及各种工程板。

11. 漳浦黑G654（彩图8-12）

材质：天然玄武岩。

产地：中国福建漳州漳浦。

颜色：黑色。

性能：密度2.8g/cm^3，吸水率0.13%，抗弯强度169.2MPa，抗压强度1621MPa。

应用：颗粒细小。可加工成大板、薄板、台面板、灯笼、外景产品、雕刻及公园石制品等等。

12. 台湾青（彩图8-13）

材质：天然花岗岩。

产地：中国福建。

底色：绿色系。

性能：台湾青结构致密，质地坚硬，耐酸碱、耐气候性好，可根据要求做成抛光、亚光、细磨、火烧等多种表面效果。

应用：一般多用于室外墙面、地面、柱面的装饰等。

13. 黄锈石（彩图8-14）

材质：天然花岗岩。

产地：中国福建。

底色：黄色系。黄锈石偏黄色、黄锈石偏红色。

性能：密度2.6g/cm^3，吸水率0.18%，抗折强度 11.5MPa，抗压强度139MPa。

应用：可做成磨光板、火烧板、薄板、台面板、环境石、地铺石、路沿石、小方块、墙壁石、石制家具、石雕等及各种建筑工程配套用石材，是中高档珍稀绿色建材，板面可根据需要加工成磨光面、亚光面、荔枝面、火烧面、喷砂面、龙眼面、斧剁面、机切面、菠萝面、拉丝面、拉槽面。

注意事项：黄锈石易产生锈斑病变，可采用专用的除锈剂来进行防锈处理。处理时应注意以下几个方面：（1）不能采用单纯的酸性物直接清洗黄锈石石材锈斑。这是因为用单纯的酸性物清洗石材锈斑时，发生简单的氧化还原和溶解过程，铁离子仍不稳定，很容易与空气中的水和氧再次发生氧化反应重新生成铁锈，且会随酸性水溶液的流动而进一步扩大锈斑的面积。（2）一定要选用质量好的除锈剂。因为质量好的除锈剂除含能调节pH值的酸成分外，还加有适量的添加剂以保持氧化还原反应中铁离子的稳定性。（3）除锈处理后用清水清洗一次，干燥后再用优质的石材养护剂做好防护处理，以彻底清除反应后的残留物，防止再次发生氧化反应。

14．虎皮黄（彩图8-15）

材质：天然花岗岩。

产地：中国河北省石家庄市平山县。

底色：黄色系。

种类：虎皮黄蘑菇石、虎皮黄文化石、虎皮黄脚踏石、虎皮黄砂岩、虎皮黄山峰石、虎皮黄波浪石。

性能：虎皮黄因石头颜色像虎皮而得名，天然虎皮黄黄色天成，自然纯朴。虎皮黄无放射性、无污染、无味、无毒、防滑、防潮，不褪色，且保温隔声性能良好，是天然环保型石材。

应用：可根据需要加工成磨光板、火烧板、薄板、台面板、环境石、地铺石、路沿石、小方石、石制家具、石雕等，适合外墙干挂、地面板材、台面板、窗台板及圆柱等用材，是中低档绿色建材。

15．柏坡黄G1303（彩图8-16）

材质：天然花岗岩。

产地：中国河北省石家庄市平山县，柏坡黄以产地名（旅游景点西柏坡）取石材名。

底色：黄色系。

性能：柏坡黄的石质较松散，粒状结构，常规色彩有黄色、浅绿黄色、流线纹杂色等三种。由于其结构不是太密，建议尽量做防护处理。按石材辐射分类柏坡黄则属A类石材，几无辐射，它的适用范围没有限制。

应用：多适用于装饰工程，可加工成板磨光面、荔枝面、剁斧面、自然面、锯切面，被大量应用于建筑工程。但由于硬度不高，做铺地材料时镜面磨光效果不明显，而其亚光效果显著，荔枝面做法可以弥补柏坡黄石材的色差。

16．世纪古龙（彩图8-17）

材质：天然花岗岩。

产地：福建。

底色：黄色系。

性能：密度2.5g/cm^3，吸水率0.3%，抗压强度189MPa，抗折强度11.6MPa。

应用：室内地面、室外地面。

17．森林绿（彩图8-18）

材质：天然花岗岩。

产地：中国河北省唐县。

底色：绿色系。浅绿和墨绿交织，呈斑点花纹样式。

性能：森林绿属于中国稀有珍贵花岗岩石材种类。森林绿与河北所产万年青相似，具有抗酸碱腐蚀、耐磨、耐压等优点，它可以拼铺成各种几何图案，色泽美观实用，符合现代建筑人与自然相结合的审美要求。可根据要求将森林绿石材加工成各种规格的薄板、厚板、延长板、超宽板，板面可加工成光面、火烧面、荔枝面等。

应用：多适用于建筑装饰工程板、台面板、台阶、路沿石、园林铺地、石制家具等。

18．中国绿（彩图8-19）

材质：天然花岗岩。

产地：中国福建。

底色：绿色系。

性能：中国绿花岗石结构致密，质地坚硬，承载性、抗压性好，研磨延展性强，耐酸碱、耐气候性好，很容易切割、塑造，可以创造出薄板、大板等。可根据需要做成抛光、亚光、细磨、火烧、水刀处理和喷沙等多种表面效果。

应用：多用于室外墙面、地面、柱面的装饰等。

19．世纪棕麻（彩图8-20）

材质：天然花岗岩。

产地：福建。

底色：咖啡色。

性能：密度2.7g/cm^3，吸水率0.03%，抗压强度121MPa，抗折强度12.1MPa。

应用：室内地面、室外地面。

20．齐鲁红G354（彩图8-21）

材质：天然花岗岩。

产地：山东。

颜色：红色。

性能：密度2.8g/cm^3，抗压强度259.7MPa，抗弯强度37.6MPa，光泽度在85度以上，质地坚硬，肖氏硬度150。色泽均匀，低微辐射，无杂质。

应用：应用于室外墙面、地面、柱面等。

21．金彩麻（彩图8-22）

材质：天然花岗岩。

产地：巴西。

底色：咖啡色。

性能：密度2.64g/cm^3、抗压强度128.8MPa、抗弯强度9.6MPa、吸水率0.4%。金彩麻材质坚硬，不易变形，适合做多种装饰，其颜色易搭配。主要缺陷表现在锈线、锈斑，色差大，烧面，易断裂，暗裂较多。

应用：地面、墙面、壁炉、台面板等。

22．中国红（彩图8-23）

材质：天然花岗岩。

产地：中国四川荥经县。

底色：红色。

性能：中国红花岗石是迄今为止地球上所发现的、可供开采的、颜色最红、不会褪色的天然花岗岩，故称“天下第一红”。中国红莫氏硬度达到8.28，耐酸耐碱，符合国家A类优质建材标准。

应用：可以根据需要做成花岗石荒料、薄板、大板、风水球、屏风石、栏杆石、墓碑石、雕塑石、各规格碎米石等，可加工成毛面板、光面板、火烧面板、荔枝面板、异型板、圆弧板、工程板等多种表面效果。适于室内外铺地、外墙干挂、景观石、伟人及名景塑像、园林建筑小品等用材。

23. 枣花红（彩图8-24）

材质：天然花岗岩。

产地：中国福建。

底色：红色。

性能：枣花红结构致密，质地坚硬，耐酸碱、耐气候性好，抗压能力强，研磨延展性能优越，可根据需要做成抛光、亚光、细磨、火烧、水刀处理和喷沙等多种表面效果。

应用：一般多用于室外墙面、地面、柱面的装饰等。

24. 安溪红G635（彩图8-25）

材质：天然花岗岩。

产地：主要分布于中国福建省安溪县官桥和龙门两镇之间的铁峰山脉，储量达1亿多立方米。习惯上将产于官桥镇的矿称为正矿，其特点是板面颜色偏红，杂质相对较多；而产于龙门镇的矿称为负矿，其特点是板面颜色偏白，杂质相对较少。

底色：粉红色。

性能：密度2.7g/cm^3，抗压强度170MPa，抗折强度19.7MPa，吸水率0.3%，莫氏硬度6～7。安溪红石英含量大，质地坚硬，是一种优质的花岗岩石种，可以做成安溪红大板、薄板、工程板、地板、规格板、异形石板、线条、幕墙、空心圆柱、圆柱、罗马柱、门套、台面板等，板面可以加工成自然面、机切面、亚光面、光面、火烧面、荔枝面、龙眼面、菠萝面等。

应用：广泛应用于室内外铺地、外墙干挂、路沿石、环境景观、石雕等建筑和艺术领域。

25. 石岛红G386（彩图8-26）

材质：天然花岗岩。

产地：山东。

性能：石岛红石质结构均匀，质地坚硬，硬度高耐磨损，不易风化，颜色美观，外观色泽可保持百年以上。力学性能均匀，内部致密，其敲击声清脆悦耳，孔隙分布均匀，孔径小，吸水率低，物理性能、化学性能极佳，对风化、水化、溶解、脱水、酸化，对还原和碳酸盐等化学侵蚀具有较强的抵抗力。石岛红石质均匀，具有细腻的质感，为石材之佳品，可加工成磨光面、火烧面、荔枝面、自然面。

应用：广泛应用于外墙干挂、广场铺地、大厅地面等，可作高级建筑装饰工程用材，是露天雕刻的首选之材。

26. 梦幻玫瑰（彩图8-27）

材质：天然花岗岩。

产地：中国内蒙古。

底色：红色系。青色中花样式，含紫红点、白花纹。

应用特点：梦幻玫瑰结构致密，质地坚硬，耐酸碱、耐气候性好，高承载性，抗压能力好，很容易切割、塑造，研磨延展性、耐久性很好。可以根据需要创造出薄板、大板等，可做成抛光、亚光、细磨、火烧、水刀处理和喷沙等多种表面效果。

应用：一般多用于室外墙面、地面、台阶、基座、踏步、檐口等处，以及作柱面的装饰等，可在室外长期使用。

27. 芝麻白G3765（彩图8-28）

材质：天然花岗岩。

产地：中国湖南、湖北、江西、福建、河南等地。

颜色：白色系。

性能：结构致密、坚硬，质地细腻，耐酸碱腐蚀，抗压和抗拉强度高，成色美观，色差变化小，无色斑色线，放射性含量低。易加工成型，可做成板材及路沿石、异型石材、雕刻栏板、石栏杆、风水球、石花盆、石狮、石麒麟等，也可加工成各种规格的切割面、火烧面、剁斧面、拉花面、酸洗面、抛光面等板材及路沿石。

应用：可以广泛应用于园林铺地、路沿石、建筑外墙、建筑小品设施等园林景观工程，是优质的建筑装饰材料和防腐工程材料。

28. 芝麻灰（彩图8-29）

材质：天然花岗岩。

产地：中国福建、山东五莲。

颜色：灰色，因整体浅灰色板面上布有黑色的芝麻点而得名。

性能：密度2.8g/cm^3、抗压强度123.5MPa、抗弯强度16.8MPa、吸水率0.13%、莫氏硬度6.8、光泽度82.3度。抗压强度高，耐水性好，具有优异的物理和化学性能，具有丰富的色泽、坚硬的质地以及良好的加工性能，材质光亮晶莹、坚硬永久、高贵典雅。可以根据需要做成薄板、大板、磨光板、路沿石、盲道石、外墙干挂板等等，板面可加工成磨光面、火烧面、荔枝面、拉丝面、自然面等等。

应用：适用于各类风景园林园路与广场铺地、柱面、外墙干挂、停车场、楼梯、台面板、洗手池等各种建筑小品工程。

29. 海沧白G623（彩图8-30）

材质：天然花岗岩。

产地：中国福建。

颜色：白色。

性能：中等颗粒，灰白色带浅粉红。结构致密、质地坚硬，耐酸碱、耐气候性好。可以根据需要创造出薄板、大板、磨光板、路沿石、外墙干挂板等等，板面可加工成磨光面、火烧面、荔枝面、锤打面、自然面等等。

应用：适用于广场、公园、住宅小区、人行道、外墙干挂、停车场、室外地面、室外墙面、楼梯、台面板、洗手池等各种室内室外工程。

30. 福建白麻G603（彩图8-31）

材质：天然花岗岩。

产地：中国福建晋江。

颜色：白色。

性能：密度2.7g/cm^3，抗压强度5.0MPa，抗弯强度7.0MPa。可以根据需要创造出薄板、大板、磨光板、路沿石、外墙干挂板等等，板面可加工成磨光面、火烧面、荔枝面、自然面等等。

应用：可以作为板材、地铺、台面、墓碑、雕刻等各种建筑和庭园用材。

31. 鹅卵石（彩图8-32）

材质：天然花岗岩。

产地：中国卵石资源丰富，主要分布在山东、辽宁等北方地区以及贵州、重庆、广西等南方地区。西南地区的大型卵石较多，体积大，形状奇。

颜色：构成鹅卵石的矿物成分种类及含量不同，使鹅卵石呈现出黑、白、黄、红、墨绿、青灰等不同浓淡、深浅变化的色系。

性能：南京雨花石含95%以上的SiO_2，其次是少量的氧化铁和微量的锰、铜、铝、镁等元素及化合物。色泽鲜明、古朴，无毒、无味、不褪色，抗压，耐腐蚀，表面光洁度98%、抗压强度在58.8MPa以上、莫氏硬度7，是一种理想的绿色工程材料。

应用：广泛应用于公共建筑、别墅、庭院建筑、路面铺设、公园假山、盆景填充材料、园林艺术等。

8.6.2　天然沉积岩石

1. 黄石（彩图8-33）

材质：一种带橙黄颜色的细砂岩，因色得名。

产地：产地很多，以江苏常熟虞山的黄石最著名，苏州、常州、镇江等地皆有所产。

性能：质坚色黄，因风化冲刷所造成崩落沿节理面分解，形成许多不规则多面体，石面轮廓分明，锋芒毕露。其石形态顽夯，形体方正，见棱见角，节理面近乎垂直，块钝而棱锐，雄浑沉实，粗犷野趣，具有强烈的光影效果。

应用：堆叠大型石山时常用的石材，明代所建上海豫园和清代所建苏州耦园的假山以及扬州个园的秋山均为黄石掇成的佳品。

2. 石笋（彩图8-34）

石笋即外形修长如竹笋的一类山石的总称。这类山石产地颇广，石皆卧于山土中，采出后直立地上，园林中常作独立小景布置，如个园的春山等。常见石笋有以下几种：

（1）白果笋

在青灰色的细砂中沉积了一些卵石，如银杏树所产的白果嵌在石中而得名。有些地方把大而圆的、头向上的称为“虎头笋”，而上面尖而小的称为“凤头笋”。

（2）乌炭笋

顾名思义，这是一种乌黑色的石笋，比煤炭的颜色稍浅而无光泽，常用浅色景物作背景，使石笋的轮廓更清新。

（3）慧剑

是指一种净面青灰色或灰青色的石笋，这是北京的称法。北京颐和园前山东腰有高达数丈的大石笋，就是用慧剑制成的小品。

3. 太湖石（彩图8-35）

材质：石灰岩。

产地：原产太湖的西洞庭，著名的宋代寿山艮岳奇石多为太湖石。主要有江苏太湖石、安徽太湖石、西同龙太湖石、浙江太湖石、五井太湖石等五类。

性能：质坚而脆，多灰色，纹理纵横、脉络显隐，石面遍多坳坎，扣之有微声，多沟、缝、穴、洞，窝洞相套，玲珑剔透。

应用：太湖石自然形成，玲珑剔透，奇形怪状，千姿百态，或形奇，或色艳，或纹美，或质佳，或灵秀飘逸，或浑穆古朴，一石一座巧构思，自然天成，是叠置假山、构筑山石空间、美化生态、点缀环境的最佳选择。主要审美特征为皱、漏、透、瘦。

4. 房山石（彩图8-36）

材质：石灰岩，白中透青。

产地：原产北京房山区大灰厂一带，称为“北太湖石”。

性能：坚硬，重量大，有一定韧性，有涡、穴、沟、环、洞的变化，但多密集小孔而少大洞，外观比较浑厚、稳重；新采石偏红，日久面带灰黑色。

应用：叠山置石、创造园林景观的重要材料。

5. 青石（彩图8-37）

材质：青灰色片状的石灰岩。

产地：山东嘉祥、四川隆昌、沂蒙山区、贵州锦屏、北京西郊洪山口等地盛产。

性能：青灰色，质地纯净而少杂质，节理面不像黄石那样规整，不都是相互垂直的纹理，有相互交叉的斜纹。石内有一些水平层理，层间隔一般不大，多呈片状，故有“青云片”之称。新鲜面呈棕黄色及灰色，局部褐红色，基质为灰色，多是细粉径晶，膨胀系数小，耐磨，耐风化，无辐射，特别适于冷热变化剧烈而频繁的场所。

应用：圆明园“武陵春色”的桃花洞、北海的濠濮间和颐和园后湖某些局部都以这种青石为山，还可作建筑材料、碑石等。

6. 英石（彩图8-38）

材质：沉积岩中的石灰岩。

产地：主产于广东英德山间，是石灰岩碎块被雨水淋溶和埋在土中被地下水溶蚀所生成。

性能：英石有白英、灰英和黑英等种类，灰英居多，白英、黑英均甚罕见。纯黑色为佳品，红色、彩色为稀有品，石筋分布均匀、色泽清润者为上品。

英石质地坚硬、脆性较大，用手叩之有金属共鸣声；多为中、小形体，大块很少见；石表褶皱深密，是山石中“皱”表现最为突出的一种，有蔗渣、巢状、大皱、小皱等形状，精巧多姿。其物理、化学性能见表8-7、表8-8。

英石的物理性能 表8-7

分类	项目	
	破坏荷载（kN）	抗压强度（MPa）
阳石	97.5 ~ 165.0	36.6 ~ 57.2
阴石	105.0 ~ 183.0	33.1 ~ 59.5

英石的化学组成　　表8-8

分类	项目					
	$CaCO_3$	MgO	SiO_2	Al_2O_3	Fe_2O_3	$CaCO_3$
阳石	85.0~95.0	0.50~1.0	5.0~8.0	0.40~0.60	0.80~1.25	85.0~95.0
阴石	86.0`~96.0	1.50~2.20	4.50~6.50	1.00~1.50	0.50~0.80	86.0`~96.0

采集：英石采集时须保持石头原貌，不经人为雕琢，不可有任何破损。小件采集，手工即可；构件和中器采集，用铁笔撬、钢锯割；大器采集，动用现代化工具操作。

清洗：阴英石先用pH=2.0的工业硝酸浸洗，显露本色；阳英石用清水清洗，保持石包浆的自然色彩与姿态。

应用：英石分阳石和阴石两大类。阳石裸露地面，长期风化，质地坚硬，色泽青苍，形体瘦削，表面多折皱，扣之声脆，分为直纹石、横纹石、大花石、小花石、叠石和雨点石，是瘦和皱的典型，适宜掇山和制作盆景；阴石深埋地下，风化不足，质地松润，色泽青黛，有的间有白纹，形体漏透，造型雄奇，扣之声微，是漏和透的典型，适宜独立成景，作几案石品。现存广州市西关逢源大街八号名为“风云际会”的假山，完全用英石掇成，风味别具。

7. 砂岩石

砂岩石主要指沉积砂岩，主要成分为石英、长石和黏土矿物，部分砂岩石含有碳酸盐质成分。砂岩石较为松软，易于加工。主要用于墙体装饰和雕刻使用，造景用途居多。砂岩石可用于室内外装饰产品。砂岩石经常具有天然的直线纹理或者波纹理，有类似天然木材的纹理特点，装饰室内墙面和地板非常适合。

8. 砾石

砾石为沉积作用产生的岩石，岩石中的矿物或者矿物集合体粒度较大，与基质成分粒度相差很大，石质较为疏松。由于它的颜色和花纹非常特别，很受崇尚个性化者的喜爱。其成分包含铝硅酸盐和碳酸盐等，较为复杂。砾石一般用于外部景观装饰，部分结构较好的可用于室内地板装饰。

8.6.3　天然变质岩石

1. 灵璧石（彩图8-39）

材质：属于玉石类的变质岩，为隐晶岩石灰岩。

产地：产于安徽省灵璧县磬云山，灵璧奇石形成于8亿多年前。

颜色：灵璧石由颗粒大小均匀的微粒方解石组成，因含金属矿物或有机质而色漆黑或带有花纹。色泽以黑、褐黄、灰为主，间有白色、暗红、五彩。石产土中，被赤泥渍满，须刮洗方显本色。

瘦怪：体态窈窕，实兀嵌空，体势棱角毕现，刚硬苗条，中枢坚挺，不肿不疲，骨气昂然。

透怪：洞豁贯穿，玲珑剔透，多孔多洞，灵动飞舞，仰俯观多姿多势。石以玲珑透空为上品，透可活全石。灵璧石“中华峰”堪称石透之美之典型。

漏怪：上可乘天冰，下可接地气，惟漏可行。石峰有漏，则体若莲瓣，翻唇吐樱，跌宕多姿，疏朗明了。现上海豫园古灵璧石名为玉玲珑，可谓“漏”之神品。朵云突兀，万窍灵通，一孔注水，孔孔皆出，自一下孔焚香，则众孔皆烟。

皱怪：迂回峭折，氤氲连绵，起伏松弛，阴阳正背，石肤收放皆归于皱。灵璧石的皱犹如斧劈千仞；似海浪层层，大雪叠叠；像春风吹碧水，微波滚滚；石肤若披麻，千丝万缕。

丑怪：丑极则美，美极则丑。丑而雄，丑而秀，乍看怪丑，实则娇美。丑是自然天成、大璞不雕、返朴归真的美学观念，是赏石文化的最高品味。

灵璧石可谓一石一景，一石一物，一石一天地，一石一世界。形态大气，实中有虚，虚中有实，虚虚实实，神美貌丽。

性能：灵璧石莫氏硬度一般均在6～7，肌理缜密，质素纯净，坚固稳重，有分量感和温润感，呈现石质美。其具有三奇——色奇、声奇、质奇和五怪——瘦、透、漏、皱、丑。灵璧石黑如墨玉，磨之可为镜；白色泽润如羊脂，犹如一团白云；彩色石红、黄、青、蓝搭配，美不胜收。其扣之拂之，声音琮琮，余韵悠长，享“玉振金声”、“八音石”之美誉。灵璧石在所有的奇石中，最利于长期收藏，无放射质，无有害化学成分，是赏石之极品。

辨别方法：据记载，灵璧奇石有500多种，最为简单的划分也有数十种之多。掌握灵璧石的真假辨别之法，显得十分必要。第一，先看石背即石根是否附着红黄色的砂浆，而且硬化，而非胶粘，真灵璧石石根清晰可见。第二，看石肤、石纹。真灵璧石石肤光华温润，滑如凝脂，极具手感，石肌中有特殊的白灰色石纹，其纹理自然清晰流畅，纹沟呈“V”形，水洗石纹干得快，而人为机械加工的石纹呈“U”形，纹色不自然，水洗其纹，人为石纹即刻显现，水干得慢。第三，弹敲听音，用手指弹敲或用木棒敲打灵璧石，可听到悦耳清脆的声音。

应用：灵璧石大者高广数丈，可置于园林庭院，立足为山，峰峦洞壑，岩岫奇巧，如临华岱；中者可作小丘蹬道、河溪步石、池塘波岸缀石、草坪散石点缀；小者可供于厅堂斋馆，或装点盆景，肖形状物，妙趣横生。

2. 宣石

材质：内含大量白色显晶质石英，在地质学上称石英岩。

产地：宣石是黄褐色的沙积石、石灰石等经大自然年长日久的风雨剥蚀后形成的一种山石，原名“宣州雪石”，又称“宣城石”、“宣州石”，主要产于今安徽省南部宁国市，宣城市宣州区南部亦有少量出产。宁国历史上属于宣城管辖，故名“宣石”。

性能：质地细致坚硬，性脆，莫氏硬度约6～7，颜色有白、黄、灰黑等，以色白如玉为主，因赤土积渍灰色又带些赤黄色，非刷净不见其质，越旧越白；多呈结晶状，稍有光泽，石面棱角明显，有沟纹，石纹细致多变，石色如积雪覆面；体态古朴，以山形见长，又间以杂色，貌如积雪覆于石上。

种类：宣石初出土时呈铁锈色，日久逐渐转为洁白色，《云林石谱》中说宣石“俨如白雪”。宣石依其形色，可分为如下七类：

马牙宣：石结构形似马牙，与白宣、水墨宣共生，表面棱角非常明显，有沟纹，细致多变，类似灯草细条状，密集簇生，表现山脊积雪覆压尤为生动，也常以表现山中人物或树木等，见彩图8-40。

灯草宣：石上有类似灯草的细条束状纹理，色赭黄，密集簇生，如彩图8-41。

米粒宣：石色黑白相间，形似米粒，无杂质，常伴马牙宣、灯草宣并出，见彩图8-42。

水墨宣：石面黑白相间，白色区域洁白如玉石，黑色区域如墨涂写，且黑白分明，见彩图8–43，宜用以表现山水盆景的瀑布或雪山。

白宣：石色似白雪，无杂质，以白而糯者为上乘，善以表现雪山冰川之景色，见彩图8–44。

墨宣：石面以墨色为主，其中间以白色经线，见彩图8–45。

彩宣：石面色彩丰富，为世所珍，量少而罕出，宣石之奇品，见彩图8–46。

应用：洁白、块大的宣石常用来堆掇园林假山，此类宣石个体硕大，白如雪，浑身布满了团团石球。宣石堆砌的假山，最著名者莫过于明末清初宣城广教寺的石涛和尚所建扬州个园的倚壁"冬景"假山，远远望去，如一群雪白肥壮的狮子，或坐，或卧，或两两相对，或簇聚成团。而块小者适宜制作盆景，宣石为中国古典园林中叠石作品的上等材料。

此外，材质缜密、细腻、洁白如玉的糯白宣，或黑如墨色的水墨宣可作石砚。李白诗云："麻笺素绢排数箱，宣州石砚墨色光。"唐朝时，宣石就已作为上等的制砚材料，被用来制作高档名贵的石砚。

块小雅致者作为观赏石。北宋时一般达官贵人书房的桌案上，摆设一方两面可供观赏的精品宣石。赏石界认为宣石与灵璧石中的"白灵"享有同等的声誉，故素有"南宣北灵"之美称。

8.6.4 天然大理石

大理石也是商品名称，英文的Marble在石材行业也是商品名称中文的。大理石与大理岩是两个完全不同的概念，大理岩专指经过后期变质作用形成的碳酸盐类岩石的一种，包含在大理石范畴中。

大理石来自沉积成因的碳酸盐岩和变质成因的碳酸盐类岩石，也有部分来自岩浆成因的碳酸岩。大理石硬度较低，莫氏硬度3～4，质地细密。大理石色彩丰富、色调柔和，具有非常好的装饰效果。

大理石主要用于室内装修，部分大理石可以作为碑石原料和雕刻原料。由于大理石较软，而碳酸盐类物质容易被酸性流体侵蚀，所以大理石的抗风化能力较差，一般不用于室外装饰，只有部分石灰质大理石有用于建筑物外墙、景观装饰或者碑石，但其耐久性差。

天然大理石可根据特点分为云灰、单色和彩花三大类。

（1）云灰大理石。又称水花石，花纹灰色，纹理美观大方，加工性能好，是较理想的饰面材料。

（2）单色大理石。汉白玉、象牙白等属于白色大理石，墨玉属于黑色大理石，这些大理石是很好的雕刻和装饰材料。

（3）彩花大理石。具有层状结构的结晶或斑状条纹，经过抛光打磨后，呈现出各种色彩斑斓的天然图案。

天然花岗石与天然大理石的区别：

从天然石材的外观上看，大理石多是流云图案，深色居多；花岗石是麻点状图案或纯色，红色系居多，没有彩色条纹。斑点越小表明矿物颗粒越细、结构越致密，耐久性和防污力就越好。结构越密，腐蚀性介质和脏污就越不容易进入石材内部，这一点对于天然石材、人造石、陶瓷砖都适用。

在硬度强度方面，花岗石比大理石硬度大，大理石质地比花岗石软，所以加工起来更容易些，更易雕琢磨光；大理石光亮度、镜面效果更好，比花岗石稍亮。

耐久性方面。花岗石的成分主要是石英、长石和云母，而大理石主要是碳酸钙、方解石和白云石。大理石普遍都含有杂质，而且碳酸钙在大气中受二氧化碳、硫化物、水气的作用，也容易风化和溶蚀，使外表失去光泽。大理石相对于花岗石而言比较软，由于自然石材外表有细孔，所以在耐污方面相对差一些。另外要留意的是由于大理石自身较脆，背面必需加网格，例如西班牙米黄。用于室外时，空气中的二氧化硫遇水形成硫酸，与大理石中的碳酸钙反应生成溶于水的石膏，使其表面失去光泽，变得粗糙多孔，失去装饰效果。同时花岗石比大理石致密，所以花岗石的耐久性比大理石好，使用寿命长，花岗石可以在室内和室外使用，大理石只适用于室内使用，而且同档次的石材花岗石价钱也贵些。只有纯白色分布较少的大理石“汉白玉”，还有竹叶青（艾叶青）是大理石中的极品，耐久性好，可用于室内、室外。

在耐高温方面，花岗石由于内含石英，在高温时会发生晶态转变，体积膨胀，在火灾时易发生开裂，不抗火。

8.7 天然石材的选用

8.7.1 天然石材的选用原则

1. 适用性原则

应根据石材在工程项目中的用途和部位及所处环境，选定其主要技术性质能满足要求的岩石种类。对于园路地面、基础、景墙等承重用的石材，主要应考虑其强度等级、耐久性、抗冻性等技术性能指标；对于一般园路及广场地面、台阶等处的石材，应主要考虑其耐磨性、耐久性、抗冻性等技术性能指标；对于饰面板、扶手等装饰构件用材，主要考虑石材本身的色彩与环境的协调及可加工性、耐久性、抗冻性等技术性能指标；对于高湿、严寒等条件下的构件，需要考虑所用石材的耐久性、耐水性、抗涨性及耐化学侵蚀性等。

2. 经济性原则

天然石材的密度大，运输不便，运输费用高，应尽量利用地方资源，尽可能选用本土材料，做到就地取材。对于难以开采和加工的石料，应综合考虑材料的实际应用成本，兼顾材料的生态成本。

3. 安全性原则

由于天然石材是构成地壳的基本物质，因此可能含有放射性的物质。石材中的放射性物质主要是指镭、钍等放射性元素，在衰变中会对人体产生放射性危害。

但实践经验表明，石材的放射性几乎不会产生危害。当然，对于颜色特别鲜艳的天然花岗石，建议不要用于密闭空间的装饰使用，只要通风好，这些石材的使用绝对不会对人体产生伤害。

8.7.2 天然石材的选择

1. 选石步骤

（1）先选主峰或孤立小山峰的峰顶石、悬崖崖头石、山洞洞口用石，并做上标记。

（2）选留假山前凸部位用石、山前山旁显著位置上的用石以及土山坡景石等。

（3）选好重要的结构用石。

（4）其他部位的用石，则随用随选，用一块选一块。

（5）先头部后底部、先表面后里面、先正面后背面、先大处后细部、先特征点后一般区域、先洞口后洞中、先竖立部分后平放部分。

2. 尺度选择

（1）对主山前面显眼的小山峰，要根据设计高度选用适宜的山石，一般尽量选用大石。

（2）山体上容易引起视觉注意的部位，最好选用大石。

（3）山体中段或内部以及山洞洞墙所用山石，以较小为宜。

（4）石形变异大、石面皴纹丰富的山石宜用于山顶作压顶石。

（5）山洞的盖顶石、平顶悬崖的压顶石，宜用宽而稍薄的山石，层叠式洞柱的用石或石柱垫脚石宜选矮墩状山石，竖立式洞柱用石最好选用长条石。

3. 石形选择

（1）底层山石宜选块大而形状高低不一者，具有粗犷的形态和简括的皴纹，以满足山底承重和山脚造型的需要。

（2）中腰层山石在视线以下者，单个山石的形状能与其他山石组合出粗犷的沟槽线条即可，1.5m以上高度的山腰部分，宜选形状变异、石面有皱纹和孔洞形状较好的山石。

（3）假山的上部和山顶、山洞口的上部及其他较凸出的部位，宜选形状变异较大、石面皴纹较美、孔洞较多的山石。

（4）山石因种类不同而形态各一，对石形的要求宜因石而异。

4. 皴纹选择

（1）“石贵有皮”，石面皴纹、皱折、孔洞丰富的山石，当选在假山表面使用。

（2）石形规则、石面形状平淡无奇的山石，作假山下部、内部用石。

（3）同一座假山的山石皴纹最好要同一种类。

5. 石态选择

（1）瘦长形状的山石，予人骨感。

（2）矮墩状的山石，予人安稳、坚实感。

（3）倾斜石形、皴纹，予人运动感。

（4）平行垂立石形、皴纹，让人感到宁静、安详、平和。

6. 石色选择

（1）将颜色相同或相近的山石尽量选用在一处。

（2）假山凸出部位，选用石色稍浅的山石，而凹陷部位则选用颜色稍深的山石。

（3）假山下部，选深颜色山石，上部则选浅颜色山石。

7. 石料选购

（1）须熟悉各种石料的产地和石料的特点。

（2）在遵循“是石堪堆”的原则下，尽量采用工程当地的石料。

（3）选择通货石的原则是大小搭配，形态多变，石质、石色、石纹力求基本统一。

（4）单块峰石四面可观者为极品，三面可赏者为上品，前后两面可看者为中品，一面可观者为末品。

（5）根据假山山体的造型与峰石安置的位置综合考虑选购一定数量的峰石。

8.8 天然石材胶粘剂

石材加工、施工中要使用各种各样的胶粘剂，胶粘剂已成为石材加工、施工中重要的组成部分。正确选择、使用胶粘剂，用适合的胶粘剂、好的黏接工艺可以铺贴出高质量的石材作品。

8.8.1 常用石材胶粘剂种类

1. 不饱和树脂胶

不饱和树脂在石材加工上用量非常大。不饱和树脂胶是指不饱和二元酸、饱和二元酸与二元醇在一定条件下进行缩聚反应形成不饱和聚酯，不饱和聚酯溶解于一定量的交联单体中形成分子链上具有不饱和键的液体树脂，它是石材大板胶补加固的主要材料。

不饱和树脂胶依使用用途的不同分为人造大理石不饱和树脂胶、石英石不饱和树脂胶、大理石不饱和树脂胶、工艺品不饱和树脂胶、涂层树脂胶等。

目前，国内外用作复合材料基体的不饱和聚酯（树脂）基体基本上是邻苯二甲酸型（简称邻苯型）、间苯二甲酸型（简称间苯型）、双酚A型和乙烯基酯型、卤代不饱和聚酯树脂等。

不饱和树脂黏度适宜，具有良好的加工特点，可在室温（不低于15～20℃）常压下固化成型，可以用多种方法加工成型，价格低廉。

应用不饱和树脂胶固化剂加工、加固石材时，原则上按照不饱和树脂胶：甲乙酮：钴水=100：0.7：0.7的比例来使用，但实际上会因不同产品有所不同，各厂家有各自的技术参数，购买时生产厂家会提供。

2. 环氧树脂胶

环氧树脂泛指含有两个或两个以上环氧基，以脂肪族、脂环族或芳香族等有机化合物为骨架，并能通过环氧基团反应形成热固性产物的高分子环氧低聚物。它有液态、黏稠态、固态3种物质形式。

环氧树脂有很强的内聚力和优异的粘结性能，固化收缩率小（1%～2%），线膨胀系数也很小，其产品尺寸热变化小，不易开裂。环氧树脂的电性能、稳定性好，能在低温、室温、中温或高温下固化，能在潮湿表面甚至在水中固化，能快速固化，也能缓慢固化，施工工艺适应性强。

环氧树脂以超强的渗透力能将环氧树脂渗透到裂纹中，大大增强了胶与石材的粘结力，增加了石材的质感、通透感，但必须与固化剂同时使用才能使其凝固，发挥其优越的力学性能而不改变石材的表面颜色，并以其高渗透性、高附着力、高强度表现非常高的性价比。环氧树脂与固化剂的比例通常是面胶7：1、网胶9：1。

3. 干挂石材环氧胶粘剂

干挂石材环氧胶粘剂又称AB胶或干挂胶，一般用于石材与金属（干挂件）之间的粘结，属改性环氧树脂聚合物，耐候性、抗老化性能、固化后防水抗潮湿能力强，冲击韧性、抗拉强度等物理性能优越。

干挂胶粘结力强，被粘体与基体能完全融合为一体，适合各种材料的粘结，不仅仅是与石材，与金属、陶瓷、水泥、木材都有优良的粘结力，适合各种恶劣气候环境，耐候性高，收缩率低。当受到外力冲击时，也不会从粘结处断裂，而是从板面的其他地方裂开。但是，干挂胶固化时间长，尤其是在低温、潮湿环境中固化得更慢，也不能调色，不能用于石材板面的修补，价格较高。而且某些干挂胶可能会对石材产生油印水斑状的污染，大大影响石材的装饰效果，因此选用干挂胶时应先做试验，以确定干挂胶的质量。

8.8.2 胶粘剂在石材安装中的应用

修补暗裂面可以选择不饱和树脂、环氧树脂，环氧树脂是最好的产品，它以高渗透力使胶深入到石材内部，并且有良好的粘结附着力。胶粘剂修补石材局部缺陷采取“挖”、“补”、“填”的方法来处理。所谓的“挖”就是挖掉石材缺陷处，然后用纹路、颜色一致的同类花色种类石头填在挖处，用与石材颜色一致的胶粘牢，处理好修补缝，尽量越小越好，颜色越接近越好。修补时先在石材基体底部放少量干挂胶，面上用与石材表面颜色一致的胶粘剂。

修补石洞可以用不饱和树脂胶，也可以用环氧树脂胶处理，依洞石板材的种类、档次而定，高档次、高价格质量的洞石产品用环氧树脂，低质量的则选择不饱和树脂。因地面经常受到人流的摩擦，用于地面安装时选择环氧树脂，用于墙面安装时则考虑使用不饱和树脂。操作时，先用大力士胶将板的背面孔洞封闭，防止胶从孔洞中流走，再对板的正面进行二次无洞处理，先补胶，粗磨后再做一次无洞处理，打磨抛光切成成品板后，再做一次无洞处理。

修补石材板面的鸡爪纹、针眼孔可以借助高渗透性的环氧树脂胶及认真细致的操作，使环氧树脂深层次渗入到微细裂纹中，同时注意胶中固化剂的比例、作业环境的温度，要让胶干得慢才能保证胶的充分渗透。补过胶的板必须等养护24小时充分干燥后才能打磨抛光。

修补石材断裂、破碎、缺角，首先要进行拼接、重粘合处理，然后再经过背网刷不饱和树脂胶加固处理，增加其强度。必要的话，在拼接处加上Φ6以上的硬塑料棒、不锈钢筋。

8.9 天然石材的养护

天然石料在使用过程中常常会受水分的浸渍与渗透、空气中有害气体的侵蚀以及光、热、生物、外力作用等周围环境的影响，发生风化而受到破坏。

水是天然石料发生破坏的主要原因，它能软化石料并加剧其冻害，并能与有害气体结合促使石料发生分解与溶蚀。大量的水流对石料的冲刷与冲击作用会加速石料的破坏。为了减轻与防止石料的风化与破坏，应注意采取适当的防护措施。

8.9.1 石材病变及其原因

石材病变类型、表观现象及其产生原因如表8–9所示。

石材病变类型、表观现象及产生原因　　表8–9

石材病变类型	表观现象	病变原因
化学病变	锈痕	石材成分含铁量较高，与空气中CO_2和水反应形成锈斑；同时石材在开采、加工、运输等过程中也易形成锈痕
	水斑	石材铺贴因水泥砂浆、水泥外加剂、酸雨等多因素作用而在石材的毛细孔形成了水泥硅酸凝胶体、盐碱等吸湿性物质，进而形成水斑
物理病变	泛碱	湿法铺贴石材，使强碱性水泥中的强碱与空气中酸性溶液反应生成的盐类以结晶的形式附着在石材表面，出现泛碱现象
	龟裂	当环境温度变化时，石材与粘结的水泥砂浆膨胀不均，造成石材与粘结物间龟裂
生物病变	苔藓破坏	苔藓芽苞子飞降粘附在潮湿的石材后，其根部会分泌微量的H^+，这些H^+会转换矿物中的金属离子，成为苔藓的养分

8.9.2 天然石材的清洗方法

要发挥天然石材的最佳景观效果，就需要对石材表面进行清洗，清除已经深入石材表层微孔的污迹，以显露其真实的色彩、纹理和质地。目前，最常用的石材清洗方法有以下两种。

1. 覆贴法

覆贴法是利用纤维、粉末或胶体等吸附材料将清洗剂润湿贴敷在石材表面，再用塑料薄膜覆盖，使清洗剂慢慢渗透进石材的微孔隙，与污物充分发生作用，并通过水或溶剂在吸附材料表层挥发产生的抽提作用，将已溶解的污物或残液吸出石材微孔，最后将药水清洗干净并吸干，从而达到清洗好石材的目的。此方法用药量少，作用时间长，便于垂直面和天花板的作业，效果好。

2. 喷涂洗刷法

喷涂洗刷法是用非金属材料塑料喷壶将清洗剂喷雾到石材表面，静置一定时间后用塑料刷擦洗，然后用清水喷雾清洗，最后用布等吸附物擦干。此法适于污迹不重、不便贴敷的情况。

8.9.3 石材病变的清洗原理

1. 锈黄斑清洗原理

将固体状态的铁锈三价铁离子还原为可溶性的二价铁离子，并使用稳定剂稳定二价铁离子，再使用覆贴法或其他清除措施使还原后的铁离子和药水残液脱离石材表层，吸走二价铁离子和药水残液。检测残留药水最简单的方法是测量被清洗石面的pH值。切忌不要盲目使用强酸清洗，因为强酸清洗往往会造成石材“水斑”的病变，而水斑比锈黄斑更难清除。从化学角度来看，由于三价铁离子的还原要求在酸性条件下完成，而花岗石耐酸，所以此法适于花岗石上锈黄斑的清除。

2. 有机色斑清洗原理

主要依靠化学脱色剂作用来破坏色素分子，在保持一定作用时间的同时，使用加速措施增加破坏色素分子键的能量，最后清除反应残液。由于多数化学脱色剂是中性的，因此此法适于花岗石和大理石。一般情况下有机色斑清除剂采用覆贴法施工，在需要用紫外线照射加速清洗的情况下才采用喷涂洗刷法施工。化学脱色法对各种有机色斑的清除都有效。

3. 水斑清洗原理

对于直接或间接地处在潮湿环境中或与水源相连的石材，首先应使用隔离膜或封闭剂封堵，或用低位井、排水通道排水的方法切断水源和隔离潮湿，防止发生纯水合凝胶体水斑。对于沉积的无机污垢，可以使用无机污垢清洗剂，对于有机污垢可以使用有机色素脱色剂清洗已经干了的类似于水斑的印迹。对于有吸湿性盐碱的水斑，可以使用凝胶体破坏剂破坏水泥水合物凝胶体，使用吸附物覆贴脱去吸湿性盐碱。

通常可以有效预防水斑的措施有：安装前应设计防潮措施（堵+排），预留水蒸气通道，避免使用劣质水泥，不要盲目使用水泥添加剂等，尽量减少水泥砂浆中水的含量和砂浆的用量，安装和保养期间避免石材被淋湿或水洗受潮，必须正确使用石材防护剂和使用可靠的防护剂。

4. 盐碱斑与白华清除原理

盐碱斑是可溶性盐类或碱类借助于水或潮气，透过石材的微孔、裂隙或接缝，在石材表面析出的白色结晶物质。最常见的盐碱斑有沿海地区海盐的析出、盐碱地区盐碱的爬升、劣质水泥中过量碱的析出等。清除可溶性盐碱的最广谱的方法是采用纸浆等材料湿法吸附或用稀的酸溶液进行酸碱中和。

白华属于盐碱斑的一种，白华是指水泥砂浆中钙、镁等的氢氧化物溶液从缝隙中渗出来，与空气中二氧化碳反应生成白色的碳酸钙或碳酸镁等结晶，即所谓“一次性白华”。当遇到酸雨或酸雾，继续反应形成硫酸钙等新的盐类，在石材表面析出后形成“二次性白华”。

对于厚层白华可先用工具铲除，再用水清洗；对于薄层白华可直接用清水擦洗，如直接用水擦洗有一定难度时，可用白华清洗剂等专业清洗剂来擦洗。清洗白华或盐碱斑时应注意不要擅自使用强酸来清洗，因为强酸不仅容易使石材表面失光，而且可能产生水斑等多种病变，而应先做小试，白华清除后，须将残液清除干净，以免留下白色印迹。

5. 油斑清除原理

将对油脂吸附力较强的膏状材料密贴石材，靠油斑清除剂使油脂脱离微孔壁，将油脂从石材微孔中吸出来，以清除包括机油或润滑油、食用油、蜡或保护油等形成的油斑、油污斑或黑污斑。

6. AB胶渗出斑的清除原理

AB胶渗出斑是在石材外墙干挂安装过程中，AB胶中的成分渗到石材表面留下的印迹。AB胶的主要成分是粘结树脂剂（以环氧树脂为主）和固化剂。使用AB胶时混合不均，如造成粘结树脂渗出，可用类似于清除油斑的方法清除，如造成固化剂渗出，可用类似于清除有机黄斑的方法清除。

8.9.4 石材清洗的注意事项

（1）石材的“病变”千差万别，在不了解污迹成因的情况下，应先做小试验。

（2）谨慎选择清洗剂。

（3）严格按照操作规程施工，特别是用药量和作用时间的控制。

（4）用胶带纸等保护好病变石材周围不准备清洗的部分，对周边环境和绿地等应防止药水和清洗水流淌而造成危害。

（5）注意清除残留的有害化学品，以免留下斑痕或隐患。

（6）对于石质文物和古建筑的清洗应请有关专家论证。

8.9.5 石材养护剂

石材表面养护剂的种类很多。按材料物性可以分为无机表面养护剂和有机表面养护剂，有机表面养护剂主要成分、性状、应用对象、功能和成膜性质如表8-10所示；按防护方式可分为半永久性养护剂和永久性养护剂，按用途可分为表面养护剂、底面养护剂等；按作用机制可分为表面成膜型和渗透固结型养护剂；渗透型又分水基型和溶剂型两类。

涂膜型养护剂将石材完全密封，防止水、油、污物从石材空隙中渗入，这种方法由于阻止石材本身的“呼吸”通道，影响石材本身品质，现在国外很多国家已不再生产这种产品了。

有机石材表面防护剂的主要成分、性状、应用对象、功能和成膜性质　　表8-10

名称	石材表面防护剂O	石材表面防护剂W	石材表面防护剂OH	石材表面防护剂T	石材表面防护剂M
产品代号	ZDS—01	ZDS—02	ZDS—03	ZDS—04	ZDM—01
主要成分	有机硅树脂	有机硅树脂	有机硅树脂	有机硅树脂	聚丙烯酸酯
性状	透明油液体	白色水溶性乳液	透明溶剂型液体	透明油状液体	透明溶剂型溶液

续表

应用对象	光面石材	任何石材	任何石材	任何石材	石材底面
功能	防酸雨、防水斑、防泛碱、防油渍、防污渍和锈斑	防酸雨、防水斑、防泛碱、防油渍、防污渍和锈斑	防酸雨、防水斑、防泛碱、防油渍、防污渍	防酸雨、防水斑、防泛碱、防油渍、防污渍和锈斑	防水斑、防泛碱、防污迹渗出表面
成膜性质	渗透—透气型憎水性无可见膜	渗透—透气型憎水性无可见膜	渗透型不透气憎水性透明膜	渗透—透气型憎水性无可见膜	渗透型不透气亲水性透明膜

渗透型养护剂通过降低石材的表面能，防止水、污物在石材表面润湿，并进一步阻止污染物渗透到石材内部，从而保持了石材的透气性。渗透型养护剂按材料可细分为：（1）氟化物类石材养护剂，其主要特点是耐酸、耐碱、耐候性强。（2）有机硅类石材养护剂，其主要特点是防水好、耐候性强。（3）氟硅类石材养护剂，其主要特点有防水、防油、防污、抗老化。

选用石材表面养护剂，应遵循以下几个条件：第一，养护剂应具有较好的防护性，能有效地缓解或阻挡周围环境的侵蚀、破坏和污损。第二，养护剂与石材应具有较好的兼容性，养护剂及其作用过程的衍生物不能对石材产生副作用。第三，养护剂应具有较好的耐候性和重涂性，养护剂的耐候性越好重涂的次数越少，重涂性越好，失效防护剂对石材的负影响越小。防护剂涂覆石材后各种性能如表8-11所示。

防护剂涂覆石材后各种性能的检测结果　　表8-11

名称产品代号	石材表面防护剂O ZDS-01	石材表面防护剂W ZDS-02	石材表面防护剂OH ZDS-03	石材表面防护剂T ZDS-04	石材表面防护剂M ZDS-01	空白样品
光泽度增加值（Gs）	8～15	5～12	3～10	3～7	3～8	0
吸水率（%）	0.018	0.021	0.015	0.018	0.034	0 .055
憎水性（方法1）	90（ISO4）	90（ISO4）	90（ISO4）	90（ISO4）	50（ISO1）	20
耐酸性（变化率，%）	0.128	0.143	0.155	0.133	0.198	3.76
耐碱性（变化率，%）	0.090	0.098	0.094	0.082	0.096	0.0198
耐盐性（变化率，%）	0.050	0.068	0.064	0.082	0.096	0.168
防污性	1级	1级	1级	1级	2级	5级
拒油性	8	9	8	7	5	1
耐热性（变化率，%）	0.030	0.028	0.034	0.042	0.086	
耐低温（变化率，%）	0.034	0.042	0.044	0.048	0.043	
耐洗涤性（变化率，%）	0.050	0.068	0.064	0.082	0.096	
渗透深度（mm）	13	10	12	9	10	
耐人工老化性	1级	1级	1级	1级	1级	

8.9.6 石材养护产品

石材养护产品根据其用途可划分为粘结填补类、表面清洗类、表面养护类等三大类。

1. 天然石材粘结填补类养护产品的选用

正确地选择与使用石材粘结及续补剂，是石材养护方向最基础也是最重要的一个环节。石材粘结及填补剂可分为多元脂、压克力和环氧树脂三大系列。

目前市场上销量及使用量最大的云石胶为多元脂二液性产品，它的主要特点是放热性好，能在较短时间及低温条件下（10℃）硬化，硬化反应后的体积收缩率会因配方的不同而有所差异，可借助硬化剂（过氧化酮）的剂量与温度的变化调整硬化反应速率。由于该种产品的垂直拉伸粘结强度在2～3MPa之间，严格上讲，只能用于石材表面孔洞及较大裂缝的填补，而不能直接应用于石材的粘结，特别是结构性的连接。

多元脂系列的产品除浓度较稠的云石胶外，用量最大的为液体状的“石材强力胶”及“石材水晶胶”。这类产品的特性与云石胶相差不大，主要应用在石材表面填补及易碎石板覆加玻璃纤维网。液体状的多元脂产品因其特性的原因，如果硬化剂的加入量超出主胶的5%，23℃硬化过程中很容易造成可操作时间缩短、胶体龟裂变黄的现象，影响胶剂的粘结强度；另外，多元脂调色软膏的用量应控制在2%～3%（不可＞5%），否则也会降低胶剂的粘结能力。

压克力系列的产品硬化后的颜色稳定性较多元脂系列的产品好，并有抗霜冻、抗水、抗碱等优点，适合于砂质石材、石灰石的渗透填补及强化。但因其价格较多元脂产品高，目前仍得不到很好的推广应用。

环氧树脂系列的产品在接着面上产生的应力小，硬化反应后体积收缩率非常低，抗霜冻、抗水、抗碱性、垂直稳定性、电绝缘性等均优于多元脂系列的产品。但较前两种产品的硬化反应速率低，放热反应慢，必须在10℃以上的环境下才有硬化反应。

以环氧树脂为主要原料制成的“石材干挂胶”，其抗剪强度在16.7～20.1 MPa之间（云石胶为6.6～8.4MPa），适合用于石材锚固干挂、石材之间以及石材与金属、陶瓷、混凝土、木材之间的粘结。

“石材干挂胶”一般采用聚氨类硬化剂，不适合粘结聚乙烯、聚丙烯、硅酮、丁基橡胶等材料。对于石材细小裂纹的处理，如“暗裂”或“鸡爪纹”，常令石材业内人士束手无策，其实采用液状的环氧树脂（如德国“AKEMI”公司生产的KEPOX1005）就可有效地解决这些问题。但此类环氧树脂首先必须是透明液体，无溶剂、硬化反应后及阳光直射下不变黄，有优良的渗透性、抛光性的材料。另外，对于人工染色石材的粘结或填补，由于无机盐染料的残留，未能有效地完全分解，在空气的潮解作用下石材仍会吸附水气，所以上述产品均无良好的粘结或填补效果。这方面的产品至今仍是个空白。

2. 石材表面清洗产品的选用

石材表面清洗产品的品牌很多，给使用者带来不少困惑。质量再好的清洗产品也并不是任何污染都可有效处理，而是要根据石材表面污染的不同原因及石材的材质，有针对性地选用石材清洗产品并做小样试验，得到满意效果后再大面积使用。

常见的石材表面污染有建筑污物、水泥薄层、风化物、石灰、石膏、肥皂残留物、锈斑、吐黄、机油、沥青、喷漆、煤油、鞋痕、水泥砂浆、草绳或木板印渍、青苔、落叶、蜡烛等。

“石材清洗剂”：非离子源化的表面活性剂配料的弱碱性清洗剂，不含磷酸盐。适用于所有石材建筑污物、少量混凝土薄层、沥青、化学粘贴物等污染物的初步清洗。

“混凝土薄层清除剂”：由非离子源化的表面活性剂配料组成的无基酸清洗剂。适用于硅质石材、抗酸性瓷砖上的水泥薄层、风化物、石材白华、石灰、肥皂残留物的清除。

“除锈剂”：由非离子源化的表面活性剂和防腐剂组成，不含盐酸。适用于花岗石锈斑、吐黄、草酸或“瓷洁净”造成的泛黄、褪色的清洗（石灰质石材使用时应用水稀释）。

“强力清洗剂”：由有机酸制成的清洗剂，不含磷酸及强无机酸。适用于耐酸石材、瓷砖、化学合成材料、玻璃、不锈钢、厨房、浴室、游泳池的常规清洗。

“蜡层剥离剂”：是一种不含盐酸的生物降解产品。适用于去除石材表面的蜡层、少量油渍、沥青、鞋痕、新喷漆、不干胶、“502”瞬间胶及石材养护产品。

“草绳印渍及霉菌去除剂”：由活性氯化物组成的不含溶剂的碱性清洗剂。适用于清洗草绳或木板印渍、青苔、落叶造成的污染。

“除斑膏”：由不含酸、碱的高效溶剂制成。适用于去除石材表面的油漆、染料造成的污染。

“除油膏”：适用于石材毛面（光面的效果不理想）的机油、植物油污染。

3. 石材表面养护产品的选用

石材表面养护产品按其主要成分与作用可分为透气注入式、密封式、抛光式三个类型。用户可根据石材的安装方式、位置、环境和要求选用不同类型的养护产品。

（1）透气注入式养护产品

石材防污剂：是一种以改性的低聚烷基氧烷制成的单组分注入剂。该产品可被石材的自然毛孔吸收，通过潮气（大气中的潮气或石材本身的潮气）的催化反应生成一种聚硅氧烷，另外，它还能与石材中的硅酸盐物质发生反应，使其产生高效耐久的功效。用于石材（抛光、研磨或粗磨）、混凝土、陶瓷制品的防水、防油处理。该产品也特别适用于厨房（外表、工作板）、浴室（洗手台、大理石铺砖）、台面、窗台、铺砖接合部的外表。

石材渗透剂：适用于石材、砖、石灰质石材及高pH值产品（如水泥、矿物质的涂抹灰泥等），有很好的防水效果，被处理后的材料应处于垂直的或牢固倾斜的位置，特别适用于石材干挂、石材外墙。该种渗透剂在积累湿气或盛水的水平位置不具有防水功能，在这种情况下，水的自身压力会超过渗透剂的防水力，所以不适合在地面使用。

抗污剂：该产品是以含硅酮及聚合物的水基乳液制成的单组分产品。该产品用于建筑材料正面的成膜型预防性保护，适用于具有吸收性的材料，如人造或天然石材、混凝土、砖、没有上釉的陶瓷制品的处理。该产品pH值呈中性，因而适用于所有建筑材料，但不适用于塑料及木材，抛光处理后的表面使用该产品后光泽度会降低。处理后表面上的墨水、染料等类似物可用水蒸气去除。

透气注入式养护产品具有保持石材透气性、抗紫外线、对水的吸收性很低、干燥时能迅速释放水汽等特点。

（2）密封式养护产品

石材密封剂—丝光：以压克力树脂制成的含溶剂的密封材料，该产品具有全天候性且不泛黄，因而常用于室内外光面石材地板或墙体光面的养护，处理后石材表面的颜色会或多或少地增强。

石材密封剂—亚光：适合于在室内或室外多孔或有吸收性的天然或人造石材，如：大理石、花岗石、砂质石材等的防油及防水。

密封式养护产品具有防水性强、耐候性好、增强石材表面色泽等优点。缺点是对于石材与其他物质的粘贴有或多或少的影响。

（3）抛光式养护产品

抛光液10号：是由高品质石蜡和化学合成树脂制成的一种含溶剂产品，处理后的表面色泽亮丽，且有防滑效果，颜色或多或少地增强。适用于细致石材及抛光后的天然或人造石材如大理石、花岗石、石灰石等制成的地板、楼梯和窗台，主要用于室内。

硅酮基石材抛光剂：是由具有润滑和抛光作用的活性硅氧烷制成的石材护理产品，它与空气中的潮气进行反应后形成一层保护膜。具有耐候性好、不变黄的特点，能够保持石材透气性，因而也常适合户外使用。该产品不会改变石材本身的颜色，抗污及易于护理。该抛光剂可去除漆层小划伤和易伤害表面的灰尘，适用于无孔、紧密、光滑的由石英和石灰石组成的天然或人造石材，如大理石、花岗石、混凝土板或化学合成材料，用于室内或室外。

蜡基石材抛光剂：是一种有芳香气味的、不被溶解的强力聚合蜡质乳化剂。处理后的石材表面色泽亮丽且有防滑效果，其颜色或多或少地增强。适于细致的、抛光的、有吸收性或无吸收性的天然或人造石材。对于多孔材料，可多次处理表面，以实现亮丽效果。

抛光式养护产品的优点是在防水的基础上具有提高石材光泽度的功能。缺点是耐候性较前两者差。

第9章　草

草是最早用于建筑屋顶的自然材料，绿色低碳。草类植物种类繁多，既有观叶、观花、观果、观姿的观赏性草类植物，广泛应用于花坛、花境、花台、花丛等城乡各类园林绿地中，也有食用性、观赏性兼具的农作物（如稻草、秸秆），还有在传统中以用作薪火为主的茅草等，这些草类材料在部分自然式风景园林中非常常见。

中国是一个农业大国，各类农作物秸秆资源十分丰富。据报道，中国各类农作物的秸秆年总产量达7亿多t，列世界之首，其中稻草2.3亿t，玉米秆2.2亿t。水稻、小麦、玉米等农作物的秸秆资源十分丰富，价格低廉，因此，开发农作物秸秆用于生态园林建设具有重要的经济价值、生态价值、景观价值和广阔的应用前景。

9.1　草的内涵

草是指植物茎内的木质部不发达，含木质化细胞较少，枝梗柔嫩，支持力较弱，含大量草质的一类植物。草类植物体形一般都很矮小，寿命较短，茎干一般软弱，多数在生长季节终了时地上部分或整株植物体死亡。在风景园林工程中常见的草类植物秸秆主要有稻草、茅草、海草、牧草、苜蓿和小麦、玉米等。

9.2　草的特性

9.2.1　草的力学特性

草是一种速生植物，内部结构较松散，因此韧性极佳，但是刚度极弱。草本植物的致密部分一般都位于外壳，其外壳的强度也较高。致密的表面相对草茎内部强度稍高。

9.2.2　草的物理性质

草具有空心结构，草茎本身就有空气保温间层。由于外皮结构较为紧密、光滑，除去草茎的外皮后，茎秆容易受潮、腐烂、生虫。

草是一种有机物，干燥后的草料极易燃烧。因此，对于草材料的防护不但要注意防水，防火也是一个非常重要的环节。

9.2.3　草的景观特性

1. 意境象征性

草有一种天然的粗犷和原始的野趣，自然、无加工痕迹。古时，众多隐士向往桃园仙境，逃避世事，觅一山水俱佳的绝境，结草为庐，度闲云野鹤的生活，与世无争。茅屋、草庐便成为桃园仙境画面中不可或缺的一个表现元素。

2. 纹理构图性

草多呈线条形，草的平行脉络、凹凸纹理常常是人们喜爱的自然构图灵感来源，它们都具有其他材质不可比拟的表现力。草屋面厚实感强，草随风飘逸，赋予人以生态环保的气息。

9.2.4 草的工程性质

草资源十分丰富，极易获取。草可塑性强，易加工。

草虽然生命周期短，但作为一种可完全自然降解的材料，目前已可以利用现代技术将草经过简单的再处理转化成其他可利用物，从而提高草的应用性能，改善承载力，增强耐久性等。使用草可做墙体材料，全草建筑扩大了草的用途，改善了草的弱点。

9.3 草的主要种类及其应用

9.3.1 稻草

1. 定义及分布

稻草即水稻的茎，通常指农业生产中在稻谷成熟时将稻谷脱粒收集后留下的莲杆、叶片与穗部的总称，它是全球较丰富的木质纤维素类资源之一。中国南北各地均有水稻的栽培区。

2. 化学组成及结构特点

稻草主要由纤维素、半纤维素、木质素和果胶、蜡质等组成。稻草木质素分子量小，含量低。稻草木质素溶出的活化能较低，约为木材木质素溶出活化能的一半，因此，在用碱量适当时，稻草蒸煮可控制最高温度在150℃。稻草半纤维素含量较高，具有碱易溶性。稻草纤维的灰分含量远高于木材纤维，稻草中灰分含量达到10%以上，灰分的主要成分是二氧化硅。

稻草的结构特点是疏松多孔，叶、穗和节部位存在大量的薄壁细胞，薄壁细胞长度很短，薄壁细胞腔大而壁薄，吸液量大。稻草表皮细胞中的长细胞呈现锯齿状，可以提高细胞与细胞之间的结合强度，短细胞中含有大量高度硅质化的硅细胞。稻草纤维又细又短，纤维长度277.2～1981.6μm，纤维宽度3.9～18.1μm，细胞壁厚2.6～4.8μm。

3. 应用

（1）风景园林建筑材料

人类利用草做建筑材料的历史由来已久，主要是用草做屋顶，或将稻草与黏土混合制砖，以增强砖的韧性。以草制砖最早源于欧洲移民，当年迁徙到美国南部大平原地区的欧洲移民，由于缺乏木材而用草砖盖房。这种建筑方式一直延续到20世纪40年代。20世纪80年代以来，随着绿色时尚的追求及节能环保意识的不断增强，草砖建筑热在全球再度兴起。2005年，以黑龙江汤原县为代表的草砖房项目被联合国人居组织和英国建造与社会住房基金会授予“世界人居奖”。

草砖是将干燥的稻草等谷类作物的秸秆经草砖机打压，将其压成一层层“薄片”，然后将这些“薄片”用铁丝或麻绳紧紧地捆在一起组成的砖状绿色墙体材料。草砖的高度和宽度由草砖机内部的压制空间决定，草砖的长度可以由制草砖的人员根据需要调节。一块高质量的草砖，必须坚固、笔直、干燥，并且没有谷（麦）穗。草砖建的建筑保温隔热性能好，冬暖夏凉，室内湿度适宜，室内空气质量好，隔声好，抗震性能好，舒适感强，造价低于传统红砖房，每1平方米可降低造价50～60元。但是，草砖不耐潮湿，防水性能差，易腐烂，外饰面易龟裂，外观设计受到一定限制。草砖具有极强的抗燃烧能力，加拿大国家研究所测定，一堵抹了灰泥的草砖可以达到2小时火灾标准的要求，在外侧经受2小时的1028℃高温后，墙体依然没有任何破裂损伤。这是因为用稻草压制成的密实草砖明显减少了氧气的供给。

目前所用的草砖种类繁多，有方形草砖、圆形草砖等，其规格各异，如两线草砖的规格为460mm×360mm×920mm、质量为23～27kg，三线草砖的规格为580mm×400mm×1100mm、质量为34~39kg。由于规格的不同，其最终的使用尺寸主要取决于建筑需要。草砖的密度一般为83.2~132.8kg/m^3，经技术检测，其可承重压力为1956kg/m^2，建筑中多用三线草砖。草砖墙常用的抹灰材料有石灰、水泥、泥浆、石膏，采用最多的是混合砂浆，应根据当地的材料资源情况和气候条件来选择。

除了作草砖外，不少中国传统民居建筑及部分风景园林建筑取长条形的稻草作为屋顶材料，甚至也有将稻草成捆绑扎，打出横向的穿孔，做上下或上中下三层横向连接，也可用草绳或细藤绑扎在横向连杆上，密排成建筑墙板。由于稻麦、芦苇类的杆茎纤细，常常被细线穿系成帘，挂于房屋主体构架上，作为隔断，或类似于竹篾，固定于主框架上。

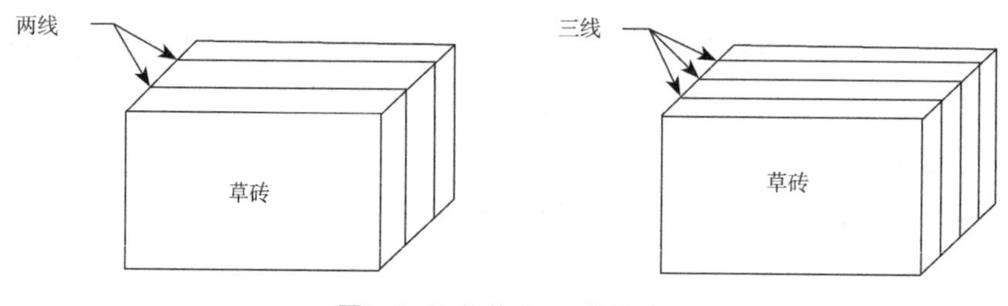

图9-1　两线草砖和三线草砖

作为建筑屋面的稻草，一般都是选用草段的叶部分，自然垂挂于屋架上，平行的叶脉纹理，让雨水顺草而下，非常有利于排水。厚铺排草于屋面，角度一般大于30°，以利于排水，防止草料腐烂，也便于草料的铺盖。在云南各地都广为使用的是将草作为建筑辅料，弥补其他材料或是协助其他材料房屋的修建。最为常见的是把草裁成细小的草段，和于泥土之中，以增加生土材料内部的拉结力。尤其是在墙体的土泥抹面中，稻草能防止墙体表面开裂。

（2）树下覆盖材料

将经过整理加工的稻草捆扎覆盖园林树木下裸露的土壤，不仅能起到较好的覆盖作用，而且能改良土壤物理性状，对土壤结构的改良效果更为明显，同时整理成扎的稻草纹理具有较好的观赏价值。

（3）土壤改良剂

滨海盐土属于盐土的一个亚类，具有pH高、结构差、养分低等不良性状，危害作物生长。稻草灰是亲水物质，其表面既有巨大的表面能，又带电荷，极性水分子可通过氢键等作用而被吸附在灰土胶体表面。稻草灰的胶结作用力将土壤中的水分子吸持在团聚体周围，同时大团聚体含量的增加，将降低水分的蒸发损失，提高土壤的持水能力，可显著降低滨海盐土的最大干密度，提高最优含水率。同时，稻草灰可提高粒径为5～10mm和2～5mm的大团聚体的含量，减小粒径小于0.25mm的微团聚体含量。而粒径较大的团聚体比粒径较小的团聚体含有更多的碳、氮、颗粒有机质和活性有机质，且较大粒径团聚体内含有较多的新成有机物质。水稳定性大团聚体对土壤碳、氮具有强富集和物理保护作用，因此，稻草灰是可以改良滨海盐土结构，提高并协调土壤肥力的有效保育物质。

（4）水泥基复合材料增强剂

稻草增强硅酸盐水泥基复合材料的生产，且添加$CaCl_2$可促进水泥的水化。稻草掺量对复合材料性能影响的研究表明，当稻草量为15%时，材料综合性能较好，抗折强度达到了最高，同时复合材料的扫描电镜照片表明，稻草与水泥粘结程度较好，起到增大混凝土强度的作用。

（5）稻草板

稻草板是用清洁干燥的麦、稻草或其他类似作物秆为主要原料，经热压成型为板芯，在板的两面及四个侧边贴上一层牢固完整的面层，板芯内不加任何粘结剂，只利用草之间的拧绞与压合而形成密实并有相当刚度的板材。

稻草板厚度分38mm、58mm两种，宽1200mm，长度根据设计确定（不加龙骨时以2.8m以内为宜）。单位重量21.5~25.5kg/m^2，含水量10%～16%，导热系数比红砖小得多。经测定，其保暖、隔热性能与370砖墙近似，2500mm×1200mm×50mm的稻草板（四边支撑时），可承受22～25kN的荷载，58mm厚板隔声性能为28~30dB（双层则超过50dB），耐火性能良好（0.5h）。

稻草板具有质地轻、强度高、刚性好、保暖、隔热、耐火、隔声、抗震等特点。它可锯，可钉，可挖洞，可油漆和装饰，可以和其他材料交合成各种形式、多种用途的板材，用它可以做隔墙、外墙内衬、屋面、顶棚、填充墙、保暖活动房、加接楼层以及永久模板。使用这种建筑材料施工方便、效率高、速度快、不受季节影响，劳动强度低，建筑利用系数高。

据了解，稻草板最初是在第一次世界大战期间首先从瑞典发展起来的一种建筑板材。现已普及英国、美国、澳大利亚、巴基斯坦、泰国、委内瑞拉等许多国家。在中国，最早是由中国新型建筑材料（集团）公司于1981年从英国Stramit International公司引进了两条稻草板生产线，建在盛产稻米的辽宁省大洼县和营口市。

（6）草泥

草泥是由当地的黄黏土、砂子、晾干的农作物纤维（如搅碎的秸秆）作为基本材料，加水搅拌，使砂被黏土均匀围裹而形成的一种纯手工的生土材料。作为一种古老的建造材料，草泥具有经济、可塑性强、黏附性好、密度小、可操作性强、保温隔热等优点，可以经受严寒、暴晒的考验，是一种理想的乡土景观工程材料。草泥建筑建造过程耗能低、操作简单，且草泥与石块、砖、木材组合砌筑的建筑物不仅墙体的稳定性得到了加强，并提高了墙体的保温、隔热性能。同时，草泥作为室内保温层，其可以根据需要做成不同形状，将实用性与美学性很好地结合起来。相比于土坯建筑，草泥垛墙的强度相对提高，整体性也相对提高，不过它的抗震性能还是与规范相差较远。草泥垛墙在中国农村应用比较广泛，在现代风景园林中也有应用，如杭州的西溪湿地公园入口的景墙就是一堵草泥垛墙。

草泥除了广泛应用于建筑物的砌筑外，还可以应用于水闸等构筑物的建筑，将黏土与铡碎的稻草（或麦秸等），加水拌和至半干半湿的状态修建黏土草闸。

（7）草灰浆

草灰浆就是在素灰浆中加入草筋、纸筋、麻刀筋等，目的是增强结合力。草灰浆的配制方法见表9-1。

草灰浆的配制及应用　　表9-1

名称	配比及制作要点	主要用途	说明
纸筋灰（草纸灰）	草纸用水焖成纸浆，放入煮浆灰内搅匀。灰：纸筋=100：6	室内抹灰的面层；堆塑面层	厚度不宜超过1～2mm
滑秸灰	泼灰：滑秸=100：4（重量比），滑秸长度5～6cm，加水调匀	地方建筑抹灰做法	待几天后滑秸烧软才能使用

（8）稻草绳

稻草绳，亦称草绳，是一种以水稻秸秆即稻草为原料，经过专业加工机器加工而成的绳索。稻草绳在市场上的种类按其粗细大体分为细类草绳、中类草绳、粗类草绳等三类。由于稻草绳属于环保无污染的一种农业加工产品，使用方便、耐用、一次性不用回收、无污染、价格便宜，所以稻草绳的使用范围越来越广，既可以用来缠绕树木树干以保护树木，又可以用于捆绑树木的土球，防止土球松散，以免影响树木的成活。不过，由于稻草绳主要成分是天然纤维，所以其强度一般只有合成纤维绳索的1/3，不适于高强度要求。

9.3.2 茅草

自周朝起茅草屋面在中国就得以广泛应用，主要因为茅草具有防水功能，而且自重荷载小，能够满足当时的承重较差的主体结构，茅草屋面具良好的隔热性且茅草较易取得。

由于要满足排水、防风、除雪等功能要求，所有的草屋顶均做有足够的坡度，一般在30°～45°之间。通常做成两坡顶的较多，歇山顶、圆弧顶和四坡顶相对较少。草顶的用料各地都不同，质量较好较耐久的是一种扁叶山茅草，其次为麻秆、麦秸等。通常要将草用麻或竹条捆绑成捆或成草排，铺草时从屋檐部分往上叠铺至屋脊，在屋脊的收头处做防护处理并加以固定，以保证防水和坚固。再加上所需要的装饰物，草顶即告完成。铺草方法主要有排草、插草与厚铺等。

中国山草资源丰富，又很易加工，长时期以来一直被广大农村用作建筑屋顶的材料。尤其在少数民族地区，现在仍有很多地方能找到这样的房屋。草材除了稻草、茅草外，麦秸、玉米秆、豆秆、甘蔗、杂草、谷糠等农作物秸秆都可以取得与稻草同样的应用效果。

9.4 草的防腐、防虫

未经防腐处理的草材通常使用寿命平均不到一年，防腐处理相当重要。

在木材中广为使用的烟熏法对草的防虫也同样有效，能防止草材的腐烂和虫害，环境干燥是杜绝寄生虫生长的有效措施。干烤或干蒸也是草防腐、防虫的方法之一，古代制简就有“汗青”一词，将草材经初步加工后，干蒸以除湿，水分随之蒸发出来，加工后的草材不易生虫、霉变，使用持久。或是类似于钢筋混凝土中钢筋的防锈，在草板外抹以泥浆，泥浆外涂抹石灰或水泥砂浆，杜绝空气和潮气浸入。

试验表明，浸泡海水和饮用水的稻草的极限拉力和极限延伸率都随浸水时间的增加而减小，浸SH胶的稻草的极限拉力和极限延伸率都随浸胶时间呈现“先增大后减小”的特征，至浸胶14天时稻草吸胶达到饱和，其极限拉力和极限延伸率也最大，防腐效果最好。

除此之外，应用防腐剂进行防腐也是一种重要的方法。

9.5　草材的选用

以草材为房屋建筑中的建材，在江汉地区已有悠久的历史。尤其是在瓦构件还未兴起之前，或兴起之后的下层庶民的房屋建筑中使用较多。楚人和楚故地人们在修建瓦屋和用草覆盖房屋之时，在瓦体和草的底层还铺垫一层芦苇秆或芦苇席，使草和瓦面灰尘不致下落，同时，也可达到美化室内环境的作用。人们之所以在木构建筑中使用上述各类建材，除了受江汉地区“土著”文化（大溪、屈家岭、石家河以及商周时期文化）影响之外，还在于各类草茎植物采集、建造的简便和其材源的广泛。另外，用草、芦苇作建筑材料建造的房屋还具有冬暖夏凉的特点。因此，时过数千年，草茎之类建材一直是江汉地区人们木构建筑中的材料之一。此外，上述各类建材，还见于春秋战国时期的楚墓建筑中，说明上述建材在楚人的工程中的运用具有一定的普遍性，而且还具有数千年的继承史。

楚故地的湖区人现建房时仍选用三菱草、蒿草之类的植物作为屋顶的覆盖材料；居于平原与山区的人们，一般用茅草或稻草覆盖屋面或用于掺合料。茅草则被江汉人们视为草屋的上等建材。

9.6　仿生草瓦

虽然天然茅草生态性能优异，景观效果良好，但是鉴于天然茅草安装技术复杂，易着火，易腐烂，易虫蛀，易滋生苔藓，耐久性差，当今已开始日趋使用新型功能技术材料——仿真茅草瓦，以替代传统的天然茅草瓦。仿真茅草瓦是经过特殊阻燃工艺制成的仿天然茅草（或稻草）的瓦类制品，常见的仿真茅草瓦主要有金属铝茅草瓦和塑料（PVC）茅草瓦等两种。仿真茅草瓦具有防火等级高，不受鸟类筑巢、虫蛀、真菌侵害，色彩丰富而逼真，质轻，耐候性、耐久性优异，安装简单，施工不受屋顶形状、坡度、细部节点限制等优良特性，安装之后无须频繁维修和更换，使用年限可达10~20年，是替代屋面天然茅草最理想的材料。

第10章　糯米

糯米是禾本科一年生草本植物糯稻于秋季果实成熟后，将微圆而平滑的颖果经采收、晒干、去皮壳后所收集的种仁。中国各地均有栽培，在园林工程中可以作为一种性能超强的胶凝材料。

10.1　工程特性

10.1.1　强度大、韧性好、防渗性优越

试验表明，糯米浆对碳酸钙方解石结晶体的大小和形貌有明显的调控作用，在一定浓度范围内，糯米浆浓度越大，生成的方解石结晶度越低，颗粒越小，结构也越致密，同时，糯米淀粉能够很好地粘结碳酸钙纳米颗粒并填充其微孔隙。这些为糯米灰浆具有强度大、韧性好、防渗性优越等良好力学性能创设微观基础。另一方面，受糯米浆包裹而反应不全的石灰又抑制了细菌的滋生，使糯米成分长期不腐。

浙江大学文物保护材料实验室在研究石质文物的生物矿化保护材料时发现：石灰中加入3%的糯米浆以后，它的抗压强度提高了30倍，表面硬度提高了2.5倍，耐水浸泡性大于68天以上。这是由于糯米浆对石灰的碳酸化反应有调控作用，同时糯米浆和生成的碳酸钙颗粒之间也有协同作用。重庆荣昌县包河镇的一座高10m、采用了糯米灰浆作粘合材料的清代石塔，尽管倾斜度已达45°，但历经300余年却至今未倒塌，这说明糯米灰浆的韧性竟比现代水泥还要好。单轴抗压试验、劈裂抗拉试验结果也表明，糯米浆三合土的承载能力明显高于未掺糯米浆的三合土。

10.1.2　粘接性优异

糯米的主要成分支链淀粉由单糖连接成树枝状并互相缠绕，难溶于水，形成稳定的胶体。支链淀粉加热糊化后，分子中的链松散而具有较高的黏度。由于糯米中几乎全部是支链淀粉，以至于煮熟后吃起来特别柔软黏糯。糯米淀粉凝胶透明度高，黏弹性好。不同品种糯米淀粉结晶度、特性黏度存在差异。产地对糯米淀粉蛋白质残留量、特征黏度和凝胶松弛时间、高弹模量均有影响。

10.1.3　加固性优良

试验发现，由糯米浆和石灰水组成的清液具有较好的渗透加固和混合加固性能，并且不会改变被加固对象的外观。糯米—石灰清液是一种透明溶液，其中石灰（氧化钙）的量以饱和溶液为佳，清液中糯米浆的浓度对加固效果有明显影响。从抗压强度与表面硬度的测量结果发现，当糯米浆浓度为4%时，加固效果接近最佳状态。糯米浆能够提高氢氧化钙的胶结效果和耐水浸泡性，糯米浆与氢氧化钙的结合和由此形成的微结构是传统灰浆能够抵抗自然界雨水冲刷和潮湿破坏的主要原因。

由于籼糯米糕的硬度、胶粘性、咀嚼性均显著大于血糯米糕和粳糯米糕，所以在工程中常常选用籼糯米作工程胶凝材料。一般所讲的糯米多指普通糯米，即南方的籼糯，呈不透明的白色，其质柔黏。经过数千年的实践和发展，中国古代传统建筑灰浆以其良好的粘接力、强度和耐久性及其与建筑物本体的和谐性、环境友好性等优点为世人称道。

10.2　储存

糯米的主要成分为淀粉。随着储存时间的延长，糯米淀粉分子从无序转向有序，淀粉的直线部分趋于平行排列，由无定态转向结晶态，从而发生老化回生的现象。不同品种的糯米，脂肪、蛋白质、淀粉等含量不同，这影响着糯米淀粉的老化性质。脂肪抑制支链淀粉分子的老化，蛋白质却会加速淀粉老化。糯米的支链淀粉结构的不同决定其淀粉分子有序化的速度和程度，决定其淀粉老化重结晶的大小、多少，从而影响着淀粉的老化情况。

糯米淀粉储藏过程中，凝胶的高弹模量增大，松弛时间和黏度系数减小。淀粉结晶度高、支链淀粉含量较高、直链淀粉含量较低、支链淀粉分子量大的糯米淀粉凝胶的松弛时间较大，黏性较大，储藏稳定性好。

糯米淀粉一般需存放在密闭、阴凉、干燥、通风的地方，而夏季需要低温密封存放。对于糯米粉，则一般需要经过自然干燥处理，让糯米粉中的淀粉维持完全生淀粉状态，这样的糯米淀粉的α化现象发生充分，其制品黏性强、品质好。但是，自然干燥处理后所得的糯米粉，由于其水分含有量高，易受霉菌、酵母等微生物侵染而引起变质和腐败，其常温下可能的储存时间较短，一般为1天，冷藏下最大期限为3天。

糯米淀粉较好的储存方法是，将糯米浸泡于水中充分吸水后，其水分含量达15%～30%，将糯米和糖类（糖醇、还原淀粉水解物和从糖类中选择的1种或2种糖类）按重量比4：1以上的比例混合，浸泡糯米，然后粉碎加工成粉状，再装在防潮性包装袋或包装容器内，不进行加热干燥处理，这样可以使糯米粉长期保存。防潮性包装袋选用防潮玻璃纸、聚乙烯、聚酯、聚偏二氯乙烯、聚碳酸醋等热可塑性树脂薄膜和铝箔以及上述材料的复合薄膜制包装袋。而防潮性容器主要选用铝罐、钢铁制罐等罐类、瓶类和上述热可塑性树脂材料制作加工的成形容器。

选用籼糯米时，以米粒呈不透明的乳白或蜡白色，形状为长椭圆形，相对细长，硬度较小的为佳。

10.3　工程应用

10.3.1　胶凝粘接剂——糯米灰浆

糯米灰浆是中国古代应用最广泛的建筑粘接材料，也可能是世界上最早规模化使用的有机—无机混合建筑灰浆，更是中国古代建筑史上一项重要的科技发明。研究表明，中国古代建筑砌筑的砂浆糯米灰浆是一种特殊的合成材料，约1500年前由中国古代的建筑工人发明，由有机材料糯米汤与无机材料熟石灰混合而成。有机成分糯米汤的主要成分支链淀粉，一方面控制硫酸钙晶体的增长，另一方面生成紧密的微观结构，从而形成超强度的“糯米砂浆”。而无机材料熟石灰就是经过煅烧或加热至高温，然后放入水中的石灰石。南北朝时期（420~589年）以糯米灰浆为代表的中国传统灰浆技术已经成为较成熟的工程技术。

经现代分析技术检测，糯米灰浆粘结性能优良，堪比现代水泥。糯米灰浆强度大、韧性强、防渗性能好、耐久性好、自身强度和粘接强度高。除糯米浆外，阳桃藤汁、蓼叶汁和白芨浆等其他植物汁，以及蛋清和动物血等也应用于建筑灰浆中。很难想象，没有性能优良的糯米灰浆类建筑胶凝材料，中华民族引以为豪的经典古建筑文明历经沧桑能否存留到今天。

糯米灰浆在中国古代墓室、城建、雕刻及水利工程等方面应用非常广泛。糯米灰浆所筑的墙基防水防潮，坚固如水泥。河南少林寺墓塔群中的宋塔、明塔，“万里长城”的基石，明太祖朱元璋在南京筑的城墙都是用糯米加石灰调制成灰浆砌筑而成，“筑京城用石秫（即糯米）粥固其外……斯金汤之固也”（马生龙，《凤凰台记事》）。用糯米灰浆层层包涂在墓室棺材的外边四周，其硬度不亚于水泥，不透水，不开裂，坚如石。侗族聚落用糯米和生土及猕猴桃藤汁液拌合物装饰鼓楼的装饰吉祥物，体现侗文化生态。

于清代用糯米灰浆修筑的浙江余杭鱼鳞石塘，抵御海浪侵蚀至今300余年，依然坚固。北京卢沟桥南北两岸，用糯米灰浆建筑河堤数里，使北京南郊自此免去水患之害。直到近代，糯米灰浆还在使用，如广东开平碉楼。

为了使糯米灰浆的胶凝性能更优越，可以在糯米灰浆中加入添加剂，以增大其强度。试验表明，将纸筋加入糯米灰浆后，纸筋纤维空腔所储存的自由水，在灰浆内部起到“内养护”的作用，同时纸筋纤维在糯米灰浆中乱向交错分布，补充增强糯米灰浆的强度，提高其耐冻融性，从而大大提高灰浆的碳化程度，使其结构更加致密，使灰浆的28d和90d抗压强度分别比空白样品最大提高354%和114%，耐冻融性提高至10个循环仍完好无损。如将6%的硫酸铝加入糯米灰浆，在硫酸铝－糯米灰浆的硬化过程中，钙矾石晶体的生成及其固相体积膨胀，填充了灰浆的部分孔隙，使灰浆的结构更为致密，同时可使糯米灰浆的7d收缩率减少到3.8%，从而使其强度提高、干燥收缩性得以改善。所以，在古建修复、桥梁、水利工程等砖石质文化遗产保护和修复工程中，可采用6%的硫酸铝或3%的纸筋作为糯米灰浆的添加剂，以增加其强度。

10.3.2 改良剂

糯米汁可改良多种土，其中黏土经糯米汁改良后渗透系数下降了两个数量级，粉土经糯米汁改良后渗透系数降低了一个数量级，特别是渗透性极小的土经糯米汁改良后渗透系数进一步降低。糯米汁可使土体的耐久性得到改善。

糯米不仅是一种粮食，还是一种重要的工程材料，是工程应用最多、最广的一种米，也是工程应用中唯一的一种米。以糯米为重要构成材料的糯米灰浆具有耐久性好、自身强度和粘结强度高、韧性强、防渗性好等优良性能。今天，挖掘糯米灰浆的工程价值不仅是弘扬中华文化的需要，也是修复古建筑的需要，更是科学利用传统技术来解决现代城市风景园林生态建设的需要，理应得到足够重视。

第2部　人工材料

第11章　砖材

11.1　砖的内涵

砖是指长度不超过365mm、宽度不超过240mm、高度不超过115mm，砌筑建筑物或构筑物用的人造小型块材。砖外形多为直角六面体，其形态由实心向多孔、空心方向发展。砖是最传统的砌体材料之一。

11.2　砖的发展

黏土砖是世界上最古老的人造建筑材料，它的生产和应用历史大概可以追溯到一万年以前。掺有稻草并经太阳晒干的土砖最早出现于8000年前的美索不达米亚，这种砖至今还在墨西哥等干燥而温暖的地区使用。文件记载，大约公元前5000年古人已将经过烘烧的土坯（即黏土砖的雏形）逐渐代替风干的土坯作为砌筑材料。

砖的制作逐渐由原来的以生土为主要原料逐步向利用煤矸石和粉煤灰等工业废料发展，生产方法由传统的燃料烧结转向生态的非资源消耗压塑型方向发展，生产规模由作坊式生产转向工业化、规模化生产，产品由资源消耗型转向资源节约型、资源友好型、孔洞型方向发展，并由承重型向填充型、围护型、装饰型发展。从土坯砖开始到逐渐学会利用火烧砖，进而在泥土当中利用各种添加试剂增进砖块的复合性能，一直发展到今天丰富多彩的各种强度、各种型号、各种形状的烧砖，砖作为主要建筑材料在人类建造活动中应用十分广泛。

11.3　砖的主要特性

11.3.1　物理性能

真空黏土砖的物理性质包括外观颜色、自然含水率、颗粒组成、可塑性、结合性、收缩率、干燥敏感性等。

烧制砖是直接采自大地的建筑材料，需要通过砌块的不同砌法构成墙体，砌块之间依靠砂浆粘结。因组成成分不同，砖在耐火性、耐候性、保温隔热性、抗压强度、可加工性等物理性能方面有很大的差别。

砖的耐火性较强，隔热隔声，抗冻性强，密实度高，抗压力大，耐酸碱度高，无剥落、无辐射、无变色、无污染。相对红砖来说，青砖的强度较大，组织更致密，也具有更高耐水性和抗冻性。

砖的颜色受黏土的合成物及煅烧方法和温度的影响，外观颜色主要与黏土中含有的金属氧化物或有机物有关，其色样及深浅程度取决于氧化物存在的形式和它的含量。如氧化铁含量从少到多使黏土呈淡红色、红色、褐色，氧化锰使黏土呈淡褐色，有机物使黏土呈灰色、黑色。土法烧制的红砖以红色为主导颜色，包括从暗紫色经深浅各异的红色到橙色。在中国古代用柴火烧制而成的青砖有“天青地黄”之说，青砖表面的青灰与天同色，是一种营造古韵犹存的古文化氛围的重要建筑材料。

砖的亲切感来自它的质感。砖面的天然纹理和孔隙所带来的感受，是现代技术产物如金属、玻璃的整齐平滑所不具备的。传统红砖来自大地，具有天然肌理、色泽等自然质感，通常表面粗糙，受光后，明暗转折层次丰富，高光微弱。这决定了它极富魅力的特性，因此具有质朴的美，让人感到朴实、亲切。

砖也具有一定的可塑性。砖作为砌筑材料，一般不再需要进行加工，但由于许多建筑的细部需要装饰，因而有利用木模做成砖雕的习惯。也有在已成型的砖块基础上进行雕琢，然后将砖块拼合成一整幅精美的图画。但是，这种装饰用砖应注意砖的质量，保证砖的密实度。

11.3.2 化学性能

砖的化学性能较为稳定。因为地质条件不同，砖含有不同的化学成分，且现代制砖在将泥土放进模具进行烧制的过程中，为了增加砖块的强度，通常还需添加进水泥和其他粘结物质，这些都会对环境产生影响，其中所含的放射性物质也会给人体带来危害，应加以控制。使用前，应了解所选用的砖是否会在高温下产生有毒气体，了解原料中的复杂成分在墙体保温、隔热、吸水性方面是否会对墙体的强度及其他性能产生严重的后果，还要评估其中所含放射性物质对外部环境的影响。同时，砌块和它们之间的粘结材料都不是处在真空之中，在大气环境中，缺少了保护面层的清水墙砌块会慢慢发生氧化作用。

11.3.3 景观特性

砖块的色泽从鲜艳的红色到棕色再到棕褐色，呈现产地区域土壤的有机成分特质，砖块构成的表面斑驳而温暖。砖块通常的尺寸和比例经过漫长的时间洗礼现已能满足人体工程学原理，适于手工操作。

11.4 砖的分类

根据外形，砖分实心砖、微孔砖、多孔砖和空心砖、普通砖和异型砖等。根据使用的原料不同，砖分黏土砖、页岩砖、煤矸石砖、粉煤灰砖、炉渣砖、灰砂砖、混凝土砖等。根据生产工艺的特点，砖分烧结砖、蒸压砖、蒸养砖等。按孔洞率，砖分为实心砖、多孔砖、空心砖。

11.5 砖的常用种类

11.5.1 烧结黏土砖

1. 定义

烧结黏土砖是以黏土为主要原料，经配料、成型、干燥、高温焙烧而制成的块体材料，具有透气性和热稳定性，是中国传统建筑物中最常用的一种建筑材料。烧结黏土砖简称黏土砖，有红砖和青砖两种。焙烧窑中为氧化气氛时，可烧得红砖，若焙烧窑中为还原气氛，红色的高价氧化铁被还原为青灰色的低价氧化铁时，则所烧得的砖呈青色。青砖较红砖耐碱，耐久性较好。

2. 材料特性

黏土是由天然岩石（主要是含长石的岩石）经长期风化而成的多种矿物的混合体，其矿物为具有层状结晶结构的含水铝硅酸盐，常见的黏土矿物有高岭石、蒙脱石和水云母等，也还常常含有石英、长石、褐铁矿、黄铁矿以及一些碳酸盐、磷酸盐、硫酸盐类矿物等杂质。杂质直接影响制品的性质，例如细粉的褐铁和碳酸盐会降低黏土的耐火度；块状的碳酸钙焙烧后形成石灰杂质，遇水膨胀，制品胀裂而破坏。黏土的成分以高岭石为主，具有塑性和粘结性，石英砂、云母、碳酸钙、碳酸镁、铁质矿物、有机杂质及可溶性盐类等杂质矿物的少量存在就会使黏土的熔化温度降低。黏土具有以下特性：

（1）可塑性

黏土与适量水调和后具有良好的可塑性，可被塑成各种形状的坯体而不发生裂纹现象。黏土中黏土矿物组分含量越高、颗粒越细、级配越好，黏土的可塑性越高。但如过细，成型时需水量增加，而砖坯中含水量越高，砖坯在干燥过程中干缩就越大，在焙烧过程中烧缩也越大。因此，烧结黏土砖用土以砂质黏土或砂土最为适宜。

（2）收缩性

黏土坯体在干燥和焙烧过程中，均产生体积收缩。前者称为干缩，后者称为烧缩，干缩比烧缩大得多。一般总收缩率为8%～9%。

（3）可烧结性和可熔性

将黏土质原料制成坯体，经干燥后入窑焙烧，焙烧过程中发生一系列物理化学变化，重新形成一些合成矿物和易熔硅酸盐类新生物，黏土易熔成分开始熔化，坯体密实度增加，强度提高。黏土这种通过焙烧逐步转变为石质材料的性质称为烧结性。

3. 技术指标

（1）尺寸规格和质量等级

烧结普通砖的标准尺寸是240mm×115mm×53mm。通常将240mm×115mm的砖面称为大面，240mm×53mm的砖面称为条面，115mm×53mm的砖面称为顶面，见图11-1。其4块砖长、8块砖宽、16块砖厚，再加上每块砖之间砌筑灰缝10mm，长度均为1m，所以1m³砖砌体需要用砖512块。

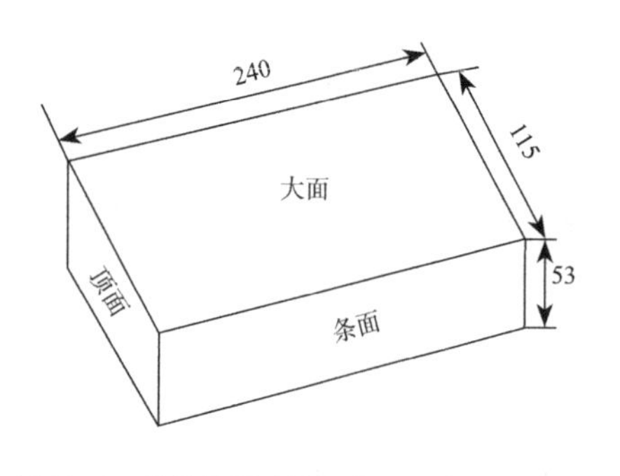

图11-1 烧结普通砖的标准尺寸（单位：mm）

根据《烧结普通砖》（GB 5101—2003），尺寸偏差和抗风化性能合格的砖，根据外观质量、泛霜和石灰爆裂3项指标，分优等品（A）、一等品（B）、合格品（C）3个等级。优等品可用于装饰墙和清水墙，一等品和合格品可用于混水墙。不得使用欠火砖、酥砖、螺纹砖。

（2）泛霜

泛霜是指砖中可溶性盐类随砖内水分蒸发而在砖或砌块表面的析出现象，一般呈白色粉末、絮团或絮片状。这些结晶的粉状物不仅有损于建筑物的外观，并且结晶膨胀会引起表层的酥松，破坏砖与砂浆之间的粘结，造成粉刷层的剥落。中等泛霜砖不能应用于结构潮湿部位的砌筑、铺贴。

（3）石灰爆裂

烧结砖的砂质黏土原料中夹杂着石灰石，焙烧时被烧成生石灰块，在使用过程中会吸水熟化成消石灰，体积膨胀约98%，产生的内应力导致砖块胀裂，严重时使砖块砌体强度降低，甚至破坏。

（4）吸水率

砖的吸水率反映了其孔隙率的大小和孔隙构造的特征，它与砖的焙烧程度有关。欠火砖吸水率过大，过火砖吸水率小，一般吸水率为8%～16%。

（5）强度等级

烧结普通砖根据10块砖样的抗压强度平均值和标准值分为：MU30、MU25、MU20、MU15和MU10共5个强度等级，各强度等级标准见表11-1。

烧结普通砖强度等级（单位：MPa） 表11-1

强度等级	抗压强度平均值≥	变异系数δ≤0.21	变异系数δ>0.21
		强度标准值≥	单块最小强度值≥
MU30	30.0	22.0	25.0
MU25	25.0	18.0	22.0
MU20	20.0	14.0	16.0
MU15	15.0	10.0	12.0
MU10	10.0	6.5	7.5

资料来源：《烧结普通砖》（GB 5101—2003）。

（6）抗风化性能

这是指砖抵抗干湿交替、温度变化、冻融循环等物理因素的影响而不遭破坏并长期保持原有性能的能力。抗风化性是砖耐久性的重要内容之一，砖的抗风化作用因砖的吸水率及地域位置的不同而异。根据风化区的划分，中国按风化指数分为严重风化区（风化指数≥12700）和非严重风化区（风化指数<12700），见表11-2。

风化区的划分 表11-2

严重风化区			非严重风化区			
1. 吉林省	6. 天津市	10. 黑龙江省	1. 山东省	6. 江西省	11. 上海市	16. 台湾省
2. 辽宁省	7. 陕西省	11. 宁夏回族自治区	2. 河南省	7. 浙江省	12. 云南省	17. 广东省
3. 甘肃省	8. 山西省	12. 新疆维吾尔自治区	3. 安徽省	8. 四川省	13. 重庆市	18. 广西壮族自治区
4. 青海省	9. 河北省	13. 内蒙古自治区	4. 江苏省	9. 贵州省	14. 福建省	19. 西藏自治区
5. 北京市			5. 湖北省	10. 湖南省	15. 海南省	

资料来源：《烧结普通砖》（GB 5101—2003）。

用于严重风化区中1、2、3、4、5等地区的砖须进行冻融试验。经15次冻融试验后，每块砖样没有出现裂纹、分层、掉皮、缺棱、掉角等冻坏现象，且质量损失没有大于2%，其抗风化性能才算合格，方可应用。用于非严重风化区和其他严重风化区的烧结砖，其5h沸煮吸水率和饱和系数若能达到表11-3的要求，可认为其抗风化性能合格，不再进行冻融试验。否则，必须做冻融试验，以确定其抗冻融性能。

烧结普通砖的吸水率、饱和系数 表11-3

砖种类	严重风化区				非严重风化区			
	5h沸煮吸水率（%）≤		饱和系数≤		5h沸煮吸水率（%）≤		饱和系数≤	
	平均值	单块最大值	平均值	单块最大值	平均值	单块最大值	平均值	单块最大值
黏土砖	18	20	0.85	0.87	19	20	0.88	0.90
粉煤灰砖	21	23			23	25		
页岩砖	16	18	0.74	0.77	18	20	0.78	0.80
煤矸石砖								

注：1. 粉煤灰掺入量（体积比）小于30%时，抗风化性能指标按黏土砖规定。

2. 饱和系数为常温24h吸水量与沸煮5h吸水量之比。

资料来源：《烧结普通砖》（GB 5101—2003）。

（7）尺寸允许偏差

尺寸允许偏差应符合表11-4规定。

烧结普通砖的尺寸允许偏差（mm） 表11-4

公称直径	样本平均偏差		样本极差≤	
	优等品	合格品	优等品	合格品
长度240	± 2.0	± 3.0	8	8
宽度115	± 1.5	± 2.5	6	6
高度53	± 1.5	± 2.0	4	5

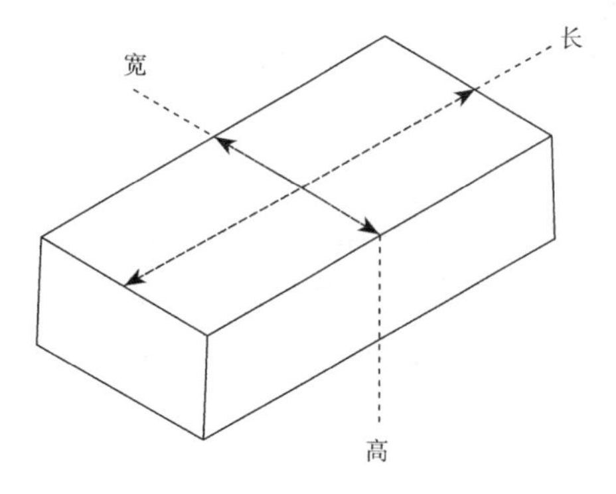

图11-2 砖的尺寸量法

尺寸偏差检验样品数为20块，检验方法：长度应在砖的两个大面中间处分别测量两个尺寸；宽度应在砖的两个大面中间处分别测量两个尺寸；高度应在两个条面的中间处分别测量两个尺寸，如图11-2所示。当被测样有缺损或凸出时，可在其旁边测量，但应选择不利的一侧。其中每一尺寸精确至0.5mm，每一个方向以两个测量尺寸的算术平均值表示。

样本平均偏差是20块砖样规格尺寸的算术平均值减去其公称尺寸所得的差值。样本极差是指抽检的20块砖样中最大测定值与最小值之差值。

（8）外观质量

砖的外观质量应符合表11-5的规定。

砖的外观质量标准（mm） 表11-5

项目	优等品	合格品
两条面高度差不大于	2	5
弯曲不大于	2	5
杂质凸出高度不大于	2	5
缺棱掉角的三个破坏尺寸不得同时大于	15	30
裂纹长度不大于 ①大面上宽度方向及其延伸至条面的长度； ②大面上长度方向及其延伸至顶面的长度或条顶面上水平裂缝的长度	70 100	110 150
完整面	一条面和顶面	—

弯曲分别在大面和条面上测量，测量时将砖用卡尺的两只脚沿棱边两端放置，择其弯曲最大处将垂直尺推至砖面，如图11-3所示。但不应将闲杂质或碰伤造成的凹处计算在内。以弯曲中测得的较大者作为测量结果。

杂质凸出高度是指杂质在砖面上造成的凸出高度，以杂质距砖面的最大距离表示。测量时将砖用卡尺的两只脚置于凸出两边的砖平面上，以垂直尺测量，如图11-4所示。

缺棱掉角在砖上造成的破损程度，以破损部分对长、宽、高三个棱边的投影尺寸来度量，称为破坏尺寸。如图11–5所示。

完整面系指宽度中有大于1mm的裂缝，长度不得超过30mm；条顶面上造成的破坏面不得同时大于10mm × 20mm。缺损造成的破坏面系指缺损部分在条、顶角的投影面积，如图11–6所示。

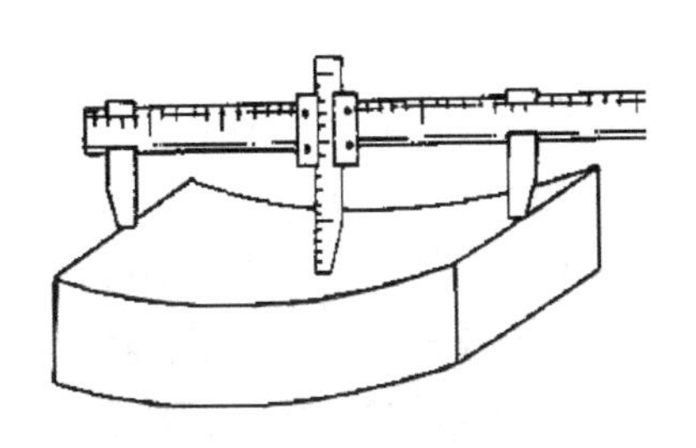

图11-3　砖的弯曲量法

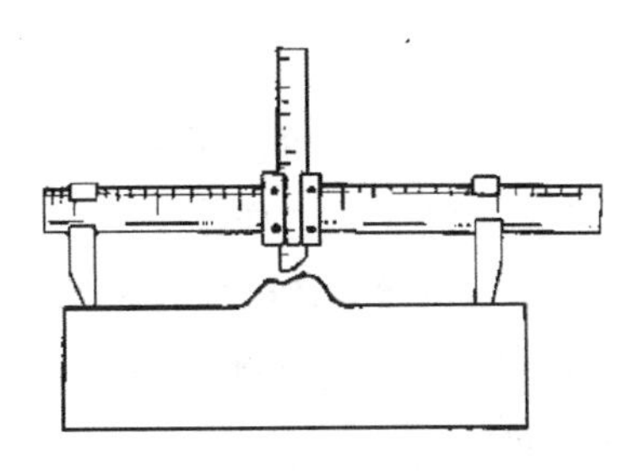

图11-4　砖的杂质凸出量法

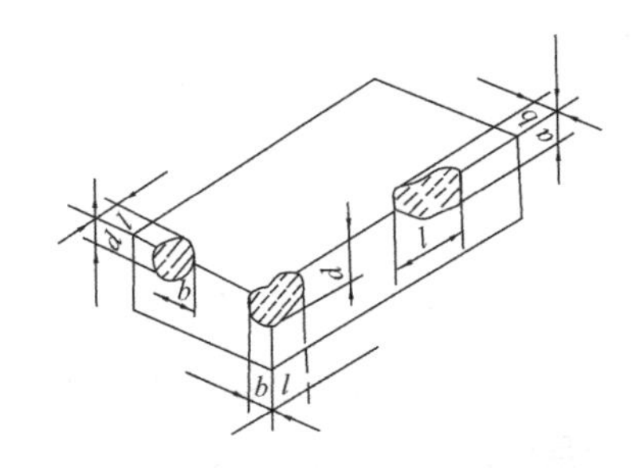

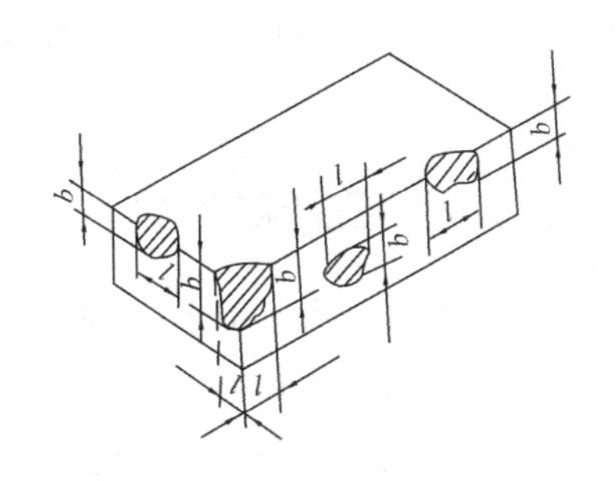

l—缺棱掉角在长度方向的投影量；*a*—缺棱掉角在高度方向的投影量；*b*—缺棱掉角在宽度方向的投影量；*d*—缺棱掉角在高度方向的投影量

图11-5　砖缺棱掉角破坏尺寸量法

图11-6　缺损在砖条、顶面上造成破坏面的量法

裂纹分为长度方向、宽度方向和水平方向三种，以被测方向的投影长度表示。如果裂纹从一个面延伸至其他面上时，则累计其延伸的投影长度，如图11–7所示。

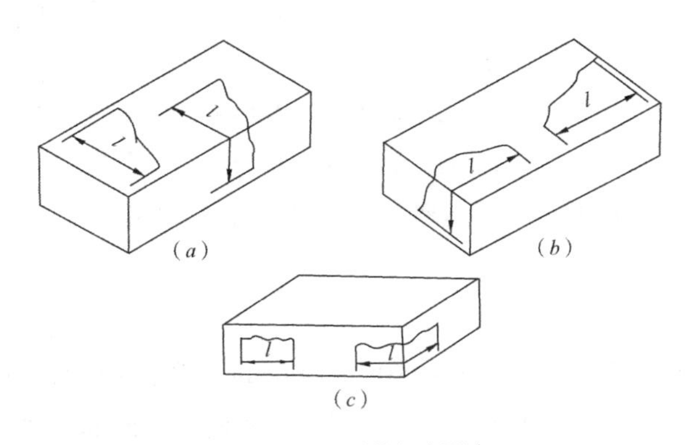

图11-7　裂缝长度量法

（*a*）宽度方向裂缝长度量法；（*b*）长度方向裂缝长度量法；（*c*）水平方向裂缝长度量法

外观检验抽取砖样50块，根据上述检查方法，检查出其中的不合格品块数d_1。当$d_1 \leq 7$时，外观质量合格；$d_1 \geq 11$时，外观质量不合格；$7 < d_1 < 11$时，需要再次抽样检验。

如判为再次抽样检验，则从坯中再抽取砖样50块，检查出其中的不合格品数d_2后，按下列规则判断：（d_1+d_2）≤18时，外观质量合格；（d_1+d_2）≥19时，外观质量不合格。

（9）颜色

优等品应基本一致；合格品无要求。其检验方法抽砖样20块，条面朝上随机分两排并列，在自然光下距离砖面2m处目测外露的条顶面。

4. 应用

烧结黏土砖就地取材，价格便宜，工艺简单，有一定的强度，具有较好的耐久性及隔热、隔声、防火、吸潮等优点，广泛应用于土木建筑工程、风景园林工程，用于砌筑柱、拱、花坛、树池、台地、地面及基础等，还可与轻骨料混凝土、加气温凝土、岩棉等复合砌筑成各种轻质墙体，在砌体中配置适当钢筋或钢丝网制作柱、过梁等，代替钢筋混凝土柱、过梁使用。烧结黏土砖优等品用于清水墙的砌筑，一等品、合格品用于混水墙的砌筑，泛霜的砖不能用于潮湿部位，废碎砖块可作混凝土的集料。

烧结黏土砖的缺点是制砖取土、耗土多，大量毁坏农田，且砖自重大，烧砖能耗高，成品尺寸小，施工效率低，抗震性能差等，所以，我国正大力推广墙体材料改革，以空心砖、工业废渣砖及砌块、轻质板材来代替实心黏土砖，向轻质、高强度、空心、大块的方向发展。

11.5.2 烧结多孔砖和空心砖

烧结多孔砖是指用于承重部位，空洞率等于或大于15%，孔的尺寸小而数量多的砖，其外形为直角六面体，也称为竖孔空心砖或承重空心砖。中国目前生产的多孔砖孔洞率约18%～28%，较普通黏土砖的表观密度及导热系数低，有较大的尺寸和足够的强度。根据尺寸偏差，外观质量、弧度等级和物理性能分为优等品（A）、一等品（B）和合格品（C）3个等级。外观质量检验包括颜色、完整面、缺棱掉角、裂纹长度、杂质在砖面上造成的凸出高度、欠火砖和酥砖等6个方面。物理性能包括冻融、泛霜、石灰爆裂和吸水率4个方面。经15次冻融循环后干质量损失不大于2%；冻裂长度不大于外观质量中裂缝长度合格品的规定。吸水率优等品大于22%，一等品不大于25%，合格品不要求。

烧结空心砖是指用于非承重部位，空洞率等于或大于35%，孔的尺寸大而数量少的砖。

1. 烧结多孔砖与烧结空心砖的特点

烧结多孔砖为大面有孔洞的砖，孔多而小，表观密度1400kg/m^{3}左右，强度较高。使用时孔洞垂直于承压面，主要用于砌筑六层以下承重墙。烧结空心砖为顶面有孔的砖，孔大而少，表观密度为800～1100kg/m^3，强度低，使用时孔洞平行于受力面，用于砌筑非承重墙。

2. 主要技术要求

（1）形状与规格尺寸

烧结多孔砖为直角六面体，有190mm×190mm×90mm（代号M）和240mm×115mm×90 mm（代号P）两种规格。烧结空心砖为直角六面体，其长度不超过365mm，宽度不超过240 mm，高度不超过115mm（超过以上尺寸则为空心砌块），孔型采用短形条孔或其他孔型。形状如图11-8所示。

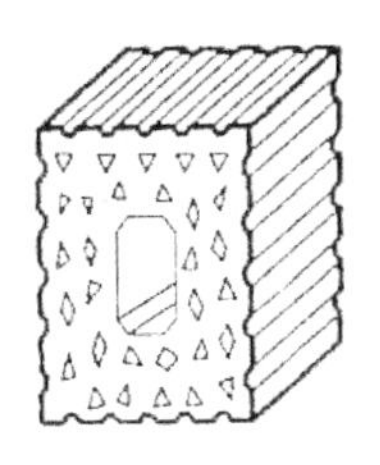
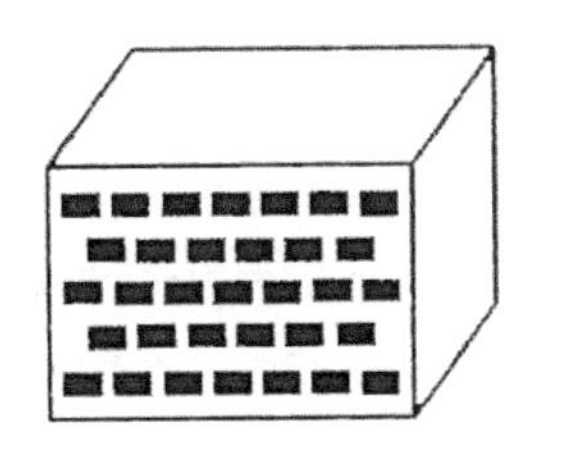
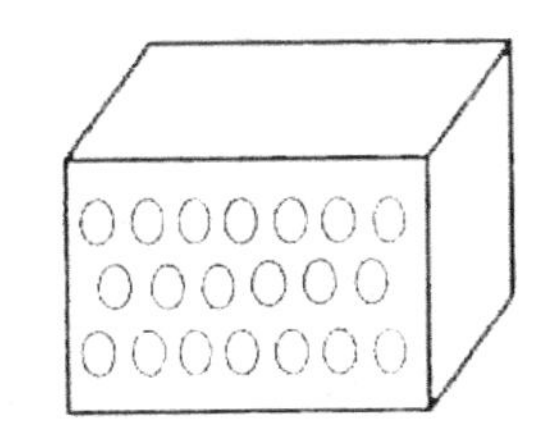

图11-8 烧结多孔砖

（2）强度及质量等级

烧结多孔砖根据抗压强度分为MU30、MU25、MU20、MU15、MU10五个强度等级；烧结空心砖按条面抗压强度和大面抗压强度分为5.0、3.0、2.0三个级别。

（3）耐久性

烧结多孔砖耐久性要求主要包括泛霜、石灰爆裂和抗风化性能，各质量等级砖的泛霜、石灰爆裂和抗风化性能要求与烧结普通砖相同。

3. 烧结多孔砖和空心砖的应用

烧结多孔砖主要用于6层以下的承重墙体；烧结空心砖多用于非承重墙。

11.5.3 蒸养砖

1. 粉煤灰砖

以粉煤灰、生石灰粉或消石灰粉为主要原料，加入石膏和一些骨料经制坯、高压或常压养护所得的实心砖为粉煤灰砖。颜色为灰色或深灰色，表观密度1400～1500kg/m^3。粉煤灰砖可用于工业与民用建筑的墙体和基础，但用于基础或用于易受冻融和干湿交替作用的建筑部位，必须使用一等品和优等品。粉煤灰砖不得用于长期受热（200℃）及受急冷急热交替作用或有酸性介质侵蚀的建筑部位（这是由于砖中的一些水化产物如氢氧化钙、碳酸钙不耐酸，不耐热），为避免或减少收缩裂缝的产生，用粉煤灰砖砌筑的建筑物，应适当增设圈梁及伸缩缝。

2. 灰砂砖

灰砂砖是以磨细的生石灰粉或消石灰粉和砂子为主要原料，经搅拌混合、陈伏、成型、蒸压养护而成的实心砖。灰砂砖呈灰青色，表观密度为1800～1900kg/m^3。MU15、MU20、MU25的砖可用于基础及其他建筑，MU10的砖仅可用于防潮层以上的建筑。灰砂砖不得用于长期受热200℃以上、受急冷急热和有酸性介质侵蚀的建筑部位（由于砖中的一些水化产物如氢氧化钙、碳酸钙不耐酸，不耐热）。灰砂砖的耐水性良好，在长期潮湿环境中，其强度变化不显著，但其抗流水冲刷的能力较弱，因此，也不能用于流水冲刷部位，如落水管出水处和水龙头下面等。

3. 煤渣砖

煤渣砖是以煤渣为主要原料，掺入适量石灰、石膏，经混合、压制成型，蒸养或蒸压而成的实心砖。煤渣砖呈黑灰色，表观密度为1500～2000kg/m^3。

4. 混凝土路面砖

混凝土路面砖常用彩色混凝土制作，按其形状分为普通型砖（花阶砖）和异型砖（连锁砖），它们的原料基本都用工业废渣、水泥、砂子或碎石及各种辅料。

11.5.4 古建砖

中国传统建筑所用的砖瓦材料历史悠久、种类繁多，早在战国时期就已有记载。南方的古建筑砌体中使用的大都为烧制青砖。南方砖窑大都集中在江苏常熟、无锡、苏州和浙江嘉兴、宜兴一带，广东省也有分布。青砖是由天然泥土烧结而成，在烧制冷却过程中加水，使黏土中的铁元素不被完全氧化，最终呈现青色，即青砖。其具有密度高、质地坚硬、透气性强、吸水性好等特点。青砖色泽素雅，给人稳重、古朴、沉静之感，在建筑和园林空间中的用途十分广泛。常在建筑中用作砌体材料和室内外地面铺装材料，在园林中用作墙垣、步道、广场等材料，用作园林铺装材料时具有很好的渗水能力。

1. 古建砖的分类

根据砖块在工程中的使用习惯和部位，分城砖、停泥砖、开砖、方砖、砂滚砖和其他砖五类。

（1）城砖

这是古建筑砖料中规格最大的一种砖，常用于城墙、台基、屋墙下肩等体积较大的部位。按规格大小分大城砖、二城砖。这是城砖中最常用的砖，即大号、二号砖。按生产工艺分澄浆城砖（将泥料捣制成泥浆，经沉淀后取上面细泥制成）、停泥城砖（又称庭泥，指选用细泥烧制的城砖）。临清城砖特指山东临清所生产的砖，因质地细腻、品质优良而出名。

（2）停泥砖

停泥砖是指由优质细泥（简称停泥）烧制而成，为规格较城砖稍小的普通常用砖，各地均可烧制。一般用于墙身、地面、砖檐等常规部位。它依规格大小分为大停泥和小停泥两种。

（3）开砖

开砖是指规格尺寸较小，而宽度是长度的1/2，厚度又是宽度的1/2的细条形砖，近似于现代黏土砖。一般在制作时常在其中部划一道细长浅沟，以便施工时开条，多用来补缺、开条、檐口等需要现场砍制部位使用。它依开条数不同分为双开砖和三开砖两种。

（4）方砖

方砖专指平面尺寸成方形的一种砖，多用来作为博缝、铺地砖。依南方古建筑习用的鲁班尺规格，方砖可分为二尺方砖、一尺八寸方砖、尺六方砖、尺五方砖以及尺三方砖、南窑大方砖等，现在古建筑维修中常用的方砖也有按照公制确定的规格尺寸，如300mm × 300mm × 30mm、400mm × 4000mm × 40mm、500mm × 500mm × 60mm等。古建用砖尺寸及应用见表11–6。

古建常用砖料尺寸及适用范围　　表11–6

砖名	长	阔	厚	用途及备注
大砖	1.02 ~ 1.8尺	5.1 ~ 9寸	1 ~ 1.8寸	砌墙用
城砖	6.8寸 ~ 1.0尺	3.4 ~ 5寸	6.5分 ~ 1.0寸	砌墙用
单城砖	7.6寸	3.8寸		砌墙用
行单城砖	7.2寸	3.6寸	7分	砌墙用
五斤砖	1尺	5寸	1寸	砌墙用
行五斤砖	9.5寸	4.3寸		砌墙用
行五斤砖	9.0寸			砌墙用

续表

砖名	长	阔	厚	用途及备注
二斤砖	8.5寸			砌墙用
十两砖	7.0寸	3.5寸	7分	通常砌墙用
六斤砖	1.55尺	7.8寸	1.8寸	筑脊用
六斤砖	2.2尺		3.5寸	筑脊用
正京砖	2.0尺	方形	3.0寸	大殿铺地用
正京砖	1.8尺		2.5寸	铺地用
正京砖	2.42尺	1.25尺	3.1寸	铺地用
半京砖	2.2尺			铺地用
二尺方砖	1.8尺	方形	2.2寸	厅堂铺地用
尺八方砖	1.6尺	方形		厅堂铺地用
尺六方砖			加厚	厅堂铺地用
尺五方砖				厅堂铺地用
尺三方砖			1.5寸	厅堂铺地用
南窑大方砖	1.3尺	半方形	加厚	厅堂铺地用
山东望砖	7.0寸	3.5寸	7分	铺椽上
方望砖	8.5寸	方形	7分	殿庭铺椽上用
八六望砖	7.5寸	4.6寸或4.7寸	5分	厅堂铺椽上用
小望砖	7.2寸	4.2寸		平房铺椽上用
黄道砖	6.2寸	2.7寸	1.5寸	铺地、天井、砌单壁
黄道砖	6.1寸	2.9寸	1.4寸	铺地、天井、砌单壁
黄道砖	5.8寸	2.6寸		铺地、天井、砌单壁
黄道砖	5.8寸	2.5寸	1.0寸	铺地、天井、砌单壁
并方黄道砖	6.7寸	3.5寸	1.4寸	铺地、天井、砌单壁
半黄砖	1.9尺	9.9寸	2.1寸	砌墙门用
小半黄砖	1.9尺	9.4寸	2.0寸	砌墙门用

注：本表计量单位为鲁班尺。鲁班尺换算成公制：1尺=27.5cm。

（5）砂滚砖

是用砂性土壤烧制而成的质地较粗的砖，品质较次，一般用于不太显眼的部位。其他杂砖是指除以上类别的其他砖，如与现代规格标准砖相同的的四丁砖、贴砌斧刃陡板的斧刃砖等。

（6）传统青砖

古建筑采用的传统青砖是以黏土为主要原料，经过成型、干燥、焙烧和窨窑工艺制成的青（灰）色的砖。古建筑砖料可分为条砖类和方砖类。条砖类又可分为城砖类和小砖类。各类砖又可因产地、规格和工艺的不同而产生多种名称。南方目前常用的古建砖料及应用范围如表11–7所示，常见古建筑砖料的名称、用途及参考尺寸见表11–8。

（7）仿古面砖

仿古面砖是以黏土和细砂为主要原料，经钢模冲压成型，并经干燥、焙烧和窨窑工艺制成的青（灰）色面砖。常见的仿古面砖的规格有3种：62mm × 250mm × 11mm、62mm × 280mm × 11mm、100mm × 400mm × 20mm。

仿古砖具有鲜活的灵性，它的质地比较坚硬，密度大，表面的色泽又透出温和、谦逊的气质。仿古砖给人们的生活提供一种生存的意境，体现出现代人坚毅处事的性格，也体现了东方的智慧，它保持了自然的色差。仿古砖表面的处理采用了凹凸的花纹，不平整的地面、不均匀的色差，在有意无意间营造出与泥坯相似的厚重和拙朴。自然的色差是古典的瓷砖对机械痕迹深重的现代工业产品的反叛。在暖暖的阳光下，砖面深深浅浅的色彩和纹理全部显现出来，仿佛它们也在呼吸。

南方常用古建砖料分类　　表11-7

名称	参考尺寸（mm）	适用范围	名称	参考尺寸（mm）	适用范围
八五青砖	210×100×40	砌墙、砖细	城砖	420×190×70	砌墙
城砖	420×200×100	砌墙、砖细	墙砖	420×200×40	砌墙
城砖	420×190×65	砌墙	尺六方砖	512×512×70	铺地
尺八方砖	576×576×80	铺地	方砖	450×450×60	铺地、砖细
大金砖	720×720×100	铺地	方砖	430×430×50	铺地、砖细
大金砖	660×660×80	铺地	方砖	380×380×40	铺地、砖细
小金砖	580×580×80	铺地	方砖	310×310×35	铺地、砖细
双开砖	240×120×25	砌墙、砖细	砖细单砖	215×100×16	砖细
条砖	400×200×40	砌墙、砖细	细古望砖	210×120×20	铺椽上
万字脊花砖		砌屋脊	望砖	210×105×14	铺椽上，砖细挑线
压脊砖		砌屋脊	夹望砖	210×115×30	铺椽上，砖细挑线
装饰条砖	200×45×15	砖细	黄（皇）道砖	170×80×34	铺地、砖细
装饰条砖	240×53×15	砖细	黄（皇）道砖	165×75×30	铺地、砖细
方砖	530×530×70	铺地、砖细	黄（皇）道砖	150×75×25	铺地、砖细
方砖	500×500×70	铺地、砖细			

（8）其他砖

指没列入上述类别的其他砖，如八五青砖、望砖、万字脊花砖、压脊砖、黄（皇）道砖等。

2. 古建砖的质量鉴定

砖的质量可以根据以下方面和方法进行检查鉴定：

（1）规格尺寸是否符合要求，尺寸是否一致。

（2）强度是否能满足要求，除通过试验室出具的试验报告判定外，现场可通过敲击发出的声音判定，有哑音的砖强度较低。

（3）棱角是否完整直顺，露明面的平整度如何。

（4）颜色差异能否满足工程要求，有无串烟变黑的砖。

（5）有无欠火砖甚至没烧熟的生砖，欠火砖的表面或心部呈暗红色，敲击时有哑音。

（6）有无过火砖，尤其是干摆、丝缝、砖雕所用的砖料，如选用的是过火砖，将会很难砍磨加工。过火砖的颜色较正常砖的颜色更深，多有弯曲变形，敲击时声音清脆，似金属声。

（7）有无裂纹。在晾坯过程中出现的“风裂”可通过观察发现，烧制造成的砖内“火裂”可通过敲击声音辨别。表面或内部有裂纹的砖会使强度降低，且容易造成冻融破坏。

（8）砖的密实度检查。可通过检查干后泥坯的断面和成品砖的断面鉴别，有孔洞、砂眼、水截层、砂截层及含杂质或生土块等的砖，其密实度都会受到影响。

（9）有无泛霜（起碱）。有泛霜的砖不能用于基础或潮湿部位，严重泛霜的为不合格的砖。

（10）检查厂家出具的试验报告。砖料运至现场后，项目部应自行选样送试验室进行复试。复试结果如不符合国家相关标准，说明现场材料与样品质量不符。

最后，还要做些其他检查。如土的含砂量是否过大，是否含有浆石籽粒，是否有石灰籽粒甚至石灰爆裂，砖坯是否淋过雨，砖坯是否受过冻或曾含有过冻土等。这些现象的存在都会造成砖的质量下降，应仔细观察检查。

现行古建砖料一览表（单位：mm） 表11-8

名称		主要用途	参考尺寸（糙砖规格/mm）	（清代官窑规格/mm）	说明
城砖	大城样（大城砖）	大式地面；基础；大式糙砖墙；檐料；杂料；淌白墙	480×240×130	464×233.6×112	如需砍磨加工，砍净尺寸按糙砖尺寸扣减5～30mm计算
	二城样（二城砖）	同大城样	440×220×110	416×208×86.4	
停泥砖	大停泥	大、小式墙身干摆、丝缝；檐料；杂料	320×160×80；410×210×80		如需砍磨加工，砍净尺寸按糙砖尺寸扣减5～30mm计算
	小停泥	小式墙身干摆、丝缝；地面；檐料；杂料	280×140×70；295×145×70	（288×144×64）	
四丁砖		淌白墙；糙砖墙；檐料；杂料；墁地	240×115×53		四丁砖即蓝手工砖，适于砍磨加工。如砌糙砖墙，可用蓝机砖
地趴砖		室外地面；杂料	420×210×85		
方砖	尺二方砖	小式墁地；博缝；檐料；杂料	400×400×60；360×360×60	（384×384×64）（行尺二：352×352×48）	砍净尺寸按糙砖尺寸扣减10～30mm计算
	尺四方砖	大、小式墁地；博缝；檐料；杂料	470×470×60；420×420×55	（448×448×64）	
	尺七方砖	大式墁地；博缝；檐料；杂料	570×570×60		
	二尺方砖		640×640×96	（640×640×96）	
	金砖（尺七～二尺四）	宫殿室内墁地；宫殿建筑杂料	同尺七～二尺四方砖规格	（同尺七～二尺四方砖规格）	

11.5.5 其他砖

1. 马赛克

马赛克是一种常由数十块小砖组成一个相对的特殊大砖。它因小巧玲珑、色彩斑斓而被广泛使用于室外小幅墙面和地面。规格多，薄小，质硬，耐酸、耐碱、耐磨、不渗水，抗压。

2. 釉面砖

釉面砖是指砖表面经施釉高温高压烧制处理的瓷砖，或用陶土烧制而成，或用瓷土烧制而成。陶土烧制出来的釉面砖背面呈红色，瓷土烧制的釉面砖背面呈灰白色。釉面砖表面可以做各种图案和花纹，比抛光砖色彩和图案丰富，因为表面是釉料，所以耐磨性不如抛光砖。

3. 通体砖

通体砖是由岩石碎屑经过高压压制而成，表面抛光后坚硬度可与石材相比，吸水率低，耐磨性好，因其正面和反面的材质和色泽一致而得名。通体砖是一种表面不上釉的瓷质砖，有很好的防滑性和耐磨性。一般所说的“防滑地砖”大部分是通体砖。

玻化砖是通体砖坯体的表面经过打磨而成的一种高温烧制的光亮的瓷质砖，属通体砖的一种，是所有瓷砖中最硬的一种。吸水率低于0.5%的陶瓷砖都称为玻化砖，抛光砖吸水率低于0.5%也属玻化砖（高于0.5%就只能是抛光砖而不是玻化砖），然后将玻化砖进行镜面抛光即得玻化抛光砖，因为吸水率低的缘故其硬度也相对比较高，不容易有划痕。

4．紫砂砖、陶土砖

具有抗冻、耐酸碱、不剥落、无辐射、耐老化、无光污染、施工效果好的特点，采用天然陶土为原料，经高温挤压形成，外观古典、纯朴、柔和且经济合理，是现在小区景观铺装面层设计中的常用材料，一般宜兴紫砂砖单方造价约85元/m^2，大连砖（真空挤压，表面有气泡孔）单方造价约125元/m^2。

11.6 砖的加工

中国古建筑的墙体摆砌十分考究，对砖料的精度要求很高，为适应墙体摆砌的需要，要对砖料预先进行加工。砖料的加工是对砖料的几个面凭砍、磨等手段，将粗糙的砖加工成符合尺度和造型要求的细料砖。砖料的几个面在习惯上称呼为“面、头、肋”,“面”是指砖料朝外的那一面，“头”是指砖料的小面，“肋”是除了看面和丁头以外的那一面。砖加工的内容很庞杂，用于不同部位的砖料，其加工程序和方法均不相同，常用的有以下几种。

（1）五扒皮：指对砖的5个面（两肋、两面、一丁头）按规定的长、宽、厚尺寸进行加工，并留出转头勒。它的加工过程为：磨平加工面；棱边划直线（即“打直”）、凿去多余部分（即“打扁”）；“过肋”、“砍包灰”（砍去尺寸为3～7mm）；将过肋磨平（即“磨肋”）；对砖端头按要求尺寸截断磨平（即“截头”）。五扒皮砖一般用在干摆做法的砖砌体和细墁条砖地面中。

（2）膀子面：当砖的一个大肋面只磨平不砍包灰，而该肋面与长身、丁头两个面互成直角棱，则此肋面称为“膀子面”。膀子面砖也是加工5个面，其中一个加工成膀子面，作法同五扒皮，通常用在丝缝做法的砌体中。

（3）淌白头：只进行简单加工的砖，按加工精度分为细淌白和粗淌白。细淌白只对一个面或头和一根棱进行磨、截，不砍包灰不过肋，只“落宽窄”不“劈厚薄”；粗淌白只对一个面或头和一根棱进行铲磨，不截头也不砍包灰，不“落宽窄”也不“劈厚薄”。

（4）三缝砖：是对砖的看面和上缝、左缝、右缝的3个面共4个面进行加工的砖。用于干摆墙的第一层等不需要全部加工的砌体中。

（5）六扒皮：是对砖的6个面都进行加工的砖。用于一个长身面和两个丁头面同时露明的部位。

（6）盒子面：是对地面方砖加工的一种面砖，加工方法同五扒皮，铲磨大面、过四肋，4个肋要互成直角，包灰1～2mm。

（7）八成面：作用和加工方法同盒子面，只是加工精度只要求达到八成即可。

（8）干过肋：对地面方砖进行粗加工，砖的大面只铲不磨，只铲磨四肋，不砍包灰。

砖料加工好后还要进行质量检查，检测砖的长身面平整度、砖厚、砖长、砖棱平直和截头方正以及观察砍磨面的完整，这才完成砖的加工制作，供不同性质和等级的建筑物的不同部位使用，正是这颇费匠心的砖瓦构建出中国无比辉煌的古建筑文化，成为世界建筑之苑中的一枝奇葩。

11.7　砖的应用

在公元前2000年，中国人就开始用砖块来进行工程建设。黏土是一种天然存在的材料，它的成分变化很大，生产出来的砖块表现出了独特的地域变化。黏土中特别的金属成分加上它的杂质影响到了制成后的砖块的色泽和结构特点。石灰质的黏土焙烧后会变成一种黄色调的颜色，而非石灰质的黏土则会产生出红色系的砖块。烧结黏土砖是中国应用最久、范围最广的墙体材料，用于砌筑柱、拱、烟囱、地面及基础等，是砌筑可代替钢筋混凝土的各种配筋砌体的材料，用于制作柱、过梁等构件，还是现代园林优良的铺地材料。

第12章　瓦

瓦是指由泥土、石材、金属或其他材料制作而成，形状或呈拱形，或呈平板形，或呈半个圆筒形及圆形等，主要用于屋顶铺盖的建筑材料。瓦分筒瓦、板瓦、半圆形瓦当和圆形瓦当，筒瓦弧度大，板瓦弧度小而较平，筒瓦、板瓦纵列间隔铺盖建筑物顶部，形成纵列高低错落有致的景观。瓦当为铺盖至房檐的那一行列的筒瓦的瓦头，具有强烈的屋檐美化功能。瓦和瓦当是构成中国传统建筑特色之所在。

12.1　瓦的起源与发展

《古史考》记载“夏世，昆事氏作屋瓦”，《本草纲目》写道“夏桀始以泥坯烧作瓦”，《说文》对汉字“瓦”的注释为“土器已烧之总名”。可见古人将瓦与陶器视作同类，瓦罐也即陶罐，陶与瓦的产生时间比较接近。

瓦这个字在使用过程中，逐渐成为一种形状的代名词，除了黏土烧制的青瓦，材料逐渐多样化，还有琉璃瓦、石板瓦、筒瓦、铁瓦、木瓦、竹瓦等。晚清江南民居一带用玻璃代替瓦片，为房子开天窗，称为“亮瓦”。当代的瓦就更加多样化了，油毡瓦、石棉瓦、彩钢板瓦以及复合材料瓦。瓦最初用于王室，属于奢侈品，尺寸较大，普及以后为了降低施工难度，尺寸逐渐变小，适合手工操作。由于瓦片小，接缝多，漏雨的机会就多，于是现代建筑工业又增大了瓦的尺寸。由此可见瓦在建筑史中呈现螺旋上升式的发展。

12.2　瓦的主要特性

用普通黏土（黏粒含量大于30%）制作的土瓦表面粗糙，质量轻，敲击有沉闷声，外观偏黄色，质地疏松多孔，吸潮和透气导热性能佳，在潮湿环境中能有效地保持表面干燥，是理想的防潮材料。土瓦粗糙的表面使搭接更稳固，结合灰浆粘结后，既防台风，又能减轻自重节省木材，且工艺要求不太高。但土瓦的吸水性使屋面排水速度减慢，雨后屋面重量明显增加。

柴烧土瓦呈米白色，用于祠堂和较讲究的民宅；煤烧土瓦呈红色，质地较前者疏松，潮湿后容易霉变，一般用于民居。用泥土烧成的青瓦（指不上釉的青灰色的普通瓦，清式官式名称叫布瓦，通常也叫片瓦，《营造法式》中亦称作素白瓦）外观呈青黑色，质地疏松，质量轻，敲击有沉闷声。用普通黏土制成，低温烧制，熄火后浇水冷却，使瓦表面形成一层薄膜，具有一定的抗腐蚀性能。青瓦具有强度高、抗冻性能好、耐腐蚀、不褪色、寿命长等特点，呈现素雅沉稳、古朴宁静的美感。

由陶土或瓷土高温烧制而成的陶瓦敲击声音清脆，表面不施釉的陶瓦称为素胎陶瓦，亦称素烧瓦，呈米白色，表面光滑致密，质地坚硬，敲击声音清脆，密度大于土瓦，与琉璃瓦相近。有上釉和素胎两种。琉璃瓦是表面施釉的陶瓦，施釉部分覆盖光滑致密薄膜，能反射部分光线，敲击声音清脆，表面各色釉子是用铅、铜、钠、钾、锰等不同金属，按不同比例烧融后挂附而成，上釉后的瓦件具有耐火耐酸性能。陶瓦是防水的优选材料，光滑致密的质地，使雨水能迅速排走而没有增加屋面重量；但随之带来固定性差、粘结度低，不利于铺设，工艺复杂，要求高等施工问题；自身重量大亦不利于节省木材，但有利防风。

12.3 瓦的种类

12.3.1 琉璃瓦

琉璃又称“流离”，最早源于古印度语，并随佛教文化传入中国。“琉璃”原意为形容一种在陶器表面不明成分彩色釉质的耀眼生辉、流光陆离的特性。经现代科学研究，“琉璃”实际上是二氧化硅与其他金属氧化物混合烧制而成的釉质物，随着配入的金属比例不同而呈现不同的颜色，属于陶瓷工艺。同样，琉璃瓦是指将这种琉璃釉施于普通瓦片表面并在较高温度下烧制而成的上釉瓦。琉璃瓦属于建筑陶器，烧成温度一般在1100～1250℃。琉璃瓦有板瓦、滴水瓦、筒瓦、沟头瓦、屋脊瓦等多种。它的配套产品有几十个至上百个。琉璃瓦色彩绚丽，金碧辉煌，造型古朴，富有民族风格和传统特色。

琉璃瓦是中国建筑的传统物件，在中国古建筑历史中扮演着不可或缺的角色，它被广泛使用于皇家建筑之上，构成了皇家建筑礼制的重要组成部分。中国传统琉璃瓦的做法是在普通瓦片表面施以用铅丹作助熔剂在高温下烧成的硅酸化合物的釉质，其釉质主要用铁、铜、钴等金属氧化物作为着色剂。为了获得色彩鲜艳、层次多变的琉璃瓦，可以适当地调整影响釉色深浅变化的主要因素——生铅釉随色剂的含量。

1. 琉璃瓦的特性

（1）釉色优美

琉璃瓦釉色必须要光亮平滑，呈色均匀，鲜艳而有纯厚之感，特别在阳光的照耀下能产生霞光灿烂、五彩缤纷的效果。

（2）胎质坚实

琉璃瓦胎质要坚实，无裂纹、无变形、无缺釉、无釉泡、无落脏、无杂质、无粘疤、无磕碰为佳。一级产品允许少数缺陷，二级产品允许部分缺陷。

（3）良好的耐急冷急热性能

琉璃瓦暴露于室外，长期经受冰冻霜打、风吹雨淋，必须具有一个经久不裂釉、不脱釉、不破、不碎的耐急冷急热的性能。具体指标一般规定为室内水温至100℃反复进行两次不裂。

（4）适宜的吸水率

琉璃瓦的吸水率不宜大，否则瓦胎未烧结，胎质疏松，机械强度小，稍受外力极易损破。吸水率一般规定小于14%，企业内部指标小于11%。

（5）良好的耐冻性能

琉璃瓦要久经寒冬考验，特别是北方零下几十度的严寒考验。耐冻性能不好，使用寿命极短。耐冻性能指标为-20～-40℃冻融循环6次不裂。

2. 南方琉璃瓦

琉璃瓦是将瓦材的泥坯浇或浸上生铅釉后烧制成型的瓦材，为了获取黄、蓝、红、绿等各种色彩，还需在釉料中加入铁、铜、锰、钴等金属氧化物。南方常用琉璃瓦件的规格尺寸习惯用

“号”来区分，瓦件尺寸随“号”的增大而增大，常用琉璃瓦件分6个规格，即6个“号”。因各地称谓习惯和使用习惯的不同，规格划分和叫法相当繁杂，难以找出一个完全有代表性的划分方法。以江浙为代表的命名及规格尺寸如表12-1所示。

对于南方琉璃瓦屋面小建筑，不同地区的相同类型建筑在规模和体量上都有很大差别，因此，南方的琉璃瓦选择基本以建筑体量来确定，在每一类建筑中均分成大小两档规格，分别确定琉璃瓦使用规格。具体的选择原则如表12-2所示。

3. 北方琉璃瓦

北方琉璃瓦以陶土为原料，表面施釉料，经成型、干燥、焙烧制成。琉璃瓦的釉色有多种，以黄、绿两种最常用。常用的琉璃瓦件如图12-1所示，琉璃瓦件的规格尺寸按“样”划分，二样最大，九样最小，二样和三样瓦极少使用。常见琉璃瓦件的规格尺寸见表12-3。

中国南方常用琉玻瓦件、脊件名称、规格、尺寸　　表12-1

名称	规格尺寸（cm）					
	1号	2号	3号	4号	5号	6号
盖瓦	30×18	30×15	26×13	22×11	16×8	11×5
底瓦	35×28	30×22	29×20	26×17.5	21×12	11×9
正当沟	26×28	26×22	26×18	24×10		
斜当沟	26×22	26×22	25×18	24×10		
滴水瓦	37×28	32×22	28×20	28×17.5	21×12	11×9
勾头瓦	30×18	30×15	26×13	22×11	16×8	11×5
黄瓜环盖瓦	44×25	42×22	40×20	36×18	32×15	30×12
黄瓜环底瓦	44×28	42×22	40×20	36×17.5	32×12	30×9
正脊	45×30×45	45×30×45	30×20×30			
半面脊	45×15×45	45×15×45	30×10×30			
戗脊	42×24×30	42×24×30	30×24×30			
斜沟盖瓦	30×18×45°					
斜沟底瓦	30×28×45°					
正吻	高170	高120	高100	高80	高60	高60
半面正吻	70×10×70	60×10×60	47×10×50			
回纹	70×20×70	60×18×60	47×20×50			
合角回纹	70×20×70	60×18×60	47×20×50			
花脊	40×15×60	20×15×40				
包头脊	45×30×45	30×20×30				
普通型翘角	50×20×18					
兽型翘角	31×20×20					
A型套兽	31×20×20					
B型套兽	27×20×22					
珠宝（宝顶）		高150	高120	高100	高80	高70
走兽	高40	高30	高20			
瓦钉帽	高8	高6	高5			

注：珠宝尚有7号、8号两个规格，高度分别为：60cm和40cm。
资料来源：《古建园林工程施工技术》，中国建筑工业出版社，2005。

琉璃瓦屋面参考使用范围 表12-2

古建筑类型	琉璃瓦选用规格				
大殿（大）	1号琉璃瓦				
大殿		2号琉璃瓦			
厅堂（大）		2号琉璃瓦			
厅堂			3号琉璃瓦		
走廊围墙平房塔顶（大）			3号琉璃瓦		
走廊围墙平房塔顶				4号琉璃瓦	
各类亭（大）				4号琉璃瓦	
各类亭					5号琉璃瓦

常见琉璃瓦件尺寸表（单位：cm） 表12-3

名称	规格	样数					
		四样	五样	六样	七样	八样	九样
正吻	高 宽 厚	256 ~ 224 179 ~ 157 33	160 ~ 122 112 ~ 86 27.2	115 ~ 109 81 ~ 76 25	102 ~ 83 72 ~ 58 23	70 ~ 58 49 ~ 41 21	51 ~ 29 36 ~ 20 18.5
剑把	高 宽 厚	80 35.2 8.96	48 20.48 8.64	29.44 12.8 8.32	24.96 10.88 6.72	19.52 8.4 5.76	16 6.72 4.8
背兽	正方	25.6	16.64	11.52	8.32	6.56	6.08
吻座	长 宽 厚	33 25.6 29.44	27.2 16.64 19.84	25 11.52 14.72	23 8.32 11.52	21 6.72 9.28	18.5 6.08 8.64
赤脚通脊	长 宽 高	76.8 33 43	五样以下无				
黄道	长 宽 厚	76.8 33 16	五样以下无				
大群色	长 宽 厚	76.8 33 16	五样以下无				
群色条	长 宽 厚	无	41.6 12 9	38.4 12 8	35.2 10 7.5	34 10 8	31.5 8 6
正通脊	长 宽 高	无	73.6 27.2 32	70.4 25 28.4	67.4 23 25	64 21 20	60.8 18.5 17
垂兽（见表注）	高 宽 厚	51.2 51.2 28.5	44 44 27	38.4 38.4 23.04	32 32 21.76	25.6 25.6 16	19.2 19.2 12.8
垂兽座	长 宽 高	51.2 28.5 5.76	44 27 5.12	38.4 23.04 4.48	32 21.76 3.84	25.6 16 3.2	19.2 12.8 2.56
联座（联办垂兽座）	长 宽 高	86.4 28.5 29	70.4 27 25.4	67.2 23.04 22	41.6 21.76 18	28.8 16 14	23.8 12.8 10
大连砖（承奉连砖）	长 宽 高	44.8 28.5 14	41 26 13	39 25 12	37 21.5 11	33 20 9	31.5 17.5 8

续表

名称	规格	样数					
		四样	五样	六样	七样	八样	九样
三连砖	长 宽 高	43.5 29 10	41 26 9	39 23 8	35.2 21.76 7.5	33.6 20.8 7	31.5 19 6.5
小连砖	长 宽 高	七样以上无				32 16 6.4	28.8 12.8 5.76
垂通脊	长 宽 高	83.2 28.5 29	76.8 27 25.4	70.4 23.04 22	64 21.76 18	60.8 20 14	54.4 17 10
戗兽（见表注）	长 宽 厚	44 44 27	38.4 38.4 23.04	32 32 21.76	25.6 25.6 20.08	19.2 19.2 12.8	16 16 9.6
戗兽座	长 宽 高	44 27 5.12	38.4 23.04 4.48	32 21.76 3.84	25.6 20.8 3.2	19.2 12.8 2.56	16 9.6 1.92
戗通脊（岔脊筒子）	长 宽 高	76.8 27 25.4	70.4 23.04 22	64 21.76 18	60.8 20.8 14	54.4 17 10	48 9.6 8.6
撺头	长 宽 高	44.8 28.5 14	41 26 9	39 23 8	36.8 21.76 7.5	33.6 20.8 7	31.5 19 6.5
㭼头	长 宽 高	38.4 26 7.68	35.2 23 7.36	32 20 7.04	30.4 19 6.72	30.08 18 6.4	29.76 17 6.08
列角盘子	长 宽 高			40 23.04 6.72	36.8 21.76 6.4	33.6 20.8 6.08	27.2 19.84 5.76
三仙盘子	长 宽 高			40 23.04 6.72	36.8 21.76 6.4	33.6 20.8 6.08	27.2 19.84 5.76
仙人（见表注）	长 宽 高	33.6 5.9 33.6	30.4 5.3 30.4	27.2 4.8 27.2	24 4.3 24	20.8 3.7 20.8	17.6 3.2 17.6
走兽（见表注）	宽 厚 高	18.24 9.12 30.4	16.32 8.16 27.2	14.4 7.2 24	12.48 6.24 20.8	10.56 5.28 17.6	8.64 4.32 14.4
吻下当沟	长 宽 厚	33.6 21 2.24	28.3 16.5 2.24	26.7 15 1.92	24 14.5 19.2	22 13.5 1.6	20.4 13 1.6
托泥当沟	长 宽 厚	33.6 21 2.24	28.3 16.5 2.24	26.7 15 1.92	24 14.5 19.2	22 13.5 1.6	20.4 13 1.6
平口条	长 宽 高	28.8 8.64 1.92	27.2 8 1.92	25.6 7.36 1.6	24 6.4 1.6	22.4 5.44 1.28	20.8 4.48 1.28
筒瓦	长 宽 高	35.2 17.6 8.8	33.6 16 8	30.4 14.4 7.2	28.8 12.8 6.4	27.2 11.2 5.6	25.6 9.6 4.8
压当条	长 宽 高	28.8 8.64 1.92	27.2 8 1.92	25.6 7.36 1.6	24 6.4 1.6	22.4 5.44 1.28	20.8 4.48 1.28

续表

名称	规格	样数					
		四样	五样	六样	七样	八样	九样
正当沟	长	33.6	28.3	26.7	24	22	20.4
	宽	21	16.5	15	14.5	13.5	13
	厚	2.24	2.24	1.92	1.92	1.6	1.6
斜当沟	长	46	39	37	32	30	28.8
	宽	21	16.5	15	14.5	13.5	13
	高	2.24	2.24	1.92	1.92	1.6	1.6
套兽（见表注）	长	25.2	23.6	22	17.3	16	12.6
	宽	25.2	23.6	22	17.3	16	12.6
	高	25.2	23.6	22	17.3	16	12.6
博脊连砖	长			40	36.8	33.6	30.4
	宽			22.4	16.5	13	10
	高			8	7.5	7	6.5
承奉博脊连砖	长	46.4	43.2	六样以下无			
	宽	23.68	23.36				
	高	14	13				
挂尖	长	46.4	43.2	40	36.8	33.6	30.4
	宽	23.68	23.36	22.4	16.5	13	10
	高	24	22	16.5	15	14	13
博脊瓦	长	46.4	43.2	40	36.8	33.6	30.4
	宽	27.2	25.6	24	22.4	20.8	19.2
	高	6.5	6	5.5	5	4.5	4
博通脊（围脊筒子）	长	76.8	70.4	56	46.4	33.6	32
	宽	27.2	24	21.44	20.8	19.2	17.6
	高	31.36	26.88	24	23.68	17	15
满面砖	长	44.8	41.6	38.4	35.2	32	28.8
	宽	44.8	41.6	38.4	35.2	32	28.8
	高	5.44	5.12	4.8	4.48	4.16	38.4
蹬脚瓦	长	35.2	33.6	30.4	27.2	24	20.8
	宽	17.6	16	14.4	12.8	11.2	9.6
	高	8.8	8	7.2	6.4	5.6	4.8
勾头	长	36.8	35.2	32	30.4	28.8	27.2
	宽	17.6	16	14.4	12.8	11.2	9.6
	高	8.8	8	7.2	6.4	5.6	4.8
滴子	长	40	38.4	35.2	32	30.4	28.8
	宽	30.4	27.2	25.6	22.4	20.8	19.2
	高	14.4	12.8	11.2	9.6	8	6.4
板瓦	长	38.4	36.8	33.6	32	30.4	28.8
	宽	30.4	27.2	25.6	22.4	20.8	19.2
	高	6.08	5.44	4.8	4.16	3.2	2.88
合角吻	长	64	54.4	41.6	22.4	15.68	13.44
	宽	64	54.4	41.6	22.4	15.68	13.44
	高	89.6	76.8	60.8	32	22.4	19.2
合角剑把	长	25.6	22.4	19.2	9.6	6.4	5.44
	宽	5.44	5.12	4.8	4.48	4.16	3.84
	厚	1.92	1.76	1.6	1.6	1.28	0.96

注：1．背兽长宽量至眉毛。
2．垂兽、戗兽高量至眉毛，宽指身宽。
3．仙人高量至鸡的眉毛；走兽高自筒瓦上皮量至眉毛。
4．套兽长量至尾毛。
5．清中期以前，六样板瓦宽为24cm，与近代出入较大。

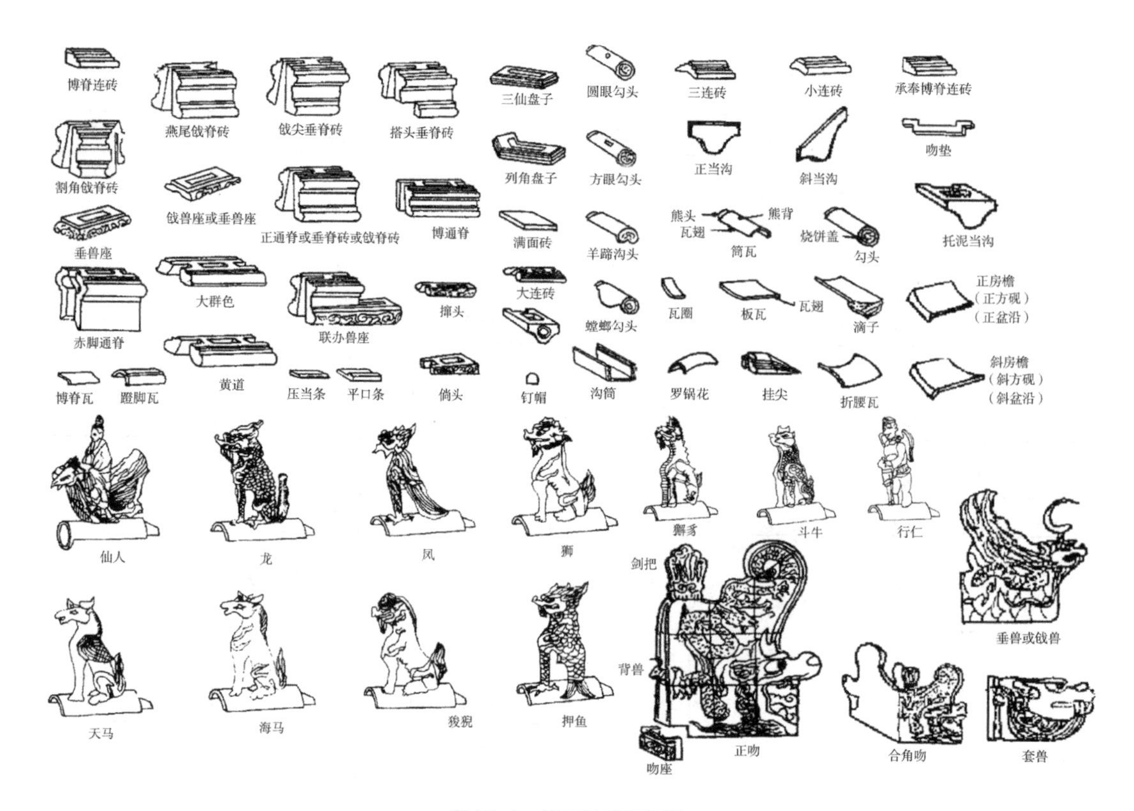

图12-1　常见的琉璃瓦件

4. 琉璃瓦件的质量鉴定

琉璃瓦件的质量可按以下方法进行检查鉴定：

（1）规格尺寸是否符合要求，尺寸是否一致。筒瓦“熊头”仔口是否整齐一致，前后口宽度是否一致。勾头、滴水的形状、花纹图案是否一致，滴水垂、勾头盖的斜度是否相同。吻兽件活的造型、花纹是否相同，外观是否完好。

（2）有无变形、缺棱掉角，表面有无疵疤或釉面剥落，脊件线条是否直顺。

（3）有无欠火瓦件。可通过敲击判断，声音发闷的为欠火瓦件。欠火瓦件易造成冻融破坏，导致坯体酥粉，故应认真检查。

（4）有无过火瓦件。可通过敲击判断，声音过于清脆者为过火瓦件。过火瓦件的强度很高，吸水率也较小，但因坯体表面光亮质硬，故不利于釉料附着，易造成釉面脱落，因此同样应认真挑选。

（5）有无裂纹、砂眼甚至孔洞。砂眼、孔洞和较明显的裂纹可通过观察发现。细微的裂纹和肉眼看不出的裂纹隐残可通过用铁器敲击的方法进行检查。敲击时发出“啪啦”声的即说明有裂纹或隐残。带有裂纹、砂眼和孔洞的瓦极易造成屋面漏雨，且只要出现一块就可能造成漏雨，而屋面竣工后要想找出这块瓦就十分困难了，尤其是隐残瓦是很难被发现的。因此应由专人专项逐块进行检查，且应由专职质检员进行抽样复检。

（6）釉面质量如何。如有无缺釉、掉釉、釉泡、串色、釉面中有脏物或杂质等现象以及严重程度。由于琉璃烧制时的窑内温差以及琉璃釉料在烧窑过程中的流淌造成的厚薄不匀，因而琉璃瓦无论是同一块的不同部位还是不同块之间都会存在色差。或者说釉面有色差正是传统琉璃的一大特点。这个问题可在施工中解决，将釉色相近的瓦集中使用。在安装前先经“顺色”工序再进行安装。

（7）坯体内是否含有石灰籽粒等杂质。

（8）检查厂家出具的试验报告。瓦件运至现场后，项目部应自行选样送试验室进行复试。复试结果如不符合国家相关标准，说明现场材料与样品质量不符。对于琉璃制品来说，抗折强度一般都能满足工程需要，可不再做弯曲破坏荷重试验。但可以在现场选几块琉璃板瓦，反扣在地上，人站在上面瓦不折断就说明板瓦和筒瓦都可以满足工程需要。瓦的吸水率和急冷急热试验是一定要做复试。对于冻融试验来说，如用于南方地区，可以不做复试，如用于北方地区，一定要做复试，如用于东北某些地区或国外高寒地区，试验温度应按工程所在地的最低温度，而不应按国家标准规定的试验温度进行。

5. 琉璃瓦件的加固保护

（1）琉璃瓦件的加固目的

许多古建筑因长期经受四季温差及雨淋暴晒等自然因素的侵扰，大气中的有害气体与诸多因素发生化学反应或冻融等，造成琉璃胎质酥碱、松散，釉层脱落等多种病害。瓦件病害严重时，会造成建筑屋面漏雨，直接危害文物的安全。经常保养维护瓦件，可延长文物本体寿命，最大限度地保留文物历史信息，避免病害延伸扩大。

（2）琉璃瓦件的加固措施

1）琉璃的清洗与脱盐

清洗琉璃表面污尘→琉璃浸泡在蒸馏水脱盐→将脱盐的琉璃晾干。

2）琉璃胎体酥碱的加固试验

选择一块酥碱面积较大的瓦件，大致分成4区，分别采用不同程度的加固剂进行试验性加固——由注射器等量滴入不同比例的加固剂（加固剂ParaloidB72比例10%、20%、30%），加固3～5次，24h后进行简单的测试，即由金属工具敲击，基本满足强度要求。

3）存在的问题

①脱釉补釉大多采用丙烯颜料，采用ParaloidB72与颜料进行调色加固，补色效果基本满意。

②材料费与人工费较高，成本较大。

③部分瓦件釉层较浅，无论采用哪种材料都会出现高出原釉面的现象。

由异佛尔酮二异氰酸酯和3-氨基丙基三乙氧基硅烷通过一锅法反应制备含长链桥联结构的桥式硅氧烷（BSQ），使用分析纯乙醇作溶剂，配制成10%（W/W）溶液，琉璃样品在其中浸泡24h，保护后琉璃瓦胎体具有较好的憎水性，抗压强度也得到了提高，设计合成的桥式硅氧烷BSQ起到了防水和加固的作用。

6. 琉璃瓦的应用

琉璃瓦是一种性能优越的屋顶材料，具有防水、耐磨、经久耐用、外形美观、色彩艳丽的特点。琉璃瓦常用于皇家建筑，营造出金碧辉煌、富丽堂皇、美轮美奂的建筑氛围，是中国古代皇家建筑达到木构建筑至美巅峰的重要因素之一。

黄色自古为帝王专用的尊贵之色，黄色居于色彩等级至高地位的原因众多，其中最重要的来源是五行学说。根据五行学的理论，黄色源于土地之色，居于东、西、南、北、中五个方向中的中央位置，故黄色为中央之色。以黄色作为皇家建筑的主色调，以示天子位居正中之位，统御四方，象征着皇权的至高无上。

其次为绿色，绿色在五行中属东、属木，居于仅次于黄色的地位，因此太子、皇子居住的宫殿多用绿色作为装饰，历代也称皇子居住的宫殿为东宫、青宫。其他色彩如蓝、黑、红等色则单独用于有特定含意的建筑或混合使用以点缀景色。

琉璃瓦及配件除用于屋顶外，也用于门窗、墙壁、影壁、牌楼、宝塔等，有的直接用琉璃作结构构件建造全琉璃建筑。琉璃制品用于建筑成为中国古典建筑艺术独特的风格。

7. 中国琉璃瓦的生产概况

（1）岭南石湾琉璃瓦

石湾在唐宋时代就生产琉璃瓦，明清时盛产。目前石湾琉璃瓦的生产逐渐走向机械化。该地产品具有浓厚的东方色彩和民族特色。抗冻性能在-20℃冷冻中循环20次无掉釉和开裂。急冷急热性能在100℃中煮沸1h，再迅速放入20℃水中半小时、循环6次不变，釉色鲜艳夺目。

（2）江苏宜兴琉璃瓦

宜兴地区生产琉璃瓦已有数百年历史，产品畅销国内，曾远销西班牙。该地琉璃瓦造型奇特，釉色丰富，泥质坚实、结构合理、种类繁多。瓦形弧度适当，有效面积大，每平方米屋面用瓦25块，52kg重。主要原料为宜兴白泥，采用机械和手工相结合的方法成型，一般为二次烧成。

（3）北京琉璃瓦

北京市琉璃瓦街在明清两代曾是制造琉璃瓦的地方。现北京市琉璃瓦厂延续了明清造琉璃瓦之技术，所产琉璃瓦驰名中外，釉色鲜而不过、艳而不俗、丽而不浮、淳厚而有古朴之威，色彩均匀、釉面不流。

（4）湖南铜官琉璃瓦

铜官琉璃瓦的生产已有很长的历史，有黄绿紫蓝等多种釉面，配套品种多，釉色鲜艳光亮、胎质优良，风雨侵蚀不褪色。主要产品有瓦类、脊类、栏杆类、园林艺术类等300多种。

（5）山西琉璃瓦

山西元代就已烧造琉璃瓦，明代尤为兴盛。由于制造琉璃瓦历史悠久，经验丰富，烧造的琉璃瓦有独特的优点，并具有独特的山西风格，釉色纯正，色彩繁多，品种多样，胎质坚实、抗冻、耐急冷急热等性能优良。

（6）江西省陶瓷研究所研制的琉璃瓦

江西省陶瓷研究所于1984～1985年进行的制瓷废泥制琉璃瓦研制获得成功，并经江西省轻工业厅主持鉴定通过：采用制瓷废泥制琉璃瓦经济效益显著，为原料的综合利用开辟了一条良好的途径。该产品采取一次烧成工艺，工艺简单、成熟，尤其是呈色稳定，釉面光亮、色彩绚丽灿烂。吸水率10.8%，耐急冷急热性能：100℃至室内水温交换3次不裂。耐冻性能-28℃至常温交换4次不裂。釉面光泽度为192.5。

中国不同地区琉璃瓦厂生产的规格见表12-4。

中国不同地区琉璃瓦厂生产的规格 表12-4

产品名称	规格（mm）	釉色	生产单位	产品名称	规格（mm）	釉色	生产单位
板瓦	345×250	黄绿	北京市琉璃瓦厂	一号筒瓦	350×280×240	黄绿	江苏宜兴建筑陶瓷厂
	324×245	黄绿		二号底瓦	350×225×190	黄绿	
	300×225	黄绿		三号底瓦	300×200×170	黄绿	
	285×208	黄绿		四号底瓦	280×175×145	黄绿	
筒瓦	320×160×80	黄绿	北京市琉璃瓦厂	二号滴水	320×280	金黄	江苏宜兴建筑陶瓷厂
	305×145×72.5	黄绿		一号短滴水	170×280		
	285×132×66	黄绿		一号花沿	310×180	金黄	江苏宜兴建筑陶瓷厂
	270×112×112	黄绿		一号顶帽	55×65	金黄	
一号筒瓦盖	300×175	黄绿	北京市琉璃瓦厂	滴水	345×250	黄绿	北京市琉璃瓦厂
二号筒瓦盖	300×150	黄绿			325×233	黄绿	
三号筒瓦盖	250×125	黄绿			300×225	黄绿	
四号筒瓦盖	350×100	黄绿			285×208	黄绿	
顶帽	60×60	金绿	北京市琉璃瓦厂	勾头（沟子）	320×160×80	黄绿	北京市琉璃瓦厂
	60×50				305×145×72.5	黄绿	
	45×45				285×132×66	黄绿	
	35×35				270×112×56	黄绿	
琉璃光筒	220×115×11	绿	广东石湾建筑陶瓷厂		240×96×48	黄绿	
琉璃檐口花瓦	220×178×10						
琉璃瓦片	230×230×10	绿					

12.3.2 青瓦（布瓦）

青瓦一般指黏土青瓦。以黏土（包括页岩、煤矸石等粉料）为主要原料，经泥料处理、成型、干燥和焙烧而制成，颜色并非是青色，而是暗蓝色、青灰色。中国青瓦的生产比砖早，主要用于铺盖屋顶、屋脊，也可用作瓦当。青瓦或于西周初年（公元前1066年）开始用于屋顶，从岐山遗址可见遗存，判断当时仅用于屋脊部分。到了春秋时期的遗址，较多发现板青瓦、筒青瓦、青瓦当，表面多刻有各种精美的图案，可知屋面也开始覆青瓦。到了战国时代，一般人的房子也能用青瓦了。到了秦汉形成了独立的制陶业，并在工艺上作了许多改进，如改用青瓦榫头使青瓦间相接更为吻合，取代青瓦钉和青瓦鼻。西汉时期工艺上又取得明显的进步，使带有圆形青瓦当的筒青瓦，由3道工序简化成1道工序，青瓦的质量也有较大提高，因称“秦砖汉青瓦”。根据地域特征，青瓦分南方小青瓦和北方小青瓦。

1. 南方小青瓦

（1）内涵

南方小青瓦是一种底瓦和盖瓦形状相同、烧制方法与青筒瓦相似的一类瓦件。在南方体量较小的古建筑，特别是民居类古建筑中，还广泛使用一种类似北方板瓦的小青瓦。小青瓦因过去制模时常在瓦上压印一只蝴蝶纹样，所以在南方也被称为“蝴蝶瓦”。

（2）技术特征

蝴蝶瓦种类少，规格较简单，有专门为之配套的檐口花边、滴水瓦件，规格尺寸也因地区分布、窑厂不同存在一定差异。南方常用的蝴蝶瓦规格尺寸如表12-5所示。

南方常用的蝴蝶瓦规格尺寸（单位：cm） 表12-5

名称	规格尺寸			
	特大号	大号	中号	小号
蝴蝶瓦（大号）	24×24	22×22	20×20	18×18
花边瓦	24×24	22×22	20×20	18×18
滴水沟	24×22	22×19	20×18	18×16
斜沟瓦	32×32	28×28	24×24	22×22
斜沟滴水瓦			24×22	22×22
黄瓜环（盖）			34×18	32×16
黄瓜环（底）			34×18	32×16
龙头脊	150×140×38	120×100×32	75×45×32	50×45×24
坐佛	规格定制		75×35×50	
沿人（丁帽）	规格定制			

（3）应用

对于蝴蝶瓦，屋面大殿建筑和大型砖塔一般选用特大号底瓦，中号盖瓦；走廊、轩、亭和普通民居可选用中号底瓦、小号盖瓦；而体型较大的厅堂类建筑，则可选用大号底瓦，中号或小号盖瓦。总之，为了避免瓦垄被落叶堵塞造成排水不畅、屋面漏水，一般情况下底瓦都应比盖瓦大1～2号。

2. 北方小青瓦

（1）技术特征

北方小青瓦是以黏土为主要原料，经成型、干燥、焙烧和窨窑工艺制成的青灰色瓦料。当区别于琉璃瓦时，常被称为黑活。布瓦主要由板瓦、筒瓦、勾头、滴水和花边瓦组成。板瓦和筒瓦分别用于筒瓦屋面的底、盖瓦垄。合瓦屋面的底、盖瓦垄则都是用板瓦做成的。勾头、滴水是筒瓦屋面的檐头瓦，其中勾头用于小式屋面时多称作“猫头”。花边瓦是合瓦屋面的檐头瓦。布瓦的种类和规格尺寸见表12-6。布瓦规格按“号”划分。头号最大、10号最小，按头号、1号、2号、3号和10号排列。在布瓦的规格品种中，没有4~9号。

北方小青瓦一览表（单位：cm） 表12-6

名称		现行常见尺寸	清代官窑尺寸
		长×宽	长×宽
筒瓦	头号筒瓦（特号或大号） 1号筒瓦 2号筒瓦 3号筒瓦 10号筒瓦	30.5×16 21×13 19×11 17×9 9×7	35.2×14.4 30.4×12.16 24×10.24 14.4×8

续表

名称		现行常见尺寸	清代官窑尺寸
		长×宽	长×宽
板瓦	头号板瓦（特号或大号） 1号板瓦 2号板瓦 3号板瓦 10号板瓦	22.5×22.5 20×20 18×18 16×16 11×11	28.8×25.6 25.6×22.4 22.4×19.2 13.76×12.16
勾头	头号勾头 1号勾头 2号勾头 3号勾头 10号勾头	33×16 23×13 21×11 19×9 11×7	37×14.4 32.5×12.16 26×10.24 16.5×8
滴水	头号滴水 1号滴水 2号滴水 3号滴水 10号滴水	25×22.5 22×20 20×18 18×16 13×11	31×25.6 28×22.4 27×19.2 16×12.16
花边瓦	头号花边瓦 1号花边瓦 2号花边瓦 3号花边瓦 10号花边瓦	25×22.5 22×20 20×18 18×16 13×11	31×25.6 28×22.4 27×19.2 16×12.16

布瓦屋面脊件多由砖料在现场加工制成。吻兽、小跑（俗称什活）的造型及规格尺寸与琉璃同类什活相同，使用时根据屋脊的高度及其他因素选用。

（2）瓦件质量鉴定

青瓦瓦件的质量可根据以下方面和方法进行检查鉴定：

1）规格尺寸是否符合要求，尺寸是否一致。筒瓦“熊头”仔口是否整齐一致。前后口宽度是否一致。勾头、滴水、花边瓦的形状、花纹图案是否一致，滴水垂、勾头盖的斜度是否相同。吻兽件活的造型、花纹是否相同，外观是否完好。

2）强度是否能满足要求，试验检测和敲击检测相结合，有哑音的瓦强度较低。

3）有无变形或缺棱掉角。

4）有无串烟变黑的瓦。

5）有无欠火瓦，欠火瓦的表面呈红色或暗红色。

6）有无过火瓦，过火瓦的表面呈青绿色，且多伴有变形发生。

7）有无裂纹、砂眼甚至孔洞。砂眼、孔洞和明显裂纹可通过检查发现，细微裂纹和超细微裂纹、隐残可通过铁器敲击来检查，敲击时发出“啪啦”声说明有裂纹或隐残。敲击时应敲击中部和4个角。带有裂纹、砂眼和孔洞的瓦极易造成屋面漏雨，且只要出现一块就可能造成漏雨，因此施工时应由专人专项逐块进行检查，且应由专职质检员进行抽样复检。

8）密实度如何。现场做渗水试验。将筒瓦或板瓦凹面朝上放置，在瓦的两端（筒瓦为一端）用砂浆堆梗条，砂浆稍干后瓦上倒水，随即观察瓦下渗水情况。

9）其他检查。如土的含砂量是否过大，是否含浆石籽粒，是否含石灰籽粒，瓦坯是否淋过雨、受过冻或曾有过冻土等，这些现象的存在都会造成瓦的质量下降，应细观检查。

10）检查厂家出具的试验报告。瓦件运至现场后，项目部应自行选择送试验室进行复试。复试结果如不符合国家相关标准，说明现场材料与样品质量不符。

（3）北方小青瓦瓦件的产品等级

根据尺寸要求、外观质量、物理性能、石灰检验、裂缝检验、砂眼检验和哑音检验等检验项目分为优等品、一等品、合格品三个产品等级。

3. 青瓦瓦件的技术要求

（1）尺寸要求

传统青瓦（私土瓦）的规格尺寸可参考表12-7、表12-8和表12-9确定。不同厂家瓦的尺寸与本表所列尺寸有出入时，可比较相近的尺寸选择相应的允许偏差值。

清官式建筑屋面用瓦参考尺寸及允许偏差（单位：mm） 表12-7

名称		长度			宽度		
		尺寸	允许偏差		尺寸	允许偏差	
			优等品	合格品		优等品	合格品
筒瓦	头号筒瓦	305	4	7	160	3	4
	1号筒瓦	210	3	5	130	3	4
	2号筒瓦	190	2	4	110	2	4
	3号筒瓦	170	2	4	90	1	3
	10号筒瓦	90	1	3	70	1	3
板瓦	头号板瓦	225	3	5	225	3	5
	1号板瓦	200	3	5	200	3	5
	2号板瓦	180	2	4	180	2	4
	3号板瓦	160	2	4	160	2	4
	10号板瓦	110	1	3	110	1	3
勾头	头号勾头	330	4	7	160	3	4
	1号勾头	230	3	5	130	3	4
	2号勾头	210	2	4	110	2	4
	3号勾头	190	2	4	90	1	3
	10号勾头	110	1	3	70	1	3
滴水	头号滴水	250	3	5	250	3	5
	1号滴水	220	3	5	220	3	5
	2号滴水	220	2	4	180	2	4
	3号滴水	180	2	4	160	2	4
	10号滴水	130	1	3	110	1	3
花边瓦	头号花边瓦	250	3	5	250	3	5
	1号花边瓦	220	3	5	220	3	5
	2号花边瓦	200	2	4	180	2	4
	3号花边瓦	180	2	4	160	2	4
	10号花边瓦	130	1	3	110	1	3

注：标准中有关南方的砖瓦尺寸为金石声先生提供（个别数据做了调整）。

江南古建筑筒瓦屋面用瓦参考尺寸及允许偏差（单位：mm）　　表12-8

名称		长度			宽度		
		尺寸	允许偏差		尺寸	允许偏差	
			优等品	合格品		优等品	合格品
筒瓦	大号筒瓦	320	4	7	210	3	5
	一号筒瓦	320	4	7	190	2	4
	二号筒瓦	300	4	7	160	2	4
	三号筒瓦	280	4	7	140	2	4
	四号筒瓦	250	4	7	120	2	4
	五号筒瓦	220	4	5	110	2	4
板瓦	大号板瓦	380	5	8	330	4	7
	一号板瓦	350	5	8	300	4	7
	二号板瓦	280	4	7	270	4	7
	三号板瓦	220	3	5	190	2	4
	四号板瓦	200	3	5	180	2	4
	五号板瓦	180	2	4	160	2	4
勾头	大号勾头	320	4	7	210	3	5
	一号勾头	320	4	7	190	2	4
	二号勾头	300	4	7	160	2	4
	三号勾头	280	4	7	140	2	4
	四号勾头	250	4	7	120	2	4
	五号勾头	220	4	5	110	2	4
滴水	头号滴水	380	5	8	300	4	7
	一号滴水	350	5	8	300	4	7
	二号滴水	280	4	7	270	4	7
	三号滴水	220	3	5	190	2	4
	四号滴水	200	3	5	180	2	4
	五号滴水	180	2	4	160	2	4

江南古建筑蝴蝶瓦屋面用瓦参考尺寸及允许偏差（单位：mm）　　表12-9

名称		长度			宽度		
		尺寸	允许偏差		尺寸	允许偏差	
			优等品	合格品		优等品	合格品
蝴蝶瓦	特大号	240	3	5	240	3	5
	大号	220	3	5	220	3	5
	中号	200	3	5	200	3	5
	小号	180	2	4	180	2	4
花边瓦	特大号	240	3	5	240	3	5
	大号	220	3	5	220	3	5
	中号	200	3	5	200	3	5
	小号	180	2	4	180	2	4
滴水瓦	特大号	240	3	5	220	3	5
	大号	220	3	5	190	3	5
	中号	200	3	5	180	3	5
	小号	180	2	4	160	2	4

续表

名称		长度			宽度		
		尺寸	允许偏差		尺寸	允许偏差	
			优等品	合格品		优等品	合格品
斜沟瓦	特大号	320	4	7	320	4	7
	大号	280	4	7	280	4	7
	中号	240	3	5	240	3	5
	小号	220	3	5	220	3	5

（2）外观质量

传统青瓦（黏土瓦）的外观质量应符合表12-10的规定。

传统青瓦（黏土瓦）外观质量要求及允许偏差（单位：mm）　　表12-10

检验项目		筒瓦		板瓦（蝴蝶瓦）	
		优等品	合格品	优等品	合格品
变形		3	5	3	6
板瓦（蝴蝶瓦）四角水平高低差				2	5
板瓦（蝴蝶瓦）曲度（两瓦合蔓程度）				2	4
杂质凸出高度		1	3	2	4
缺损	缺损处不超过	1处	1处	1处	3处
	每处长度不超过	5	10	5	10
色差		基本一致		无明显差别	

（3）抗弯曲（抗折）性能

传统青瓦（黏土瓦）的抗弯曲（抗折）性能应符合表12-11的规定。

传统青瓦（黏土瓦）的抗弯曲（抗折）性能要求　　表12-11

抗折荷重（N）	标准值	
	优等品	合格品
筒瓦	≥1500	≥1200
板瓦（蝴蝶瓦）	≥1200	≥850

（4）抗冻（抗风化）性能

用于有负温天气的地区时，瓦应进行抗冻性能试验（冻融试验）。在-15 ~ -20℃冰冻条件下经15次冻融循环后，不得出现开裂、分层、缺棱掉角和剥落等破坏现象。

（5）抗渗性能

优等品：将瓦反面朝上，注水5min后，正面无滴水现象。

合格品：将瓦反面朝上，注水5min后，正面无线状滴水现象。

（6）吸水率

优等品：15%。

合格品：21%。

（7）石灰检验

含有石灰籽或出现石灰爆裂的瓦为不合格产品。

（8）烧成火度

欠火瓦为不合格产品。

（9）裂缝检验

优等品：无裂缝。合格品：裂缝不明显，未贯通，且长度未超过10mm。

（10）砂眼检验

优等品：无砂眼。

合格品：砂眼未贯通，且宽度未超过2mm。

哑音瓦为不合格产品。

4. 检验批的划分

（1）产品应分批检验，每一个批次为一个检验批。

（2）每个检验批瓦的数量应符合以下规定。

1）清官式建筑屋面用瓦的检验批划分为：

①十号瓦以6万块为一个检验批（筒、板瓦可混计），不足6万块时按6万块计。

②二号瓦、三号瓦以5万块为一个检验批（筒、板瓦可混计），不足5万块时按5万块计。

③一号瓦、头号瓦以3万块为一个检验批（筒、板瓦可混计），不足3万块按3万块计。

2）江南古建筑筒瓦屋面用瓦的检验批划分为：

①五号瓦、四号瓦以5万块为一个检验批（筒、板瓦可混计），不足5万块按5万块计。

②三号瓦、二号瓦、一号瓦、头号瓦以3万块为一个检验批（筒、板瓦可混计），不足3万块时按3万块计。

3）江南古建筑蝴蝶瓦（小青瓦）屋面用瓦的检验批划分为：

①小号瓦、中号瓦以5万块为一个检验批，不足5万块时按5万块计。

②大号瓦、特大号瓦以3万块为一个检验批，不足3万块时按3万块计。

5. 检验用瓦样的抽取与允许不合格数

（1）检验所需的瓦样采用随机抽样的方法在每一检验批的产品中抽取。

（2）瓦样抽取数量和允许不合格数应符合表12-12的规定。

瓦样抽取数量和允许不合格数要求　　表12-12

检验项目	抽样数量（块）	允许不合格数（块）	检验项目	抽样数量（块）	允许不合格数（块）
外观质量	筒、板瓦各20	4	石灰检验	筒、板瓦各10	0
尺寸要求	筒、板瓦各20	4	烧成火度	筒、板瓦各10	0
抗弯曲性能	筒、板瓦各5	0	裂缝检验	筒、板瓦各10	1
抗冻性能	筒、板瓦各5	0	砂眼检验	筒、板瓦各10	1
吸水率	筒、板瓦各5	0	哑音检验	筒、板瓦各10	1
抗渗性能	筒、板瓦各3	0			

6. 质量判定

（1）每一检验批的质量等级按该检验批的全部检验项目综合判定。

（2）按外观质量、尺寸要求、裂缝检验、砂眼检验、哑音检验等各项检验中检测出的不合格样本数判定该项是否合格。各项检验中有一项不合格则该检验批定为不合格。

（3）抗弯曲（抗折）性能、抗冻（抗风化）性能、吸水率、抗渗性能、石灰检验、烧成火度等各项检验中如出现不合格样本，则该项定为不合格。各项检验中有一项不合格则该检验批定为不合格。

（4）有两个检验批以上的，所有检验批均应合格，否则定为不合格。

（5）在尺寸要求、外观质量、抗弯曲（抗折）性能、抗渗性能、吸水率、裂缝、砂眼等七项检验全部合格后，至少有四项达到优等品标准，且抗弯曲（抗折）性能和抗渗性能检验达到优等品标准时，该检验批才能定为优等品。

（6）有两个检验批以上的，所有检验批均达到优等品标准时才能定为优等品。

（7）超过合格品标准但未达到优等品标准的定为一等品。

7. 青瓦的应用

（1）屋顶铺设装饰

青瓦采用黏土烧制，均不上釉，一般呈青灰色，其造型为弧线状，形制分板瓦和筒瓦两种，起防雨、排水、保温、隔热等作用。建筑屋面铺设常采用仰瓦、合瓦、仰合瓦三种屋顶样式。顾名思义，仰瓦是指在建筑屋面铺设时青瓦凹面向上的瓦，而合瓦是相对仰瓦凹面向下的瓦。仰合瓦，又称哭笑瓦，将仰瓦凹面向上整列铺设在苫背或椽子上，然后在整列仰瓦间覆以合瓦，呈现仰合交错之势。在北方地区，民宅多采用合瓦屋顶样式，大建筑一般采用仰合瓦屋顶样式，而江南地区民宅和庙宇均采用仰合瓦的屋顶样式。

（2）园林铺地装饰

青瓦不仅用于覆盖屋顶，还被运用到传统园林装饰艺术中。铺地是选择砖、瓦、石等材料对地面进行的铺设处理，常见的组合图案有套钱纹、波纹式、鱼鳞式、球门式、六方式等纹式。当然，民间还流传有许多优美雅致的图案。苏州园林园内古典建筑随处可见，传统施工工艺将青砖、瓦、石等传统材料在园林景观装饰中运用得淋漓尽致，随着时间的流逝，古典建筑与自然融为一体，体现了中国传统文化中“天人合一”的哲学思想。青瓦不仅带给我们安静舒适的生活环境，同时也为中国传统装饰艺术的研究留下了十分宝贵的文化财富。

（3）景墙漏窗装饰

青瓦除了用于屋顶、铺地，园林的漏窗中也有它的身影。利用瓦的曲线，连接成优美的图案置于窗洞上。青瓦传统装饰种类还包括花瓦顶、花式砖墙等。花瓦顶为院墙上面墙帽部分的花瓦图案，其常见的图案有水波纹、鱼鳞纹、套钱纹、海棠纹、软锦万字纹、如意纹、八角灯景纹、十字花、三叶草、皮毬花、喇叭花等；它们之间相互搭配可组成十字花套金钱纹、斜银锭、十字花顶轱辘钱、套西番莲等相对复杂的组合图案。花式砖墙的形制包括漏砖墙和漏窗墙，漏砖墙采用烧制好的青砖、青瓦，将其堆砌成各种花瓦图案放置于墙洞内，而漏窗墙则将花瓦图案放置于窗户的位置，每一个墙洞如同一扇窗子，清幽静谧。

（4）其他应用

青瓦不仅具有优雅的造型，且拥有丰富的装饰性，其传统装饰图案蕴含丰富的艺术语言。在现代商业空间的景观设计中，既可借鉴传统青瓦装饰图案来进行空间装饰，巧妙处理空间中各种关系，也可将青瓦同现代新材料进行创造性的组合使用，形成层次分明、重点突出的装饰效果，展现出既传统又富有个性的材质魅力。在材质的选择方面既要符合商业的行业特点，又要考虑材料特质等因素。

12.3.3 石板瓦

天然石板瓦也称页岩瓦、青石板瓦，是对天然板石做屋顶盖瓦的通俗称法，规范术语为瓦板。据考证，在中国的“瓦板岩之乡”陕西紫阳县，自先秦时期就开始用板石挡风盖屋顶，至今当地还完好地保存着很多古朴美观的板石民居。

1. 主要特性

（1）承载性

每平方米建筑屋顶面积需用15块黏土瓦，每块黏土瓦重3.4kg，每平方米屋顶用瓦共重51kg。每块530mm×260mm石板瓦重1.75kg，每平方米建筑屋顶面积需14.5块石板瓦，共重25.375kg；每块500mm×230mm石板瓦重1.5kg，每平方米建筑屋顶面积需17.4块石板瓦，共重26.1kg；每块400mm×200mm石板瓦重1.25kg，每平方米建筑屋顶面积需25块石板瓦，共重31.25kg。各种规格的石板瓦对建筑物的承重均较黏土瓦低，对建筑物的承重没有明显的不利影响。据试验，石板瓦铺盖的房屋可负重荷，农民常用石板屋面晒农作物，一间4333mm×3333mm石板瓦屋面可放五六百斤粮食不致压碎石板，其抗折强度与黏土瓦近似（根据5块石板试验结果，每块平均抗折强度为139kg，而一般黏土瓦为150kg）。

（2）防水性

根据调查，石板瓦铺盖的房屋可长达一百余年不漏水，使用期长。北京市建筑材料工业局化验室对石板瓦的各种性能进行了试验，发现不透水性石板瓦比土瓦强，而且石板能耐冷热的突然变化，一般黏土瓦的透水性为15min。

2. 主要优点

（1）石板瓦的生产过程简单，加工机具简单，管理粗放，投资成本低，大大低于黏土瓦的生产成本。

（2）石板瓦的生产周期短，可随采随用，而不需经过采土、制型、干燥及焙烧等过程。

（3）石板瓦的耐久性优异，一般情况下使用20余年才需修理，有的可长达一二百年，而黏土瓦就不能达到这样长的使用年限。石板瓦在抗折、透水、耐冷热等方面和黏土瓦不相上下。

（4）石板瓦的生产过程和管理都较黏土瓦简单，生产和管理等费用低于黏土瓦。

（5）石板瓦的生产生态成本较低。生产黏土瓦需要削减耕地面积，耗用城市土地，而石板瓦不仅可代替部分黏土瓦，不耗用耕地，不影响城市建设规划，且可以节约大量能源。

12.3.4 铜瓦、铁瓦

中国古代曾将大量金属构件用于建筑上，除建造铜殿外，还建有铜瓦殿和铁瓦殿，也有仅在屋顶上采用铜宝顶。建在高山上的寺庙、道观，其大殿的屋顶采用铁瓦、铜瓦覆盖，一方面可避免一般砖瓦屋顶被大风刮掉的危险，另一方面可低成本实现与铜殿相同的金碧辉煌的建筑效果，所以，铜瓦殿和铁瓦殿比铜殿的出现要早。

据调查，最早的铜瓦殿是建于唐大历元年（766年）山西五台山的金阁寺大殿。据载，大殿

“铸铜为瓦，鎏金瓦上”，即用鎏金铜瓦作大殿的屋面，故被命名为“金阁寺”。现存最早的铜瓦殿是湖北荆州市太晖观大殿，建于明洪武二十六年（1393年），由于大殿建立在高大平台上，面阔三间，长宽各10m，重檐迭脊，顶覆铜瓦，在骄阳下，金光闪烁，也被称为“金殿”、“小金顶”。山东省泰山碧霞祠正殿的屋顶，明代为铁瓦，清乾隆时改覆铜瓦，五间正殿上，共有360垅铜瓦，喻指1年360周天，加上屋脊上的鸱吻、戗兽、檐铃等，都是铜铸的，看上去金光闪闪，俨然天上宫阙。

12.3.5 金瓦

所谓金瓦，是在铜质瓦表面鎏金。《汉书》载当时一宫殿建筑“切皆铜沓，黄金涂……”。切，即门。铜沓即铜门钉，黄金涂，即门钉为铜质鎏金。

鎏金技术是一种复杂的古老传统工艺，可以在铜质表面鎏金，也可以在银质表面鎏金，工序相同，铜瓦是用纯铜板打凿而成的，普通瓦用2mm厚的铜板，特殊瓦用3～5mm厚度不等的铜板制作，要经过几次翻模才能做好，把制好的铜瓦再鎏金。

金瓦屋顶俗称金顶，它是加盖在寺院主殿、佛殿、王宫屋顶和佛塔顶部上的特制金属屋顶瓦。它是用铜铸造外镀真金的一种高级豪华建筑装饰，是古建筑中最高等级的装饰。宫殿、寺院建筑有无金顶和金顶面积大小是宫殿、寺院主人贫富贵贱的重要标志，也是所拥有政教权势大小的重要象征，因为建造金顶有明确的资历规定和鲜明的等级制度。西藏拉萨大昭寺的觉拉康殿、布达拉宫红宫的灵塔殿、青海湟中县塔尔寺的大金瓦殿等，在清康熙年间，就已在殿顶覆盖了鎏金铜瓦。在北京故宫的雨花阁顶上，也覆盖鎏金铜瓦，并有4条铜龙。

金顶，它不仅起到房屋顶瓦的作用，更主要是一种建筑装饰。金顶与一般屋顶瓦相似，顶面为铜质镀金桶形长瓦，翘角飞檐，四角飞檐一般为4只张口鳌头，屋脊上装有宝幢、宝瓶、卧鹿等，屋檐上雕饰有法轮、宝盘、云纹、六字真言、莲珠、花草、法铃、八宝吉祥等图案，屋脊宝瓶之间和屋檐下悬挂铃子，风吹时铃声四传，悦耳动听。金顶是藏族宫殿、寺院、佛塔建筑的重要组成部分和高级建筑装饰。

12.3.6 木瓦

图12-2 木瓦

木瓦是指覆盖屋顶上以遮风挡雨的木板或树皮或草。在长白山主要指木片、代瓦桦皮或披苫房草。木瓦是木嗑楞房子所特有。制作木瓦的木材取自山林中的树木，以红松为佳，多锯取树木的下端。红松多树脂，根部尤多，抗腐蚀。山民将原木锯成450mm左右的木段，然后用劈刀或铡刀放在木墩上，用铁锤砸刀背，将木墩劈成一片片，每片厚约30mm，这就是木瓦，也称“苫房样子”（图12-2）。

这种木瓦必须是劈出来的，板上呈现沿木纤维的若干沟沟，利于排水。如用锯成的木板，则木板表面太光洁，不利于“顺水”。劈成的木瓦宽窄不一，长短也不尽相同。将木瓦从下而上层层铺到房顶上，为防风，“大索牵其上，更压以木”，有的用片石压在脊瓦上，使木瓦牢固。木瓦可使用几十年不朽烂、不变形。年久，白黄颜色的木瓦会因氧化而变为灰色，如同青瓦般素雅，背坡的木瓦则长满鲜绿的苔藓，如同琉璃般古朴。在山里，也有山民以桦树皮、苫房草为瓦的，这不失为较好的苫房材料。

12.3.7 沥青瓦

沥青瓦是以玻璃纤维毡为胎体，经浸涂优质石油沥青后，一面覆盖彩色矿粒料，另一面撒以隔离材料所制成的瓦状屋面防水片材。它具有良好的防水、装饰功能，具有色彩丰富、形式多样、质轻面细、施工简便等特点。沥青瓦是应用于建筑屋面防水的一种新型的高新防水建材，同时也是应用于建筑屋面防水的一种新型屋面材料。

与琉璃瓦相比，沥青瓦具有明显的环保优势，能更好地保护生态环境，防止污染。随着人们生态意识、环境意识的增强，人们越来越重视建筑材料的生态性、环保性，所以传统落后的琉璃瓦生产工艺越来越不适应现代化发展的需要。相比之下，沥青瓦在环境保护上更具有优势，更具广阔的应用前景。在风景园林设计中应用沥青瓦代替过去的琉璃瓦，既可以满足人们对材料环保的要求，也可以美化建筑。

12.4 瓦当

瓦当俗称瓦头，是覆盖建筑檐头筒瓦前端的遮挡（区别于滴水，滴水是指覆盖建筑檐头板瓦前端的遮挡，呈下垂状），是中国古建筑的重要构件，主要功能是防水、排水、保护檐头及美化屋面轮廓。不同历史时期的瓦当有着不同的特点。秦瓦当纹饰取材广泛，山峰之气、禽鸟鹿獾、鱼龟草虫皆有，图案写实，简明生动。汉代瓦当在工艺上达到顶峰，纹饰题材有四神、翼虎、鸟兽、昆虫、植物、云纹、文字及云与字、云与动物等，出现了以瓦当中心乳钉分隔画面的布局形式，带字瓦当有1~12个字不等，内容有吉祥语如“长乐未央”、“长生未央”、“与天无极”等，也有标明建筑物名称与用途的。魏晋南北朝时期的瓦当当面较小，纹饰以卷云纹为主。在唐代，莲花纹瓦当最常见，文字瓦当几乎绝迹。宋代开始用兽面纹瓦当，明清多用蟠龙纹瓦当。

12.4.1 分类

1. 按材质分类

（1）灰陶瓦当

瓦当产生之初都是灰陶材质，从西周到明清始终是瓦当中最主要的种类，它的应用最早，也最普遍。

（2）琉璃瓦当

大约唐代以后出现了琉璃瓦当。琉璃瓦当是在泥质瓦坯上施釉烧制而成的，颜色有青、绿、蓝、黄等多种，都是用于等级较高的建筑物。

（3）金属瓦当

宋、元、明、清时期，建筑物上使用了金属瓦当。金属瓦当有铸铁、黄铜和抹金三种。

2. 按形制分类

瓦当按形制可以分为：半圆形瓦当、大半圆形瓦当和圆形瓦当。

西周时期的瓦当形状均为半圆形，质地比较坚硬，当面平整，无边轮，瓦当直径177~205mm，高约65mm。春秋战国时期瓦当形制有所变化，以半圆形为主，但出现了圆形瓦当。直径150~170mm，当面规整平齐。秦朝时期瓦当就形制而言，有圆瓦当、半圆瓦当以及为数较少的大半圆瓦当，均为泥质灰陶，模制陶色多呈铁灰色，质地细密坚硬。在秦始皇陵北2

号建筑基址出土了一件直径610mm、高480mm的夔纹对称大半圆形瓦当，被文物考古界誉之为“瓦当王”。汉代时期瓦当在形制上有半圆形和圆形两种，形制不规整，边轮宽窄不一，中心圆组变小。半圆形瓦当主要流行于汉初，后逐渐被圆形瓦当所代替。至魏晋南北朝时期瓦当则主要是以圆形为主。

3. 按发展时期分类

（1）西周时期瓦当

西周时期瓦当当面平整，质地坚硬，当面平面无边轮，分素面和纹饰两种。素面瓦当一般形体较小，纹饰以重环纹为主，饰以绳纹、雷纹等图样，也有一些简单的弦纹，与西周青铜器上的同类纹饰极为相似，自然含蓄，古朴典雅，具有明显的装饰作用。

（2）战国时期瓦当

战国时期动物纹瓦当种类繁多，纹饰各具特点。当面饰两周同心圆弦纹，有的在弦纹之间夹杂一组细密的绳纹；有的在外周弦纹上部也饰一组绳纹。此时由于各诸侯国经济实力的不断壮大，修建多处宫殿建筑，各地因文化不同而呈现出不同地域特征，动物纹样种类和造型千姿百态。动物纹样主要有饕餮纹、兽面纹、鹿纹、虎纹、蛇纹、鱼纹、雁纹、蟾蜍纹等。

（3）齐国时期瓦当

齐国时期瓦当有半圆形和圆形两种，根据当面内容分素面瓦当、树木纹瓦当、兽纹瓦当、云纹瓦当、文字瓦当等类别。

树木纹瓦当最为多见（图12-3），应用较多，多以树木为母体，组合成树木与双兽纹瓦当，树木、人与兽组合纹瓦当，树木云纹瓦当，树木乳钉纹瓦当。

图12-3　树木纹瓦当（引自:《齐国瓦当研究》）

云纹半瓦当数量也较多，多种流畅的线条构成形态各异、优美的卷云纹图案，主要有“S”形卷云纹瓦当、卷云纹瓦当、羊首形云纹瓦当、网纹边羊首云纹瓦当、特殊云纹。

文字瓦当有2～12个字不等，半瓦当文字有“天齐”、“千秋”、“延年”等字样，四字瓦当如“长乐未央”、“长生无极”、“千秋万岁”等，“维天降灵延元万年天下康宁”则为十二字瓦当。

齐国的圆形瓦当多为花纹瓦当，也有少量的文字瓦当，根据纹饰分树木纹、人面纹、兽纹、四叶纹、文字瓦当等。文字有“千秋万岁”、“富贵万岁”、“永奉无疆”等四字或多字瓦当。

（4）秦国时期瓦当

秦国时期瓦当主要有图像类瓦当、房屋建筑纹瓦当、图案类瓦当等类型。图像类瓦当有鹿纹瓦当、灌纹瓦当、凤鸟纹瓦当、鸟纹瓦当、鱼纹瓦当等动物图像瓦当，以及主要以写实手法表现出日常多见的莲花、菊花、花苞、蔓草、树叶等植物图像瓦当。植物图像瓦当多采用中心对称的布局方式，对称均衡，和谐统一，体现出一种静态的美，与渲染动态美的动物纹瓦当形成鲜明的对照。房屋建筑纹瓦当当面为一座人字形两面坡屋顶的木构建筑图案，檐下有立柱，屋前放置一壶和一鲍壶，周围树木环绕，意境颇为优美。图案类瓦当有葵纹瓦当、云纹瓦当（图12-4）、轮辐纹瓦当。

图12-4　秦云纹瓦当（引自：邵磊、沈利华，《瓦当收藏知识》）

（5）汉代时期瓦当

汉代是中国封建社会的盛期，国力增强，经济发展，文化繁荣。汉武帝时期大兴宫殿别苑，使得瓦当在建筑物上大量使用，瓦当纹饰在汉代长足发展，出现空前的繁荣，并且汉代瓦当动物纹饰已经形成了固定的样式。动物纹样主要有兽面纹、鹿纹、虎纹、龙纹、玄武纹、蟾蜍纹、马纹、鹤纹、朱雀纹等等。

汉代瓦当动物纹样中还出现了前代没有出现的四神瓦当（图12-5），即青龙、白虎、朱雀、玄武四种动物，又称四灵。在古代礼制中，四神分别代表东、西、南、北四个方位，有镇守四方、驱邪避魅之意。四神瓦当，直径约在180mm左右，中心皆有圆形乳钉。青龙纹瓦当当面饰一行进状的蛟龙，龙首有双角，颌下有髯，细颈短足，满身鳞甲，长尾翘起，双翼上扬，矫健如飞。白虎纹瓦当当面饰一雄健虎形，张开巨口，引颈翘尾做奔驰状。朱雀纹瓦当当面饰一巨鸟，为凤首、鹰喙、鹅颈、雁尾，头顶有冠饰，羽翼振张，一足立地而另一足抬起，形静而势动。玄武纹瓦当当面饰蛇龟二体，龟作昂首爬行状，蛇则蜷曲盘绕龟身之上，亦有作一龟而蛇者。四神瓦当边轮宽厚，庞硕雍容，图案富丽，模印精细，火候均匀，艺术水平极高。

从战国到宋元时期瓦当纹样变化见图12-6。

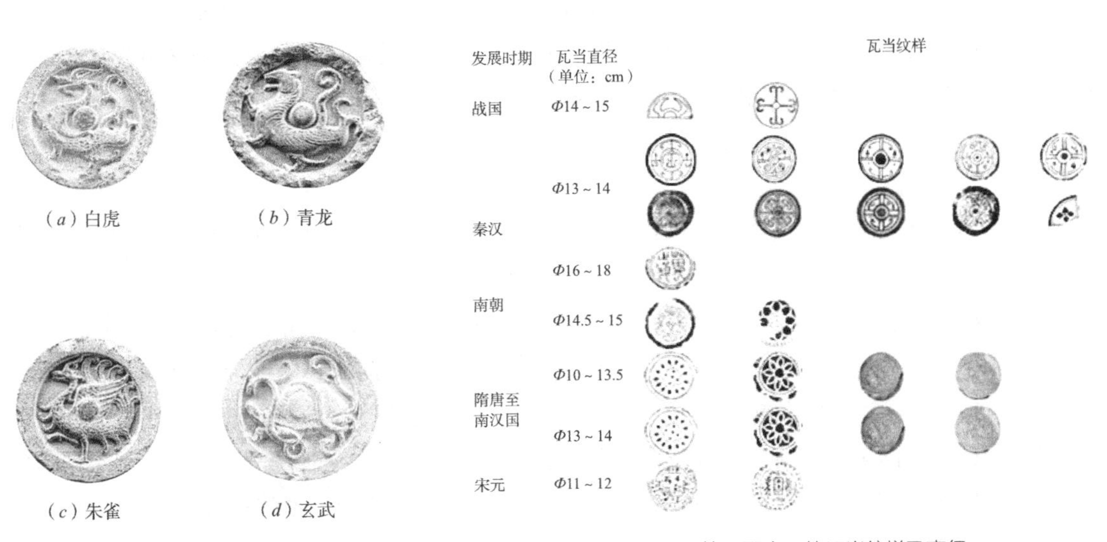

图12-5　四神瓦当

图12-6　战国至宋元的瓦当纹样及直径

4. 按内容分类

（1）素面瓦当

当面平整，没有任何纹饰，无边轮，质地比较坚硬，呈半圆形。

（2）文字瓦当

文字瓦当字数多少不等，少则一字，多则十二字，最常见的多为四字瓦当，或直读，或横读，或环读，或逆读，或上下左右对称读，或回环交错读，不拘一格。文字形状大多随瓦当边缘弧形而诘屈伸缩。其字体丰富多样，篆书最多，隶书较为少见。篆书又有鸟虫书、缪篆、芝英体、龟蛇体、飞白体以及蝌蚪书。文字多用阳文范压，文字点画屈伸得体，以线造型，虚实结合，形式完美。文字形体、布白随当面格局形式而变化，别具风格。西汉文字瓦当初期紧密严谨，一丝不苟，中期字体宽博，气势磅礴，后期则趋于流利圆转，清整疏朗。

在文字瓦当中包括吉语瓦当类和纪事瓦当类。吉语瓦当在各种宫殿、官署、陵庙建筑上都有所体现，在不同等级的建筑上表达吉祥祝愿之意。考古发现，宣帝杜陵皇帝陵园的门阙主要使用“长乐未央”瓦当，皇后陵园门阙主要使用“长生无极”瓦当。

纪事瓦当类与当时的历史事件紧密相关，参照瓦当的制作方法，确定这类瓦当的具体时代是较为容易的，如“汉并天下”瓦当，与汉武帝征服周边地区，建立大一统帝国有关。还有“单于和亲”、“天降单于”、“四夷尽服”（图12-7）等文字当，是与西汉中晚期的“和亲”政策、匈奴呼韩邪单于归附汉廷、汉匈关系改善有关系。

瓦当文字内容虽然复杂多样，但依据建筑性质，可分为宫苑类、官署类、祠墓类、祠堂及私宅类等四类。宫苑类瓦当文字有“蕲年宫当”、“兰池宫当”、“朝神之宫”、“朝未央宫”、“长生未央”等，官署类瓦当文字有“都司空瓦”、“卫”（图12-8）、“左空”、“右空”、“宗正官当”等，祠墓类瓦当文字有“长陵西神”、“长陵东当”、“长陵看神”、“巨杨家当”等，祠堂及私宅类瓦当文字有“马氏殿当”、“吴氏舍当”等。

（3）图案瓦当

依记载最早的瓦当出现在西周时期，主要是素面瓦当（图12-9），或有一些简单的弦纹、重环纹（图12-10），纹样自然含蓄，古朴稚嫩，有一种原始的朴素美。瓦当纹饰的变化，从侧面反映了人们思想文化的变化，审美观念的变化和对自然认识的提高。春秋战国时期，瓦当图案纹样增多，既有鹿纹瓦当、獾纹瓦当、云鹿纹瓦当（图12-11）等动物纹样，又有树叶纹（图12-12）、葵纹、莲花纹、菊花纹（图12-13）等植物纹样。齐国时期，由于崇尚自然，注重现实的生活，出现了树木纹（图12-14）、山峰纹、云朵纹等，也有表示养殖耕种的图案，反映国家经济实力的骑士图案等。

六朝时期出现了人面类瓦当，这种瓦当在瓦当发展史上是一种罕见的瓦当类型。人面纹瓦当主体是一个人面图案，有五官刻画，以两颊鼓凸的圆形或椭圆形腮帮最醒目，形态各异。

人面纹瓦当题材上分为四类，第一类是武士类（图12-15），多使用于琉璃瓦上，主要是皇宫建筑主殿所用；第二类是官员类（图12-16），又分文官与武官两种；第三类是平民类（图12-17），题材来源于民间，均为市井生活中的人物形象；第四类是神怪类（图12-18），一种神化了的人物形象。六朝文物瓦当根据人面造型、胎体以及装饰特点又分为三类。第一类图案写实，清晰饱满，刻画较为细致（图12-19）；第二类图案抽象化，五官刻画不规整；第三类为人面纹瓦当向兽面纹瓦当的过渡。

图12-7　纪事瓦当（引自：邵磊、沈利华，《瓦当收藏知识》）

图12-8　文字（“卫”和“维天降灵”、“延元万年”、“天下康宁”）瓦当（引自：邵磊、沈利华，《瓦当收藏知识》）

图12-9　图案瓦当——西周素面瓦当

图12-10　图案瓦当——西周重环纹瓦当

图12-11　图案瓦当——战国云鹿纹瓦当

图12-12　图案瓦当——树叶纹瓦当

图12-13　图案瓦当——菊花纹瓦当

图12-14　图案瓦当——树木双禽纹瓦当

图12-15　人面瓦当——武士类

图12-16　人面瓦当——官员类

图12-17　人面瓦当——平民类

图12-18　人面瓦当——神怪类

图12-19　六朝写实人面纹瓦当

12.4.2　瓦当的应用及其价值

瓦当是一种建筑附件，其功能在于庇护屋檐的椽头，并借以固定上方的瓦件，遮掩屋顶瓦垄行间的缝隙，起到保护作用从而延长建筑物的使用寿命，实乃造屋实用之物。它的产生、发展、繁荣与衰落，与建筑物本身的状况和社会建筑观念有着直接关系，在不同时期的等级建筑中象征身份与地位，充满了轻快、威严、神秘色彩。瓦当不仅给人以美的艺术享受，同时也是考古学年代判断的重要实物资料，还是研究中国书法、篆刻、绘画等方面的宝贵资料，对研究中国古代各个时期的政治、经济、文化等具有一定的参考价值。

第13章　人造石材

人造石材简称人造石，又称合成石、再造石。人造石材是以不饱和聚酯树脂为粘结剂，配以天然大理石或方解石、白云石、硅砂等天然石料、玻璃粉等无机粉料，以及适量的阻燃剂、颜料等，经配料混合、瓷铸、振动压缩、挤压等方法成型固化制成的石材。

人造石材在质地、纹理上均可以与天然石材媲美，并且较天然石材更具韧性，更具艺术表现力，更容易把设计师的灵动创意转变成实景，可以设计出各种各样的异形产品，以及多姿多彩的艺术拼花、柱形雕花、雕塑等，为新型绿色环保工程材料。

13.1　人造石材的内部结构

人造石材与天然石材一样，最明显的力学性质就是它的强度和变形，而这一力学性质主要取决于人造石材的内部结构，可以从微观和宏观两方面加以研究。

从微观方面看，人造石材的胶凝物质部分及胶凝物质与骨料成分之间的接触部分组成了人造石材的微观结构。水泥混凝土人造石的微观结构主要是水泥石，它主要是由水泥矿物C_3S、C_2S、C_3A、C_4AF等成分的水化获得的水化产物的结晶连生体及再结晶的氢氧化钙$Ca(OH)_2$等组成。硅酸盐混凝土人造石的微观结构主要是硅酸盐石，它是由骨料空隙中的石灰（及石膏）与骨料表面溶解出来的SiO_2（和$A1_2O_3$）所生成的水化产物的结晶连生体及胶凝体组成。

从宏观方面看，人造石材多是骨料和胶凝物质硬化体相互黏聚而成的一个复杂系统，这一系统表现了骨料的空间分布和骨料借助于粘结作用（锚固作用）而形成一定强度的宏观结构，这种宏观结构实质上是一种包括了水泥石、骨料和它们之间的接触层的三个结构单元的整体结构。许多研究表明，胶凝物质与骨料颗粒表面的自由能可使骨料表面及其周围介质产生物理化学反应，形成某种结构薄膜。如在水热合成工艺下，灰砂硅酸盐混凝土的硅酸盐石与骨料之间存在强烈的化学反应，它们之间产生了一种强大的粘合力，就是这种粘合力直接影响到硅酸盐混凝土的结构性能。人造石材性能不仅取决于各组成成分的比例，而且还取决于这些组成成分之间物理化学的相互作用。

13.2　人造石材的主要特点

人造石材具有如下的特点：

（1）综合使用性能高

人造石材强度高、硬度高，耐磨性能好，板材薄，重量轻，用途广泛，加工性能优越。

（2）花色丰富

在人造石材加工过程中由于石块粉碎的程度不同，再配以不同的颜料，可以生产出花色非常丰富的石材种类，每种石材又有多种色彩系列可供选择。选购人造石时，可以选择纹路、色泽都合适的人造石材，来配合相应的景观环境色彩和风格要求，同种类型人造石材没有色彩与纹路的差异。色彩与纹路可人为控制，但色泽和纹理不及天然石材自然柔和。

（3）拼图性能优越

在人造石铺设过程中，人造石材不仅可铺设成传统的块与块拼接的形式，也可以切割加工成各种形状，组合成各种各样的图案。人造复合石材不仅能拼接成各种直线形图案，还能按拼接要求切割成圆、半圆、扇形、弧形、曲面等形状，在直线条中配以柔和的曲线，使冷硬的石材予人以柔和的感觉。

（4）肌理逼真

人造石材是以天然大理石或方解石、白云石、硅砂等天然石料做原料，按照设计纹路要求振动压缩、挤压等而成，具有类似于大理石、花岗石的肌理特点。

（5）环保绿色

利用天然石材开矿时产生的大量难以有效处理的废石料资源发展人造石材，产业本身不直接消耗原生的自然资源，生产方式不需要高温聚合，不消耗大量燃料，没有废气排放问题，属环保型产品。

（6）安装简便

由于人造石材主要采用石粉作材料加工而成，所以人造石比天然石材薄，其重量比天然石材轻。这不仅利于人造石的铺设操作，也利于减轻承载体的承重，同时人造复合石材的背面经过波纹处理，使铺设后的墙面或地面品质更可靠。

（7）易翻新修复

人造石材由于颜色和图案由表深及材料内里，因此，只要采取恰当而合理的方法便可以对材质中凹纹、缺口或刮痕甚至磨损比较严重之处进行翻新，修复如初。

高质量的人造石材其物理力学性能或可超过天然大理石。

13.3 人造石材类型与选择

13.3.1 人造石材的分类

1. 根据其颜料和制品的特性分类

（1）人造大理石

采用真空振动加压成形技术，首先对原料进行精细的挑选，依其花纹、颜色、大小分门别类，再依不同的制作配方，用碎石机细碎成各种粒径的碎石，加入粘合剂，经真空混合搅拌，振动加压形成再生石材荒料，再经切割、研磨后制成。

（2）人造石英石

人造石英石的加工工艺与人造大理石不同，它的硬度是人造大理石的2倍多，耐磨、耐高温，颜色鲜艳，不易褪色，深受市场喜爱，广泛应用于卫生间和厨房台面。

（3）人造玉石

人造玉石有两种，一种是以玉石粉为主要原料的纯色玉石，色泽光润，具有天然玉石的质感和人工设计花纹的美感。另一种是添加贝壳、卵石等不同材料制成的精美、具有透光性能的透光石材。

（4）人造花岗石

也称铸石，将天然的石材碎块、矿物颗粒等物质，经过高温熔融、重新结晶而形成的类似天然石材的再生花岗石。

2. 根据其生产工艺和材料特性分类

（1）树脂型人造石材

树脂型人造石材以不饱和聚酯树脂为胶结剂，与天然大理石碎石、石英砂、方解石等天然石料、石粉或其他无机填料按一定的比例配合，再加入催化剂、固化剂、颜料等外加剂，经混合搅拌、固化成型、脱模烘干、表面抛光等工序加工而成。

树脂型人造石材光泽好，颜色鲜艳丰富，可加工性强，装饰效果好。目前市场上常见的树脂型人造石有人造大理石（岗石）、石英石、透光石以及亚克力板等，但其主要胶结材料——有机树脂在紫外线照射、冷热交替、酸碱环境等各种情况容易变性，导致其在使用过程中易出现老化、变色、变形等质量问题，通常情况使用年限约为5～6年。树脂型人造石耐高温、耐火性也差。

从制作人造石的两大主要原料树脂与填料来看，今后树脂型人造石的发展将主要围绕以下几个方面进行：

①扩大人造石基体树脂的种类或对现有树脂改性，研制出综合性能更加优良的人造石基体树脂新体系，从而制造出性能更加优良的人造石产品。

②使用新的填料，如用长度为1.3～1.6mm的短切玻璃纤维作填料，可以大大提高产品的断裂延伸率。

③选择适当的无机氢氧化铝粉的表面处理剂，更好地解决氢氧化铝粉与有机树脂之间的界面结合问题，从而更好地提高无机填料与有机树脂基体的相容性。

④如何减少树脂的含量，增加无机物的含量，使人造石的硬度、强度、耐老化性得到提高，成为人造石研究领域关注的焦点。

（2）复合型人造石材

复合型人造石材是指先将轻烧镁粉、矿渣、氯化镁、水和蟹合剂按比例混合且搅拌均匀成复合材料，然后将其入模振动成型，最后经脱模、烘干、磨抛光而成。所用粘结剂既有无机材料，又有有机高分子材料，复合型人造石板底层用性能稳定而价廉的无机材料，面层用聚酯和大理石粉制作。

无机胶结材料可用快硬水泥、普通硅酸盐水泥、铝酸盐水泥、粉煤灰水泥、矿渣水泥以及熟石膏等。有机单体可用苯乙烯、甲基丙烯酸甲酯、醋酸乙烯、丙烯腈、丁二烯等，这些单体可单独使用，也可组合使用。复合型人造石材制品材料来源广泛，成本低，耐腐性与可加工性好，但它受温差影响后聚酯面易产生剥落或开裂。

（3）水泥型人造石材

水泥型人造石材是以各种水泥为胶结材料，以砂、天然碎石粒为粗细骨料，经配制、搅拌、加压蒸养、磨光和抛光后制成的人造石材。配制过程中，混入色料，可制成彩色水泥石。水泥型石材的生产取材方便，价格低廉，但其装饰性较差。水磨石和各类花阶砖即属此类。

（4）烧结型人造石材

烧结型人造石材是指将长石、石英、辉绿石、方解石等粉料和赤铁矿粉，以及一定量的高岭土，一般按照石粉：土=60%：40%的配比混合，采用混浆法制备坯料，用半干压法成型，在窑炉中以1000℃左右的高温焙烧而成的人造石材。其生产方法与陶瓷工艺相似。

烧结型人造石材的装饰性好，性能稳定，但需经高温焙烧，因而能耗大，造价高。由于不饱和聚酯树脂具有黏度小、易于成型、光泽好、颜色浅、容易配制成各种明亮的色彩与花纹、固化快、常温下可进行操作等特点，因此以其为胶结剂而生产的树脂型人造石材在目前使用最广泛，其物理、化学性能稳定，适用范围广，又称聚酯合成石。

13.3.2　人造石材的常见种类

1. 人造文化石

文化石无须烧制，常温常压下一次成型，生产工艺科学简便。文化石吸引人的特点是色泽纹路能保持自然原始的风貌，加上色泽调配变化，能将石材质感的内涵与艺术性展现无遗。用这种石材装饰的墙面、制作的壁景等，能透出一种文化韵味和自然气息。文化石常用于建筑外墙，尤其是仿欧式建筑，以其自然质朴的自然外观，赋予了建筑独特的乡野风味。文化石板系列是目前流行于欧美的新颖装饰材料，广泛用于园林景观等方面，可制作出漂流石、风化石、原野石、城堡石、海底石等几百个种类。

2. 人造大理石

人造大理石亦称岗石，是以天然石的石渣为骨料制作而成的。岗石具有造型美观、色泽自然均匀、可加工性强、强度高、吸水率低、无辐射等特点，主要作室内地面、墙面装饰材料。

鉴别优劣时要看石材截面，不能有气孔，表面不能有沙窝和裂痕，否则产品质地疏松，不能用于地面；还要检查抛光度，合格的人造石内部95%是天然石粉，抛光度较高，劣质产品的树脂含量较高，所以表面显得陈旧，黯淡无光；可以用打火机灼烧检查树脂含量，能闻到焦煳味道说明质量较差；还可以用水浸泡、墨水渗透和物理冲击方法鉴别。鉴别人造和天然大理石的简单方法：滴上几滴稀盐酸，天然大理石剧烈起泡，人造大理石则起泡弱甚至不起泡；天然大理石色泽比较透亮，会有大面积的天然纹路，而人造的大理石颜色比较混浊，而且没有纹路。

辨别优质人造大理石的方法见下。

一看：目视样品颜色清纯不混浊，外表无塑料胶质感，板材背面无细小气孔。

二闻：鼻闻无刺鼻化学气息。

三摸：手摸样品外表有丝绸感、无涩感，无明显上下不平感。

四划：用指甲划板材外表，无明显划痕。

五碰：相同两块样品互相敲击，不易破碎。

六查：产品有ISO质量体系认证、质检报告，有产品质量保证卡及相关防伪标志。

3. 人造石英石

人造石英石是指以天然石英石（砂、粉）、硅砂、尾矿渣等无机材料（其主要成分为二氧化硅）为主要原材料，添加一定量的粘合材料制成的人造石。人造石英石是由90%以上的天然石英和10%左右的树脂、色料和其他助剂，经过负压真空、振动成型、加温固化、定厚抛光而成的板材。石英石发源于西班牙。

石英石质地坚硬（莫氏硬度5～7），它的硬度是人造大理石的2倍多，结构致密（密度2.5g/cm^3），颜色鲜艳不易褪色，具有其他装饰材料无法比拟的耐磨、耐压、耐高温、抗腐蚀、防渗透等特性。

4. 火山岩主柱与板材

火山岩主柱与板材，以其自然的风格、天然的创意赢得了众多设计师和客户的欢迎，无论是柱还是板都具有以下特点：（1）所有饰件均由天然火山岩与高强度树脂材料混合（比率为95/5），再经先进的设备加工处理而制成。（2）该材料具有极高的强度，强度远远高于天然大理石，无色差，经检测耐腐蚀性、防滑性、放射性均属A级。使用范围不受限制，是游泳池、桑拿浴池、园林广场路面、别墅内外墙地面等的最佳选择装饰材料，是国际公认的绿色环保产品。（3）火山岩装饰板的用途不但是建筑物内外墙及地面的装饰材料，而且可根据用户的不同需要切割成多种规格、不同形状的异型板材，从而可满足多方面多种部位的装饰需要。（4）火山岩化石板的图案丰富多彩，充分满足设计师的需求。

5. 水磨石

水磨石以水泥为胶凝材料，砂、碎石为骨料，耐水性和耐磨性极佳，用于地面、窗台、水池，但现在使用较少。

6. 微晶石

微晶石又名为微晶玻璃，是通过基础玻璃在加热过程中进行控制晶化而制得的一种含有大量微晶体和玻璃体的复合固体材料。在倡导低碳环保设计理念的今天，微晶石装饰板材料在室内外各大空间的装饰中呈现出独有的视觉美感。

（1）优越的材质美

微晶石材料的表面特点与天然石材极其相似，且由于其具有结晶习性，在结构、性能上与玻璃、陶瓷和石材都有所不同，因此在各项理化性能上优于天然大理石和花岗石（表13-1）。

材料质地的视觉美感主要通过材料稳定性、耐磨性、光泽度和强度等理化性能综合体现，而材料的稳定性受热膨胀系数影响，耐磨性受硬度影响，光泽度的持久性受耐酸碱性影响，强度受到抗冲击强度影响。通过表13-1可以看出，微晶石的耐酸性和耐碱性都比花岗石、大理石优良且性能稳定，即使长期暴露于风雨环境及污染空气中，表面也将持久地保持光亮。

微晶石材质与天然石材质性能比较　　表13-1

性能	材料		
	花岗石	大理石	微晶石
密度（g/cm^3）	2.6～2.8	2.6～2.7	2.5～2.7
弯曲强度（MPa）	15	17	51
抗冲击强度（KJ/㎡）	0.84	0.88	1.045
抗压强度（MPa）	59～294	80～226	150～300
莫氏硬度	5.5	3～5	≥5.5
吸水率（%）	0.35	0.3	0
耐酸性（1%H_2SO_4）	1.0	10.3	0.08
耐碱性（1%NaOH）	0.1	0.3	0.054
热膨胀系数（$\times 10^{-7}$）	50～150	80～260	65
抗冻性	0.25	0.23	0.23
光泽度（%）	80	50	≥95

（2）优雅的形态美

材料“形态”包含了“外形”与“神态”两层意思，所谓“形”通常是指一个物体的外形或形状。而“态”则是指蕴含在物体里的“神态”或“精神态势”。从微晶石材料生产工艺的独特性来看，在设计中微晶石材料的形态美主要表现在形态的虚实美和结构美。

微晶石具备玻璃材质的光学特性，射入微晶石的光线，不仅从表面反射，光线还能从材料内部反射出来，显得柔和，而且具有深度，产生类似钻石般的晶莹剔透、璀璨发亮的视觉效果，并随时间、气候、光线的变换而不断地改变。在硬质空间中，微晶石材料因具有玻璃的反射性和折射性，使空间环境通过无形的“情感”在静止的、有形的物料中流动、融化。虚与实的对比是非物质化的，而这种非物质化的审美情感，既丰富了设计的造型语言，也阐释了时代的文化内容。

（3）柔和的修饰美

修饰美是指利用艺术手法和技术手段，对事物外表形态及内在结构的重组与调和，从而达到视觉艺术中的一种审美愉悦。材料的修饰美主要由材料表面的光泽度、色彩本身的色相、明度和纯度，以及色彩搭配的对比与调和等方面表现出来。

微晶石材料成分中存在一定的玻璃相，其表面的垂直反射率为13，当入射光到达微晶石板材表面时，在板材表面发生镜面反射，抛光板的表面光洁度远高于石材，外观晶莹柔润。同时，由于微晶石所含的微晶相的折射率与母体玻璃不同，内部特殊的微晶结构对光线又产生强烈的散射，形成自然柔和的质感。这种漫反射使返回的光不但强度明显加大，而且角度分布显著扩宽，使建筑在视觉上更加流光溢彩，富丽堂皇。

7. 斩假石

斩假石是一种对凝固后的水泥石屑砂浆进行斩琢加工制成的人造石材。制作时，用水泥作胶结材料，天然石屑作骨料，同水、颜料一起拌和成砂浆，抹在建筑物的表面或塑制成建筑装饰构件，待其凝固并有一定强度后，再用斩斧、凿子等工具进行斩琢加工。这样，砂浆表面经过斩琢加工，露出天然石屑颗粒，形成凹凸刀纹，很像天然石料。在制作斩假石时，可以使用不同成分的骨料，经斩琢加工后，制品表面显露出来的石屑色彩和形成的花纹也不同，采用不同的骨料和配合比，加入不同的颜料，就可以仿制成花岗石、玄武石、白云石和青条石等多种斩假石，达到美化、装饰建筑的目的。斩假石能按照设计意图制成不同的种类和色彩，同时，还有将其表面斩琢成细致均匀或粗壮起伏或各样刀纹的可能性，这是斩假石在各种人造石中独有的特点。

制作斩假石所需要的各种材料，既可以就地取材，又可以综合利用加工花岗石、白云石过程中产生的石屑、沙子、煤渣等材料，不同种水泥的供应也很充分。制作斩假石的颜料，只要达到遇碱不变质，遇日光不褪色，遇水不会溶解的上等矿物质颜料即可满足要求。

斩假石技术是一种集建筑、雕塑、饰面装修为一体的，富有立体感，技术性、艺术性很强的建筑技术，能起到装饰建筑物，美化城市的效果，适合于大型公共建筑和纪念性建筑等比较重要的建筑物，以及对饰面工程质量有较高要求的建筑物。特别是可以根据建筑物的功能及周围环境，制成不同色彩，如鹅黄色、浅绿、粉红、紫褐、墨绿、深红、赫黄等，实现建筑物和环境色调的统一，体现协调美感和点缀的效果。这种易于制成各种不同颜色和表面质感的性能，是其他建筑材料所不能比拟的。

8. 复合石材

这类石材是专指通过艺术手段，将贝壳、玛瑙、矿物晶体等较为亮丽的天然物质，通过胶粘物质粘结在一起，然后再经过磨抛形成的天然物质集合体。由于使用的都是较为特殊的天然物质，一般具有较高档次的装饰效果，成本和价格都较高，而且原料均是天然的，不失石材的天然特性。如彩图13-1所示的透光石灯饰是将高分子树脂加入特定配方模压而成的。

9. 软石地板

该产品是以天然大理石粉及多种高分子材料合成的新一代建筑装饰材料。它既有天然大理石的纹理，又有特殊的图案与性能，柔、软、坚、防滑、防火阻燃，安装简单，是一种符合潮流的环保装饰材料。

人造玉石：一种是以玉石粉为主要原料的纯色玉石，色泽光润，精透，具有天然玉石的质感和人工设计花纹的美感；另一种是添加贝壳、卵石等不同材料制成的精美、具有透光性能的透光石材。

人造花岗石：也称铸石，将天然的石材碎块、矿物颗粒等物质，经过高温熔融，重新结晶形成的类似天然石材的再生花岗石。

13.3.3 人造石材的选择

1. 按材质特性选择

人造石材重量轻、强度大、厚度薄、色彩鲜艳、花色多、装饰性好、耐腐蚀、耐污染、便于施工、价格低。可选择用于室内墙面、柱面、服务台面等装饰。

2. 按材质放射量高低选择

中国石材按放射性高低被分为A、B、C三类，其中A类产品放射性水平最低，可在任何场合中使用；B类产品可以用在除居室内饰面以外的一切建筑物的内外饰面和工业设施；C类标准的石材只可用在建筑物外饰面。选择石材时，应向厂家或经销商索要其产品的放射性水平测试报告，并查看所选购的石材产品外包装或产品说明书中是否注明其放射性水平的类别。如果没有相关的检测报告，最好能持产品样品到有检测资质的机构进行检测。石材放射量和它的颜色也有一定的关系，通常从高到低依次为：红色＞绿色＞肉红色＞灰白色，选择时也可作为一个参考因素。在选择人造石材，也要按照天然石材的选择标准，选择适合的产品类别。

3. 按材质外观、质量选择

简单地来讲，按石材的外观、质量选择就是看其色、观其形、量其身、查其质。

（1）看其色。主要是通过仔细观察石材的颜色、花纹、光洁度来检查石材颜色是否均匀、色正、饱满，有无染色、杂色、杂质等。判断石材是否染色时，既要看它颜色是否均匀，石材的断口有无明显的色差，另外，由于外加染料（特别是有机染料）时效性不强，会褪色，又要闻闻是否有刺鼻的怪味、药水味，还要看背面是否有类似染料的附着物。

（2）观其形。人造石材板背面一般都有模衬的痕迹，通常细料结构的石材质感细腻、光泽度好、色泽柔美，为高档装修的首选；粗粒及不等粒结构的石材容易颜色不均匀，质感粗糙，其外观效果相对较差。另外要特别注意石材的细微裂缝，石材最易沿这些部位发生破裂，应注意剔除。至于少棱掉角更是直接影响美观及施工，选择时应特别注意。

（3）量其身。注意检查测量石材的规格尺寸，看其表面是否平整光滑，边角是否平直顺滑，尺寸是否统一整齐、符合定制要求，以免日后影响施工和装饰效果。

（4）查其质。可敲击石材，根据其音的清脆、粗哑来判断石材有无轻微裂隙。另可在石材的背面滴上一小滴墨水，如墨水很快四处分散浸入，则表明石材内部颗粒松动或有缝隙，石材质量不好；反之，若墨水滴在原地不动，则说明石材质地好。人造石材重量较轻，拼接无缝、不易断裂，能制成弧形、曲面等复杂形状。

4. 按材质施工方法选择

在选择石材时应考虑石材稳定性、坚固性。有些石材在接触到水分时，易翘曲、变形、空鼓，因此要做好六面防水；有些石材抗油污能力差，易出现泛碱现象，严重影响石材饰面的装饰效果，尤其是深色石材更易出现泛碱问题，浅色石材易出现锈斑，因此在安装前，应严格按“防碱背涂剂”涂布工艺施工，提高石材抗污能力。同时易碎的石材施工时应加背网。当采用干挂法施工石材幕墙时，石材的厚度不小于25mm。

13.4 人造石材与天然石材的区别

人造石材与天然石材具有如下区别：

（1）人造石材通常无晶体颗粒，即便采用天然岩石制作的人造石材，也无法包含晶体颗粒。有晶体颗粒的人造石材，往往是非岩石晶体。

（2）通常天然石材表面摸起来产生一种冰冷感，而人造石材摸起来产生一种温热感。

（3）将石材砸断，天然石材断口就会有天然的石粉碎末，而人造石材的断口没有碎末。

（4）纹路重复、花纹或者图案重复的石材必是人造石材，而对天然大理石、花岗石来说，每一片石材都是独一无二的花纹，即使差别很细微。天然石材的纹理以及色泽都是天然形成的，人造石材的纹理是以模仿天然石材纹理制成的，其线条很有规矩，花色清晰单一。

（5）在石材自身的重量方面，同等规格下的两种板材，天然石材自身重量很重，人造石材则重量较轻。

（6）在耐磨性方面，人造石自身的耐磨度没有天然石材的耐磨性能好。

（7）在石材耐酸碱性方面，滴一滴盐酸在天然大理石表面会出现丰富的泡沫，而在人造大理石则不会有明显的泡沫出现。

（8）在石材的渗透性方面，天然石材比人造石材的渗透性强。把有颜色的液体滴在天然石材表面上，颜色会渗透进石材内部，不易清除留下的痕迹；而人造石材的渗透性较差，颜色渗透慢，如果及时擦干净就不会留下痕迹。

（9）在耐久性方面，同样规格的板材，天然石材的寿命远远超过人造石材的寿命。

（10）由于天然石材外表有细孔，所以在耐污方面相对人造石材差一些。

13.5 人造石材的修饰

由于各种原因，人造石材往往会被硬度更高的物质划伤或碰撞伤（硬伤），致使板体缺损，出现白化，特别是色值越低的深黑色人造石材，伤痕处的白化越严重，缺损就越明显，严重影响板体外观质量。通常其缺损部位的修补方法是用砂布对板体逐次打磨，完全消除缺损伤痕，使其打磨部位与周围部位的光泽保持一致。但为了有效打磨去除缺陷部位，需先用粗粒号，其次用中粒号，再用达到板材同一光泽面所需的细粒号打磨材打磨，同时还必须按伤痕深度大面积打磨，否则难以获得平滑光泽的表面。还有一种方法是先在缺损处填充油灰与板材所用原料相同的修补剂，再打磨至与板材表面相同的平滑度。此法也必须用不同粒度号的打磨材逐次打磨才能使修补部位与板材光泽保持一致。进行上述修补费力、费时，粉尘大，修补操作技术要求高。为此，现已采用透明树脂液和油墨进行有效修补。

在人造石材中引入变色剂稀土中的钕、铒元素，可在不同光源的照射下，使人造石产品呈现赤、橙、黄、绿、蓝、紫六种变幻的颜色。稀土中铒的变色效应比钕所显色调更加艳丽，如混合使用使变色效果更丰富。

在人造石材的生产工艺中应用纳米氧化锌，能有效消除不饱和树脂所产生的异味，使人造石材产品同时增加防毒抗菌、抗老化的双重功能，保持人造石材20年不霉变、不褪色、不龟裂，从而使人造石材的环保功能和产品档次得以大幅度提升。

第14章　金属材料

14.1　金属材料的发展

金属材料的发展史可以追溯到几千年前，它的发展先后经历了4个阶段。早在公元前4300年，人类就能使用自然的金、铜，并采用诸如锻打、加热等形式的工艺。到了公元前2800年，人们开始熔炼铁，随后大约在公元前2500年，中国出现了世界上最早的炼钢技术。到了公元前2000年的商、周时期，开始进入青铜器的兴盛时代。1788年第一座铁桥的诞生，奠定了金属材料学的基础。

14.2　钢材

14.2.1　内涵

钢是指含碳量在2.06%以下，有害杂质少，由生铁经冶炼、铸锭、轧制和热处理等工艺过程生产而成的铁碳合金。建筑钢材是指建筑结构中常用的钢筋、钢丝、钢绞线等。

14.2.2　主要特点

材质均匀，抗拉、抗压、抗弯、抗剪，有塑性和韧性，耐冲击和振动荷载，可锻、压、焊、接、装；耐火性差。

14.2.3　主要性能

钢材具有高抗拉、抗压强度，其表面光滑（但锻造型钢和铸钢的纹理相对粗糙）并具有高延展性、高抗冲击性，是高热导体和高导电体，防火性能较差，比相同构造的混凝土结构更轻质。钢材的力学性能、工艺性能和化学成分既是设计和施工人员选用它的主要依据，也是生产钢材控制材质的重要参数。其中力学性能是钢材最重要的使用性能，包括强度、弹性、塑性和耐疲劳性等，而工艺性能表示钢材在各种加工过程中的行为，包括冷弯性能和可焊性等。

1. 抗拉性能

抗拉性能是建筑钢材最重要的技术性质。抗拉性可通过低碳钢（软钢）受拉的应力—应变图阐明。其由拉伸试验测定的屈服点、抗拉强度和伸长率等技术指标表示。通过低碳钢受拉的应力—应变曲线，能较好地解释这些重要的技术指标。低碳钢拉伸过程经历弹性阶段（OA）、屈服阶段（AB）、强化阶段（BC）和颈缩阶段（CD）四个阶段。

（1）屈服点（屈服强度δ_s）。是结构设计取值的依据，使钢材基本上在弹性状态下正常工作，该阶段为弹性阶段。应力与应变的比值为常数，该常数为弹性模量E（$E=\delta/\varepsilon$）。

当对试件的拉伸应力超过A点后，应力应变不再成正比关系，开始出现塑性变形进入屈服阶段AB，屈服下限B点所对应的应力值为屈服强度。

（2）高碳钢（硬钢）的拉伸特点。高碳钢的拉伸过程无明显的屈服阶段。通常以条件屈服点$\delta_{0.2}$代替其屈服点。条件屈服点是使硬钢产生0.2%塑性变形（残余变形）时的应力。

（3）抗拉强度（δ_b）。试件在屈服阶段以后，其抵抗塑性变形的能力又重新提高，这一阶段称为强化阶段。对应于最高点C的应力值称为极限抗拉强度，简称抗拉强度。

屈强比（δ_s/δ_b）即屈服强度与抗拉强度之比，反映了钢材的利用率和在使用中的安全程度。屈强比不宜过大或过小，较适宜的屈强比应在0.6～0.75之间。钢材的屈服点是衡量结构的承载能力强度设计值的指标，抗拉强度可直接反映钢材内部组织的优劣，是抵抗塑性破坏的重要指标。

（4）伸长率（δ）。表示钢材被拉断时的塑性变形值（l_1-l_0）与原长（l_0）之比，即$\delta=(l_1-l_0)/l_0\times100\%$，反映钢材的塑性变形能力，是钢材的重要技术指标。建筑钢材在正常工作中，结构内含缺陷处会因应力集中而超过屈服点，具有一定塑性变形能力的钢材，会使应力重分布而避免了钢材在应力集中作用下的过早破坏。由于钢试件在颈缩部位的变形最大，使得原长（l_0）与原直径（d_0）之比为5的伸长率（δ_5）大于同一材质l_0/d_0为10的伸长率（δ_{10}）。

2. 冲击韧性

冲击韧性是指钢材受冲击荷载作用时，吸收能量、抵抗破坏的能力。以冲断试件时单位面积所消耗的功（a_k）来表示。a_k值越大，钢材的冲击韧性越好。

影响冲击韧性的因素有钢的化学组成、晶体结构、表面状态、轧制质量以及温度和时效作用等。随环境温度降低，钢的冲击韧性亦降低，当达到某一负温时，钢的冲击韧性值（a_k）突然明显降低，此为钢的低温冷脆性，此刻温度称为脆性临界温度，其数值越低，说明钢材的低温冲击性能越好。所以在负温下使用钢材时，要选用脆性临界温度低于环境温度的钢材。

随时间的推移，钢的强度会提高，而塑性和韧性降低，此现象称为时效。因时效而使性能改变的程度为钢材的时效敏感性。钢材受到振动、冲击或随加工发生体积变形，可加速完成时效。对承受动荷载的重要结构，应选用时效敏感性小的钢材。

3. 硬度

钢材的硬度是指其表面抵抗重物压入产生塑性变形的能力。测定硬度的方法有布氏法和洛氏法，较常用的方法是布氏法，其硬度指标为布氏硬度值（HB）。

布氏法是利用直径为D（mm）的淬火钢球，以一定的荷载F_p（N）将其压入试件表面，得到直径为d（mm）的压痕，以压痕表面积S除荷载F_p，所得的应力值即为试件的布氏硬度值HB，以不带单位的数字表示。

4. 耐疲劳性

耐疲劳性是指钢材承受交变荷载反复作用时，可能在最大应力远低于屈服强度的情况下发生突然破坏的性能，这种破坏称为疲劳破坏。钢材的疲劳破坏指标用疲劳强度或疲劳极限来表示，它是指疲劳试验中试件在交变应力作用下，在规定的周期内不发生疲劳破坏所能承受的最大应力值。

5. 冷弯性能

冷弯性能是指钢材在常温下承受弯曲变形的能力，是建筑钢材的重要工艺性能。规范规定用弯曲角度和弯心直径与试件厚度（或直径）的比值来表示。冷弯性能实际上反映了钢材在不均匀变形下的塑性，在一定程度上比伸长率更能反映钢的内部组织状态及内应力、杂质等缺陷，因此可以用冷弯的方法来检验钢的质量。

6. 焊接性能

绝大多数钢结构、钢筋骨架、接头、埋件及连接等都采取焊接方式。焊接质量除与焊接工艺有关外，还与钢材的可焊性有关。当含碳量超过0.3%时，钢的可焊性变差；硫能使钢的焊接处产生热裂纹而硬脆；锰可克服硫引起的热脆性；沸腾钢的可焊性较差；其他杂质含量增多，也会降低钢的可焊性。

7. 工艺性能

（1）冷弯性能。冷弯性能是指在常温下，以一定的弯心直径和弯曲角度对钢材进行弯曲，反应钢材承受冷加工弯曲产生塑性变形的能力，常用弯曲角度α、弯心直径d与试件直径（或厚度）a的比值（d/a）来表示。弯曲角度愈大，d/a愈小，试件的弯曲程度愈高。

（2）可焊性。可焊性是指钢材适应一定焊接工艺的能力。可焊性好的钢材在一定的工艺条件下，焊缝及附近过热区不会产生裂缝及硬脆倾向，焊接后的力学性能（如强度）不会低于原材。可焊性主要受化学成分及含量的影响。含碳量高、含硫量高、合金元素含量高等因素，均会降低可焊性。含碳量小于0.25%的非合金钢具有良好的可焊性。

8. 塑性破坏与脆性破坏

塑性是指钢材破坏前产生塑性变形的能力。有屈服现象的钢材或者虽没明显屈服现象而能发生较大塑性变形的钢材，一般属于塑性材料。

没有屈服现象或塑性变形能力很小的钢材，则属于脆性材料。

塑性破坏是指屈服点后即有明显塑性变形产生，达到抗拉强度后构件将在很大变形的情况下断裂，也称延性破坏。

塑性破坏前，结构有很明显的变形，有较长变形持续时间，便于发现和补救。

脆性破坏是指有塑性变形或只有很小塑性变形即发生的破坏。

9. 钢材的耐火性与导热性

钢结构一个致命的缺点便是耐火性较差，在一定高温的情况下荷载能力会急速下降。钢结构本身的耐火性完全取决于钢材，虽然钢材本身不会燃烧且耐热性也较好，在200℃内基本不会有太大变化；一般钢材在450～550℃之间强度下降，随着温度上升达到600℃时钢材强度不足以承受原有荷载，上升为650℃时随时有可能发生坍塌等情况。火灾现场的周围环境温度可很快升至1000℃，此时钢结构已经完全丧失性能。

钢材导热性强，不同钢材的导热系数在18～45（W/m/K）之间。钢材的这种特性让钢材的触感在夏季炙热而冬季冰凉，因此在一些景观小品中（如座椅）选用钢材的时候应该慎重，要充分考虑其舒适性。

10. 钢材的景观美学性能

当钢材成为景观中的一部分时，材料本身所具有的属性不可避免地会对观者传达出某种精神。钢材既给游赏者传达出冰冷、精密、准确、严厉的附带含义，也体现出纯净、优雅、精美、灵韵的精神。同时，钢材斑驳的锈红色，就像干了的血迹一样，多少有点让人触目惊心。锈的触感粗糙，易剥落，给人的心理感应比较消极。

11. 钢材的化学性能

主要指钢材的耐腐性。腐蚀是指钢材料的性能在与周围的介质相接触时，发生化学作用而导致的破坏或变质。大多数的腐蚀发生在大气环境中，因为大气中含有氧气、水分和污染物等腐蚀因素。腐蚀会降低钢材的结构承载力，同时也影响其美观。

14.2.4 分类

1. 按用途分类

（1）结构钢：按化学成分不同分两种。

1）碳素结构钢，根据品质不同分为普通碳素结构钢（含碳量不超过0.38%，是建筑工程的基本钢种）和优质碳素结构钢（杂质含量少，有较好的综合性能）。

2）合金结构钢：根据合金元素含量不同分为普通低合金结构钢（工程中大量使用的结构钢种）和合金结构钢。

（2）工具钢：按化学成分不同分为碳素工具钢、合金工具钢和高速工具钢。

（3）特殊性能钢：大多为高合金钢，主要有不锈钢、耐热钢、电工硅钢、磁钢等。

（4）专门用途钢：按化学成分不同分为碳素钢和合金钢，主要有钢筋钢、桥梁钢、钢轨钢、锅炉钢、矿用钢、船用钢等。

2. 按冶炼时的脱氧程度分类

（1）沸腾钢（F）：脱氧不充分，存有气泡，化学成分不均匀，偏析较大，但成本较低。

（2）镇静钢（Z）和特殊镇静钢（TZ）：脱氧充分、冷却和凝固时没有气体析出，化学成分均匀，机械性能较好，但成本也高。

（3）半镇静钢：脱氧程度、化学成分、均匀程度、钢的质量和成本均介于沸腾钢和镇静钢之间。

3. 按化学成分分类

（1）碳素钢：含碳量不大于1.35%，含锰量不大于1.2%，含硅量不大于0.4%，并含有少量硫、磷杂质的铁碳合金。根据含碳量碳素钢可分为：

1）低碳钢：含碳量小于0.25%；

2）中碳钢：含碳量为0.25%～0.6%；

3）高碳钢：含碳量大于0.6%。

（2）合金钢：在碳钢基础上加入一种或多种合金元素，以使钢材获得某种特殊性能的钢种。根据合金元素含量可分为：

1）低合金钢：合金元素总含量小于5%；

2）中合金钢：合金元素总含量为5%～10%；

3）高合金钢：合金元素总含量大于10%。

4. 按钢材品质分类

（1）普通钢：含硫量$<$0.055%～0.065%；含磷量$<$0.045%～0.085%。

（2）优质钢：含硫量$<$0.030%～0.045%；含磷量$<$0.035%～0.040%。

（3）高级优质钢：含硫量$<$0.020%～0.030%；含磷量$<$0.027%～0.035%。

5. 按外形以及粗细分类

按外形、粗细可分为光圆钢筋和螺纹钢筋，光圆钢筋又分为低碳钢热轧圆盘条和热轧光圆钢筋。热轧光圆钢筋是指经热轧成圆形，表面较光圆，自然冷却而成的成品钢筋。低碳钢热轧圆盘条也是圆形的截面，是由屈服强度较低的碳素结构钢热轧制成的盘条。人字纹、月牙纹钢筋和螺旋纹共同构成螺纹钢筋。

6. 按生产工艺分

常用建筑钢材按生产工艺可分为钢筋和钢丝，具体见下：

（1）热轧钢筋、冷拉钢筋、热处理钢筋、冷轧螺纹钢筋。（2）预应力混凝土结构中用碳素钢丝，即用优质碳素结构钢圆盘条冷拔而成，可作钢弦、钢丝束、钢丝等。（3）预应力混凝土结构用刻痕钢丝，即用上述钢丝经刻痕而成。（4）预应力混凝土用钢绞线，即用上项（碳素钢丝）绞捻而成。（5）冷拔低碳钢丝，即用普通低碳钢的热轧圆盘冷拔而成。

热处理钢筋、冷轧螺纹钢筋可用于预应力混凝土结构。

14.2.5 常用建筑钢材检测标准

现行钢材检验标准主要如下：

《钢筋混凝土用钢　第1部分：热轧光圆钢筋》（GB 1499.1—2008）；

《钢筋混凝土用钢　第2部分：热轧带肋钢筋》（GB 1499.2—2013）；

《金属材料　弯曲试验方法》（GB/T 232—2010）；

《钢筋焊接接头试验方法标准》（JGJ/T 27—2014）；

《钢筋机械连接技术规程》（JGJ 107—2010）等。

14.2.6 常用建筑钢材检验

1. 钢材的外观检验

常用建筑钢材主要包括以下几种：钢筋混凝土用热轧带肋钢筋（俗称螺纹钢）、圆钢、盘条、角钢、冷轧带肋钢筋、钢丝、钢绞线、水、煤气管、铸铁管等。

应注意察看钢材的外观、标识等。正规企业生产的钢材表面平滑整齐、无肉眼可见的缺陷；而次品、假冒伪劣钢材表面粗糙不平，甚至有结疤、凹坑、飞边（大耳朵）、裂纹、折痕等缺陷。质量好的钢材其颜色均匀，对颜色不均匀（暗红）的钢材应充分注意。

2. 钢材的尺寸检验

正规钢材的尺寸精度控制较好，而次品、假冒伪劣建筑钢材一般是以小充大、以薄充厚。购买时可抽几支用卡尺测量一下，做到心中有数，以辨优劣。

3. 钢材的标识检验

按标准规定钢材应挂有标牌，标牌上应注明企业名称、产品名称、执行标准、产品牌号、规格、批号等内容，属生产许可证管理的产品，应注明生产许可证号。某些产品在表面粘贴和喷涂标识，对无标牌或标识的钢材，最好不要购买。另外，螺纹钢还要求必须在钢材表面上轧有级别标志，如“2”的字样，其代表是Ⅱ级钢筋。有的企业还将企业代号和规格轧上，如首钢生产的规格为16mm的Ⅱ级钢筋，表面标志为“2SG16”。如钢筋表面上没有级别标志，一般可认定为假冒伪劣钢材。总之，对钢材的标牌、标识、标志应仔细检查核对，标识不清、不全则应注意，无标识的钢材不能采购。

4. 产品质量证明书的检验

产品质量证明书是生产企业证明其产品合格的书面文件，具有法律效用。其内容有厂名、商标、产品名称、执行标准、牌号、规格、批号、重量、产品性能的检验数据、生产许可证号（发证产品）、地址等，并盖有质量证明专用公章，采购钢材时一定要索取质量证明书。不能提供产品质量证明书的钢材，很大可能是次品或假冒伪劣品；如提供的产品质量证明书为复印件，一定要与原件对照检查，常有伪造正规生产企业的质量证明书提供给用户的现象。此外还应核对所提供的质量证明书所注明的内容，特别是产品批号是否与钢材实物上挂的标牌或标识所注明的内容相一致，保证钢材实物、标识、质量证明书三者完全相符。

5. 钢材的品质检验

此类检验应委托有能力的实验室承担，最好送至国家授权的检验机构进行检验。

（1）检测钢材强度

建筑钢材的强度主要包括抗拉强度和屈服强度。对抗拉强度和屈服强度的检测通常使用拉伸试验进行检测。具体方法是：首先，将试验机测力度盘的指针调整好，使其能够准确地对着零点，同时对副指针进行拨动，使其能够同主针重合。然后，在试验机的夹头中固定试件，同时将试验机开动，对其进行拉伸。在进行拉伸时，求的屈服点荷载就是在测力度盘的指针不再转动时的恒定荷载，或者对初始瞬间效应不计时得到的最小荷载。最后，对试件进行连续的加荷，直至拉断，这时，抗拉极限荷载就是测力度盘所读出的最大的荷载。

（2）检测钢材弯曲

对钢筋的弯曲进行试验时，对器材和环境的选择要特别注意，进行钢筋试验检测要选择压力机或万能试验机进行，同时开展试验时应保证温度在10～35℃之间。另外，如果遇到对温度有特别高要求的试验时，开展钢筋检测试验的温度应保证在23℃左右，可上下浮动5℃。

（3）钢结构截面厚度检测

对于钢结构而言，因加工精确、断面锈蚀度等因素的影响，会导致钢结构截面的厚度产生一定的变化。尤其是锈蚀因素，可能会导致截面逐渐变薄，而且其承载力也随之下降，严重影响结构的安全性。测定厚度的常用工具有卡尺、测厚仪等。对于超声波而言，其在两种不同的介质传播时，分界面一定会有声反射现象发生，由探头发射超声波，经延迟块进入到被测件之中，超声波回到分界面时，被反射回来，由延迟块探头接收，然后再测出发射脉冲、接收脉冲之间的用时，减去延迟块时间，根据时间、声速以及距离三者之间的关系，求得被测件厚度。

6. 钢材的交货检验

（1）检验的组批规则

钢筋应按批进行检查和验收，每批由同一牌号、同一炉罐号、同一规格的钢筋组成。每批重量不大于60t，超过60t的部分，每增加40t，增加一个拉伸试验试样和一个弯曲试验试样。允许由同一牌号、同一冶炼方法、同一浇注方法的不同炉罐号组成混合批，但各炉罐号含碳量之差不大于0.02%，含锰量之差不大于0.15%。混合批的重量不大于60t。

（2）钢筋取样方法、数量

每批钢筋力学和工艺检验项目的取样方法和数量应符合表14-1的规定。

钢筋的检验项目和取样方法　　表14-1

钢筋种类	取样数量检验项目	取样方法	试验方法
热轧光圆钢筋	2根拉伸2根弯曲	任选两根钢筋切取	《金属材料　弯曲试验方法》(GB/T 232—2010)及《钢筋混凝土用钢　第2部分：热轧带肋钢筋》(GB 1499.2—2007)；《钢筋混凝土用钢　第 1 部分：热轧光圆钢筋》(GB 1499.1—2008)
热轧带肋钢筋	2根拉伸2根弯曲	任选两根钢筋切取	

注：其他如化学成分、尺寸、表面、反向弯曲、疲劳、晶粒度等的检测根据相关标准规范规定执行。

(3) 试件取样长度

1) 拉伸试件母材检验：

拉伸试件的长度L，可按下式计算后现场切取：

$$L=L_0+2h+2h_1 \tag{14-1}$$

式中　L——试件长度(mm)；

L_0——原始标距长度(mm)；

h——夹具夹持长度(mm)(检测设备不同有所差距，一般可取120mm)；

h_1——预留长度(mm)(可取0.5～1a，a为钢筋直径)。

2) 冷弯试件母材检验：

任选两根钢筋切取两个试件，试件长度按下式计算：

$$L=1.55\times(a+d)+140 \tag{14-2}$$

式中　L——试样长度(mm)；

a——钢筋公称直径(mm)；

d——弯曲试验的弯芯直径(mm)。

在切取试样时，应将每根钢筋端头的500mm截去后再切取一根拉伸和一根弯曲试件；重复同样方法在另一根钢筋上截取相同的数量，组成一组试样。其中两根短的做冷弯检测，两根长的做拉伸检测。各实验室设备不同，对试件的具体要求也稍有不同，一般抗拉试验取样长度500～650mm，弯曲试验取250～300mm即可。

14.2.7　建筑钢材品种

1. 碳素结构钢

(1) 表示方法

根据《碳素结构钢》(GB 700—2006)，碳素结构钢按屈服强度分为Q195、Q215、Q235、Q255和Q275共五个牌号，每个牌号又根据硫、磷等有害杂质的含量分成若干等级。碳素结构钢的牌号由代表钢材屈服点的字母“Q”、屈服强度数值、质量等级符号和脱氧程度符号四个部分按顺序组成。

(2) 质量等级

质量等级分为A、B、C、D四级；脱氧程度符号为“F”、“b”、“Z”、“TZ”，当为镇静钢或特殊镇静钢时，“Z”与“TZ”可以省略。

牌号越大，含碳量增高，屈服强度和抗拉强度提高，伸长率降低，冷弯性能变差，焊接性降低。

（3）碳素结构钢的力学性能（GB 700—2006）

碳素结构钢的力学性能如表14-2。

碳素结构钢的力学性能　　表14-2

牌号	等级	拉伸试验														冲击值	
		屈服点（MPa）						抗拉强度（MPa）	伸长率（%）						温度（℃）	冲击功（纵向，J）
		钢材厚度（直径，mm）							钢材厚度（直径，mm）							
		≤16	16<~40	40<~60	60<~100	100<~150	>150		≤16	16<~40	40<~60	60<~100	100<~150	>150		
		不少于							不少于							不小于
Q195		195	（185）		—	—	—	315~390	33	32	—	—	—		—	—
Q215	A	215	205	195	185	175	165	335~410	31	30	29	28	27		—	
	B														20	27
Q235	A	235	225	215	205	195	185	375~460	26	25	24	23	22	21	—	
	B														20	27
	C														0	
	D														-20	
Q255	A	255	245	235	225	215	205	410~510	24	23	22	21	20	19		—
	B														20	27
Q275		275	265	255	245	235	225	490~610	20	19	18	17	16	15		—

2. 优质碳素结构钢

按《优质碳素结构钢》（GB/T 669—1999）的规定，优质碳素结构钢依锰含量可分为普通锰含量钢（锰含量<0.8%）和较高锰含量钢（锰含量0.7%~1.2%）两组。

优质碳素结构钢的钢材一般以热轧状态供应，缺陷限制较严格，性能好，质量稳定，成本高。

牌号用两位数字表示，它表示钢中平均含碳量的万分数。数字后若有“锰”字或‘Mn”，则表示属较高锰含量钢，否则为普通锰含量钢。

30、35、40及45号钢可作高强度螺栓，45号钢还常用作预应力钢筋的锚具。

3. 低合金高强度结构钢

（1）等级

根据《低合金高强度结构钢》（GB/T 1591—2008）的规定，低合金高强度结构钢分为Q295、Q345、Q390、Q420和Q460等五个牌号，每个牌号根据硫、磷等有害杂质的含量，分为A、B、C、D和E五个等级。

（2）牌号表示

低合金高强度结构钢均为镇静钢，其牌号由代表钢材屈服强度的字母“Q”、屈服强度值、质量等级符号组成，如Q345B。

（3）特点

具有较高的屈服强度和抗拉强度，较好的塑性、韧性和焊接性，较好的耐低温性，时效敏感性小，成本与碳素结构钢相近。在承载力相同的条件下，采用低合金高强度结构钢，可少用钢材20%~30%。

（4）应用

低合金高强度结构钢广泛应用于钢结构、高层建筑、桥梁、钢筋混凝土，尤其是预应力钢筋混凝土中。

14.2.8 常用建筑钢材的选用

1. 选用原则

安全可靠，用材经济合理，兼顾结构或构件的重要性、荷载性质（静力荷载或动力荷载）、连接方法（焊接、铆接或螺栓连接）以及工作条件（温度及腐蚀介质）等因素。

2. 种类的选用

（1）钢筋

广泛应用于混凝土结构，有钢筋混凝土结构用普通钢筋和预应力混凝土用预应力钢筋。通常将公称直径为8～40mm的称为钢筋，公称直径不超过8mm的称为钢丝。

1）热轧钢筋

钢筋混凝土用普通钢筋，从外形可分为光圆钢筋和带肋钢筋。

光圆钢筋按屈服强度特征值分为HPB235和HPB300级。公称直径范围为6～22mm。允许多盘一起包装打捆，但捆重应不超过3吨，又称热轧盘条。

与光圆钢筋相比，带肋钢筋与混凝土之间的握裹力大，共同工作的性能较好，见图14-1。热轧带肋钢筋按强度等级分为HRB335、HRB400、HRB500和HRBF335、HRBF400、HRBF500级。钢筋的公称直径范围为6～50mm。

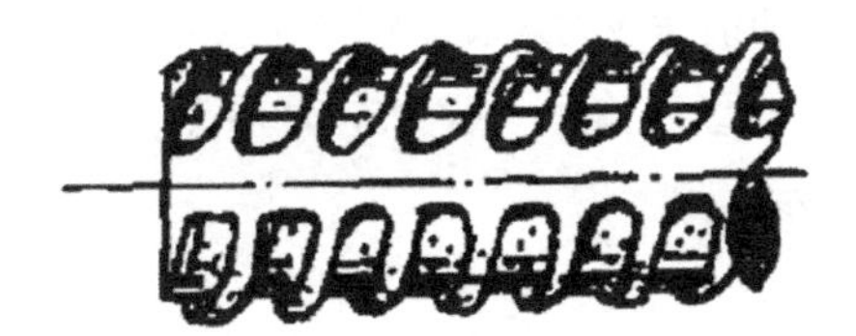
（a）等高肋钢筋

（b）月牙肋钢筋

图14-1 带肋钢筋

按照规定，带肋钢筋应在其表面依次轧上牌号标志，然后是轧上经注册的厂名和直径的毫米数字。钢筋牌号HRB335、HRB400、HRB500分别以3、4、5表示，HRBF335、HRBF400、HRBF500分别以C3、C4、C5表示。厂名一般以特定汉语拼音字头表示，直径以毫米为单位用阿拉伯数字表示。直径不大于10mm的钢筋，可不轧制标志，采用挂标牌方法。后增加的HRB335E、HRB400E、HRB500E分别以3E、4E、5E表示，HRBF335E、HRBF400E、HRBF500E分别以C3E、C4E、C5E表示。

2）冷轧带肋钢筋

以普通低碳钢或低合金钢热轧盘条为母材，经多道冷轧（拔）减径后，在其表面冷轧成二面或三面有肋的钢筋。《冷轧带肋钢筋》（GB 13788—2008）规定，冷轧带肋钢筋分为CRB550、CRB650、CRB800、CRB970和CRB1170五个等级，冷轧带肋钢筋的直径为5mm、6mm、7mm、8mm、9mm、10mm。

在风景园林工程中，常用钢材如下：

普通低碳结构钢：可加工成各种型钢、钢筋和钢丝，适于一般结构工程；

普通低合金结构钢：在普通碳素结构钢的基础上加入约5%的合金，计有17个钢号。合金的加入可提高钢的强度和硬度，改善塑性和韧性，减轻结构自重、节约钢材。

3）冷轧扭钢筋

采用低碳热轧盘圆（Q235）钢材经冷轧扁和冷扭转而成的具有连续螺旋状的钢筋。

该钢筋刚度大，不易变形，与混凝土的握裹力大，无须再加工（预应力或弯钩），可直接用于混凝土工程，可直接现场铺设，免除现场加工钢筋，可减小板的设计厚度，减轻自重，节约钢材30%。冷轧扭钢筋主要适用于板和小梁等构件。

4）预应力混凝土用热处理钢筋

预应力混凝土用热处理钢筋是用热轧带肋钢筋经淬火和回火调质热处理而成的。而预应力混凝土是为了避免钢筋混凝土结构的裂缝过早出现，充分利用高强度钢筋及高强度混凝土，设法在混凝土结构或构件承受使用荷载前，预先对受拉区的混凝土施加压力后的混凝土。

性能：强度高、综合性能好，且开盘后可自然伸直，不需调直。使用时应按所需长度切割，不能用电焊或氧气切割，也不能焊接。

应用：热处理钢筋成盘（称为盘圆或盘条）供应。主要用于预应力轨枕、预应力梁等。

5）预应力混凝土用钢丝和钢绞线

预应力混凝土用钢丝是用牌号为60～80号的优质碳素钢盘条，经酸洗、冷拉或冷拉再回火等工艺制成的。

《预应力混凝土用钢丝》（GB 5223—2014）规定：预应力钢丝分为冷拉钢丝（代号RCD）、消除应力光圆钢丝（代号S）、消除应力刻痕钢丝（代号SI）和消除应力螺旋肋钢丝（代号SH）四种。

预应力混凝土用钢绞线是采用2、3或7根高强度钢丝经绞捻（一般为左捻）、热处理消除内应力而制成的，其捻制结构分别以1×2、1×3、1×7表示。

（2）型钢

1）热轧型钢

钢结构常用的型钢有工字钢、H型钢、T型钢、槽钢、角钢等，型钢是钢结构中采用的主要钢材。

对于承受动力荷载或振动荷载的结构，处于低温环境的结构，应选择韧性好、脆性临界温度低的钢材；对于焊接结构，应选用碳当量符合要求、焊接性较好的钢材。

2）冷弯薄壁型钢

通常是由2～6mm的薄钢板经冷弯或模压而成。有的结构用冷弯空心型钢和通用冷弯开口型钢。

按形状分为角钢、槽钢等开口薄壁型钢及方形、矩形等空心薄壁型钢。可用于轻型钢结构。

3）钢板和压型钢板

热轧钢板按厚度分为厚板（厚度大于4mm）和薄板（厚度为0.35～4mm）两种；冷轧钢板只有薄板（厚度为0.2～4mm）。

厚板用于型钢的连接与焊接，组成钢结构的受力构件，而薄板用作屋面或墙面等。

（3）钢筋理论重量计算

$$\text{每米重量（kg）}=\text{钢筋的直径（mm）}\times\text{钢筋的直径（mm）}\times 0.00617 \qquad (14\text{–}3)$$

Φ12（含12）以下和Φ28（含28）的钢筋一般小数点后取三位数，Φ14（含14）至Φ25钢筋一般小数点后取两位数。

钢管材W=0.02466×壁厚×（外径—壁厚）;

扁钢W=0.00785×厚度×边宽；

等边角钢W=0.00785×边厚×（2×边宽—边厚）;

不等边角钢W=0.00785×边厚×（长边宽+短边宽—边厚）;

工字钢W=0.00785×腰厚×［高+f（腿宽—腰厚）］;

槽钢W=0.00785×腰厚×［高+e（腿宽—腰厚）］。

备注：以上角钢、工字钢和槽钢的计算公式用于计算近似值；f值：一般型号及带a的为3.34，带b的为2.65，带c的为2.26。e值：一般型号及带a的为3.26，带b的为2.44，带c的为2.24。各长度单位为mm。

3. 园林用钢

风景园林中常采用各种型钢（角钢、扁钢、工字钢、槽钢）、钢板和钢筋砼中的各种钢筋与钢丝。

14.2.9　钢材的防腐

1. 钢材的腐蚀

广义的腐蚀是指材料与环境间发生的化学或电化学相互作用而导致材料功能受到损伤的现象。狭义的腐蚀是指金属与环境间的物理—化学作用，使金属性能发生变化，导致金属、环境及其构成功能受到损伤的现象。显然，建筑钢材的腐蚀属于后者。钢材在与周围环境长期接触的情况下，会发生物理—化学反应，从而导致钢材表面遭到腐蚀性破坏。

2. 钢材腐蚀的原因

影响钢材锈蚀的因素主要包括环境湿度、侵蚀性介质种类和数量、钢材的材质及表面状况等因素。根据钢材表面与周围介质的不同作用，锈蚀可分为下述两类。

（1）化学腐蚀

化学腐蚀指钢材表面与周围介质直接发生化学反应而产生的锈蚀，通常指钢材在常温和高温时发生的氧化或硫化作用。氧化作用的原因是钢铁与氧化性介质接触产生化学反应。氧化性气体有空气、氧气、水蒸气、二氧化碳、二氧化硫和氯气等，反应后生成疏松氧化物。

（2）电化学腐蚀

也称湿腐蚀，是由于钢材表面发生了电化学作用而导致的腐蚀。

钢材在潮湿的空气中，由于吸附作用，在其表面覆盖一层极薄的水膜，由于钢材表面的不均匀形态，使得局部产生了电极电位的差别，从而形成了许多微电池。在阳极区，铁被氧化成Fe^{2+}离子进入水膜。因为水中溶有来自空气中的氧，在阴极区氧被还原为OH^-离子，两者结合成不溶于水的$Fe(OH)_2$，并进一步氧化成疏松易剥落的红棕色铁锈$Fe(OH)_3$，这便造成了钢铁的电化学腐蚀。钢材的化学腐蚀和电化学腐蚀同时存在，常以电化学腐蚀为主。

3. 钢结构的腐蚀类型与机理

（1）大气腐蚀

钢结构中最为常见的一种腐蚀类型，较易发生，尤其是直接将钢材暴露在外界环境中时，更易发生大气腐蚀。

（2）局部腐蚀

较为常见的钢结构腐蚀类型，其可以分为电偶腐蚀与缝隙腐蚀两种情况。电偶腐蚀是因为在钢结构中，若有不同金属相互连接在一起或组合在一起，就会形成一定的正负电位，而电位为负的金属要比电位为正的金属腐蚀速度更大，长期以来就会形成严重的钢结构腐蚀。而缝隙腐蚀则是因为在钢结构施工中，不可避免地会在钢结构表面留下一些缝隙，当这些缝隙中有水等液体停滞时，就会形成锈蚀，并且锈蚀面积会随着时间的延长而不断增大。

（3）应力腐蚀

应力腐蚀与其他两种腐蚀类型不同，应力腐蚀需要在某种特定的介质中，且需有一定的应力作用时，才会产生。这种类型的腐蚀具有很大的突发性，并且很少有明显征兆,一旦发生，后果极其严重，往往造成较为严重的经济损失和人员伤亡。

4. 钢结构腐蚀的危害性

钢结构的腐蚀是对建筑整体结构的一种严重侵蚀，表现为不均匀的破坏，造成应力集中，从而加速腐蚀，这样的循环连锁反应给建筑钢结构造成严重的影响与破坏，危及钢结构的整体稳定，给使用者带来极大的安全隐患。

5. 钢材腐蚀的防止

（1）保护膜法

利用保护膜使钢材与易使其腐蚀的环境相隔离，从而避免钢材与周围介质发生反应而带来腐蚀。

1）非金属保护涂层主要有塑料、环氧树脂和防腐油脂三种，是最经济、最简便的防腐方法，其中常用的有以下几种涂料：沥青涂料、醇酸树脂涂料、酚醛树脂涂料、环氧树脂涂料、氯磺化聚乙烯涂料、高氯化聚乙烯涂料、氯化橡胶涂料、聚氨醋涂料等。对于此方法，必须对构件进行较为彻底的除锈，除锈后刷漆，一般涂层都有底层和面层之分，需注意两层漆的相容问题。

2）化学保护层。通过化学法，在金属表面形成保护层。

3）锌和铝具有非常好的耐大气腐蚀性，将锌和铝作为保护镀层，常用的实施方法有热浸锌和热喷铝（锌）复合法两种。

（2）热浸锌法

首先要对钢结构进行除锈和清洗，将其浸入600℃左右的锌溶液中，使金属锌附着于钢结构构件表面，其中，5mm以下薄板的锌层厚度≥65μm，厚板的锌层厚度≥65μm。由于需要在高温环境下进行，因此必须保持内外连通，此外一端敞口会使热锌液体积存于管内，因此不提倡。

（3）热喷铝（锌）复合法

通过压缩空气将融化的液体铝（锌）喷到钢结构上，形成底层保护层，随后在其上再填充有机涂料，以达到对构件的保护。为防止内壁受到腐蚀，必须对管状构件进行封闭。此方法的优点是不受构件形状的限制以及较小的热变形影响。

（4）电化学保护法

又称牺牲阳极保护法。将还原性较强的金属作为保护极，与被保护金属相连构成原电池，还原性较强的金属将作为负极发生氧化反应而被消耗，这样被保护的金属作为正极就可以避免腐蚀。与传统方法相比，此法可以大大降低对周边结构的破坏（如凿除），并且可以从根本上防止钢筋的腐蚀，但是电化学防腐技术复杂，要求较高。

（5）合金化

在钢材中加入能提高防腐能力的合金元素，如铬、镍、铁、铜等制成合金钢，改变钢材的组织结构，从而提高钢材的抗腐蚀能力，并在此基础上发展了各种不锈钢、耐酸钢、耐热钢等。

14.3　铝材

14.3.1　铝及铝合金

铝及铝合金是指含铝为98%的工业纯铝和以铝为主体掺有铜、镁、锰、锌、铬等合金元素的铝合金。

铝及铝合金材料可用于制作屋架等结构构件、屋面板材、幕墙、门窗框、活动隔墙和顶棚等。铝板与泡沫塑料配合，可制成质轻、隔热、保温效果好的复合板材。铝箔作为外贴面层，与其他材料配合，可制成防水效果好，而且能反射屋面日照热量的屋面防水复合材料，以及耐磨美观的装饰贴墙材料。

由于铝的密度小、强度高、抗蚀性好、表面处理性能好、断面设计自由，易成型，结构轻巧、造型美观、质感强烈等特点，并随着铝材新产品的开发，其应用将越来越广泛。

14.3.2　建筑业常用铝及铝合金牌号

6061和6063铝—镁—硅系合金，是当代建筑业上广泛使用的铝合金。据统计，国外6063型材用于门、窗、玻璃幕墙，占该系型材的70%，占所有铝及铝合金型材的80%。此外，建筑铝结构用铝合金有：铝—镁系、铝—锰系、铝—铜—镁—锰系、铝—镁—硅—铜系、铝—锌—镁系和铝—锌—镁—铜系等系列。常见的建筑铝结构用铝合金牌号见表14-3。

建筑铝结构用铝合金牌号　　表14-3

结构	合金性质		合金牌号
	强度	耐蚀性	
围护设施	低	高	L4 L6 LF2M
	中	高	LD30CS LD31RCS KF21M LF2M
半承重结构	低	高	LF21M LF2M LD2CZ
	中	高	LF21M LF2M LD2CS LD2CZ LD2-1CZ LD2-2CZ
	高	高	LF5M LF6M LD2-1CS LD2-2CS
承重结构	中	中、高	LY11CZ LF5M LF6M LD2CS LD10CS LD2-1CS
	高	中、高	LD10CS LD2-2CS LD10CZ LC4CS LY12CZ

14.3.3　建筑业常用铝材类型

1. 围护铝结构

围护铝结构各种建筑物的门面和室内装饰广泛使用的铝结构。通常把门、窗、护、墙、隔墙和天蓬吊顶等的框架称作围护结构中的线结构；把屋面、天花板、各类墙体、遮阳装置等称作围护结构中的面结构。线结构使用铝型材，面结构使用铝薄板，有平板、波纹板、压型板、蜂窝板和铝箔等。

2. 半承重铝结构

随着围护结构尺寸的扩大和负载的增加，该结构将起到围护和承重的双重作用，这类结构称为半承重结构。例如，跨度大于6m的屋顶盖板和整体墙板，无中间构架屋顶，盛各种液体的罐、池等。

3. 承重铝结构

从单层房屋的构架到大跨度屋盖都可使用铝结构做承重件。从安全和经济技术的合理性考虑，往往采用钢玄柱和铝横梁的混合结构。

14.3.4 建筑铝结构设计要素

铝结构设计计算时，应考虑下述几方面主要的设计要素：

1. 铝结构的安全系数

为保证结构的完整性、安全性和耐久性，铝结构强度计算时，必须决定安全系数和许用应力。据国外资料报道，铝结构求静态许用应力时的安全系数：对抗拉强度而言，取1.7～2.6（压力容器的安全系数高达4）；对屈服强度而言，取1.5～2.0。

2. 铝结构的刚性

据国内外资料报道，铝门窗安全最大允许挠度值为*L*/160～*L*/180（*L*为支点间距）；非承重铝幕墙安全最大允许挠度值为*L*/200～*L*/300；承重铝结构安全最大允许挠度值为*L*/400～*L*/1000。

3. 铝的弹性模量

铝合金材的正向弹性模量约为钢材的1/3，当构件的断面特性相同，其弯曲力矩也相同时，铝构件比钢构件的挠度大3倍。因此，在刚性相同的情况下，铝材的厚度应为钢材的1.44倍。一般情况，承重铝结构件的壁厚为0.5～3.0mm。

在结构设计时，弯曲力矩和挠度大的部位，宜采用钢结构件。

4. 铝的线膨胀系数

铝的线膨胀系数是钢的2倍，热应力是钢的2/3。铝结构设计时，连接部位应具有充分移动的可能性，常采用伸缩连接和预留足够的伸缩缝。

5. 压力平衡原则

充分考虑“压力平衡”的基本原则，解决大型铝结构的空气渗透和雨水渗漏问题。

14.3.5 建筑铝及其合金应用形式

1. 铝合金花纹板

采用防锈铝合金坯料，用特殊的花纹轧制而成。

特点：花纹美观大方，筋高适中，不易磨损，防滑性好，防腐蚀性能强，便于冲洗，通过表面处理可得到各种色彩。

应用：墙面装饰以及楼梯踏板等。

2. 铝合金波纹板

有银白色等多种颜色。有很强的反光能力，防火、防潮、防腐，使用期限长，达20年以上。可应用于建筑墙面装饰以及屋面等。

3. 铝合金压型板

特点：质量轻、外形美、耐腐蚀、经久耐用，经表面处理可得各种优美的色彩。

应用：建筑墙面以及屋面等。

4. 铝合金冲孔平板

一种能降低噪声并兼有装饰作用的新产品。有圆孔、方孔、长圆孔、长方孔、三角孔、大小组合孔等。应用于声响效果较大的公共建筑的顶棚。

5. 铝合金龙骨

以铝合金板材为主要原料，轧制成各种轻薄型材后组合安装而成的一种金属骨架。

特点：强度大、刚度大、自重轻、不锈蚀等。

应用：外露龙骨的吊顶。

14.4 铜材

14.4.1 铜的发展

铜，古称赤金，具有与贵金属相似的优异的物理和化学性能，也是与人类进化发展关系最密切的金属。铜是人类最早认识，并被广泛使用的金属。早在一万年前，古埃及和西亚人就学会用铜制作装饰品。铜还出现在象形文字中，古埃及人用带圈的十字架表示铜，含义是“永恒的生命”。而中国使用铜的历史相当久远，早在六七千年前，中国的祖先就发现并开始使用铜。中国华夏民族的祖先则是在4000年前就进入了青铜器时代。

青铜器时代的发展，先后经历了夏、商、西周、春秋、战国，共约15个世纪，其中商代是高度发达的青铜器时代。青铜是红铜和锡或铅的合金，熔点在700～900℃之间，具有优良的铸造性、很高的抗磨性和较好的化学稳定性。青铜器件的熔炼和制作比纯铜容易得多，又比纯铜坚硬。中国的青铜器时代以大量使用青铜礼器和生产工具、兵器为特征。

经过商代早、中期的发展，到商晚期和西周早期，青铜冶铸业达到高峰，制作工艺精湛的成套礼器和乐器数量、品种之多空前绝后。青铜器上所饰兽面纹和各种动物纹，都具有一定的象征意义，体现着人类对自然力量的崇拜。从西周早期始，礼器上普遍铸有长篇铭文，内容涉及军事、政治、经济、文化、宗教等各方面，流传至今，成为研究中国历史的重要资料，但遗憾的是运用在建筑物上却微乎其微。

随着铁冶炼技术的发展，铁的产量增加，铁器被广泛运用在生产、生活的各个方面（包括建筑物），逐渐取代铜器，但此时的青铜铸造技术已有了很大的提高，旧礼制的束缚已渐渐衰落，青铜器的制作有了灵活的空间，式样变得精巧新奇，纹饰变得更加细密华丽，其功能性也更多地转向日常生活。

14.4.2 铜的基本特性

1. 铜的物理化学特性

铜作为一种极具代表性的金属材料，导电、导热率很高，化学稳定性强，可塑性、延展性好，易熔接，耐腐蚀。铜表面在自然气候条件下会被氧化形成致密的氧化亚铜保护层，长期暴露于空气中，其表面颜色也会发生一系列变化。此外，铜经久耐用，易于回收重新利用，节能且回收率高，是一种极好的环保原料，它被广泛地应用于生活的各个领域，而且不会对人的生命健康造成负面影响。

2. 铜的热工特性

铜属于过渡族元素，铜的密度为8.7g/cm^3，熔点为1083℃，相对密度8.94，为面心立方晶体结构。铜的导电、导热性能较好，仅次于银。铜与其他材料的物理、化学特性比较见表14-4。

金属特性比较　　表14-4

材料	铜	钛	钢	铁	不锈钢	铝	锌	锡
25℃时密度（g/cm）	8.96	4.51	7.80	7.87	7.90	2.70	7.13	7.29
热膨胀系数（10～6/℃）	16.2～20.0	9.0	11.7	12.1	17.3	21.0～24.0	31.0	29.0
导热系数（W/mk）	150.0	22.0	65.0	80.4	14.0	160.0	116.0	35.3
熔点（℃）	1084.00	1668.00	1510.00	1538.00		660.32	419.50	231.90
沸点（℃）	2562	3287	3000	2861		2519	907	2602
毒性	无	无	无	无	无	无	无	无

铜具有很高的正电位，在水中不能置换氢，在大气、纯净水、海水、非氧化性酸、碱、盐溶液、有机酸介质和土壤中有优良的耐蚀性。铜易氧化，暴露在潮湿的大气中，铜制品表面会形成碱式硫酸铜或碳酸铜，表面颜色进而会发生一系列变化，经历大约10年的变化后，其表面会被铜绿覆盖。

3. 铜的材料特性

（1）经济性与耐久性

在埃及的基奥普斯金字塔中，挖掘出曾经用于管道系统的铜管。虽然被埋藏了5000年，铜管仍完好无损、可用。铜的耐腐蚀性也为其带来耐久性的特点，铜暴露在空气中，会形成一层保护膜，因而铜材料可以大量地被应用在屋顶的设计中。铜屋顶经过第一次的刷漆后，即可保持很长时间，省去了定期的维修和保养，其经济性显而易见。

（2）易加工性

铜具有面心立方晶格（晶格常数a=0.36075nm），具有很强的塑性变形能力，可用压延、挤压、拉伸等加工方法，制成各种半成品。铜板的加工性能不受温度的限制，低温时也不变脆，高熔点使其可以采用氧吹等热熔焊接方式。

铜板的屈服强度和延伸率成反比关系，经过加工折弯的铜板硬度增加极高。在所有的建筑金属材料中，铜具有最好的延伸性能。

（3）杀菌性

铜及其化合物是动植物生存所必需的微量元素，各种微生物和细菌在铜制品的表面也不易生存。铜离子融入水中可以杀灭细菌、寄生虫、病毒等对健康有害的水生物。早在古代，人们就懂得用铜来制作首饰、装饰品、铜壶、铜锅和铜制盛水容器，并用铜做铜管以提高水的纯净度。铜把手有利于减少细菌的传播。

（4）可回收性

铜的回收利用最早可追溯至史前时代。铜的可回收性不同于其他材料，它可经过多次重复使用，在多次回收后，仍能保持其原有属性。

（5）铜的电位

铜不易受到腐蚀，但铜可以与铝、锌、铁等“非贵金属”产生电偶腐蚀，在潮湿的状态下，铜会腐蚀在电位比其低的金属，包括钢、铅、铝、锌和铸铁（表14–5）。在建筑设计中，应考虑到铜的这种特性，避免铜与这些材料持久性地直接或间接接触。

金属间电势序　　表14–5

阳极	铝	锌与镀锌钢	钢与铁	铸铁	不锈钢	镍	铅	黄铜	青铜	铜镍合金	钛	金	阴极
最低位	←→											最高位	

资料来源：《建筑设计的材料来源》。

（6）铜的局限性

1）铜资源缺乏

世界铜资源分布广泛，蕴藏最丰富的地区共有五个，分别为南美洲秘鲁和智利境内的安第斯山脉西麓、美国西部的洛杉矶和大坪谷地区、非洲的刚果和赞比亚、哈萨克斯坦共和国、加拿大东部和中部。智利是世界上铜资源最丰富的国家，其铜金属储量约占世界总储量的1/3，同时又是世界最大的铜供应国，其产量约占全球份额的37%，主要输往美国、英国、日本等地。日本是主要的精炼铜生产国，赞比亚和扎伊尔是非洲中部的主要产铜国，其生产的铜全部用于出口，德国和比利时是利用进口铜精矿和粗铜冶炼精铜的生产国。秘鲁、加拿大、澳大利亚、巴布亚新几内亚、波兰、前南斯拉夫等也均是重要的产铜国。

中国每年的铜消耗量占全球总消费量的21%左右，而中国铜的储量仅占全球的5%，人均储量不到世界平均水平的一半，成为世界上铜材料的主要进口国之一。

2）价格高

铜具在电气、轻工、机械制造、建筑工业、国防工业等领域应用广泛，在中国有色金属材料的消费中仅次于铝，但其价格偏贵，因而应用受到一定局限。虽然铜的价格高，但铜的性价比优于其他金属材料，应用潜力巨大。

（7）铜材的质感

在古代，铜的质感是通过令人眼花缭乱的铜器纹饰体现出来的。铜表面光滑，光泽中等，有很好的导电、传热性能，经磨光处理后表面可制成亮度很高的镜面铜。随着加工技术的发展，金属铜通过特殊的技术处理，现在可以有很多种不同的肌理效果以满足设计需求。

（8）铜材的色彩

著名建筑大师柯布西耶说过：“色彩是被遗忘了的巨大的建筑力”。铜是少数有颜色的金属之一，它的色彩具有独特性，颜色会随时间、环境的改变而变换。

纯铜在约700nm波长条件下有较高的反射率而呈现橙红，不同的铜合金及其不同的元素含量会产生不同的色泽。锌铜合金称黄铜，随锌含量的增加，黄铜颜色由红变为金黄。含铝、锡等的铜合金称青铜，黄带绿。含镍的铜合金称白铜，含镍30%的铜合金耐蚀，含锌和镍的锌白铜具有美丽的银白色。各元素在铜中含量由少变多时，其合金颜色沿红黄青白方向变化。

铜易被氧化，在室温下铜的氧化会缓慢进行，生成氧化铜，呈玫瑰红的颜色。铜制器长期暴露在大气下，其表面颜色会经历金黄、红色、红绿色、棕色、蓝绿色的变化过程，约10年后，其表面覆被铜绿而呈现鲜绿色。这直接影响建筑建成后视觉效果的变化。

4. 铜的文化特性

铜文化是一部缩写的中国百科全书。中国的铜文化，呈现着中华民族传统文化的精髓。

追溯中国的历史发展，铜在夏王朝时期就开始被使用，随后经历了商、西周、春秋、战国几个时期，其中商代是高度发达的青铜时代，商代的青铜器成为中国青铜文化的杰出代表。

青铜器具有很多用途，礼器、乐器、兵器、工具、车马器等，其中礼器是最富有文化意蕴和形式意味的，成为青铜艺术的典范，其中鼎占据着最为显赫的地位，带有真实的等级和权利含义。青铜器上的纹样，尤其是商周青铜器的纹样以动物为主。这些动物多是用想象的形式表现在青铜器上的，被赋予了一种神秘色彩，塑造一种严肃、静穆、神秘的气氛。

5. 铜的时间特性

铜在作为建筑外墙材料时，因所处地理位置、气候特点的不同，建筑物外表面会产生不同程度的腐蚀，铜面颜色随时间的流逝而发生变化。

14.4.3 铜的常用种类

铜常用有以下几种类型：纯铜、黄铜（铜与亚铝的合金）、青铜（铜与锡的合金）、白铜（铜与镍的合金）、红铜（铜与金的合金）。

14.4.4 园林应用

常被用于铜雕塑和铜浮雕、铜栏杆、铜灯具、铜水管等。

1. 铜材用于装饰

铜具有精美的雕刻装饰表现力，铜建筑的梁、柱、天花板、门窗等无处不见雕琢精美的图案。在古代，铜不但因其精美，而且以一种权力的象征而出现在建筑中。铜饰品经久耐用、安全卫生、可回收，其透出的高雅气息深受人们喜爱。

现代建筑用铜包柱，在本色基础上进行抛光，使其光彩照人、美观雅致、光亮耐久。常见的有铜屋面、铜屏风、铜花格、铜壁画、铜天花、铜灯以及门的铜拉手等。

2. 铜材在给水中的应用

铜水管是指应用于建筑供水系统的冷、热水管，为薄壁铜管，是经拉、挤或轧制成型的无缝管。按《无缝铜水管和铜气管》（GB/T 18033—2007）规定，铜水管用铜为T_2铜或TP_2磷脱氧铜。

铜水管不但不可渗透，卫生健康（杀菌抑菌），安全可靠，适配性强，经久耐用，耐热、耐腐蚀、耐压和耐火，且可再生，安装技术相当成熟，配套产品齐全，材料、设计、施工、安装、图集标准已经陆续出台。

适合直饮水输送材质标准的纯紫铜管，防冻、保温、抗菌，具有以下优点：

强度大——比塑料管材坚硬，具有金属的高强度特性。

韧性好——比一般金属易弯曲、易扭转、不易裂缝、不易折断。

延展性强——可制成薄壁铜管及配件，重量最轻，仅为同径钢管的1/3。

适配性强——纯紫铜管材及其配件品种规格较齐全，直径范围大，6～250mm中任选，临时截断、折弯、打痕和焊接等非常方便。

经久耐用——纯铜是一种质地坚硬的金属，活性很低，可用于输送冷热水、海水、油类、酸、醇和非氧化性有机流体等，且不污染流体，不易积存污垢，耐久性极优，极低维护。

卫生健康——铜能抑制细菌生长，99%以上的水中细菌在进入铜管5h后便被杀灭。铜管内壁不具备“铜绿”形成的条件，不会影响人体健康。铜是一种环保、使用安全、易于加工且极抗腐蚀的金属材料。

具有不可渗透性——铜制管材及其配件坚固密实，铜表面形成一层密实坚硬的保护层。

14.4.5　重量计算

铝花纹板：每平方米重量（kg）=2.96×厚度；

紫铜管：每米重量（kg）=0.02796×壁厚×（外径-壁厚）；

黄铜管：每米重量（kg）=0.02670×壁厚×（外径-壁厚）。

第15章 玻璃

大约公元前3700年，古埃及人就已研制出玻璃，大约公元前1000年前中国就研制出无色玻璃，到1873年时比利时最先研制出平板玻璃。作为一种色彩斑斓的透光材料，玻璃包含了科学、材料、技术、艺术等多方面元素，为风景园林设计师提供了无限的创意灵感和创作空间，丰富了景观。研究玻璃的景观特质及种类，拓展玻璃的景观应用无疑具有非常重要的现实指导意义。

15.1 玻璃的定义

玻璃是指以石英砂、纯碱、石灰石以及少量Al_2O_3、MgO等做原料，添加适量的辅助材料，经高温熔融、成型，并经急速冷却而成的具有热膨胀系数、比热突变温度性能和固体力学性质的一种较透明的无定型的无机非金属固体材料。

15.2 玻璃的构成

玻璃的化学成分很复杂，并对玻璃的力学、热学、光学性能起着决定性作用。玻璃主要由SiO_2、Na_2O、CaO、Al_2O_3、MgO等构成，见表15-1。玻璃的主要辅料及功能见表15-2。

玻璃主要成分及其功能　　表15-1

成分名称	成分含量	功能
二氧化硅（SiO_2）	72%	增强化学稳定性、热稳定性与机械强度，降低其密度、热膨胀系数
氧化钠（Na_2O）	15%	增大热膨胀系数，降低化学稳定性、耐热性、韧性，降低熔融温度、退火温度，减少析晶倾向
氧化钙（CaO）	9%	提高硬度、机械强度，增强化学稳定性，退火温度升高，耐热性减少
三氧化二铝（$A1_2O_3$）	少量	熔融温度升高，化学稳定性、机械强度增强，析晶倾向减少
氧化镁（MgO）	少量	耐热性、化学稳定性、机械强度较强，退火温度升高，析晶倾向、韧性减少

玻璃主要辅料及其功能　　表15-2

成分名称	常用化合物	功能
助熔剂	萤石、硼砂、硝酸钠、纯碱等	缩短玻璃熔制时间，其中萤石与玻璃液中杂质FeO作用后，还可增加玻璃的透明度
脱色剂	硒、硒酸钠、氧化钴、氧化镍等	在玻璃中呈现原来颜色的补色，使玻璃无色
澄清剂	白砒、硫酸钠、铵盐、硝酸钠、二氧化锰	降低玻璃液黏度，利于玻璃液消除气泡
着色剂	氧化铁、氧化钴、氧化锰、氧化镍、氧化铜、氧化铬	赋予玻璃一定颜色
乳浊剂	冰晶石、氟硅酸钠、磷酸三钙、氧化锡等	使玻璃呈乳白色的半透明体

15.3　玻璃的物理化学性质

玻璃成分氧化硅、氧化硼可提高其透明性，而氧化铁则降低其透明性。透明性和透光性是玻璃的重要光学性质，而透光性是其最本质、最独特的特性。玻璃随光线转换而发生色彩变化，将光束反射或折射出不同色彩。脆性是玻璃的主要缺点。玻璃也具有较高的化学稳定性，防水防火，耐酸性强，能抵抗除氢氟酸以外的多种酸类的侵蚀，但是，碱液和金属碳酸盐能溶蚀玻璃。

玻璃属于匀质的非晶体材料，具有各向同性。然而因生产工艺等影响，玻璃内存在各种夹杂物而影响玻璃的均匀性，即称为玻璃缺陷。现实中，理想的均质玻璃极少。玻璃非匀质性的容许程度常取决于其用途。玻璃的缺陷不仅大大降低玻璃质量，影响装饰效果，还影响玻璃的成型和加工，以至于装饰玻璃及特殊功能的玻璃对缺陷控制很严。

15.4　玻璃的种类

分类的标准不同，玻璃的类型也不同。以组成成分分，玻璃可分为钠玻璃、钾玻璃、铅玻璃、铝镁玻璃、硼硅玻璃、石英玻璃、有色玻璃、变色玻璃、光学玻璃、硫属化合物玻璃、卤化物玻璃、微晶玻璃等12类；以使用用途分，玻璃可分为重金属氧化物玻璃、光功能玻璃、电功能玻璃、磁功能玻璃、机械功能玻璃、生物功能玻璃、化学功能玻璃、热功能玻璃、有机玻璃、金属玻璃等10类；根据园林景观综合功能对材料的性能要求，玻璃可分为饰面玻璃、构筑玻璃、铺地玻璃等3类，见表15-3。

玻璃的景观工程分类　　表15-3

分类		性能	应用
饰面玻璃	压花玻璃	透光不透视	立面、屋顶饰面
	釉面玻璃	色彩鲜艳持久，图案丰富，可定制	立面、地面饰面
	热弯玻璃	透光，隔声，力学强度好，可塑各式曲面	立面饰面，屋顶采光，幕墙，采光井
	彩印玻璃	色彩丰富，图案逼真，立体感强，耐酸碱，耐高低温，透光不透视	立面、屋顶饰面和灯饰
	镜面玻璃	影像	地面、立面饰面
	激光玻璃	色彩和图形随光线变化	地面、立面和台面饰面
	七彩变色玻璃	色彩因角度、光线变幻	地面、立面饰面，立体构筑
	彩绘玻璃	特制的胶状颜料绘制的图案丰富	饰面
	玻璃大理石	具有天然大理石的色彩、纹理、光泽	立面和台面饰面，小品构筑
	锦玻璃	质硬、性稳，耐热耐寒，耐候耐久，耐酸碱	立面饰面
构筑玻璃	钢化玻璃	力学性能、弹性良好，热稳定性、安全性很好，碎片无锐角，不易伤人	构筑景观建筑、透光屋面
	玻璃空心砖	透光不透视，有光面和花纹面，颜色丰富，抗压，防水，耐磨、耐侵蚀	构筑景观建筑、立面饰面
	微晶玻璃	景观效应优异，不吸水，耐腐蚀，抗冻，耐污，稳定性好，机械强度高，抗风化，质轻	构筑景观建筑，饰面
铺地玻璃	黏金刚砂钢化玻璃	力学性能和防滑性良好	铺地饰面
	玻璃锦砖	显金、银色斑点或条纹，一面有槽纹，不变色，不积尘，雨天自洁，耐急冷急热	铺地饰面，立面饰面
	玻璃砖	化学稳定性强，不透灰，不结露，抗压耐磨，光洁明亮，图案精美	铺地饰面

15.5 玻璃的景观特性

玻璃具有如下景观特性：

1. 透视性

玻璃介于“存在与不存在的境地，蕴含生命与力量”，阻隔空间而视觉不断，让人的视线穿越空间，这就是玻璃的可透视性。它不仅拉近了空间的距离感，也丰富了视觉景观类型与层次。

2. 色彩多样性

色彩是玻璃的优秀景观品质。通过特殊的制作工艺，添加着色剂，可以制成五颜六色的玻璃制品。玻璃既能映射多样的景观，又能透过光线传达玻璃情感。五彩斑斓的玻璃为风景园林师留下了无限、自由的创造空间，使景观变得更加绚丽多彩。

3. 可塑性

玻璃经由熔融、压模、吹制、倒模等过程，既可加工成方形、三角形、圆形、椭圆形、多边形等平面形状，也可加工成单曲面、双曲面、球面等空间形状。形与色是构成玻璃形式美的自然属性，色随形变，形因色异。

4. 镜射性

光滑而透明的玻璃将周围景物映射到自身，既丰富景观内容与层次，又扩大景观空间感，还将映射景观与原景观形成对景，形成光影交织、景观多变的空间体验。“有光必有影——水晶状玻璃如诗的感觉，让现代的创造者能利用光线以及光线的漫射和反射进行设计”，延伸人类视觉，延伸空间，使之明亮、流动。

5. 耐磨性

玻璃的莫氏硬度为5～7，与花岗岩、大理石具有相同的耐磨性能。玻璃广泛应用于建筑材料之余，还可应用于硬质铺装材料。

6. 耐久性

除氢氟酸以外，玻璃对水、酸、碱以及化学试剂或气体等具有较强的抵抗能力，从而使玻璃具有良好的可持续使用性能。

7. 质感性

肌理是材料表面的组织纹理变化，是质感的形式要素。通过磨砂、压花、喷花、蚀刻等表面处理，玻璃或平滑细腻，或粗糙峥嵘，或柔软纤细，或厚重坚硬；经过模具浇铸，玻璃呈现木材、石头、贝壳等肌理；通过不同装饰效果的叠加，玻璃呈现不同的纹理和凹凸感。丰富又极具张力的肌理和质感，与色彩互补共生，在光的作用下展现奇特的景观效果。

15.6 玻璃的景观应用

15.6.1 玻璃的景观应用史

玻璃最先主要应用于建筑物，最早被罗马人应用于建筑窗户——玻璃镶嵌在金属框格中；我国南宋时期在私家园林能见到各式各样的玻璃照明灯具；清朝时期，大批融合中西艺术的玻璃器皿精品开始出现在宫廷室内和皇家园林之中；到了19～20世纪初，铁框架与玻璃相结合成就了一系列温室建筑，“模糊了自然与艺术的边界”；20世纪50年代以后采用半透明的有色玻璃或镜面玻璃的玻璃外墙成为世界流行的一种建筑风格；20世纪晚期，玻璃特性得到改善，点支式玻璃幕墙构造方式使玻璃造型不受限，并保持整体性，玻璃幕墙进入发展的鼎盛时期，为景观世界增添生机。

15.6.2　玻璃在现代景观中的应用

1. 玻璃景观建筑

随着现代建筑景观材料的出现和施工技术的改进，玻璃常常出现于亭廊的顶部，使亭廊能够透过光线，整体结构也更加简单明了，增加了空间感、立体感和层次感。

2. 玻璃设施小品

利用玻璃可做围墙、桥梁、护板、座凳、台阶、花池、水池、灯箱等各种景观设施受力构件。利用玻璃做围墙既可分割空间，又可保护有价值的物品。利用透明或半透明玻璃做桥梁面层，可以尽览桥面下景观，只是要注意整个桥面的防滑性。做护板或栏杆板时，常选用钢化玻璃或夹丝玻璃等安全玻璃，并从中选用花纹色彩种类，如压花玻璃、喷砂玻璃、彩绘玻璃、光栅玻璃等。也可以用安全玻璃做固定式座凳。

利用玻璃的透光性用半透明的玻璃做光带，既可形成景观带，又可掩饰玻璃下面的灯具。如光带较宽且设于人行处，应选用防滑玻璃。还可利用透明玻璃做小型水池或花池，以饱览玻璃水池（或花池）中的水生动植物、栽培基质，形成令人驻足流连的景点。

3. 玻璃铺地景观

利用玻璃做台阶，需注意防滑、结构支撑件的美观及排水。由于玻璃本身不吸水、不透水，因此玻璃台阶在保证安全的前提下都应设计出合理的排水坡度，多介于0.3%~1%之间。而排水坡度与降雨强度有关，瞬时降雨强度大的地区，其排水坡度应大一些，否则应小一些。

铺地玻璃常选用2~3层的钢化玻璃，并在玻璃表面粘上一层金刚砂以增加防滑性与美观性。金刚砂喷粘在玻璃上的位置及图案的丰富性，金刚砂颜色的可选择性，为园林空间创设了景观多样性。

15.7　玻璃的采运

玻璃易脆，易碎裂，因此采运时，包装箱头朝向运输方向，箱盖朝上放稳，装大片玻璃的扁箱须垂直安置，切忌平放或斜放，并须有支护以防箱架滑动或倾倒，须防止雨淋和受潮。

卸载玻璃时应防杂物划伤，储存玻璃及其制品时须按种类、规格、等级整齐码放于干燥、通风、不结露的室内，箱底垫垫木，大扁箱垂直放置并支牢，码放厚度视箱体大小而定，避免受重压或碰撞，货位间留足通道，以便查取。

第16章　水泥

16.1　水泥的内涵及发明

16.1.1　水泥的内涵

水泥是指加水拌和成可塑性浆体，能在空气和水中经物理化学作用硬化，保持并继续增长其强度变成坚硬的石状体，并能将散粒材料胶结成为整体的粉状水硬性胶凝材料。水泥是一种良好的矿物胶凝材料。水泥浆体不但能在空气中硬化，还能更好地在水中硬化、保持并继续增长强度，故水泥属于水硬性胶凝材料。

作为一种无机水硬性胶凝材料，水泥是建筑工程中最为重要的建筑材料之一，与钢材、木材共同构成了建筑工程基本建设的“三材”，大量应用各类建设工程。

16.1.2　水泥的发明

古罗马人发明了水泥，他们将石灰、水等掺和在一起进行化学反应生成水泥。

1756年，一位英国工程师把石灰石和黏土以一定的比例相混合后发明了水硬性水泥，这个人就是约翰·史密顿。1820年前后，英国利兹城一位名叫约瑟夫·阿斯普丁的英国泥水匠对史密顿的发明进行改进，在1824年10月21日总结出石灰、黏土、矿渣等各种原料之间的比例来生产水硬性水泥。阿斯普丁为他的这项发明申请了专利，获得英国第5022号的“波特兰水泥”（Portlant cement，普通水泥、硅酸盐水泥）专利证书，从而一举成为流芳百世的水泥发明人。该水泥水化硬化后的颜色和强度都和当时英国波特兰地区的一种建筑用石料的颜色相同而被人们称为“波特兰水泥”。其后阿斯谱丁便在英国的Wakefield设立了第一个波特兰水泥厂。

在英国，与阿斯谱丁同一时代的另一位水泥研究天才是强生（I. C. Johnson）。1845年，强生在试验中偶然发现，煅烧至含有一定数量玻璃体的水泥烧块，经磨细后具有非常好的水硬性，在烧成物中含有石灰会使水泥硬化后开裂。根据这些意外的发现，强生确定了水泥制造的两个基本条件：第一是烧窑的温度必须高到足以使烧块含一定量的玻璃体并呈黑绿色；第二是原料比例必须正确而固定，烧成物内部不能含过量石灰，水泥硬化后不能开裂。这些条件确保了“波特兰水泥”质量，解决了阿斯谱丁无法解决的质量不稳定问题。从此，现代水泥生产的基本参数已被确定。

水泥的问世对工程建设起到了巨大的推动作用，引起了工程设计、施工技术、新材料开发等领域的巨大变革。新中国成立前国人称水泥为“士敏土”、“波特兰”或“水门汀”等，而民间称“洋灰”。

16.2　水泥的分类

水泥的种类繁多，按其主要水硬性成分分为硅酸盐类水泥、铝酸盐类水泥、硫铝酸盐类水泥、磷酸盐类水泥和以火山灰性或潜在水硬性材料及其他活性材料为主要组分的水泥。其中硅酸盐水泥最基本。按用途和性能，水泥可分为通用水泥（常用于一般风景园林建筑工程的水泥）、专用水泥（具有专门用途的水泥，如砌筑水泥和道路水泥等中、低热水泥）及特种水泥（具有某种特殊性能的水泥，如快硬硅酸盐水泥、白色水泥、抗硫酸盐水泥、中热和低热矿渣水泥以及膨胀水泥等）。

16.3 硅酸盐类水泥

16.3.1 内涵

根据《通用硅酸盐水泥》（GB175—2007）的规定，通用硅酸盐水泥（common portland cement）是指以硅酸盐水泥熟料、适量的石膏以及规定的混合材料制成的水硬性胶凝材料。按混合材料的种类和掺量的不同，通用硅酸盐水泥分为硅酸盐水泥、普通硅酸盐水泥、矿渣硅酸盐水泥、火山灰质硅酸盐水泥、粉煤灰硅酸盐水泥和复合硅酸盐水泥等六种。本节重点介绍硅酸盐水泥。

硅酸盐水泥是指由硅酸盐水泥熟料、0～5%石灰石或粒化高炉矿渣、适量石膏磨细制成的水硬性胶凝材料。硅酸盐水泥根据掺混合料与否分为两种类型，不掺混合材料的称为I型硅酸盐水泥，代号为P·I；在硅酸盐水泥熟料粉磨时掺加不超过水泥质量5%的石灰石或粒化高炉矿渣混合材料的称为Ⅱ型硅酸盐水泥，代号为P·Ⅱ。

16.3.2 硅酸盐水泥的生产

硅酸盐水泥是以石灰石等石灰质原料与黏土、页岩等黏土质原料为主料，有时适当加入少量铁矿粉等，按一定比例混合拌制，磨细成生料粉（干法生产）或生料浆（湿法生产），经均化后送入窑中煅烧至部分熔融，得到以硅酸钙为主要成分的水泥熟料，再与适量石膏共同磨细，即可得到P·I型硅酸盐水泥。其生产工艺流程（简称“两磨一烧”）如图16–1所示。

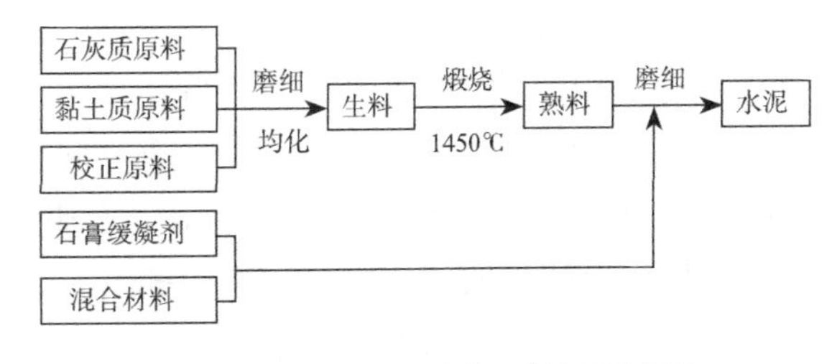

图16–1 硅酸盐水泥生产工艺流程示意图

生产硅酸盐类水泥的原料主要是石灰质原料和黏土质原料两类，石灰质原料主要提供CaO，黏土质原料主要提供SiO_2、Al_2O_3及Fe_2O_3。两种原料成分不能满足要求时，需要加入少量校正原料（如硅藻土、黄铁矿渣等）加以调整。在水泥生产过程中，为了调节水泥的凝结时间还要加入二水石膏、半水石膏、硬石膏以及它们的混合物或工业副产石膏等石膏缓凝剂。为了改善水泥性能、调节水泥标号，往往还要加入一些矿物材料，称为混合材料。

16.3.3 硅酸盐水泥的矿物组成

1. 熟料

原料的主要化学成分氧化钙、二氧化硅、氧化铝、氧化铁经高温燃烧后，各原料之间发生化学反应，形成以硅酸钙为主要成分的熟料矿物，其矿物组成主要是硅酸三钙（$3CaO \cdot SiO_2$，简写为C_3S，占37%～60%）、硅酸二钙（$2CaO·SiO_2$，简写成C_2S，占15%～37%）、铝酸三钙（$3CaO·Al_2O_3$，简写成C_3A，占7%～15%）、铁铝酸四钙（$4CaO·Al_2O_3·Fe_2O_3$，简写为C_4AF，占10%～18%）。改变4种矿物含量的比例，水泥的性质也将发生相应的变化。如提高C_3S的含量，可制得高强水泥；提高C_3A和C_3S组分的含量，可制得快硬水泥；降低C_3A和C_3S组分含量，提高C_2S含量，可制得中、低热水泥；提高C_4AF含量，降低C_3A的含量，可制得道路水泥。硅酸盐水泥主要矿物特性见表16-1。

硅酸盐水泥主要矿物特性　　表16-1

矿物指标		特性			
		C_3S	C_2S	C_3A	C_4AF
密度（g/cm^3）		3.25	3.28	3.04	3.77
水化反应速率		快	慢	最快	快
水化放热量		大	小	最大	中
强度	早期	高	低	低	低
	后期		高		
收缩		中	中	大	小
抗硫酸盐侵蚀性		中	最好	差	好

2. 混合材料

除硅酸盐水泥P·Ⅰ外，其他的硅酸盐水泥都掺入一定量的混合材料。混合材料按其性能分为活性混合材料和非活性混合材料。

（1）活性混合材料

具有火山灰性或潜在水硬性，以及兼有火山灰性和水硬性的矿物质材料称为活性混合材料。其中火山灰性是指工业废渣磨成细粉与消石灰一起和水后，在湿空气中能够凝结硬化，并能在水中继续硬化的性能。潜在水硬性是指工业废渣磨成细粉与石膏一起和水后，在湿空气中能够凝结硬化并在水中继续硬化的性能。活性混合材料一般含有活性氧化硅、氧化铝等。常用的活性混合材料有粒化高炉矿渣、粒化电炉磷渣、粒化铬铁渣、火山灰质混合材、粉煤灰、粒化增钙液态渣等。

粒化高炉矿渣是高炉冶炼生铁所得，以硅酸钙与铝硅酸钙为主要成分的熔融物，经淬冷成粒后的产品。

火山灰质混合材料是具有火山灰性的天然的或人工的矿物材料。

粉煤灰是从燃煤发电厂的烟道气体中收集的粉末，又称飞灰。它以氧化铝、氧化硅为主要成分，含少量氧化钙，具有火山灰性。

粒化增钙液态渣指煤与适量石灰石共同粉磨后，在液态排渣沪内燃烧所得，以硅铝酸钙为主要成分的熔融物，经水淬成粒。其氧化钙含量不少于20%。

（2）非活性混合材料

在水泥中主要起填充作用而又不损害水泥性能的矿物材料，又称惰性混合材料或填充性混合材料。石灰石、石英砂、黏土、慢冷矿渣、粒化碳素铬铁渣、粒化高炉钛矿渣以及其他不符合质量标准的活性混合材料均可加以磨细作为非活性混合材料应用。

六种通用水泥组成及特性如表16-2所示。

六种通用水泥组成及特性 表16-2

名称	硅酸盐水泥	普通水泥	复合水泥	矿渣水泥	火山灰水泥	粉煤灰水泥
组成	熟料0% ~ 5%石灰石、粒化矿渣、石膏	熟料6% ~ 15%混合材、石膏	熟料15% ~ 50%两种或两种以上混合材、石膏	熟料20% ~ 70%粒化高炉矿渣、石膏	熟料20% ~ 50%火山灰质混合材、石膏	熟料20% ~ 40%粉煤灰、石膏
标准	《通用硅酸盐水泥》(GB 175—2007)					
代号	P·Ⅰ，P·Ⅱ	P·O		P·S	P·P	P·F
密度（g/cm^3）	3.0 ~ 3.2	2.8 ~ 3.0			2.7 ~ 2.9	
标号与型号	425R，525 525R，625 625R，725R	325，425 425R，525 525R，625 625R	325，425 425R，525 525R	275，325，425，425R，525 525R，625R		
主要特性	强度高，水化热高，抗冻性好，耐腐蚀性差，耐热性差		介于前者和后者之间	早期强度低，后期强度增长率大；水化热低，耐蚀性强，抗冻性差，抗大气性差，P·P抗渗性强；耐热性P·S强，P·P、P·F差		

16.3.4 硅酸盐水泥的凝结硬化

1．硅酸盐水泥的水化

水泥加水拌和后，开始发生水化反应，成为可塑性浆体，随着水化的持续进行，水泥浆逐渐变稠而失去塑性但尚不具有强度的过程，称为水泥的凝结。凝结后，水泥浆便产生明显的强度并逐渐发展成为坚硬的水泥石，这一过程称为水泥的硬化。水泥的凝结、硬化没有严格的界限，它是一个连续、复杂的物理化学变化过程，是水化反应的外在表现，其凝结硬化阶段是人为划分的。其化学反应式有：

$$2(3CaO \cdot SiO_2)+6H_2O = 3CaO \cdot 2SiO_2 \cdot 3H_2O^{①}+3Ca(OH)_2$$

$$2(2CaO \cdot SiO_2)+4H_2O = 3CaO \cdot 2SiO_2 \cdot 3H_2O+Ca(OH)_2$$

$$3CaO \cdot Al_2O_3+6H_2O = 3CaO \cdot Al_2O_3 \cdot 6H_2O^{②}$$

$$4CaO \cdot Al_2O_3 \cdot Fe_2O_3+7H_2O = 3CaO \cdot Al_2O_3 \cdot 6H_2O+CaO \cdot Fe_2O_3 \cdot H_2O^{③}$$

在水泥的矿物组成中，不同的矿物水化速度不一样。水化速度最快的是铝酸三钙，其次是硅酸三钙，硅酸二钙的水化速度最慢。

纯水泥熟料磨细后，凝结时间很短，不便使用。为了调节水泥的凝结时间，掺入适量石膏，这些石膏与反应最快的铝酸三钙的水化产物作用生成难溶的水化硫铝酸钙，覆盖于未水化的铝酸三钙周围，阻止其继续快速水化。其反应式为：

$$3CaO \cdot Al_2O_3 \cdot 6H_2O+3(CaSO_4 \cdot 2H_2O)+20H_2O = 3CaO \cdot Al_2O_3 \cdot 3CaSO_4 \cdot 32H_2O$$

综上所述，硅酸盐水泥与水作用后，主要水化产物有水化硅酸钙和水化铁酸钙凝胶、氢氧化钙、水化铝酸钙和水化硫铝酸钙晶体。硬化后的水泥石是由胶体粒子、晶体粒子、凝胶孔、毛细孔及未水化的水泥颗粒所组成的。当未水化的水泥颗粒含量高时，说明水化程度小，因而水泥石强度低；当水化产物含量多、毛细孔含量少时，说明水化充分，水泥石结构密实，因而水泥石强度高。

① $3CaO \cdot 2SiO_2 \cdot 3H_2O$，水化硅酸钙。
② $3CaO \cdot Al_2O_3 \cdot 6H_2O$，水化铝酸三钙。
③ $CaO \cdot Fe_2O_3 \cdot H_2O$，水化铁酸一钙。

2. 硅酸盐水泥的凝结硬化过程

硅酸盐水泥（P·Ⅰ）的凝结硬化过程按水化反应速率和水泥浆体的结构特征分为初始反应期、潜伏期、凝结期和硬化期四个阶段，如图16-2所示。

（1）初始反应期。水泥与水接触后立即发生水化反应，在初始的5～10min内，放热速率剧增，最大可达168.5J/g·h，然后降至4J/g·h。在此阶段，硅酸三钙（C_3S）开始水化并释放$Ca(OH)_2$且立即溶于溶液中，使其pH值增大至13左右，浓度达到过饱和后，$Ca(OH)_2$结晶析出；同时暴露在水泥颗粒表面的铝酸三钙（C_3A）也溶于水，并与已溶解的石膏反应形成AFt且结晶析出，附着在水泥颗粒表面，此阶段约有1%的水泥发生水化。

（2）潜伏期。在初始反应之后有相当一段时间约1～2h，水泥的放热速率一直很低［约4J/（g·h）］。有的研究者将上述两个阶段合并称为诱导期。在此期间，水化产物数量不多，水泥颗粒仍然分散，所以水泥浆体基本保持塑性。

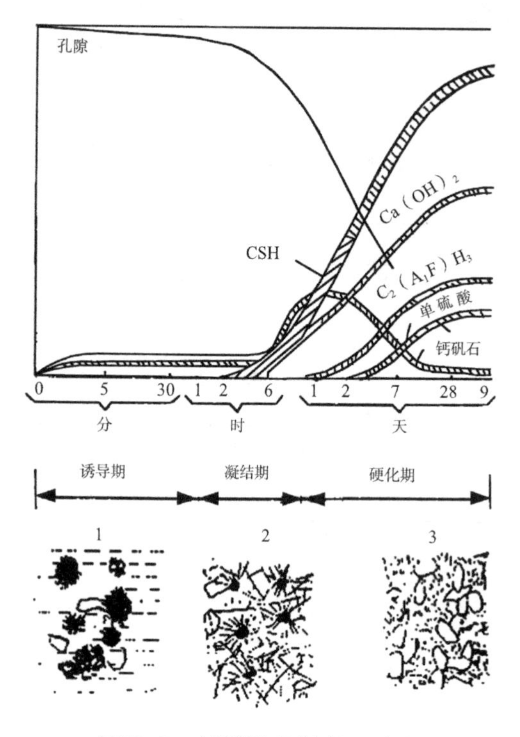

图16-2 水泥凝结硬化过程示意图

（3）凝结期。在潜伏期后由于渗透压的作用，水泥颗粒表面的膜层破裂，水泥继续水化，放热速率又开始增大，6h内可增至最大值约20J/（g·h），然后缓慢下降。在此阶段，水化产物不断增加，由于水化产物的体积约为水泥体积的2.2倍，在水化过程中产生的水化物填充了水泥颗粒之间的空间，随着接触点的增多，形成了由分子力结合的凝聚结构，使水泥浆体逐渐失去塑性，这就是水泥的凝结过程。此阶段结束约有15%的水泥水化。

（4）硬化期。在凝结期以后放热速率缓慢下降，此时水泥水化继续进行，铁、铝氧化物［$C_4(A·F)H_{13}$］开始形成，由于硫酸盐离子的耗尽，AFt转变为AFm。水泥硬化持续很长时间，在适当的温、湿度条件下，甚至几十年后水泥石强度还会继续增长。

进入硬化期以后，水泥浆才具有强度但很低，前3天具有较快的强度增长率，3～7天强度增长率有所降低，7～28天强度增长率进一步降低，超过28天强度将继续发展但较平稳，如图16-3所示。掺混合料的硅酸盐水泥的凝结硬化较慢，所表现出来的是3天、7天时强度偏低，如图16-3、图16-4所示，但在硬化后期（28天以后），其强度往往赶上甚至超过硅酸盐水泥（P·Ⅰ），这主要是因为上述的二次反应到了后期才进行得较彻底，且生成大量的C—S—H凝胶，填充了水泥石的孔隙，如图16-5所示。外界温度对凝结硬化速率的影响较硅酸盐水泥大，如施工时温度低将显著影响水泥的早期强度，若采用湿热养护时，将显著加速掺混合料的硅酸盐水泥的凝结硬化，硬化后水泥结构如图16-6所示。

几个阶段交错进行，不同的凝结硬化阶段由不同的物理化学变化起主导作用。

水泥浆经凝结硬化后形成了坚硬的水泥石，水泥石是由C—S—H及水化硅酸钙凝胶、$Ca(OH)_2$、水化铝酸钙和AFt、AFm晶体、孔隙和未水化的残留热料组成的。因此，水泥石是

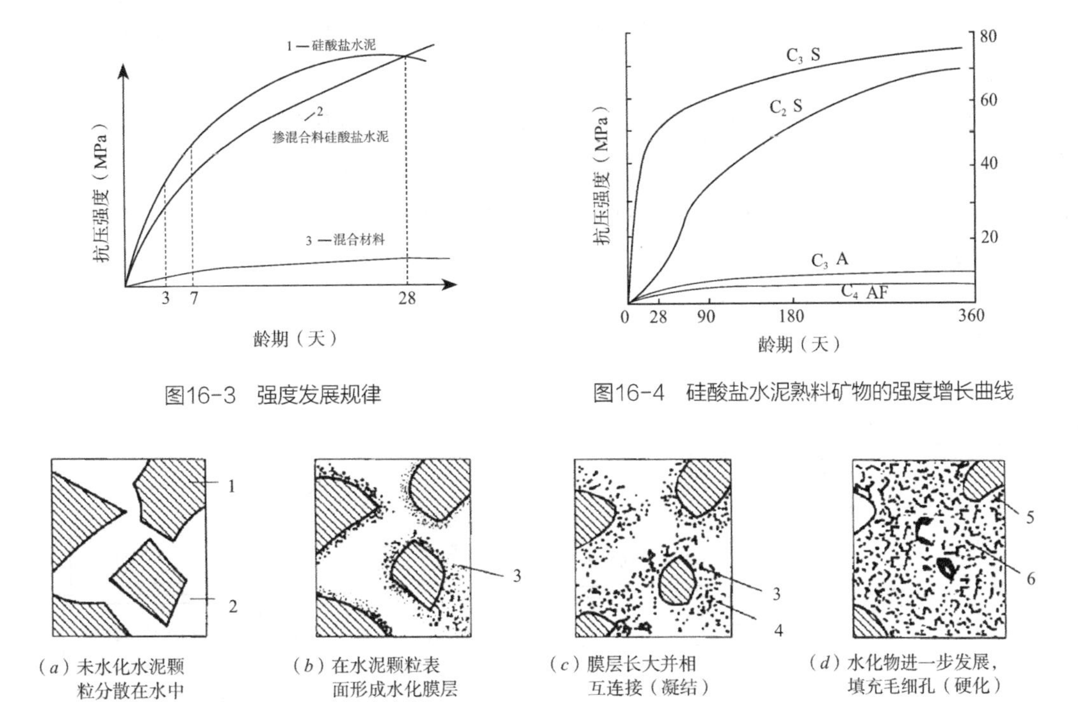

图16-3 强度发展规律

图16-4 硅酸盐水泥熟料矿物的强度增长曲线

图16-5 硅酸盐水泥凝结硬化过程示意图

1—水泥颗粒；2—水分；3—胶体；4—晶体；5—水泥中未水化的水泥颗粒内核；6—毛细孔

多相（固、液、气）的多孔体系，水泥石的工程性质取决于水泥石的组成、结构，即水化物的类型与相对含量以及孔的大小、形状和分布等。

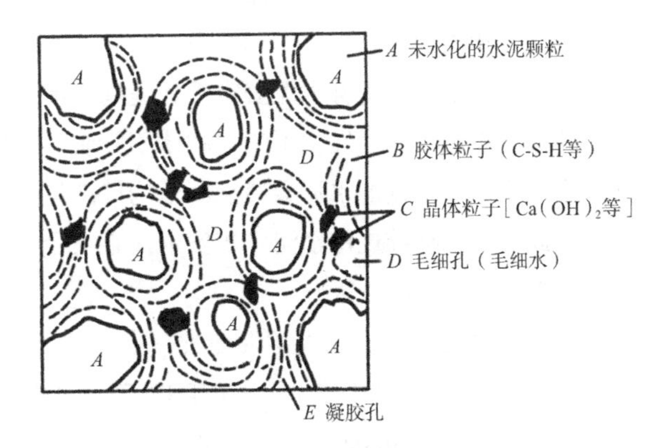

图16-6 硬化水泥石结构

3．硅酸盐水泥的主要技术性质

（1）密度、堆积密度、细度

硅酸盐水泥的密度约为3.1g/cm^3，其松散状态下的堆积密度为1000～1200kg/m^3，紧密堆积密度达1600kg/m^3。

水泥的细度是指水泥颗粒的粗细程度，是影响水泥性能的重要指标。同样矿物组成的水泥，细度越细，与水反应的表面积越大，水化反应的速度加快，凝结硬化越快，在储运过程中易受潮而降低活性；但粉磨成本高，需水量大，硬化收缩大，且易产生裂纹。若水泥颗粒过粗则不利于水泥活性的发挥，因此，水泥细度应适当。国家标准《通用硅酸盐水泥》（GB 175—2007）规定，硅酸盐水泥比表面积应不小于300m^2/kg。一般认为，水泥颗粒小于40μm才具有较高的活性，大于100μm活性就很小了。

（2）标准稠度用水量

为了测定水泥的凝结时间及体积安定性等性能，应使水泥净浆在一个规定的稠度下进行，这个规定的稠度称为标准稠度。达到标准稠度时的用水量称为标准稠度用水量，用水与水泥质量之比的百分数表示，按《水泥标准稠度用水量、凝结时间、安定性检验方法》（GB/T 1346—2011）规定的方法测定。对于不同的水泥种类，水泥的标准稠度用水量各不相同，一般为24%～33%。

（3）凝结时间

水泥从加入水中开始到水泥失去流动性，即从可塑性发展到固定状态所需要的时间称为凝结时间，凝结时间分初凝时间和终凝时间。初凝时间是指从水泥全部加入水中到水泥浆开始失去可塑性所需的时间；终凝时间是指从水泥全部加入水中到水泥完全失去可塑性开始产生强度所需的时间（图16-7）。凝结时间主要受水泥中铝酸三钙（C_3A）的含量、石膏的掺量、水泥的细度、水灰比、混合材的掺量等因素的影响。

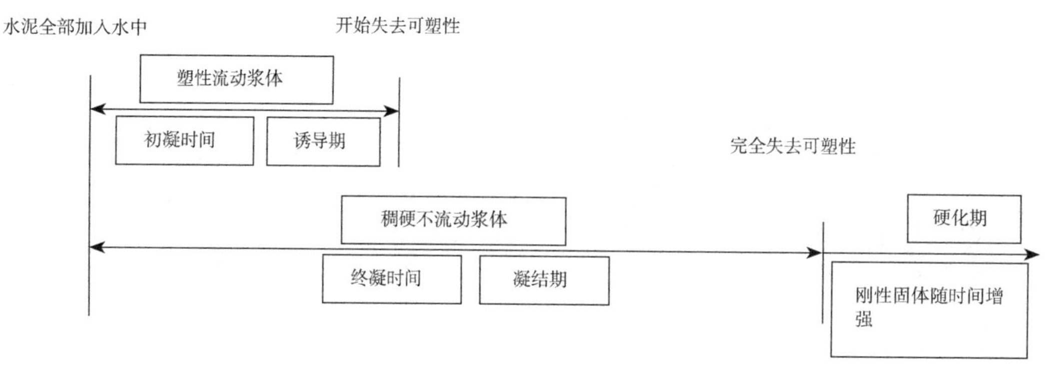

图16-7　水泥凝结时间示意图

国家标准规定，硅酸盐水泥初凝时间不小于45min，终凝时间不大于6.5h。标准中规定，凝结时间不符合规定者为不合格品。

（4）体积安定性

水泥体积安定性简称水泥安定性，是指水泥浆硬化后体积变化是否均匀的性质。当水泥浆体在硬化过程中或硬化后发生不均匀的体积膨胀，会导致水泥石开裂、翘曲等现象，称为体积安定性不良。安定性不良的水泥会使混凝土构件产生膨胀性裂缝，从而降低建筑物质量，引起严重事故。因此，国家标准规定水泥体积安定性必须合格，否则水泥为不合格品。

（5）强度与强度等级

水泥强度是表示水泥力学性能的一项重要指标，是评定水泥强度等级的依据。按照《水泥胶砂强度检验方法（ISO法）》（GB/T 17671—1999）的规定，将水泥、标准砂、水按规定比例制成40mm×40mm×160mm的标准试件，在标准养护条件下养护，测定其3天、28天的抗压、抗折强度。根据国家标准《通用硅酸盐水泥》（GB 175—2007）规定，硅酸盐水泥分为425、425R、525、525R、625、625R六个强度等级，各强度等级水泥在各龄期的强度值不得低于表16-3中的数值。如果有一项数值低于表中数值，则应降低强度等级，直至4个数值全部大于或等于表中数值为止。同时规定，强度不符合规定者为不合格品。

硅酸盐水泥与普通水泥强度　　表16-3

种类	标号	抗压强度（MPa）		抗折强度（MPa）	
		3d	28d	3d	28d
硅酸盐水泥	425	17.0	42.5	3.5	6.5
	425R	22.0	42.5	4.0	6.5
	525	23.0	52.5	4.0	7.0

续表

种类	标号	抗压强度（MPa）		抗折强度（MPa）	
		3d	28d	3d	28d
硅酸盐水泥	525R	27.0	52.5	5.0	7.0
	625	28.0	62.5	5.0	8.0
	625R	32.0	62.5	5.5	8.0
	725R	37.0	72.5	6.0	8.5
普通水泥	325	12.0	32.5	2.5	5.5
	425	16.0	42.5	3.5	6.5
	425R	21.0	42.5	4.0	6.5
	525	22.0	52.5	4.0	7.0
	525R	26.0	52.5	5.0	7.0
	625	27.0	62.5	5.0	8.0
	625R	31.0	62.5	5.5	8.0

注：R——早强型水泥。

矿渣硅酸盐水泥、火山灰质硅酸盐水泥及粉煤灰硅酸盐水泥，各标号水泥的各龄期强度不得低于表16–4的数值。复合硅酸盐水泥各标号水泥的各龄期强度不得低于表16–5的数值。

矿渣硅酸盐水泥、火山灰质硅酸盐水泥及粉煤灰硅酸盐水泥强度　　表16–4

标号	抗压强度（MPa）			抗折强度（MPa）		
	3d	7d	28d	3d	7d	28d
275	—	13.0	27.5	—	2.5	5.0
325	—	15.0	32.5	—	3.0	5.5
425	—	21.0	42.5	—	4.0	6.5
425R	19.0	—	42.5	4.0	—	6.5
525	21.0	—	52.5	4.0	—	7.0
525R	23.0	—	52.5	4.5	—	7.0
525R	28.0	—	62.5	5.0	—	8.0

复合硅酸盐水泥强度　　表16–5

标号	抗压强度（MPa）			抗折强度（MPa）		
	3d	7d	28d	3d	7d	28d
325	—	18.5	32.5	—	3.5	5.5
425	—	24.5	42.5	—	4.5	6.5
425R	21.0	—	42.5	4.0	—	6.5
525	—	31.5	52.5	—	5.5	7.0
525R	26.0	—	52.5	5.0	—	7.0

（6）水化热

水化热是指水泥与水发生水化反应时放出的热量，单位为J/kg。水化热的大小主要与水泥的细度及矿物组成有关。颗粒愈细，水化热愈大；不同的矿物成分，其放热量不一样（表16–6），矿物中C_3S、C_3A含量愈多，水化热愈大。

泥熟料单矿物水化时特征 表16-6

名称	硅酸三钙	硅酸二钙	铝酸三钙	铁铝酸四钙
凝结硬化速度	快	慢	最快	快
28d水化放热量	多	少	最多	中
强度	高	早期低，后期高	低	低

水化热能加速水泥凝结硬化过程，这有利于冬季施工，但不利于大体积混凝土工程，这是由于积聚在混凝土内部的水化热散发非常缓慢，混凝土内外因温差过大而引起温度应力，使构件开裂或破坏。因此，在大体积混凝土工程中，应选用水化热低的水泥。

国家标准规定，Ⅰ型硅酸盐水泥不溶物含量不得超过0.75%，Ⅱ型硅酸盐水泥不溶物含量不得超过1.5%；Ⅰ型硅酸盐水泥烧失量不得大于3.0%，Ⅱ型硅酸盐水泥烧失量不得大于3.5%。氯离子含量不得超过0.06%，当有更低要求时，由供需双方协商确定。以上内容不符合规定者，为不合格品。水泥中碱含量按Na_2O+0.658K_2O计算值来表示，若使用活性骨料，用户要求提供低碱水泥时，水泥中碱含量不得大于0.60%，或由供需双方商定。

4．水泥石的腐蚀和防止措施

在正常使用条件下，水泥石具有较好的耐久性，但在某些腐蚀性介质作用下，水泥石的结构逐渐遭到破坏，强度下降以致全部溃裂，这种现象叫水泥石的腐蚀。主要原因有如下几个方面：

（1）淡水腐蚀

淡水腐蚀也叫溶出性腐蚀，即水泥石长期处于淡水环境中，氢氧化钙会溶解（水质越纯，溶解度越大），在流动水的冲刷或压力水的渗透作用下，溶出的氢氧化钙不断被冲走，致使水泥石孔隙增大，强度降低，以致溃裂。

（2）硫酸盐腐蚀

在海水、地下水或某些工业废水中常含有钠、钾、铵等硫酸盐类，它们与水泥中的氢氧化钙反应生成石膏，石膏又与水化铝酸钙反应生成具有针状晶体的水化硫铝酸钙（俗称“水泥杆菌”），体积膨胀2~2.5倍，使硬化的水泥石破坏。由于这种破坏是由体积膨胀引起，故又称膨胀性化学腐蚀。

（3）溶解性化学腐蚀

溶解性化学腐蚀即水泥石受到侵蚀性介质作用后，生成强度较低、易溶于水的新化合物，导致水泥石强度降低或破坏的现象。工程中，含有大量镁盐的水、碳酸水、有机酸、无机酸、强碱对水泥石的腐蚀均属于溶解性化学腐蚀。

根据产生腐蚀的原因，可采取如下防止措施。

（1）根据工程所处环境，选用适当品种的水泥。一般来说，硅酸盐水泥中混合料掺量越多，其抗侵蚀能力越强。

（2）增加水泥制品的密实度，减少侵蚀介质的渗透。

（3）加做保护层。当侵蚀作用较强，上述措施不奏效时，可在水泥石表面覆盖耐腐蚀的石料、陶瓷、塑料、沥青等物质，以防止腐蚀介质与水泥石直接接触。

5．水泥的质量评定

中国水泥产量已跃居世界首位，然而水泥的产量与质量不相适应。为提高水泥的质量比例，提高市场竞争力，进行水泥质量评定是有重要意义的。

（1）水泥质量等级的评定原则及等级划分

标准规定，水泥质量等级评定是依据产品标准水平和实物质量指标的检测结果来进行的。所谓产品标准水平是产品依据何种标准，且这种标准在国内、国际处于什么地位，如ISO、国标、行业标准、企业标准等。国标525R以上的标准为国际先进水平。

依据上述原则，质量水平划分为优等品、一等品和合格品3个等级。

优等品：产品标准水平必须达到国际先进水平，且水泥实物质量水平与国外同类产品相比达到近五年内的先进水平。

一等品：产品标准必须达到国际一般水平，且水泥实物质量水平达到国际同类产品的一般水平。

合格品：按中国现行水泥产品标准（国家标准、行业标准或企业标准）组织生产，水泥实物质量水平必须达到上述相应标准的要求。

（2）水泥实物质量水平的划分

水泥实物质量是在符合相应标准的技术要求基础上进行划分的。实物质量水平按水泥分类即通用水泥、特性水泥和专用水泥3类分别提出技术要求。特性水泥的实物质量根据水泥的主要特性和水泥标号进行划分，如白水泥根据白度、标号来划分等级；专用水泥的实物质量水平根据使用要求进行划分。

通用水泥的实物质量水平根据水泥标号、3d抗压强度、28d抗压强度变异系数和凝结时间进行划分，见表16-7。

通用水泥的实物质量 表16-7

项目	优等品		一等品	合格品
	硅酸盐水泥普通硅酸盐水泥	矿渣硅酸盐水泥、火山灰硅酸盐水泥、粉煤灰硅酸盐水泥、复合硅酸盐水泥		
水泥标号	425R（含）以上		425R（含）以上	符合通用水泥标准的技术要求
3天抗压强度（MPa）不少于	30	26	同标准要求	
28天抗压强度变异系数（%）不大于	3.5		4.0	
初凝时间（时：分）不大于	3：30	4：00	4：30	
终凝时间（时：分）不大于	6：30	8：00	同标准要求	

注：28天抗压强度变异系数（%）为28天抗压强度月标准偏差与28天抗压强度月平均值的比值。

6. 水泥的风化与贮运

水泥是一种具有较大表面积、极易吸湿的粉体材料，在贮运过程中，如与空气接触，则会发生水化反应和碳化反应，即风化，俗称受潮。水泥风化后会凝固成粒状或块状，增加烧失量，降低密度，使凝结迟缓，也会不同程度地降低强度。

水泥风化的原因主要是发生了下列反应：

$$CaO + H_2O = Ca(OH)_2$$

$$3CaO \cdot SiO_2 + H_2O = xCaO \cdot SiO_2 \cdot yH_2O + Ca(OH)_2$$

$$Ca(OH)_2 + CO_2 + H_2O = CaCO_3 + H_2O$$

水泥风化的快慢与水泥的贮运条件、贮运期限、包装质量有关。一般存放3个月的水泥，强度降低约10%～20%，存放6个月其强度降低15%～30%。通用水泥有效期从出厂日期算起为3个月，超过有效期应视为过期水泥，一般应通过试验决定其如何使用，风化较轻可通过重磨恢复其部分活性，风化较严重的应降低标号或用于次要工程。

水泥运输与贮藏时要按种类、标号及出厂日期分别存放，并加以标志，要确保先存先用、以防错用、混用、过期。

16.3.5 硅酸盐类水泥的特性及应用

1. 硅酸盐水泥的特性及应用

（1）强度高。硅酸盐水泥凝结硬化快，强度高，早期强度增长率大，特别适合早期强度要求高的工程、高强混凝土结构和预应力混凝土工程。

（2）水化热高。硅酸盐水泥C_3S和C_3A含量高，使早期放热量大，放热速度快，早期强度高，用于冬季施工常可避免冻害。但高放热量对大体积混凝土工程不利，如无可靠的降温措施，不宜用于大体积混凝土工程。

（3）抗冻性好。硅酸盐水泥拌合物不易发生泌水，硬化后的水泥石密实度较大，所以抗冻性优于其他通用水泥，适用于严寒地区受反复冻融作用的混凝土工程。

（4）碱度高、抗碳化能力强。硅酸盐水泥硬化后的水泥石显示强碱性，埋于其中的钢筋在碱性环境中表面生成一层灰色钝化膜，可保持几十年不生锈。由于空气中的CO_2与水泥石中的$Ca(OH)_2$会发生碳化反应生成$CaCO_3$，使水泥石逐渐由碱性变为中性。当中性化深度达到钢筋附近时，钢筋失去碱性保护而锈蚀，表面疏松膨胀，会造成钢筋混凝土构件报废。硅酸盐水泥碱性强且密实度高，抗碳化能力强，特别适于重要的钢筋混凝土工程。

（5）干缩小。硅酸盐水泥在硬化过程中，形成大量的水化硅酸钙凝胶体，使水泥石密实，游离水分少，不易产生干缩裂纹，可用于干燥环境的混凝土工程。

（6）耐磨性好。硅酸盐水泥强度高，耐磨性好，且干缩小，可用于路面与地面工程。

（7）耐腐蚀性差。硅酸盐水泥石中有大量的$Ca(OH)_2$和水化铝酸钙，容易引起软水、酸类和盐类的侵蚀。

（8）耐热性差。硅酸盐水泥石在温度为250℃时水化物开始脱水，水泥石强度下降，当受热700℃以上将遭破坏。

（9）湿热养护效果差。硅酸盐水泥在常规养护条件下硬化快、强度高，但经过蒸汽养护后，再经自然养护至28d测得的抗压强度往往低于未经蒸养的28d抗压强度。

2. 掺混合材料硅酸盐水泥的特性及应用

（1）矿渣硅酸盐水泥。其泌水性大，抗渗性差，干缩较大，但耐热性较好。适于有耐热要求的混凝土工程，不适合于有抗渗要求的混凝土工程。

（2）火山灰质硅酸盐水泥。其保水性好，抗渗性好，但干缩大，易开裂和起粉，耐磨性较差。适于有抗渗要求的混凝土工程，但不宜用于干燥环境。

（3）粉煤灰硅酸盐水泥。其泌水性大，易产生失水裂纹，抗渗性差，干缩小，抗裂性较高。

3. 复合硅酸盐水泥的特性及应用

由硅酸盐水泥熟料、两种或两种以上混合材料（20%～50%）、适量石膏磨细而成的水硬性胶凝材料，称为复合硅酸盐水泥（简称复合水泥）。允许用不超过8%的窑灰代替部分混合材料。掺粒化高炉矿渣时，混合材料的掺量不得与矿渣硅酸盐水泥重复。

活性混合材料除粒化高炉矿渣、粉煤灰、火山灰质混合料外，还可用粒化精炼铬铁渣、粒化增钙液态渣；非活性混合材料可使用石灰石、砂岩、钛渣等。

复合硅酸盐水泥的早期强度高于矿渣硅酸盐水泥，接近普通硅酸盐水泥。

16.4 特性水泥

16.4.1 快硬硅酸盐水泥

凡以硅酸盐为主要成分的水泥熟料和适量石膏经磨细制成具有早期强度增进率较快的、以3天抗压强度表示标号的水硬性胶凝材料称为快硬硅酸盐水泥（简称快硬水泥）。

快硬水泥的制造方法和硅酸盐水泥基本相同，主要依靠调节矿物组成及控制生产措施，使得水泥的性质符合要求。如前所述，熟料中硬化最快的矿物成分是铝酸三钙和硅酸二钙，生产时应适当提高它们的含量，通常C_3S含量达50%～60%，C_3A含量为8%～14%，C_3S+C_3A不少于60%～65%。为加快硬化，可适当增加石膏的掺量（可达8%），并提高水泥的细度至比表面积达450m^2/kg。

（1）氧化镁。熟料中氧化镁含量不得超过5%。如水泥压蒸安定性试验合格中氧化镁的含量允许放宽到6%。

（2）三氧化硫。水泥中三氧化硫的含量不得超过4%。

（3）细度。0.080mm方孔筛筛余不得超过10%。

（4）凝结时间。初凝不得早于45min，终凝不得迟于10h。

（5）安定性。用沸煮法检验合格。

（6）强度。各龄期强度均不得低于表16-8中的数值。

快硬、无收缩快硬硅酸盐水泥的主要品种及性能　　表16-8

水泥		比表面积（m^2/kg）	凝结时间		抗压强度（MPa）			抗折强度（MPa）		
种类	标号		初凝	终凝	1d	3d	28d	1d	3d	28d
快硬硅酸盐水泥	325	320～450	45min	10h	15.0	32.5	52.5	3.5	5.0	7.2
	375				17.0	37.5	57.5	4.0	5.0	7.6
	425				19.0	42.5	62.5	4.5	5.4	8.6
无收缩快硬硅酸盐水泥	525	400～500	5min	6h	13.7	28.4	52.5			
	625				17.2	34.3	62.5			
	725				20.5	41.7	72.5			

快硬水泥的水化热较高，这是由于快硬水泥活性大、细度高，C_3A、C_3S含量较高的原因。因此，早期干缩较大。因水泥石较致密，抗渗性和抗冻性往往优于通用水泥。但由于细度大，在贮存和运输过程中易风化，一般贮存期不应超过1个月。

快硬水泥的应用越来越广泛，主要用于配制早期、高强混凝土，紧急抢修工程、低温施工工程和高强混凝土构件等。

16.4.2 白色硅酸盐水泥

以适当成分的生料烧至部分熔融，所得以硅酸钙为主要成分，氧化铁含量很少的白色硅酸盐水泥熟料，然后加入适量石膏，共同磨细制成的水硬性胶凝材料，称为白色砖酸盐水泥（简称白水泥）。彩色硅酸盐水泥主要是在白水泥的基础上加入颜料而制成。

硅酸盐水泥的颜色主要取决于Fe_2O_3的含量，当Fe_2O_3含量为3%～4%时，水泥呈暗灰色；当Fe_2O_3含量为0.35%～0.4%时，水泥接近白色。因此，生产白水泥时，一般Fe_2O_3的含量要小于0.5%，同时尽可能除掉其他着色氧化物（MnO、TiO_2等），宜采用较纯净的高岭土、纯石英砂、纯石灰石做原料，在较高温度（1500～1600℃）下烧成。整个生产过程均应在没有着色物沾污的条件下进行，燃料最好用无灰分气体或液体。

国标《白色硅酸盐水泥》（GB/T 2015—2005）规定的技术要求如下：

（1）氧化镁。熟料中氧化镁的含量不得超过4.5%。

（2）三氧化硫。水泥中三氧化硫的含量不得超过3.5%。

（3）细度。0.080mm方孔筛筛余不得超过10%。

（4）凝结时间。初凝不得早于45min，终凝不得迟于12h。

（5）安定性。用沸煮法检验必须合格。

（6）强度。各标号各龄期强度不得低于表16-9中的数值。

白水泥各龄期强度值　　表16-9

等级	抗压强度（MPa）			抗折强度（MPa）		
	3d	7d	28d	3d	7d	28d
32.5	14.0	20.5	32.5	2.5	3.5	5.5
42.5	18.0	25.5	42.5	3.5	4.5	5.5
52.5	23.0	33.5	52.5	4.0	5.5	7.0

（7）白度。将白水泥样品装入压样器中压成表面平整的白板，置于白度仪中测定白度。白水泥按白度分为特级、一级、二级、三级4个等级，各等级白度不低于表16-10中的数值。

白水泥各等级白度值　　表16-10

等级	特级	一级	二级	三级
白度（%）	86	84	80	75

（8）产品等级。各种等级的白水泥按其白度分为特级品、一级品、二级品和三级品，产品可分为优等品、一等品和合格品，产品等级如表16-11所示。

其中白度通常以与氧化镁标准板的反射率的比值（%）来表示。

由白色硅酸盐水泥熟料、石膏和碱性矿物颜料共同粉磨，可制成彩色硅酸盐水泥，碱性矿物颜料对水泥不起加害作用。常用的碱性矿物颜料有氧化铁、氧化锰、氧化铬等，但制造红、黑、棕色水泥时，可在一般水泥中加入碱性矿物颜料。

白水泥产品等级 表16-11

白水泥等级	白度	标号
	级别	
优等品	特级	625；525
一等品	一级	525；425
	二级	525；425
合格品	二级	325
	三级	425；325

16.4.3 彩色硅酸盐水泥

彩色硅酸盐水泥是由白水泥熟料或普通水泥熟料（黑色水泥）、适量石膏和碱性颜料共同磨细制成。也可将矿物颜料直接与水泥粉混合配制，但这种方法颜料用量大，色泽不易均匀。

对所用颜料的基本要求是：不溶于水，分散性好；耐大气稳定性好，耐光性应在7级以上；抗碱性强，应具一级耐碱性；着色力强，颜色浓；不使水泥强度显著降低，也不影响水泥正常凝结硬化。无机矿物颜料能较好地满足上述要求。有机颜料色泽鲜艳，只需掺入少量，就能显著提高装饰效果。

白色和彩色硅酸盐水泥主要用于配制彩色水泥浆、装饰混凝土、各种彩色砂浆，制造各种色彩的水刷石、人造石及水磨石等，用于建筑内外的表面装饰工程及预制构件的装饰，但水泥不能用于文物建筑的修缮。

16.5 水泥质量的检测与验收

16.5.1 水泥质量检测的影响因素

1. 人为因素

尽管水泥质量检测越来越自动化和智能化，但检测结果离不开人为操作的影响。水泥质量检测的过程有水泥的筛选、水泥安定性的确定、水泥胶砂的凝结时间、分析水泥检测数据等环节，检测时试验人员需清晰、明确地了解水泥质量检测的步骤和水泥检测中水泥的反应。

2. 检测设备因素

水泥质量检测的最基本的环节是经过实验室的水泥检测设备的检测，水泥质量检测设备最终显示、确定水泥质量检测结果，所以水泥检测设备质量的好坏、其技术参数的准确性以及设备运行的稳定性等情况都会对水泥质量检测的结果产生一定的影响。

3. 环境因素

试验表明，在不同环境下对同一种水泥进行相同的质量检测，所得到的检测结果有较大的差异，所以要求检测人员在设置试验环境时应充分地参考检测需求，对试验环境进行严格的控制，对检测的全过程做好配置监控以及记录设施的操作。

4. 试验条件

在试验前1天，要将水泥、试验用水、标准砂等放入成型室；开始试验时，首先要控制好试验温度，试体成型室要将温度控制在18～22℃，养护箱的温度要控制在19～21℃，试体养护的水温要控制在19～21℃；其次要控制好试验的湿度，试体成型室的湿度要大于50%，养护箱的湿度要大于90%。

16.5.2 提高水泥检测质量的措施

1. 加强对水泥质量检测过程中的环境监管

首先，将试验室里的温度和湿度调控在一定的要求内，避免出现超出标准值导致影响水泥质量检测结果。其次，试验室中的设备、检测器要进行定时的温度和湿度记录。最后，当实验室湿度偏低时应该加湿，当实验室湿度、温度过大时，要根据试验室的具体情况适当使用干燥剂或者降低室内温度。

2. 水泥质量检测样品的监管

水泥检测的取样应以同一生产厂家、同一等级、同一种类且连续进场的水泥为目标样品对象，取样全过程应由监理人员见证，防止不在施工现场取样或随意更换样品，造成送检样品与实际不符的现象出现。收样室接受委托检测样品后，应套塑料袋后装密封塑料筒，放置24小时后，待温度在（20±2）℃时，方可由检测人员进行检测，严控样品的保管程序。

3. 水泥质量检测工作人员的监管

一是加强对取样人员的培训，确保操作程序严格，在充分了解水泥、确认生产厂家产品质量证明书真伪的前提下，将新出厂的水泥作为检测样本，并采取装袋、封严措施。二是加强对水泥检测人员的培训，使其态度积极严谨。三是数据统计人员在记录和分析数据时要时刻保持大脑的清晰，不仅要准确地记录各种检测参数，还要仔细地分析水泥组成成分的比例，从而做出正确的判断。

4. 加强水泥质量检测设备的维护与控制

检测前，技术人员要对水泥检测设备进行检定、校准，确保水泥检测设备的精准度符合相关要求。在检定过程中，不仅要对天平、水泥胶砂搅拌机、水泥净浆搅拌机、压力试验器、振实台、煮沸箱、抗折试验机等检测设备进行检定，还要对抗压夹具、标准稠度、胶砂试模、凝结时间测定仪等配套仪器进行检定。同时，及时检查和调整仪器设备，并且定期将检测设备送专门的检测部门检修，做好水泥质量检测设备的维护与控制。

5. 严格控制检测误差

（1）严格控制稠度测定标准

1）搅拌锅与叶片应先用湿布擦拭。

2）将水倒入搅拌锅内，然后在5～10s内小心将称好的水泥加入，防止水和水泥溅出。

3）在测定稠度时，从拌和结束到试杆停止沉入，整个操作应在搅拌后1.5min内完成。

（2）严格控制凝结时间的测定

标准规定，初凝早于45min水泥为废品，硅酸盐水泥终凝不得迟于6.5h，普硅终凝不得迟于10h。为了凝结时间测定更准确、公正，必须严格控制检测误差，防止出现错误判定。在测定凝结时间时应消除以下几种误区：

1）忽略45min前测定第一次初凝时间。

2）最初测定初凝时间应轻轻扶持金属导棒，以防撞弯试针，但初凝时间仍必须以自由降落的测定值为准，检测人员往往在扶持金属棒时，测定的试针沉至距底板4mm±1mm，误认为达到了初凝状态，这是不正确的。

3）达到初凝、终凝状态时，应立即重复一次，两次结论相同时，才能确定。

4）在测定过程中检测人员操作须细致，试针测试位置离圆模内壁应大于10mm，试针不能落在以前针孔内。

5）测试完毕，立即将试模放入养护箱，在向养护箱取放试模中，避免玻璃板上的圆模有振动、滑移现象。

6）用试针测试圆模次数不应过多，以免影响对初凝时间测定的准确性，对圆模上试针密集的试样，应在第一次测试基础上，重新取试样，重新测试。

（3）严格控制影响水泥胶砂强度的因素

影响胶砂强度的环节有成型、养护、脱模、强度试验等。检测时应加强控制：

1）脱模前的养护。将抹平的胶砂试模做好标记立即放入养护箱的水平架子上，忌叠层放置，以便湿气与试模充分接触。

2）编号。试件脱模前应用防水笔对试件进行编号，两个龄期以上的试体在编号时应将同一试模中的三条试件分在两个以上龄期内。

3）脱模。脱膜时应非常小心，可用塑料锤或橡皮榔或专门的脱模器。

4）养护。每个养护池只养护同种类的水泥试件；最初用水装满养护池，随后随时加水保持适当的恒定水温，养护期间忌全部换水；待28天试块出室后，方可全部换水。

5）强度检测。在进行抗折强度检测时，将气孔多的一面向上作为加荷面，气孔少的面向下作为受拉面。严格控制抗压时万能试验机加荷的速度，速度应在（2400 ± 20）N/S。开始受压时，加荷速度小于规定的速度，以便使球座有调节余地，使加压板均匀压在试体面上，在接近破坏时，加荷速度应严格控制在规定的范围内，不得突然冲击受压或停顿加荷。

16.5.3　水泥的检测

1．水泥取样及存放

水泥的取样要有代表性。取袋装的水泥时，当水泥是一个生产厂家在同期生产出的强度、种类相同的水泥，则同一出厂编号为一批水泥，每批水泥的总重量不能大于200t。为保证取样的代表性，可以从多个水泥袋的不同位置取等量的水泥，然后混合均匀，并取出12kg用做检测。对于散装的水泥，每一批水泥的总重量不能超过500t，在取样过程中，须随机从超过3个罐车中取等量的水泥，混合均匀，然后取出12kg检测。

水泥样品取样结束后，要将样品存放在干净、干燥、密封、防潮的金属容器中，金属容器不能和水泥发生反应，同时要在金属容器上标明取样的时间、地点、取样人员，用作检测的水泥存入金属容器后，要及时地送到检测中心进行检测。

2．水泥细度检测

在进行水泥细度检验时，可以采用80μm和45μm的方孔筛进行筛析试验，筛上剩余物的质量百分数就表示水泥样品的细度。当方孔筛使用7 ~ 8次后，要清洗一次方孔筛，从而保证筛孔畅通，这样才能确保试验结果的准确性。

3．水泥标准稠度用水量试验

在进行水泥标准稠度用水量试验前，试验人员首先要对试验仪器进行检验，确保试验仪器的精度满足相关要求，并且能正常使用。检验时，采用不变水量方法进行，将500g的水泥和

142.5mL的拌和水倒入搅拌锅中，使用水泥净浆搅拌机进行搅拌。搅拌结束后，将水泥净浆装到锥模中，进行插捣、振动、刮浆、抹平等操作，然后对锥下沉深度进行测量，水泥标准稠度用水量可以用公式：P=33.4～0.185S计算得出，其中S代表锥下沉深度（mm）。

4. 凝结时间测定

首先要用制成的水泥标准稠度净浆，经过装模、振动、刮浆、抹平等操作后，放进养护箱中30min后，开始进行第一次测量，当试针达到距底板43～45mm后，水泥处于初凝状态，水泥的初凝时间为水泥全部加入水中到水泥达到初凝状态之间的时间。水泥达到初凝状态后，将试样翻转180℃，然后继续在养护箱中进行养护，当试针进入试样体0.5mm，不能在试样体上留下痕迹后，水泥处于终凝状态，水泥的终凝时间为水泥全部加入水中到水泥达到终凝状态的时间。水泥将要进入初凝状态时，每隔5min测量一次，保证水泥初凝时间测定的准确性。水泥将要进入终凝状态时，每隔15min测量一次。在试验时试针不能掉入原针孔中，水泥凝结时间测定结束后，要将试针擦洗干净，并将试模放进养护箱。

5. 水泥的安定性检测

将事先制定好的水泥标准稠度净浆取出来，制成一个直径为70～80mm、中心厚度为10mm的试饼，放在100mm×100mm的玻璃板上，然后放进养护箱中，养护箱的温度要控制在19～21℃，养护一段时间后，将试饼取出来，放到煮沸箱中恒沸180min左右，然后将试饼取出来进行检测。为顺利脱模，试饼和玻璃板接触面涂一层油。

6. 胶砂强度检测

首先将450g的水泥、1350g的标准砂、225mL的试验用水放在胶砂搅拌锅中进行搅拌，胶砂制备成型后，要对胶砂进行必要的养护。胶砂养护结束后，放在振实台进行试验，在试验过程中，要将胶砂分成两层，均匀地装到试模中。进行刮摸操作时，试验人员要一次性将超过试模部分刮掉，在进行破型试验时，要尽量选用微机控制自动压力，从而减少加荷速度对强度的影响。

16.5.4 水泥的验收注意事项

水泥在验收时应注意：

（1）忌受潮结硬。出厂超3个月的水泥应复查试验，按试验结果使用。

（2）忌暴晒速干。施工前必须严格清扫并充分湿润基层；施工后应严加覆盖，并按规范规定浇水养护，以保证强度。

（3）忌负温受冻。

（4）忌高温酷热。高温条件下水泥石中的氢氧化钙会分解，某些骨料也会分解或体积膨胀。

（5）忌基层脏软。对光滑的基层先凿毛砸麻刷净，对基层上的尘垢、油腻、酸碱等物质，必须认真清除洗净，之后先刷一道素水泥浆，再抹砂浆或浇筑混凝土。

（6）忌骨料不纯。如杂质含量超过标准规定，必须经过清洗后方可使用。

（7）忌水多灰稠。由于水化所需要的水分仅为水泥重量的20%左右，多余的水分蒸发后便会在混凝土中留下很多孔隙，这些孔隙会使混凝土强度降低。

在接触酸性物质的场合或容器中，应使用耐酸砂浆和耐酸混凝土。矿渣水泥、火山灰水泥和粉煤灰水泥均有较好耐酸性能，应优先选用这三种水泥配制耐酸砂浆和混凝土。严格要求耐酸腐蚀的工程不允许使用普通水泥。

第17章　混凝土

17.1　混凝土的内涵

混凝土是以胶凝材料、粗细骨料（必要时掺加矿物掺合料和各种外加剂）与拌和水按一定的比例均匀混合拌制，浇筑、捣实成型后经一定时间养护、硬化并产生具有一定强度和性能的人造石材。工程中以水泥为胶凝材料、砂石为骨料的水泥混凝土使用最多，水泥混凝土简称混凝土。如无特殊说明，在本章所论及的混凝土均指普通水泥混凝土。

目前，混凝土是一种主要的景观建筑工程材料，在景观建筑、给水排水工程、园路工程、桥梁工程、水景工程等方面都有广泛的应用。

17.2　混凝土的分类

根据使用目的，混凝土分为结构混凝土、防水混凝土、耐热混凝土、耐酸混凝土、防辐射混凝土、道路混凝土、水工混凝土、膨胀混凝土和植被混凝土（彩图17–1）等。

根据胶凝材料的不同，混凝土可分为水泥混凝土、石灰混凝土、沥青混凝土、聚合物混凝土、水玻璃混凝土、石膏混凝土、硫黄混凝土、碱矿渣、树脂混凝土和硅酸盐混凝土等。景观建筑工程中应用最多的是水泥混凝土，风景园林中主园路多使用沥青混凝土。

根据施工工艺，混凝土可分为普通现浇混凝土、泵送混凝土、喷射混凝土、灌浆混凝土、真空吸水混凝土等现浇类混凝土和碾压混凝土、挤压混凝土和离心混凝土等预制类混凝土。

根据抗压强度的不同，混凝土可分为低强混凝土（≤30 MPa）、中强混凝土（30～60 MPa）和高强混凝土（≥60MPa）。

根据配筋方式的不同，混凝土可分为素混凝土和钢筋混凝土、钢丝网混凝土、纤维混凝土、预应力混凝土等配筋类混凝土。

根据透发光能力，混凝土可分为普通混凝土、透明混凝土（彩图17–2）和发光混凝土（彩图17–3）及其制品发光混凝土砖（彩图17–4）。

17.3　普通混凝土的组成

普通混凝土是由水泥、砂、石子和水等基本材料配制而成，有时还掺入适量的掺合料和外加剂，它们在混凝土中分别担负着不同的功能作用。各组成材料的比例见图17–5。

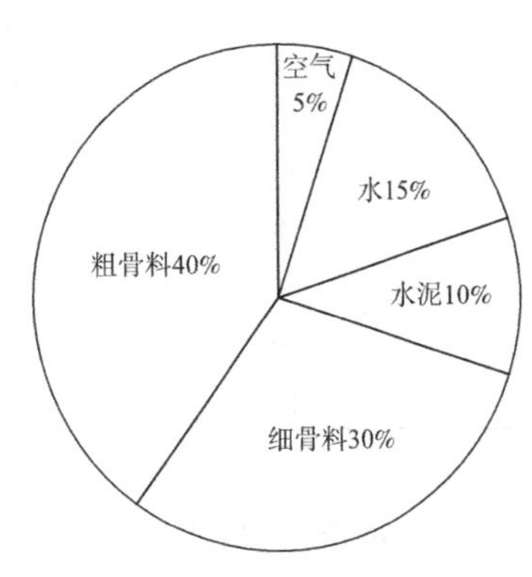

图17–5　混凝土组成材料的体积比

17.3.1　水泥

水泥是普通水泥混凝土极其重要的组成材料，其详细技术性质见教材第16章有关内容。水泥的合理选用包括品种和强度等级两个方面。

（1）水泥种类的选择

配制混凝土时，应根据工程性质与特点、工程所处环境及施工条件，按各种水泥的特性合理地选择。

（2）水泥强度等级的选择

水泥强度等级应与混凝土的设计强度等级相适应。根据工程经验，以水泥强度等级为混凝土强度等级的1.5倍、2.0倍为宜，对于高强混凝土建议取0.9～1.5倍。

17.3.2 细骨料

1. 细骨料种类

公称粒径小于5mm、大于0.16mm的岩石颗粒称为细骨料，亦即砂。砂按技术要求不同分为Ⅰ类、Ⅱ类和Ⅲ类，按来源不同分为天然砂和人工砂。砂、石子是混凝土的骨架，俗称骨料，还起到抵抗混凝土凝结硬化后的收缩作用。

天然砂是由岩石经风化等自然条件作用所形成的，按产源不同又可分为河砂、海砂及山砂等。河砂来源广泛、洁净且颗粒圆滑，多用作普通混凝土的细骨料；海砂中Cl^-含量高，易导致钢筋锈蚀，不能直接用于配制钢筋混凝土，需用淡水冲洗至有害成分降至规定以下；山砂是岩石风化后在原地沉积形成的，颗粒多棱角，并含有黏土及有机杂质等。

人工砂（机制砂）由岩石经破碎、筛选而得，颗粒较洁净、富有棱角，仅成本较高。

《普通混凝土用砂、石质量及检验方法标准》（JGJ 52—2006）对建筑用砂规定了具体的技术质量要求。

2. 细骨料粗细程度与颗粒级配分析

砂的粗细程度和颗粒级配用筛分析法测定。我国《普通混凝土用砂、石质量及检验方法标准》（JGJ52—2006）规定，采用一套方孔孔径为4.75mm、2.36mm、1.18mm、600μm、300μm及150μm的6个标准筛，将预先通过孔径为9.50mm筛的干砂试样500g由粗到细依次过筛，然后称量余留在各筛上的砂量，计算各筛上的分计筛余百分率α_1、α_2、α_3、α_4、α_5、α_6（各筛筛余量占砂样总质量的百分比）及累计筛余百分率β_1、β_2、β_3、β_4、β_5、β_6（各筛和比该筛粗的所有分计筛余百分比之和）。任意一组累计筛余（β_1～β_6）表征了一个级配。累计筛余与分计筛余的关系见表17-1。

累计筛余百分率与分计筛余百分率的关系　　表17-1

方筛孔径（mm）	分计筛余（%）	累计筛余（%）
4.75	α_1	$\beta_1=\alpha_1$
2.36	α_2	$\beta_2=\alpha_1+\alpha_2$
1.18	α_3	$\beta_3=\alpha_1+\alpha_2+\alpha_3$
0.60	α_4	$\beta_4=\alpha_1+\alpha_2+\alpha_3+\alpha_4$
0.30	α_5	$\beta_5=\alpha_1+\alpha_2+\alpha_3+\alpha_4+\alpha_5$
0.15	α_6	$\beta_6=\alpha_1+\alpha_2+\alpha_3+\alpha_4+\alpha_5+\alpha_6$

3. 细骨料粗细程度

细骨料的粗细程度可用细度模数（μ_f）表示，按公式（17-1）计算：

$$\mu_f = [(\beta_1+\beta_2+\beta_3+\beta_4+\beta_5+\beta_6)-5\beta_1]/(100-\beta_1) \tag{17-1}$$

砂的细度模数范围一般为3.7～1.6，细度模数值越大，表示砂越粗。按照细度模数可划分为4级，μ_f介于3.7～3.1为粗砂，μ_f介于3.0～2.3为中砂，μ_f介于2.2～1.6为细砂，μ_f介于1.5～0.7为特细砂。配制混凝土时宜优先选用中砂。

砂的细度模数只能用来划分砂的粗细程度，并不能反映砂的级配优劣，细度模数相同的砂，其级配不一定相同。

4. 细骨料颗粒级配

细骨料的颗粒级配是指不同粒径的砂粒搭配比例。当砂中含有较多的粗颗粒，其空隙恰好由适量的中颗粒填充，中颗粒的空隙恰好由少量的细颗粒填充，如此逐级填充（图17-6）使砂形成最致密的堆积状态，则空隙率和总表面积均较小，不仅能减少水泥用量，而且可提高混凝土的密实度与强度。

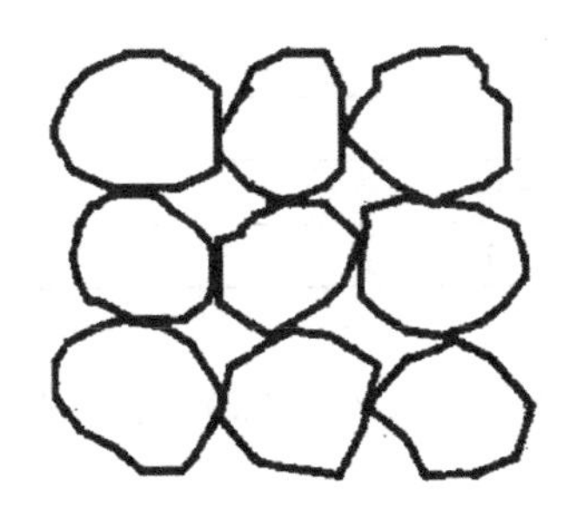
（a）单粒级

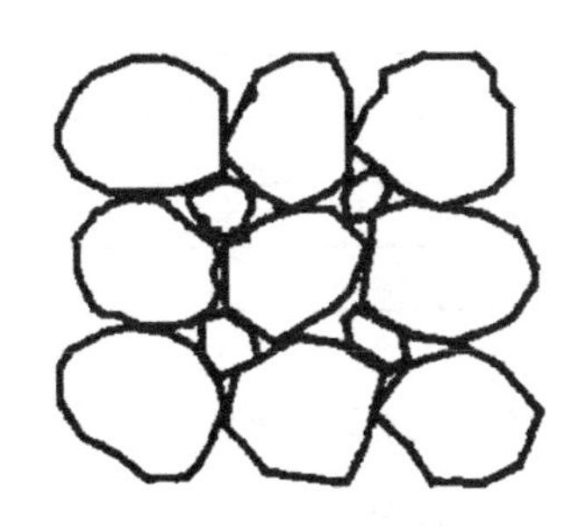
（b）双粒级

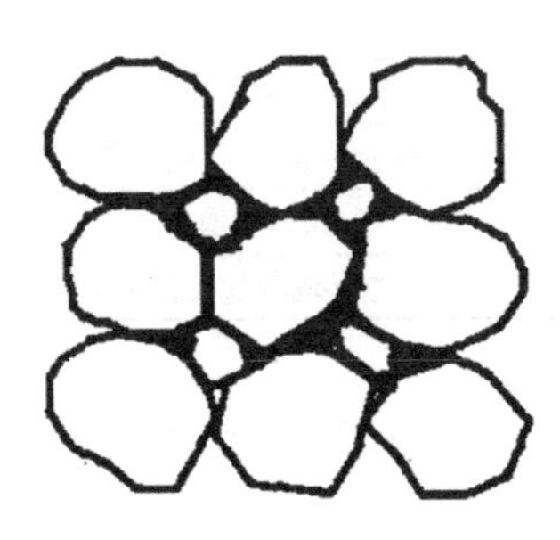
（c）多粒级

图17-6　骨料的颗粒级配

砂的颗粒级配可用级配区表示。除特细砂外，按600μm筛孔累计筛余百分率β_4，分成3个级配区，见表17-2（《建筑用砂》（GB/T 14684—2011））。级配良好的粗砂应落在Ⅰ区，中砂应落在Ⅱ区，细砂则落在Ⅲ区。某一筛当累计筛余率超出5%以上时，说明该砂的级配很差，视为不合格。对于砂浆用砂，4.75mm筛孔的累计筛余量应为零。砂的实际颗粒级配除4.75mm和600μm筛档外，可以略有超出，但各级累计筛余超出值总和应不大于5%。

建筑用砂的颗粒级配　　表17-2

砂的分类	天然砂			机制砂		
级配区	1区	2区	3区	1区	2区	3区
方筛孔	累计筛余（%）					
4.75mm	10～0	10～0	10～0	10～0	10～0	10～0
2.36mm	35～5	25～0	15～0	35～5	25～0	15～0
1.18mm	65～35	50～10	25～0	65～35	50～10	25～0
600μm	85～71	70～41	40～16	85～71	70～41	40～16
300μm	95～80	92～70	85～55	95～80	92～70	85～55
150μm	100～90	100～90	100～90	97～85	94～80	94～75

注：1. 砂的实际颗粒级配与表中所列数字相比，除4.75mm和600μm筛档外，可略有超出，但超出总量应小于5%。
2. Ⅰ区人工砂中150μm筛孔的累计筛余可放宽到100～85，Ⅱ区人工砂中150μm筛孔的累计筛余可放宽到100～80，Ⅲ区人工砂中150μm筛孔的累计筛余可放宽到100～75。

普通混凝土用砂的颗粒级配宜选用Ⅱ区砂。当采用Ⅰ区砂时，应提高砂率并保持足够水泥用量，以满足混凝土的和易性。当采用Ⅲ区砂时，宜适当降低砂率，以保证混凝土强度。

17.3.3 粗骨料

公称粒径大于5mm的骨料称粗骨料。普通混凝土常用粗骨料有碎石和卵石。碎石由天然岩石或卵石经破碎、筛分制成。卵石是由岩石经自然风化、水流搬运和分选、堆积作用形成。

配制混凝土所需粗骨料的技术要求主要包括泥块、淤泥、硫化物、硫酸盐、氯化物和有机质等有害杂质（含量应符合表17-3中的规定）、最大粒径、颗粒级配、强度和坚固性等。

卵石、碎石的技术指标　　表17-3

项目	指标		
	≥C60	C55～C30	≤C25
含泥量（按质量计）（%）≤	0.5	1.0	2.0
泥块含量（按质量计）（%）≤	0.2	0.5	0.7
针、片状颗粒（按质量计）（%）≤	8	15	25
卵石中有机物（比色法）	合格		
硫化物及硫酸盐（按SO_3质量计）（%）≤	1.0		

碎石表面粗糙、多棱角，与水泥的粘结强度较卵石高，在相同条件下，碎石混凝土强度高10%左右，但用碎石拌制的混凝土拌合物流动性比用卵石要差。

中国《混凝土结构工程施工质量验收规范》（GB 50204—2015）规定，石子的最大粒径不得超过结构截面最小尺寸的1/4，且不得超过钢筋最小净距的3/4；对于混凝土实心板，石子的最大粒径不宜超过板厚的1/3，且不得超过40mm；对于泵送混凝土，碎石的最大粒径与输送管内径之比，宜小于或等于1：3，卵石的最大粒径与输送管内径之比宜小于或等于1：2.5。

粗骨料的颗粒级配是通过筛析试验来确定，其标准筛的孔径分别为2.5、5、10、16、20、25、31.5、40、50、63、80及100mm共12个标准筛。卵石和碎石的级配范围要求相同，均应符合表17-4的规定。

碎石或卵石的颗粒级配　　表17-4

公称粒径（mm）		累计筛余（%）											
		方筛孔径（mm）											
		2.36	4.75	9.50	16.00	19.00	26.5	31.50	37.50	53.00	63.00	75.00	90.00
连续粒级	5～16	95～100	85～100	30～60	0～10	0							
	5～20	95～100	90～100	40～80	—	0～10	0						
	5～25	95～100	90～100	—	30～70	—	0～5	0					
	5～31.5	95～100	90～100	70～90	—	15～45	—	0～5	0				
	5～40	—	95～100	70～90	—	30～65	—	—	0～5	0			
单粒级	5～10	95～100	80～100	0～15	0								
	10～16		95～100	80～100	0～15								
	10～20		95～100	85～100		0～15	0						
	16～25			95～100	55～70	25～40	0～10						
	16～31.5		95～100		85～100			0～10	0				
	20～40			95～100		80～100			0～10	0			
	40～80					95～100			70～100		30～60	0～10	0

注：公称粒级的上限为该粒级的最大粒径。

17.3.4 骨料验收与堆放

骨料需按批验收，每批数量可按实际运输工具而定，计量单位按重量或体积均可。对机械化集中生产混凝土，粗细骨料均以400m³或600t为一批；对人工分散生产的产品，则以200m³或300t为一批。不足上述规定的数量也可按实际需要按一批计。

每批骨料的检验项目内容主要是颗粒级配、泥及泥块含量、针片含量和海砂含盐量等。具体检验时分抽检和全面鉴定，一般是当开发或确定新产地时应进行全面鉴定；而发现集料有异常或产量批量过大、质量不稳定应进行抽检。

集料在运输过程中或在仓库保管过程中会有损耗，其损耗率一般为0.4%～4%，主要是根据骨料种类和运输工具而有所不同。

集料堆放时，应按产地、种类、粒级分别堆存，严禁相互掺混或混入泥土等杂质。

17.3.5 拌合用水

混凝土拌合用水按水源不同分为饮用水、地表水、地下水和经适当处理的工业废水，混凝土拌合用水的质量要求应符合表17-5中的规定。原则上，凡是影响混凝土的和易性及凝结、有损于混凝土强度增长、降低混凝土的耐久性、加快钢筋腐蚀及导致预应力钢筋脆断、污染混凝土表面的用水均不得采用。

符合国家标准的生活饮用水可以用来拌制和养护混凝土。地表水和地下水需按《混凝土用水标准》（JGJ 63—2006）检验合格方可使用。海水中含有硫酸盐、镁盐和氯化物，对水泥石有侵蚀作用，对钢筋也会造成锈蚀，一般不得用海水拌制混凝土。工业废水须经检验合格才可使用。对水质pH值小于4的酸性水不得使用。

混凝土拌和水的质量要求 表17-5

项目	预应力混凝土	钢筋混凝土	素混凝土
pH值不少于	4	4	4
不溶物（mg/L）不大于	2000	2000	5000
可溶物（mg/L）不大于	2000	5000	10000
氯化物（以Cl^-，mg/L）不大于	500	1200	3500
硫酸盐（以SO_4^{2-}计，mg/L）不大于	600	2700	2700
硫化物（以SO_4^{2-}计，mg/L）不大于	160	—	—

注：使用钢丝或热处理钢筋的预应力混凝土，其拌和水的氯化物含量不得超过350mg/L。

混凝土是一种多孔、多相、非匀质的硬化堆聚结构，见图17-7，其质量和性能的优劣在很大程度上取决于原材料的性质及其相对比例，应合理选择原材料以保证混凝土的质量。

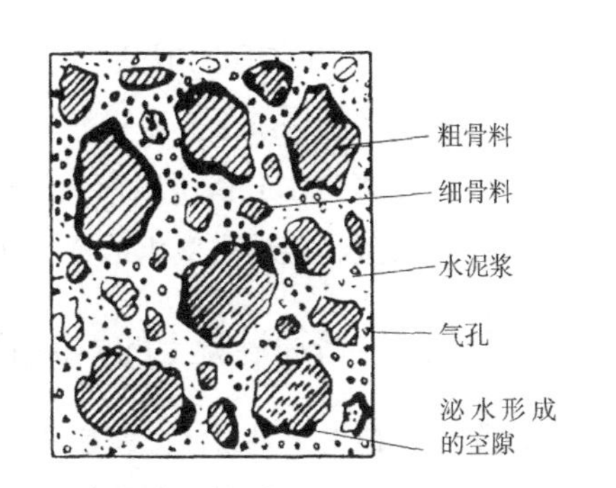

图17-7 硬化后的混凝土结构

17.4 普通混凝土的制作工艺

混凝土由水泥、粗细骨料和水四种基本组分组成，但只有经过原材料称量、搅拌、运输、成型和养护适当等基本工艺才能制备出所需要的混凝土。原料称量是制备混凝土拌合物的重要环节之一，目的是根据混凝土配合比称取各组分用量，其称量系统主要由给料设备、称量设备和卸料设备三部分组成，但出于制备混凝土的场合不同，所用设备繁简也不相同。

17.4.1 普通混凝土拌合物的搅拌

将混凝土各组分拌合得到混合物称为混凝土拌合物。混凝土各组分相互分散而达到的均匀混合的过程称为搅拌。混凝土拌合物搅拌时起混合、塑化和强化作用。搅拌工艺主要设备是搅拌机，主要应用混凝土拌合物相互扩散、剪切及对流机理达到均化制作目的。

17.4.2 普通混凝土拌合物的运输

混凝土拌合物运输是混凝土搅拌到浇筑成型工艺的中间环节。运输过程中，应保持混凝土拌合物的均匀性，使其不分层离析，并保证浇筑成型时所要求的工作性。

根据中国《混凝土结构工程施工及验收规范》（GB 50204—2011）规定，混凝土从搅拌机中卸出后到浇灌成型完毕的延续时间，应符合表17-6中规定。

混凝土从搅拌机中卸出后到浇筑完毕的延续时间（min） 表17-6

混凝土强度等级	气温（℃）	
	不高于25	高于25
不高于C30	120	90
高于C30	90	60

注：1. 掺用外加剂或采用快硬水泥拌制混凝土时，应按试验确定。
2. 轻骨料混凝土的运输、浇筑延续时间应适当缩短。

17.4.3 普通混凝土的成型

1. 普通混凝土的振动成型

混凝土拌合物在振动设备的脉冲振动作用下，颗粒间的摩擦力及粘结力急剧减少，使其受振后呈现较高的流动性，粗集料在本身重力作用下互相滑动，其空隙被水泥砂浆填满，拌合物中空气大部分形成气泡被排除，使混凝土拌合物获得较高密实度和所需的外形尺寸。

振动密实成型主要有内部振动和外部振动两种方式。内部振动是一种常用的振动形式，振动效率高，能耗低，通常采用插入式振动器。外部振动也是广泛采用的振动方式，分表面、侧面及底面振动三种形式。

2. 普通混凝土的压力成型

压力成型法是混凝土拌合物在一定压力作用下，克服集料颗粒间摩擦力和粘结力，而相互滑动，把空气和多余水分挤压出来，使混凝土得以密实。分为辊压法、压轧法、模压法和挤压法。如果将压力成型和振动成型相结合，又有振动模压和振动挤压等方法。

17.4.4 普通混凝土的养护工艺

混凝土养护工艺是指使已密实成型的混凝土能正常完成水泥的水化反应，并逐步硬化，获得所需的物理力学性能及耐久性指标的工艺措施。

在自然气候条件下，应采取浇水润湿或防风、保温等自然养护措施。露天自然养护制品浇水次数见表17–7，最少覆盖天数见表17–8。

露天自然养护制品浇水次数　　表17–7

气温（℃）	10		20		30		40	
浇水次数	A	B	A	B	A	B	A	B
	2	3	4	6	6	9	8	12

注：1．A为在阴影下，B为在日光照射下。
2．气温系指当日中午的标准气温。
3．此表作为计算用水量的参考，不作为实际生产的依据。

露天自然养护制品覆盖天数　　表17–8

水泥品种	最少遮盖天数（d）			
气温（℃）	10	20	30	40
硅酸盐水泥	5	4	3	2
火山灰或矿渣水泥	7	5	4	3

湿热养护是利用一定温度和压力的饱和蒸汽进行一种养护工艺。湿热养护分为常压或高压湿热养护两种。常压蒸汽养护亦称蒸汽养护，高压蒸汽养护亦称蒸压养护。

17.5　普通混凝土外加剂

17.5.1　普通混凝土外加剂及适用范围

混凝土外加剂是指在拌制混凝土过程中掺入掺加量不大于水泥重量5%(特殊情况除外)，用以改善混凝土性能的外掺材料。加入外加剂，可显著改善混凝土某种性能。各种外加剂适用范围见表17–9。

外加剂适用范围　　表17–9

外加剂类型	主要功能	适用范围
普通减水剂	①在保证混凝土工作性及强度不变条件下，节约水泥用量；②在保证混凝土工作性及水泥用量不变条件下，可减少用水量，提高混凝土强度；③在保证混凝土用水量及水泥用量不变条件下，可增加混凝土流动性	①用于日最低气温5℃以上的混凝土施工；②各种预制及现浇混凝土、钢筋混凝土及预应力混凝土；③大模板施工、滑模施工、大体积混凝土、泵送混凝土以及流动性混凝土
高效减水剂	①在保证混凝土工作性及水泥用量不变条件下，可大幅减少用水量（减水率≥12%），可制备早强、高强混凝土；②在保证混凝土用水量及水泥用量不变条件下，可增加混凝土拌合物流动性，制备流动性混凝土	①用于日最低气温0℃以上的混凝土施工；②用于钢筋密集、截面复杂、空间窄小及混凝土不易振捣的部位；③凡普通减水剂适用的范围高效减水剂亦适用；④制备早强、高强混凝土及流动性混凝土
引气剂及引气减水剂	①改善混凝土拌合物的工作性，减少混凝土泌水离析； ②增加硬化混凝土的抗冻融性	①有抗冻融要求的混凝土；②骨料质量差及轻骨料混凝土；③提高混凝土抗渗性，用于防水混凝土；④改善混凝土的抹光性；⑤泵送混凝土
早强剂及早强减水剂	①缩短混凝土的热蒸养时间； ②加速自然养护混凝土的硬化	①用于日最低温度–5℃以上时，自然气温正负交替的亚寒地区的混凝土施工；②用于蒸养混凝土、早强混凝土
缓凝剂及缓凝减水剂	降低热峰值及推迟热峰出现的时间	①大体积混凝土；②夏季和炎热地区的混凝土施工；③用于日最低温度5℃以上的混凝土施工；④预拌混凝土、泵送混凝土及滑模施工
防冻剂	混凝土在负温条件下，使拌合物中仍有液相的自由水，以保证水泥水化，使混凝土达到预期强度	冬季负温（0℃以下）混凝土施工

续表

外加剂类型	主要功能	适用范围
膨胀剂	使混凝土体积在水化、硬化过程中产生一定膨胀，以减少混凝土干缩裂缝，提高抗裂性和抗渗性	①补偿收缩混凝土，用于自防水屋面、地下防水及基础后浇缝、防水堵漏等；②填充用膨胀混凝土，用于设备底座灌浆、地脚螺栓固定；③自应力混凝土，用于自应力混凝土压力管
速凝剂	速凝、早强	用于喷射混凝土
泵送剂	改善混凝土拌合物泵送性	泵送混凝土

17.5.2 普通混凝土外加剂种类

1. 减水剂

减水剂是指在混凝土坍落度基本相同的条件下，能减少拌合用水量的外加剂。混凝土拌合物掺入减水剂后，可提高拌合物流动性，减少拌合物的泌水离析现象，延缓拌合物凝结时间、减缓水泥水化热放热速度，显著提高混凝土强度、抗渗性和抗冻性。减水剂主要有木质素减水剂、萘系减水剂、树脂系减水剂、糖蜜系减水剂以及腐殖酸系减水剂。

2. 引气剂

引气剂是指掺入混凝土中经搅拌能引入大量分布均匀的微小气泡，以改善混凝土拌合物的工作性，并在硬化后仍能保留微小气泡以改善混凝土抗冻融耐久性的外加剂。

常用的引气剂为憎水性的脂肪酸皂类表面活性剂，如松香热聚物、松香皂等。

3. 缓凝剂

缓凝剂是指能延缓混凝土凝结时间，并对其后期强度无不良影响的外加剂。主要有木质素磺酸盐、糖类及碳水化合物、羟基羧酸和锌盐、磷酸盐、硼酸盐无机盐等，常用的缓凝剂有木质素磺酸盐和糖蜜。

4. 早强剂

早强剂是指能提高混凝土早期强度而对后期强度无显著影响的外加剂。

常用早强剂有氯化物系（$NaCl$、$CaCl_2$、$AlCl_3 \cdot 6H_2O$）、硫酸盐系［Na_2SO_4、$Na_2S_2O_3$、$CaSO_4$、$Al \cdot K(SO_4)_3 \cdot 2H_2O$］和有机物三乙醇胺等。类型不同其作用机理也不同。

5. 防冻剂

防冻剂是指在一定负温条件下，能显著降低冰点，使混凝土液相不冻结或部分冻结，保证混凝土不遭受冻害，同时保证水与水泥能进行水化，并在一定时间内获得预期强度的外加剂。主要有早强剂、引气剂、减水剂、阻锈剂、亚硝酸钠等。

各种外加剂的掺入量参见表17-10。

外加剂的掺入量　表17-10

类型		种类	掺入量（占水泥重量）
减水剂	普通减水剂	木质素磺酸钙	0.2 ~ 0.3
	高效减水剂	萘系	0.2 ~ 1
	早强减水剂	树脂系	0.5 ~ 2
	缓凝减水剂	糖蜜系	0.2 ~ 0.3
	普通减水剂	腐殖酸系	0.3

续表

类型		种类	掺入量（占水泥重量）
引气剂	脂肪酸类	松香热聚物	0.005 ~ 0.01
		松香皂	0.005 ~ 0.01
	砂浆微沫剂	松香酸钠复合外加剂	0.005 ~ 0.01
缓凝剂	木质素磺酸盐	木质素酸钙	0.3 ~ 0.5
	糖类及碳水化合物	糖蜜	0.10 ~ 0.30
		淀粉	
	羟基羧酸	柠檬酸	0.03 ~ 0.10
		酒石酸	
		葡萄糖酸	
	无机盐	锌盐、磷酸盐、硼酸盐	0.10 ~ 0.02
早强剂	氯盐早强剂	NaCl	0.5 ~ 1
		$CaCl_2$	0.5 ~ 1
	硫酸钠早强剂	Na_2SO_4	2
		Na_2SO_4+TEA	2+0.05

17.6　膨胀水泥防水混凝土

17.6.1　防水混凝土及类型

防水混凝土是以调整混凝土配合比、掺外加剂或使用新种类水泥等方法提高自身的密实性、憎水性和抗渗性，使其满足抗掺标号大于0.6MPa的不透水性混凝土。主要用于地下防水工程、储水构筑物、水工建筑物以及屋面工程等。主要有普通防水混凝土、外加剂防水混凝土和膨胀水泥防水混凝土三种。

17.6.2　膨胀水泥防水混凝土

1. 防水原理

膨胀水泥防水混凝土是依靠膨胀剂或膨胀水泥在水化硬化过程中形成膨胀性结晶水化物——水化硫铝酸钙（钙矾石）、氢氧化钙等结晶物填充和堵塞混凝土毛细管孔隙，从而提高混凝土的抗渗能力。钙矾石和氢氧化钙也是一种膨胀源，它们能使混凝土产生适度膨胀。在有钢筋约束情况下，这种膨胀能产生并能转为压应力，进而减少或消除混凝土干缩时产生的体积收缩，提高抗裂性，减少渗透。

2. 膨胀水泥

中国约有8种膨胀水泥系列，目前批量生产的有明矾石膨胀水泥、石膏矾土膨胀水泥和低热微膨胀水泥3种，可用于各种防水工程，效果显著。一般规定每立方米混凝土中水泥与膨胀剂的总用量为350 ~ 380kg，明矾石膨胀剂的掺量为水泥用量的15% ~ 20%，U型膨胀剂和复合膨胀剂的掺量为10% ~ 14%，脂膜石灰膨胀剂掺量为水泥用量的3% ~ 5%，见表17–11。

膨胀剂及膨胀水泥 表17-11

种类	水泥添加料配方	膨胀水泥	膨胀剂	膨胀源
硫铝酸钙型	矾土水泥+石膏；或明矾石+石膏；或明矾石+石膏+石灰；或无水硫铝酸钙	石膏矾土膨胀水泥、硅酸盐膨胀水泥、明矾石膨胀水泥、硫铝酸钙膨胀水泥	U型膨胀剂、A膨胀剂、复合膨胀剂、明矾石膨胀剂、硫铝酸盐膨胀剂	水硫铝酸钙、钙矾石
氧化钙型	硅酸盐水泥添加组分：3%～5%过烧石灰；或生石灰+有机酸抑制剂	浇筑水泥	脂膜石灰膨胀剂	氢氧化钙

3. 膨胀水泥常用配合比

膨胀水泥防水混凝土配合比见表17-12。常用的UEA膨胀剂掺量见表17-13。

膨胀水泥防水混凝土配制要求 表17-12

项目	技术要求	项目	技术要求
水泥用量（kg/m³）	350～380	坍落度（mm）	40～60
水灰比	0.50～0.52 0.47～0.50（加减水剂后）	膨胀率（%）	<0.1
砂率（%）	35%～38%	自应力值（MPa）	0.2～0.7
砂子	宜用中砂	负应变（mm/m）	注意施工与养护，尽量不产生负应变，最多不大于0.2%

UEA膨胀剂掺量参考值 表17-13

使用条件	水泥标号	UEA掺量（%）	使用条件	水泥标号	UEA掺量（%）
砂浆	525 425	8～10 6～8	低配筋混凝土	525 425	8～12 8～10
高配筋混凝土	525 425	10～14 10～12			

4. 膨胀水泥主要性能

膨胀水泥防水混凝土的抗渗性能、力学性能分别见表17-14、表17-15。膨胀水泥防水混凝土具有胀缩可逆性和良好的自密性。在常温下，浇筑3～12h，即应开始浇水，拆模后应大量浇水，一般养护不得小于14d。一般不宜低于5℃条件下施工，其养护和使用温度也不宜超过80℃。

膨胀水泥的技术性能 表17-14

名称	比表面积（cm²/g）	凝结		安定性	强度（MPa）	膨胀率	
		初凝（min）	终凝（h）			水养1d	水养2d
明矾石膨胀水泥	>4500	>45	<6	合格	软练28d 42.5 52.5 62.5	>0.15	<1.0
石膏矾土膨胀水泥	>4500	>20	<4	合格	硬练28d 40.0 50.0 60.0	0.15	<1.0
低热微膨胀水泥	>3500	<45	<12		软练28d 32.5 42.5	>0.05	<0.5

注：低热微膨胀水泥主要做大坝或大体积混凝土工程。

膨胀水泥防水混凝土的力学性能　表17-15

水泥品种	强度（MPa）		抗压弹性模量（×10⁴MPa）	与钢筋粘结力（28d）（MPa）	极限拉伸变形值（mm/m）
	抗压	抗拉			
明矾石膨胀水泥	31.0 ~ 37.0	2.2 ~ 2.8	3.50 ~ 3.65	3.2 ~ 2.7	0.140 ~ 0.154
石膏矾土膨胀水泥	36.0	3.5	3.50 ~ 4.10	4.0 ~ 5.5	—
普通水泥	—	—	2.67 ~ 3.20	2.5 ~ 3.0	0.08 ~ 0.10

17.7　混凝土裂缝渗漏及预防

混凝土在浇筑成型后，混凝土骨料堆体积对浆体产生收缩作用，使内部开始产生微裂缝，在环境温度、湿度、荷载等因素作用下，这些裂缝就发展为肉眼可见的宏观裂缝。结构的破坏从裂痕开始，裂缝往往成为工程结构破坏的前兆。

17.7.1　混凝土裂缝原因

1. 塑性沉降裂缝

在新拌的混凝土中，骨料颗粒悬浮在一定稠度的胶结材浆体中，由于普通混凝土的浆体密度低于骨料，因而骨料在浆体中有下降趋势。而浆体中水泥颗粒密度又大于粉煤灰并远大于水，从而使浆体的粉煤灰与水向上漂移而产生沉降、离析与泌水现象。骨料下沉和水分上升不仅会在水平钢筋底部和粗骨料底部积聚水分，干燥后形成空隙，还会使混凝土接近表面的部分由于粉煤灰组分多而降低强度。当下沉的固体颗粒遇到水平钢筋或受到侧面模板的摩擦阻力时，就会与周围的混凝土形成沉降差，在混凝土顶部表面形成塑形沉降裂缝。

2. 塑性收缩裂缝

裂缝在结构表面出现，形状很不规则，长短宽窄不一，互不连通，呈龟裂状，深度一般不超过50mm，类似干燥的泥浆面，出现很普遍。其原因是混凝土浇筑后3 ~ 4h表面没有及时覆盖，风吹日晒，在塑性状态时表面水分蒸发过快，以及混凝土本身的水化热高等原因，造成混凝土体积产生急剧收缩，而此时混凝土强度趋近于零，不能抵抗这种变形应力而导致开裂。混凝土中的水分蒸发和吸收的速度越快，塑性收缩裂缝就越容易产生。

3. 温差胀缩裂缝

混凝土浇筑后，水泥的水化热使混凝土内部温度升高，一般每100kg水泥可使混凝土温度升高10℃左右，加上混凝土的入模温度，在2 ~ 3天内，混凝土内部温度可达到50 ~ 80℃。此时，即温度每升高或降低10℃，混凝土产生0.01%的线膨胀或收缩。经验表明，在无风天气，混凝土表面温度与环境气温之差大于25℃，即出现肉眼可见的温度收缩裂缝，这就是大体积混凝土表面需要及时覆盖保湿养护的原因。

4. 水化收缩及自生干缩裂缝

水泥在水化反应过程中，水化产物的绝对体积同水化前的水泥与水的体积之和相比有所减少的现象是水化收缩。硅酸盐水泥的水化收缩量为1% ~2%。水化收缩在初凝前表现为浆体的宏观体积收缩，初凝后则在已形成的水泥石骨架内生成孔隙。在水泥继续水化的过程中不断消耗水分导致毛细孔中自由水减少，湿度降低，在外部养护水供应不充分的情况下，混凝土内部产生自干燥现象。

（1）收缩及水化热增加。混凝土施工工艺从过去的干硬性、低流动性、现场搅拌混凝土转向集中搅拌、大流动性泵送浇注，水泥用量增加，水灰比增加，砂率增加，骨料粒径减小，用水量增加等导致收缩及水化热增加。

（2）混凝土强度等级与结构不匹配。

5. 供货问题

混凝土的供货商存在问题，其商品质量缺乏有效管理。在混凝土的实际使用中有的工程方过分强调混凝土的强度，结果使用的混凝土量就会相应的增加，而且对于混凝土的规格等都不符合实际操作的规定。

6. 浇筑欠规范

在混凝土的浇筑过程中往往因为粗心而没有严格按照规定的程序进行，常常是混凝土的各种物料的搅拌时间还没有达到规范要求就完成了混凝土的制作。

7. 浇筑环境

浇筑抗渗混凝土时很容易忽视外界环境对于混凝土的影响，导致混凝土裂缝。

17.7.2 混凝土渗漏原因

混凝土渗漏原因主要有以下几个方面：混凝土压力导致地基不均匀下沉；混凝土的内部夯实不匀；裂缝导致抗渗混凝土渗水；设计对结构抵抗外荷载及温度、材料干缩、不均匀沉降等变形荷载作用下的强度、刚度、稳定性、耐久性和抗渗性及细部构造处理的合理性考虑欠周；水泥水化热不散发；收缩及水化热增加；混凝土强度等级日趋提高；结构约束应力不断增大；外加剂的负效应；忽略结构约束；养护方法不当。

另外，混凝土质量也存在以下问题：（1）厂家为保证混凝土的强度等级，偏向于加大水泥用量；（2）防止泵送堵管过分强调大坍落度混凝土；（3）混凝土的最短搅拌时间不按规范规定，甚至物料入机（强制搅拌机）边进料边出料，砂、石、水分离，无和易性和稠度可言；（4）不按现场操作环境实际需要的坍落度及时调整加水量。

17.7.3 混凝土裂缝渗漏防治

1. 有关设计方面的措施

设计混凝土结构构件时，对其承受的永久荷载和可变荷载应按照规范采用，设计时除应符合规范外，应根据当地地震烈度等级、建筑的规模、体形、平面尺寸、施工技术条件、环境对建筑物的影响等因素，全面慎重地考虑对混凝土结构构件采取有效设计措施，控制混凝土收缩、温度变化、地基基础不均匀沉降等原因产生的裂缝。

另外，根据需要增加抗渗混凝土的内部结构，加入适当的膨胀剂，以此控制混凝土的自控力，降低混凝土裂缝产生的概率。

2. 有关材料和配合比方面的措施

为了控制混凝土结构的有害裂缝，应妥善选定组成材料和配合比，以使所制备的混凝土符合设计和施工所要求的性能外，还具有抵抗开裂所需要的功能。

3. 施工措施

制定好技术方案和质量控制措施，并且进行技术交底。

安装的模板构造紧密、不漏浆、不渗水、不影响混凝土的均匀性及强度发展，能保证构件形状正确规整。在混凝土运输中，应保持混凝土拌和物的均匀性不应产生离析现象，运送容器不漏浆，内壁光滑平整，具有防晒、防风等性能。运至浇筑地点的混凝土的坍落度应符合要求。严禁任意向运输到浇筑地点的混凝土加水。浇筑混凝土时选用适当的机具与方法，防止钢筋、模板、定位筋的移动和变形，监控浇筑过程。妥善保温、保湿养护，尽量避免急剧干燥、温度急剧变化、振动及外力的干扰。

使用同一种水泥，严格控制现场混凝土的和易性和坍落度，混凝土振捣时应快插慢拔，插点要均匀排列，逐点移动，顺序进行，不得遗漏，做到均匀振实。移动间距不大于振捣作用半径的1.5倍（一般为30～40cm），振捣上一层时应插入下一层5～10cm。分层浇筑，泵送混凝土每层厚度300～500mm，插入式振动器分层捣固，板面应用平板振动器振捣。

4. 养护措施

浇注完后，适时对混凝土进行提浆及二次模压，12h以内对混凝土加以覆盖和浇水，浇水次数根据现场情况，以能保持混凝土处于湿润的状态来决定。及时细心粉饰缺陷。

17.8 混凝土冬季施工常见冻害及预防

17.8.1 影响混凝土抗冻性的主要因素

水泥混凝土的抗冻性与多种因素相关，其中最主要的是水泥饱和度和砂子的空隙度，水泥的空隙度又取决于水和石灰的比例，有没有外部添加剂等。

1. 水和石灰的比例

水灰比的大小对混凝土的自身建筑特性影响非常大。一般情况下，水泥中的多余游离态的离子不能在有效的时间内排出于水泥之外，在水泥的凝固中填充着水泥中的空间，会使混凝土承受压力的能力与抗腐蚀能力都大大降低，表面出现裂痕，内部受力结构发生扭曲，这是工程中最应避免的。

2. 含气量

水泥中的含气量也是影响水泥抗冻性的主要因素。混凝土中用引气设备对混凝土进行充气，使水泥混凝土中含有微小的气泡，当含气量在5%～6%时，混凝土的抗冻性达到最好。

3. 混凝土的饱水状态

混凝土的抗冻性还与混凝土的饱水程度有很大关系。当混凝土处在饱和状态下，其冻结膨胀压力最大。混凝土的饱水状态由混凝土的材料和结构共同决定，还与自然环境有很大关系。最容易受到冻伤的是水位变化的区域，这个部位的混凝土就容易受到损害。

4. 混凝土的受冻龄期

混凝土的受冻时间也是影响混凝土抗冻性的一个因素。混凝土的受冻时间较长时，那么这样的混凝土就越有抗冻性，因为这样的混凝土抵抗膨胀力非常强，而且吸收水分的能力也随着时间推移而增加。

17.8.2 提高混凝土抗冻性的措施

（1）在混凝土广场或园路施工过程中掺入引气剂，降低寒冷给施工质量造成的损失。

（2）在进行路面施工时，应选用知名硅酸盐水泥，保证水泥的抗腐蚀性和抗冻性。

（3）在混凝土中引入气泡会使混凝土抗压强度下降，但引入合适级配及合适尺寸的微小气泡，可使混凝土的抗折强度提高，这适于园路混凝土。

（4）应选用高质量引气剂。高质量引气剂引入的气泡平均孔径和气泡间距小，且气泡稳定性好，因此抗冻性能及抗盐冻性能都相对提高。

（5）掺用引气剂或减水剂等外加剂均提高混凝土的抗冻性。引气剂能增加混凝土的含气量且使气泡均匀分布，而减水剂则能降低混凝土的水灰比，从而减少孔隙率，最终能提高混凝土的抗冻性。

17.8.3 混凝土冬季施工常见的冻害

1. 混凝土表面脱皮

混凝土的形成主要是依靠水泥的水化作用，由于冬季混凝土施工受到低气温的影响，导致混凝土的强度增长速度变慢，混凝土的表面因受到温度的集聚变化而形成麻面，进而出现混凝土表面脱皮的现象。混凝土的搅拌强度没有达到规定的硬度也会出现表面脱皮现象。

2. 混凝土裂缝

在冬季进行混凝土施工最容易出现裂缝冻害，主要有表面裂缝、深层裂缝以及贯穿性裂缝。其危害性依次变大，尤其是贯穿性裂缝容易导致混凝土整体构造破损，严重影响混凝土建设的质量。导致混凝土出现裂缝的原因：一是水泥的安定性不合格而导致混凝土出现龟裂。二是混凝土的内部水化热与混凝土的表面温度反差使混凝土表面抗拉应力大于混凝土极限抗拉强度，而导致裂缝。三是混凝土中的各种原料构成比例不合理而导致混凝土出现收缩以及干收缩裂缝。

3. 混凝土受冻

在冬季进行混凝土施工，因气温比较低，混凝土内的水分很容易出现结冰的现象，一旦水分出现结冰现象就会影响混凝土的水泥水化作用，进而导致混凝土内的水分出现凝固而体积变大，最终在混凝土内部形成膨胀裂缝。

17.8.4 冬季混凝土冻害形成的机制

1. 冬季混凝土施工的原理

混凝土在完成搅拌之后能够最终形成足够的强度的根本原因是受到水泥水化作业的影响。水泥的水化速度除了与混凝土的组成原料配比有关外，还与混凝土施工温度有直接关系。在冬季混凝土施工中，水的形态变化是影响混凝土强度增长的关键。

2. 混凝土冬季冻害的形成机理

一般混凝土中的水分主要包括两部分：一是依附在混凝土组成材料中的表面以及毛细管中的水；一是存附于组成原料颗粒内部间隙中的水，称“游离水”。因此水的形态变化是混凝土冬季施工出现冻害的主要机理。当气温低至混凝土冰点温度时，混凝土中的“游离水”开始结冻，当气温低至4℃时，混凝土内的水化水开始结冻。

17.8.5 混凝土冬季施工冻害的防止对策

1. 做好冬季施工的前期准备工作

首先，施工前认真分析施工环境，尤其是关注施工前后几天的天气和气温变化情况，及时根据相应的气候变化采取相应的保温措施；其次，施工单位要组织冬季混凝土施工方案编制；最后，施工单位的冬季混凝土施工方案要报建设单位、监理单位审批实施。

2. 加强混凝土冬季施工的技术与管理工作

一是在混凝土冬季施工之前一定要在基坑的主风向搭设挡风墙，同时注意挡风墙与基坑之间的距离，给混凝土浇筑施工留出足够的距离；二是混凝土的组成材料一定要注重经过加温处理，一般需将混凝土稳定控制在35℃以内，并且保证砂砾中不得含有直径大于1cm的冻块，使用热水或砂石加热的方法进行混凝土的搅拌，对原材料的加热温度应控制，具体标准见表17-16；三是严格规范混凝土的搅拌、运输以及浇筑工艺技术。搅拌时先投砂石和水拌合，再投水泥拌合。搅拌时间比常温季节延长50%，砂石禁带冻团和冰雪。

原材料温度控制表　　表17-16

水泥品种	水温控制	砂石温度控制
325普硅水泥	小于70℃	小于50℃
425普硅水泥	小于60℃	小于40℃
325矿渣水泥	小于80℃	小于60℃
其他高标号水泥	小于60℃	小于40℃

3. 做好混凝土的养护

冬季混凝土施工需要根据不同的气候变化、温度高低等采取不同的科学养护措施。目前对于冬季混凝土施工的养护主要有以下三方面：一是正温养护。正温养护就是虽然施工的气温低于0℃，但是通过一定的手段可以保证混凝土在浇筑之后保持一段时间的正温，以此满足混凝土对抗早期冻害的能力。基本做法是：对混凝土的原料进行加热处理，对各种混凝土设备以及混凝土浇筑所使用的模板等进行保温处理。二是负温养护。负温养护主要针对混凝土强度要求不高的施工建筑，比较适在温度不低于0℃的气候条件下进行。负温养护主要是在混凝土浇筑时对原材料进行加热，其最大特点是养护工序较简单，能有效地防止混凝土的早期冰冻。三是综合养护。综合养护是平时冬季混凝土施工中经常使用的一种养护方式，综合养护不仅能够降低能耗、提高混凝土的硬度时间，而且还可以降低防冻剂的添加，为施工单位节省大量的成本。主要做法是：在混凝土中添加少量的防冻剂，且采取各种加热措施，实现混凝土在完成浇筑以后其温度达到10℃以上。通常综合养护工艺适用于自浇筑起6个小时内气温不低于10℃的天气情况。

17.9 改善混凝土的耐久性

17.9.1 影响混凝土耐久性的主要因素

1. 水灰比

在混凝土配制过程中，将其水灰比设计较高，导致混凝土具有较高的孔隙率，而且具有较多的毛细孔。混凝土结构易受到外界水分、各种侵蚀性介质、氧化、二氧化碳及一些有害物质的影响，使混凝土内部结构受到破坏，从而导致其耐久性受到影响。

2. 温湿度

在高温环境下浇筑混凝土，内部水分蒸发速度较快，混凝土表面极易出现细小裂缝，并缓慢向内部结构进行延伸，达到一定程度后，耐久性就会降低。干燥环境下浇筑混凝土，在失水作用下会出现收缩，再加之荷载作用，混凝土结构也会产生一些微裂缝，进而影响到混凝土内部，其耐久性下降。

3. 掺合料

在混凝土中掺入掺合料后，可以有效改善混凝土浆体结构，使其内部孔隙得到一定填充，降低其毛细孔隙率，阻断孔的连通性，从而有效降低混凝土的渗透性。

4. 孔结构

混凝土渗透性与连通的孔隙有关，孔隙率的大小会直接影响到渗透性的高低。当混凝土的总孔隙率较高时，混凝土的强度也会受到较大的影响。

5. 引气

一般认为在混凝土加入适量的引气剂可以在混凝土内部生成大量微小的气泡，可以起到切断毛细孔连续性的作用，从而提高混凝土的抗渗性。试验表明，当含气量为5%时，在等强度下，引气混凝土的抗渗系数和抗透气系数为普通混凝土的1/5～1/3，而粉煤灰引气混凝土的抗渗性能的提高更为明显。

17.9.2 改善混凝土耐久性的措施

1. 严格选择原材料

选择含泥量小的骨料构成连续级配，水泥用量应满足混凝土耐久性要求。为了减小混凝土的孔隙率，在不掺加引气剂的混凝土中可以适当提高砂率；而对于掺加引气剂的混凝土，为了让含气量不至于过分减少，混凝土的砂率可以适当降低2～3个百分点。

2. 掺加粉煤灰

利用粉煤灰来代替水泥。粉煤灰在早期时具有良好的填充作用，可以有效减少水的用量，使混凝土具有良好的泌水性，有效控制混凝土的孔隙率，确保混凝土的强度和抗渗性。

3. 掺用高效减水剂

减水剂是表面活性剂，它能显著降低水的表面张力或水泥颗粒的界面张力，使水泥颗粒易于湿润，减少用水量，使混凝土拌合物的流动性大大提高，拌和水大幅度减少，从而得到高性能、高强度、密实性的混凝土，使混凝土的孔隙率大大减小，抗渗性提高。

4. 加入引气剂

引气剂是一种憎水性表面活性剂，在混凝土中起到起泡、分散、湿润等表面活性作用。加入引气剂，使混凝土产生细小、均匀的微气泡并在硬化后仍能保留气泡，降低混凝土的泌水性及离析，大大改善混凝土拌合物的和易性，提高抗渗性，改善混凝土的耐久性。

5. 应用混凝土防腐蚀涂料

混凝土的腐蚀主要是化学腐蚀，而钢材类金属材料的腐蚀既有化学腐蚀，又有电化学腐蚀，混凝土保护层对钢筋的防腐极为重要。建筑混凝土工程因其工程量浩大，将会因耐久性不足对未来社会造成极为沉重的负担。据美国的调查与分析资料表明：美国的混凝土基础设施工程总价值约为60000亿美元，每年所需维修费或重建费约为3000亿美元。因此，建筑混凝土涂装技术受到了人们的普遍重视。

（1）防腐蚀涂料的性能要求

1）渗透性。用于混凝土表面的涂料其底漆的渗透性必须非常强，封闭混凝土毛细孔，粘住混凝土的表面尘土，增强混凝土表面层强度，为后道漆的施工提供足够强的基础。

2）附着力。底漆与混凝土表面必须具有优良的粘结力，中间漆与底漆和面漆必须相容且附着良好。

3）耐碱性。涂料的耐碱性是在混凝土表面涂装时的最基本的性能要求。混凝土的pH值为12.5，涂料必须具有良好的耐碱性。

4）功能性。地坪涂料除强调基本性能外，还要赋予地坪可靠的功能性。

5）涂膜厚度。涂膜须有一定的厚度，除了向混凝土渗透外，在表面也须有一定厚度，以克服涂膜缺陷和混凝土表面的粗糙度，抵抗混凝土收缩的内应力，消除收缩裂纹。

6）柔韧性和延伸性。混凝土的硬度比钢材低，脆性比钢材大，因而混凝土表面用涂料最好应有一定的柔韧性和延伸性，以适应混凝土胀缩的体积变化。

7）抗氯离子渗透性及耐老化性。复合涂层须有良好的抗氯离子渗透性，有丰富的色彩可选，能长期保持良好的耐大气老化性能。

（2）建筑物混凝土工程防腐蚀涂料的研发

目前混凝土的防护多直接采用防水涂料或钢结构防腐涂料，缺乏针对性。目前，环氧树脂漆、丙烯酸树脂漆、氯化橡胶漆、乙烯树脂漆、环氧树脂煤焦油沥青漆、聚氨酯煤焦油沥青漆、聚氨酯漆是使用比较广泛的混凝土外防腐涂料。

第18章　砂浆

18.1　砂浆的内涵及分类

18.1.1　砂浆的内涵

砂浆是由胶凝材料、细骨料、水和外加剂等材料按适当比例配制而成的建筑材料，又称为细骨料混凝土。砂浆在风景园林工程结构中不直接承受荷载，而是传递荷载。砂浆与混凝土的不同之处在于砂浆没有粗骨料，因此可以认为砂浆是一种细骨料混凝土。有关混凝土的各种基本规律，原则上也适于砂浆。

18.1.2　砂浆的分类

按用途的不同砂浆可分为砌筑砂浆、抹面砂浆（普通抹面砂浆、装饰抹面砂浆、防水抹面砂浆等）和特种砂浆（耐腐蚀砂浆、保温隔热砂浆、防辐射砂浆等）。按胶凝材料的不同，砂浆又可分为水泥砂浆、石灰砂浆、石膏砂浆、沥青砂浆、聚合物砂浆、树脂砂浆、硫黄砂浆、水玻璃砂浆、氯丁胶乳水泥砂浆及混合砂浆（如水泥石灰砂浆、水泥黏土砂浆和石灰黏土砂浆等）。

18.2　砂浆的技术性质

18.2.1　新拌砂浆的和易性

新拌砂浆的和易性是指新拌制的砂浆是否便于施工并保证工程质量的综合性质。和易性好的新拌砂浆便于施工操作，便于在砖、石等表面上铺砌成均匀连续的薄层，且与底面紧密地粘结，保证工程质量。新拌砂浆的和易性包括流动性和保水性两个方面。

（1）新拌砂浆的流动性

新拌砂浆的流动性是指新拌砂浆在自重或外力作用下产生流动的性能，也叫稠度。表示砂浆流动性大小的指标是沉入度，它以砂浆稠度仪测定，以试锥下沉深度作为砂浆的稠度值，即沉入度（cm）。沉入度愈大，说明流动性愈高。

新拌砂浆的流动性与胶凝材料的种类、用量，细骨料的种类、粗细、粒形、级配，用水量、混合材料、外加剂的性质和掺量及砂浆搅拌时间、拌合的均匀程度等许多因素有关。当原材料确定后，流动性大小主要取决于单位用水量。

砂浆稠度的选择与砌体种类、工程类别、施工方法及天气情况有关。对于多孔吸水的砌体材料和干热的天气，应使砂浆的流动性大些。相反对于密实不吸水的材料和湿冷的天气，可使流动性小些。流动性选择可参考表18-1。

建筑砂浆的流动性（稠度：cm）　　表18-1

砌体种类	干燥气候或多孔砌块	寒冷气候或密实砌块	人工操作	机械操作	抹灰工程
砖砌体	8～10	6～8	11～12	8～9	准备层
普通毛石砌体	6～7	4～5	7～8	7～8	底层
振捣毛石砌体	2～3	1～2	9～10	7～8	面层
炉渣混凝土砌体	7～9	5～7	9～12	—	石膏浆面层

（2）新拌砂浆的保水性

保水性是指新拌砂浆保持水分或各组成材料不易分离的性质。保水性好的砂浆在存放、运输和使用过程中，能很好地保持水分不致很快流失，形成均匀密实的砂浆，能使胶凝材料正常水化，最终保证砌体的质量。凡是砂浆内胶凝材料充足，尤其掺用可塑性混合材料（石灰膏或黏土膏）的砂浆，其保水性都很好。适量引气剂或塑化剂的掺入也能改善砂浆的保水性和流动性。通常可掺入减水剂或微沫剂以改善新拌砂浆的性能，而不宜采用提高水泥用量的方法。

砂浆的保水性用分层度表示。将搅拌均匀的砂浆，先测其沉入度，再装入分层度测定仪静置30min后，去掉上部20cm厚的砂浆，再测定剩余10cm厚砂浆的沉入度，前后测得的沉入度之差，即为砂浆的分层度（cm）。分层度大，表明砂浆的分层离析现象严重，保水性不好，施工困难。若分层度过小，砂浆黏稠不易铺设，且容易发生干缩裂缝，故分层度以1～2cm为宜。

18.2.2　新拌砂浆的强度

砂浆须具有一定的强度、粘结力、变形性能及耐久性，才能与砖石粘结成整体，传递上部荷载，并经受周围环境介质作用。一般情况下，砂浆的抗压强度越大，其粘结力、耐久性也越好。

砂浆的强度等级是以边长为7.07cm×7.07cm×7.07cm的立方体试块，在标准养护条件下，用标准试验方法测得28天龄期的抗压强度值（MPa）来确定。砂浆的强度等级分为M15、M10、M7.5、M5.0、M2.5、M1.0、M0.4 7个级别。常用M10、M7.5、M5.0和M2.5等。

（1）用于不吸水密实基底（如砌筑毛石）上的砂浆，影响其强度的因素与混凝土相同，主要取决于水泥强度和水灰比，可用下式表示：

$$f_{28}=Af_c\ (C/W-B) \qquad (18\text{-}1)$$

式中　f_{28}——砂浆28d的抗压强度（MPa）；

f_c——水泥28d的抗压强度（MPa）；

A、B——经验系数，通常可采用A=0.39，B=0.40；

C/W——灰水比。

（2）用于吸水基层（如砌砖）的砂浆，即使砂浆用水量不同，但因新拌砂浆具有良好的保水性，经基底吸水后，保留在砂浆中的水量大致相同。因此，砂浆中的水量可基本视为一个常量。因而，砂浆的强度主要取决于水泥标号和水泥用量，而不需考虑水灰比。计算公式如下：

$$f_{28}=Kf_cC/1000 \qquad (18\text{-}2)$$

式中　f_{28}——砂浆28d的抗压强度（MPa）；

f_c——水泥28d的抗压强度（MPa）；

C——每立方米砂中水泥用量（kg）；

K——经验系数，由试验确定，可参照表18-2。

*K*值参考标准 表18-2

砂浆强度等级	M1.0	M2.5	M5.0	M7.5	M10	M15
K	0.53 ~ 0.55	0.69 ~ 0.80	0.86 ~ 1.00	0.95 ~ 1.13	1.05 ~ 1.25	1.2 ~ 1.4

注：采用的水泥标号高时，*K*取较低值。

18.2.3 新拌砂浆的粘结力

砖石砌体是靠砂浆把块状的砖石材料粘结成为坚固的整体。因此，为保证砌体的强度、耐久性及抗震性等，要求砂浆与基层材料之间应有足够的粘结力。一般情况下，砂浆的抗压强度越高，它与基层的粘结力也越强。此外，砖石表面状况、清洁程度、沉润状况以及施工养护条件等都直接影响砂浆的粘结力。如在粗糙、洁净、湿润的基面上，砂浆粘结力较强。

18.2.4 砂浆的变形

砂浆在承受荷载、温度变化或湿度变化时，均会产生变形。如果变形过大或不均匀，都会引起沉陷或裂缝，降低砌体质量。掺太多轻骨料或混合材料配制的砂浆，其收缩变形比普通砂浆大。

18.3 砌筑砂浆

砌筑砂浆是将砖、石或砌块等粘结成为整体（砌体）的砂浆。

18.3.1 砌筑砂浆的组成材料

1. 胶凝材料及掺加料

用于砌筑砂浆的胶凝材料有水泥、石灰膏、建筑石膏等，应根据使用环境的用途合理选用。选用的各类胶凝材料均应满足相应的技术要求。

水泥是砌筑砂浆的主要胶凝材料，常用的水泥品种有普通水泥、矿渣水泥、火山灰水泥、粉煤灰水泥，水泥种类的选择与混凝土相同。由于对建筑砂浆的强度要求不高。因此，中、低标号的水泥均能满足要求，一般选用水泥种类时以水泥强度为砂浆强度的4 ~ 5倍为宜，其强度等级不宜大于32.5级，水泥混合砂浆采用的水泥，其强度等级不宜大于42.5级。水泥标号过高会因水泥用量不足而导致保水性不良，影响砂浆的和易性。配制混合砂浆时加入掺合材料如石灰膏、黏土膏用以改善砂浆的和易性。对于特殊用途的砂浆，可选用相应的特种水泥如白水泥、膨胀水泥等。

为改善砂浆和易性，降低水泥用量，往往在水泥砂浆中掺入部分石灰膏、黏土膏或粉煤灰等，这样配制的砂浆称水泥混合砂浆。这些材料不得含有影响砂浆性能的有害物质，含有颗粒或结块时应用3mm的方孔筛过滤。

2. 细集料

砌筑砂浆用砂除了应符合混凝土用砂的技术要求外，由于砂浆层较薄，对砂的最大粒径需加以限制以保证砌筑砂浆的质量。砌筑砂浆用砂的最大粒径不应超过灰缝厚度的1/4 ~ 1/5，通常砖砌体和石砌体的砂浆宜使用中砂，其最大粒径分别为2.5mm和5mm，而对于光滑抹面及勾缝用的砂浆则应使用细砂。为了保证砂浆的质量，一般要求M10及M10以上的砂浆其砂含泥量应不超过5%，M2.5～M7.5的砂浆其砂含泥量应不超过10%，M1.0以下砂浆其砂含泥量不得超过15%～20%。

3. 水

拌合砂浆用水的要求与混凝土的要求相同，应采用不含有害杂质的洁净水或饮用水。凡可饮用的水均可拌制砂浆，未经试验鉴定的非洁净水、生活污水、工业废水均不能拌制砂浆及养护砂浆。

4. 外加剂

与混凝土中掺入外加剂一样，为改善砂浆的某些性能，也可加入塑化、早强、防冻、缓凝等作用的外加剂。一般应使用无机外加剂，其种类和掺量应经试验确定。最常使用的外加剂是微沫剂。微沫剂是一种憎水性的表面活性剂，掺入砂浆中，它会吸附在水泥颗粒的表面形成一层皂膜，降低水的表面张力，经强力搅拌后，形成无数微小气泡，增加了水泥的分散性，使水泥颗粒和砂粒之间的摩擦阻力变小，而且气泡本身易变形，使砂浆流动性增大，和易性变好，并可以简化工序，减轻环境污染。

18.3.2 砌筑砂浆的配合比

在建筑工程中应根据工程类别、砌筑部位、使用条件等要求来合理地选择适宜的砂浆种类及强度等级。对整个砌体来说，砌体强度主要取决于砌筑材料（如砖、石）的强度，砂浆主要起传递荷载作用，因而对砂浆强度要求不高。一般检查井、雨水井、花池等多采用M5.0的砂浆。干燥条件下使用的建筑部位，可考虑采用水泥石灰混合砂浆，而对潮湿部位应用水泥砂浆。

确定砂浆配合比时，一般可以查阅有关手册或资料，如需进行配合比设计，可先按经验公式计算配合比，再经试配、调整后确定施工用的配合比。其计算步骤如下：

（1）确定试配强度

考虑施工中的质量波动情况，为保证砂浆强度的平均值不低于其设计强度，计算配合比时可将砂浆的试配强度提高10%～15%，按式（18-3）计算：

$$f_{28}=(1.1\sim1.15)f_{\mathrm{M}} \tag{18-3}$$

式中 f_{28}——试配强度（MPa）；

f_{M}——设计强度等级的标准值（MPa）。

（2）确定水泥用量

配制水泥砂浆和混合砂浆时，每$1\mathrm{m}^3$砂所需水泥量按式（18-4）计算：

$$C=f_{28}\times1000/Kf_{\mathrm{c}} \tag{18-4}$$

式中 K值按表18-2选取。

上式适用于含水率为1%～3%的中、粗砂，即用松散体积$1\mathrm{m}^3$这样的砂拌制成的砂浆，其体积也接近$1\mathrm{m}^3$。内干砂的松散体积与含水率有关，在其他含水情况下应作相应的调整，即当砂的含水率大于3%时，水泥用量应减少10%，当砂的含水率接近0时，水泥用量应增加5%。

（3）确定混合材料用量

当采用混合砂浆时，混合掺量按下式计算：

$$D=350-C \tag{18-5}$$

式中 D——$1\mathrm{m}^3$砂所需石灰膏或黏土膏的掺量（kg），其中石灰膏的沉入度为12cm，黏土膏的沉入度应为14～15cm；

350——经验系数，在保证砂浆和易性的前提下，该数值可在250～350范围内调整。

通过上面计算可初步得出砂浆的配合比，经适配、调整后确定出施工配合比。

18.4 抹面砂浆

18.4.1 抹面砂浆的内涵

抹面砂浆是指涂抹在建筑物内、外表面的砂浆。按其功能的不同可分为普通抹面砂浆和特殊用途砂浆（防水、耐酸、吸声和装饰砂浆等）。

抹面砂浆的主要组成材料仍是水泥、石灰或石膏以及天然砂等，对这些原材料的质量要求基本上同砌筑砂浆，只是与底面和空气的接触面更大，有利于气硬性胶凝材料的硬化。但根据抹面砂浆的使用特点，对其主要技术要求不是抗压强度，而是和易性及其与基层材料的粘结力。新拌制的抹面砂浆应具有良好的和易性，以便抹成均匀平整的薄层，便于施工，而且还应有较高的粘结力，以便与基底粘结牢固，长期不致开裂或脱落等性能。为此，常需用一些胶结材料，并加入适量的有机聚合物以增强粘结力。另外，为减少抹面砂浆因收缩而引起开裂，常在砂浆中加入一定量的纤维材料。工程中配制抹面砂浆和装饰砂浆时，常在水泥砂浆中掺入占水泥质量10%左右的聚乙烯醇缩甲醛胶（俗称107胶）或聚醋酸乙烯乳液等。砂浆常用的纤维增强材料有麻刀、纸筋、稻草、玻璃纤维等。

抹面砂浆在施工时分为三层，第一层为底层，其作用就是使砂浆与基层牢固的粘结，要求砂浆具有较高的粘结力和良好的和易性，一般采用混合砂浆；第二层为中层，其作用是为了找平，有时可省略，一般用混合砂浆或者是石灰砂浆；第三层为面层，是为了使表面平整光洁，所使用的砂浆应具有较小的收缩性，多用混合砂浆、纸筋混合砂浆和麻刀石灰混合砂浆。

18.4.2 普通抹面砂浆

普通抹面砂浆对建筑物和墙体起保护作用，它可以抵抗风、雨、雪等自然环境对建筑物的侵蚀，并提高建筑物的耐久性，同时达到表面干整、光洁和美观的效果。

抹面砂浆通常分为两层或三层进行施工，各层的成分和稠度各不相同。底层砂浆主要起粘结作用，以便与基层牢固粘结，要求流动性较高（沉入度10～12cm），其组成材料常随基底而异。中层抹灰主要是为了找平，较底层流动性稍低（沉入度7～9cm），有时可以省去不用。面层砂浆主要为了平整美观，流动性控制在7～8cm。

用于砖墙的抹灰，多用石灰砂浆，对于有防水、防潮要求部位及易碰撞的部位应采用水泥砂浆；对混凝土基底多用混合砂浆；用于板条墙及板条顶棚的底面多用麻刀石灰砂浆。普通抹面砂浆的配合比一般都采用体积比，常用的抹灰材料、配合比及应用范围参照表18-3。

18.4.3 装饰抹面砂浆

装饰抹面砂浆是指用作建筑物饰面以增加建筑物美感为主要目的的抹面砂浆，因而它应具有特殊的表面形式及不同的色泽与质感。它除了具有抹面砂浆的基本功能外，还兼有装饰的效果。装饰抹面砂浆可分两类，即灰浆类和石渣类。

装饰砂浆的表面可以进行各种艺术性的处理，以形成不同形式的风格，达到不同的建筑艺术

抹面砂浆配合比　　表18-3

材料	体积配合比	应用范围
石灰：砂	1：2～1：4	用于干燥环境中的砖石墙面打底或找平
石灰：黏土：砂	1：1：6	干燥环境墙面
石灰：石膏：砂	1：0.6：3	不潮湿的墙及天花板
石灰：石膏：砂	1：2：3	不潮湿的线脚及装饰
石灰：水泥：砂	1：0.5：4.5	勒角、女儿墙及较潮湿的部位
水泥：砂	1：2.5	用于潮湿的房间墙裙、地面基层
水泥：砂	1：1.5	地面、墙面、天棚
水泥：砂	1：1	混凝土地面压光
水泥：石膏：砂：锯末	1：1：3：5	吸音粉刷
水泥：白石子	1：1.5	水磨石
石灰膏：麻刀	1：2.5	木板条顶棚底层
石灰膏：纸筋	$1m^3$灰膏掺3.6kg纸筋	较高级的墙面及顶棚
石灰膏：纸筋	100：3.8（重量比）	木板条顶棚面层
石灰膏：麻刀	1：1.4（重量比）	木板条顶棚面层

效果。如制成水磨石、水刷石、剁假石、麻点、干粘石、粘花、拉毛、拉条以及人造大理石等。但这些装饰工艺有它固有的缺点，如需要多层次湿作业、劳动强度大、效率低等，并且容易出现“返碱”现象而影响到装饰效果，所以近年来装饰砂浆已很少采用，多用喷涂、弹涂或滚涂等新工艺来替代，也起到较好的装饰效果。

1. 装饰性砂浆的组成材料

（1）胶凝材料

装饰性抹面砂浆胶凝材料可以采用石膏、石灰、白水泥、彩色水泥、高分子胶凝材料、硅酸盐系列水泥等。

（2）骨料

装饰性抹面砂浆骨料可以采用石英砂、普通砂、彩釉砂、着色砂、大理石或花岗石加工而成的石渣、特制的塑料色粒等。

（3）着色剂

装饰性抹面砂浆的着色剂应选用具有较好耐候性的矿物颜料。常用的着色剂有氧化铁红、氧化铁黄、氧化铁棕、氧化铁黑、氧化铁紫、铬黄、铬绿、甲苯胺红、群青、钴蓝、锰黑、炭黑等。

2. 灰浆类装饰砂浆

灰浆类装饰砂浆是用各种着色剂使水泥砂浆着色，或对水泥砂浆表面形态进行艺术处理，获得一定色彩、线条、纹理质感的表面装饰砂浆。装饰性抹面砂浆底层和中层多与普通抹面砂浆相同，只改变面层的处理方法。常用的灰浆类装饰砂浆有以下几种：

（1）拉毛灰

拉毛灰是用铁抹子或木蟹，将罩面灰轻压后顺势用力拉去，形成很强的凹凸质感的装饰性砂浆面层。拉毛灰不仅具有装饰作用，并具有吸声作用，一般用于外墙及影剧院等公共建筑的室内墙壁和天棚的饰面。

（2）甩毛灰

甩毛灰是用竹丝刷等工具将罩面灰浆甩在墙面上，形成大小不一而又有规律的云状毛面装饰性砂浆。

（3）假面砖

假面砖是在掺有着色剂的水泥砂浆抹面的墙上，用特制的铁钩和靠尺，按设计要求的尺寸进行分格处理，形成表面平整、纹理清晰的装饰效果，多用于外墙装饰。

（4）喷涂

喷涂是用挤压式砂浆泵或喷斗，将掺有聚合物的少量砂浆喷涂在墙面基层或底面上，形成装饰性面层。为了提高墙面的耐久性和减少污染，可以在表面上喷一层甲基硅醇钠或甲基硅树脂疏水剂。喷涂一般用于外墙装饰。

（5）弹涂

弹涂是将掺有107胶水的各种水泥砂浆，用电动弹力器，分次弹涂到墙面上，形成1～3mm的圆状带色斑点，最后刷一道树脂面层，起到防护作用。弹涂可用于内外墙饰面。

（6）拉条

拉条是在面层砂浆抹好后，用一凹凸状的轴辊在砂浆表面由上而下滚压出装饰性条纹。拉条饰面立体感强，适用于会场、大厅等内墙装饰。

3. 石渣类装饰性砂浆

（1）水刷石

水刷石是将水泥和石渣按适当的比例加水拌合配制成石渣打浆，在建筑物表面的面层抹灰后，等水泥浆初凝后，用毛刷刷洗，或用喷枪以一定的压力水冲洗，冲掉面层的水泥浆，使石渣露出来，达到饰面的效果。一般用于外墙饰面。

（2）干粘石

干粘石是利用石渣、彩色石子等粘在水泥或107胶的砂浆粘结层上，再拍平压实而成。施工时，可采用手工甩粘或机械甩喷，注意石子一定要粘结牢固，不掉渣，不露浆，石渣的2/3应压入砂浆内。干粘石一般用于外墙饰面。

（3）水磨石

水磨石是由水泥、白色大理石石渣或彩色石渣、着色剂按适当的比例加水配制，经搅拌、浇注、养护，待其硬化后，进行表面打磨，洒草酸冲洗，干燥后经打蜡处理面层而成。水磨石可现场制作，也可预制。一般用于地面、窗台、墙裙等。

（4）斩假石

斩假石又称剁斧石，以水泥、石渣按适当的比例加水拌制而成。砂浆进行面层抹灰，待其硬化到一定的强度时，用斧子或凿子等工具在面层上剁斩出纹理。一般用于室外柱面、栏杆、踏步等的装饰。

18.5 防水砂浆

18.5.1 防水砂浆及应用范围

防水砂浆是一种制作防水层的抗渗性高的特种砂浆。砂浆防水层又称刚性防水层，这种防水层仅适用于不受振动和具有一定刚度的混凝土或砖石砌体工程，对于变形较大或可能发生不均匀沉陷的建筑物都不宜采用刚性防水层。防水砂浆主要用于地下室、水塔、水池、水溪、河湖等的防水。

18.5.2 防水砂浆的分类

防水砂浆根据施工方法可分为以下两种：

（1）利用高压喷枪将砂浆以100m/s的高速喷到建筑物的表面，砂浆被高压空气压实，密实度大，抗渗性好，但由于施工条件的限制，目前应用还不广泛。

（2）人工多层抹压法，将砂浆分几层压实，以减少内部的连通孔隙，提高密实度，达到防水的目的。这种防水层的做法，对施工操作的技术要求很高。

防水砂浆配合比为水泥：砂≤1：2.5，水灰比应为0.5～0.6，稠度不应大于80mm。水泥宜选用32.5强度等级以上，砂子应选用洁净的中砂。防水剂的掺量按生产厂家推荐的最佳掺量掺入，进行试配，最后确定适宜的掺量。

18.5.3 防水砂浆的配制

防水砂浆是用特定的施工工艺或在普通水泥中加入防水剂等以提高砂浆的密实性或改善抗裂性，使硬化后的砂浆层具有防水、抗渗等性能。随着防水剂产品的不断增多和防水剂性能的不断提高，在普通水泥砂浆内掺入一定量的防水剂而制成的防水砂浆，是目前应用最广泛的防水砂浆品种，用得最多的防水剂是氯化物金属盐类。水泥砂浆配合比，一般采用水泥：砂＝1：（1.5～3），水灰比控制在0.50～0.55，并选用325号普通硅酸盐水泥和级配良好的中砂。

常用的防水剂有氯化物金属盐类防水剂、水玻璃类防水剂和金属皂类防水剂等。

氯化物金属盐类防水剂主要有氯化钙、氯化铝和水按一定比例（大致为10：1：11）配成的有色液体。掺加量一般为水泥重量的3%～5%。这种防水剂掺入水泥砂浆中，能在凝结硬化过程中生成不透水的复盐，起促进结构密实作用，从而提高砂浆的抗渗性能。一般用于地下建筑、水池等工程。

水玻璃类防水剂主要是用硫酸铜（蓝矾）、钾铝钒（明矾）、重铬酸钾（红矾）和铬矾（紫矾）各取1份溶于60份的沸水中，降温至50℃时投入400份水玻璃，搅拌均匀，制成四矾水玻璃防水剂。这种防水剂掺入水泥砂浆中，形成大量胶体填塞毛细管道和孔隙，提高砂浆的防水性。

金属皂类防水剂是由硬脂酸、氨水、氢氧化钾（或碳酸钾）和水按一定比例混合加热皂化而成。这种防水剂主要起填充微细孔隙和堵塞毛细管的作用，掺加量为水泥重量的3%左右。

防水砂浆的防渗效果在很大程度上取决于施工质量。一般采用五层做法，每层约5mm，每层在初凝前要用木抹子压实一遍，最后一层要压光。抹完后要加强养护。刚性防水层必须保证砂浆的密实性，对施工操作要求高，否则难以获得理想的防水效果。

18.6 商品砂浆

18.6.1 商品砂浆的定义

商品砂浆是一种由多种原材料组成的均匀的混合物，在工地仅仅加水调和即可使用。这些原材料主要指骨料、胶结材料以及化学添加剂，有时还有颜料。这些原料根据不同使用要求，按一定的配方在工厂干拌加工制成均匀混合物料。

建筑砂浆在建筑工程中，是一项用量大、用途广泛的建筑材料。在砖石结构中，砂浆可以把单块的黏土砖、石块以至砌块胶结起来，构成砌体。商品砂浆是建筑业发展到一定阶段的必然产物，是建筑业的一项技术革命。

18.6.2 商品砂浆的分类

1. 按生产工艺的不同分类

（1）预拌砂浆

预拌砂浆是指由水泥、砂、保水增稠材料、水、粉煤灰或其他矿物掺合料和外加剂等组分按一定比例，在集中搅拌站（厂）经计量、拌制后，用搅拌运输车运至使用地点，放入密封容器储存，并在规定时间内使用完毕的砂浆拌合物。

（2）干粉砂浆

干粉砂浆又称砂浆干粉（混）料，是指由专业生产厂家生产的，经干燥筛分处理的细集料与无机胶结料、保水增稠材料、矿物掺合料和添加剂按一定比例混合而成的一种颗粒状或粉状混合物，它既可由专用罐车运输至工地加水拌合使用，也可采用包装形式运到工地拆包加水拌合使用。

2. 按使用功能的不同分类

商品砂浆按使用功能的不同可分为普通砂浆和特种砂浆。普通砂浆又可分为砌筑、抹灰和地面砂浆；特种砂浆按其使用功能又可分以下几种：

（1）砌筑干粉类——新型墙体材料专用砌筑砂浆、保温砌筑砂浆。

（2）抹灰干粉类——内外墙界面处理剂、内外墙腻子、隔热保温砂浆、防水抹灰砂浆、防裂抹灰砂浆。

（3）粘结干粉类——瓷砖粘结剂、石材粘结剂、勾缝剂、隔热复合系统专用粘结砂浆。

（4）地坪干粉类——耐磨、自流平、防静电、防滑、耐腐蚀地坪砂浆。

（5）装饰干粉类——彩色砂浆、彩色腻子、艺术砂浆。

（6）灌浆干粉类——预应力灌浆、基础灌浆、加固灌浆、微膨胀灌浆材料。

（7）特殊干粉类——修复砂浆、堵漏砂浆、防水砂浆、弹性砂浆。

18.6.3 商品砂浆的组成材料

（1）水泥

水泥一般分为硅酸盐水泥、普通硅酸盐水泥、火山灰质硅酸盐水泥、矿渣硅酸盐水泥。预拌砂浆宜选用硅酸盐水泥、普通硅酸盐水泥，也可以用矿渣硅酸盐水泥。由于矿渣硅酸盐水泥早期强度低，凝结较慢，在低温环境中尤甚，并且耐冻性差，易泌水，因此，冬季施工和外墙抹灰砂浆不宜采用矿渣硅酸盐水泥。地面砂浆应采用硅酸盐水泥、普通硅酸盐水泥。火山灰质硅酸盐水泥需保湿养护，故不宜用于预拌砂浆。水泥强度等级可根据砂浆强度等级来确定，砂浆强度高，则选用高强度水泥，一般可选用32.5或42.5水泥。

（2）砂

根据产源和砂粒形成条件不同，砂可分为河砂、海砂、湖砂和山砂。海砂含氯离子等有害物较多，一般不予采用。河砂表面光洁、颗粒呈球形，可优先考虑。山砂颗粒棱角较多、表面粗糙，采取一定技术措施后也可用于预拌砂浆。砂按细度模数大小可分为粗砂（细度模数3.7～3.1）、中砂（细度模数3.0～2.3）、细砂（细度模数2.2～1.6）和特细砂（细度模数1.5～0.7）。预拌砂浆宜采用中砂，砂的最大粒径必须不大于5mm。

（3）粉煤灰及矿物掺合料

粉煤灰或其他掺合料可用于预拌砂浆，一般采用干排灰。粉煤灰品质要求略低于混凝土，粉煤灰在需水量比上有所放宽（表18-4）。使用高钙灰时要密切注意高钙灰中游离氧化钙含量的波动，要加强检测，防止游离氧化钙破坏砂浆水泥的安定性。也可使用矿渣微粉、硅粉等其他矿物材料。使用新品种掺合料时，必须经过省级以上产品鉴定。

粉煤灰品质要求 表18-4

项目	45μm筛余（%）	含水率（%）	烧失量（%）	需水量比（%）	f-CaO（%）
质量要求	≤25	≤1	≤8	≤110	≤2.5

（4）保水增稠材料

保水增稠材料是指用于预拌砂浆中能改善砂浆可操作性，使砂浆保持水分的非石灰、非引气型粉状材料。

砂浆稠化粉是一种非石灰、非引气粉状复合材料，通过材料对水分子的物理吸附作用，从而达到使砂浆增稠、保水之目的。稠化粉可替代全部石灰膏在粉刷、砌筑和其他建筑砂浆中使用，用量为水泥重量的5%～20%，或相当于原来用石灰重量的1/5左右，具有用量少、使用方便等特性。使用增稠材料后砂浆各项物理力学性能均满足规范要求，砂浆与砖及混凝土基体粘结良好，耐久性能良好。

18.7 砂浆的应用

砂浆是用量大、用途广的一种主要建筑材料，其在园林工程结构中不直接承受荷载，而是传递荷载，它可以将块体、散粒的材料粘结为整体。砂浆可应用于砖石结构（如基础、墙体等）的砌筑工程，修建各种建筑物；或薄层涂抹在表面上；也广泛应用于建筑物的内外表面（墙面、地面、梁柱面）的抹面工程，起到装饰或保护墙体作用，并保护结构的内部；可作为大型墙板、砖、石墙的勾缝，起到装饰作用；还可用砂浆做粘结和镶缝，用于镶贴花岗岩、大理石、水磨石、瓷砖、面砖、马赛克以及制作钢丝网水泥等。由此可见，建筑砂浆在使用时的特点是铺设层很薄，多铺砌在多孔吸水的底面，强度要求不高（一般在2.5～10MPa）等等。

第19章　气硬性无机胶凝材料

19.1　胶凝材料内涵及类型

19.1.1　胶凝材料内涵

通过物理化学作用，能将塑性浆体变成坚固的石块体，并能将砂子、石子等散粒材料或砖、砌块和石块等块状材料胶结成为一个具有一定强度的复合整体的材料，统称为胶凝材料，又称胶结材料。

19.1.2　胶凝材料类型

胶凝材料按化学成分可分为有机胶凝材料和无机胶凝材料两大类。沥青及各种天然或人造树脂属于有机胶凝材料。无机胶凝材料按其硬化条件分为气硬性胶凝材料和水硬性胶凝材料。气硬性胶凝材料是指只能在空气中硬化，并只能在空气中保持和继续发展其强度的胶凝材料，如石灰、石膏、水玻璃和镁质胶凝材料等。水硬性胶凝材料是指既能在空气中硬化，又能更好地在水中硬化，并保持或继续发展其强度的无机胶凝材料，如水泥等。水硬性胶凝材料既适用于地上干燥环境，也适用于地下潮湿环境，还适于水中环境。气硬性胶凝材料只适用于地上或干燥环境，不宜用于潮湿环境，更不能用于水中。

19.2　石灰

19.2.1　石灰的原料与制备

凡是以碳酸钙为主要成分的天然岩石，如石灰岩、白垩、白云质石灰岩等，都可用来生产石灰。

石灰石属方解石族，化学组成$CaCO_3$，其中CaO56.03%，$CO_2$43.97%，常含有MgO、FeO、MnO等杂质。白云石亦属于方解石族，化学成分$CaMg(CO_3)_2$，其中CaO30.41%、MgO21.86%、$CO_2$47.33%，组分中常含有Fe、Mn类杂质。

煅烧时应根据原料性质、生产规模、燃料的种类以及对石灰质量的要求，选用不同形式、不同结构的燃烧窑，如土窑、立窑和回转窑等。

将主要成分为碳酸钙的天然岩石，在适当温度下燃烧，所得以氧化钙为主要成分的产品即为石灰，又称生石灰。原料中要求黏土杂质含量应小于8%，否则制得的石灰具有一定的水硬性，这种石灰常称为水硬性石灰。制备石灰的化学反应方程式是：

$$CaCO_3 = CaO + CO_2$$

$$MgCO_3 = MgO + CO_2$$

以碳酸钙为主要成分的天然岩石的分解温度一般是900℃左右。但为加速分解，窑内燃烧温度常控制在1000～1100℃。由于原料的致密程度、块形大小和杂质含量不同以及燃烧温度的不均匀，生产过程常出现欠火石灰或过火石灰。欠火石灰的产生主要是窑温不均匀，石灰石或白云石尚未分解。过火石灰主要是因窑温过高，原料中SiO_2和$A1_2O_3$等的玻化现象而得到难以水化的石灰。欠火石灰和过火石灰都属石灰的废品，特别是过火石灰水化速度缓慢，会使硬化的灰浆或石灰制品产生局部膨胀而引起崩裂或隆起，影响工程质量。

19.2.2　石灰的分类

（1）按使用性质分类。主要有气硬性石灰和水硬性石灰两种。黏土杂质小于8%的原料经煅烧而得到的是气硬性石灰，否则是水硬性石灰。

（2）按含镁量分类。根据《建筑生石灰》（JC/T 479—2013)、《建筑生石灰粉》（JC/T 480—92）与《建筑消石灰》（JC/T 481—2013）的技术要求，主要有钙质石灰和镁质石灰，具体见表19-1。

石灰分类　　表19-1

品种	氧化镁含量（%）	
	钙质石灰	镁质石灰
生石灰	≤5	>5
生石灰粉	≤5	>5
消石灰粉	<4	>5

注：白云石消石灰粉氧化镁含量为24%～30%。

（3）按加工方式分类。石灰石或白云石经燃烧得到白色或灰白色的块状成品即生石灰，亦称块灰。经磨细后称磨细灰，要求4900孔/cm^2筛余小于15%。生石灰加水得到的氢氧化钙称为熟石灰。如熟石灰中含（3～4）H_2O称石灰浆，亦称石灰膏。而15℃时溶有0.3%的$Ca(OH)_2$的透明液体称为石灰水。

19.2.3　石灰的熟化和硬化

1. 石灰的熟化

通常将生石灰转化为熟石灰的过程称为石灰的熟化。熟化过程是剧烈的放热反应过程（1kg CaO可放热1160kJ），同时伴有显著的体积膨胀（体积增大1～2.5倍）。为防止熟石灰中过火石灰颗粒的危害，石灰浆应在熟化容器中静置14天以上，称为“陈伏”。陈伏时石灰浆表面应保持一层水，以防止石灰膏碳化（即石灰膏与二氧化碳发生反应生成$CaCO_3$）。

2. 石灰的硬化

石灰浆体的硬化包括干燥、结晶和碳化3个交错进行的过程。石灰浆蒸发失水过程就是干燥过程。干燥过程中水分蒸发形成孔隙网，而孔隙中自由水，因表面张力作用，在孔隙最窄处具有凹形弯月面产生毛细管压力，使石灰颗粒更加紧密从而获得强度。由于水分蒸发还会引起$Ca(OH)_2$溶液过饱和而析晶。潮湿状态下$Ca(OH)_2$与空气中的CO_2反应生成碳酸钙结晶，晶体相互交叉连生并与氢氧化钙晶体共生，构成紧密交织的结构网，使硬化浆体获得强度。

由于浆体表面碳化形成较致密的$CaCO_3$膜层，CO_2不易深入内部，使碳化过程大大减慢，也使内部水分不易蒸发，$Ca(OH)_2$结晶的速度变慢，因而石灰硬化非常缓慢。

19.2.4 石灰的技术性质

1. 可塑性和保水性好

石灰浆中Ca（OH）$_2$颗料极细（直径约为1μm），表面吸附一层较厚水膜呈胶体分散状态。由于颗粒数量多，总表面积大，能吸附大量水，因此具有良好的保水性。混合水泥砂浆中加入石灰浆，使其可塑性显著提高，克服了水泥砂浆保水性差的缺点。

2. 耐水性差

已硬化的石灰，由于氢氧化钙结晶易溶于水，因而耐水性差，所以石灰不宜用于潮湿环境，也不宜用于重要建筑物基础。

3. 慢凝性

石灰从浆体变成石状体时，由于空气中的二氧化碳稀薄，且材料表面碳化后形成紧密外壳，不利于碳化作用的深入和内部水分的蒸发，因此凝结硬化进行较缓慢。

4. 体积收缩性

石灰在硬化过程中，蒸发出大量水分，由于毛细管失水收缩而引起体积显著收缩，所以除调成石灰浆作薄层涂刷外，石灰不宜单独使用，常掺纸筋、麻刀、砂等加强材料。

根据中国建筑石灰标准《建筑生石灰》、《建筑生石灰粉》、《建筑消石灰》，生石灰、消石灰和磨细生石灰粉技术指标见表19-2。

石灰的技术指标 表19-2

种类	项目		钙质			镁质			白云石消石灰		
			优等品	一等品	合格品	优等品	一等品	合格品	优等品	一等品	合格品
生石灰	CaO+MgO含量（%）不少于		90	85	80	85	80	75	—	—	—
	未消化残渣含量（5mm圆孔筛余）（%）	不大于	5	10	15	5	10	15	—	—	—
	CO_2含量（%）	不大于	5	7	9	6	8	10	—	—	—
	产浆量（L/kg）不少于		2.8	2.3	2.0	2.8	2.3	2.0	—	—	—
生石灰粉	CaO+MgO含量（%）不少于		85	80	75	80	75	70	—	—	—
	CO_2含量（%）	不大于	7	9	11	8	10	12	—	—	—
	细度 0.9mm筛筛余（%）	不大于	0.2	0.5	1.5	0.2	0.5	1.5	—	—	—
	细度 0.125mm筛筛余（%）	不大于	7	12	18	7	12	18	—	—	—
消石灰粉	CaO+MgO含量（%）不少于		70	65	60	65	60	55	65	60	55
	游离水含量（%）		0.4～2	0.4～2	0.4～2	0.4～2	0.4～2	0.4～2	0.4～2	0.4～2	0.4～2
	体积安定性		合格	合格	—	合格	合格	—	合格	合格	—
	细度 0.9mm筛筛余（%）	不大于	0	0	0.5	0	0	0.5	0	0	0.4
	细度 0.125mm筛筛余（%）	不大于	3	10	15	3	10	15	3	10	15

19.2.5　石灰的应用

石灰在风景园林工程中应用非常广泛，如石灰乳涂料、石灰砂浆、灰土和三合土以及硅酸盐制品等。

（1）石灰乳和砂浆

石灰乳是用消石灰粉或石灰膏加入较多的水搅拌稀释而成的，主要用于内墙和顶棚刷白。石灰乳中调入少量磨细粒化高炉矿渣或粉煤灰，可提高其耐水性，调入聚乙烯醇、干酪素、氯化钙或明矾，可减少涂层粉化现象，掺入各种色彩的耐碱颜料，可获得较好的装饰效果。

（2）石灰土和三合土

灰土（石灰+黏土）和三合土（石灰+黏土+砂、石或炉渣等填料）的应用，在中国有很长的历史。经夯实后的灰土或三合土广泛用作建筑物的基础、路面或地面的垫层，其强度和耐水性比石灰或黏土都高。其原因是黏土颗粒表面的少量活性氧化硅、氧化铝与石灰起反应，生成水化硅酸钙和水化铝酸钙等不溶于水的水化矿物的缘故。另外，石灰改善了黏土的可塑性，在强力夯打下密实度提高，这也是其强度和耐水性改善的原因之一。

（3）制作碳化石灰板

碳化石灰板是将磨细生石灰、纤维状填料（如玻璃纤维）或轻质骨料（如矿渣）搅拌、成型，然后经人工碳化而成的一种轻质板材。为了减小表观密度，提高碳化效果，多制成空心板。这种板材能锯、刨、钉，适宜作非承重内墙板、天花板等。

19.3　石膏

19.3.1　石膏的原料

石膏是以硫酸钙为主要成分的气硬性胶凝材料。生产石膏胶凝材料的原料主要是天然石膏和化工石膏。

（1）天然石膏。常用的是天然二水石膏矿石、烟气脱硫石膏和磷石膏、生产工业副产石膏。天然二水石膏，又称软石膏或生石膏，是含有两个结晶水的硫酸钙（$CaSO_4 \cdot 2H_2O$）。天然无水石膏（$CaSO_4$），又称天然硬石膏，不含结晶水，结晶紧密、质地较天然二水石膏硬，只可用于生产无水石膏水泥。

（2）化学石膏。是化工副产品及废渣，主要成分是二水硫酸钙和无水硫酸钙的混合物，如磷石膏、氟石膏、盐田石膏、硼石膏等。

19.3.2　石膏的制备

生产石膏胶凝材料的主要工序是破碎、加热煅烧和磨细。根据加热温度和脱水条件的不同，所得到的石膏及其结构和特性也不相同。当用立窑或回转窑燃烧时，加热的温度达60～70℃，二水石膏开始脱水，但脱水过程非常缓慢，加热到107～170℃时，脱水激烈，水分迅速蒸发，二水石膏分解为β型半水石膏，不预加任何外加剂或添加物经磨细后所得的白色粉末物称建筑石膏，其反应式为：

$$CaSO_4 \cdot 2H_2O \xrightarrow[\text{高温煅烧}]{107\sim170℃} \beta-CaSO_4 \cdot 1/2H_2O+3/2H_2O$$

β型半水石膏的晶粒较细，调制成一定稠度的浆体需水量较大（60%～80%），因而硬化后强度较低。当二水石膏置于0.13MPa、124℃的过饱和蒸汽条件下蒸炼脱水或置于某些盐溶液中沸煮时，得到的成品称为α型半水石膏，经磨细即为高强石膏。其反应式为：

$$CaSO_4 \cdot 2H_2O \xrightarrow[\text{高温蒸炼}]{0.13MPa,\ 124℃} \alpha-CaSO_4 \cdot 1/2H_2O+3/2H_2O$$

由于高强石膏的晶粒较粗大，比表面积少，调制成一定稠度的浆体所需水量较少（35%～40%），具有较大的密实性，硬化后强度较高，7天抗压强度可达15～40MPa。高强石膏用于强度要求较高的抹灰工程、装饰制品和石膏板。掺入防水剂后，可用于湿度较高的环境中。

当温度升至170～200℃时，半水石膏继续脱水，成为可溶性硬石膏，其与水调和后仍能很快凝结硬化；当加热至200～250℃时，石膏中残留很少的水，其凝结硬化缓慢，强度低；当温度达到400～750℃时，石膏完全失去水分，成为不溶性硬石膏，失去凝结硬化能力，成为死烧石膏；当温度高于800℃时，得到无水石膏水泥。无水石膏水泥由于无水石膏中的部分$CaSO_4$分解成氧化钙，对硫酸钙与水反应的进行起激发作用，从而又重新具有凝结硬化能力，硬化后有较高的强度、耐磨性和抗水性，适于调制抹灰、砌筑及制造人造大理石的砂浆，也可用于铺设地板，因而也被称为地板石膏。

19.3.3 石膏的分类

石膏胶凝材料的结构与组成都与所含结晶水有关。因此，可按所含结晶水进行分类。

（1）二水石膏。即含二个结晶水的石膏，主要指天然二水石膏，其次包括化工石膏。

（2）半水石膏。即含有半个结晶水的石膏，它是通过加热二水石膏而获得的，分α型和β型两种，它们分别又叫高强度石膏和建筑石膏。

（3）可溶性石膏。即Ⅲ型石膏，含有（0.06～0.11个）结晶水，是由半水石膏加热至170～300℃脱水制成，但实际上往往难于制成。通常情况是高温容易形成Ⅱ型石膏，低温易吸水变成半水石膏。

（4）无水石膏。这种石膏不含有结晶水。当温度加热至300～700℃时，形成Ⅱ型石膏，超过700℃时变成过烧石膏。当加热至1000℃形成I型石膏，属高温石膏，较稳定，但不够纯，常含有杂质CaO。普通温度下一般看不到Ⅰ型石膏，原因是其在1000℃以下时容易转变为Ⅱ型石膏。当温度达到1400～1600℃时，多分解成CaO。常温中看到的无水石膏多属Ⅱ型石膏。

19.3.4 建筑石膏的凝结和硬化

将半水石膏与适量的水拌和后变成为二水石膏的过程称为石膏的水化。开始时的水化物是一种可塑性浆体，并逐渐变稠而失去可塑性，但尚无强度。这一过程称为“凝结”。以后迅速产生强度，并发展成为坚硬的固体，这一过程称为“硬化”，如图19–1所示。

由于二水石膏在水中溶解度（20℃时为2.05g/L）较半水石膏在水中的溶解度（20℃时为8.16g/L）小得多，所以二水石膏不断从过饱和溶液中沉淀而析出胶体微粒。由于二水石膏析出，破坏了原有半水石膏的平衡浓度，这时半水石膏会进一步溶解和水化。如此循环往复，直至半水石膏全部水化为二水石膏为止。

随着水化进行，二水石膏胶体微粒的数量不断增多。由于这种微粒比半水石膏细得多，表面积大，可吸附更多的水分，使浆体中水分逐渐减少，进而浆体稠度变大，颗粒间摩擦力和粘结力逐渐增加，逐渐失去可塑性，表现为石膏的凝结。

在浆体变稠的同时，二水石膏胶体微粒逐渐转变为晶体，经长大、共生而相互交错，使凝结浆体逐渐产生强度，表现出石膏的硬化。

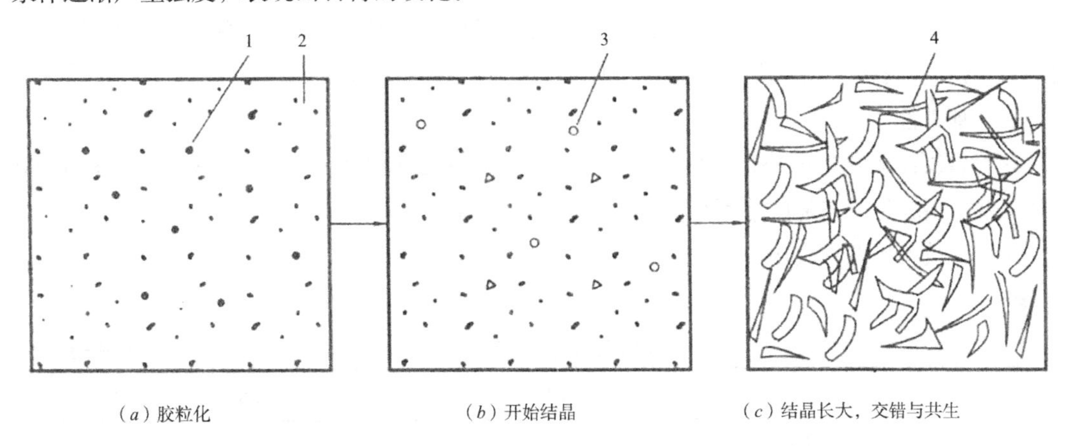

（*a*）胶粒化　　（*b*）开始结晶　　（*c*）结晶长大，交错与共生

1—半水石膏；2—二水石膏胶粒；3—二水石膏晶体；4—长大、交错与共生的晶体

图19-1　建筑石膏凝结硬化示意图

19.3.5　建筑石膏的技术性质

（1）多孔性

从半水石膏的水化方程可以看出，半水石膏水化前后的摩尔体积明显不同。

$$CaSO_4\cdot 1/2H_2O + 3/2H_2O = CaSO_4\cdot 2H_2O$$

摩尔量	145g	27g	172g
密度	2.75g/cm^3	1 g/cm^3	2.32 g/cm^3
摩尔体积	52.7ml	27ml	74.1ml

固体绝对体积由52.7mL变为74mL，增加45%，而总体积由79.7mL变为74.1mL，缩小7.3%。说明半水石膏水化物中固相必然是多孔的。而总体积减小必然造成浆体产生早期收缩。但半水石膏与水反应，总是在二水石膏硬化过程中伴随着表观体积增大，实际上是新形成二水石膏晶体的增长，造成多孔物体骨架的膨胀约为0.2%～1.5%。半水石膏水化反应，理论上所需水分只占半水石膏质量的18.6%，但为使石膏浆具有必要的可塑性，通常需加水60%～80%，过多的水分也会使水化物产生大量孔隙，孔隙率一般约为40%～60%。

（2）吸湿性

建筑石膏硬化后具有很强的吸湿性。在潮湿环境中，晶体间粘结力削弱，强度显著降低，遇水则晶体溶解而引起破坏。吸水后受冻，将孔隙中水分结冰而崩裂，因此抗冻性较差。

（3）耐火性

建筑石膏具有较好的耐火性。遇火灾时，二水石膏中的结晶水会蒸发形成汽幕，可阻止火势蔓延，同时又能吸收大量热量，其表面生成的无水物也是良好的热绝缘体，起防火作用。

（4）可装饰性

建筑石膏颜色洁白，根据需要加入颜料可制成各种色彩的制品，且建筑石膏制品表面光滑细腻，可以起到很好的装饰作用。

（5）隔热、吸音性

石膏硬化体孔隙率高，且均为细小的毛细孔，导热系数只有0.121～0.205W/（m·K），绝热性能良好。石膏的大量细小毛细孔特别是表面微孔，使声音传导或反射的能力显著下降，从而使石膏具有的吸声能力较强。石膏吸湿性大，透气，有呼吸功能，因此建筑石膏能调节室内温湿度，使之经常保持均衡状态，给人以舒适感。但使用温度应控制在65℃以下。

（6）可加工性

建筑石膏凝结硬化速度快，早期强度也较高。如优等石膏1d强度约为5～8MPa，比石灰28d强度还高20多倍，但最终强度并不高，7d强度约为8～12MPa。

建筑石膏技术标准见表19-3。

建筑石膏的技术标准　　表19-3

技术指标		优等品	一等品	合格品
抗折强度（MPa）		2.5	2.1	1.8
抗压强度（MPa）		4.9	3.9	2.9
细度（0.2mm方孔筛筛余）		5	10	15
凝结时间（min）	初凝不少于	6	6	6
	终凝不大于	30	30	30

注：表中强度为2h强度值。

（7）快凝性

建筑石膏易溶于水，凝结迅速，数分钟内便开始失去可塑性，其终凝时间不超过30min，这给施工带来困难。在室内自然条件下，一周左右完全硬化。施工时常根据实际需要加入适量缓凝剂，如硼砂、亚硫酸盐酒精废液、柠檬酸、聚乙烯醇、石灰活化骨胶或皮胶等。缓凝剂的缓凝机理在于降低半水石膏的溶解度和溶解速度。

19.3.6　建筑石膏的应用

石膏制品具有轻质、保温、隔热、吸音、不燃，以及热容量大、吸湿性大，可调节室内温度、湿度，造型施工方便等优点。石膏具有许多优异的建筑性能，是一种古老的建筑材料，也是一种有发展前途的新型材料。

建筑石膏可以加工制作成石膏板（纸面石膏板、纤维石膏板、装饰石膏板、空心石膏板）、多孔石膏制品（微孔石膏、泡沫石膏、加气石膏等），用作围护材料和功能材料，也广泛应用于室内抹灰、粉刷、油漆打底等，还可以用于制作石膏雕塑、建筑装饰制品等。石膏及其制品性质优良，原料来源丰富，生产能耗低，在建筑工程中应用广泛。

19.4　水玻璃

19.4.1　水玻璃的内涵

水玻璃是指由碱金属氧化物和二氧化硅结合而形成的一种溶解于水的透明的玻璃状融合物，俗称“泡花碱”，属气硬性胶凝材料。常用的有$Na_2O \cdot nSiO_2$（称钠水玻璃）和$K_2O \cdot nSiO_2$，（称钾水玻璃）两种。n为SiO_2和Na_2O的摩尔比，称为水玻璃的砖氧模数，简称模数。

19.4.2　水玻璃的制备

制备水玻璃有干法和湿法两种方法。湿法是利用石英砂和氢氧化钠溶液在高压容器内用蒸汽加热并搅拌直至生成溶体状水玻璃，而干法是将石英砂和碳酸钠磨细拌匀，在熔炉内1300～1400℃温度下溶化，然后在水中加热溶解成液体水玻璃。液体水玻璃因含杂质不同，而呈青灰色，绿色或微黄色，其中尤以无色透明为最好。

19.4.3　水玻璃的硬化

液体水玻璃在空气中吸收二氧化碳，形成无定型硅酸，并逐渐干燥而硬化：

$$Na_2O \cdot nSiO_2 + CO_2 + mH_2O = Na_2CO_3 + nSiO_2 \cdot mH_2O$$

但此过程进行很慢，常引入Na_2SiF_6硬化剂，以促进硅酸凝胶加速析出：

$$2[Na_2O \cdot nSiO_2] + Na_2SiF_6 + mH_2O = 6NaF + (2n+1)SiO_2 \cdot mH_2O$$

其中硅氟酸钠适宜用量为水玻璃用量的12%～15%，在此硬化中起主导作用的是硅胶。当硅胶逐渐失水时，胶粒结合成溶胶，变为有弹性的冻胶，最后成为具有固体性质的凝胶。这个凝胶化过程实际上是线形结构变成网状结构的高分子物质的过程，将集料粘结一起发展为体型结构的高分子物质，获得较高强度。

19.4.4　水玻璃的技术性质

水玻璃的主要性质是模数和浓度。模数一般在1.5～3.5之间，常用为2.6～2.8。$n=1$时能溶解于常温水中；n加大则只能溶于热水中；当$n>3$时，要在4个大气压以上蒸汽中溶解。模数越大，水玻璃黏性越大，水解性越差。浓度是硅酸钠在溶液中的含量，通常用密度和波美度（Be°）表示。

$$密度 = 145/(145 - Be^{\circ})$$

在工业上常用水玻璃密度为1.3～1.4g/cm³，即Be°为33.5～41.5。

在液体水玻璃中加入尿素，在不改变其黏度条件下提高粘结力为25%左右。

液体水玻璃可以和许多物质发生化学反应。如加入HCl可析出硅酸；水玻璃同氯化钙（$CaCl_2$）作用，最终生成水化硅酸钙，用于土壤加固。

$$CaCl_2 + Na_2O_nSiO_2 + mH_2O \longrightarrow 2NaCl + CaSiO_3 + mH_2O + (n-1)SiO_2$$

19.4.5　水玻璃的应用

（1）用水玻璃浸汁或涂刷材料表面，可提高材料密实度、强度和抗风化性能，提高材料的耐久性。这主要是利用水玻璃与二氧化碳反应生成硅酸，与建筑材料中$Ca(OH)_2$生成硅酸钙胶体填充孔隙使材料致密。但水玻璃与石膏生成硫酸钠结晶，体积膨胀导致制品破坏。

（2）模数为2.5～3.0液体水玻璃和$CaC1_2$溶液可将土壤固结，提高抗渗性。

（3）以水玻璃为基料加入几种矾可配制成防水剂，与水泥调合可用于堵漏和抢修工程。

（4）以水玻璃为胶凝材料，采用耐酸填料和骨料可配成耐酸胶泥、砂浆和混凝土，用于防腐蚀工程。

（5）以水玻璃为胶结材料，加入膨胀珍珠岩和一定量赤泥或氟硅酸钠，经配料、搅拌、成型、养护制成保温材料。

第20章　沥青

20.1　沥青及其分类

20.1.1　沥青及应用特性

沥青是高分子碳氢化合物及其非金属（主要为氧、氮、硫等）衍生物组成的在常温下呈黑色或黑褐色的固体、半固体或黏性液体状态、极其复杂的混合物。沥青可溶于二硫化碳、四氯化碳、二氯甲烷和苯等有机溶剂。

作为一种有机胶凝材料，沥青具有良好的黏性、塑性、耐腐蚀性和憎水性，在风景园林工程中主要用作防潮、防水、防腐蚀材料，用于屋面、水体防水工程以及其他防水工程和防腐工程，沥青还大量用于风景园林园路工程。

20.1.2　沥青的分类

按来源的不同，沥青可分为地沥青、焦油沥青等两大类。地沥青是指地下原油演变或加工而得到的沥青，通常可分为天然沥青和石油沥青。天然沥青是由于地壳运动使地下石油上升到地壳表层聚集或渗入岩石孔隙，再经过一定的地质年代，轻质成分挥发后的残留物。石油沥青按用途分为建筑石油沥青、道路石油沥青、防水防潮石油沥青和普通石油沥青，如图20-1。

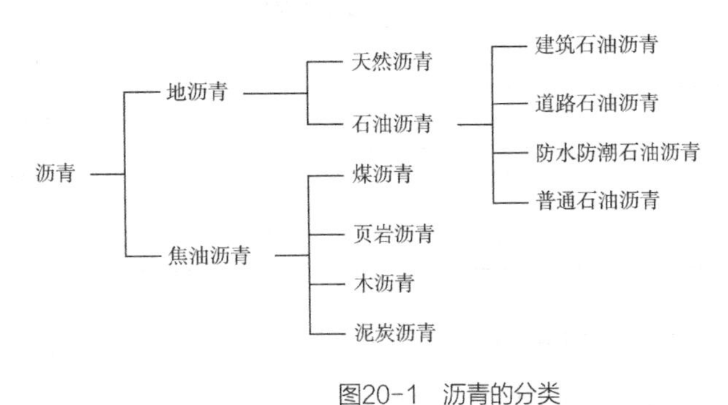

图20-1　沥青的分类

建筑石油沥青黏性不大，耐热性较好，但塑性较差，多用来制作防水卷材、防水涂料、沥青胶和沥青嵌缝膏，用于建筑屋面和地下防水、沟槽防水防腐以及管道防腐等工程。

道路石油沥青的塑性较好，黏性较小，主要用于各类道路路面或车间地面等工程，还可用于地下防水工程。

防水防潮石油沥青的温度稳定性较好，用于寒冷地区的防水防潮工程。

普通石油沥青含蜡量较大，一般蜡的质量分数大于5%，有的高达20%以上，因而温度敏感性较大，达到液态时的温度与软化点相差很小，并且黏度较小，塑性较差，故不宜在风景园林工程上直接使用，可用于掺配或在改性处理后使用。

焦油沥青是干馏煤、页岩、木材等有机燃料所收集的焦油再经加工而得到的一种沥青材料。按干馏原料的不同，焦油沥青可分为煤沥青、页岩沥青、木沥青和泥炭沥青，见图20-1。煤沥青是由煤焦油蒸馏后的残留物经加工得到的沥青材料，与石油沥青相比，其塑性较差，温度敏感性大，老化快，有毒性和臭味，但与矿质材料的粘结力强，因此煤沥青可用于地下防水工程和防腐工程，却不宜用于屋面工程。目前工程中常用的地沥青主要是石油沥青，工程上常用的焦油沥青为煤沥青，煤沥青的使用相对较少。

20.2 石油沥青

20.2.1 定义

石油沥青是指将石油原油通过蒸馏提炼出汽油、煤油、柴油等各种轻质油及润滑油以后的残留物，或经再加工而制成的产品。中国石油资源丰富，但天然沥青很少，所以石油沥青是中国使用量最大的一种沥青材料。

20.2.2 石油沥青的组分与结构

（1）石油沥青的组分

石油沥青是由多种碳氢化合物及其非金属衍生物组成的成分极其复杂的混合物。从工程应用的角度出发，通常将沥青化学成分和物理性质相近，且具有某些共同特征的部分，划分为一个组分（或称为组丛）。一般石油沥青可分为油分、树脂和地沥青质三个主要组分。可利用沥青在不同有机溶剂中的选择性溶解分离出这三个组分，其主要特征见表20-1。

石油沥青各组分主要特征　　表20-1

组分	状态	颜色	密度（g/cm^3）	分子量	质量分数（%）
油分	油状液体	淡黄色～红褐色	0.70～1.00	300～500	40～60
树脂	黏稠状物质	黄～黑褐色	1.0～1.1	600～1 000	15～30
地沥青质	无定形固体粉末	深褐～黑色	>1.0	>1 000	10～30

不同组分对石油沥青性能的影响不同。油分使沥青具有流动性，树脂使沥青具有良好的塑性和粘结性；地沥青质则使沥青具有耐热性、黏性和脆性，其含量越多，软化点愈高，黏性愈大，愈硬脆。

（2）石油沥青的结构

在沥青中，油分与树脂互溶，树脂浸润地沥青质。因此，石油沥青的结构是以地沥青质为核心，周围吸附部分树脂和油分，构成胶团，无数胶团分散在油分中而形成胶体结构。

1）溶胶结构。当地沥青质含量相对较少时，油分和树脂含量相对较高，胶团外膜较厚，胶团之间相对运动较自由，这时沥青形成溶胶结构。具有溶胶结构的石油沥青黏性小，流动性大，但温度稳定性较差。

2）凝胶结构。当地沥青质含量较多而油分和树脂较少时，胶团外膜较薄，胶团靠近聚集，移动比较困难，这时沥青形成凝胶结构。具有凝胶结构的石油沥青弹性和粘结性较高，温度稳定性较好，但塑性较差。

3）溶胶-凝胶结构。当地沥青质含量适当，并有较多的树脂作为保护膜层时，胶团之间保持一定的吸引力，这时沥青形成溶胶-凝胶结构。溶胶-凝胶型石油沥青的性质介于溶胶型和凝胶型两者之间。石油沥青胶体结构的3种类型见图20-2。

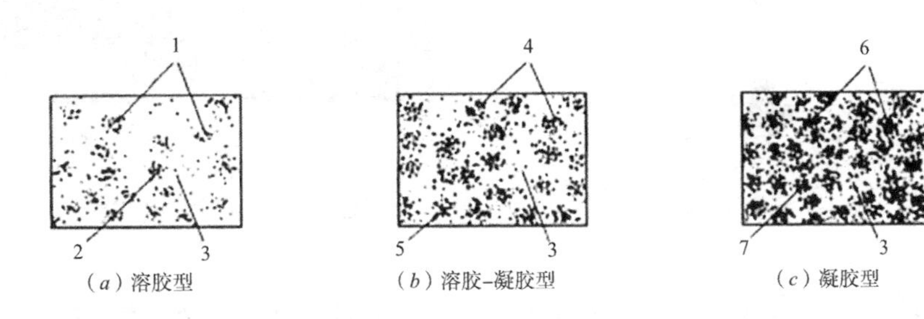

（a）溶胶型　（b）溶胶-凝胶型　（c）凝胶型

1—溶胶中的胶粒；2—质点颗粒；3—分散介质油分；4—吸附层；5—地沥青质；6—凝胶颗粒；7—结合的分散介质油分

图20-2　石油沥青胶体结构的类型示意图

20.2.3 石油沥青的技术性质

（1）黏滞性

石油沥青的黏滞性是反映沥青材料内部阻碍其相对流动的一种特性，它也反映了沥青软硬、稀稠的程度，是划分沥青牌号的主要技术指标。

工程上，液体沥青的黏滞性用黏滞度（也称标准黏度）指标表示，它表征了液体沥青在流动时的内部阻力。对于半固体或固体的石油沥青则用针入度指标表示，它反映了石油沥青抵抗剪切变形的能力。

黏滞度是在规定温度t（通常为20℃、25℃、30℃或60℃）、规定直径d（3mm、5mm或10mm）的孔流出50cm^3沥青所需的时间T（单位s）。通常符号“C_t^d”表示。黏滞度测定示意图见图20-3。

针入度是在规定温度（25℃）条件下，以规定质量（100g）的标准针，在规定时间（5s）内贯入试样中的深度（0.01mm为1度）表示。针入度测定见图20-4。显然针入度值越大，表示沥青流动性大，也越软，黏度越小。沥青针入度范围在5～200度之间。

按针入度可将石油沥青划分为多个牌号等级：道路石油沥青牌号有200、80、140、100甲、100乙、60甲、60乙等号，建筑石油沥青牌号有30、10等号，普通石油沥青牌号有75、65、55等号。一般，地质沥青含量高且有适量的树脂和较少的油分时，石油沥青黏滞性大。温度升高，其黏性降低。

（2）塑性

塑性是指石油沥青在外力作用时产生变形而不破坏，除去外力后仍保持变形后的形状不变的性质。它是石油沥青的主要性能之一。

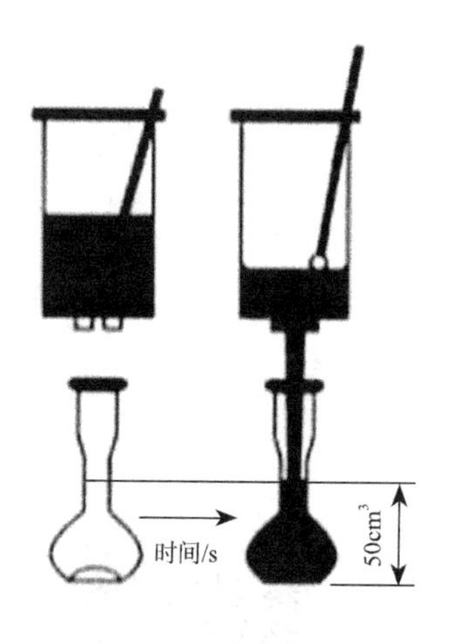

图20-3 黏滞度测定示意图

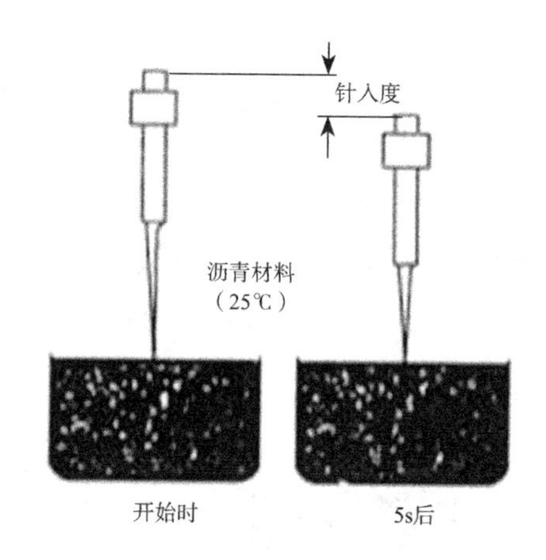

图20-4 针入度测定示意图

石油沥青的塑性是用延度指标表示。沥青延度是把沥青试样制成“8”字形标准试件（中间最小截面积为1cm^2），在一定的拉伸速度（5m/min）和规定温度（25℃）下拉断时的伸长长度，以cm为单位。延度指标测定见图20-5。延度愈大，表示沥青塑性越好。

通常，沥青中油分和地沥青质适量，树脂含量越多，延度越大，塑性越好。温度升高，沥青的塑性随之增大。

（3）温度敏感性

温度敏感性是指石油沥青的黏滞性和塑性随温度升降而变化的性能，是沥青的重要指标之一，常用软化点指标衡量。软化点是指沥青由固态转变为具有一定流动性膏体的温度，可采用环球法测定（图20-6）。具体是指，把沥青试样装入规定尺寸的铜环内，试样上放置一标准钢球（直径9.5mm，质量3.5g），浸入水中或甘油中，以规定的升温速度（5℃/min）加热，使沥青软化下垂。当沥青下垂25mm时的温度（℃），即为沥青软化点。软化点温度越高，表明沥青的耐热性越好，即温度稳定性越好。

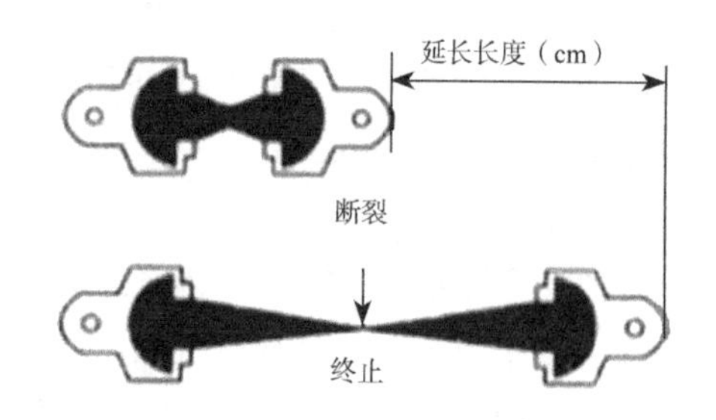

图20-5 延度测定示意图

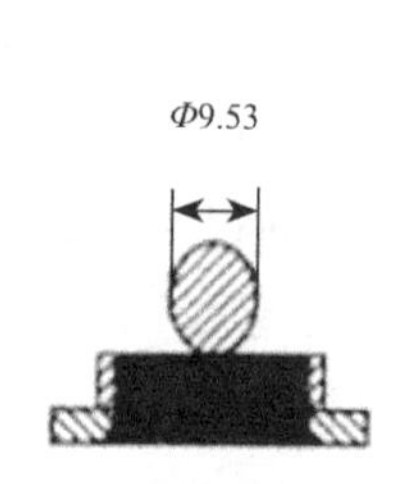

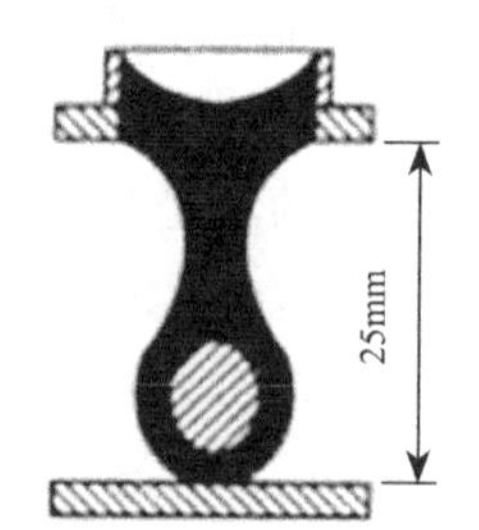

图20-6 软化点测定示意图

沥青软化点不能太低，不然夏季易融化发软；但也不能太高，否则不易施工，并且质地太硬，冬季易发生脆裂现象。石油沥青温度敏感性与地沥青质含量和蜡含量密切相关。地沥青质增多，温度敏感性降低。工程上往往用加入滑石粉、石灰石粉或其他矿物填料的方法来减小沥青的温度敏感性。沥青中含蜡量多时，其温度敏感性大。

（4）大气稳定性

大气稳定性是指石油沥青在热、阳光、氧气和潮湿等因素长期综合作用下抵抗老化的性能。

在大气因素的综合作用下，沥青中的低分子量组分会向高分子量组分转化递变，即油分→树脂→地沥青质。由于树脂向地沥青质转化的速度要比油分变为树脂的速度快得多（约快50%），因此石油沥青会随时间进展而变硬变脆，即“老化”。

石油沥青的大气稳定性以沥青试样在加热蒸发前后的“蒸发损失百分率”和“蒸发后针入度比”来评定。其测定方法是：先测定沥青试样的质量及其针入度，然后将试样置于烘箱中，在160℃下加热蒸发5h，待冷却后再测定其质量和针入度，则

$$\text{蒸发损失百分率}=\frac{\text{蒸发前质量}-\text{蒸发后质量}}{\text{蒸发前质量}}\times 100\% \tag{20-1}$$

$$\text{蒸发后针入度比}=\frac{\text{蒸发后针入度}}{\text{蒸发前针入度}}\times 100\% \tag{20-2}$$

蒸发损失百分率愈小，蒸发后针入度比愈大，则表示沥青大气稳定性愈好，即“老化”愈慢。

以上四种性质是石油沥青的主要性质，是鉴定工程中常用石油沥青品质的依据。

此外，为全面评定石油沥青质量和保证安全，还需了解石油沥青的溶解度、闪点等性质。

溶解度是指石油沥青在三氯乙烯、四氯化碳或苯中溶解的百分率，用以限制有害的不溶物（如沥青碳或似碳物）含量。不溶物会降低沥青的粘结性。

闪点也称闪火点，是指加热沥青产生的气体和空气的混合物，在规定的条件下与火焰接触，初次产生蓝色闪光时的沥青温度。闪点的高低，关系到运输、贮存和加热使用等方面的安全。

（5）脆性

沥青材料在低温下受到瞬时荷载的作用时，常表现为脆性破坏。通常采用弗拉斯脆点试验确定。实际工程中，通常要求沥青具有较高的软化点和较低的脆点，否则沥青材料在夏季容易发生流淌，或是在冬季容易变脆甚至开裂。脆点是指沥青从黏弹性体转到弹脆体（玻璃态）过程中的某一规定状态的相应温度，该指标主要反映沥青的低温变形能力。

（6）施工安全性

燃点或称着火点，指加热沥青产生的气体和空气的混合物，与火焰接触能持续燃烧5s以上时，此时沥青的温度即为燃点（℃）。燃点温度比闪点温度约高10℃。沥青质组分多的沥青着火点相差较多，液体沥青由于轻质成分较多，闪点和燃点的温度相差很小。

闪点和燃点的高低表明沥青引起火灾或爆炸的可能性的大小，它关系到运输、储存和加热等方面的安全。石油沥青在熬制时，一般温度为150～200℃，因此通常控制沥青的闪点应大于230℃。但为安全起见，沥青加热时还应与火焰隔离。

（7）防水性

石油沥青是憎水性材料，几乎完全不溶于水，而且本身构造致密，加之它与矿物材料表面有很好的粘结力，能紧密粘附于矿物材料表面，同时，它还具有一定的塑性，能适应材料或构件的变形。因此石油沥青具有良好的防水性，广泛用作风景园林工程的防潮、防水材料。

20.2.4 石油沥青的技术标准

石油沥青按用途分为建筑石油沥青、道路石油沥青和普通石油沥青3种。在土木工程中使用的主要是建筑石油沥青和道路石油沥青。

（1）建筑石油沥青

建筑石油沥青按针入度划分牌号，每个牌号的沥青还应保证相应的延度、软化点、溶解度、蒸发损失、蒸发后针入度比和闪点等。建筑石油沥青的技术要求列于表20-2中。

（2）道路石油沥青

道路石油沥青技术标准列于表20-3。按国家标准《重交通道路石油沥青》（GB/T 15180—2010），重交通道路石油沥青分为AH-30、AH-50、AH-70、AH-90、AH-110和AH-130共6个牌号。

道路沥青的牌号较多，选用时应根据地区气候条件、施工季节气温、路面类型、施工方法等按有关标准选用。道路石油沥青还可作为密封材料和粘结剂以及沥青涂料等。

建筑石油沥青技术标准 表20-2

项目	质量指标			试验方法
	10号	30号	40号	
针入度（25℃，100g，5s）（1/10mm）	10～25	26～35	36～50	《沥青针入度测定法》（GB/T 4509—2010）
针入度（46℃，100g，5s）（1/10mm）	实测值①	实测值①	实测值①	
针入度（0℃，200g，5s），≥（1/10mm）	3	6	6	
延度（25℃，5cm/min），≥（cm）	1.5	2.5	3.5	《沥青延度测定法》（GB/T 4508—2010）
软化点（环球法），≥（℃）	95	75	60	《沥青软化点测定法 环球法》（GB/T 4507—2014）
溶解度（三氯乙烯），≥（%）	99.0			《石油沥青溶解度测定法》（GB/T 11148—2008）
蒸发后质量变化（163℃，5h），≤（%）	1			《石油沥青蒸发损失测定法》（GB/T 11964—2008）
蒸发后25℃针入度比，≥（%）	65			《沥青针入度测定法》（GB/T 4509—2010）
闪点（开口杯法），≥（℃）	260			《石油产品闪点与燃点测定法（开口杯法）》（GB/T 267—1988）

①为报告，应为实测值。
注：为测定蒸化损失后样品的25℃针入度与原25℃针入度之比乘以100后，所得的百分比，称为蒸发后针入度比。

重交通道路石油沥青技术要求 表20-3

项目	质量指标						试验方法
	AH-130	AH-110	AH-90	AH-70	AH-50	AH-30	
针入度（25℃，100g，5s）/（1/10mm）	120～140	100～120	80～100	60～80	40～60	20～40	GB/T 4509—2010
延度（15℃），≥/cm	100	100	100	100	80	报告①	GB/T 4508—2010

续表

项目	质量指标						试验方法
	AH-130	AH-110	AH-90	AH-70	AH-50	AH-30	
软化点（℃）	38～51	40～53	42～55	44～57	45～58	50～65	GB/T 4507—2014
溶解度，≥（%）	99.0	99.0	99.0	99.0	99.0	99.0	GB/T 11148—2008
闪点（开口杯法），≥（℃）	230					260	GB/T 267—1988
密度（25℃）（kg/m²）	报告						《固体和半固体石油沥青密度测定法》（GB/T 8928—2008）
蜡含量（质量分数），≥（%）	3.0	3.0	3.0	3.0	3.0	3.0	《石油沥青蜡含量测定法》（GB/T 0425—2003）
薄膜烘箱试验（163℃，5h）							《石油沥青薄膜烘箱试验法》（GB/T 5304—2001）
质量变化，≤（%）	1.3	1.2	1	0.8	0.6	0.5	GB/T 5304—2001
针入度比，≥（%）	45	48	50	55	58	60	GB/T 4509—2010
延度（15℃），≥（cm）	100	50	40	30	报告①	报告①	GB/T 4508—2010

①必须报告实测值。

20.2.5 石油沥青的应用

1. 建筑石油沥青

建筑石油沥青针入度较小（黏性较大），软化点较高（耐热性较好），但延伸度较小（塑性较小）。主要用作制造油纸、油毡、防水涂料和沥青胶。它们绝大部分用于屋面及地下防水、沟槽防水防腐蚀及管道防腐等工程。使用时制成的沥青胶膜较厚，增大了对温度的敏感性，同时黑色沥青表面又是好的吸热体，一般同一地区的沥青的表面温度比其他材料的都高。据高温季节测试，沥青屋面达到的表面温度比当地最高气温高25～30℃。为避免夏季流淌，一般屋面沥青材料的软化点还应比本地区屋面最高温度高20℃以上。例如，武汉、长沙地区沥青屋面温度约达68℃，选用沥青的软化点应在90℃左右，过低夏季易流淌，过高因冬季低温而易硬脆甚至开裂，所以选用石油沥青时要根据地区、工程环境及要求而定。

2. 防水防潮石油沥青

防水防潮石油沥青的温度稳定性较好。特别适用做油毡的涂覆材料及建筑屋面和地下防水的粘结材料。其中3号沥青温度敏感性一般，质地较软，用于一般温度下的地下结构的防水。4号沥青温度敏感性较小，用于一般地区可行走的缓坡屋面防水。5号沥青温度敏感性小，用于一般地区暴露屋顶或气温较高地区的屋面防水。6号沥青温度敏感性最小，并且质地较软，除一般地区外，主要用于寒冷地区的屋面及其他防水防潮工程。

防水防潮石油沥青特别增加了保证低温变形性能的脆点指标，随牌号增大，其针入度指数增大，温度敏感性减小，脆点降低，应用温度范围愈宽，这种沥青针入度均与30号建筑石油沥青相近，但软化点却比30号沥青高15～30℃，因而质量优于建筑石油沥青。

3. 普通石油沥青

普通石油沥青含有害成分石蜡较多，一般含量大于5%，有的高达20%以上，故又称多蜡石油沥青。普通石油沥青由于含有较多的蜡，故温度敏感性较大，达到液态时的温度与其软化点相差很小；与软化点大体相同的建筑石油沥青相比，针入度较大即黏性较小，塑性较差。

4. 沥青的掺配

某一种牌号的石油沥青往往不能满足工程技术的要求，因此需将不同牌号的沥青进行掺配。

在进行掺配时，为了不使掺配后的沥青胶体结构破坏，应选用表面张力相近和化学性质相似的沥青。试验证明同产源的沥青容易保证掺配后的沥青胶体结构的均匀性。所谓同产源是指同属石油沥青，或同属煤沥青。

两种沥青掺配的比例可用下式估算。

$$Q_1=(T_2-T)/(T_2-T_1)\times 100\% \tag{20-3}$$

$$Q_2=100-Q_1 \tag{20-4}$$

式中 Q_1——较软沥青用量（%）；

Q_2——较硬沥青用量（%）；

T——掺配后沥青软化点（℃）；

T_1——较软沥青软化点（℃）；

T_2——较硬沥青软化点（℃）。

5. 沥青的改性

沥青材料无论是用作屋面防水材料还是用作路面胶结材料，都直接暴露于自然环境中，而沥青的性能又易受环境影响，并逐渐变脆、开裂、老化，不能继续发挥其原有的粘结或密封作用。工程中使用的沥青材料必须具有特定的性质，而沥青自身的性质不一定能全面满足这些要求，因此常常需要对沥青进行改性。

（1）氧化改性

氧化也称吹制，是在250～300℃高温下向残留沥青或渣油吹入空气，通过氧化作用和聚合作用，使沥青分子变大，提高沥青的黏度和软化点，从而改善沥青的性能。工程使用的道路石油沥青、建筑石油沥青和普通石油沥青均为氧化沥青。

（2）矿物填充料改性

为提高沥青的粘结能力和耐热性，减少沥青的温度敏感性，经常在石油沥青中加入一定数量的矿物填充料进行改性。常用的改性矿物填充料大多是粉状和纤维状的，主要有滑石粉、石灰石粉和石棉等。

矿物填充料之所以能对沥青进行改性，是由于沥青对矿物填充料的湿润和吸附作用。沥青成单分子状排列在矿物颗粒（或纤维）表面，形成结合力牢固的沥青薄膜。这部分沥青称为“结构沥青”，具有较高的黏性和耐热性。为形成恰当的结构沥青薄膜，掺入的矿物填充料数量要恰当，一般填充料的数量不宜少于15%。

（3）聚合物改性

聚合物（包括橡胶和树脂）同石油沥青具有较好的相溶性，可赋予石油沥青某些橡胶特性，从而改善石油沥青的性能。聚合物改性的机理复杂，一般认为聚合物改变了体系的胶体结构。当聚合物的掺量达到一定的限度，便形成聚合物的网络结构，将沥青胶团包裹。用于沥青改性的聚合物很多，使用最普遍的是SBS橡胶和APP树脂两种聚合物。

SBS改性沥青是目前最成功和用量最大的一种改性沥青，在国内外已得到普遍使用，主要用途是改性沥青防水卷材。APP改性石油沥青与石油沥青相比，其软化点高，延度大，冷脆点降低，黏度增大，具有优异的耐热性和抗老化性，尤其适用于气温较高的地区，主要用于制造防水卷材。

20.3 煤沥青

20.3.1 定义

煤焦油是生产焦炭和煤气的副产物，它大部分用于化工，而小部分用于制作建筑防水材料和铺筑道路路面材料。

烟煤在密闭设备中加热干馏，此时烟煤中挥发物质气化逸出，冷却后仍为气体的可作煤气，冷凝下来的液体除去氨及苯后，即为煤焦油。因为干馏温度不同，生产出来的煤焦油品质也不同。炼焦及制煤气时干馏温度约800～1300℃，这样得到的为高温煤焦油；当低温（600℃以下）干馏时，所得到的为低温煤焦油。高温煤焦油含碳较多、密度较大，含有多量的芳香族碳氢化合物，工程性质较好；低温煤焦油含碳少、密度较小，含芳香族碳氢化合物少，主要含蜡族和环烷族及不饱和碳氢化合物，还含较多的酚类，工程性质较差。故多用高温煤焦油制作焦油类建筑防水材料、煤沥青，或作为改性材料。

煤沥青是将煤焦油再进行蒸馏，蒸去水分和所有的轻油及部分中油、重油和蒽油后所得的残渣。各种油的分馏温度为在170℃以下时为轻油；170～270℃时为中油；270～300℃时为重油；300～360℃时为蒽油。有的残渣太硬还可加入蒽油调整其性质，使所生产的煤沥青便于使用。

20.3.2 煤沥青的化学组成

1. 元素组成

煤沥青主要是芳香族碳氢化合物及其氧、硫和碳的衍生物的混合物。其元素组成主要为C、H、O、S和N。

2. 化学组分

按E·J·狄金松法，煤沥青可分离为油分、树脂A、树脂B、游离碳C1和游离碳C2等组分。

煤沥青中各组分的性质简述如下。

（1）游离碳。又称自由碳，是高分子的有机化合物的固态碳质微粒，不溶于苯。加热不熔，但高温分解。煤沥青的游离碳含量增加，可提高其黏度和温度稳定性。但随着游离碳含量的增加，低温脆性亦增加。

（2）树脂。树脂为环心含氧碳氢化合物。分为A，硬树脂，类似石油沥青中的沥青质；B，软树脂，赤褐色粘塑性物，溶于氯仿，类似石油沥青中的树脂。

（3）油分。是液态碳氢化合物。

此外煤沥青的油分中还含有萘、蒽和酚等，萘和蒽能溶解于油分中，在含量较高或低温时能呈固态晶状析出，影响煤沥青的低温变形能力。酚为苯环中含羟物质，能溶于水，且易被氧化。煤沥青中酚、萘均为有害物质，对其含量必须加以限制。

20.3.3 煤沥青的技术性质

煤沥青与石油沥青相比，在技术性质上有下列差异。

（1）温度稳定性较低。因含可溶性树脂多，由固态或黏稠态转变为粘流态（或液态）的温度间隔较窄，夏天易软化流淌而冬天易脆裂。

（2）与矿质集料的粘附性较好。在煤沥青组成中含有较多的极性物质，它赋予了煤沥青高的表面活性，因此煤沥青与矿质集料具有较好的粘附性。

（3）大气稳定性较差。含挥发性成分和化学稳定性差的成分较多，在热、阳光和氧气等长期综合作用下，煤沥青的组成变化较大，易硬脆。

（4）塑性差。含有较多的游离碳，容易变形而开裂。

（5）耐腐蚀性强。因含酚、蒽等有毒物质，防腐蚀能力较强，故适用于木材的防腐处理。又因酚易溶于水，故防水性不及石油沥青。

20.3.4 煤沥青与石油沥青简易鉴别

石油沥青与煤沥青掺混时，将发生沉渣变质现象从而失去胶凝性，故不宜掺混使用。两者的简易鉴别方法见表20-4。

煤沥青与石油沥青简易鉴别方法　　表20-4

鉴别方法	石油沥青	煤沥青
密度法	近似于1.0g/cm^3	大于1.10g/cm^3
锤击法	声哑，有弹性、韧性	声脆，韧性差
燃烧法	烟为无色，基本无刺激性臭味	烟为黄色，有刺激性臭味
溶液比色法	用30～50倍汽油或煤油溶解后，将溶液滴于滤纸上，斑点呈棕色	溶解方法同石油沥青。斑点有两圈，内黑外棕

20.4 改性沥青

在工程中使用的沥青应具有一定的物理性质和粘附性。在低温条件下应有较好的弹性和塑性；在高温条件下要有足够的强度和稳定性；在加工和使用条件下具有抗老化能力；还应与各种矿料和结构的表面有较强的粘附力；以及对变形的适应性和耐疲劳性。通常，石油加工厂制备的沥青不一定能全面满足这些要求，因此常用掺入橡胶、树脂和矿物填料等改性剂对沥青进行改性。因而橡胶、树脂和矿物填料等统称为石油沥青的改性材料。

20.4.1 橡胶改性沥青

橡胶是沥青的重要改性材料。它和沥青有较好的混溶性，并能使沥青具有橡胶的很多优点，如高温变形性小、低温柔性好。由于橡胶的种类不同，掺入的方法也有所不同，而各种橡胶沥青的性能也有差异。现将常用的几种分述如下。

1. 氯丁橡胶改性沥青

沥青中掺入氯丁橡胶后，可使其气密性、低温柔性、耐化学腐蚀性和耐气候性等得到改进。氯丁橡胶改性沥青的生产方法有溶剂法和水乳法。溶剂法是先将氯丁橡胶溶于一定的溶剂中形成溶液，然后掺入沥青中，混合均匀即成为氯丁橡胶改性沥青。水乳法是将橡胶和石油沥青分别制成乳液，再混合均匀即可使用。

氯丁橡胶改性沥青可用于路面的稀浆封层和制作密封材料和涂料等。

2. 丁基橡胶改性沥青

丁基橡胶改性沥青的配制方法与氯丁橡胶沥青类似，而且较简单些。

将丁基橡胶碾切成小片，在搅拌条件下把小片加到100℃的溶剂中（不得超过110℃），制成浓溶液。同时将沥青加热、脱水、熔化成液体状沥青。通常在100℃左右把两种液体按比例混合搅拌均匀进行浓缩15～20min，达到要求的性能指标。丁基橡胶在混合物中的含量一般为2%～4%。同样也可以分别将丁基橡胶和沥青制备成乳液，然后再按比例把两种乳液混合即可。

丁基橡胶改性沥青具有优异的耐分解性，并有较好的低温抗裂性能和耐热性能，多用于道路路面工程和制作密封材料和涂料。

3. SBS改性沥青

SBS是热塑性弹性体苯乙烯-丁二烯嵌段共聚物，它兼有橡胶和树脂的特性，常温下具有橡胶的弹性，高温下又能像树脂那样熔融流动，成为可塑的材料。SBS改性沥青具有良好的耐高温性、优异的低温柔性和耐疲劳性，SBS改性沥青具有以下特点。

（1）弹性好，延伸率大，延度可达2000%。

（2）低温柔性大大改善，冷脆点降至-40℃。

（3）热稳定性提高，耐热度达90～100℃。

（4）耐候性好。

SBS改性沥青是目前应用最成功和用量最大的一种改性沥青。SBS的掺量一般为3%～10%。主要用于制作铺筑高等级路面的材料和防水卷材。

20.4.2 树脂改性石油沥青

用树脂改性石油沥青，可以改进沥青的耐寒性、耐热性、粘结性和不透气性。由于石油沥青中含芳香性化合物很少，故树脂和石油沥青的相容性较差，而且可用的树脂种类也较少。常用的树脂有聚乙烯、乙烯-乙酸乙烯共聚物（EVA）、无规聚丙烯APP等。

1. 聚乙烯树脂改性沥青

在沥青中掺入5%～10%的低密度聚乙烯，采用胶体磨法或高速剪切法即可制得聚乙烯树脂改性沥青。聚乙烯树脂改性沥青的耐高温性和耐疲劳性有显著改善，低温柔性也有所改善。一般认为，聚乙烯树脂与多蜡沥青的相容性较好，对多蜡沥青的改性效果较好。

2. APP改性沥青

APP是聚丙烯的一种，根据甲基的不同排列。聚丙烯分无规聚丙烯、等规聚丙烯和间规聚丙烯3种。APP即无规聚丙烯，其甲基无规则分布在主链两侧。

无规聚丙烯为黄白色塑料，无明显熔点，加热到150℃后才开始变软。它在250℃左右熔化，并可以与石油沥青均匀混合。APP改性沥青与石油沥青相比，其软化点高、延度大、冷脆点降低、黏度增大，具有优异的耐热性和抗老化性，尤其适用于气温较高的地区，主要用于制造防水卷材。

20.4.3 橡胶和树脂改性沥青

橡胶和树脂同时用于改善沥青的性质，使沥青同时具有橡胶和树脂的特性。且树脂比橡胶便宜，橡胶和树脂又有较好的混溶性，故效果较好。

橡胶、树脂和沥青在加热融熔状态下，沥青与高分子聚合物之间发生相互侵入和扩散，沥青分子填充在聚合物大分子的间隙内，同时聚合物分子的某些链节扩散进入沥青分子中，形成凝聚的网状混合结构，故可以得到较优良的性能。

配制时，采用的原材料品种、配比和制作工艺不同，可以得到很多性能各异的产品。主要有卷材、片材、密封材料、防水涂料等。

20.4.4 矿物填料改性沥青

为了提高沥青的粘结能力和耐热性，降低沥青的温度敏感性，经常加入一定数量的矿物填料。

1. 矿物填料的品种

常用的矿物填料大多是粉状的和纤维状的，主要的有滑石粉、石灰石粉、硅藻土和石棉等。

（1）滑石粉，主要化学成分是含水硅酸镁（$3MgO \cdot 4SiO_2 \cdot H_2O$），亲油性好（憎水），易被沥青润湿，可直接混入沥青中，以提高沥青的机械强度和抗老化性能，可用于具有耐酸、耐碱、耐热和绝缘性能的沥青制品中。

（2）石灰石粉，主要成分为碳酸钙，属亲水性的岩石，但其亲水程度比石英粉弱，而最重要的特点是石灰石粉与沥青有较强的物理吸附力和化学吸附力，故是较好的矿物填料。

（3）硅藻土，它是软质、多孔而轻的材料，易磨成细粉，耐酸性强，是制作轻质、绝热、吸音的沥青制品的主要填料。膨胀珍珠岩粉有类似的作用，故也可作为这类沥青制品的矿物填料。

（4）石棉绒或石棉粉，它的主要组成是钠、钙、镁、铁的硅酸盐，呈纤维状，富有弹性，具有耐酸、耐碱和耐热性能，是热和电的不良导体，内部有很多微孔，吸油（沥青）量大，掺入后可提高沥青的抗拉强度和热稳定性。

此外，白云石粉、磨细砂、粉煤灰、水泥、高岭土粉和白垩粉等也可作为沥青的矿物填料。

2. 矿物填料的作用机理

沥青中掺入矿物填料后，能被沥青包裹形成稳定的混合物，但是：一要沥青能润湿矿物填料；二要沥青与矿物填料之间具有较强的吸附力，并不被水所剥离。

一般具有共价键或分子键结合的矿物属憎水性即亲油性的材料，如滑石粉等，对沥青的亲和力大于对水的亲和力，故滑石粉颗粒表面所包裹的沥青即使在水中也不会被水所剥离。

另外，具有离子键结合的矿物如碳酸盐、硅酸盐等，属亲水性矿物，即有憎油性。但是，因沥青中含有酸性树脂，它是一种表面活性物质，能够与矿物颗粒表面产生较强的物理吸附作用。如石灰石粉颗粒表面上的钙离子和碳酸根离子，对树脂的活性基团有较大的吸附力，还能与沥青酸或环烷酸发生化学反应形成不溶于水的沥青酸钙或环烷酸钙，产生化学吸附力，故石灰石粉与沥青也可形成稳定的混合物。

从以上分析可以认为，由于沥青对矿物填料的润湿和吸附作用，沥青能成单分子状排列在矿物颗粒（或纤维）表面，形成结合力牢固的沥青薄膜，有的将它称为结构沥青。结构沥青具有较高的黏性和耐热性等。因此，沥青中掺入的矿物填料的数量要适当，以形成恰当的结构沥青膜层。

20.5　沥青混合料

20.5.1　沥青混合料及其特点

沥青混合料是矿质混合料与沥青结合料经拌制而成的混合料的总称，其中矿质混合料起骨架作用，沥青与矿粉（填料）起胶结和填充作用。其具有以下特点：

（1）具有良好的力学性质和路用性能，铺筑的路面平整无接缝、减震、吸声、行车舒适。

（2）采用机械化施工，有利于质量控制。

（3）利于分期修建、维修和再生利用。

但是沥青混合料存在高温稳定性和低温抗裂性不足的问题。

沥青混合料通常包括沥青混凝土混合料和沥青碎石混合料两类。按集料粒径分为特粗式、粗粒式、中粒式、细粒式和砂粒式沥青混合料；按矿料级配分为密级配、半开级配、开级配和间断级配沥青混合料；按施工条件分为热拌热铺沥青混合料、热拌冷铺沥青混合料和冷拌冷铺沥青混合料。目前使用较广泛的是密级配沥青混合料（AC）和沥青玛蹄脂碎石混合料（SMA）。这里主要讨论沥青碎石混合料和沥青混凝土混合料。

20.5.2　沥青混合料的组成结构与强度

1. 沥青混合料的组成

沥青混合料是由粗集料、细集料、矿粉与沥青以及外加剂所组成的一种复合材料。由于各组成材料用量比例的不同，压实后沥青混合料内部的矿料颗粒的分布状态、剩余空隙率呈现不同特征，从而形成不同的组成结构，而具有不同组成结构特征的沥青混合料在使用时表现出不同的路用性能。

胶浆理论认为沥青混合料是一种分级空间呈网状胶凝结构的分散系，它是以粗集料为分散相而分散在沥青砂浆介质中的一种粗分散系；同样，砂浆是以细集料为分散相而分散在沥青胶浆介质中的一种细分散系；而胶浆又是以填料为分散相而分散在高稠度沥青介质中的一种微分散系（图20-7）。

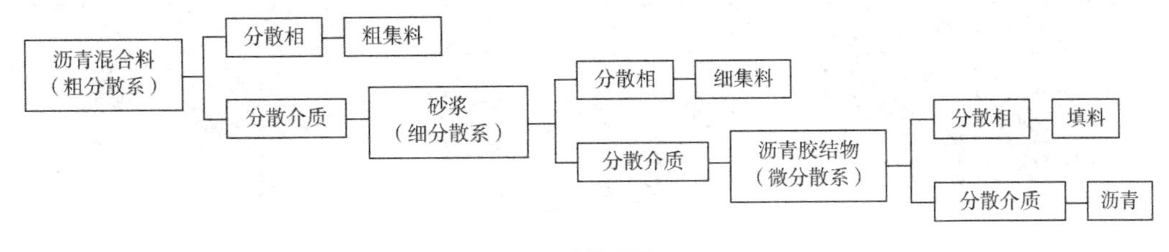

图20-7　胶浆理论

这三级分散系以沥青胶浆最为重要，它的组成结构决定了沥青混合料的高温稳定性和低温变形能力。通常比较集中于研究矿粉（填料）的矿物成分、矿粉（填料）的级配（以0.080mm为最大粒径）以及沥青与矿粉内表面的交互作用等因素对于混合料性能的影响等。其次矿物骨架也影响沥青混合料的性能，矿物骨架结构是指沥青混合料成分中矿物颗粒在空间的分布情况。由于矿物骨架本身承受大部分的内力，所以骨架应当由相当坚固的颗粒所组成，并且是密实的。沥青混合料的强度，在一定程度上也取决于内摩擦阻力的大小，而内摩阻力又取决于矿物颗粒的形状、大小及表面特性等。

2. 沥青混合料的结构

沥青混合料是由矿质骨架和沥青胶结物所构成的、具有空间网络结构的一种多相分散体系。沥青混合料的力学强度主要由矿质混合料颗粒之间的内摩阻力和嵌挤力，以及沥青胶结料及其与矿料之间的粘结力所构成。按矿质骨架的结构状况，其组成结构分为悬浮密实结构、骨架空隙结构、骨架密实结构等3个类型。

（1）悬浮密实结构

当采用连续密级配（图20-8中的a曲线）矿质混合料与沥青组成的沥青混合料时，矿料由大到小形成连续级配的密实混合料，由于粗集料的数量较少，细集料的数量较多，较大颗粒被小一档颗粒挤开，使粗集料以悬浮的状态存在于细集料之间（图20-9*a*），这种结构的沥青混合料虽然密实度和强度较高，但稳定性较差。其特点是具有较高的黏聚力，但内摩擦角较低。

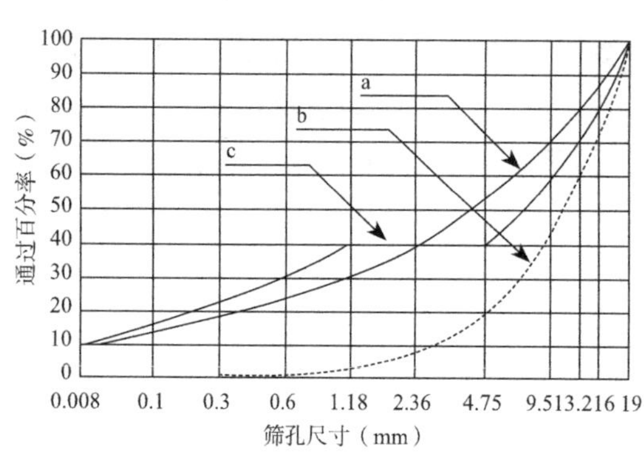

a—连续型密级配；b—连续型开级配；c—间断型密级配

图20-8　三种类型矿质混合料级配曲线

（2）骨架空隙结构

当采用连续开级配（图20-8中的b曲线）矿质混合料与沥青组成的沥青混合料时，粗集料较多，彼此紧密相接，细集料的数量较少，不足以充分填充空隙，形成骨架空隙结构（图20-9*b*）。沥青碎石混合料多属此类型。这种结构的沥青混合料，粗骨料能充分形成骨架，骨架之间的嵌挤力和内摩阻力起重要作用。因此这种沥青混合料受沥青材料性质的变化影响较小，因而热稳定性较好，但沥青与矿料的粘结力较小、空隙率大、耐久性较差。其特点是具有较高的内摩擦角，但黏聚力较低。

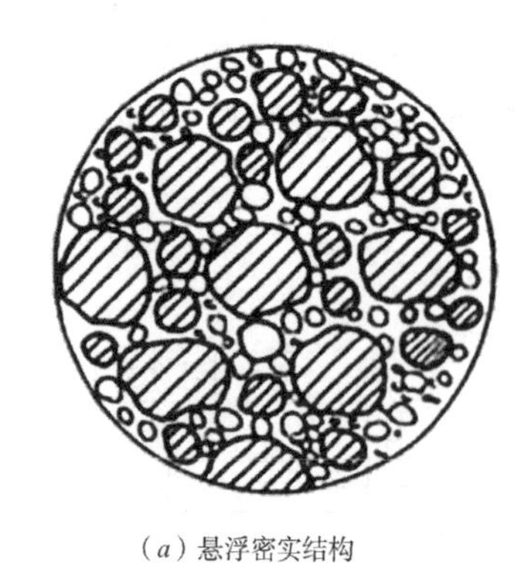

（*a*）悬浮密实结构

（*b*）骨架空隙结构

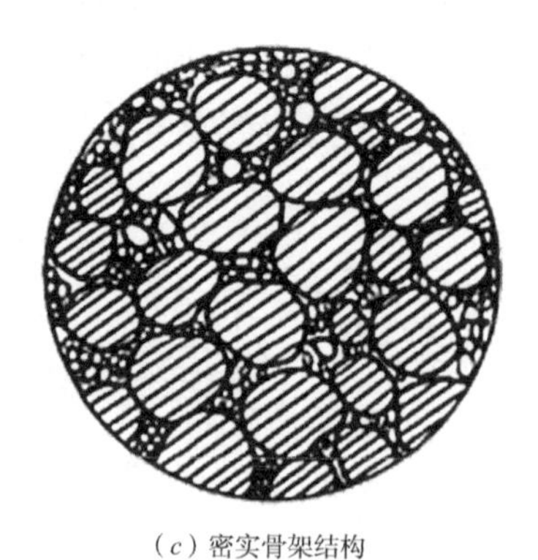

（*c*）密实骨架结构

图20-9　三种典型沥青混合料结构组成示意图

（3）骨架密实结构

采用间断型级配（图20-8中的c曲线）矿质混合料与沥青组成的沥青混合料时，是综合以上两种结构之长处的一种结构。它既由一定数量的粗骨料形成骨架，又根据粗集料空隙的多少加入细集料，形成较高的密实度（图20-9*c*）。这种结构的沥青混合料的密实度、强度和稳定性都较好，是一种较理想的结构类型。其特点是具有较高的黏聚力和内摩擦角。

20.5.3 沥青混合料的强度形成原理

沥青混合料在路面结构中产生破坏的情况主要是发生在高温时，由于抗剪强度不足或塑性变形过剩而产生推挤等现象；在低温时，会因抗拉强度不足或变形能力较差而产生裂缝现象。目前沥青混合料强度和稳定性理论，主要是要求沥青混合料在高温时必须具有一定的抗剪强度和抵抗变形的能力。

为了防止沥青路面产生高温剪切破坏，我国柔性路面设计方法中，对沥青路面抗剪强度验算，要求在沥青路面面层破裂面上可能产生的应力τ_a应不大于沥青混合料的许用剪应力τ_R。

$$\tau_a \leqslant \tau_R \tag{20-5}$$

而沥青混合料的许用剪应力τ_R取决于沥青混合料的抗剪强度τ_a。

$$\tau_R = \tau / k_2 \tag{20-6}$$

式中　k_2——系数（即沥青混合料许用应力与实际强度的比值）。

沥青混合料的抗剪强度τ可通过三轴试验方法，应用莫尔—库仑包络线方程求得。

$$\tau = c + \sigma \tan\varphi \tag{20-7}$$

式中　τ——沥青混合料的抗剪强度，MPa；

σ——正应力，MPa；

c——沥青混合料的黏聚力，MPa；

φ——沥青混合料的内摩擦角，rad。

由式（9-5）可知，沥青混合料的抗剪强度主要取决于黏聚力c和内摩擦角φ两个参数。

$$\tau = f(c, \varphi) \tag{20-8}$$

20.5.4 影响沥青混合料强度的因素

沥青混合料的强度由矿料之间的嵌挤力与内摩阻力和沥青与矿料之间的黏聚力两部分组成。

1. 影响沥青混合料强度的内因

（1）沥青的黏度

沥青混凝土作为一个具有多级网络结构的分散系，从最细一级网络结构来看，它是各种矿质集料分散在沥青中的分散系。因此它的强度与分散相的浓度和分散介质的黏度有着密切的关系。在其他因素固定的条件下，沥青混合料的黏聚力是随着沥青黏度的提高而增大的。因为沥青的黏度即沥青内部沥青胶团相互位移时，其分散介质抵抗剪切作用的抗力较大，所以沥青混合料具有较大的黏滞阻力，因而具有较高的抗剪强度。在相同的矿料性质和组成条件下，随着沥青黏度的提高，沥青混合料的黏聚力有明显的提高，同时内摩擦角亦稍有提高。

（2）沥青与矿料化学性质

在沥青混合料中，P·A·列宾捷尔等认为沥青与矿粉交互作用后，沥青在矿粉表面产生化学组分的重新排列，在矿粉表面形成一层厚度为δ_0的扩散溶剂化膜（图20-10*a*）。在此膜厚度以内的沥青称为“结构沥青”，在此膜厚度以外的沥青称为“自由沥青”。

如果矿粉颗粒之间接触处是由结构沥青膜所联结（图20-10*b*），这样促成沥青具有更高的黏度和更大的扩散溶化膜的接触面积，因而可以获得更大的黏聚力。反之，如颗粒之间接触处是由自由沥青所联结（图20-10*c*），则具有较小的黏聚力。

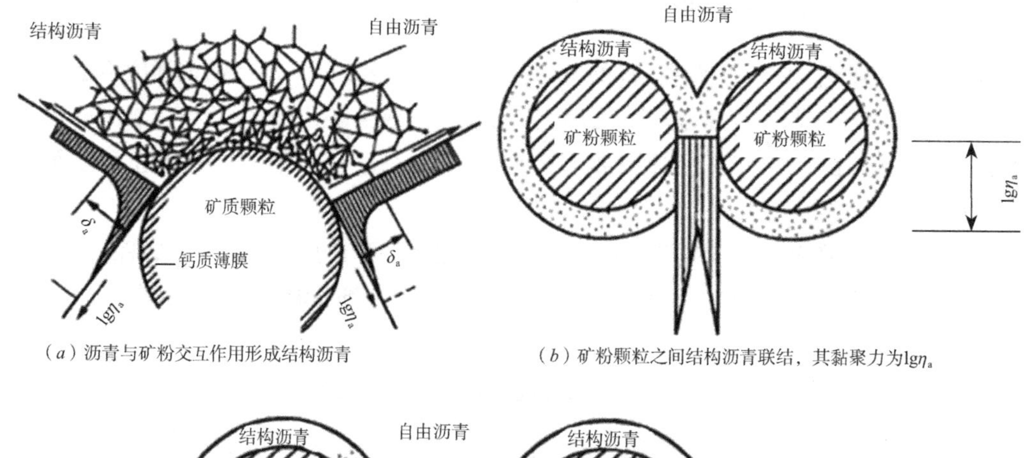

（a）沥青与矿粉交互作用形成结构沥青

（b）矿粉颗粒之间结构沥青联结，其黏聚力为$\lg\eta_a$

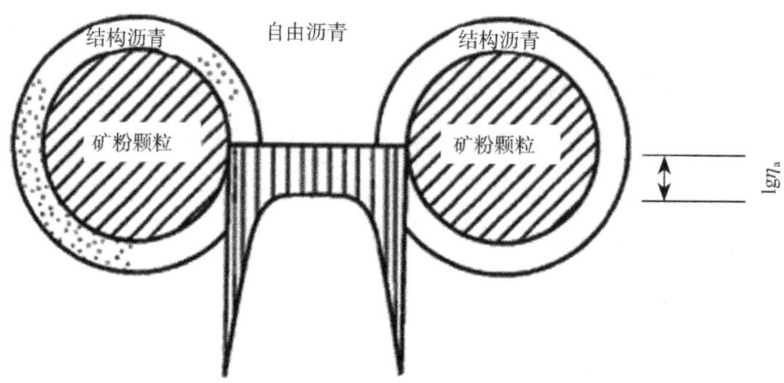

（c）矿粉颗粒之间自由沥青，其黏聚力为$\lg\eta_b$, $\lg\eta_b<\lg\eta_a$

图20-10 沥青与矿粉交互作用的结构图

沥青与矿料相互作用不仅与沥青的化学性质有关，而且与矿粉的性质有关。H·M·鲍尔雪曾采用紫外线分析法对两种最典型的矿粉进行研究，在石灰石粉和石英粉的表面上形成一层吸附溶化膜，如图20–11所示。研究认为，在不同性质矿粉表面形成不同结构和厚度的吸附溶化膜，在石灰石粉表面形成较为发育的吸附溶化膜；而在石英石粉表面则形成发育较差的吸附溶化膜。因此在沥青混合料中，当采用石灰石矿粉时，矿粉之间更有可能通过结构沥青来联结，因而具有较高的黏聚力。

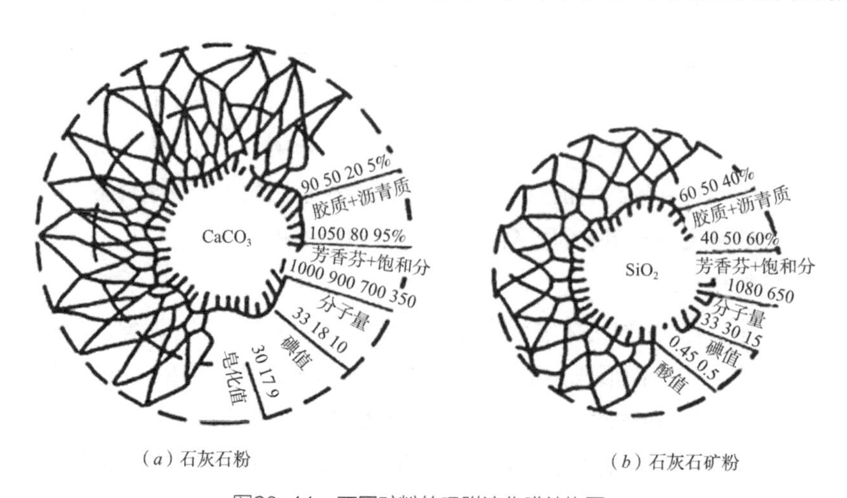

（a）石灰石粉

（b）石灰石矿粉

图20-11 不同矿粉的吸附溶化膜结构图

酸值——中和1g沥青所耗用的KOH毫克数，表示沥青中游离酸的含量；皂化值——皂化1g沥青所需的KOH毫克数，表示沥青中游离脂肪酸的含量；碘值——1g沥青能吸收碘的厘克数，表示沥青的不饱和程度

（3）矿料比面

由前述沥青与矿粉交互作用的原理可知，结构沥青的形成主要是由于矿料与沥青的交互作用，而引起的沥青化学组分在矿料表面的重分布。因此在相同的沥青用量条件下，与沥青产生交互作用的矿料表面积愈大，则形成的结构沥青所占的比率愈大，沥青混合料的黏聚力也愈高。通常在工程应用上，以单位质量集料的总表面积来表示表面积的大小，称为“比表面积”（简称“比面”）。例如1kg的粗集料的表面积约为0.5 ~ 3m^2，它的比面即为0.5 ~ 3m^2/kg。在沥青混合料中矿粉用量只占7%左右，而其表面积却占矿质混合料的总表面积的80%以上，因此矿粉的性质和用量对沥青混合料的抗剪强度影响很大。为增加沥青与矿料的物理–化学作用的表面积，在沥青混合料配料时，必须含有适量的矿粉。提高矿粉细度可增加矿粉比面，因此对矿粉细度也有一定要求。希望小于0.075mm粒径的含量不要过少，小于0.005mm部分的含量不宜过多，否则将使沥青混合料结成团块，不易施工。

（4）沥青用量

在固定质量的沥青和矿料的条件下，沥青与矿料的比例（即沥青用量）是影响沥青混合料抗剪强度的重要因素，不同沥青用量的沥青混合料结构如图20–12所示。

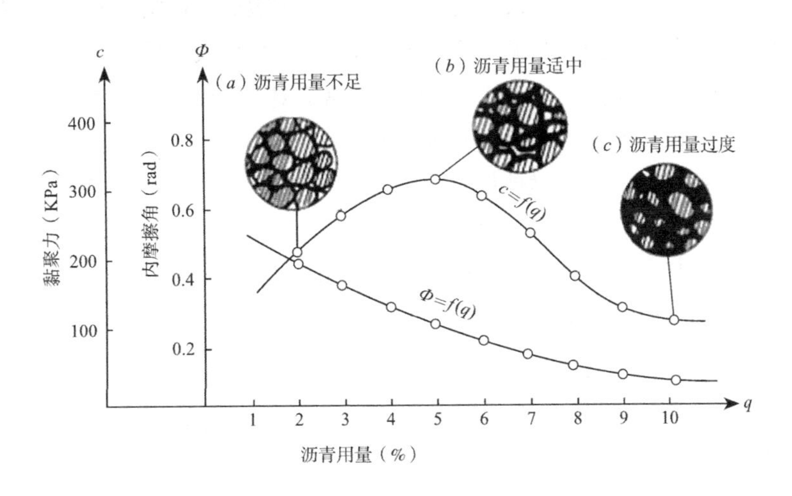

图20–12 不同沥青用量时的沥青混合料结构和c，φ值变化示意图

在沥青用量很少时，沥青不足以形成结构沥青的薄膜来粘结矿料颗粒。随着沥青用量的增加，结构沥青逐渐形成，沥青更为完满地包裹在矿料表面，使沥青与矿料间的粘附力随着沥青用量的增加而增加。当沥青用量足以形成薄膜并可以充分粘附矿粉颗粒表面时，沥青胶浆具有最优的黏聚力。随后如沥青用量继续增加，则由于沥青用量过多，逐渐将矿料颗粒推开，在颗粒间形成未与矿粉交互作用的“自由沥青”，则沥青胶浆的黏聚力随着自由沥青的增加而降低。当沥青用量增加至某一数值后，沥青混合料的黏聚力主要取决于自由沥青，抗剪强度几乎不变。而且起着润滑剂的作用，降低了粗集料的相互密排作用，因而降低了沥青混合料的内摩擦角。

沥青用量不仅影响沥青混合料的黏聚力，同时也影响沥青混合料的内摩擦角。通常当沥青薄膜达最佳厚度（即主要以结构沥青粘结）时，具有最大的黏聚力；随着沥青用量的增加，沥青不仅起着粘结剂的作用，而且起着润滑剂的作用，降低了粗集料的相互密排作用，因而降低了沥青混合料的内摩擦角。

（5）矿质集料的级配类型、粒度、表面性质

沥青混合料的抗剪强度与矿质集料在沥青混合料中的分布情况有密切关系。沥青混合料有密级配、开级配和间断级配等不同组成结构类型，已如前述，因此矿料级配的类型是影响沥青混合料抗剪强度的因素之一。

此外，沥青混合料中，矿质集料的粗度、形状和表面粗糙度对沥青混合料的抗剪强度都具有极为明显的影响。因为颗粒形状及其粗糙度，在很大程度上将决定混合料压实后，颗粒间相互位置的特性和颗粒接触有效面积的大小，通常具有显著的面和棱角，各方向尺寸相差不大，近似正立方体。具有明显细微凸出的粗糙表面的矿质集料，在碾压后能相互嵌挤锁结从而具有很大的内摩擦角。在其他条件相同的情况下，这种矿物所组成的沥青混合料较圆形而表面平滑的颗粒具有较高的抗剪强度。

许多实验证明，要想获得具有较大内摩擦角的矿质混合料，必须采用粗大、均匀的颗粒。在其他条件下，矿质集料颗粒愈粗，所配制成的沥青混合料具有愈高的内摩擦角。相同粒径组成的集料，卵石的内摩擦角较碎石的低。

（6）表面活性物质

表面活性物质是一种能降低表面张力且相应地吸附在该表面的物质。表面活性物质都具有两亲性质，由极性（亲水的）基团和非极性基团两部分组成。采用表面活性物质可促使沥青与矿料粘结力的改善。表面活性物质按其化学性质可以分为离子型和非离子型两大类，离子型表面的活性物质又可分为阴离子型活性物质和阳离子型活性物质。

为了改善沥青与碳酸盐矿料和碱性矿料（石灰石、白云石、玄武岩和辉绿岩等）的粘结力，可使用阴离子型表面活性物质。在这类矿料表面上，可形成不溶于水的化合物（如羧酸钙皂），有助于加强与沥青的粘结。高羧酸、高羧酸重金属盐和碱土金属的盐类（皂）以及高酚物质，是阴离子型表面活性物质的典型代表。

当使用酸性矿料（石英、花岗岩、正长岩和粗面岩等）时，可采用阳离子型表面活性物质来改善其与沥青的粘结。高脂肪胺盐、四代铵碱等是阳离子型表面活性物质。

2. 影响沥青混合料抗剪强度的外因

（1）温度

沥青混合料是一种热塑性材料，它的抗剪强度（τ）随着温度（T）的升高而降低。在材料参数中，黏聚力c值随温度升高而显著降低，但是内摩擦角受温度变化的影响较少。

（2）形变速度

沥青混合料是一种粘-弹性材料，它的抗剪强度（τ）与形变速率（$d\gamma/dt$）有密切关系。在其他条件相同的情况下，变形速率对沥青混合料的内摩擦角（φ）影响较小，而对沥青混合料的黏聚力（c）影响较为显著。实验资料表明，c值随变形速率的减少而显著提高，而φ值随变形速率的减少，其变化很小。

20.5.5 沥青混合料的技术性质

沥青混合料作为沥青路面的面层材料，承受车辆行驶反复荷载和气候因素的作用，而胶凝材料沥青具有黏弹塑性的特点。因此，沥青混合料应具有抗高温变形、抗低温脆裂、抗滑、耐久性等技术性质以及施工和易性。

1. 高温稳定性

沥青混合料的高温稳定性是指在高温条件下，沥青混合料承受多次重复荷载作用而不发生过大的累积塑性变形的能力。高温稳定性良好的沥青混合料在车轮引起的垂直力和水平力的综合作用下，能抵抗高温的作用，保持稳定而不产生车辙和波浪等破坏现象。其常见的损坏形式主要有以下几点：

（1）推移、拥包、搓板等类损坏主要是由于沥青路面在水平荷载作用下抗剪强度不足所引起的，它大量发生在表面处治、贯入式、路拌等次高级沥青路面的交叉口和变坡路段。

（2）路面在行车荷载的反复作用下，会由于永久变形的累积而导致路表面出现车辙现象。车辙致使路表过量的变形，影响了路面的平整度。轮迹处沥青层厚度减薄，削弱了面层及路面结构的整体强度，从而易于诱发其他病害。

（3）泛油是由于交通荷载的作用使沥青混合料内的集料不断挤紧，空隙度减小，最终将沥青挤压到道路表面的现象。

中国《公路沥青路面施工技术规范》（JTG F 40—2004）规定，采用马歇尔稳定度试验（包括稳定度、流值、马歇尔模数）来评价沥青混合料高温稳定性，通常测定的是马歇尔稳定度和流值。马歇尔稳定度是指标准尺寸试件在规定温度和加荷速度下，在马歇尔仪中的最大破坏荷载（kN）；流值是达到最大破坏荷重时的垂直变形（0.1mm）；马歇尔模数为稳定度除以流值的商。

$$T=MS\times 10/FL \tag{20-9}$$

式中 T——马歇尔模数，kN/mm；

MS——稳定度，kN；

FL——流值，0.1mm。

2. 低温抗裂性

沥青混合料的低温抗裂性是沥青混合料在低温下抵抗断裂破坏的能力。

沥青混合料是粘-弹-塑性材料，其物理性质随温度变化很大。当温度较低时，沥青混合料表现为弹性性质，变形能力大大降低。在外部荷载产生的应力和温度下降引起的材料的收缩应力联合作用下，沥青路面可能发生断裂，产生低温裂缝。沥青混合料的低温开裂是由混合料的低温脆化、低温收缩和温度疲劳引起的。混合料的低温脆化一般用不同温度下的弯拉破坏试验来评定；低温收缩可采用低温收缩试验评定；而温度疲劳则可以用低频疲劳试验来评定。

3. 沥青混合料的耐久性

沥青混合料在路面中，长期受自然因素（阳光、热和水分等）的作用而产生破坏，为使路面具有较长的使用年限，必须具有较好的耐久性。

影响沥青混合料耐久性的因素有很多，如沥青的化学性质、矿料的矿物成分、沥青混合料的组成结构（残留空隙和沥青填隙率）。

沥青的化学性质和矿料的矿物成分，对耐久性的影响见前述。就大气因素而言，沥青在大气因素作用下，组分会产生转化，油分减少，沥青质增加，从而使沥青的塑性逐渐减小，脆性增加，路面的使用品质下降。其次从耐久性的角度考虑，沥青混合料应有较高的密实度和较小的空隙率，以防止水的渗入和日光紫外线对沥青的老化作用，但是空隙率过小，将影响沥青混合料的高温稳定性，因此沥青混合料均应残留3%～6%空隙，以备夏季沥青膨胀。空隙率大，且与沥青黏附性差的混合料，在饱水后石料与沥青黏附力降低，易发生剥落，水能进入沥青薄膜和集料间，阻断沥青与集料表面相互粘结，从而影响沥青混合料的耐久性。

中国现行规范采用空隙率、饱和度（即沥青填隙率）和残留稳定度等指标来表征沥青混合料的耐久性。沥青混合料的耐久性常用浸水马歇尔试验或真空饱水马歇尔试验评价。

4. 沥青混合料的抗滑性

随着现代交通车速的不断提高，对沥青路面的抗滑性提出了更高的要求。沥青路面的抗滑性能与集料的表面结构（粗糙度）、级配组成、沥青用量等因素有关。为保证沥青混合料抗滑性能，面层集料应选用质地坚硬具有棱角的碎石，通常采用玄武石。中国现行规范对抗滑层集料提出磨光值、道端磨耗值和冲击值指标。采取适当增大集料粒径、减少沥青用量及控制沥青的含蜡量等措施，均可提高路面的抗滑性。

5. 施工和易性

沥青混合料应具备良好的施工和易性，使混合料易于拌合、摊铺和碾压施工。影响施工和易性的因素很多，如气温、施工机械条件及混合料性质等。

从混合料的材料性质看，影响施工和易性的是混合料的级配和沥青用量。如粗、细集料的颗粒大小相差过大，缺乏中间尺寸的颗粒，混合料容易分层层积；如细集料太少，沥青层不容易均匀地留在粗颗粒表面；如细集料过多，则使拌合困难。如沥青用量过少，或矿粉用量过多时，混合料容易出现疏松，不易压实；如沥青用量过多，或矿粉质量不好，则混合料容易粘结成块，不易摊铺。

20.5.6 沥青混合料组成材料的技术性质

沥青混合料的技术性质决定于组成材料的性质、组成配合的比例和混合料的制备工艺等因素。为了保证沥青混合料的技术性质，首先是正确选择符合质量要求的组成材料。

1. 沥青

拌制沥青混合料所用沥青材料的技术性质，随气候条件、交通性质、沥青混合料的类型和施工条件等因素而异。通常较热的气候区、较繁重的交通、细粒或砂粒式的混合料应采用稠度较高的沥青；反之，则采用稠度较低的沥青。在其他配料条件相同的情况下，较黏稠的沥青配制的混合料具有较高的力学强度和稳定性，但如稠度过高，则沥青混合料的低温变形能力较差，沥青路面产生裂缝。反之，在其他配料条件相同的条件下，采用稠度较低的沥青，虽然配制的混合料在低温时具有较好的变形能力，但在夏季高温时往往稳定性不足而使路面产生推挤现象（表20-5）。

道路石油沥青的适用范围　　表20-5

沥青等级	适用范围
A级沥青	各个等级的公路，适用于任何场合和层次
B级沥青	（1）高速公路、一级公路沥青下面层及以下的层次，二级及二级以下公路的各个层次。 （2）用作改性沥青、乳化沥青、改性乳化沥青、稀释沥青的基质沥青
C级沥青	三级及三级以下公路的各个层次

对高速公路、一级公路，夏季温度高、高温持续时间长、重载交通、山区及丘陵上坡路段、服务区、停车场等行车速度慢的路段，尤其是汽车荷载剪应力大的情况，宜采用稠度大、60℃黏度大的沥青，也可提高高温气候分区的温度水平从而选用沥青等级；对冬季寒冷的地区或交通量

小的公路、旅游公路宜选用稠度小、低温延度大的沥青；对日温差、年温差大的地区宜注意选用针入度指数大的沥青。当高温要求与低温要求发生矛盾时应优先考虑满足高温性能的要求。通常面层的上层宜用较稠的沥青，下层或连接层宜用较稀的沥青。

2. 粗集料

沥青混合料所用的粗集料，风景园林中可以采用碎石、破碎砾石和矿渣等。

沥青混合料所用的粗集料应该洁净、干燥、表面粗糙、接近立方体、无风化、不含杂质。在力学性质方面，压碎值和洛杉矶磨耗率应符合相应道路等级的要求（表20-6）。

粗集料的粒径规格应按《公路沥青路面施工技术规范》（JTG F 40—2004）的规定生产和使用。

对用于抗滑表层沥青混合料用的粗集料，应该选用坚硬、耐磨、韧性好的碎石或破碎砾石，矿渣及软质集料不得用于防滑表层。高速公路、一级公路沥青路面的表面层（或磨耗层）的粗集料的磨光值应符合《公路沥青路面施工技术规范》的要求。破碎砾石应采用粒径大于50mm、含泥量不大于1%的砾石轧制，破碎砾石的破碎面应符合要求。

沥青混合料用粗集料质量技术要求　　表20-6

指标	高速公路及一级公路		其他等级公路	试验方法
	表面层	其他层次		
石料压碎值，≤（%）	26	28	30	T 0316
洛杉矶磨耗损失，≤（%）	28	30	35	T 0317
表观相对密度，≥（t/m^3）	2.60	2.50	2.45	T 0304
吸水率，≤（%）	2.0	3.0	3.0	T 0304
坚固性，≤（%）	12	12	—	T 0314
针片状颗粒含量（混合料），≤（%） 其中粒径大于9.5mm，≤（%） 其中粒径小于9.5mm，≤（%）	15 12 18	18 15 20	20 — —	T 0312
水洗法<0.075mm颗粒含量，≤（%）	1	1	1	T 0310
软石含量，≤（%）	3	5	5	T 0320

注：1. 坚固性试验可根据需要进行。
2. 用于高速公路、一级公路时，多孔玄武石的视密度可放宽至2.45t/m^3，吸水率可放宽至3%，但必须得到建设单位的批准，且不得用于SMA路面。
3. 对S14即3～5规格粗集料，针片状颗粒含量可不要求，<0.075mm含量放宽到3%。

3. 细集料

用于拌制沥青混合料的细集料，可采用天然砂、人工砂或石屑。细集料应洁净、干燥、无风化、不含杂质，并有适当的级配范围。对细集料的技术要求见表20-7。

沥青混合料用细集料质量要求　　表20-7

项目	高速公路、一级公路	其他等级公路	试验方法
表观相对密度，≥（t/m^3）	2.50	2.45	T 0328
坚固性（>0.3mm部分），≥（%）	12	—	T 0340
含泥量（小于0.075mm的含量），≤（%）	3	5	T 0333
砂当量，≥（%）	60	50	T 0334
亚甲蓝值，≤（g/kg）	25	—	T 0346
棱角性（流动时间），≥（s）	30	—	T 0345

注：坚固性试验可根据需要进行。

天然砂可采用河砂或海砂，通常宜采用粗、中砂，其规格应符合《公路沥青路面施工技术规范》的规定，石屑是采集石场破碎石料时，通过4.75mm或2.36mm的筛下部分，其规格应符合《公路沥青路面施工技术规范》的要求。

4. 矿粉

沥青混合料的矿粉必须采用石灰石或岩浆石中的强基性岩石等憎水性石料经磨细得到的矿粉，原石料中的泥土杂质应除净。矿粉应干燥、洁净，能自由地从矿粉仓中流出，其质量应符合表20-8的技术要求。

沥青混合料用矿粉质量要求　　表20-8

项目		高速公路、一级公路	其他等级公路	试验方法
表观相对密度，≥（t/m^3）		2.50	2.45	T 0352
含水量，≤（%）		1	1	T 0103烘干法
粒度范围/%	<0.6mm	100	1	T 0351
	<0.15mm	90～100	90～100	
	<0.075mm	75～100	70～100	
外观		无团粒结块		—
亲水系数		<1		T 0353
塑性指数（%）		<4		T 0354
加热安定性		实测记录		T 0355

粉煤灰作为矿粉使用时，用量不得超过矿粉总量的50%，粉煤灰的烧失量应小于12%，与矿粉混合后的塑性指数应小于4%，其余质量要求与矿粉相同。高速公路、一级公路的沥青面层不宜采用粉煤灰作为矿粉。

拌合机的粉尘可作为矿粉的一部分回收使用。但每盘用量不得超过矿粉料总量的25%，掺有粉尘矿粉的塑性指数不得大于4%。

5. 纤维稳定剂

沥青混合料中掺加的纤维稳定剂宜选用木质素纤维、矿物纤维等，木质素纤维的质量应符合表20-9的技术要求。

木质素纤维质量技术要求　　表20-9

项目	指标	试验方法
纤维长度，≤（mm）	6	水溶液用显微镜观测
灰分含量（%）	18±5	高温590～600℃燃烧后测定残留物
pH值	7.5±1.0	水溶液用pH试纸或pH计测定
吸油率，≥（%）	纤维质量的5倍	用煤油浸泡后放在筛上经振敲后称量
含水率（以质量计），≤（%）	5	105℃烘箱烘2h后冷却称量

20.5.7 沥青混合料的配合比设计

沥青混合料配合比设计包括实验室配合比设计、生产配合比设计和试拌试铺配合比调整3个阶段。本节主要简要介绍实验室配合比设计。

实验室配合比设计可分为矿质混合料配合比组成设计和沥青最佳用量确定两部分。

1. 矿质混合料配合比组成设计

矿质混合料配合比组成设计的目的，是选配具有足够密实度，并且具有较高内摩擦阻力的矿质混合料。通常采用规范推荐的矿质混合料级配范围来确定。按现行规范《公路沥青路面施工技术规范》规定，按下列步骤进行。

（1）确定沥青混合料类型

沥青混合料的类型，根据道路等级、路面类型和所处的结构层位等选定。

（2）确定矿质混合料的级配范围

根据已确定的沥青混合料类型，查阅推荐的矿质混合料级配范围表，即可确定所需的级配范围。

（3）矿质混合料的配合比计算

1）组成材料的原始数据的测定。根据现场取样，对粗集料、细集料和矿粉进行筛析试验，按筛析结果分别绘出各组成材料的筛分曲线。同时测出各组成材料的相对密度，以供计算物理常数时使用。

2）计算组成材料的配合比。根据各组成材料的筛析试验资料，采用试算法、图解法或电算法，计算符合要求的级配范围的各组成材料用量比例。

图解法通常采用“修正平衡面积法”确定矿质混合料的合成级配。在“修正平衡面积法”中，将设计要求的级配中值曲线绘制成一条直线，纵坐标和横坐标分别代表通过百分率和筛孔尺寸。这样，当纵坐标仍为算术坐标时，横坐标的位置将由设计级配中值所确定。

3）调整配合比，通常合成级配曲线宜尽量接近设计级配的中值，尤其应使0.075mm、2.36mm、4.75mm筛孔的通过量满足以下要求：对交通量大、轴载量重的公路，宜偏向级配范围的下（粗）限，对中、小交通量或人行道路等宜偏向级配范围的上（细）限。

2. 确定沥青混合料的最佳沥青用量

沥青混合料的最佳沥青用量（OAC）的确定，通常采用试验的方法。中国现行规范《公路沥青路面施工技术规范》是在马歇尔法的基础上，结合中国具体实践发展完善的。

第21章　防水材料

21.1　防水材料的内涵

防水材料是为了保证建筑物、构筑物、水体实现防水、防潮、防渗漏等基本使用功能的一类工程材料，主要用于风景园林建筑物的建筑顶面、墙身、园林厕所、水体以及伸缩缝、变形缝等工程部位，对于建筑物、水体的正常使用和可持续使用具有举足轻重的作用。

21.2　防水材料的防水机理

一般防水材料的防水机理包括憎水防水、密实防水、膜层隔离防水等几种方式。

21.2.1　膨润土的防水机理

膨润土的性质取决于其主要矿物成分蒙脱石。蒙脱石是由结晶矿物构成，即与层状硅酸盐密切相关，其理论化学式为$Na_x(H_2O)_4\{Al_2[Al_xSi_{4-x}O_{10}](OH)_2\}$。层状硅酸盐的基本构造单位是硅氧四面体和铝、氢氧八面体。在四面体晶片中，各四面体在同一平面上以三个角顶彼此相连，构成六方对称的网格，四个角顶指向同一个方向。八面体晶片是由两个氢氧离子中间夹有一个铝或镁、铁等阳离子组成。四面体和八面体基本结构单位以不同方式组合，构成不同的结构单位层。膨润土的这种特殊结构，使其具有许多优良的性能，如阳离子交换性、膨胀性、吸附性、分散性、流变性、可塑性、粘结性、胶体性、催化性、悬浮性、触变性、耐火性、润滑性等。

膨润土的防水机理取决于膨润土的基本性能。天然钠基膨润土的微观结构层片之间的钠离子会吸附水分子，并使水分子充满层和层之间，使这些层片分开，形成人们所看到的膨胀现象。经过水化的膨润土表面，阳离子吸附一定量的水分子之后，膨润土变成凝胶状态，可以有效阻止水分子通过。当这层凝胶在两面受到均匀限制的情况下，可以形成优异的防水层，使耐久性达百年以上。

21.2.2　水泥基渗透结晶型防水材料的防水机理

传统防水材料主要依靠其形成的隔水层而起到防水作用，涂层与基层混凝土虽粘合在一起，但还是“两张皮”，日久天长，在外界环境作用下，还是会发生分离。而水泥基渗透结晶型防水材料中的活性物质可与混凝土中的游离Ca^{2+}发生化学反应，在浓度和压力差共同作用下，活性物质以水为载体在混凝土内部孔隙中渗透，与混凝土中的游离离子交互反应生成不溶于水的结晶体，结晶体随水在混凝土孔隙中扩散，遇到活性较高及未水化水泥、水泥胶体等，活性化学物质就会被更稳定的SiO_3^{2-}、AlO_3^{3-}等取代，发生结晶、络合沉淀反应，形成更稳定的晶体合成物，填充混凝土中裂缝和毛细孔隙，而活性物质则重新成为自由基，继续随水在混凝土内部迁移，上述过程不断循环，结晶体在混凝土结构孔隙中由疏至密，使混凝土内部逐渐形成一个致密的抗渗区域，大大提高了结构整体的抗渗能力。日本研究人员通过试验发现，结晶体渗透深度可达1m，扫描电镜观测结果表明涂料活性物质可以在28天内渗透至基体内部50mm深度。

21.2.3 喷射混凝土的防水机理

混凝土是一种多孔性材料，地下围护结构的混凝土墙体在外水压作用下，其内表面微量渗水应属正常现象。由于这种墙面渗水与墙面蒸发散失两种现象同时存在，当渗水量小于正常人工通风系统的蒸发散失量［0.002～0.024 L/（m^2·d）］时，则墙表面无湿渍现象，从表面上看，可以认为墙体是不透水的，可满足建筑物I级防水标准。

事实上，许多已建地下围护结构的墙面渗水量大于蒸发散失量，墙表面湿渍、渗水，此渗水量对一些有防水要求的地下工程，如高速公路隧道，是不满足工程正常使用条件的，但通过增设可靠的结构内防水层减渗，可使其满足正常使用条件。混凝土墙体渗水量（q）的大小与墙体材料的渗透系数（φ）、墙体承压水头（h）、墙体厚度（d）有关，在不计毛细水作用时，其渗水量可根据达西渗流定律，建立式（21–1）关系：

$$q=\varphi\times\frac{h}{d}=\varphi J \tag{21–1}$$

由式（21–1）看出，在原墙体混凝土渗透系数值不变的情况下，减渗的途径是设法减缓渗透坡降J。在原混凝土墙内壁增设厚度为d，渗透系数为φ_1（$\varphi_1<\varphi$），且与墙体界面完全复合一体的防水层。此时，原来透过墙体的渗水当进入防水层后，由于$\varphi_1<\varphi$，渗透阻力急剧增大，渗流不畅，必然造成原内墙面渗水出逸点抬高，使渗水穿过原墙体的实际渗透坡降减缓为J_1，即$J_1<J$。因此，由式（21–1）不难确定，增设防水层后，墙体渗水量将因J_1变缓而减小。渗透坡降J_1可由式（21–2）确定：

$$J_1=[h/(d+d_k)]\times[\varphi_1 h/(\varphi_1 d+\varphi_1 d_k)] \tag{21–2}$$

式中 d_k——防水层厚度相当于墙体的等代厚度（m）。

由式（21–2）不难看出，增设高抗渗性能的防水层后，渗透坡降将明显趋于平缓，并取得良好的减渗效果。采用喷射混凝土防水剂是理想的防渗透渗水路径，其主要作用机理包括如下几点：

（1）防水剂减少混凝土内部孔隙，并改变孔隙特征，使混凝土密实性增强，抗渗性提高。毛细孔是水泥水化过程中多余水分蒸发后遗留下来的孔隙。可通过降低拌合用水量，从而减少混凝土中游离水的数量，相应减少水分蒸发后留下的毛细孔体积，提高混凝土的密实性。同时防水剂具有密实作用，堵塞孔隙，使混凝土致密，降低孔隙率和减小孔径，提高抗渗性。

另外，防水剂的憎水作用改变毛细孔孔壁性质，增大了润湿角，提高防潮能力，并在一定程度上提高了抗渗性。而且防水剂都具有一定的分散作用，可使水泥呈单颗粒状均匀分布，从而改变硬化混凝土中孔隙特征，使混凝土的孔隙率降低、孔径减小，混凝土的渗透系数与总孔隙率成一次方关系，与毛细孔半径成二次方关系，因混凝土的毛细孔孔径和孔隙率的降低，使混凝土抗渗性大大提高。

（2）防水剂减少沉降缝隙，隔断析水通路，从而提高混凝土的抗渗性。水泥微粒与防水剂之间产生吸附，使混凝土拌合物的粘聚性增强，另外，由于防水剂有一定的引气作用，可引入一定量的微细气泡，从而产生阻隔作用。拌合物的粘聚性增强及微细气泡的阻隔作用增强了沉降阻力，使沉降困难，从而破坏了连通的毛细孔网，减少沉降缝隙。由于沉降分离作用的减弱及防水剂提高了混凝土的保水性，使混凝土拌合物的泌水减少，特别是混凝土拌合物存在的微细气泡，在防水剂的定向吸附下，气泡膜壁上的水被稳定，同时气泡膜壁上的水泥微粒与水结合形成水膜，水膜在混凝土凝结硬化过程中受静电引力的影响而显著降低泌水量，减少了连通毛细孔数量，从而提高了混凝土的抗渗性。

21.3 防水材料的分类

21.3.1 按防水材料的质地分类

防水材料可分为柔性防水材料、刚性防水材料和瓦三种。防水卷材、防水涂料及密封膏等属于柔性防水材料，防水泥凝土和防水砂浆属于刚性防水材料，而瓦分烧结瓦、油毡瓦和平瓦等，见表21-1。本章主要介绍柔性防水材料。

防水材料的分类　　表21-1

<table>
<tr><td rowspan="11">防水材料</td><td rowspan="5">刚性防水材料</td><td rowspan="3">瓦材</td><td colspan="3">烧结瓦</td></tr>
<tr><td colspan="3">油毡瓦</td></tr>
<tr><td colspan="3">平瓦</td></tr>
<tr><td rowspan="2">胶凝防水材料</td><td colspan="3">防水砂浆</td></tr>
<tr><td colspan="3">防水混凝土</td></tr>
<tr><td rowspan="6">柔性防水材料</td><td rowspan="6">防水卷材</td><td rowspan="6">沥青防水卷材（沥青油毡）</td><td colspan="2">纸胎油毡</td></tr>
<tr><td rowspan="2">纤维胎油毡</td><td>织物类：玻璃布、麻布毡</td></tr>
<tr><td>纤维毡类：玻纤、化纤、聚酯毡</td></tr>
<tr><td rowspan="3">特殊胎油毡</td><td>金属箔胎</td></tr>
<tr><td>合成膜胎</td></tr>
<tr><td>复合胎</td></tr>
<tr><td rowspan="19">防水材料</td><td rowspan="19">柔性防水材料</td><td rowspan="13">防水卷材</td><td rowspan="5">高聚物改性沥青防水卷材</td><td colspan="2">弹性体改性沥青防水卷材（SBS卷材）</td></tr>
<tr><td colspan="2">塑性体改性沥青防水卷材（APP卷材）</td></tr>
<tr><td colspan="2">氧化沥青防水卷材</td></tr>
<tr><td colspan="2">再生胶改性沥青卷材</td></tr>
<tr><td colspan="2">废胶粉改性沥青卷材</td></tr>
<tr><td rowspan="8">合成高分子防水卷材</td><td rowspan="3">橡胶系</td><td>三元乙丙橡胶防水卷材（EPDM卷材）</td></tr>
<tr><td>三元丁橡胶防水卷材（三元丁）</td></tr>
<tr><td>再生橡胶防水卷材</td></tr>
<tr><td rowspan="4">树脂系</td><td>氯化聚乙烯防水卷材（CPE卷材）</td></tr>
<tr><td>聚氯乙烯防水卷材（PVC卷材）</td></tr>
<tr><td>氯乙烯防水卷材</td></tr>
<tr><td>氯磺化聚乙烯防水卷材</td></tr>
<tr><td colspan="2">橡塑共混型—氯化聚乙烯—橡胶共混防水卷材</td></tr>
<tr><td rowspan="3">防水涂料</td><td colspan="3">沥青基防水涂料</td></tr>
<tr><td colspan="3">高聚物改性沥青防水涂料</td></tr>
<tr><td colspan="3">合成高分子防水涂料</td></tr>
<tr><td rowspan="3">防水密封材料</td><td colspan="3">改性沥青嵌缝油膏</td></tr>
<tr><td colspan="3">塑料（聚氯乙烯）油膏</td></tr>
<tr><td colspan="3">聚合物基密封膏</td></tr>
</table>

21.3.2 按防水材料的主要组成分类

1. 沥青类防水材料

沥青防水材料是传统的防水材料，包括冷底子油、沥青胶（玛碲脂）和乳化沥青等，因其耐热性、低温柔性和粘结性等性能不良，现已趋于淘汰。沥青通过掺加矿物填充料和高分子填充料进行改性后，发展出了沥青基防水材料。沥青基防水材料是目前应用较多的防水材料，但耐用寿命仍然较短。沥青防水材料和沥青基防水材料统称为沥青类防水材料。

2. 合成高分子防水材料

以合成橡胶及合成树脂等高分子化合物为主要成分合成的具有高弹性、大延伸、耐老化、冷施工和单层防水等优点的新型防水材料——高分子防水材料。

21.3.3 按防水材料的制品分类

1. 防水卷材

防水卷材是指将沥青类或高分子类防水材料浸渍在胎体上，以卷材形式提供防水的产品。根据主要组成，分为沥青防水卷材、高聚物改性沥青防水卷材和合成高分子防水卷材；根据胎体分为无胎体卷材、纸胎卷材、玻璃纤维胎卷材、玻璃布胎卷材和聚乙烯胎卷材。

2. 防水涂料

防水涂料是指涂刷在建筑物表面上，经溶剂或水分的挥发或两种组分的化学反应形成一层薄膜，使建筑物表面与水隔绝，从而起到防水、密封作用的黏稠液体。防水涂料经固化后形成的防水薄膜具有一定的延伸性、弹塑性、抗裂性、抗渗性、耐候性及温度适应性，能起到防水、防渗和保护作用。防水涂料操作简便，易于维修与维护。

3. 密封材料

填充于建筑物的接缝、门窗四周、玻璃镶嵌部位以及开裂产生的裂缝。能起水密、气密性的材料称为密封材料。嵌缝材料只用于填充缝隙，由于嵌缝材料与密封材料用途相似，因此，统称为密封材料。

21.4 防水卷材

传统防水卷材包括石油沥青纸胎油毡、煤沥青油毡和沥青玻璃布油毡等，由于其技术性能差现在已很少应用于防水、抗渗工程，取而代之的是改性沥青防水卷材和高分子防水卷材等。

防水卷材被广泛地应用于地下结构、水工构筑物及其他建筑物中的防水工程。

21.4.1 改性沥青防水卷材

1. SBS改性沥青防水卷材

SBS改性沥青防水卷材是采用玻璃纤维毡或聚酯毡等为胎基，浸涂SBS（苯乙烯-丁二烯-苯乙烯）热塑性弹性体改性石油沥青，两面覆盖聚乙烯薄膜、细砂、粉料或矿物粒料而制成的一种新型中、高档防水卷材，是弹性体橡胶改性沥青防水卷材中的主要产品。

国家标准《弹性体改性沥青防水卷材》（GB 18242—2008）规定，卷材按胎基不同分有聚酯毡（PY）、玻纤毡（G）、玻纤增强聚酯毡（PYG）3种。卷材的公称宽度都为1000mm，公称厚度、公称面积、单位面积质量应符合表21-2中的规定。

（1）外观要求

成卷卷材应卷紧卷齐，端面里进外出不得超过10mm。

成卷卷材在4～50℃任一温度下展开，在距卷芯1000mm长度外，不应有10mm以上的裂纹或粘结。

单位面积质量、面积及厚度　　表21-2

规格（公称厚度）（mm）		3			4			5		
上表面材料		PE	S	M	PE	S	M	PE	S	M
下表面材料		PE	PE、S		PE	PE、S		PE	PE、S	
面积（m^2/卷）	公称面积	10、15			10、7.5			7.5		
	偏差	±0.10			±0.10			±0.10		
单位面积质量（kg/m^2）		≥3.3	≥3.5	≥4.0	≥4.3	≥4.5	≥5.0	≥5.3	≥5.5	≥6.0
厚度（mm）	平均值	≥3.0			≥4.0			≥5.0		
	最小单值	2.7			3.7			4.7		

胎基应浸透，不应有未浸渍处。卷材表面应平整，不允许有孔洞、缺边和裂口、疙瘩，矿物粒料粒度应均匀一致，并紧密地粘附于卷材表面。每卷卷材接头不应超过一个，较短的一段长度不应少于1000mm，接头应剪切整齐，并加长150mm。

（2）性能特点

SBS防水卷材保持了沥青材料防水的可靠性和橡胶材料的弹性，提高了延展性、柔韧性、粘附性、耐候性，并具有良好的耐高温、耐低温、耐寒性，可以形成高强度的防水层，同时耐穿刺和疲劳，出现小的裂缝能自我愈合，施工时可以热熔搭接，密封可靠。

SBS防水卷材其他物理、力学性能应符合表21-3的规定。

SBS防水卷材物理、力学性能　　表21-3

项目		指标				
		Ⅰ		Ⅱ		
		PY	G	PY	G	PYG
可溶物含量（g/m^2）	3mm	≥2100				—
	4mm	≥2900				—
	5mm	≥3500				
	试验现象	—	胎基不燃	—	胎基不燃	—
耐热性		90℃		105℃		
	mm	≤2				
	试验现象	无流淌、滴落				
低温柔性（℃）		−20		−25		
		无裂缝				
不透水30min		0.3MPa	0.2MPa	0.3MPa		

续表

项目		指标				
		Ⅰ		Ⅱ		
		PY	G	PY	G	PYG
拉力	最大峰拉力（N/50mm）	≥500	≥350	≥800	≥500	≥900
	次高峰拉力（N/50mm）					≥800
	试验现象	拉伸过程中，试件中部无沥青涂盖层开裂或胎基分离现象				
延伸率	最大峰时延伸率（%）	≥30	—	≥40	—	—
	次高峰时延伸率（%）	—		—		≥15
浸水后质量增加（%）	PE、S	≤1.0				
	M	≤2.0				
热老化	拉力保持率（%）	≥90				
	延伸保持率（%）	≥80				
	低温柔性（℃）	-15		-20		
		无裂缝				
	尺寸变化率（%）	≤0.7		≤0.7		≤0.3
	质量损失（%）	≤1.0				
渗油性	张数	≤2				
接缝剥离强度（N/mm）		≥1.5				
钉杆撕裂强度[a]（N）		—		≥300		
矿物粒料粘附性[b]（g）		≤2.0				
卷材下表面沥青涂盖层厚度[c]（mm）		≥1.0				
人工气候加速老化	外观	无滑动、流淌、滴落				
	拉力保持率（%）	≥80				
	低温柔性（℃）	-15		-20		
		无裂缝				

a仅适用于单层机械固定施工方式卷材。
b仅适用于矿物粒料表面的卷材。
c仅适用于热熔施工的卷材。
资料来源：纪士斌，《建筑材料》，清华大学出版社，2012。

SBS防水卷材广泛地应用在各种类型的防水工程中，尤其适用于工业与民用建筑的地下结构防水与防潮、室内游泳池防水、各种水工构筑物和市政工程的防水与抗渗等。

2. APP改性沥青防水卷材

APP改性沥青防水卷材是用无规聚丙烯（APP）或聚烯烃类聚合物作改性剂浸渍聚酯毡（PY）、玻纤毡（G）、玻纤增强聚酯毡（PYG），两面再覆以砂粒、塑料薄膜等隔离材料所制成的防水卷材，简称APP卷材，属于塑性体沥青防水卷材中的一种。

APP卷材的性能与SBS卷材接近，具有优良的综合性能，尤其是耐热性能好，可在130℃高温下使用不发生流淌现象，耐紫外线能力比其他改性沥青防水卷材都强，所以，特别适合高温地区或阳光辐射强烈地区防水工程，并且可以广泛用于各种屋面、水池、桥梁和隧道等工程的防水。

国家标准《塑性体改性沥青防水卷材》（GB 18243—2008）规定，卷材的公称宽度、厚度、公称面积和单位面积质量应符合表21-4的规定。

单位面积质量、面积及厚度　　表21-4

规格（公称厚度）（mm）		3			4			5		
上表面材料		PE	S	M	PE	S	M	PE	S	M
下表面材料		PE	PE、S		PE	PE、S		PE	PE、S	
面积（m^2/卷）	公称面积	10、15			10、7.5			7.5		
	偏差	±0.10			±0.10			±0.10		
单位面积质量（kg/m^2）		≥3.3	≥3.5	≥4.0	≥4.3	≥4.5	≥5.0	≥5.3	≥5.5	≥6.0
厚度（mm）	平均值	≥3.0			≥4.0			≥5.0		
	最小单值	2.7			3.7			4.7		

（1）外观要求

APP防水卷材的品种、规格和外观质量要求，同SBS防水卷材。

（2）性能特点

APP防水卷材的物理、力学性能特点应符合表21-5中的规定。

APP防水卷材物理、力学性能　　表21-5

项目		指标				
		Ⅰ		Ⅱ		
		PY	G	PY	G	PYG
可溶物含量（g/m^2）	3mm	≥2100				—
	4mm	≥2900				—
	5mm	≥3500				
	试验现象	—	胎基不燃	—	胎基不燃	—
耐热性		110℃		130℃		
	mm	≤2				
	试验现象	无流淌、滴落				
低温柔性（℃）		-7		-15		
		无裂缝				
不透水性30min		0.3MPa	0.2MPa	0.3MPa		
拉力	最大峰拉力（N/50 mm）	≥500	≥350	≥800	≥500	≥900
	次高峰拉力（N/50 mm）	—	—	—	—	≥800
	试验现象	拉伸中，试件中部无沥青涂盖层开裂或与胎基分离现象				
延伸率	最大峰时延伸率（%）	≥25	—	≥40	—	—
	第二峰时延伸率（%）	—		—		≥15
漫水后质量增加（%）	PE、S	≤1.0				
	M	≤2.0				
热老化	拉力保持率（%）	≥90				
	延伸率保持率（%）	≥80				
	低温柔性（℃）	-2		-10		
		无裂缝				
	尺寸变化率（%）	≤0.7		≤0.7		≤0.3
	质量损失（%）	≤1.0				

续表

项目		指标				
		I		II		
		PY	G	PY	G	PYG
接缝剥离强度（N/mm）		≥1.0				
钉杆撕裂强度[a]（N）		—		≥300		
矿物粒料粘附性[b]（g）		≤2.0				
卷材下表面沥青涂盖层厚度[c]（mm）		≥1.0				
人工气候加速老化	外观	无滑动、流滴、滴落				
	拉力保持率（%）	≥80				
	低温柔性（'c）	-2		-10		

a仅适用于单层机械固定施工方式卷材。
b仅适用于矿物粒料表面的卷材。
c仅适用于热熔施工的卷材。

3. 铝箔橡胶改性沥青防水卷材

铝箔橡胶改性沥青防水卷材是以聚酯纤维元纺布为胎，以合成橡胶及塑料改性沥青类材料为涂层，以塑料薄膜为底面作隔层，以银白色软质铝箔为反光保护面层加工而成的一种新型防水卷材。这种卷材的抗拉强度高，弹性和低温柔性好，又因其表层为反光率较高的铝箔保护层，故这种油毡的抗日晒老化性能强，耐久性好，是一种高级屋面防水卷材，其物理、化学性能见表21-6。

铝箔面油毡的标号、等级技术性能　　表21-6

项目	标号					
	30		40			
	优等品	一等品	合格品	优等品	一等品	合格品
可溶物含量（kg/m^2）	≥1.60	≥1.55	≥1.50	≥2.10	≥2.05	≥2.00
拉力（N），纵横≥500	≥500	≥450	≥400	≥550	≥500	≥450
断裂延伸率，纵横	≥2%					
柔度（℃）	≤0	≤5	≤10	≤0	≤5	≤10
	绕r=35mm圆弧，无裂纹		绕r=35mm圆弧，无裂纹			
耐热度	（80±2）℃受热2h涂盖层应无滑动					
分层	（50±2）℃7d无分层现象					

21.4.2 高分子防水卷材

高分子防水卷材是以合成橡胶、合成树脂或两者共混体为基料，再加入适量的助剂和填料，经一定的工序加工而成的一种新型防水卷材。其主要性能是抗拉强度高，弹性好，低温柔性好，且耐高温，防水性能好，大气稳定性好，是非常值得推广的高档的防水卷材。高分子防水卷材适用于防水等级为I、II级的屋面防水工程，而且I级防水的三道设防中必须有一道用高分子卷材。建筑物地下结构、水工构筑物及市政工程的防水、抗渗，使用高分子防水卷材都是最理想的选择。

1. 高分子防水卷材的分类

根据国家标准《高分子防水材料　第1部分：片材》（GB 18173.1—2012）将高分子防水片材

分为均质片、复合片、自粘片、异形片和点（条）粘片五大类，详见表21-7。

高分子防水片材分类 表21-7

分类		代号	主要原材料
均质片	硫化橡胶类	JL1	三元乙丙橡胶
		JL2	橡塑共混
		JL3	氯丁橡胶、氯磺化聚乙烯、氯化聚乙烯等
	非硫化橡胶类	JF1	三元乙丙橡胶
		JF2	橡塑共混
		JF3	氯化聚乙烯
	树脂类	JS1	聚氯乙烯等
		JS2	乙烯醋酸乙烯共聚物、聚乙烯等
		JS3	乙烯醋酸乙烯共聚物与改性沥青共混等
复合片	硫化橡胶类	FL	（三元乙丙、丁基、氯丁橡胶、氯磺化聚乙烯等）/织物
	非硫化橡胶类	FF	（氯化聚乙烯、三元乙丙、丁基、氯丁橡胶、氯磺化聚乙烯等）/织物
	树脂类	FS1	聚氯乙烯/织物
		FS2	（聚乙烯、乙烯醋酸乙烯共聚物等）/织物
自粘片	硫化橡胶类	ZJL1	三元乙丙/自粘料
		ZJL2	橡塑共混/自粘料
		ZJL3	（氯丁橡胶、氯磺化聚乙烯、氯化聚乙烯等）/自粘料
		ZFL	（三元乙丙、丁基、氯丁橡胶、氯磺化聚乙烯等）/织物/自粘料
	非硫化橡胶类	ZJF1	三元乙丙/自粘料
		ZJF2	橡塑共混/自粘料
		ZJF3	氯化聚乙烯/自粘料
		ZFF	（氯化聚乙烯、三元乙丙、丁基、氯丁橡胶、氯磺化聚乙烯等）/织物/自粘料
	树脂类	ZJS1	聚氯乙烯/自粘料
		ZJS2	（乙烯醋酸乙烯共聚物、聚乙烯等）/自粘料
		ZJS3	乙烯醋酸乙烯共聚物与改性沥青共混等/自粘料
		ZFS1	聚氯乙烯/织物/自粘料
		ZFS2	（聚乙烯、乙烯醋酸乙烯共聚物等）/织物/自粘料
异型片	树脂类	YS	高密度聚乙烯、改性聚丙烯，高抗冲聚苯乙烯等
点（条）粘片	树脂类	DS1/TS1	聚氯乙烯/织物
		DS2/TS2	（乙烯醋酸乙烯共聚物、聚乙烯等）/织物
		DS3/TS3	乙烯醋酸乙烯共聚物与改性沥青共混物等/织物

均质片是指以高分子合成材料为主要材料，各部位截面结构一致的防水片材。

复合片是指以高分子合成材料为主要材料，复合织物等为保护层或增强层，以改变其尺寸稳定性和力学特性，各部位截面结构一致的防水片材。

自粘片是指在高分子片材表面复合一层自粘材料和隔离保护层，以改善或提高其与基层的粘接性能，各部位截面结构一致的防水片材。

异型片是指以高分子合成材料为主要材料，经特殊工艺加工成表面为连续凸凹壳体或特定几何形状的防（排）水片材。

点（条）粘片是指均质片材与织物等保护层多点（条）粘接在一起，粘接点（条）在规定区域内均匀分布，利用粘接点（条）的间距，使其具有切向排水功能的防水片材。

2. 高分子防水片材的标记

（1）标记方法

产品应按下列顺序标记，并可根据需要增加类型代号、材质（简称或代号）、规格（长度×宽度×厚度）等标记内容。异形片材加入壳体高度。

（2）标记示例

均质片：长度为20.0m，宽度为1.0m，厚度为1.2mm的硫化型三元乙丙橡胶（EPDM）片材标记为：JL1—EPDM—20.0m×1.0m×1.2mm。

异型片：长度为20.0m，宽度为2.0m，厚度为0.8mm，壳体高度为8mm的高密度聚乙烯防排水片材标记为：YS—HDPE—20.0m×2.0m×0.8mm×8mm。

3. 高分子防水片材的要求

（1）规格尺寸

片材的规格尺寸及允许偏差如表21-8、表21-9所示，特殊规格由供需双方商定。

片材的规格尺寸　　表21-8

项目	厚度（mm）	宽度（mm）	长度（mm）
橡胶类	1.0，1.2，1.5，1.8，2.0	1.0，1.1，1.2	≥20[a]
树脂类	>0.5	1.0，1.2，1.5，2.0，2.5，3.0，4.0，6.0	

a橡胶类片材在每卷20m长度中允许有一处接头，且最小块长度应≥3m，并应加上15cm备作搭接；树脂类片材在每卷至少20m长度内不允许有接头；自粘片材及异型片材每卷10m长度内不许有接头。

片材的允许偏差　　表21-9

项目	厚度	宽度	长度	厚度
允许偏差	<1.0mm	≥1.0mm	±1%	不允许出现负值
	±10%	±5%		

（2）外观质量

1）片材表面应平整，不能有影响使用性能的杂质、机械损伤、折痕及异常粘着等缺陷。

2）在不影响使用的条件下，片材表面缺陷应符合下列规定：

①凹痕深度：橡胶类片材不得超过片材厚度的20%，树脂类片材不得超过5%。

②气泡深度：橡胶类片材不得超过片材厚度的20%，每$1m^2$内气泡面积不得超过$7mm^2$，树脂类片材不允许有气泡。

3）异型片表面应边缘整齐、无裂纹、孔洞、粘连、气泡、疤痕及其他机械损伤缺陷。

4. 高分子防水片材的物理性能

（1）均质片

高分子防水片材均质片的物理性能见表21-10。

均质片的物理性能　　表21-10

项目		指标								
		硫化橡胶类			非硫化橡胶类			树脂类		
		JL1	JL2	JL3	JF1	JF2	JF3	JS1	JS2	JS3
拉伸强度（MPa）	常温（23℃）≥	7.5	6.0	6.0	4.0	3.0	5.0	10.0	16.0	14.0
	高温（60℃）≥	2.3	2.1	1.8	0.8	0.4	1.0	4.0	6.0	5.0
拉断伸长率（%）	常温（23℃）≥	450	400	300	400	200	200	200	550	500
	低温（-20℃）≥	200	200	170	200	100	100	—	350	300
撕裂强度（kN/m）≥		25	24	23	18	10	10	40	60	60
不透水性（30min）		0.3MPa 无渗漏	0.3MPa 无渗漏	0.2MPa 无渗漏	0.3MPa 无渗漏	0.2MPa 无渗漏	0.2MPa 无渗漏	0.3MPa 无渗漏	0.3MPa 无渗漏	0.3MPa 无渗漏
低温弯折		-40℃ 无裂纹	-30℃ 无裂纹	-30℃ 无裂纹	-30℃ 无裂纹	-20℃ 无裂纹	-20℃ 无裂纹	-20℃ 无裂纹	-35℃ 无裂纹	-35℃ 无裂纹
加热伸缩量（mm）	延伸≤	2	2	2	2	4	4	2	2	2
	收缩≤	4	4	4	4	6	10	6	6	6
热空气老化（80℃×168h）	拉伸强度保持率（%）≥	80	80	80	90	60	80	80	80	80
	拉断伸长率保持率（%）≥	70	70	70	70	70	70	70	70	70
耐碱性［$Ca(OH)_2$溶液23℃×168h］	拉伸强度保持率（%）≥	80	80	80	80	70	70	80	80	80
	拉断伸长率保持率（%）≥	80	80	80	90	80	70	80	90	90
臭氧老化（40℃×168h）	伸长率40%，500×10^{-8}	无裂纹	—	—	无裂纹	—	—	—	—	—
	伸长率20%，200×10^{-8}	—	无裂纹	—	—	—	—	—	—	—
	伸长率20%，100×10^{-8}	—	—	无裂纹	—	无裂纹	无裂纹	—	—	—
人工气候老化	拉伸强度保持率（%）≥	80	80	80	80	70	80	80	80	80
	拉断伸长率保持率（%）≥	70	70	70	70	70	70	70	70	70
粘结剥离强度（片材与片材）	标准试验条件（N/mm）≥	1.5								
	浸水保持率（23℃×168h）（%）≥	70								

注：1. 人工气候老化和粘结剥离强度为推荐项目。
2. 非外露使用可以不考核臭氧老化、人工气候老化、加热伸缩量、60℃拉伸强度性能。

（2）复合片

复合片物理性能见表21-11。

复合片的物理性能 表21-11

项目		指标			
		硫化橡胶类FL	非硫化橡胶类FF	树脂类	
				FS1	FS2
拉伸强度（N/cm）	常温（30℃）≥	80	60	100	60
	高温（60℃）≥	30	20	40	30
拉断伸长率（%）	常温（30℃）≥	300	250	150	400
	低温（-20℃）≥	150	50	—	300
撕裂强度（N）≥		40	20	20	50
不透水性（0.3 MPa，30min）		无渗漏	无渗漏	无渗漏	无渗漏
低温弯折		-35℃无裂纹	-20℃无裂纹	-30℃无裂纹	-20℃无裂纹
加热伸缩量（mm）	延伸≤	2	2	2	2
	收缩≤	4	4	2	4
热空气老化（80℃×168h）	拉伸强度保持率（%）≥	80	80	80	80
	拉断伸长率保持率（%）≥	70	70	70	70
耐碱性［$Ca(OH)_2$溶液23℃×168h］	拉伸强度保持率（%）≥	80	60	80	80
	拉断伸长率保持率（%）≥	80	60	80	80
臭氧老化（40℃×168h），200×10^{-8}，伸长率20%		无裂纹	无裂纹	—	—
人工气候老化	拉伸强度保持率（%）≥	80	70	80	80
	拉断伸长率保持率（%）≥	70	70	70	70
粘结剥离强度（片材与片材）	标准试验条件（N/mm）≥	1.5	1.5	1.5	1.5
	浸水保持率（23℃×168h）（%）≥	70			70
复合强度（FS2型表层与芯层）（MPa）≥		—			0.8

注：1. 人工气候老化和粘合性能项目为推荐项目。
2. 非外露使用可以不考核臭氧老化、人工气候老化、加热伸缩量、高温（60℃）拉伸强度性能。

对于聚酯胎上涂覆三元乙丙橡胶的FF类片材，拉断伸长率（纵/横）指标不得少于100%，其他性能指标应符合表21-11中的规定。

对于总厚度小于1.0mm的FS2类复合片材，拉伸强度（纵/横）指标常温（23℃）时不得小于50N/cm，高温（60℃）时不得小于30N/cm，拉断伸长率（纵/横）指标常温（23℃）时不得小于100%，低温（-20℃）时不得小于80%，其他性能指标应符合表21-11的规定。

（3）自粘片

自粘片的主体材料应符合表21-10、表21-11中相关类别的要求，自粘层性能应符合表21-12规定。

自粘层性能　表21-12

项目			指标
低温弯折			-25℃无裂纹
持粘性/min≥			20
剥离强度（N/mm）	标准试验条件	片材与片材≥	0.8
		片材与铝材≥	1.0
		片材与水泥砂浆板≥	1.0
	热空气老化后（80℃×168h）	片材与片材≥	1.0
		片材与水泥砂浆板≥	1.2

（4）异型片

异型片的物理性能见表21-13。

异型片的物理性能　表21-13

项目		指标		
		膜片厚度<0.8mm	膜片厚度0.8~1.0mm	膜片厚度≥1.0mm
拉伸强度（N/cm）≥		40	56	72
拉断伸长率（%）≥		25	35	50
抗压性能	抗压强度（kPa）≥	100	150	300
	壳体高度压缩50%后外观	无破损		
排水截面积（cm^2）≥		30		
热空气老化（80℃×168h）	拉伸强度保持率（%）≥	80		
	拉断伸长率保持率（%）≥	70		
耐碱性［饱和$Ca(OH)_2$溶液 23℃×168h］	拉伸强度保持率（%）≥	80		
	拉断伸长率保持率（%）≥	80		

注：壳体现状和高度无具体要求，但性能指标须满足本表规定。

（5）点（条）粘片

点（条）粘片粘接部位的性能应符合表21-14的规定。

点（条）粘片粘接部位的物理性能　表21-14

项目	指标		
	DS1/TS1	DS2/TS2	DS3/TS3
常温（23℃）拉伸强度（N/cm）≥	100	60	
常温（23℃）拉断伸长率（%）≥	150	400	
剥离强度（N/mm）≥	1		

5. 高分子防水片材尺寸的测定

（1）长度、宽度

用钢卷尺测量，精确到1mm。宽度在纵向两端及中央附近测定3点，取算术平均值。长度的测定取每卷展开后全长的最短部位。

（2）厚度

用分度为1/100mm、压力为（22±5）kPa、测足直径为6mm的厚度计测量，其测量点如图21-1所示，自端部起裁去300mm，再从其裁断处的20mm内侧，且沿宽度方向距两边各10%宽度范围内取两个点（a、b），再将ab间距四等分，取其等分点（c、d、e）共五个点进行厚度测量，测量结果用五个点的算术平均值表示；宽度不满500mm的，可以省略c、d两点的测定。点（条）粘片测量防水层厚度，复合片测量片材总厚度［当需测定芯层厚度时，按下文“（4）复合片芯层及自粘片主体材料厚度测量”规定的方法进行］，异型片测量平面部分的膜厚，自粘片材测量时应减去隔离纸（膜）的厚度，主体材料厚度按（4）规定的方法测量，精确到0.01mm。

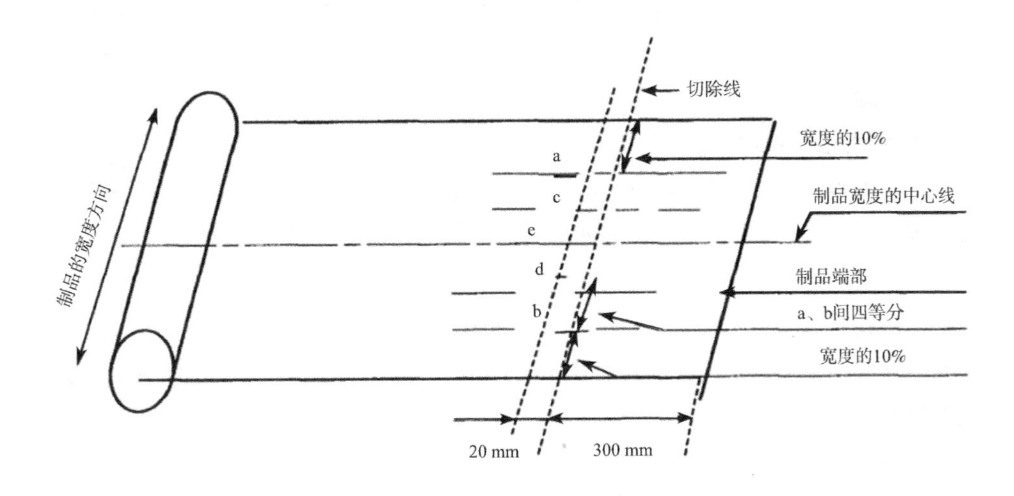

图21-1　厚度测量点示意图

（3）异型片材壳体高度

用0.02mm精度的游标卡尺测量，自端部起裁掉≥300mm，然后再裁取100mm长试样，测量点同上文“（2）厚度”中所述，应保证裁切处的壳体完整，测量结果以5个壳体高度的算术平均值表示。

（4）复合片芯层及自粘片主体材料厚度测量

1）试验仪器

读数显微镜最小分度值0.01mm，放大倍数最小20倍。

2）测量方法

在距片材长度方向边缘（100±15）mm向内各取一点，在这2点中均分取3点，以这5点为中心裁取5块50mm×50mm试样，在每块试样上沿宽度方向用薄的锋利刀片，垂直于试样表面切取一条约50mm×2mm的试条，注意不使试条的切面变形（厚度方向的断面）。将试条的切面向上，置于读数显微镜的试样台上，读取片材芯层（或主体材料）厚度（不包括纤维层和自粘层），以芯层最外端切线位置计算厚度。每个试条取4个均分点测量，厚度以5个试条共20处数值的算术平均值表示，并报告20处中的最小单值。

6. 高分子防水片材的外观质量

片材的外观质量用目测法及量具检查。

7. 高分子防水片材的检验规则

（1）出厂检验

1）组批与抽样

以连续生产的同品种、同规格的5000m^{2}片材为一批，随机抽取3卷进行规格尺寸和外观质量检验，在上述检验合格的样品中再随机抽取足够的试样进行物理性检验。

2）检验项目

①均质片、复合片、自粘片和点（条）粘片。规格尺寸、外观质量、常温（23℃）拉伸强度和拉断伸长率、撕裂强度、低温弯折、不透水性、复合强度（FS2）、自粘片持粘性及剥离强度、点（条）粘片粘接部位常温（23℃）时的拉伸强度和拉断伸长率以及剥离强度，按批进行出厂检验。

②异型片。规格尺寸、外观质量、拉伸强度、拉断伸长率、抗压性能、排水截面积，按批进行出厂检验。

（2）型式检验

通常在下列情况之一时应进行型式检验：①新产品的试制定型鉴定；②产品的结构、设计、工艺、材料、生产设备、管理等方面有重大改变；③转产、转厂、长期停产（超过6个月）后复产；④合同规定；⑤出厂检验结果与上次型式检验有较大差异；⑥仲裁检验或国家质量监督检验机构提出进行该项试验的要求。

（3）周期检验

在正常情况下，臭氧老化应每年至少进行一次检验，其余各项为每半年进行一次检验，人工气候老化可根据用户要求进行型式试验。

（4）质量判定规则

1）规格尺寸、外观质量及物理性能各项指标全部符合技术要求，则为合格品。

2）规格尺寸、外观质量若有一项不符合要求，则该卷片材为不合格品。此时需另外抽取3卷进行复试，复试结果仍有一卷不合格，则应对该批产品进行逐卷检查，剔除不合格品。

3）物理性能有一项不符合技术要求，应另取双倍试样进行该项复试，复试结果若仍不合格，则该批产品为不合格品。

8. 高分子防水片材的标志、包装、运输和贮存

（1）每一独立包装应有合格证，并注明产品名称、产品标记、商标、生产许可证编号、制造厂名厂址、生产日期、产品标准编号。

（2）片材卷曲为圆柱形，外用适宜材料包装。

（3）运输与贮存时，应注意保护包装，置于通风、干燥处，贮存垛高不应超过平放5个片材卷的高度。应放置于干燥的水平地面上堆放，避免阳光直射，忌与酸、碱、油类及有机溶剂等接触，远离热源，且自生产日期起在不超过一年的保存期内产品性能应符合以上规定。

9. 高分子防水卷材主要适用范围

常见的高分子防水卷材主要性能特点和适用范围见表21-15。

常见高分子防水卷材的性能特点和适用范围 表21-15

卷材名称	特点	适用范围	施工工艺
三元乙丙橡胶防水卷材	防水性能优异，耐候性好，耐臭氧性、耐化学腐蚀性、弹性和抗拉强度大，对基层变形开裂的适应性强，重量轻，使用温度范围宽，寿命长，但价格高，粘结材料尚需配套完善	防水要求较高、防水层耐用年限要求长的工业与民用建筑，单层或复合使用	冷粘法或自粘法
丁基橡胶防水卷材	有较好的耐候性、耐油性、抗拉强度和延伸率，耐低温性能稍低于三元乙丙防水卷材	单层或复合使用于要求较高的防水工程	冷粘法施工
氯化聚乙烯防水卷材	具有良好的耐候、耐臭氧、耐热老化、耐油、耐化学腐蚀及抗撕裂的性能	单层或复合使用于紫外线强的炎热地区	冷粘法施工
氯磺化聚乙烯防水卷材	延伸率较大、弹性较好，对基层变形开裂的适应性较强，耐高、低温性能好，耐腐蚀性能优良，有很好的难燃性	适合于有腐蚀介质影响及在寒冷地区的防水工程	冷粘法施工
聚氯乙烯防水卷材	具有较高的拉伸和撕裂强度，延伸率较大，耐老化性能好，原材料丰富，价格便宜，容易粘结	单层或复合使用于外露或有保护层的防水工程	冷粘法或热风焊接法施工
氯化聚乙烯—橡胶共混防水卷材	不但具有氯化聚乙烯特有的高强度和优异的耐臭氧、耐老化性能，而且具有橡胶所特有的高弹性、高延伸性以及良好的低温柔性	单层或复合使用，尤宜用于寒冷地区或变形较大的防水工程	冷粘法施工
三元乙丙橡胶—聚乙烯共混防水卷材	是热塑性弹性材料，有良好的耐臭氧和耐老化性能，使用寿命长，低温柔性好，可在负温条件下施工	单层或复合外露防水屋面，宜在寒冷地区使用	冷粘法施工

21.5 防水涂料

21.5.1 水乳型沥青防水涂料

又称为乳化沥青，是以石油沥青为基料，掺入各种改性材料经加工而成，主要有L型和H型两种。L型水乳型沥青防水涂料是以石油沥青为基料，掺入石棉纤维或矿物填充材料而制成的水性沥青厚质防水涂料，如水性沥青膨润土防水涂料、水性沥青石棉防水涂料等。H型水乳型沥青防水涂料是在沥青基料中掺入化学乳化剂配制而成的乳化沥青，掺入氯丁胶乳或再生橡胶而改性的水性沥青薄质防水涂料。

建筑材料行业标准《水乳型沥青防水涂料》（JC/T 408—2005）规定其物理、力学性能应达到表21-16的要求。

水乳型沥青防水涂料的物理、力学性能 表21-16

<table>
<tr><th>项目</th><th>L型</th><th>H型</th></tr>
<tr><td>固体含量（%）</td><td colspan="2">≥45</td></tr>
<tr><td rowspan="2">耐热度（℃）</td><td>80 ± 2</td><td>110 ± 2</td></tr>
<tr><td colspan="2">无流淌、滑动、滴落</td></tr>
<tr><td>不透水性</td><td colspan="2">0.10 MPa；30min无渗水</td></tr>
<tr><td>低温柔性（标准条件）（℃）</td><td>-15</td><td>0</td></tr>
<tr><td>断裂伸长率（标准条件）（%）</td><td colspan="2">600</td></tr>
</table>

水乳型沥青防水涂料适用于一般屋面防水工程，特别适于紧急防渗漏工程。

21.5.2 氯丁橡胶改性沥青防水涂料

氯丁橡胶改性沥青防水涂料从成分上分为水乳型和溶剂型两种类型。水乳型是以阳离子型氯丁胶乳与阳离子型沥青乳胶混合而成，是以水代替溶剂，氯丁橡胶和石油沥青的微粒借助于表面活性剂的作用，稳定地分散在水中而形成的一种乳液状防水涂料。它具有较好的耐候性、耐腐蚀性、粘结性，较高的弹性和延伸性，且无毒、阻燃，对基层变形的适应能力强，抗裂性好，其主要技术性能执行表21-16中H型材料的标准。

溶剂型氯丁橡胶改性沥青防水涂料是将氯丁橡胶和石油沥青溶解于芳烃溶剂（苯或二甲苯）中而形成的一种混合胶体溶液。根据低温柔性和抗裂性能将溶剂型氯丁橡胶改性沥青防水涂料分为一等品与合格品两个质量等级，其性能见表21-17。

溶剂型氯丁橡胶改性沥青防水涂料的技术性能　　表21-17

项目	技术性能	
	一等品	合格品
外观	黑色黏稠液体	
耐热性（80℃，5h）	无流淌、鼓泡、滑动	
粘结力（MPa）	>0.20	
低温柔性（2h绕直径为10mm的圆棒，无裂纹）（℃）	-15	-10
不透水性	动水压0.2 MPa，3 h不透水	
抗裂性	基层裂缝≤0.8 mm，涂膜不裂	
含固量	≥48%	

21.5.3 聚氨酯防水涂料

1. 定义及分类

聚氨酯防水涂料是一种化学反应型涂料，多以双组分形式混合使用，涂料喷、刷以后，借助组分间发生的化学反应，直接由液态变为固态，形成较厚的防水涂膜，涂料中几乎不含有溶剂，故涂膜体积收缩小，且其弹性、延伸性和抗拉强度高，耐候、耐蚀性能好，对环境温度变化和基层变形的适应性强，是一种性能优良的高分子防水涂料。

聚氨酯防水涂料按组分分为单组分（S）和多组分（M）两种产品，按其拉伸性能不同分为Ⅰ型、Ⅱ型和Ⅲ型等三类产品，产品按有害物质限量分为A类和B类。

2. 物理力学性能

《聚氨酯防水涂料》（GB/T 19250—2013）规定聚氨酯防水涂料的基本性能应符合表21-18的规定，聚氨酯防水涂料的可选性能应符合表21-19的规定，根据产品应用的工程或环境条件由供需双方商定选用，并在订货合同与产品包装上明示。

聚氨酯防水涂料的基本性能　　表21-18

项目		技术指标		
		Ⅰ	Ⅱ	Ⅲ
固体含量/%≥	单组分	85.0		
	多组分	92.0		
表干时间（h）		12		
实干时间（h）		24		
流平性[a]		20min时，无明显齿痕		
拉伸强度（MPa）		2.00	6.00	2.00
断裂伸长率（%）		500	450	50
撕裂强度（N/mm）		15	30	0
低温弯折性		-35℃，无裂纹		
不透水性		0.3MPa，120min，不透水		
加热伸缩率（%）		-4.0～1.0		
粘结强度（MPa）		1.0		
吸水率（%）		5.0		
定伸时老化	加热老化	无裂纹及变形		
	人工气候老化[b]	无裂纹及变形		
热处理（80℃，168h）	拉伸强度保持率（%）	80～150		
	断裂伸长率（%）≥	450	400	200
	低温弯折性	-30℃，无裂纹		
燃烧性能[b]		B_2—E（点火15s，燃烧20s，FS≤150mm，无燃烧滴落物引燃滤纸）		
碱处理［0.1%NaOH+饱和Ca（OH）$_2$溶液，168h］	拉伸强度保持率（%）	80～150		
	断裂伸长率（%）≥	450	400	200
	低温弯折性	-30℃，无裂纹		
酸处理（20%H_2SO_4溶液，168h）	拉伸强度保持率（%）	80～150		
	断裂伸长率（%）≥	450	400	200
	低温弯折性	-30℃，无裂纹		
人工气候老化[b]（1000h）	拉伸强度保持率（%）	80～150		
	断裂伸长率（%）≥	450	400	200
	低温弯折性	-30℃，无裂纹		

a该项性能不适用于单组分和喷涂施工的产品。流平性时间也可根据工程要求和施工环境由供需双方商定并在订货合同与产品包装上明示。
b仅外露产品要求测定。

聚氨酯防水涂料的可选性能　　表21-19

项目	技术指标	应用的工程条件
硬度（邵AM）≥	60	上人屋面、停车场等外露通行部位
耐磨性（750g，500r）（mg）≤	50	上人屋面、停车场等外露通行部位
耐冲击性（kg·m）≥	1.0	上人屋面、停车场等外露通行部位
接缝动态变形能力（10000次）	无裂纹	桥梁、桥面等动态变形部位

聚氨酯防水涂料具有防水、抗渗性能好，延伸及温度适应性强等优点，且施工简便，故在高

级建筑卫生间、水池、地下室防水工程和有保护层的屋面防水工程中得到了广泛应用。

聚氨酯防水涂料产品标记按产品名称、组分、类型和标准号顺序标出，如I类单组分聚氨酯防水涂料的标记为：PU防水涂料SI GB/T 19250—2013。涂料外观在涂料搅拌后进行目测检查。

3. 检验

（1）检验分类

按检验类型分为出厂检验和型式检验。出厂检验项目包括：外观、固体含量、表干时间、实干时间、拉伸强度、断裂伸长率、撕裂强度、流平性、低温弯折性、不透水性。型式检验项目包括外观、基本性能和有害物质限量，以及按表21-19选定的可选性能。在下列情况下进行型式检验：

1）新产品投产或产品定型鉴定时。

2）正常生产时，每年进行一次。人工气候加速老化（外露使用产品）每2年进行1次。

3）原材料、工艺等发生较大变化，可能影响产品质量时。

4）出厂检验结果与上次型式检验结果有较大差异时。

5）产品停产6个月以上恢复生产时。

（2）组批

以同一类型15t为一批，不足15t亦可作为一批（多组分产品按组分配套组批）。

（3）抽样

在每批产品中随机抽取两组样品，一组样品用于检验，另一组样品封存备用。每组至少5kg（多组分产品按配比抽取），抽样前产品应搅拌均匀。若采用喷涂方式，取样量可根据需要抽取。

（4）单项判定规则

1）外观。抽取的样品外观符合标准规定时，判该项合格。

2）物理力学性能。包括：固体含量、拉伸强度、断裂伸长率、撕裂强度、处理后拉伸强度保持率、处理后断裂伸长率、加热伸缩率、粘结强度、吸水率、耐磨性以其平均值达到标准规定的指标判为合格。

硬度项目以其中值达到标准规定的指标判为该项合格。

不透水性、低温弯折性和定伸时老化项目以3个试件均达到标准规定判为该项合格。

流平性、表干时间、实干时间、燃烧性能、耐冲击性和接缝动态变形能力项目达到标准规定时判为该项合格。

各项试验结果均符合标准规定，则判该批产品性能合格。若有一项指标不符合标准规定，则用备用样对不合格项进行单项复验。若符合标准规定时，则判该批产品性能合格，否则判定为不合格。

3）有害物质限量。按产品标记和表21-20的A类或B类判定，符合则判相应类别合格。

4）总判定。外观、基本性能按表21-20选定的可选性能和有害物质限量均符合标准规定的要求时，判该批产品合格。

4. 标志、包装、运输和贮存

（1）标志

产品外包装上应包括生产厂名、地址，产品名称，商标，产品标记，产品配比（多组分）、加水配比（水固化产品），产品净质量，生产日期和批号，使用说明，可选性能（若有时），运输和贮存注意事项，贮存期。

有害物质限量 表21-20

<table>
<tr><th colspan="2" rowspan="2">项目</th><th colspan="2">有害物质限量</th></tr>
<tr><th>A类</th><th>B类</th></tr>
<tr><td colspan="2">挥发性有机化合物（VOC）(g/L）≤</td><td>50</td><td>200</td></tr>
<tr><td colspan="2">苯（mg/kg）≤</td><td colspan="2">200</td></tr>
<tr><td colspan="2">甲苯+乙苯+二甲苯（g/kg）≤</td><td>1.0</td><td>5.0</td></tr>
<tr><td colspan="2">苯酚（mg/kg）≤</td><td>100</td><td>100</td></tr>
<tr><td colspan="2">蒽（mg/kg）≤</td><td>10</td><td>10</td></tr>
<tr><td colspan="2">萘（mg/kg）≤</td><td>200</td><td>200</td></tr>
<tr><td colspan="2">游离TDI（g/kg）≤</td><td>3</td><td>7</td></tr>
<tr><td rowspan="4">可溶性重金属（mg/kg）≤</td><td>铅Pb</td><td colspan="2">90</td></tr>
<tr><td>镉Cd</td><td colspan="2">75</td></tr>
<tr><td>铬Cr</td><td colspan="2">60</td></tr>
<tr><td>汞Hg</td><td colspan="2">60</td></tr>
</table>

注：1. 可选项目，由供需双方商定。
2. 金色、白色、黑色防水涂料不需测定可溶性重金属。

（2）包装

产品用带盖的铁桶密闭包装，多组分产品按组分分别包装，包装依组分区别标识。

（3）贮存和运输

贮存与运输时，应分类别堆放，禁止接近火源，避免日晒雨淋，防止碰撞，注意通风。贮存温度5～40℃。在正常贮存、运输条件下，贮存期自生产日起至少为6个月。

21.6 常用的密封材料

建筑密封材料又称嵌缝材料，指填充于工程中的施工缝、构件连接缝、变形缝等，使缝保持较高气密性和水密性而具有较好粘结性、弹性的材料。建筑密封材料可分为定型材料（压条、密封条）和不定型材料（密封胶、密封膏）两大类。

21.6.1 聚氯乙烯防水接缝材料

聚氯乙烯防水接缝材料是以聚氯乙烯树脂和焦油为基料，掺入适量的填充材料和增塑剂、稳定剂等改性材料，经塑化或热熔而成的建筑密封材料。产品呈黑色黏稠状或块状，按加工工艺不同可分为热塑型（如PVC胶泥）和热熔型（如塑料油膏），其技术性能应符合《聚氯乙烯防水接缝材料》（JC/T 798—1997）的要求，详见表21-21。

聚氯乙烯防水接缝材料具有良好的弹性、延伸性及抗老化性，与水泥砂浆、水泥混凝土基面有较好的粘结效果，可用于建筑物和构筑物的各种接缝处的防水。

聚氯乙烯防水接缝材料的技术性能　　表21-21

项目	技术指标	
	801	802
密度（kg/m³）	规定值±0.1	
下垂度（mm）（80℃）	≤4.0	
低温柔性	-10℃时无裂纹剥离	-20℃时无裂纹剥离
拉伸粘结性	最大延伸率300%，最大抗拉强度为0.02～0.15MPa	
浸水后拉伸粘结性	最大延伸率250%，最大抗拉强度为0.02～0.5MPa	
恢复率	不小于80%	
挥发性	热熔型PVC接缝材料不大于3%	

21.6.2 建筑防水沥青嵌缝油膏

建筑防水沥青嵌缝油膏是以石油沥青为基料，加入改性材料、填充材料和稀释剂混合而成的一种冷用膏状的防水材料。掺入的改性材料有硫化鱼油和废橡胶粉，填充材料有滑石粉和石棉绒，稀释剂有机油、松节油等。油膏的主要性能有一定的延伸性和耐久性，弹性较差，各指标应符合《建筑防水沥青嵌缝油膏》（JC/T 207—2011）的规定，详见表21-22。

油膏的技术性能　　表21-22

项目		技术指标	
		702	801
密度（kg/m³）≥		规定值[a]±0.1	
施工度（mm）≥		22.0	20.0
耐热性	温度（℃）	70	80
	下垂值（mm）≤	4.0	
低温柔性	温度（℃）	-20	-10
	粘结状况	无裂纹，无剥离	
拉伸粘结性（%）≥		125	
浸水后拉伸粘结性（%）≥		125	
浸出性	渗出幅度（mm）≤	5	
	渗出张数（张）≤	4	
挥发性（%）≤		2.8	

a规定值由生产商提供或供需双方商定。

沥青嵌缝油膏主要用于各种混凝土屋面板、墙板等构件节点的防水密封。

21.6.3 聚氨酯建筑密封膏

聚氨酯建筑密封膏是指以聚氨基甲酸酯聚合物为主要成分的双组分反应型的密封材料。这种密封膏有优良的耐热性、耐寒性、耐久性和弹性，能在常温下固化，与混凝土、木材、塑料和金属等材料的粘结效果都很好，广泛应用于屋顶花园屋面的接缝密封、施工缝的密封以及混凝土裂缝的修补等。

聚氨酯建筑密封膏按流变性能的不同可分为N型（非下垂型）和L型（自流平型）两种，其主要技术性能应符合《聚氨酯建筑密封膏》（JG/T 482—2003）的规定，详见表21-23。

聚氯酸建筑密封膏的技术性能 表21-23

项目		技术指标		
		优等品	一等品	合格品
密度（kg/m^3）		规定值±0.1		
适用期		≥3h		
表干时间		≤24h	≤48h	
渗出性指数		≤2	≤2	
流动性		N型下垂度3mm，L型达到自流平		
低温柔性		-40℃	-30℃	
粘结拉伸		≥0.2MPa		
最大拉伸率（%）		≥400	≥200	
定伸粘结性（%）		≥200	≥160	
弹性恢复率（%）		≥95	≥90	≥85
剥离粘结性	强度（N·mm）	≥0.9	≥0.7	≥0.5
	粘结破坏面积	≤25%		
拉伸—压缩循环		9030	8020	7020

此外，还有聚硫密封膏、丙烯酸酯密封膏、有机硅酮密封膏和改性沥青油膏等，它们的主要性能特点和用途见表21-24。

常用建筑密封材料的特点与用途 表21-24

种类	特点	用途
有机硅酮密封膏	对硅酸盐制品、金属、塑料有良好的粘结性，具有耐水、耐热、耐低温、耐老化性能	适于窗玻璃、玻璃幕墙、储槽、水族箱等接缝密封
聚硫密封膏	对金属、混凝土、玻璃、木材有良好的粘结性，具有耐水、耐油、耐老化性，化学稳定	适于中空玻璃、混凝土、金属结构的接缝密封和一般建筑、土木工程的各种接缝密封
聚氨酯密封膏	对混凝土、金属、玻璃有良好的粘结性，并具有弹性、延伸性、耐疲劳性、耐候性等性能	适于建筑物屋面、墙板、地板、窗框、卫生间的接缝密封，混凝土结构的伸缩缝、沉降缝和桥梁等土木工程的嵌缝密封
丙烯酸酯密封膏	具有良好的粘结性、耐候性和一定的弹性，可在潮湿基层上施工	适于卫生间的接缝，室外小位移量的建筑缝密封
氯丁橡胶密封膏	具有良好的粘结性、延伸性、耐候性、弹性	
聚氯乙烯接缝材料	具有良好的弹塑性、延伸性、粘结性、防水性、耐腐蚀性，耐热、耐寒性，耐候性较好	适于建筑屋面和耐腐蚀要求的表面的接缝防水及水利设施和地下管道的接缝防渗
改性沥青油膏	具有良好的粘结性、柔韧性、耐温性，可冷施工	适于屋面板、墙板等构件间的接缝嵌填

21.6.4 密封材料的选用

选用密封材料时既要根据使用部位的不同来考虑密封材料，对有腐蚀性介质部位宜选用较耐化学性的密封材料，又要根据接缝的尺寸、形状和活动量大小来选用具有弹塑性能、自流平性能或抗下垂性能的密封材料，还要保证密封材料的粘结性能与所密封的基层材质和表面状态相适应，以取得理想的密封效果。

21.7 防水材料的选用

防水材料种类繁多，且新产品不断涌现，这些产品有些已有质量标准（国家标准或行业标准），有些产品尚无相应的质量标准。按照《屋面工程质量验收规范》（GB 50207—2012）和《地下防水工程质量验收规范》（GB 50208—2002）质量要求选择符合要求的防水材料。

21.7.1 屋面防水材料质量总体要求

1. 防水卷材的质量指标

（1）高聚物改性沥青防水卷材的外观质量和物理性能应符合表21-25、表21-26的要求。

高聚物改性沥青防水卷材外观质量　　表21-25

项目	质量要求
孔洞、缺边、裂口	不允许
边缘不整齐	不超过10mm
胎体露白、未浸透	不允许
撒布材料粒度、颜色	均匀
每卷卷材的接头	不超过1处，较短的一段不应小于1000mm，接头处应加长150mm

高聚物改性沥青防水卷材物理性能　　表21-26

<table>
<tr><th colspan="2" rowspan="2">项目</th><th colspan="3">性能要求</th></tr>
<tr><th>聚酯毡胎体</th><th>玻纤胎体</th><th>聚乙烯胎体</th></tr>
<tr><td colspan="2">拉力（N/50mm）</td><td>≥450</td><td>纵向≥350，横向≥250</td><td>≥100</td></tr>
<tr><td colspan="2">延伸率（%）</td><td>最大拉力时，≥30</td><td>—</td><td>断裂时，≥200</td></tr>
<tr><td colspan="2">耐热度（℃，2h）</td><td colspan="2">SBS卷材90，APP卷材110，无滑动、流淌、滴落</td><td>PEE卷材90，无流淌、起泡</td></tr>
<tr><td colspan="2">低温柔度（℃）</td><td colspan="3">SBS卷材—18，APP卷材—5，PEE卷材—10。3mm厚，r=15mm；4mm厚，r=25mm；3s弯180° 无裂纹</td></tr>
<tr><td rowspan="2">不透水性</td><td>压力（MPa）</td><td>≥0.3</td><td>≥0.2</td><td>≥0.3</td></tr>
<tr><td>保持时间</td><td colspan="3">≥30min</td></tr>
</table>

注：1. SBS——弹性体改性沥青防水卷材。
2. APP——塑性体改性沥青防水卷材。
3. PEE——改性沥青聚乙烯胎防水卷材。

（2）合成高分子防水卷材的外观质量和物理性能应符合表21-27和表21-28的要求。

（3）沥青防水卷材的外观质量和物理性能应符合表21-29和表21-30的要求。

（4）卷材胶粘剂的质量应符合下列规定：①改性沥青胶粘剂的粘结剥离强度不应小于8N/10mm；②合成高分子胶粘剂的粘结剥离强度不应小于15N/10mm，浸水168h后的保持率不应小于70%；③双面胶粘带剥离状态下的粘合性不应小于10N/25mm，浸水168h后的保持率不应小于70%。

合成高分子防水卷材外观质量　　表21-27

项目	质量要求
折痕	每卷不超过2处，总长度不超过20mm
杂质	每平方米不超过9mm^2，大于0.5mm颗粒不允许
胶块	每卷不超过6处，每处面积不大于4mm^2
凹痕	每卷不超过6处，深度不超过本身厚度的30%；树脂类深度不超过15%
每卷卷材接头	橡胶类每20m长不超过1处，较短的一段不应小于3000mm，接头处应加长150mm；树脂类20m长度内不允许有接头

合成离分子防水卷材物理性能　　表21-28

项目		性能要求			
		硫化橡胶类	非硫化橡胶类	树脂类	纤维增强类
断裂拉伸强度（MPa）		≥6	≥3	≥10	≥9
扯断伸长率（%）		≥400	≥200	≥200	≥10
低温弯折（℃）		-30	-20	-20	-20
不透水性	压力（MPa）	≥0.3	≥0.2	≥0.3	≥0.3
	保持时间（min）	≥30			
加热收缩率（%）		<1.2	<2.0	<2.0	<1.0
热老化保持率（80℃，168h）	断裂拉伸强度	≥80%			
	扯断伸长率	≥70%			

沥青防水卷材外观质量　　表21-29

项目	质量要求
孔洞、硌伤	不允许
露胎、涂盖不匀	不允许
折纹、皱折	距卷芯1000mm以外，长度不大于100mm
裂纹	距卷芯1000mm以外，长度不大于10mm
裂口、缺边	边缘裂口小于20mm；缺边长度小于50mm，深度小于2mm
每卷卷材的接头	不超过1处，较短的一段不应小于2500mm，接头处应加长150mm

沥青防水卷材物理性能　　表21-30

项目		性能要求	
		350号	500号
纵向拉力（25±2℃，N）		≥340	≥440
耐热度（85±2℃，2h）		不流淌，无集中性气泡	
柔度（18±2℃）		绕Φ20mm圆棒无裂纹	绕Φ25mm圆棒无裂纹
不透水性	压力（MPa）	≥0.10	≥0.15
	保持时间（min）	≥30	≥30

2. 防水涂料的质量指标

高聚物改性沥青防水涂料的物理性能应符合表21–31的要求，合成高分子防水涂料的物理性能应符合表21–32的要求，胎体增强材料的质量应符合表21–33的要求。

高聚物改性沥青防水涂料物理性能　表21–31

项目		性能要求
固体含量（%）		≥43
耐热度（80℃，5h）		无流淌、起泡和滑动
柔性（–10℃）		3mm厚，绕Φ20mm圆棒无裂纹、断裂
不透水性	压力（MPa）	≥0.1
	保持时间（min）	≥30
延伸（20±2℃拉伸，mm）		≥4.5

合成高分子防水涂料物理性能　表21–32

项目		性能要求		
		反应固化型	挥发固化型	聚合物水泥涂料
固体含量（%）		≥94	≥65	≥65
拉伸强度（MPa）		≥1.65	≥1.5	≥1.2
断裂延伸率（%）		≥350	≥300	≥200
柔性（℃）		–30，弯折无裂纹	–20，弯折无裂纹	–10，绕Φ10mm圆棒无裂纹
不透水性	压力（MPa）	≥0.3		
	保持时间（min）	≥30		

胎体增强材料质量要求　表21–33

项目		质量要求		
		聚酯无纺布	化纤无纺布	玻纤网布
外观		均匀，无团状，平整无折皱		
拉力（N/50mm）	纵向	≥150	≥45	≥90
	横向	≥100	≥35	≥50
延伸率（%）	纵向	≥10	≥20	≥3
	横向	≥20	≥25	≥3

3. 密封材料的质量指标

（1）改性石油沥青密封材料的物理性能应符合表21–34的要求。

改性石油沥青密封材料物理性能　表21–34

项目		性能要求	
		Ⅰ	Ⅱ
耐热度	温度（℃）	70	80
	下垂值（mm）	≤4.0	
低温柔性	温度（℃）	20	–10
	粘结状态	无裂纹和剥离现象	

续表

项目	性能要求	
	Ⅰ	Ⅱ
拉伸粘结性（%）	≥125	
浸水后拉伸粘结性（%）	≥125	
挥发性（%）	≤2.8	
施工度（mm）	≥22.0	≥20.0

注：改性石油沥青密封材料按耐热度和低温柔性分为I类和Ⅱ类。

（2）合成高分子密封材料的物理性能应符合表21-35的要求。

合成高分子密封材料物理性能　　表21-35

项目		性能要求	
		弹性体密封材料	塑性体密封材料
拉伸粘结性	拉伸强度（MPa）	≥0.2	≥0.02
	延伸率（%）	≥200	≥250
柔性（℃）		-30，无裂纹	-20，无裂纹
拉伸-压缩循环性能	拉伸—压缩率（%）	≥±20	≥±10
	粘结和内聚破坏面积（%）	≤25	

21.7.2　地下防水材料质量总要求

（1）防水卷材和胶粘剂的质量指标

1）高聚物改性沥青防水卷材的主要物理性能应符合表21-36的要求。

高聚物改性沥青防水卷材主要物理性能　　表21-36

项目		性能要求		
		聚酯毡胎体卷材	玻纤毡胎体卷材	聚乙烯膜胎体卷材
拉伸性能	拉力（N/50mm）	≥800（纵横向）	≥500（纵向） ≥300（横向）	≥140（纵向） ≥120（横向）
	最大拉力时延伸率（%）	≥40（纵横向）	—	≥250（纵横向）
低温柔度（℃）		≤-15		
		3mm厚，r=15mm；4mm厚，r=25mm；3s弯180°，无裂纹		
不透水性		压力0.3MPa，保持时间30min，不透水		

2）合成高分子防水卷材的主要物理性能应符合表21-37的要求。

合成高分子防水卷材主要物理性能　　表21-37

项目	性能要求				
	硫化橡胶类		非硫化橡胶类	合成树脂类	纤维胎增强类
	JL1	JL2	JF3	JS1	
拉伸强度（MPa）	≥8	≥7	≥5	≥8	≥8

续表

项目	性能要求				
	硫化橡胶类		非硫化橡胶类	合成树脂类	纤维胎增强类
断裂伸长率（%）	≥450	≥400	≥200	≥200	≥10
低温弯折性（℃）	-45	-40	-20	-20	-20
不透水性	压力0.3MPa，保持时间30min，不透水				

3）胶粘剂的质量应符合表21-38要求。

胶粘剂质量要求　　表21-38

项目	高聚物改性沥青卷材	合成高分子卷材
胶粘剂剥离强度（N/10mm）	≥8	≥15
浸水168h后粘结剥离强度保持率（%）	—	≥70

（2）防水涂料和胎体增强材料的质量指标

1）有机防水涂料的物理性能应符合表21-39的要求。

有机防水涂料物理性能　　表21-39

涂料种类	可操作时间（min）	潮湿基面粘结强度（MPa）	抗渗性（MPa）			浸水168h后断裂伸长率（%）	浸水168h后拉伸强度（MPa）	耐水性（%）	表干（h）	实干（h）
			涂膜（30min）	砂浆迎水面	砂浆背水面					
反应型	≥20	≥0.3	≥0.3	≥0.6	≥0.2	≥300	≥1.65	≥8	≤8	≤24
水乳型	≥50	≥0.2	≥0.3	≥0.6	≥0.2	≥350	≥0.5	≥80	≤4	≤12
聚合物水泥	≥30	≥0.6	≥0.3	≥0.8	≥0.6	≥80	≥1.5	≥80	≤4	≤12

注：耐水性是指在浸水168h后材料的粘结强度及砂浆抗渗性的保持率。

2）无机防水涂料的物理性能应符合表21-40的要求。

无机防水涂料物理性能　　表21-40

涂料种类	抗折强度（MPa）	粘结强度（MPa）	抗渗性（MPa）	冻融循环
水泥基防水涂料	>4	>1.0	>0.8	>D50
水泥基渗透结晶型防水涂料	≥3	≥1.0	>0.8	>D50

3）胎体增强材料质量应符合表21-33的要求。

（3）塑料板的主要物理性能应符合表21-41的要求。

塑料板主要物理性能　表21-41

项目	性能要求			
	EVA	ECB	PVC	PE
拉伸强度（MPa）≥	15	10	10	10
断裂延伸率（%）≥	500	450	200	400
不透水性（24h，MPa）≥	0.2	0.2	0.2	0.2
低温弯折性（℃）≤	-35	-35	-20	-35
热处理尺寸变化率（%）≤	2.0	2.5	2.0	2.0

注：EVA——乙烯醋酸乙烯共聚物，ECB——乙烯共聚物沥青，PVC——聚氯乙烯，PB——聚乙烯。

（4）高分子材料止水带质量指标

1）止水带的尺寸公差应符合表21-42的要求。

止水带尺寸　表21-42

止水带公称尺寸		极限偏差
厚度B	4～6mm	+1，0
	7～10mm	+1.3，0
	11～20mm	+2，0
宽度L（%）		+3

2）止水带表面不许有开裂、缺胶、海绵状等缺陷，表面凹痕深浅于2mm、面积不大于16mm²，中心孔偏心不许超过断面厚度的1/3，气泡、杂质、明疤等缺陷不超过4处。

3）止水带的物理性能应符合表21-43的要求。

止水带物理性能　表21-43

项目			性能要求		
			B型	S型	J型
硬度（邵尔A，度）			60±5	60±5	60±5
拉伸强度（MPa）≥			15	12	10
扯断伸长率（%）			380	380	300
压缩永久变形	70℃，24h（%）≤		35	35	35
	23℃，168h（%）≤		20	20	20
撕裂强度（kN/m）≥			30	25	25
脆性温度（℃）≤			-45	-40	-40
热空气老化	70℃，168h	硬度变化（邵尔A，度）	+8	+8	—
		拉伸强度（MPa）≥	12	10	—
		扯断伸长率（%）≥	300	300	—
	100℃，168h	硬度变化（邵尔A，度）	—	—	+8
		拉伸强度（MPa）≥	—	—	9
臭氧老化50PPhm：20%，48h			2级	2级	0级
橡胶与金属粘合			断面在弹性体内		

注：1. B型适用于变形缝用止水带，S型适用于施工缝用止水带，J型适用于有特殊耐老化要求的接缝用止水带。
2. 橡胶与金属粘合项仅适用于有钢边的止水带。

（5）遇水膨胀橡胶腻子止水条的质量指标

遇水膨胀橡胶腻子止水条的物理性能应符合表21-44的要求，选用的遇水膨胀橡胶腻子止水条应具有缓胀性能，7d的膨胀率应不大于最终膨胀率的60%。当不符合时，应采取表面涂缓膨胀剂措施。

遇水膨胀橡胶腻子止水条物理性能　表21-44

项目	性能要求		
	PN-150	PN-220	PN-300
体积膨胀倍率（%）	≥150	≥220	≥300
高温流淌性（80℃，5h）	无流淌	无流淌	无流淌
低温试验（-20℃，2h）	无脆裂	无脆裂	无脆裂

注：体积膨胀倍率=膨胀后的体积÷膨胀前的体积×100%。

（6）接缝密封材料的质量指标

合成高分子密封材料的物理性能应符合表21-45的要求。

合成高分子密封材料物理性能　表21-45

项目		性能要求	
		弹性体密封材料	塑性体密封材料
拉伸粘结性	拉伸强度（MPa）	≥0.2	≥0.02
	延伸率（%）	≥200	≥250
柔性（℃）		-30，无裂纹	-20，无裂纹
拉伸-压缩循环性能	拉伸-压缩率（%）	≥±20	≥±10
	黏结和内聚破坏面积（%）	≤25	

（7）管片接缝密封垫材料的质量指标

1）弹性橡胶密封垫材料的物理性能应符合表21-46的要求。

弹性橡胶密封垫材料物理性能　表21-46

项目		性能要求	
		氯丁橡胶	三元乙丙胶
硬度（邵尔A，度）		（45±5）~（60±5）	（55±5）~（70±5）
伸长率（%）		≥350	≥330
拉伸强度（MPa）		≥10.5	≥9.5
压缩永久变形（70℃，24h）（%）		≤35	≤28
防霉等级		达到或优于2级	达到或优于2级
热空气老化（70℃，96h）	硬度变化值（邵尔A，度）	≤+8	≤+6
	拉伸强度变化率（%）	≥-20	≥-15
	扯断伸长率变化率（%）	≥-30	≥-30

注：以上指标均为成品切片测试的数据，若只能以胶料制成试样测试，则其力学性能数据应达到标准的120%。

2）遇水膨胀密封垫胶料的物理性能应符合表21-47的要求。

遇水膨胀密封垫胶料物理性能　　表21-47

项目		性能要求			
		PZ-150	PZ-250	PZ-400	PZ-600
硬度（邵尔A，度）		42 ± 7	42 ± 7	42 ± 7	42 ± 7
拉伸强度（MPa）≥		3.5	3.5	3.0	3.0
扯断伸长率（%）≥		450	450	350	350
体积膨胀倍率（%）≥		150	250	400	600
反复浸水试验	拉伸强度（MPa）≥	3	3	2	2
	扯断伸长率（%）≥	350	350	250	250
	体积膨胀倍率（%）≥	150	250	300	500
低温弯折（-20℃，2h）		无裂纹	无裂纹	无裂纹	无裂纹
防霉等级		达到或优于2级			

注：1. 成品切片测试应达到标准的80%。
2. 接头部位的拉伸强度指标不得低于标准的50%。

（8）排水用土工复合材料的主要物理性能

排水用土工复合材料的主要物理性能应符合表21-48的要求。

排水层材料主要物理性能　　表21-48

项目	性能要求	
	聚丙烯无纺布	聚酯无纺布
单位面积质量（g/m^2）	≥280	≥280
纵向拉伸强度（N/50mm）	≥900	≥700
横向拉伸强度（N/50mm）	≥950	≥840
纵向伸长率（%）	≥110	≥100
横向伸长率（%）	≥120	≥105
顶破强度（kN）	≥1.11	≥0.95
渗透系数（cm/s）	$\geqslant 5.5 \times 10^{-2}$	$\geqslant 4.2 \times 10^{-2}$

21.8 常用材料复验

防水材料进场现场必须进行复验。

21.8.1 屋面防水材料复验

屋面防水材料现场抽样复验项目见表21-49。

屋面防水材料现场抽样复验 表21-49

材料名称	现场抽样数量	外观质量检验	物理性能检验
沥青防水卷材	大于1000卷抽5卷，每500～1000卷抽4卷，100～499卷抽3卷，100卷以下抽2卷，进行规格尺寸和外观质量检验。在外观质量检验合格的卷材中，任取一卷作物理性能检验	孔洞、硌伤、露胎、涂盖不匀，折纹、皱折，裂纹，裂口，缺边，每卷卷材的接头	纵向拉力，耐热度，柔度，不透水性
高聚物改性沥青防水卷材	大于1000卷抽5卷，每500～1000卷抽4卷，100～499卷抽3卷，100卷以下抽2卷，进行规格尺寸和外观质量检验。在外观质量检验合格的卷材中，任取一卷作物理性能检验	孔洞、缺边、裂口，边缘不整齐，胎体露白、未浸透，撒布材料粒度、颜色，每卷卷材的接头	拉力，最大拉力时延伸率，耐热度，低温柔度，不透水性
合成高分子防水卷材	大于1000卷抽5卷，每500～1000卷抽4卷，100～499卷抽3卷，100卷以下抽2卷，进行规格尺寸和外观质量检验。在外观质量检验合格的卷材中，任取一卷作物理性能检验	折痕，杂质，胶块，凹痕，每卷卷材的接头	断裂拉伸强度，扯断伸长率，低温弯折，不透水性
石油沥青	同一批至少抽一次	—	针入度，延度，软化点
沥青玛琋脂	每工作班至少抽一次	—	耐热度，柔韧性，粘结力
高聚物改性沥青防水涂料	每10t为一批，不足10t按一批抽样	包装完好无损，且标明涂料名称、生产日期、生产厂家、产品有效期；无沉淀、凝胶、分层	固体含量，耐热度，柔性，不透水性，延伸
合成高分子防水涂料	每10t为一批，不足10t按一批抽样	包装完好无损，且标明涂料名称、生产日期、生产厂家、产品有效期	固体含量，拉伸强度，断裂延伸率，柔性，不透水性
胎体增强材料	每3000m^{2}为一批，不足3000m^{2}按一批抽样	均匀，无团状，平整，无折皱	拉力，延伸率
改性石油沥青密封材料	每2t为一批，不足2t按一批抽样	黑色均匀膏状，无结块和未浸透的填料	耐热度，低温柔性，拉伸粘结性，施工度
合成高分子密封材料	每1t为一批，不足1t按一批抽样	均匀膏状物，无结皮、凝胶或不易分散的固体团状	拉伸粘结性，柔性
平瓦	同一批至少抽一次	边缘整齐，表面光滑，不得有分层、裂纹、露砂	—
油毡瓦	同一批至少抽一次	边缘整齐，切槽清晰，厚薄均匀，表面无孔洞、硌伤、裂纹、折皱及起泡	耐热度，柔度
金属板材	同一批至少抽一次	边缘整齐，表面光滑，色泽均匀，外形规则，不得有扭翘、脱膜、锈蚀	—

资料来源：《屋面工程质量验收规范》(GB 50207—2012)，抽样和判定采用产品标准要求。

21.8.2 地下防水工程材料复验

地下防水工程材料现场抽样复验项目见表21-50。

地下防水工程材料现场抽样复验项目 表21-50

材料名称	现场抽样数量	外观质量检验	物理性能检验
高聚物改性沥青防水卷材	大于1000卷抽5卷，每500～1000卷抽4卷，100～499卷抽3卷，100卷以下抽2卷，进行规格尺寸和外观质量检验。在外观质量检验合格的卷材中，任取一卷作物理性能检验	断裂、皱折、孔洞、剥离、边缘不整齐，胎体露白、未浸透，撒布材料粒度、颜色，每卷卷材的接头	拉力，最大拉力时延伸率，低温柔度，不透水性

续表

材料名称	现场抽样数量	外观质量检验	物理性能检验
合成高分子防水卷材	大于1000卷抽5卷，每500～1000卷抽4卷，100～499卷抽3卷，100卷以下抽2卷，进行规格尺寸和外观质量检验。在外观质量检验合格的卷材中，任取一卷作物理性能检验	折痕、杂质、胶块、凹痕、每卷卷材的接头	断裂拉伸强度，扯断伸长率，低温弯折，不透水性
沥青基防水涂料	每工作班生产量为一批抽样	搅匀和分散在水溶液中，无明显沥青丝团	固体含量，耐热度，柔性，不透水性，延伸率
无机防水涂料	每10t为一批，不足10t按一批抽样	包装完好无损，且标明涂料名称、生产日期、生产厂家、产品有效期	抗折强度，粘结强度，抗渗性
有机防水涂料	每5t为一批，不足5t按一批抽样	包装完好无损，且标明涂料名称、生产日期、生产厂家、产品有效期	固体含量，拉伸强度，断裂延伸率，柔性，不透水性
胎体增强材料	每3000m²为一批，不足3000m²按一批抽样	均匀、无团状，平整、无折皱	拉力，延伸率
改性石油沥青密封材料	每2t为一批，不足2t按一批抽样	黑色均匀膏状，无结块和未浸透的填料	低温柔性，拉伸粘结性，施工度
合成高分子密封材料	每2t为一批，不足2t按一批抽样	均匀膏状物，无结皮、凝胶或不易分散的固体团块	拉伸粘结性，柔性
高分子防水材料止水带	每月同标记的止水带产量为一批抽样	尺寸公差，开裂、缺胶，海绵状、中心孔偏，凹痕，气泡，杂质，明疤	拉伸强度，扯断伸长率，撕裂强度
高分子防水材料遇水膨胀橡胶	每月同标记的膨胀橡胶产量为一批抽样	尺寸公差，开裂、缺胶、海绵状，凹痕，气泡，杂质，明疤	拉伸强度，扯断伸长率，体积膨胀倍率

资料来源：《屋面工程质量验收规范》（GB 50207—2002），抽样和判定采用产品标准要求。

21.8.3 常用防水材料批量划分、抽样方法和数量

批量划分、抽样方法和数量，见表21-51。

常用防水材料批量划分、抽样方法和数量　　表21-51

名称	验收批组成	每批数量	取样方法及数量
石油沥青纸胎油毡、油纸	同一品种同一标号同一等级同一规格	1500卷为一批，不足1500卷按一批计	卷重：在每批产品中抽取10卷检验；面积和外观：质量合格后，抽3卷检验；物理性能：在质量合格的10卷中取质量轻的、外观和面积合格的、无接头的1卷
石油沥青玻璃纤维胎油毡	同一品种同一标号同一等级	每1500卷为一批，不足1500卷按一批计	每批产品按下列数量取样检查卷重、面积、外观：250卷以内2卷，251～500卷3卷，501～1000卷4卷，1000卷以上5卷；在质量合格的样品中取质量最轻的、外观和面积合格的、无接头的一卷作物理性能检测
石油沥青玻璃布胎油毡	同一等级	每500卷为一批，不足500卷也按一批计	在每批产品中随机抽取3卷进行卷重、面积、外观的检验物理性能取样：取卷重、外观、面积合格的无接头的最轻的一卷作为试样
弹性体沥青防水卷材、塑性体沥青防水卷材	同一品种同一标号同一等级	每1000卷为一批，不足1000卷也按一批计	每批产品按下列数量取样检查卷重、面积、外观：250卷以内2卷，251～500卷3卷，501～1000卷4卷；在卷重合格的样品中取质量最轻、外观、面积、厚度合格及无接头的一卷作物理性能检测，最轻卷不符合时，可取次轻卷，但要记录
改性沥青聚乙烯胎防水卷材	同一品种同一规格同一等级	每1000卷为一批，不足1000卷按一批计	从每批中抽取3卷检验，从卷重、外观与尺寸偏差均合格的产品中任取一卷作物理力学性能试验

续表

名称	验收批组成	每批数量	取样方法及数量
三元丁橡胶防水卷材	同一规格同一等级	每300卷为一批，不足300卷按一批计	从每批产品中任取3卷进行检验规格尺寸和外观质量，从上面合格品中任取一卷作物理力学性能检验
聚氯乙烯防水卷材	同一规格同一类型	每5000m^{2}为一批，5000m^{2}以下亦按一批计	随机抽取一组3卷，用于外观质量、面积和宽度、接头、平直度、平整度的检验，检验合格后任取1卷，在距端部300m处裁取约3m，用于厚度和物理力学性能检验
氯化聚乙烯防水卷材	同一规格同一类型	每5000m^{2}为一批，5000m^{2}以下亦按一批计	随机抽取一组3卷，用于外观质量、面积和宽度、接头、平直度、平整度的检验，检验合格后任取1卷，在距端部300m处裁取约3m，用于厚度和物理力学性能检验
水性沥青基防水涂料	同一班组生产产品	以每班生产量为一批	按“涂料产品的取样”中规定的数量，在批中随机抽取整桶样品，逐桶检查外观质量，然后按GB 3186的规定，取一份2kg样品用于全部的性能试验
聚氨酯防水涂料	以每班的生产量为一批	甲组以5t为一批，不足5t按一批计，乙组按产品质量配比组批	按“涂料产品的取样”规定进行，按产品的配比取样，甲、乙组分样品总量为2kg
建筑防水沥青嵌缝油膏	同一标号	每20t为一批，不足20t亦按一批计	每批随机抽取3件产品，离表皮大约50mm处各取样1kg，装于密封容器内，一份做试验用，另二份留作备查
聚氨酯建筑密封膏	同一等级同一类型	每200桶为一批，不足200桶作一批计	每组试样数量为：出厂检验不少于1.0kg，型式检验不少于2.5kg，取样数量按GB 3186的规定
聚硫建筑密封膏	同一类型同一等级	每2t为一批，不足2t也按一批计	每组试样数量为：出厂检验不少于1.0kg，型式检验不少于2.5kg，取样数量按GB 3186的规定

21.9 防水材料的发展趋势

随着科技和材料技术的快速发展，防水材料已发生了很大变化，沥青基防水材料已向橡胶基、树脂基和高聚物改性沥青发展，油毡的胎体由纸胎向玻纤胎或化纤胎方面发展，密封材料和防水涂料由低塑性向高弹性、高耐久性方向发展，防水层的构造由多层向单层发展，防水材料的施工方法由热熔法向冷贴切法发展（表21-52）。

各类防水涂料的特点及适用范围　　表21-52

涂料类别	防水涂料名称	特点	适用范围	施工工艺
沥青基防水涂料	石灰乳化沥青防水涂料	属水性涂料，可在潮湿基层上施工，工地配制简单方便，价格低廉，有一定的防水防渗能力，但延伸率较低，低温下易变脆、开裂	系低档防水涂料，可用于防水等级为Ⅲ、Ⅳ级的屋面，厚度4～8mm	抹压法冷施工
	石棉或膨润土乳化沥青防水涂料	乳液稳定性好，耐热性、防水性、抗裂性、耐久性较好，价格较低，可在湿基层上施工		
高聚物改性沥青防水涂料	水乳型氯丁橡胶沥青防水涂料	为阳离子型，成膜较快，强度高，耐候性好，无毒，不污染环境，抗裂性好，操作方便	可用于Ⅱ、Ⅲ、Ⅳ级的屋面防水，单独使用时厚度不小于3mm，复合使用时厚度不小于1.5mm	涂刮法冷施工
	溶剂型氯丁橡胶沥青防水涂料	具有较好的耐高、低温性能，粘结性好，干燥成膜快，操作方便		
	水乳型再生橡胶沥青防水涂料	具柔韧性，耐老化、耐寒、耐热，无毒，无污染，操作简便，来源广，价低		冷施工，忌≤5℃施工
	溶剂型再生橡胶沥青防水涂料	耐水性、抗裂性良好，高温不流淌，低温不易脆裂，弹性好，操作方便，干燥快		冷施工，可负温操作
	SBS改性沥青防水涂料	具良好防水性、抗裂性及耐老化性，耐湿热、耐低温，无毒，无污染，中档防水涂料	适于寒冷地区的Ⅱ、Ⅲ级屋面使用	冷施工

续表

涂料类别	防水涂料名称	特点	适用范围	施工工艺
合成高分子防水材料	聚氨酯防水涂料	具橡胶状弹性，延伸性好，拉伸强度和撕裂强度高，耐候、耐油、耐磨性优异，耐酸碱，不燃，粘结性优良，涂膜表面光滑，施工简便，使用温度区间为-30～80℃	宜于Ⅰ、Ⅱ、Ⅲ级的屋面防水，单用时厚度不小于2.0mm，复合使用时厚度不小于1.0mm	反应型，冷施工
	聚氨酯煤焦油防水涂料	高弹性，高延伸，对基层开裂适应性强，具有耐候、耐油、耐磨、不燃烧及一定的耐碱性，与基层粘结性好，但与聚氨酯相比，反应速度不易调整，性能指标较易波动	宜于Ⅰ、Ⅱ、Ⅲ级的屋面防水，单独使用时厚度不小于2.0mm，复合使用时厚度不小于1.0mm，但不宜于外露式防水屋面	冷施工
	丙烯酸酯防水涂料	粘结性、防水性、耐候性、柔韧性和弹性良好，无污染，无毒，不燃，以水为稀释剂，施工方便，且可调多色，但成本较高	宜涂覆于水乳型橡胶沥青防水层上，用于有不同颜色要求的屋面	冷施工，可刮涂喷，但4℃以上时才能成膜
	有机硅防水涂料	渗透性、防水性、成膜性、弹性、粘结性良好，耐高、低温，变形适应能力强，成膜速度快，可在潮湿基层上施工，无毒，无味，不燃，可配制成各种颜色，但价格较高	用于Ⅰ、Ⅱ级屋面防水 用于Ⅰ、Ⅱ级屋面防水	冷施工，可涂刷或喷涂

第22章　涂料

22.1　涂料的内涵

涂料又称油漆，是指可以不同的施工工艺涂覆于物件表面，使干结形成粘附牢固、具有一定强度、连续的，具有保护、装饰或特殊性能的固态薄膜类液体或固体材料的总称，包括油（性）漆、水性漆、木器漆、粉末涂料、木蜡油。这种固态膜通称涂膜，又称漆膜或涂层，对物体起保持和美化作用。

涂料种类很多，它们表现在美化装饰、物体防护、耐酸耐碱、防锈绝缘、结膜快慢等方面的性能各有不同。

22.2　涂料的基本组成

各种涂料的组成成分并不相同，但基本上都是由主要成膜物质、次要成膜物质以及辅助材料等组成。

22.2.1　主要成膜物质

主要成膜物质即胶结剂，是涂料的基础，具有胶接和成膜性能，是涂料的主要组分。涂料中的成膜物质在材料表面，经一定的物理或化学变化，能干结、硬化成具有一定强度的涂膜，并与基面牢固粘结。成膜物质的质量，对涂料的性质有决定性作用。常用各种油料或树脂作为涂料的成膜物质。

油料亦称油脂，系天然产物，来自植物种子和动物脂肪，在成分上属于不同种类脂肪酸的混合甘油酯。油料成膜物质分为干性油、半干性油及不干性油三种。干性油因含不饱和分子多而具有快干性能，干燥的涂膜不软化、不熔化，也不溶解于有机溶剂中。常用的干性油有亚麻仁油、桐油、梓油、苏籽油等。半干性油干燥速度较慢，干燥后能重新软化、熔融，易溶于有机溶剂中。为达到快干目的，需掺催干剂。常用的半干性油有大豆油、向日葵油、菜籽油等。不干性油不能自干，不适于单独使用，常与干性油或树脂混合使用。常用的不干性油有蓖麻油、椰子油、花生油、柴油等。

树脂成膜物质由各种合成或天然树脂等原料构成。大多数树脂成膜剂能溶于有机溶剂中，溶剂挥发后，形成一层连续的与基面牢固粘结的薄膜。这种漆膜的硬度、光泽、抗水性、耐化学腐蚀性、绝缘性、耐高温性等都较好。常用的合成树脂有酚醛树脂、环氧树脂、醇酸树脂、聚酰胺树脂等，常用的天然树脂有松香、琥珀、虫胶等。有时也用动物胶、干酪素等做成膜剂。随着材料技术的迅速发展，各种合成树脂相应涌现，而油料多为食用油脂，大量使用油料不经济，因此涂料中的主要成膜物以树脂代替油料必将是大势所趋。

22.2.2 次要成膜物质

次要成膜物质即颜料或填充料，是指不溶于水、油、树脂中的矿物或有机物质。颜料赋予涂料以必要的色彩，同时起填充和骨架作用，提高涂膜的机械强度和密实度，减小收缩，避免开裂，改善涂料的质量。颜料还应具有一定的细度，对底色保持足够的遮盖力和较高的稳定性（即不褪色），增加防护性能。

颜料和主要成膜物质的配比是否恰当，二者混合是否均匀，这些都决定了涂料性能的好坏。根据颜料在涂料中的作用，可分为着色颜料、防锈颜料和体质颜料等。

着色颜料主要起着色作用。常用的有铅铬黄、锌铬黄、银朱、猩红、铁蓝、钛白、炭黑、土红、铁红、铬绿、孔雀绿、银粉（铝粉）等。

防锈颜料常用红丹、铅白、锌铬黄、锌白、铝粉、石墨等，主要起防锈作用、着色作用。

体质颜料又称填充料，改善耐化学侵蚀、抗大气、耐磨等性能，无着色力，仅起填充作用，常见的有石膏、瓷土、滑石粉、重晶石粉、云母粉、硅藻土、碳酸镁、氢氧化铝等。

22.2.3 辅助成膜物质

辅助成膜物质即溶剂或稀释剂，是指能溶解油料、树脂、沥青、硝化纤维，且易于挥发的有机物质。溶剂的主要作用是调整涂料稠度，便于施工，增加涂料的渗透能力，改善粘结性能，并节约涂料，但掺量需适量。常用的溶剂有松节油、松香水、香蕉水、酒精、汽油、苯、丙酮、乙醚等。水是水性涂料的稀释剂。

为加速涂料的成膜过程，可在涂料中加入铅、钴、锰、铬、铁、铜、锌、钙等金属氧化物、盐及各种有机酸的皂类等作催干剂。为了增加涂膜的柔软性，可以增加增塑剂。此外，涂料的辅助成膜物质还有稳定剂、防霉剂、乳化剂、流平剂、引发剂等。

22.3 涂料的分类

按照涂料的组成成分及在风景园林建筑上使用的功能要求，涂料可分为建筑涂料和油漆涂料，其中建筑涂料包括外墙涂料、内墙涂料、地面涂料、防水涂料等，油漆涂料包括天然漆、调和漆、清漆、磁漆等。油漆涂料是一种传统的装饰材料，广泛应用于建筑、制造、农业等多种行业。建筑涂料是近年来发展起来的，专供建筑上使用的一种新型的建筑装饰材料。

按照涂料的主要成膜物质，涂料可分为以下几种。

1. 溶剂型涂料

溶剂型涂料是以高分子合成树脂为主要成膜物质，有机溶剂为稀释剂，加入适量的颜料、填料（体质颜料）及辅助材料，经研磨而成的涂料。涂膜薄而坚硬，有一定的耐水性，但是有机溶剂价格高、易燃，而且挥发物质对人体有害。

2. 水溶性涂料

水溶性涂料是以水溶性树脂为主要成膜物质，以水为稀释剂，并加适量颜料、填料及辅助材料，经研磨而成的涂料。水溶性涂料能直接溶于水中，无毒、无味，生产工艺简单，涂膜光洁、平滑，耐燃性及透气性好，价格低廉，但耐水性较差，在潮湿地区易发霉。

3. 乳胶漆

乳胶漆是将合成树脂以0.1～0.5μm的细微粒子分散于有乳化剂的水中构成乳液，以乳液为主要成膜物质，并加入适量颜料、填料和辅助原料共同研磨而成的涂料。

该涂料以水为分散介质，无易燃溶剂，施工方便，可在潮湿基层上施工，耐候性、透气性好，但须在10℃以上气温施工，以免影响涂料质量。

22.4 涂料的类型

22.4.1 外墙涂料

应用外墙涂料主要是为了装饰和保护园林建筑物及构筑物的外墙面，使其墙面外貌整洁美观，并且延长其使用寿命。因此，外墙涂料要求色彩丰富多样，耐水性、耐候性、耐污性良好，施工及维修方便。

1. 过氯乙烯涂料

过氯乙烯涂料以过氯乙烯树脂为主要成膜物质，掺入增塑剂、稳定剂、颜料和填充料等，经混炼、切片后溶于有机溶剂中制成，耐腐蚀性、耐水性及抗大气性良好。涂料层干燥后，柔韧富有弹性，不透水，能适应风景园林建筑物因温度变化而引起的伸缩。这种涂料与抹灰面、石膏板、纤维板、混凝土和砖墙粘结良好，可连续喷涂，用于外墙，美观耐久，防水，耐污染，便于洗刷。

2. 苯乙烯焦油涂料

苯乙烯焦油涂料以苯乙烯焦油为主要成膜物质，掺加颜料、填充料及适量有机溶剂等，经加热熬制而成，防水、防潮，耐热性好，耐碱、耐弱酸，与基面粘结良好，施工方便。

3. 聚乙烯醇缩丁醛涂料

聚乙烯醇缩丁醛涂料以聚乙烯醇缩丁醛树脂为成膜物质，以醇类溶剂为稀释剂，加入颜料、填料，经搅拌、混合、溶制、过滤而成，柔韧性好，耐磨、耐水，耐酸碱。

4. 丙烯酸酯涂料

丙烯酸酯外墙涂料是以热塑性丙烯酸酯合成树脂为主要成膜物质，由苯乙烯、丙烯酸丁酯、丙烯酸等单体，加入引发剂过氧化苯甲酰，溶剂二甲苯、醋酸丁酯等，通过溶液聚合反应而制得的高分子聚合物溶液，为改善性能，降低成本，也可加入过氯乙烯树脂。

该涂料耐候性良好，即使受长期光照、日晒、雨淋也不易变色、粉化、脱落，与墙面结合牢度好，即使在严寒季节施工，都能很好干燥成膜。

5. 聚氨酯系涂料

聚氨酯系外墙涂料是以聚氨酯树脂或聚氨酯与其他树脂复合物为主要成膜物质，加颜料、填料、辅助材料组成的优质外墙涂料。

该涂料具有橡胶般的高弹性性质，对基层裂缝有较大应变性，其涂层可耐5000次以上伸缩疲劳而不发生断裂，有较好的耐水性、耐酸碱性，表面光泽度好，呈瓷砖样的质感，耐沾污性、耐候性好，经1000h加速耐候试验，其伸长率、硬度、抗拉强度几乎不降低，但施工时应注意防火。

6. 彩色瓷粒外墙涂料

彩色瓷粒外墙涂料又称砂壁状建筑涂料，以丙烯酸类合成树脂为基料，以彩色瓷粒及石英砂粒等作骨料，掺加颜料及其他辅料配制而成。这种涂层色泽耐久，抗大气性和耐水性好，有天然石材的装饰效果，艳丽别致，是一种性能良好的外墙饰面。

7. 彩色复层凹凸花纹外墙涂料

涂层的底层材料由水泥和细骨料组成，掺加适量缓凝剂，拌和成厚浆，主要用于形成凹凸的富有质感的花纹。面层材料用丙烯酸合成树脂配制成的彩色涂料，起罩光、着色及装饰作用。涂层用喷枪进行喷涂后，在30min内用橡皮辊子或聚乙烯辊子将凸起部分稍作压平，待徐层干燥，再用辊子将凸起部位套涂一定颜色的涂料。

8. 乙-顺乳胶漆

由醋酸乙烯和顺丁烯二酯二丁酯两种单体，用乳化剂和引发剂在一定温度下进行乳液聚合反应，制得乙-顺共聚乳液，以这种乳液为主要成膜物质，掺入颜料、填料与助剂，经分散混合后配制而成乙-顺乳胶漆。该涂料的耐冻融性、耐水性及耐污染性均佳。

9. 乙-丙乳胶漆

由醋酸乙烯和一种或几种丙烯硅酯单体借助非离子型乳化剂和无机过氧化物引发剂的作用，在一定温度下进行共聚反应制得乙-丙共聚乳胶液。

将这种乳液作为成膜物质，掺入颜料、填料、助剂、防霉剂等，经分散、混合后制成的乳胶漆，有良好的光稳定性和耐候性，抗冻性、耐水性、耐污染性良好。因此，可作为外墙涂料用于室外。该涂料配制过程中如果加入云母粉、细粒砂石，可制成厚质涂料而增强其粗糙质感和遮盖能力，装饰效果较好。

10. 无机建筑涂料

无机建筑涂料以碱性金属硅酸盐或硅溶胶为主要成膜物质。碱金属硅酸盐包括有硅酸钠、硅酸钾、硅酸锂及其混合物加入相应固化剂或有机合成树脂乳液所成的涂料。硅溶胶是与有机合成树脂及颜料、填料等所组成的涂料。

无机建筑涂料与有机涂料相比较有如下特点：

（1）耐水性能优异，水中浸泡500h无破坏。

（2）粘结力强，适用于混凝土预制板、砂浆、砖墙、石膏板等。

（3）耐老化性达500～800h。

（4）成膜温度低（–5℃），施工方便，生产效率高，原材料来源丰富。

11. 仿真石涂料

（1）特点

真石漆（又叫仿石漆、彩釉石英砂涂料、合成树脂乳液砂壁状建筑涂料），是以合成树脂乳液为基料，以不同粒径的天然采砂为骨料，加入各种助剂，根据天然名贵石材砂岩石的纹路、颜色和质感制成的厚质建筑涂料。其装饰纹理自然流畅，具有天然石的自然光泽，粘结力强、耐水、耐碱、耐候、耐污染、不褪色、不燃等优点，是目前大力推广的绿色环保装饰涂料。真石漆饰面一般由抗碱封闭底漆、中层漆和罩光漆组成。

（2）仿真石涂料施工材料组成

1）抗裂腻子

比普通腻子有更好的防水及抗裂性能，更能保证仿石材涂料的平整度以及附着力。

2）封闭抗碱底漆

其作用是在溶剂挥发后，其中的聚合物及颜填料会渗入基层的孔隙中，从而阻塞了基层表面的毛细孔，这样基层表面就具有了优良的抗水性能和垂直防水功能；再加上超强的渗透性、极佳的附着力增加了砂岩漆主层与基层的附着力，避免了剥落和松脱现象；该产品还可以消除基层因水分迁移而引起的泛碱，能够抵制封固底材碱性的侵蚀，抗水泥降解性，抗碳化、抗粉化、防止面漆的发花；优异的防霉抗藻透气功能，保护面漆历久常新，健康环保。

封闭底漆在最里层，其作用是增强基材表面的防水性能，防止基材水分迁移而引起泛碱、发花等现象。封闭底漆分为水性和油性两大类，水性封闭底漆由专用的细粒径苯丙乳液和纯丙乳液加助剂、水组成；油性封闭底漆主要由丙烯酸树脂、环氧树脂配以固化剂和稀剂组成。

3）勾缝底漆

适当地分格更能凸显建筑物的大气以及其仿石材的整体效果。

4）专用真石漆

母料使用全球工业品主要供应商——进口仿石材涂料专用乳液，因其乳液结构稳定，所形成的漆膜无色，透明，在紫外线照射下抗黄变和粉化。且涂膜硬度更大，也提高了涂层的耐沾污性。漆膜的吸水膨胀率要小，形成耐水耐白化的漆膜，即具有抗吸水泛白的能力。

骨料是天然石材经过粉碎、清洗、筛选等多道工序加工而成，非人工烧结的石砂，具有很好的耐候性、耐酸碱和不褪色性。选择时应选用白度好、含硅量较高的仿砂岩漆专用石砂，用一定量的白色石砂与天然有色石粉及适量天然色浆配合使用，可调整颜色的深浅，使涂层的色调富有层次感，完全能取得类似天然石材的质感。

中层漆由乳液、骨料、助剂和水组成。乳液作用时粘结和固化，其类型及硬度直接影响真石漆的性能，一般要求常温固化、耐候性好、不泛黄、耐沾污、漆膜遇水不泛白等，常用纯丙或硅丙乳液或含氟树脂乳液。骨料除了表现质感与色彩外，还有阻挡紫外线和抗老化作用。骨料可用天然碎石粒、陶瓷器碎粒、着色硅砂、着色玻璃碎片等，通常以不同粒径采砂搭配作为主料。助剂主要有成膜助剂、防冻剂、增稠剂、消泡剂、杀菌剂等。

5）水性罩面清漆

使用水性罩面材料主要是为了增强砂岩漆涂层的防水性和耐沾污性、耐紫外线照射等性能，也便于日后的清洗。因水性罩面材料有着C—F键的超高键能，使涂料具有极强的化学稳定性，因而具有优异的抗紫外线降解能力和超耐候性能。由于水性罩面材料致密的分子结构决定了其涂膜坚硬，表面能低，同时漆膜表面的诱起电压高（电阻率高）不易引起静电，具有极强的防污性和极强的憎水性。还具有优异的耐黄变、耐化学性、耐腐蚀性、耐盐雾性等性能，可以提升建筑物的使用寿命，用作仿石材涂料的罩面是最理想的选择。

罩面漆。罩面漆是真石漆饰面的最外层，其作用是提高真石漆的光泽度、耐候性及耐污性。它也分为水性和油性两大类，油性罩面漆一般由热塑性丙烯酸树脂或有机硅改性丙烯酸树脂及溶剂组成，水性罩面漆一般由纯丙或硅丙乳液、助剂和水组成。

基底类型及封闭底漆选择。真石漆对基底材料要求不严，石材、混凝土、金属、瓷砖、石膏板以及木板基底都可以有很好的耐着力，但要做好基底处理（上封闭底漆之前可以刮1～2腻子）使其适合施工要求。根据不同基底选择适当的封闭底漆，两者要有较好的亲和力才能结合紧密。通常混凝土基底可选用水性封底漆；金属、瓷砖等光滑面的基底可选用油性封闭底漆。旧式园林建筑常用瓷砖、马赛克、水洗石等做饰面，对这些饰面不需要全部铲除，只需对松动、空鼓部分进行清理和修补后，即可直接在旧饰面层上喷真石漆。

封闭涂料用量一般为0.1～0.12kg/m^2，中层漆用量一般为34.5kg/m^2，罩面漆为0.1～0.2kg/m^2，不同品牌不同类型的真石漆价格不同。真石漆与花岗石比较，原材料价格低，降低了人工费和机具租赁费，每平方米成本费用只要花岗石饰面的1/5左右。

22.4.2 地面涂料

建筑物的室内地面采用专门的地面涂料作饰面是近几年来兴起的一种新材料和新工艺。与传统的地面相比较，其施工简便，用料省，造价低，维修更新方便，所以地面涂料很快在建筑中获得了广泛的应用。

地面涂料主要功能是装饰和保护室内地面，使地面清洁美观，同时与墙面装饰相适应。并且还要求涂料与地面有良好的粘结性能以及耐碱性、耐水性、耐磨性和抗冲击性，不易开裂或脱落，施工方便，重涂容易。

1. 过氯乙烯地面涂料

过氯乙烯地面涂料是以过氯乙烯树脂为成膜物质，掺入增塑剂、稳定剂和填料等经混炼、滚轧、切片后溶于有机溶剂中配制而成的，该涂料具有一定硬度、强度、抗冲击性、附着力和抗水性，生产工艺简单，施工方便，涂膜干燥快，涂布后，地面光滑美观，易于清洗。

2. 苯乙烯地面涂料

苯乙烯地面涂料是以苯乙烯焦油为成膜物质，经熬炼处理，加入颜料、填料、有机溶剂等原料而成的溶剂型地面涂料。该涂料涂膜干燥快，与水泥砂浆、混凝土有很强的粘结力，同时有一定的耐磨性、抗水性、耐酸性和耐碱性，用于住宅建筑地面，效果良好。

3. 聚氨酯地面涂料

聚氨酯地面涂料是由聚氨酯预聚体、交联固化剂和颜料、填料等所组成。铺设地面时，将3种材料按照比例调成胶浆，涂布于基层上，在常温下固化后形成整体的具有弹性的无缝地面。该涂料具有耐磨、弹性、耐水、抗渗、耐油、耐腐蚀等许多独特的性能优点，施工方法简便。

4. 聚乙烯醇缩甲醛胶水泥涂料

该涂料是以水溶性乙烯醇缩甲醛胶为主要成膜物质与普通水泥和一定量的氧化铁颜料组成的一种厚质涂料，光洁美观，具有一定耐磨性、耐水性、耐热性、抗冲击性、耐化学药品性等。

22.4.3 特种涂料

特种涂料不仅具有保护墙体和装饰作用，而且还具有一些特殊功能，如有阻止霉菌生长的防霉、卫生灭蚊、防静电、发光等功能。

1. 卫生灭蚊涂料

该涂料以聚乙烯醇、丙烯酸酯为主要成膜物质，配以高效低毒的杀虫剂、加助剂配合而成。其色泽鲜艳、遮盖力强、耐湿擦性能好，对蚊蝇、蟑螂等虫害有很好的杀灭作用。同时又具有耐热性、耐水性，附着力强，高效低毒，无不良反应，可用于居民住宅、食品贮藏室、医院、部队营房等工程。

2. 防霉涂料

该涂料以氯乙烯-偏氯乙烯共聚物为成膜物质，加低毒高效防霉剂等配制而成。对黄曲霉、黑曲霉、萨氏曲霉、土曲霉、焦曲霉、黄青霉等十几种霉菌有防菌效果，同时还具有耐水性、耐酸碱性、洗刷性、附着力强等性能。适用于食品厂、糖果厂、罐头厂、卷烟厂、酒厂以及地下室易于霉变的工程。

3. 防静电涂料

该涂料以聚乙烯醇缩甲醛为基料，掺入防静电剂和多种助剂加工配制而成。具有质轻、层薄、耐磨、不燃、附着力强、有一定弹性、耐水性好等特点。

4. 发光涂料

该涂料是在夜间能指示，起标志作用的涂料。涂料由成膜物质、填充剂、荧光颜料等组成。具有耐候性、耐油性、抗老化性和透明性。

可用于标志牌、广告牌、交通指示器、电灯开关、钥匙孔、门窗把手等。

5. 金属闪光色彩的气溶胶涂料

将醇酸树脂和丙烯酸树脂溶解到在常压条件下为气体、在加压密闭容器中为液体作动力溶剂的材料中，当打开容器喷嘴时，这种溶剂就能自动地喷射到建筑物上成膜。其动力溶剂为有机氟烃类或石油馏分中的低分子烃类等。加颜料、填料可配制各种色彩的涂料。

22.4.4 油漆涂料

1. 天然漆

天然漆是树上取得的液汁，经部分脱水并过滤而得的黏稠液体，有生漆和熟漆之分。天然漆漆膜坚硬，富有光泽，耐久，耐磨，耐油，耐水，耐腐蚀，绝缘，耐热（≤250℃），与基底材料表面结合力强。其缺点是黏度高而不易施工（尤其是生漆），漆膜色深，性脆，不耐阳光直射，抗强氧化剂和抗碱性差，漆酚有毒。

生漆不需催干剂可直接作涂料使用。生漆经加工即成熟漆，或经改性后制成各种精制漆。精制漆有广漆和推光漆等品种，具有漆膜坚韧、耐水、耐热、耐久、耐腐蚀等良好性能，光泽动人，装饰性强，适用于木器家具、工艺美术品及某些建筑零件等。

（1）大漆

也称国漆和生漆，由漆树汁经自然氧化，部分脱水并过滤去杂质的一种天然漆，中国著名特产。它不溶于水，只溶于酒精、丙酮、二甲苯和汽油等有机溶剂。但漆膜干固后，几乎不溶任何溶剂，且有特殊的耐久性、耐油性、耐磨性、耐水性、耐潮性、耐化学腐蚀性和绝缘性。大漆的漆膜性脆，抗挠曲性差，黏度高，漆膜颜色较深不鲜艳，不耐阳光直射，不宜用于室外。养护条件要求有一定湿度。大漆施工不便，毒性较大，容易造成皮肤过敏等反应，不过经精制加工，其性能已大大改善。现在主要产品有揩漆、揩光漆、透明推光漆、黑色推光漆、广漆（有赛霞漆、朱合漆等）等。

（2）桐油

桐油系由油桐籽榨取而得的一种淡黄色天然干性植物油，结膜干燥快，涂膜坚韧、光亮，耐水、耐光，耐久性好，不溶于有机溶剂，是熬制灰油、熟桐油（光油）的基料。

（3）亚麻籽油

亚麻籽油是从亚麻籽中榨得的一种淡黄色干性植物油。其涂膜柔韧性好，干燥性稍次于桐油和梓油，耐久性优于桐油，但耐光性、耐水性等不如桐油，涂膜易泛黄，在高温干燥环境中涂膜易粉化、皂化，是调制清油的基料。

（4）苏籽油

苏籽油是从苏籽中榨得的一种干性植物油，它是熬制熟桐油（光油）的基料之一。

（5）梓油

梓油又名青油，是中国特产，它是由乌桕树籽仁榨得的一种干性植物油。

2. 清漆

清漆属于一种树脂漆，系将树脂溶于溶剂中，加入适量催干剂而成。清漆一般不掺颜料，涂刷于材料表面，溶剂挥发后干结成光亮的透明薄膜，能显示出材料表面原有的花纹。清漆易干，耐用，并能耐酸，耐油，可刷，可喷，可烤。

清漆是一种透明涂料，由成膜物本身或成膜物溶液和其他助剂组成。根据所用原料的不同，清漆有以下种类。

（1）油清漆

油清漆系由合成树脂、干性油、溶剂、催干剂等配制而成。油料用量较多时，漆膜柔韧、耐久且富有弹性，但干燥较慢。油料用量少时，则漆膜坚硬、光亮，干燥快，但较易脆裂。

（2）醇酸清漆

醇酸清漆系由醇酸树脂溶于有机溶剂并加入催干剂制成，通常是浅棕色的半透明液体。这种清漆的附着力、耐久性比酚醛清漆好，能自然迅速干燥，漆膜硬度高，电绝缘性好，可抛光、打磨，显出光亮的色泽，但膜脆，耐热及抗大气性较差。醇酸清漆主要用于涂刷室内门窗、木地板、家具等，不宜外用。

（3）酚醛清漆

酚醛清漆根据所用酚醛树脂的种类可以制成许多种。常用的是松香改性的酚醛树脂清漆，它是由松香改性酚醛树脂、干性油、催干剂、溶剂等组成的。改性酚醛树脂增加了与油或其他树脂混溶的基因而具有溶油性。这种涂料干燥快、漆膜坚硬、耐水、绝缘、耐化学腐蚀。但漆膜较脆，颜色易泛黄变深。这种漆由于性能较好，价格低，在酚醛树脂漆中占重要地位，主要用于漆饰木器，可显示出木器的底色和花纹。

（4）硝基清漆

又称清喷漆，由硝化棉、不干性醇酸树脂、增塑剂及稀释剂等组成。

单用硝基纤维素为成膜物质的清漆，涂膜性脆，光泽不好，不耐紫外线光，对被涂物的附着力差，因此往往于其中加入合成树脂、增塑剂来加以改进其性能。在硝基清漆中加入甘油松香或醇酸树脂，硝基清漆的耐久性能趋好，漆膜保持坚韧，不易倒光和泛黄。将增塑剂加入硝基清漆中，可以增强漆膜的弹性、附着力、伸长性、对光热和寒冷的抵抗性，并能降低其可燃性，防止漆膜脱落开裂。增塑剂分为植物油类和化学合成酯等。植物油类首选蓖麻油，而化学合成酯的增塑剂大多数是一种高沸点的溶剂，有苯二甲酸二丁酯、磷酸三甲酚酯、磷酸三苯酯等。它们的优点是气味不大，稳定性好，碰到热不会渗汗。

（5）虫胶清漆

虫胶清漆由虫胶溶于酒精制成，具有涂刷方便、结膜快干的特点，在木材涂饰中常常用来封闭木材多孔的表面。

3. 色漆

色漆是指因加入颜料（有时也加填料）而呈现某种颜色、具有遮盖力的涂料的统称。其中包括磁漆、调和漆、底漆、防锈漆等。

（1）磁漆

系在清漆基础上加入无机颜料而成的。漆膜光亮、坚硬，酷似瓷器。磁漆以成膜物命名，如酚醛磁漆，醇酸磁漆等。磁漆的漆膜有光泽，色彩丰富，附着力强，其性质比同类的清漆更稳定，适用于室内装修和家具，也可加适当数量的干性油，用于室外的钢铁和木材表面。磁漆在建筑中广泛用作装饰性面漆。

喷漆是清漆或磁漆的一种，因采用喷涂法而名。常用喷漆由硝化纤维、醇酸树脂、溶剂或掺加颜料等配制而成。喷漆漆膜坚硬，附着力大，富有光泽，耐酸、耐热性好，是金属装修件的常用涂料。

（2）调和漆

调和漆是在熟干性油中加入颜料、溶剂、催干剂等调和而成的最常用的一种油漆。调和漆分为油性调和漆（成膜物为干性油）、磁性调和漆（成膜物为松香脂衍生物与干性油的混合物，如酯胶调和漆）及醇酸调和漆（成膜物为醇酸树脂）等。常用的有油性调和漆、磁性调和漆等。

调和漆含填料较多，质地均匀，涂膜坚硬、平整，稀稠适度，漆膜耐蚀、耐晒，经久不裂，遮盖力强，耐久性好，施工方便，适于室内外钢铁、木材等材料表面。但细腻程度及耐候性不如同系列磁漆，装饰性一般，价格低廉。

（3）底漆

底漆常作为施于物体表面的第一层涂料，是面层涂料的基底。底漆与基材有良好的附着力，并与面层牢固结合。如酚醛铁红底漆、醇酸锌黄底漆等。

底漆主要供金属表面使用，亦可用于木材或其他物体表面。

（4）特种油漆

建筑上常用的特种漆是各种防锈漆及防腐漆。按施工方法可分为底漆和面漆，先用底漆打底，再用面漆罩面，对钢铁及其他材料能起较好的防锈、防腐作用。

防锈漆用精炼的亚麻籽油、桐油等优质干性油做成膜剂，红丹、锌铬黄、铁红、铝粉等作防锈颜料。也可加入适量滑石粉、瓷土等作填料。

红丹漆是目前使用最广泛的防锈底漆。红丹呈碱性，能与侵蚀性介质中的酸性物质起中和作用；红丹还具有较高的氧化能力，能使钢铁表面氧化成均匀的Fe_2O_3薄膜，与内层紧密结合，起强烈的表面钝化作用；红丹与干性油结合所形成的铅皂，使漆膜紧密、不透水，因此有显著的防锈效果。

锌铬黄防锈漆也是一种常用的防锈漆。锌铬黄也呈碱性，能与金属结合，使表面钝化，具有防锈效果，且能抵抗海水的侵蚀。

沥青清漆及磁漆具有较高的防锈性能。对水、酸及弱碱的抵抗性较强，适宜于钢铁表面的防锈。与铝粉配合使用，可使沥青漆的抗老化性增强，并改善其防水、防锈、防腐蚀性能。

硼钡酚醛防锈漆是一种新型防锈漆，可代替红丹防锈漆。这种防锈漆最好与醇酸磁漆、酚醛磁漆等配合使用，具有防锈性好、干燥快、施工方便、无毒等特点。

在建筑工程中，常用生漆、过氯乙烯漆、酯胶漆、环氧漆、沥青漆等作为耐酸、防腐漆，用于防腐蚀工程。

4. 乳胶漆

乳胶漆系水性涂料的一种，以聚合物乳液为基础，加入颜料、乳化剂、增塑剂、稳定剂、防腐剂等制成。常见的乳胶漆有醋酸乙烯乳胶漆、丙烯酸乳胶漆、醋酸乙烯-丙烯酸酯乳胶漆。

乳胶漆一般具有如下特点：（1）以水为分散介质，节省有机溶剂，避免火灾及溶剂中毒；（2）涂层的透气性、耐碱性、耐水性及耐磨性均较好，适于在混凝土等碱性基底上涂装；（3）漆膜是依靠水分在常温下挥发干燥，且干燥迅速。

醋酸乙烯乳胶漆是由醋酸乙烯聚合得到的乳胶制成，可作为内用墙漆，有较好的保色性和附着力。

丙烯酸类单体共聚制成丙烯酸类乳胶漆。这种涂料保色性和耐候性好，是很好的外用建筑涂料。

醋酸乙烯-丙烯酸酯乳胶漆简称乙丙乳胶漆，是由醋酸乙烯与丙烯酸酯共聚而成，其性质与丙烯酸乳胶漆相同，但成本较低。这种涂料施工性能好，可喷可刷。

22.4.5 新型涂料

1. 氟碳树脂涂料

截至目前，只有氟碳树脂涂料才能经得起地球上任何气候条件的严酷考验，而不失其本色，且具有抗大气污染、不沾油尘之特性，有优异的抗退色性、抗起霜性、抗酸雨侵蚀性、抗紫外光能力、抗裂性，是常规涂料所不能达到的。

2. 仿石涂料

也称真石漆或仿石漆，主要组成为天然石粉、粘结剂及助剂，天然石粉约占成品总重量的70%～80%。它是当今社会回收利用废石料的一条重要途径，处理废石料的效率极高。仿石涂料属中高档建筑材料，运用仿石涂料时，一般情况下需在被装饰物面上饰三层物质。直接与基面接触的最底层使用封底漆，其主要作用是防止水分和盐类从混凝土等基面渗出，增强仿石涂料与基面的附着力。第二层使用的仿石涂料层即中间仿石层通常要求厚度在2mm以上，成型后具有天然石材的外观或具有特定的图案和色彩，并具有一定的强度。最上面的一层即防护层，其主要作用是防水和防污，同时加强仿石层的防紫外线辐射和耐老化性能。

3. 氟碳涂料

氟碳涂料是以聚偏二氟乙烯树脂（PVDF）为基料，或配金属微粒（铝粉）为色料，或加云母晶体粉为色粉而制成的涂料。氟碳涂料化学结构极稳定、牢固，耐磨性、抗冲击性等机械性能十分优异，在恶劣气候及环境下显示出耐久的抗褪色和抗紫外线性能。

氟碳涂料通常含70%的Kynar 500（或Hylar 500，Hylar 5000）基料。由于Kynar 500的特性，使这类涂料特别适合应用在高档建筑室外材料的涂装，其广泛的颜色选择、美丽庄重的外观以及优异的耐久性，已给世界各地许多宏伟建筑增添了光彩。

22.4.6 颜料

古建筑油漆和彩画中多用矿物和植物颜料，需经特殊加工。它们质地精良、耐久性和耐候性好。颜料的种类繁多，根据色系分为白色系、红色系、黄色系、青色系、绿色系和黑色系，具体颜料名称和性能见表22-1。

常用涂料颜料 表22-1

色系	名称	应用特点
青色系	空青	空青产自蓝铜矿，用作青色颜料，产于四川等地
	扁青	天然产铜的化合物，亦称梅花青
	藏青	青的一种，产于西藏，故称藏青
	沙青（佛青）	使用较多的一种青色颜料，天然产铜的化合物，也称回青或波斯青
绿色系	石绿（绿青、孔雀石）	石绿系铜的一种化合物，颜色鲜艳、美丽，呈块状，产于武昌等地
	苋蓝（苋菜）	人工栽培的草本植物，用小叶苋蓝煎水，色鲜艳
红色系	朱砂（丹砂）	产于四川、湖南，天然呈红褐色
	银朱（硫化汞）	系带有亮黄蓝光的玫瑰红色，色调很优美，有相当的遮盖力
	绿矾（明矾石）	系天然矾石，其赤色者称绛矾，为暗红色颜料
	樟丹（铅丹）	系铅的化合物，呈揉红色粉末，有毒
	广红土（铁红）	天然氧化铁红，又称红土，产量多且价廉
	赫石（土朱）	天然氧化铁红的一种，赤铁矿中产品，有赫红、老红、暗紫等色
	镉红（大红色素）	由硫化镉、硒化镉和硫酸钡组成的红色料，耐光、耐碱、耐候，耐酸较差
	紫铆（西洋红）	寄生在藤类树上的紫胶虫分泌物，呈鲜艳紫红色
	胭脂（燕脂）	以花制成，可调和朱砂和银朱的色调
	苏木	从苏木的枝干心材中，可提取红色颜料；根可提取黄色颜料
黄色系	石黄	为铬的化合物，呈纯黄色
	雄黄雌黄	为三硫化砷，雄黄呈橘黄色，雌黄呈柠檬黄色。产于红砒石中，有剧毒
	藤黄	为常绿小乔木，其树皮被刺后可渗出黄色树脂，有毒。色泽正黄
	姜黄	草本植物，其粉末为橙黄色，可做黄色颜料
	铬黄（铬酸铅）	不溶于水和油，有柠檬黄、浅燕黄、中铬黄、深铬黄、橘铬黄等色
	镉黄	由硫化镉和硫酸钡组成，颜色由浅柠檬至橘黄不等
白色系	白垩（大白粉）	由方解石和石屑组成的沉积岩，呈白或灰白色，易粉碎，过筛即为大白粉
	铅粉（韶粉）	又名中国粉，用于调制白色油漆涂料
	老粉	系方解石与其他碳酸钙含量高的石灰石粉碎而成
	钛白粉（二氧化钛）	化学性质相当稳定，遮盖率、着色率都很强，白色颜料
黑色系	烟子（黑烟子、松烟子）	用松材、松根和松枝等在窑内不完全燃烧熏得的黑色烟炭，遮盖力及着色力均很好，尤以竹子烧制者更佳
	石黛（石墨、墨铅）	古代用作黑色颜料

22.5 油饰

传统油饰工具有五分捻子、油桶、丝头、缸盆等，由油工师傅自制，所使用的原材料有石青、石绿（德国绿、巴黎绿是现代常用的进口颜料）、银朱、樟丹、铅粉、黑烟子、广红（红土子）、佛青。油料有熟桐油、苏油（现在用煤油、稀料），材料由油工师傅自配。

22.5.1 油饰原料及初加工料

（1）生桐油：简称生油，用桐树籽压榨而成，为干性油，相对密度在0.94左右，有一定的耐水、耐光、耐碱功能，耐候性良好，可直接用于地仗钻生以及加工熬制光油、灰油、金胶油。

（2）白面：普通小麦面粉，亦可用未霉变的陈面、工业用面，俗称“土面”。主要用于打油满配制地仗用灰，以及打面胶作糊纸用的胶粘剂。

（3）石灰：须用生石灰块，利用其加水后升温和碱性反应制血料，烧“熟”白面“打满”。

（4）血料：以鲜猪血（清真建筑可用牛羊血）搓碎过箩成浑浊血浆，再用占总量4%左右的石灰水搅成粥状，凝固后成嫩豆腐状态，用加盖塑料桶或不透水编织袋包装即可使用。血料主要用于配制地仗灰浆、黏麻浆、腻子及传统刷墙的辅助胶料等。根据气温的不同有一定的存放期，血料如变质、腐臭、化成汤状时不得继续使用。

（5）砖灰：地仗灰壳的主要填充材料。用干燥的、含砂量少的旧青砖、青（黑）瓦为原料，经粉碎后分别过箩筛出不同规格的颗粒及粉末。可粗分为“粗灰”、“中灰”、“细灰”三大类，细分有楞籽、大籽、中籽、小籽、鱼籽灰、中灰、细灰7种规格。

（6）线麻：以纤维长、拉力强、黄白干净、光亮、直顺、无杂质者为上品。在麻灰地仗中，利用麻丝纤维的拉结功能，起到增强拉力、加强灰壳的整体性、防止灰壳开裂的作用。传统工艺用手工梳麻来通顺麻丝，去除麻披、麻秸、杂物、霉变麻，现多用机制麻、盘麻、精梳麻，但不得使用纤维直径小于1mm、单根长度小于50cm的过细、过短的机制麻，以免影响强度。

（7）夏布：传统糊布用材料，以苎麻或亚麻纤维粗纺而成，布丝粗，有一定孔隙，纤维间距（孔眼）在1～5mm为好。使用传统糊布材料可以减少灰层厚度，与使麻达到同样的拉接效果。在地仗的灰壳中使用，起增强其拉力的作用。

（8）土籽：天然含二氧化锰的矿石，自然状态为深褐色小规则颗粒状，古人将其作为催干剂使用。原粒常用于熬炼光油，加工碾压成粉状，可用于熬制灰油以及作漆灰地仗材料。

（9）樟丹粉（红丹粉）：为一氧化铅及过氧化铅组成的混合物，呈橘黄色，在古建油料中作为重金属催化剂加入到灰油当中，以及作为颜料加入到颜料光油中。

（10）陀僧（黄丹粉）：以一氧化铅为主的金黄色粉状物，熬制光油时的重金属催干剂，有时还可使熬成的光油色泽亮丽。

（11）库金箔：用含量在98%以上的黄金加工成各种尺寸规格的箔状体，在油漆彩画中饰金用的常用尺寸为9.93cm×9.33cm，每千张称为一具。

（12）赤金箔：用含量在74%左右的黄金与白银、钢融合后加工成各种尺寸规格的箔状体，在油饰彩画中饰金用的常用尺寸为8.33cm×8.33cm。

（13）银箔：纯银加工成各种尺寸规格的箔状体，常用于宗教祭器上的饰银及仿金，用于仿金时要外罩金黄色透明漆。

（14）铜箔（合金箔）：以黄铜为主加其他非贵重金属合金加工成各种尺寸规格的箔状体，用于油饰彩画仿金效果时常用尺寸为10cm×10cm。每千张称为一具。

（15）铝箔：银箔之廉价替代品，因色泽较银箔略差而常用于仿旧场合。

（16）大白（块）：又称白垩，传统工艺中多用于浆活，也可在贴金操作时用作手掌干燥剂。

（17）地板黄：一种土黄色化工颜料，传统工艺用于配制“包金土”黄浆。

（18）入油颜料：传统工艺使用颜料光油时的主要入油颜料，基本上与画活颜料一致。要求采用耐候性较好的矿物及植物性颜料，不同的是要经过加工使其脱碱、硝、盐以及比彩画颜料更加细腻。常用颜料有广红土（氧化铁红）、银朱、黑烟子、佛青（群青）、巴黎绿、砂绿等。

22.5.2 配油

传统上，色油是用颜料和熟桐油现场随用随配而成，没有成品。下面对传统配油方法作简要介绍。

1. 绿油（深绿）

石绿（巴黎绿、德国绿也可）块状，用开水沏泡两次，停放3～4h，颜料自然沉淀，水面高于颜料约50mm，倒出其中的大部分，稍留余水。用铁勺把绿颜料搅匀，倒在小石磨上磨细，流入缸盆。再停放4～5h，颜料完全沉淀了，控净余水，用油棒搅均匀。把熟桐油慢慢倒入颜料中，随掺随搅拌。颜料中的水分渐渐被桐油顶出来，熟桐油和颜料掺合成坨，用粗白布把坨上的水振净，这种做法叫出水。再倒入熟桐油，用油棒砸开油坨，不停地搅拌，倒入适量的煤油稀释。材料掺量配比是：1份石绿：0.8份熟桐油：0.25份煤油，头道油要稀一些，二道油浓一些，按重量配比。

试配：把配成的绿油涂在指甲盖上，不要过稀以绿油盖住指甲盖即可，也不要过浓。

2. 樟丹油

用开水沏樟丹粉，樟丹中含硝，最少沏2～3次过出去，过净为止，樟丹油的配制方法与掺料比例与绿油作法完全相同。

3. 银朱油

银朱颜料粉状，不需开水沏，可直接对熟桐油，掺料重量比例按1份银朱：0.2份章丹：1份桐油，配制过程同前。

4. 二朱油

四成银朱加六成樟丹，按体积掺，配制过程同前。

5. 广红油（土朱油）

红土子（高广红）按体积1份：熟桐油1份，掺好拌匀以后放在太阳下晒1～2天，泌出上面的漂油，留做最后一道光油用，沉在下面的油做垫光油或油饰上架椽望用。

6. 白铅油

把块状的中国铅粉磨细成粉（洋铅粉是粉状），倒入开水泡开，1份银粉里掺1份熟桐油，配制过程同前。

7. 黑油

将粉状黑烟子放在80目的细箩中，在黑烟子上面铺一块布，用手轻轻向下揉，使烟子粉末慢慢落入下面的缸盆里。在过了箩的烟子上面铺上一张牛皮纸，用手把烟子按实，拿去牛皮纸，在黑烟子上掏一个窝，把预先温热的白酒倒在窝里，酒的温度要达到将要沸腾的程度。500g烟子倒3两酒，在倒酒的地方倒入开水，水淹没烟子，随倒水随搅拌，一直拌到稠状为止。停放24h，黑烟子沉淀下来，澄出浮水，倒入浓度较大的熟桐油，拌和出水的工艺与配绿油作法完全相同。倒入少量熟桐油砸开油坨，分三次倒熟桐油，随倒随拌，黑烟子和桐油按重量1份黑烟子掺1.5份熟桐油。

8. 蓝粉油

按重量1份佛青（粉状）掺1份熟桐油，直接掺入搅拌而成，配好以后和白铅油拌和淡化成蓝粉油。调油要以大色为主，在白铅油中对蓝油，浅色油饰要做色标样板，按试成的比例对油。

9. 黄油

按重量石黄1份、熟桐油1份，配制的方法和绿油相同。

10. 光油

传统古建光油是各种熟桐油的总称，以用途来区分，基本上可分为：入灰光油、颜料光油、罩面光油、金胶油等几种。

（1）入灰光油：一般使用净油，可直接采购厂家的成品熟桐油。如为了与地仗后面的油皮工序用油一起使用，不另采购，也可使用“二八光油”，但成本略高一些。

（2）生桐油熬制光油（搓油油皮用及罩油用）：通常使用“二八光油”，方法为：先煎“坯”，即把占总油重20%的苏子油熬沸，把占总量12%的土籽粒放铁勺内再浸入大锅油面炸透后投入锅内（凉土籽如直接投入锅内会引起爆炸，溅油伤人），不断扬烟，试油成后将土籽取出再加入总油量80%的生桐油，熬至开锅后，陆续撤火扬烟，再次试油成后断火，继续扬烟至烟尽，最后加入占总量2.5%的陀僧和0.5%的松香，冷却后盖好掩头即成。

试油方法如下：

坯油：将油滴入凉水碗中，用小木棍搅不散并全粘在木棍上即成。

成品油：将油滴入凉水中，用手拉丝超过3cm长即成。

（3）各种颜料光油的加工配制。

樟丹油：开水沏樟丹—沉淀—例水，反复多次后研磨，沉淀后用吸水潮和蘸水，陆续加光油用木棒搅“磁”，边磁边用毛巾蘸去水分，直至没有水珠从颜料中溢出时，再加光油调至适合手工操作稀稠度，盖上油掩即成。常用于垫头道油及做防锈漆用。

广红土油：传统上使用南片红土、广红土颜料配制成铁红色颜料光油，现采用主要成分相同，颜色近似的氧化铁红代替。加工方法采用传统形式，即用铁锅文火将颜料炒干潮气，过箩，串光油。盖上掩头暴晒十日，沉淀后分层使用（最上层为未道油用，中层为二通油用，底层为头道油用）。铁红油在古建中用途最广，如山花、椽望、博缝、上下架大木及门窗装修等处均有采用。

银朱油（朱红油）：用银朱和光油配制而成。传统配制方法与樟丹油基本相同，所不同的是用凉水沏泡。现多使用上海银朱，因为体轻，所含杂质少，所以不用出水，直接用少量煤油磁匀后研磨串油即可。纯色银朱油由于颜色鲜亮，多用于点缀性的部位，如山花、连檐瓦口、垫栱板、腰断红垫板以及各种雕刻花活、沥粉图案的“地”等部位。

二朱油：传统上由红土油及银朱油两种颜料光油按所需颜色以不同比例配制而成，它兼有朱红油的大红色调及铁红油的耐候性特点，按过去封建等级制度限定，建筑物上大面积使用二朱油的仅限于皇室建筑。

柿红油：传统上由红土油及樟丹油配置而成。由于它既有樟丹油的遮盖力，颜色又接近红色，所以多用于隔扇推窗等木楞条较多的部位作垫光油。

洋绿油：从清中晚期后开始使用进口绿颜料，通称“洋”绿。传统的洋绿入油方法须经过“出水”，方法同樟丹油。主要用于古建筑中飞头、椽肚、窗屉及廊亭的柱子、坐凳、屏门等部位。

黑烟子油：把黑烟子颜料用“吸水纸掩”压实后，浇入热白酒（酒精），再续上开水至洇透颜料，然后按樟丹油方法出水，但不须研磨，主要适用于古建民居、祠堂的油饰，如门筒板、黑红镜、下架部位等。

定粉油：中国粉经过出水工序入油，多用于室内及作浅颜色配色用。

佛青油（群青）：以群青入光油调色用。

黄丹油：以黄丹粉入光油调色用。

香色油：以黄丹油加定粉油、加佛青油调配而成，多用于尼姑庵、僧舍及民居。

羊肝色油：以广红土油加朱红油、加黑烟子油调配而成类似羊肝的颜色，南方古建多用此色。

22.6 涂料的选择

22.6.1 按基层材料来选择

选择涂料时需考虑其基层的特性，如水泥砂浆与混凝土等无机硅酸盐基层必须使用具有良好耐碱性的涂料，从而有效防止灰白色的“析碱”现象。而对于型钢等金属构件，则应注意防锈，因此在考虑其涂装材料时应首先涂一层防锈底漆，再涂相应配套的面漆。

22.6.2 按装饰部位来选择

外装饰工程因经受长年的风吹、日晒和雨淋，因此必须选择有足够的耐冻融性、耐玷污性、耐候性和耐水性的涂料。而内装饰工程内墙涂料的选择除了对颜色、丰满度、平整度等有要求外，还要有良好的稳定性，即具有一定的硬度和耐干擦、湿擦性能。原则上内墙涂料均可作为顶棚涂料，但对大型景观建筑，可选用含有粗骨料的凹凸涂料以突出装饰效果。地面涂料既要防地面起灰、硬冷等缺点外，还要有良好的隔声效果。

22.6.3 按建筑标准和造价来选择

对于高级建筑，应选择高档涂料，采用三道成活，即底层作为封闭层，而中间层则形成具有良好质感的凹凸状和花纹，面层则选择具有良好耐候性、耐玷污性和耐水性的涂膜，从而达到优质的耐久性和装饰效果。一般建筑则可选择中档涂料，只采用两道成活。但好的涂料仅仅只是为良好的耐久性和装饰效果提供了前提，要想充分发挥出涂料的保护作用和装饰效果，必须在其基层表面就创造有利的附着条件、线形、涂层、质感等，并选择合理的施工工艺。因此，选择好涂料之后还要全面了解该涂料的注意事项和施工要求，并按照相应的要求来进行施工，从而达到预期的效果，充分发挥出其涂装的优势。

22.6.4 按施工季节和地理位置来选择

饰面常因工程所在地理位置差异而经受不同气候条件的考验。在南方涂料的耐水性、防霉性都要良好，而在北方涂料则要有良好的耐冻融性。同理，在雨季应选择干燥迅速且初期耐水性良好的涂料；而在冬季应选择成膜温度低的涂料。

22.7 涂料工程主要质量通病及防治

22.7.1 漆膜脆化、脱皮与防治

1. 漆膜脆化、脱皮原因

（1）物面沾有污物、油渍，导致漆膜附着力差而引起卷皮。

（2）在水泥或木材表面未经打底就嵌填腻子或上漆，导致油分被基层吸收，成膜后变质发脆。

（3）底漆、面漆不配套，造成面漆从底漆上整块揭起。

（4）油漆稀释过度，在平滑有光泽的表面涂刷油漆，附着力差。

（5）漆质不佳、漆中树脂、胶质分量太多，漆膜易脆裂。

2. 漆膜脆化、脱皮的防治

（1）涂刷前，基层表面须处理干净，不得有污物和油渍。

（2）应先检验基层含水率是否合乎标准，并选用适当的底漆。

（3）选用与表面油漆收缩性相适应的面漆。

（4）擦刷和湿磨物面，在涂刷油漆时，用刷子除去所有晶化物。

（5）选用质量好的油漆，不得在有雾、霜的环境中涂刷油漆。

22.7.2　漆膜流坠与防治

1. 漆膜流坠原因

稀释剂过多，使油漆黏度低于正常要求，漆料不能附在物体表面而下坠流淌；稀释剂挥发太快，或挥发太慢，使流动性增大，也易发生流坠；物体表面清理不彻底，有油、水等污染，涂刷后不能附着而流淌；施工环境温、湿度不适；漆料中重质颜料过多（如红丹粉、重晶石粉等），分散不匀；漆刷蘸漆过多、漆膜过厚，喷涂距离太近，角度不当；选用的漆刷太大，刷毛太长，太软也易造成流坠现象；喷漆时，喷嘴的孔径太大，喷枪距物面太近或距离时近时远，喷涂的气压太大或太小，都易造成漆膜不匀或流淌。

2. 漆膜流坠的防治

选用优良的漆料和挥发速度适当的稀释剂；按规定进行物面处理，做到基层平整、洁净；施工环境温度（15～20℃）和空气相对湿度（50%～70%）要选择适当；根据施工环境及方法，合理调整油漆黏度，温度高时，黏度应小些；按规定进行刷涂应先开油，再横油、斜油，最后理油，不能横涂乱抹、涂刷时，应多检查，发现有流挂现象及时消除；刷油时、选择适宜的刷子、少蘸油、多理顺，每次漆膜不宜太厚，一般在50～70μm；喷漆时，喷嘴孔径不宜太长，空气压力应在20～40MPa范围内，且距离适宜，速度均匀。

22.7.3　漆膜皱纹与防治

1. 漆膜皱纹原因

刷油时或刷油后遇高温及太阳暴晒，会使表面形成皱纹；漆质不好、溶剂挥发太快，催干剂过多或油漆调配不均匀，也会产生皱纹；底漆过厚、未干透或黏度太大，漆膜表层先干结成膜，隔绝了下层和空气的接触，以致外干里不干而形成皱纹；涂料中含桐油太多，或含有沥青成分的黑磁漆，往往漆膜尚未流平而黏度已经增稠，出现皱纹。

2. 漆膜皱纹的防治

避免在烈日高温条件下施工，当气温较低时可加入适量催干剂；选用优良漆料，注意选用催干剂，宜用铝或锌的催干剂，少用铅或锰的催干剂，加入量要适度；涂刷时，要使漆膜厚薄均匀，须纵横展开涂层，特别在边棱、线角、转角处涂刷要均匀一致；注意控制黏度、枯度大的油漆可加入适量稀释剂，当黏度较大又不能稀释时，要选用刷毛短而硬的油刷。

22.7.4　漆膜慢干、回粘与防治

1. 漆膜慢干、回粘原因

基层表面不洁、有蜡质、盐分、油污或不干性树脂等未清除或封闭；施工漆膜过厚，使氧化

作用仅限于表面，底层长时间没有干燥机会，使干燥时间延长或回粘；在雨露、潮湿、阴暗、烈日曝晒等恶劣气候条件下施工；漆料配方中采用了挥发性很差的稀释剂，在干性油中掺有半干性油或非干性油；漆料贮存过久或密封不良，溶剂已挥发，这种油漆虽加入稀释剂后能够进行涂饰，但漆膜不易干燥或易回粘；水泥砂浆等基层未完全干燥即进行油漆，造成漆膜长期不干。

2. 漆膜慢干、回粘的防治

基层处理须符合要求，含水率及表面清洁度要按规定控制，在旧油漆基层上油漆时，清洗后可涂刷一遍血料水；合理选择漆料，严格按漆料说明施工，对于性能不清楚的漆料，要先试验或作样板，合格后再使用；施工环境不得有酸、碱、盐雾或其他化学气体，不在雨雾、潮湿、阴暗、烈日曝晒等恶劣气候条件下施工，要保持空气流通，选用适当的催干剂。铅催干剂可使漆膜表面和内层同时干燥，钴催干剂催干能力较强，可使漆膜迅速干燥，将铅、钴、锰几种催干剂配合使用效果较好，一般建筑用漆的干燥时间不能少于24h。判断干燥程度的方法是：用指甲划底漆，划痕呈白色时，表示漆膜已干燥；漆膜有轻微慢干或发黏时，可加强通风，适当提高温度，加强保护，慢干、回粘严重的应用强溶剂洗掉刮净、重新涂刷。

22.7.5 漆膜起泡与防治

1. 漆膜起泡原因

基层潮湿，如木材含水率较高，抹灰面内有潮气、碱等，水分蒸发而造成漆膜起泡；金属表面处理不佳，凹陷处积聚潮气或包含铁锈，使漆膜附着不良而产生气泡；油漆涂刷太厚，漆膜表面已干燥而稀释剂还未完全挥发，则将漆膜顶起，形成气泡；环境温度太高或日光强烈照射，底漆未干透就罩上面漆，底漆干结产生气体，将漆膜顶起形成气泡。

2. 漆膜起泡的防治

基层含水率应符合规范要求，墙不干不刷，木材的松脂和节疤要清除并用漆片封闭，金属表面刷漆需将铁锈和污物清除干净；在潮湿和经常接触水的部位应选用耐水涂料，严格按规范操作，不得在高温下施工，前遍涂层未干透，不得进行下道涂刷，涂漆不宜太厚，并应分层进行；对气泡轻微的，可待漆膜干透后，用水砂纸打磨平整，再补面漆；对气泡严重的，则应将其铲除，使基层干透，针对起泡原因进行处理，再涂面漆。

22.8 涂料在风景园林工程中的作用

涂料是一种常用的风景园林建筑装饰材料，涂刷于材料、建筑物表面，能结硬成膜。涂料不仅色泽美观，材质逼真或仿真，而且起到保护主体材料的作用，从而提高主体建筑材料的耐久性。

涂料应能满足使用功能上的要求，并具有适当的黏度和干燥速度，所形成的涂膜应能与基面牢固结合，具有一定的弹性、硬度和抗冲击性，同时应有良好的遮盖能力。

第23章　彩画材料

23.1　彩画材料及其发展

23.1.1　彩画材料

彩画材料，又称彩绘材料，主要是指绘制于中国古代建筑梁、柱、枋、窗棂、门扇、雀替、斗栱、墙壁、天花、瓜筒、角梁、椽子、栏杆等木构件上以装饰建筑的装饰画材料。

中国早期的古建油饰和彩画区分不明显，至明清时期，油饰和彩画出现了分工，官式做法已有“油作”和“画作”之分。凡用于保护木构件的油灰地仗、油皮及相关涂料刷饰，统称为“油饰”，多用于包括柱子、抱框、帮柱、门槛等在内的下架油饰和上架椽头油饰等；而用于装饰建筑的各种绘画、图案线条、色彩，称为“彩画”，多用于柱头以上椽望以下的梁架、额枋、檩替、斗栱等全部上架木构件等。油饰、彩画是两类不同的涂料，基本组成包括胶结物质、颜料、助剂、溶剂四个部分。胶结物质对涂料性质起决定性作用。古建涂料胶结物质为植物油或动物胶，如油饰主要胶结物质为桐油，而彩画为动物胶。油饰及彩画的颜料普遍选取无机矿物颜料，也有用化工合成染料的。油饰中添加有铅锰催干剂作为助剂，促进桐油成膜，并作为涂层中的一个组分。彩画用水作为溶剂，将动物胶溶解、稀释或分散为液态，施工后挥发，使动物胶形成固态涂层。

彩画通常由地仗层和彩画层构成。所谓地仗层就是在木构件上用传统材料做的保护层，既是彩画的基层，又是木构件防火、防潮层。例如，清朝官式的“地仗”一般采用砖灰、猪血、桐油、面粉作粘结料，再杂以麻布，覆盖在木头表面。彩画层是施加在地仗层之上，是美化建筑色彩、强化建筑艺术美感的装饰面层，被称为建筑的外衣。

23.1.2　彩画的作用

施彩画于建筑是中国古代建筑的明显特征之一，古建彩画既是木构建筑的装饰艺术，也是保护木材的重要措施。在中国古代，为了木构件的防腐防蠹，掩盖木材表面的结疤、色泽不匀等自然缺陷，人们最先常在木材表面涂以矿物原料丹或朱，以及将黑漆桐油等涂料敷饰在木结构上，后来这些举措逐渐和美术要求统一起来，变得复杂丰富，成为中国建筑装饰艺术中特有的一种方法。随古代建筑彩画的发展和兴盛，其装饰作用远超过保护作用。

彩画不仅符合人们的视觉需求，更能满足其心理需求，彰显彩画的象征作用。古代建筑彩画的象征作用内涵十分丰富，主要体现在以下几个方面：

（1）宣扬礼教。彩画以仙灵鬼怪、生活故事、宗教符号等形式施于寺庙、祠堂、陵墓等祭祀建筑中，起着抑恶扬善的教化作用。

（2）体现等级。汉代曾有以绫锦悬挂或包裹梁柱的彩画形式，并与其他珍贵锦物、珠宝共用，以示家中富盈。清代根据建筑的性质采用不同构图、色彩和图案的彩画，以示建筑的等级，发挥政治服务的功能。彩画的法式规矩严苛。

（3）心理防灾。明清彩画以青、绿为主的冷色调，并伴以莲、荷、菱、藕等水生植物纹样，折射人们以水克火的心理。

（4）图腾崇拜。彩画上常见传统文化中的吉祥图案，以表达美好愿景。如额枋常见牡丹、玉兰、海棠、桂花共用，寓意“玉堂富贵”，椽头的万字纹和雀替上的蝙蝠寓意“万福金安”。

23.1.3 彩画材料的发展

《论语》中已有“山节藻棁”的记载，早期古建就有藻类、龙纹等建筑彩画图案。秦汉时期，人们已用五彩的矿物颜料对木构件进行装饰，有黑、黄、赭、朱、紫、青、绿、白等颜色，并绘以精美的莲花、锦纹、云纹图案。汉代张衡的《西京赋》载：“屋不呈材，墙不露形。”彩画的形式丰富多彩，内容广泛。

魏晋南北朝时期的建筑彩画受到佛教的影响，大量采用忍冬纹、火焰券、飞天、宝珠等域外纹样，同时出现了椽间望板和吊顶天花彩画，退晕技法成熟，有了沥粉贴金的技术。唐代彩画发展于南北朝彩画，用色更多，以暖色调为主；图案更丰富，增加了飞禽走兽；线条精炼而刚劲有力。宋以前的彩画现存实物较少，图案和用色相对简约、自由，梁枋部位彩画大多横列通体构图，尚无划分枋心、藻头（找头）、箍头之制，统称为早期建筑彩画。

宋代是古建彩画承前启后并趋向成熟的时期，彩画重点从柱身、斗栱转移到梁枋上，“以线条轮廓及图案造型为主，以退晕技法为辅，以青绿两色为主（大色），以红黄两色做陪衬”，植物纹样中程式画法与写生画法并存，冷暖色调并用，普遍用金，具有绚烂秀丽的风格。李诫的《营造法式》详述了油饰彩画的工艺技术，绘制了各类彩画纹样，将彩画归纳为彩画制度和刷饰制度。宋代建筑彩画开始步向程式化和等级化，在整体色调、间色、叠晕、缘道、团花等5个方面进步突出，对后世彩画有较大影响。

元明清三代立都北京，是建筑彩画发展的高峰时期。

元代彩画承袭了宋彩画三段式构图，并赋予时代特点。在构图上，创设箍头、盒子以强调间隔造型；在设色上，以青、绿、冷色为主，辅以少量暖色，用金较少，清雅淡泊；在纹饰上，大量运用龙凤纹，整团的旋花规矩化，斗栱彩画开始简化，退晕层次减少。这对明、清彩画构图产生了直接影响。

明代彩画纹饰更程式化、规范化，设色趋向于以青、绿色相间为主，绘制明确区分为“金线大点金”、“墨线点金”和“无金素做”，并普遍施以晕色，出现了地仗做法，大木彩画构成已有了箍头、盒子、藻头、枋心这些较统一的画法。

清代官式彩画达到了古建彩画历史上最后一个高峰，现存实物较多。1733年朝廷颁布了工部《工程做法则例》，高度统一了彩画做法及用工用料等法式标准。清代彩画大大拓宽了表现方式，创造了具有时代特点的和玺彩画、旋子彩画、苏式彩画、宝珠吉祥草彩画、海墁彩画五类彩画以装饰不同建筑。其中和玺彩画、旋子彩画和苏式彩画为“官式彩画”；极大地增加了彩画绘制工艺中的用金量，以彩画有金与否、贴金量之大小作为衡量彩画等级的一个重要标准；彩画表现工艺多彩、多样，创造了彩画分贴两色金、浑金、片金、大点金、小点金、描金不贴金及金琢墨攒退、烟琢墨攒退、玉做、切活、退烟云、吉祥图案、写实性绘法等多种工艺手法；创立了于大木枋心式彩画按分中、分三停绘制。

据调查，中国现遗存有各类古代建筑及历史纪念建筑物多达8万处以上，种类繁多、形式风格多样的中国古建，绝大多数都存在着彩画保护和修复的问题，任务艰巨，责任重大。

23.2　彩画的分类

23.2.1　和玺彩画

和玺彩画多用于宫殿、坛庙等处的主殿和檩、垫、枋上。横向图案分为三段，各段用“Σ”形作为分段线。中间段叫枋心，两端竖条叫箍头，箍头与枋心之间叫藻头，箍头与箍头之间叫盒子。各“Σ”形分段线分别叫箍头线、皮条线、盆口线和枋心线。和玺彩画在等级上是最高的一种，根据所画内容不同，常分为金龙和玺、龙凤和玺和龙草和玺。

和玺彩画（图23-1）是清式彩画中最高级的彩画，用Σ形曲线绘出皮条圭线、藻头圭线、岔口线。

枋心藻头绘龙者，名为金龙和玺；绘龙凤者，名为龙凤和玺；绘龙和楞草者，名为龙草和玺；绘楞草者，名为楞草和玺；绘莲草者，名为莲草和玺。

1. 金龙和玺

金龙和玺是在各部位均以绘龙为主，现将各部位布局叙述如下。

外檐明间：挑檐桁及下额枋为青箍头，青楞线，绿枋心。枋心内画行龙或二龙戏珠，藻头青色画升龙，宽长的可画升降龙各一条，如有盒子的为青盒子，骨画坐龙或升龙，岔角切活。大额枋为绿箍头，绿楞线，青枋心。枋心内画行龙或二龙戏珠，藻头绿色画降龙，有盒子的为绿盒子，内画坐龙，岔角切活。

次间：与明间青绿调换，即挑檐桁下额枋为绿箍头，绿楞线，青枋心。梢间与明间同；明间与次间同，以此类推。

廊内插柁：为青箍头，青楞线，绿枋心，枋心内画龙。

廊内插梁：为绿箍头，绿楞线，青枋心，枋心内画龙

垫板：银朱油地，画行龙或片金轱辘草（龙头对明间正中）。

坐斗枋：青地画行龙（龙头对明间正中）。

压斗枋：青地画工王云（图23-2）。

柱头：上下两头各一条箍头，上刷青下刷绿，内部花纹有多种作法。

斗栱板：（灶火门）银朱油地画龙。斗栱板又名灶火门（图23-3）。

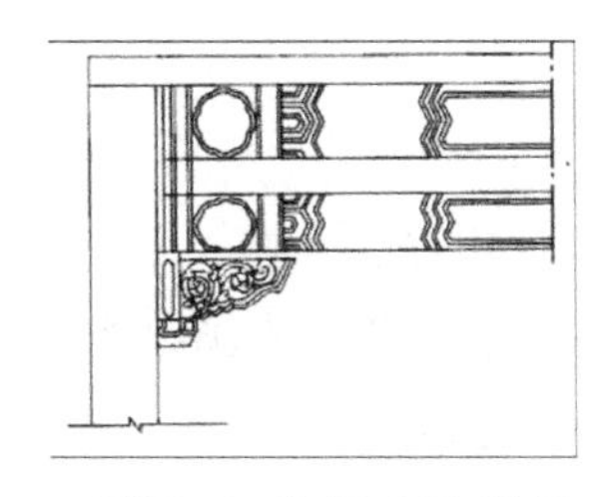

图23-1　和玺彩画示范图

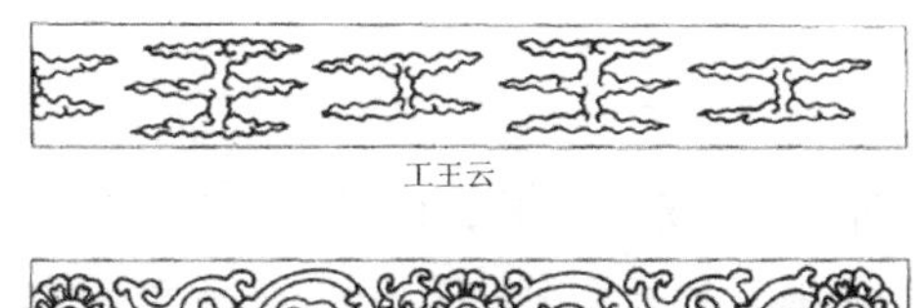

工王云

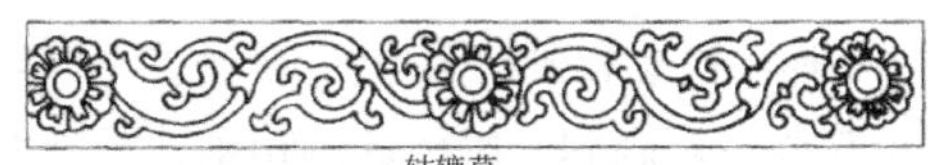

轱辘草

图23-2　压半枋画法

坐龙画法

图23-3　斗栱板龙画法

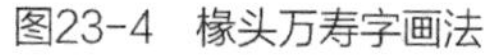

图23-4 椽头万寿字画法

图23-5 龙凤和玺彩画

宝瓶：沥粉西番莲混金。挑尖梁头、霸王拳、穿角两侧，均画西番莲沥粉贴金，压金老。

肚弦：沥粉贴金退青晕。

飞檐椽头：金万字。

老檐椽头：金虎眼（图23-4）。

斗栱：平金边。

2. 龙凤和玺

全部操作程序与金龙和玺类似，不同的是，青地画龙，绿地画凤；压斗枋画工王云，坐斗枋画龙凤。斗栱板画坐龙或一龙一凤，垫板画龙凤，活箍头用片金西番莲，死箍头晕色，拉大粉压老（图23-5）。

3. 龙草和玺

全部操作程序与金龙、龙凤和玺同。除藻头、枋心、盒子、垫板等按金龙龙凤和玺规定外，涂蓝地处改为红地，画金轱辘楞草，青绿攒退，或四色查齐攒退等，霸王拳金边金老晕色大粉。

压斗枋，坐斗枋画工王云或流云等，斗栱板画三宝珠火焰。

4. 金琢墨和玺

操作程序：除完全提地外，其余作法与金龙、龙凤、龙草和玺同，但在要求上比一般和玺精细，其特点是轮廓线、花纹线、龙鳞等，均沥单粉条贴金，内作五彩色攒退。

箍头：一般采用贯套箍头或锦上添花、西番莲、汉瓦加草等，攒小色以不顺色为原则，如青配香色，绿配紫等。

枋心、盒子、藻头：各处花纹、龙身等均须按照一般和玺轮廓放大，龙鳞要清楚，以便五色攒退。

23.2.2 旋子彩画

旋子彩画花纹多用旋纹而得名。按用金量多少，有金线大点金、石碾玉、金琢墨石碾玉、墨线大点金、金线小点金、墨线小点金、雅伍墨、雄黄玉等。

梁枋的全长除付箍头外，三等分（名为三停），当中的一段名为枋心，左右两端名为箍头，里面靠近枋心者名为藻头，也有在箍头里面量出本枋子的宽度的一个面积，再画条箍头线。两箍头之间画一个圆形的边框者，名为“软盒子”，盒子的四角，名为“岔角”，如两条箍头之间画斜交叉的十字线，十字线的四周，各画半个栀花的，名为“死盒子”。盒子又有整破之分，中间画一个整栀花者，名为整盒子；斜交叉的十字线者，名为“破盒子”，这种做法叫作“整青破绿”。

23.2.3 苏式彩画

苏式彩画因起源于苏州得名。南方苏式彩画，以锦为主，而京式苏画以山水、人物、翎毛、花卉、楼台、殿阁为主。苏式彩画与和玺彩画、旋子彩画主要不同点在枋心，苏式彩画以檩、垫、枋三者合为一组，谱子规矩与旋子彩画同，唯中间画包袱，两件者可画枋心。

23.2.4　天花彩画

天花一般分"软天花"、"硬天花"两种。天花画法一般分为片金大花、金线天花、金琢墨天花、烟琢墨天花以及其他天花（图23-6）

图23-6　天花彩画

软天花作法：以高丽纸用糨糊粘在墙上，先粘纸的上口，然后满过矾水一道。再粘两边及下口（中心不粘），干后，用浅蓝色粉袋拍谱子，操作时与燕尾同时画齐，全部画完后比好尺寸截齐，再行糊天花及燕尾，全部糊好后再刷支条，码井口线（如金线者需包黄胶），然后贴金。

硬天花作法：先将天花板摘下，号好号码，正殿以南为上，东房以西为上，西房以东为上，号的号码字头向上，以利画完后按位就座，否则不易安装。地仗作好后，磨生油、过水布、打谱子（打谱子时要先看字头，以防颠倒）、沥粉、刷色、包黄胶、打金胶、贴金。

23.2.5　斗栱彩画

斗栱彩画一般有三种做法，根据大木彩画而定。

（1）彩画为金琢墨石碾玉、金龙、龙凤和玺等，则斗栱边多采用沥粉贴金，刷青绿拉晕色。

（2）彩画为金线大点金、龙草和玺等，则斗栱边不沥粉，平金边。

（3）如彩画为雅伍墨、雄黄玉等，则斗栱边不沥粉不贴金，抹黑边，刷青绿拉白粉。

23.2.6　其他作法

除和玺、旋子、苏画三种彩画外，还有卡箍头、卡箍头带包袱、苏装楣子、雀替、桠子等简单作法。

23.3　彩画材料

23.3.1　常用材料

1. 油漆

常见油漆主要有大漆、桐油、亚麻籽油、苏籽油、梓油等，详见22.4.4中"1.天然漆"部分。

与这些传统油漆相比，现代的化学油漆虽然使用方便，但其化学成分的稳定性差，易老化，耐久性差，极易褪色、失亮、开裂、暴皮和脱落，在古建筑修缮中往往会造成修缮周期缩短、资金人力投入加大的不利局面。

2. 颜料

古建筑油漆和彩画中多用矿物和植物颜料，需经特殊加工。它们质地精良、耐久性和耐候性能好。颜料根据色系分有白色系、红色系、黄色系、青色系、绿色系和黑色系，具体颜料名称和性能见表22-1。

严静在对四地（内蒙古博格达汗宫、甘肃嘉峪关、北京颐和园、山西）文物样品颜料的分析中发现，红色颜料最多，主要为赤铁矿，其次为铅丹和朱砂，还有大量有机染料存在；绿色和蓝色颜料所占比例也很大，绿色矿物均为巴黎绿，蓝色矿物为群青，也有相当一部分有机染料，尤其是绿色颜料中有机染料所占比例很大，其余各色颜料所占比例较少。

3. 胶料

在油彩画兑大色时常采用的胶料有聚醋酸乙烯乳液和聚乙烯醇。过去所用的胶料全是骨胶、牛皮胶、挑胶、龙须菜、血料等天然胶料。

（1）骨胶：金黄色半透明体，无味，系用牛、马、驴等动物筋骨制成，有片状、粒状、粉状，古建筑彩画均用，但粘结性不如牛皮胶。

（2）牛皮胶：系以牛、马、驴等动物的皮和筋骨制成的黄色半透明或不透明体，呈块状。粉状的称为烘胶粉，粘结性较强。在彩画中以采用黄色半透明体为宜。

（3）挑胶：系天然树脂胶，粘结力很强，是上等彩画用胶，呈浅黄色透明珠状，外似松香，价格较贵，不宜用于兑大色。

（4）龙须菜：又名石花菜、鸡脚菜。它是一种海底生物，经熬制后成糊状物，粘结性很大，用作彩画的胶料，但熬制成胶后须在1～2天内用完，否则会失去黏性。

（5）猪虹（血料）：即利用动物血制成的一种调制油灰胶结糊状液。制作方法是先将新鲜的动物血滤去杂质，将剩下的血块用藤瓢或稻草用力研搓成稀血浆，然后加石灰水点浆（猪血与石灰的比例为100：4），随点随搅至适当稠度，静置冷却后过滤，即制成具有良好性能的胶粘物，亦即发成血料，可作地仗胶料使用，与油满、砖瓦灰配制成灰腻子，在古建筑彩画中使用广泛。主要采用猪血、牛羊血等经加工也可用作血料，但黏性较猪血差。

血料呈紫红色，挑起带血丝，味微腥，呈胶冻状，密度略大于水，具有耐水、耐油、耐酸碱等特点，可作为胶结材料。血料不宜长期存放，尤其是高温天气时，极易变质、发霉、腐臭。

中国早期的彩绘地仗没有掺血料，从清朝后期起，地仗才开始掺入血料。截至目前，地仗中加血料已成为古建维修的普遍做法，使用动物血可以提高地仗层的粘结力。西方也有类似做法，在英格兰早期及意大利的地仗流行使用期，地仗中都使用了小公牛血。

（6）聚醋酸乙烯乳液（白乳胶）：白色胶状液体，粘结力很强。

（7）聚乙烯醇：胶结性能良好。

4. 金箔

在古建筑中，常用贴金、扫金使建筑物金碧辉煌、光彩夺目，是特有的工艺。贴金、扫金常用材料有如下几种。

（1）金胶油：将熬好的光油，加入适量调和漆，调成黄色的光油，也可在光油中适量加入炒过的淀粉，拌和后黏度适中，称为金胶油，用于贴金打底。

（2）金箔：95金箔规格有100mm×100mm，50mm×50mm，贴金用，为赤金色；98金箔规格为93.3mm×93.3mm，贴金用，其含金98%，含银2%；74金箔规格为83.3mm×83.3mm，贴金用，含金74%，含银26%。

（3）赤金、库金：扫金用。

（4）金粉：系由铜、锌、铝组成的黄铜合金，经研磨、分级、抛光而成，呈小鳞片粉末状，调入金油和清漆后，即成为金色光泽极佳的金墨和金漆，适用于古建画活涂金。

5. 辅助材料

（1）土籽：含有二氧化锰，熬制桐油用，系催干剂，为黑色粉末或颗粒。

（2）密陀僧（又称黄丹）：含一氧化铅，熬制桐油用，是催干剂。

（3）面粉：即食用面粉，地仗中配油满用。

（4）石灰水：发血料点浆用，地仗中配油满用。

（5）砖瓦灰：系用青砖瓦碾制成，分粗、中、细、浆灰四种，用作油满血料的填充料。砖瓦灰的颗粒称为籽灰，它又分为大、中、小三种，大籽的颗粒约不超过49孔/cm^2，中籽100孔/cm^2，小籽530孔/cm^2、浆灰1024孔/cm^2。

（6）麻、麻布：用于地仗活中，以提高木材的抗裂性能。麻应采用上等品，经加工后麻丝柔软洁净，长度不少于100mm。其加工工序为：

1）梳麻：将麻截成800mm左右，用人工或机械梳至细软，去杂质和麻梗。

2）截麻：根据修补构件的尺寸，截成适当的长短。

3）样麻：去掉杂质疙瘩、麻梗、麻披使其清洁。

4）掸麻：用两根竹棍，将麻掸顺成铺，用席卷起存放待用。麻布（即夏布），其质地应优良、柔软、洁净，无挑丝破洞，有较好的拉力，每厘米长度内10～18根为宜。

（7）玻璃丝布：系麻布的代用品，使用时应先剪去两边的布边，以每厘米长度内10根丝为宜。

23.3.2 油漆材料的熬制、配制

1. 光油熬制

光油又叫熟桐油，是由生桐油经熬炼后制成。

（1）需要的工具及设备

带耳环的铁锅一只，用砖砌成的土灶或用半截废柴油桶制成的锅台一个，长把油勺1～2把，试油用铲刀一把，直径1m以上大铁锅一只（供熬好的光油倒入冷却用），台扇一台（供热油扇风冷却用），清水一小桶，测油温用300℃温度计一支，烘干的搅油用圆木棍一根，盛放生桐油及熟桐油的容器各一只，抽油器一只，防护用品（帆布手套、护袜、围裙及防护眼睛），棉纱头一把。

（2）熬制方法

方法Ⅰ：取17～20kg生桐油倒入锅内，加火烧，熬至140℃左右时抽灰慢慢熬。主要为了防止温度上升过快，生桐油内水分来不及蒸发，而产生大量油泡沫溢出锅外，发生事故。约5～10分钟后，油内水分基本熬干不再大量产生泡沫时，可继续加火升温，当温度上升到150～180℃时，即可加入土籽，随即用搅油棒轻轻搅拌，但不能将油搅起波浪，以免桐油溢到锅外而着火。

当温度升到250℃时，就要开始试样，其方法是：用搅油棒蘸油，将油滴于铲刀上，放在清水中冷却，冷却后取出铲刀，振掉水珠，用手指蘸油提起，有30mm以上不断的油丝时就表示油已基本熬好。丝长油稠，丝短油稀，同时还要观察锅内的表面颜色变化，当油的泡沫由白色变黄而成烧焦状时，说明油已快熬到最高温度了。一般情况下，熬到260～265℃时，加入密陀僧后就应立即起锅。起锅后，因锅内热油的温度还在上升，所以必须将热油倒入事先准备好的空容器内，用长把油勺反复将油盛起倒下，以加快冷却，并吹风出烟，使热油中的烟出清出净，这样熬的桐油才能保证油膜光亮不起雾。冷却后即成光油，然后倒入准备好的容器内备用。这时还应再

次试样，将光油涂在干净竹片上或刷过清油的木板上，观察干燥时间和光亮度，以备以后作为涂刷或调配涂料时的依据。

方法Ⅱ：将苏子油与生桐油按2∶8的比例混合后倒入锅，熬炼至八成开，将经整理而干透的土籽放在勺内颠翻浸炸，待土籽炸透，再倒入锅内。待油开锅后即将土籽捞出，再以文火熬炼，同时以油勺扬油放烟，温度不超过180℃避免窝烟，根据用途定稠度。此时应随时试验油的成熟程度。试验方法同上。当油已熬炼成符合稠度要求时即谓之成熟。成熟后出锅，并继续扬油放烟，待其温度降至50℃左右时，再加入密陀僧搅均匀，盖好存放待用。

方法Ⅲ：先将土籽粒内混杂着的尘土草屑等用水漂洗、清除干净，烘干脱水，再将密陀僧粉与中国铅粉过箩筛细，焙炒脱水，分别存放待用。熬油时先将定量的白苏籽油倾注入锅，升火加热，待油温达到160℃以上，将干净土籽粒放在大炒勺内，浸入少许热油，进行翻炒，并用热油在炒勺外给土籽进行间接加热，等土籽的温度与热油接近时，再将土籽放入油锅内煎炸，并继续添火加热，进行搅动，待油温升到260℃左右，即将土籽全部捞出，并撤火、扬油、放烟，使油温降至160℃左右，保持余火不灭，让油温稳定在160℃左右，不再上升或下降。再用另一只大锅熬定量的生桐油，等生桐油的油温升到260℃，撤火、扬油、放烟。让桐油的油温降到160℃左右，将苏籽油与桐油兑在一起熬，要缓慢地添火加热，让油温逐渐、缓慢地上升至260℃以上，但要注意控制不得超过280℃。在此过程中扬油、放烟一刻也不能停止，直至扬油时，洒下的油溜颜色为橙黄色时，即可试验油的稠度。

试验方法：用一根约一尺长的扁铁（铝条更好），一端蘸上热油，另一端浸入凉水桶内，使扁铁上的油，温度降至常温以下，用手指将油抹下在拇指与食指之间揉搓，分开二指看油丝拉的长度［如拉不出油丝，油过稀，还需再熬；如油丝拉至2寸（约6cm）以上仍不断，太稠，要从时间上控制不要熬得太稠，所以试油的程序要早些开始，并多次进行，从拉不出油丝试到油丝拉至1寸半（约4.5cm）左右即断开，断头向回缩，即为稠度合适］出现断头向回缩时就马上撤火，扬油，放烟降温，使油温降至160℃左右，加入密陀僧粉和铅粉。加入的方法是将两种粉状材料先放到箩内，向热油浮面筛撒，并进行搅动，使这粉状材料在油内呈悬浮状态，则停止搅动，保留余火不灭，使温度在160℃的情况下延续不少于4小时，让粉状材料全部沉淀于锅底，再停火出锅。出锅时要趁油温在不低于120℃的情况下将浮在上面的清油撇出来，一定注意不得将沉淀的粉状材料混入清油内。剩下带沉淀粉料的油底子，可留做调细灰时使用，或掺到灰油中使用。

（3）熬光油所用催干剂的配合比

因所用土籽种类和季节不同，现列参考配合比如下：

春季用油重量比：生桐油∶土籽∶密陀僧=100∶4∶5。

夏季用油重量比：生桐油∶土籽∶密陀僧=100∶3∶5。

冬季用油重量比：生桐油∶土籽∶密陀僧=100∶5∶5。

（4）操作注意事项

1）土籽、密陀僧加入油内之前要经加温干燥处理，切勿使用潮湿的土籽和密陀僧，以免热油受湿溢出锅外发生事故。

2）熬炼时，除了看温度计上的温度变化外，还要注意观察油是否冒青烟和油泡颜色变化，但最主要是勤取试样。

3）每熬一锅油的时间大约为30～40分钟，时间过长油易发焦而使油色发黑、不干净，从而报废。

4）熬油时切勿为了图方便或为了避免发生事故而采用多加土籽来降低油温的办法，这样熬出的光油容易皱皮，质量不好。

5）熬油时要准备一部分冷油，以备油熬得温度过高时掺入骤冷用。一般在用油勺掏油出烟时，如油变稠，表明温度已超过，这时就要准备使用冷油。当油勺掏油后，不能很快倒下，或倒入锅内时没有油沫溅出的现象发生时，表明油已快要成胶报废，这时必须立即掺入冷油防止成胶。

6）熬油前要准备好土、砂、湿麻袋、灭火器，必要时用以压光。操作时要戴厚帆布手套、围裙、护袜，以防烫伤。

7）熬油的温度：在一般的情况下，油温升高到282℃而不采取降温措施，只要持续7～8min，就会成胶而报废。就工地上熬桐油的设备条件，若桐油在锅内已达到282℃，再采取降温措施来防止成胶是很困难的，虽然锅已不烧，但桐油在锅内还会继续升温，这就会容易凝结成胶，造成不应有的损失，因此需要小心。此外，生桐油本身的纯度和其中的掺杂量，与熬炼温度高低亦有较大关系，有些较差的桐油加温到260℃左右时油色就变深变黑，焦烟增多，油丝已达到要求，这时就不该再升温熬炼了。因此，熬油的最高温度需视各种情况和设备条件来决定。

8）要特别注意扬油放烟、粉状添加剂的热沉淀两个关键环节。

因为光油要求清亮透明，但生桐油是桐树种子榨压生产的。即使再纯净，也难免有植物种子的芽胚残留其中。苏籽油以及其他植物油也是一样。所以在熬油时，只要油温升到一定程度，就要冒烟。冒烟就是油内的植物质的炭化现象。炭化后的残质微粒如果留在油内，就会使油色变成褐色、混浊。熬油的油温如果达不到预定的高度，油就无法成熟，油温高了又会产生炭化物残质。这是一对矛盾，解决这个矛盾的方法，就在以下两个关键环节上：

扬油放烟可以使一部分炭化微粒成烟状飞出油外，扬油还可以降低油温，使尚未炭化的物质暂缓炭化。所以扬油放烟是保持光油光亮透明、不变色的一大关键。

加入粉状材料密陀僧和铅粉，主要目的是为了调整桐油的聚合性、增加固化结膜的性能，但粉状材料混在油内，就会使油变得混浊不清，密陀僧含有芒硝，硝的燃点很低，油温稍高也要随之炭化，更会增加油的混浊。所以既要使其在熬油时发挥作用，又要在油成熟后将其排除油外，主要的方法就是让其在热油内存在较长时间后而沉淀。由于成熟的光油热时呈液态，凉时聚合成低流动状态，所以要使粉状材料能够很好地沉淀，就必须保持一定的油温。从撒入粉状材料，进行搅动至均匀悬浮，直到完全沉淀的整个过程，油温必须保持在160~120℃之间。油温高了，其中的硝质、植物质还要继续炭化，油温低了油就会聚合变稠，影响沉淀。再有，干燥的粉状材料浸入油内，它的颗粒要吸收一部分油，吸到饱和后才沉淀。在它吸油的过程中，还可以把炭化物的残渣吸附在一起而沉淀，因而能使光油更加清亮透明。所以沉淀粉状添加剂是熬制光油的另一大关键。

2. 坯油熬制

坯油是纯桐油不加任何催干料熬制而成的，用来与生漆配制广漆，分白坯油和紫坯油两种。

（1）白坯油的熬制：称取所需的生纯桐油，倒入预先煮干的锅内，用旺火加温至140℃时，可缓熬，使油内的水分基本熬干，无水泡泛起时，继续迅速升温至250℃，其间用油勺等工具不断扬油和搅拌，用熬光油的方法试样，试其油丝和黏度感觉，当油已达到基本成熟时，再升温至

280℃左右，立即起锅，倒入已准备好的容器内，随即用电扇对着热油扇风，用油勺扬油，将油烟扇净。还可将容器放在冷水中，加速油温下降冷却。为确保白坯油的质量，可将备用的冷熟油在油熬制好后立即掺些入锅中，这样更能加快冷却。

（2）紫坯油的熬制：将生漆的漆渣在生桐油中浸泡40天左右或更长时间，然后将漆渣取出，倒入锅内熬制，加温至270℃左右，再将浸泡过漆渣的生桐油一起熬，经试验有3～4cm油丝即成熟，冷却过滤即成紫坯油。另一方法也可将浸泡后的漆渣和桐油混合一起入锅熬炼，先是缓热，使渣和油中的水分蒸发，然后加火升温至280℃左右，取试样抽油丝，达到成熟后即起锅冷却过滤便制成。

坯油难以自干，不能作为单独的涂料，与生漆混合后带干，如生漆的干燥性差，可在生漆中加入催干料，或在熬制坯油时，加入1.2%的土籽。

紫坯油干燥性比白坯油好，用它配制的广漆光亮透明，色红橙鲜艳，是饰涂红木色的最佳品种。

3. 灰油熬制

（1）熬灰油的材料比例

灰油在古建筑修缮中是作为调配油满用的。生桐油50kg，土籽灰35kg，樟丹粉2kg。将土籽灰与樟丹混合在一起，放入锅内炒，炒的时间要长，使其去除水分后再倒入生桐油加火熬炼，因土籽灰和樟丹易于沉淀，故熬炼时应不断用油勺搅拌，使土籽灰和樟丹与油混合。油开锅时，最高温度不得超过180℃，用油勺轻扬放烟，待油表面成黑褐色（开始由白变黄）即可试油是否成熟。试油方法是将油滴入冷水中，如油入水不散，凝结成珠即为熬成，出锅放凉即可使用。土籽灰温度在250℃以上即行炭化，可放出热量，减缓油温的冷却速度，防止油温下降过快。樟丹粉可减缓桐油的聚合性，防止暴聚，并能排斥油内水分，促进固化后的强度。这两种添加材料的性质所确定的前述比例数字，只适合天干物燥、气温适中的春天和晚秋季节使用。樟丹与土籽灰在生桐油中的加入量要视季节而定，如在夏季高温或初秋多雨的潮湿季节，樟丹粉应该增加至2.5～3.5kg，而在冬天严寒的季节，土籽灰应该增加至4～5kg，正所谓“冬加土籽夏加丹”，但绝对不能忽视的是初秋多雨季节不能等同于春天和晚秋。其重量配合比如下：

春、秋季　生桐油：土籽灰：樟丹=100：7：4

夏季　生桐油：土籽灰：樟丹=100：6：5

冬季　生桐油：土籽灰：樟丹=100：8：3

（2）灰油的熬制方法

先将定量的土籽灰、樟丹粉放入锅内升火焙炒、脱水，焙炒达到一定温度，待两种粉状材料呈沸腾状时撤火，待沸腾停止，再向锅内加入生桐油，加油后即刻进行搅动，以免热粉料着油后糊在锅底上，搅至粉料在油内全部悬浮时，再添火加热，继续不停地搅动，油温升至260℃以上时，土籽灰开始炭化。油的浮面上出现爆炸状的明灭亮点时要立即改用微火，油温还会继续升高，油内所含的芽胚等植物质也随之炭化而冒烟，这时要随搅动随扬油。油的颜色也逐渐由浅黄色变为褐色。待油温升到300℃左右，马上撤火，继续搅动，扬油降温，油温降至200℃以下，即可出锅，放入容器内，用牛皮纸苫盖好，等完全冷却后即可使用。

（3）熬制灰油的注意事项

熬油时要特别注意防止发生溢锅、暴聚两种异常现象。溢锅处理不好可能会发生火灾，暴聚处理不好就可能使全锅油都报废。由于油的产地不同，造成油质不同，用同一办法熬制，油的反应不同。也可能因为灌装时使用了含有其他杂油的包装容器，油内混有杂质，或因存放不当，包装容器露天放置，经过冬季的低温冷凝，或夏季的烈日曝晒，甚至于封口不严、淋雨后混入雨水等造成油变质。诸多原因都可能造成溢锅、暴聚，这些现象熬油前都难以预料，只有在油倾入锅内经过加热才反映出来。这两种异常现象，一经发现，在一两分钟之内就可达到不可收拾的地步。

正因为如此，熬油前必须事先准备好防范措施，以免临时措手不及。一般来说，可以采取以下防范措施：

1）熬油要选择在远离建筑物及可燃物的空旷地方进行，锅台上方防雨棚的用料必须具有较好的防火性能，切忌使用木杆、苇席及油粘等易燃材料，可用铁管、铅铁板或石棉瓦等。

2）准备适当的灭火器具，如铁锅盖、湿麻袋片、干砂土、干粉灭火器等。

3）准备升火、撤火的用具火钩子、灰耙子、铁锹等，并放置在固定的、便于取用的地方。

4）专为防暴聚还要用较小型容器如铁桶盛装一些成熟的冷灰油和4～5cm粗、1m长的木棒，放在锅台附近。

5）熬油时绝对不要以原装的大桶直接向锅内倾注生桐油。要先将生桐油抽至小桶内逐渐分次向锅内倾注，随加油随观察，开始加定量的20%，加温至250℃以上，看无异常反应，再加入30%，再加温至250℃以上，仍无异常反应时，方可把所余的50%全部加入锅内进行熬制。如果第一次入锅的油经加热就起沫、膨胀、滋锅，应马上用铁锅盖将锅盖住，用湿麻袋片将锅盖蒙住，立即撤火，并要将锅下余火用砂土埋死。该大桶的生桐油不能再用于熬油，应做上记号留作铝生使用。锅内未熟成的油，要掏至容器内，作上半生的记号另行存放，留作将来兑上汽油与催干剂作操油使用。沉淀的土籽灰、樟丹粉，调灰时可兑到灰里使用。

6）在对第一次入锅的油进行观察时，不仅要看溢锅反应，而且还要注意观察暴聚反应。因为暴聚现象在正常熬油时，油温超过320℃以上时才发生，而变质的或混入杂质的生桐油，油温在达到200℃时就可能发生。暴聚发生时的表现是先在热油内产生黏稠的油丝，油丝与油丝在搅动中就粘连成团。如果油温继续上升，在几十秒钟之内，全锅的油就会凝结成油坨子。这种粘油坨在凉油、热油中都不能溶解开，只有报废。所以在熬油时只要发现油锅内有粘油丝出现，必须马上注入成熟了的凉油，使其快速降温，并立即撤火，余火用砂土埋死。同时用木棒在锅内搅动，使粘油丝全部粘裹在木棒上，直到油内不再有粘油丝为止。锅内未成熟油掏至容器内，作上半生的记号，留作椽望、斗栱较薄的单披灰使用。绝对不允许在大木或装修的麻活地杖灰中使用。

4. 油满配制

油满是用净白面粉、石灰水和灰油配制而成，它的配合比以净白面粉：石灰水：灰油=1：1.3：1.95为佳。

配制方法：将净白面粉倒入容器或搅拌机内，陆续加入稀薄石灰水，边加边用力搅拌或用搅拌机充分拌和成糊状，不得有面疙瘩出现，然后再加入熬好的灰油，调拌均匀即成油满。油满在地仗活中用以调配灰腻子和汁浆。

5. 地仗灰腻子配制

地仗灰腻子的配制比例应根据其用途而定。它是以油满、血料和砖瓦灰配成，在一麻五灰工艺中由捉缝灰、通灰至细灰、浆灰，逐层减少油满的用量，而增加血料和砖瓦灰的用量，以降低逐道的粘干强度，避免上层灰干燥时收缩力大将下层灰牵揭撕起。地仗灰腻子的参考配合比见表23-1。

砖瓦灰的颗粒根据不同的灰层其颗粒级配见表23-2。

6. 发血料

用藤瓤或稻草将新鲜猪血用力搓揉，并将血块研成稀血浆，无血块血丝，再过筛去杂质，放置于缸内，用石灰水点浆，其重量配合比为：猪血：石灰=100：4，随点随搅，至适用稠度后静置约3h即可使用。

7. 细腻子配制

细腻子的重量配合比为血料：水：细砖瓦灰=3：1：9，调拌至糊状即可用。

地仗灰腻子的参考合比（重量比） 表23-1

地仗部位	捉缝灰 通灰	粘麻浆 头浆	压麻灰	中灰	细灰
	油满：血料：砖瓦灰	油满：血料	油满：血料：砖瓦灰	油满：血料：砖与灰	光油：血料：砖瓦灰
上下架一麻五灰	100：114.4：157	100：137.3 或 100：120	100：288：221	100：288：303	100：700：656 加适量水
上下架一麻四灰	同上			同上	同上
上下架一麻三灰	捉缝灰 100：114.4：157			同上	同上
斗栱、椽、望板地仗	捉缝灰 100：366：363			100：576：527 加适量水	100：1440：1263 加适量水
椽头地仗用灰	100：114.4：157			100：288：300	100：700：656 加适量水
门窗装饰地仗用灰				光油：血料：砖瓦灰 =100：500：458，加适量水	100：1200：1066 加适量水

砖瓦灰的颗粒根据不同的灰层其颗粒级配 表23-2

灰名	砖瓦灰名称	颗粒配比
捉缝灰、通灰	大籽：中灰	7：3
压麻灰	中粒：中灰	6：4
中灰	小籽：中灰	4：6
细灰	细灰	全部用细灰
浆灰	浆灰	全部用浆灰

8. 洋绿、樟丹、淀粉出水串油

先将洋绿、樟丹和淀粉用开水多次浇沏，去碱硝等杂质，再小磨磨细，沉淀后倾倒出浮水，然后逐次加入浓光油，用量适度，用油勺将水捣出，使油和颜料混合，再用干毛巾反复将水吸出后加入光油调均匀即可用。

9. 广细油的配制

将漂广红颜料放入锅焙炒，使其脱水干燥，过筛后加入适量光油调匀，加纸盖好，放在阳光下曝晒，使杂质下沉，其上层称为“油漂”，末道油使用最佳。广红油用作地仗底色。

10. 杂色油的配制

杂色油的颜料可不炒干，配制方法与广红油相同。

11. 黑烟子油的配制

将黑烟子轻轻倒入筛子内，上盖软纸，放入盆内，用手轻揉，使黑烟子筛落入盆内，筛完后，再用软纸盖好以免飞扬，将白酒浇在软纸上，使酒与黑烟子逐渐渗透，再用开水浇沏搅之，渐将浮水倾出，加浓光油，用油棒搅拌至出水，软毛巾吸净水，加适量光油调匀即可。

23.3.3 彩画材料配制及颜色代号

彩画根据图案中颜料使用量的大小，分为大色和小色，大色是用量大的色彩，全部是矿物颜料，小色有矿物颜料，也有植物颜料。在各色原颜料中加入白色，调配成各种浅的颜色，较浅的称为晕色，略深的称为二色。

1. 大色的配制

彩画的大色均用单一原颜料与胶调配，根据颜料的密度大小、配法不同，密度大的颜料在调配前须进行一些处理。

（1）洋绿：先去硝，其方法是将颜料放入盆中，用开水冲解浸泡，随加水随搅拌，水凉后将水澄出，反复两三次即进行磨细，再徐徐加入胶液，其重量配合比为洋绿：胶水：水=1：0.45：0.31。

（2）群青：先去硝，方法同洋绿，然后加入胶，加胶前，在颜料中先加适量水捣拌，使颜料与胶液混合均匀，再加胶液搅成糊状，最后加水拌匀即可，其重量配合比为群青：胶液：水=1：0.5：0.5。

（3）樟丹：配制方法同群青。

（4）铅白：将块状、粉状混合体碾碎、过筛，再加胶调成。

（5）银朱：其加胶量较大，加胶多，色彩浓重，反之色淡而轻，配制法同群青。因其密度小，加入胶量应由少至多，搅匀。如银朱为市售加工品，不需用水沏，可直接调胶。

（6）石黄：配制法同群青，其重量配合比为石黄：胶液：水=1：0.5：0.25。彩画用时应适当减胶，加水。

（7）香色：即土黄色，有深、浅香色两种。将调好的石黄，加兑一些调好的银朱、佛青，再加少许黑色即调成香色，它既可作为大色，也可作小色应用。

（8）黑烟子：将黑烟子轻轻倒入盆水，加入适量胶水，轻轻搅拌至糊状，再加入胶液调匀，释水即成，其重量配合比为黑烟子：胶液：水=1：1.5：1.5。

2. 二色的调配

（1）二青：在已调好的群青中，加入调配好的白粉，搅拌均匀，涂于板上试色，比原群青浅一个色阶，即为二青。

（2）二绿：方法同二青。

3. 晕色的配制

将调好二青、二绿，再兑入白粉，试色，使之比二青、二绿再浅一个色阶即三青、三绿。

4. 小色的配制

（1）硝红：配好银朱，兑入适量白粉，比银朱浅一个色阶，比粉红深一个色阶即硝红。

（2）粉紫：以银朱兑加群青、白粉即为粉紫。

（3）其他：毛蓝、藤黄、桃红、赭石等其他用量少的小色，可直接加胶调制。

5. 沥粉材料配制

沥粉是彩画图案中凸起线条的一种工艺，其材料呈糊膏状，有大粉和小粉两种。前者较稠，适用于沥粗线条；后者宜稀，适用于沥细小线条。沥粉材料传统用土粉子、大白粉加胶液和少许光油配制而成。现在大多用大白粉、滑石粉、骨胶液及少量光油配制，也有用聚醋酸乙烯乳液或聚乙烯醇缩甲醛胶与大白粉配制而成。其重量配合比为：

大粉：胶液：土粉子：大白粉：光油=1：1.6：0.5：适量。

小粉：胶液：土粉子：大白粉：光油=1：1：1：适量。

6. 兑矾水

矾水的用途：彩画时，每涂完一道色，即过一道矾水，用以固定颜色，避免上下层色咬混。矾水的兑法：先将明矾砸碎，以开水化开，然后再加入适量胶液即成。

7. 颜色的代号

古建彩画所用色彩较多，排列复杂，为防止错刷，在画谱打好后，必须注上颜色的名称。但由于着色的面积小，常常写注不下，古人便用代号写注，此法一直沿用至今。

代号为：绿——六、青——七、黄——八、紫——九、黑——十、香色——三、樟丹——丹、白——白、红——红、金——金、米黄—— 一、淡青——二、硝红——四、粉紫——五。如为二绿、三绿用二六、三六代替，二青、三青用二七、三七代替。

23.3.4 油漆彩画常用工具

油漆彩画常用工具见表23-3，斗栱及其他构件面积见表23-4。

油漆彩画常用工具　　表23-3

名称	用途	名称	用途	名称	用途	名称	用途
皮子	插灰用	筷子笔	打金胶油	毛巾	出水串油用	金夹子	贴金用
板子	过板子用	斧子	砍活用	小笤帚	打扫活用	大小缸盆	盛油用
铁板	刮灰用	挠子	挠活用	小石磨	磨颜料用	大小刷子	刷油用
丝头	槎油用	铲刀	铲除用	席子	围砖灰用	长短尺棍	扎线用
细罗	过油用	金刚石	磨灰用	小油桶	刷油用		
布	过水布用	细竹竿	掸麻用	大木桶	盛灰用		

斗栱及其他构件面积表　表23-4

名称 \ 面积 \ 口份	1寸	3/2寸	2寸	5/2寸	3寸	7/2寸	4寸
一斗三升	0.095	0.214	0.319	0.594	0.854	1.163	1.515
一斗二升交麻叶	0. 110	0.237	0.420	0.657	0.946	1.287	1.681
三踩单翘品字科	0.217	0.490	0.869	1.159	1.960	2.662	3.476
三踩单昂	0.236	0.630	0.962	1.473	2.121	2.887	3.770
五踩单翘单昂	0.421	0.947	1.680	2.624	3.783	5.150	6.726
五踩重翘品字科	0.362	0.815	1.446	2.260	3.255	4.432	5.173
七踩三翘品字科	0.516	1.258	2.234	3.491	5.027	6.842	8.935
七踩单翘重昂	0.594	1.735	2.373	3.708	5.339	7.266	9.490
九踩四翘品字科	0.924	1.162	2.878	4.498	6.474	8.818	11.540
九踩单翘三昂	0.762	1.715	3.046	4.762	6.241	9.329	12.183
十一踩双翘三昂	0.923	2.077	3.690	5.767	8.304	11.303	14.761
（内）溜金四踩单翘单昂	0.421	0.947	1.682	2.629	3.171	5.150	6.726
霸五拳	0.051	0.115	0.204	0.318	0.459	0.625	0.816
挑尖梁	0.102	0.230	0.408	0.638	0.918	1.250	1.632
老角梁	0.126	0.285	0.506	0.780	1.138	1.549	2.024
仔角梁	0.092	0.207	0.369	0.574	0.826	1.125	1.469
宝瓶	0.018	0.042	0.073	0.115	0.165	0.225	0.294
斗栱板	0.024	0.055	0.073	0.153	0.220	0.299	0.392
九踩重翘重昂	0.754	1.674	2.985	4.664	6.716	9.141	11.98
（外）溜金五踩单翘单昂	0.448	1.008	1.791	2.800	4.338	5.487	7.164

注：1. 每攒斗栱面积双面计算，如作一面以1/2计算。
2. 角科每攒面积相当平身科3.5攒。
3. 不包括斗栱板及压斗枋。
4. 表中口份为营造寸单
5. 1寸≈3.2cm位。

23.3.5　起扎谱子用工用料

起扎谱子用工用料参考表23-5。

起扎谱子工料表　表23-5

工程项目	单位（m^2）	人工（工日）		材料			
		基本工	其他工	牛皮纸（张）	粉笔（盒）	炭条（盒）	香墨（块）
大点金	10	8.62	0.86	10	1	1	1
龙草和玺	10	11.46	1.15	10	1	1	1
金龙和玺	10	12.34	1.23	10	1	1	1
雅伍墨，小点金	10	5.92	0.59	10	1	1	1
苏画	10	10.46	1.05	10	1	1	1
天花	10	11.46	1.15	10	1	1	1

23.3.6　单方用工用料

单方用工用料参考表23-6 ~ 表23-13。

和玺彩画工料表 表23-6

工程项目	单位（m²）	人工（工日）		材料											
		基本工	其他工	洋绿（kg）	佛青（kg）	锭粉（kg）	石黄（kg）	烟子（kg）	水胶（kg）	大白粉（kg）	圭粉子（kg）	银朱（kg）	樟丹（kg）	光油（kg）	砂纸（张）
金龙和玺（1）	10	6.29	0.63	0.781	0.188	0.313	0.188	0.017	0.594	1.375	1.375	0.094	0.25	0.063	2
金龙和玺（2）	10	5.66	0.57	0.781	0.188	0.313	0.188	0.017	0.594	1.375	1.375	0.094	0.25	0.063	2
金龙和玺（3）	10	8.18	0.818	0.781	0.188	0.313	0.188	0.017	0.594	1.375	1.375	0.047	0.25	0.063	2
金琢墨和玺	10	12.58	1.26	0.781	0.188	1.000	0.188	0.017	0.594	1.375	1.375	0.094	0.50	0.063	2
龙草和玺（1）	10	5.30	0.53	0.906	0.125	0.438	0.156	0.002	0.500	1.250	1.060	0.094	0.50	0.063	2
龙草和玺（2）	10	6.62	0.66	0.906	0.125	0.438	0.156	0.002	0.500	1.250	1.060	0.094	0.50	0.063	2
和玺苏画	10	5.88	0.59	0.567	0.156	0.850	0.156	0.013	0.500	1.000	1.000	0.017	0.41	0.063	2

注：1. 金龙和玺（1）：箍头压斗枋，坐斗枋为片金沥粉；金龙和玺（2）：死箍头，压斗枋、挑尖梁、霸王拳不作片金；金龙和玺（3）：贯套箍头五彩云。
2. 龙草和玺（1）：死箍头，坐斗枋片金工王云或流云，压斗枋、挑尖梁、霸五拳、为多边拉晕色大粉，垫板金轱辘颜色草（金打拌）；龙草和玺（2）：压斗枋片金工王云，坐斗枋片金行龙或轱辘草攒退。

旋子彩画工料表 表23-7

工程项目	单位（m²）	人工（工日）		材料											
		基本工	其他工	洋绿（kg）	锭粉（kg）	佛青（kg）	石黄（kg）	樟丹（kg）	银朱（kg）	烟子（kg）	水胶（kg）	光油（kg）	土粉子（kg）	大白粉（kg）	砂纸（张）
金线大点金	10	5.35	0.54	0.813	0.203	0.500	0.156	0.056	0.0032	0.031	0.41	0.047	1.13	1.13	2
大点金加苏画	10	6.15	0.62	0.719	0.203	0.844	0.109	0.025	0.0032	0.063	0.49	0.031	0.75	0.63	2
墨线大点金	10	4.22	0.42	0.719	0.203	0.344	0.109	0.025	0.0032	0.063	0.49	0.031	1.25	0.63	2
金琢墨石碾玉	10	7.04	0.74	0.938	0.244	0.625	0.219	0.031	0.0013	0.002	0.50	0.063	1.13	1.00	2
石碾玉	10	5.69	0.57	1.000	0.281	0.875	0.188	0.031	0.0063	0.050	0.44	0.063	0.25	1.13	2
雅伍墨	10	3.58	0.63	0.843	0.219	0.375	—	0.188	0.0032	0.063	0.25	—	0.25	0.25	2
一字枋心	10	3.12	0.31	0.890	0.219	0.375	—	0.188	0.0032	0.063	0.25	—	—	0.25	2
墨线小点金	10	3.69	0.37	0.720	0.203	0.344	0.070	0.056	0.0032	0.063	0.25	0.019	0.38	0.38	2
画切活雅伍墨	10	4.12	0.41	0.843	0.219	0.375	—	0.188	0.0032	0.063	0.25	—	0.25	0.25	2
雄黄玉	10	3.58	0.36	0.188	0.053	0.438	0.188	1.440	—	0.047	0.310	—	0.25	0.25	2

注：1. 金线大点金：死箍头龙锦枋心，坐斗枋降幕云，压斗枋金边拉晕色，垫板池子红地博古绿地作染花或切活，盒子龙西番莲。
2. 大点金加苏画：活箍头，盒子枋心画山水、人物、翎毛、花卉线法等。
3. 金琢墨石碾玉：线路沥粉贴金，压斗枋片金西番莲，金琢墨攒退草，坐斗枋金卡子金八宝，金琢墨攒退带子，活箍头，垫板金琢墨攒退，金轱辘雌雄草。
4. 墨线大点金：线路勾墨，不拉晕色，其他与金线大点金同。
5. 雅伍墨：枋心池子为双夹粉草龙及作梁花，坐斗枋降幕云，压斗枋黑边白粉。
6. 雄黄玉：池子内无画活，如画者增人工8%。

苏画工料表 **表23-8**

工程项目	单位（m^2）	人工（工日）		材料												
		基本工	其他工	洋绿（kg）	锭粉（kg）	佛青（kg）	石黄（kg）	樟丹（kg）	银朱（kg）	烟子（kg）	水胶（kg）	光油（kg）	土粉子（kg）	大白粉（kg）	广红（kg）	砂纸（张）
金琢墨苏画	10	33.73	3.37	0.625	0.938	0.141	0.125	0.41	0.019	0.09	0.474	0.047	1.00	0.82	0.031	2
金线苏画	10	20.38	2.04	0.50	0.875	0.125	0.141	0.41	0.013	0.016	0.50	0.047	0.88	0.82	0.031	2
黄线苏画	10	15.50	1.55	0.50	0.91	0.125	0.141	0.50	0.01	0.019	0.25	—	0.25	0.25	0.013	2
海漫苏画	10	6.43	0.64	0.625	0.63	0.156	0.188	0.50	0.01	0.019	0.25	—	0.125	0.125	0.125	2

注：1. 金琢墨苏画：烟云筒子软硬互相对换，烟云最少7道，垫板作锦上添花，柁头线法山水、博古，箍头西番莲、回纹、万字金琢墨作法。连珠金琢墨，丁字锦或3道回纹，软硬金琢墨卡子。

2. 金线苏画：垫板小池子死岔口，画金鱼桃柳燕。藻头四季花、喇叭花、竹叶梅、全作染。柁头博古山水。箍头片金花纹，片金卡子。老檐金边，包袱画线法山水人物花鸟，烟云七道。

3. 海漫苏画：死箍头没金活，颜色卡子跟头粉，垫板三蓝花，柁头作染花，柁帮三蓝竹叶梅，海漫流云，黑叶子花。

4. 黄线苏画；包袱内画山水人物瓴毛花卉线法金鱼桃柳燕，垫板没池子者，可画作染葡萄、喇叭花。有池子者可画金鱼桃柳燕，死瓮口，烟云五道，颜色卡子双夹粉，柁头博古，老檐百花福寿，飞檐倒切万字。

天花彩画工料表 **表23-9**

工程项目	单位（m^2）	人工（工日）		材料													
		基本工	其他工	洋绿（kg）	佛青（kg）	锭粉（kg）	石黄（kg）	樟丹（kg）	银朱（kg）	烟子（kg）	水胶（kg）	光油（kg）	土粉子（kg）	大白粉（kg）	砂纸（张）	白矾（kg）	高丽纸（张）
片金天花	10	15.20	1.52	1.06	0.125	0.375	0.25	0.125	0.0032	0.0032	0.50	0.063	1.00	0.75	2	0.125	11
双龙，龙凤天花	10	16.00	1.60	1.06	0.125	0.375	0.25	0.125	0.0032	0.0031	0.50	0.063	1.00	0.75	2	0.125	11
金琢墨岔角云天花（1）	10	20.60	2.06	1.06	0.125	0.625	0.25	0.125	0.0032	0.0031	0.50	0.063	1.00	0.75	2	0.125	11
金琢墨岔角云天花（2）	10	17.90	1.79	1.06	0.125	0.50	0.25	0.125	0.0032	0.0031	0.50	0.063	1.00	0.75	2	0.125	11
金琢墨岔角云天花（3）	10	19.40	1.94	1.06	0.125	0.375	0.25	0.125	0.0032	0.0031	0.50	0.063	1.00	0.75	2	0.125	11
烟琢墨龙凤天花（1）	10	18.20	1.82	1.06	0.125	0.625	0.25	0.125	0.0032	0.0031	0.50	0.063	1.00	0.75	2	0.125	11
烟琢墨四季花，团鹤，西番莲（2）	10	17.90	1.79	1.06	0.125	0.50	0.25	0.125	0.0032	0.0031	0.50	0.063	1.00	0.75	2	0.125	11
六字真言天花	10	38.00	3.80	1.06	0.125	0	0.25	0.125	0.0094	0.0031	0.50	0.063	1.00	0.75	2	0.125	11

续表

工程项目	单位（m²）	人工（工日）		材料														
		基本工	其他工	洋绿（kg）	佛青（kg）	锭粉（kg）	石黄（kg）	樟丹（kg）	银朱（kg）	烟子（kg）	水胶（kg）	光油（kg）	土粉子（kg）	大白粉（kg）	砂纸（张）	白矾（kg）	高丽纸（张）
片金岔角云天花	10	17.90	1.79	1.06	0.125	0.625	0.25	0.125	0.0032	0.0031	0.50	0.063	1.00	0.75	2	0.125	11
燕尾支条（单作）	10	4.80	0.48	0.742	0.125	0.125	0.125	0.025	0.001	0	0.25	0.025	0.50	0.32	2	0.025	3

注：1. 片金天花：硬作法包括号天花板，上下天花板，支条燕尾轱辘金琢墨云，片金龙凤或花纹。方圆箍子沥粉贴金，包括井口线。
2. 金琢墨岔角云天花（1）为团鹤、和平鸽、四季花、西番莲等；金琢墨岔角云天花（2）为片金团龙，西番莲；金琢墨岔角云天花（3）为金琢墨西番莲汉瓦等。
3. 烟琢墨龙凤天花（1）：岔角燕尾均为烟琢墨，圆箍子内坐龙攒退，无金活。
4. 烟琢墨、四节花、团鹤、西番莲（2）天花；圆箍子内团鹤、和平鸽、四季花、西番莲等。
5. 支条长×宽计算。
6. 片金岔角云天花：团鹤、和平鸽、四季花。

斗栱彩画工料表　　表23-10

工程项目	单位	人工（工日）		材料						
		基本工	其他工	洋绿（kg）	佛青（kg）	锭粉（kg）	石黄（kg）	烟子（kg）	水胶（kg）	砂纸（张）
各种斗栱	$10m^2$	0	0	0.938	0.203	0.375	0.188	0.016	0.375	2
一斗三升	每攒	0.08	0.008							
三踩	每攒	0.16	0.016							
五踩	每攒	0.34	0.034							
七踩	每攒	0.46	0.046							
九踩	每攒	0.62	0.062							
十一踩	每攒	0.93	0.093							

注：1. 斗栱以攒定工，以平方米计算材料。
2. 斗栱彩画以黄线而定，不包括贴金。
3. 角科斗栱为正身科3.5倍计算。
4. 斗科沥粉拉晕色以五踩为准。如七踩系数为1.4；九踩为2.0；十一踩为3.0；三踩为0.5。

卡箍头彩画工料表　　表23-11

工程项目	单位（m²）	人工（工日）		材料												
		基本工	其他工	洋绿（kg）	佛青（kg）	锭粉（kg）	石黄（kg）	樟丹（kg）	银朱（kg）	烟子（kg）	水胶（kg）	土粉子（kg）	大白粉（kg）	光油（kg）	广红（kg）	砂纸（张）
金琢墨箍头	10	26.98	2.70	0.53	0.153	0.625	0.156	0.125	0.016	0.01	0.41	1.00	0.75	0.063	0.032	2
金线箍头	10	16.30	1.63	0.50	0.125	0.875	0.141	0.41	0.013	0.016	0.50	0.875	0.82	0.047	0.032	2
片金箍头	10	13.04	1.30	0.50	0.125	0.625	0.141	0.125	0.013	0.016	0.50	0.875	0.82	0.063	0.032	2
黄线箍头	10	12.44	1.24	0.50	0.125	0.50	0.125	0.063	0.006	0.01	0.313	0.25	0.25	0	0.032	2
黄线倒里箍头	10	16.17	1.62	0.50	0.125	0.625	0.156	0.063	0.013	0.01	0.313	0.25	0.25	0	0.032	2
黄线连珠箍头	10	14.31	1.43	0.50	0.125	0.875	0.125	0.063	0.013	0.01	0.313	0.25	0.25	0	0.032	2

注：1. 金琢墨箍头：枋头画博古线法，枪帮作染花攒活，连珠带三道回纹或万字锦，箍头为金琢墨西番莲汉瓦长圆寿字等。椽头沥分贴金或福寿字，作染百花图。
2. 卡箍头代雀替者，其面积按画活计算。
3. 卡箍头以实际面积计算。

其他彩画工料表 表23-12

工程项目	单位	人工（工日）		材料								
		基本工	其他工	洋绿（kg）	佛青（kg）	锭粉（kg）	石黄（kg）	樟丹（kg）	银朱（kg）	水胶（kg）	砂纸（张）	广红（kg）
苏装楣子（双面）	$10m^2$	0.5	0.05	0.313	0.094	0.25	0.094	1.25	0.0063	0.313	2	
苏装楣子（单面）	$10m^2$	0.4	0.04	0.188	0.075	0.15	0.075	1.25	0.004	0.25	2	
枒子掏里（双面）	个	0.113	0.01	0.06	0.015	0.03	0.01	0.18	0.0007	0.062		
枒子掏里（单面）	个	0.075	0.008	0.036	0.011	0.02	0.007	0.18	0.0006	0.032		
套环掏里（双面）	$10m^2$	0.375	0.04	1.00	0.0938	0.378	0.125	1.75	0.0625	0.375		0.0938
套环掏里（单面）	$10m^2$	0.225	0.02	0.50	0.0468	0.1875	0.0625	1.75	0.0312	0.25		0.0469
画墙边	m	0.167	0.02	0.28	0.03		0.06			0.05		

注：1. 苏装楣子以单面计算。
2. 枒子以龙草为准，纠粉作法。
3. 垂头、挂柱、檩头、枕头木、荷叶墩等随彩画定额。
4. 花罩牌楼云板双过桥者面积乘以2，随大木彩画。

其他彩画工料表 表23-13

贴金项目	单位（m^2）	人工（工日）		材料			
		基本工	其他工	金胶油（kg）	大白（kg）	棉花（kg）	金箔（张）
金龙和玺	10	6.25	0.625	0.500	0.125	0.031	700
龙草和玺	10	5.25	0.525	0.500	0.125	0.031	650
金线大点金	10	3.56	0.356	0.250	0.125	0.031	400
墨线大点金	10	2.94	0.294	0.250	0.125	0.031	250
金琢墨石碾玉	10	6.25	0.625	0.500	0.125	0.031	700
金线烟琢墨石碾玉	10	3.56	0.356	0.250	0.125	0.031	400
墨线小点金	10	1.43	0.143	0.060	0.125	0.031	100
金琢墨苏画	10	3.50	0.350	0.250	0.125	0.031	400
大点金苏画	10	3.56	0.356	0.250	0.125	0.031	330
和玺苏画	10	4.95	0.495	0.250	0.125	0.031	500
金线苏画	10	3.50	0.350	0.180	0.125	0.031	300
片金天花	10	5.55	0.555	0.500	0.125	0.031	700
金琢墨岔角云天花	10	5.80	0.580	0.500	0.125	0.031	630
六字真言天花	10	38.00	3.800	0.500	0.125	0.031	700
只作燕尾	10	2.78	0.278	0.250	0.125	0.031	300
椽头万字老檐金边	10	12.90	1.290	0.500	0.125	0.031	1500
椽头万字支花寿字	10	16.80	1.680	0.500	0.125	0.031	2000
椽头万字支花虎眼	10	10.40	1.04	0.500	0.125	0.031	1200
垫拱板三宝珠	10	6.10	0.610	0.110	0.125	0.031	350
垫拱板坐龙，花草	10	6.10	0.610	0.220	0.125	0.031	700
花活贴金扣油	10	5.15	0.515	0.500	0.200	0.100	1200

续表

贴金项目	单位（m^2）	人工（工日）		材料			
		基本工	其他工	金胶油（kg）	大白（kg）	棉花（kg）	金箔（张）
混金贴金扣油	10	2.65	0.265	0.500	0.200	0.100	1621
框线贴金	10	0.80	0.080	0.110	0.100	0.010	41
斗栱金边贴金1寸口份	10	3.84	0.384	0.156	0.125	0.031	150
斗栱金边贴金$1\frac{1}{2}$寸口份	10	2.94	0.294	0.156	0.125	0.031	150
斗栱金边贴金2寸口份	10	2.32	0.232	0.156	0.125	0.031	150
斗栱金边贴金$2\frac{1}{2}$寸口份	10	1.20	0.120	0.156	0.125	0.031	150
斗栱金边贴金3寸口份	10	1.17	0.117	0.156	0.125	0.031	150
斗栱金边贴金$3\frac{1}{2}$寸口份	10	1.15	0.115	0.156	0.125	0.031	150
斗栱金边贴金4寸口份	10	1.14	0.114	0.156	0.125	0.031	150

注：1. 彩画贴金以两道金胶油为准。
2. 石碾玉同金线大点金用料。
3. 框线贴金以3cm计算。
4. 云头挂檐、云盘线，每10m^2用金800张。倒挂眉子、菱花扣、栏杆套环每10m^2用金400张。
5. 混金以平面为准，如龙凤雕刻混金。每10m^2用金为5100张。
6. 本表口份按营造寸计算。

23.3.7 画活名词释义

画活名词解释参考表23-14，画工俗语与官式名词参考表23-15，南北方名词差异参考表23-16。

画活名词解释表 表23-14

名词	解释
拉大粉	凡是用尺棍靠近晕色画一道白粉者，谓之拉大粉
行粉	顺着花草纹阳面画一道细白线，名为行粉。唯旋花之白线名为吃小晕
框粉	凡是画锦一律使尺棍画者，均为框粉，颜色多种
嵌粉	凡是在深色上用白粉找出阴阳面者，谓之嵌粉
跟头粉	凡是攒退活攒中间者为行双粉，攒一边者谓之跟头粉
纠粉	凡是将粉搭水笔润开者，谓之纠粉
切活	用墨画出花纹地而露出花活者，谓之切活
压老	凡是最后一道工序用墨或色者，谓之压老
掏	凡是两色之间画一黑线者，谓之掏

画工俗语与官式名词对照表 表23-15

俗语	官式名词	俗语	官式名词	俗语	官式名词	俗语	官式名词
上行条	挑檐桁	坐斗枋	平板枋	金刚圈	霸王拳	烟袋脖	翘
道士帽	挑尖梁头	压斗枋	挑檐枋	灶火门	垫拱板	猪拱嘴	昂
荷包、烂眼边	斗栱眼	烟袋锅	升	将出头	穿插梁头		

南北方名词对照表　　表23-16

北方地区（北京）	南方地区（苏州）	北方地区（北京）	南方地区（苏州）
枋心	樘子	箍头线	隔线
包袱	袱	岔口线	樘子框线
藻头	地	退晕	退开
箍头	衬边	贴金	装金
付箍头	包头	天花	棋盘顶

23.4　彩画制作

23.4.1　彩画制作程序

1. 丈量起谱

将要进行彩画的构件，先量取实际尺寸，做好记录，丈量必须准确，这是起谱子的重要根据。以丈量的实际尺寸配纸（150磅以内牛皮纸），若长宽不够可以接纸。画谱要足尺（即1：1实尺大样）。对称的画谱可取1/2，使用确保其对称。以额枋画谱为例，纸样长度可为枋长的一半，按设计画稿的比例放大，用炭条在纸上绘出所要的足尺画谱。先画箍头线再画皮条线、岔口线、盒子线、枋心线，然后再画枋心、藻头和盒子内的花纹。起谱要以大额枋为主，额垫板、下额枋的五条线必须与大额枋上下对齐。其他部位的起谱方法基本相同。谱子起好后，可以落墨（即墨笔将谱子再画一遍）。落墨后可以扎谱子（即用针沿墨线扎孔），针要粗一些，孔距约为2mm。扎谱子时，纸下应垫海绵或麻垫，扎针要直，孔要透，以便打谱子（在构件上印出花纹粉迹）时准确清楚。

2. 彩画地仗

凡需进行彩画的构件表面均应进行地仗处理，作何种地仗则根据设计的规定和实际的需要，但必须作生油地仗，以免影响彩画的质量。地仗工序同古建油漆地仗基础。生油地仗必须干透，用砂纸打磨，再用湿布擦净。

3. 分中打谱子

彩画的图案多数是对称的，以中线为准左右反正使用。找出中线后，与画谱的中线对齐，将画谱纸摊实，固定于构件上而不能移动。用粉袋循谱子针孔拍打，使粉子通过针孔附着于构件上面，落出谱子的花纹粉迹，在撤移谱子时必须轻揭，避免粉迹模糊。谱子撤走后再用粉笔，沿花纹粉迹，照谱子连接勾画清楚（称找谱子），然后用粉笔将各间隔空心内的颜色以代号注明，以防刷错颜色（古人在进行彩画着色时，用代号注明颜色，此法一直沿用至今）。

4. 沥大小粉

沥粉是用沥粉工具（可用塑料袋，扎口处绑扎一个粉尖子，可将内装的粉浆挤出，似挤牙膏状），将粉浆（土粉子或大白粉加适量水胶和光油调制而成）挤于线条和花纹部位上，称为沥粉，沥粉按宽度，分为“大粉”、“二路粉”、“小粉”。大粉宽度较宽，在5mm左右，沥粉凸出呈半圆形，沥粉线条要横平、竖直、圆齐整，均匀一致。箍头线、盒子线、皮条线、岔口线、枋心线等五大线应用大粉，龙凤、花纹、云纹、水纹等应用小粉。双粉线的两线间应为一线宽（即总宽度的1/3左右）。大粉多为直线，可用直尺操作。曲线要靠手工，操作要小心准确，沥粉要一气呵成，接头尽量减少，并不应留痕迹。云龙花纹的小粉，应先龙头后龙身龙尾和四肢，花纹则应先花头后草叶等次序，与绘画规律一致。

5. 刷底色

大小粉条干后，用漆刷涂底色，底色的颜色均为大色（即颜料用量较大），彩画刷色要按画谱或各类彩画规则进行，例如：青箍头刷青楞线，绿箍头刷绿楞线；青枋心刷绿楞线，绿枋心刷青楞线。从上桁檩开始，要上青下绿，次间则相反，应上绿下青，颜色相互调换，以免重叠和混淆。涂底色应先涂绿色，再涂青色。第一道颜色必须涂实（绿色必须涂两道），青色较重可以压绿，并可将不齐正处涂刷整齐。冬季刷色时，颜料可适当加温。

6. 包黄胶、打金胶、贴金

凡在大小沥粉线上需贴金的，为了保证贴金的质量，要用石黄加胶，刷在沥粉线条上面，称为色黄胶，以免金胶油被沥粉吸收不起作用（目前也可用黄色调和漆代替黄胶）。包胶后，沥粉线上打两道金胶油，以衬托贴金后的光泽。贴金要在金胶油未干时进行，方法同古建贴金作法。

7. 二色、晕色

二色是在已调好的原色中（主要是青、绿两色）加入配好的白粉，搅拌均匀，涂于板上试色，比原色浅一个色阶的为二色。在二色的基础上，再加入调好的白粉，比二色又浅一个色阶的为晕色。枋心、垫板心多用二色做底色。金线两侧多用晕色，以增加色彩的层次。何处需用二色，何处需拉晕色，何处需退晕色（颜色由浅至深，多层退晕）要根据画稿的要求而定。拉晕色所用刷子要适合要求，先用小刷齐边，再用大刷填心补齐刷匀。

8. 拉大粉

靠金线边画一道白线称作“拉大粉”，使贴金边缘整齐，金线突出。宽度为晕色的1/3，是为了起晕，也是一种过渡，使彩画对比更鲜明，层次更突出。凡有晕色之处，必须拉粉。

9. 压老

当彩画的各种颜色和部位都已描绘完毕，再用深色（如黑烟子、砂绿、佛青、深紫、深香色等）紧靠各色最深一侧的边缘用细画笔润描一下，齐一下边叫压老。如压黑线则称压黑老。其作用也是增加彩画的层次和使边缘更整齐。

10. 整修

压老完成后，整个彩画即告完成，为避免有遗漏和缺欠，要整体对照画稿进行整修一遍。

23.4.2 彩画制作注意事项

（1）配制颜色用的水胶，胶量不宜过大，以免发生裂痕或起皮脱落现象。在刷第二道颜色时胶量应比第一道适当少一些，以免将第一道颜色与第二道颜色混淆。

（2）彩画部位如易遭雨淋，应罩光油一道（或清油）以免被雨淋后褪色。需用这种做法时，佛青应适当加入白粉（即用二青），因佛青罩清油后颜色会变深，使用二青罩油后可变成原佛青颜色，其他颜色则不必如此处理。

（3）在夏季用水胶，因天气炎热，每天将剩余的胶水要煮沸一遍，以免胶水变黑、变臭，影响配色。如在严寒用胶，因天气寒冷，配色、沥粉须适量加酒，起防冻作用。

（4）为了避免上、下层颜色咬混，彩画时，每涂完一道颜色，干后过一道矾水，以固定颜色。矾水的兑法是将明矾砸碎，以开水化开，然后加入适量胶水。

（5）青、绿色加胶后，如当日用不完，易出现变质变黑，可将剩料出胶。方法是将剩料加热水搅拌，待沉淀后将水倒出，颜料沉于下面，反复几次，即可将胶出完，第二天用时再兑入胶液。

（6）颜料多数有毒，洋绿、藤黄、石黄、铅粉等毒性较大，操作时必须戴口罩、手套，饭前便前必须洗手，如接触皮肤某些部位，会产生过敏反应，夏季严禁赤膊操作，手有伤破者不宜操作。更不要用嘴舔画笔，或将笔尖入口，否则会产生中毒，严重者会致命。还应勤换工作服，常洗澡。

23.5　裱糊

23.5.1　裱糊

裱糊工程做法在建筑上可分为大式、小式两种，所谓大式就是官式做法，小式就是民间做法。大式的顶棚（顶屉）通用木方格篦子，俗称白堂篦子，有时墙面、隔断也用白堂篦子，在清代官式做法中均有具体规定。凡是裱锦缎、绫绢的工艺，事前需把绫子背后托好纸，裱时先裱打底纸，然后再把裱有纸的绫缎贴上。

23.5.2　小式做法

（1）扎架（先栓）：吊顶高度一般按室内大柁上皮为界，顶棚有平顶、一平两切、卷棚等形式。先用包裹纸的秫秸秆，垂直吊挂，从檩枋等高位将秫秸秆钉在上面，长度垂下后略长于吊顶，然后拴横杆，并用垂吊竖杆头勾拉住，各交点用线麻捆扎，成为骨架，横杆之间距离比大白纸的宽度略小些。

（2）打底：用麻呈文纸打底，糨糊事先抹到秫秸秆上，麻呈文纸粘到骨架上，纸要拉紧平正。

（3）罩面：用大白纸或银花纸罩面，纸的背面为净纸，满刷糨糊，用杆捋纸挑起传到顶部，操作时为二人，一人在下面刷糨糊，一人在脚手架裱糊，按部位接齐取正，棕刷扫贴在打底纸上，逐渐干燥后纸亦绷平正。

柁木、装修、墙壁均用麻呈文纸打底，表面糊大白纸或银花纸，窗户糊高丽纸，布卷窗。

顶花、角云镟花即剪贴工艺的红纸，增加艺术气氛。

切活：用墨画花纹地而露出花活的为“切活”。

23.6　彩画风化原因

（1）含水率小于19%的一麻五灰地仗样板稳定性较好，含水率较高的木基层随温湿度交替变化，油饰层出现起泡、臌起，彩画层而表现为龟裂，油饰的耐候性好于彩画。

（2）受紫外线影响，光泽度变化顺序为光油>樟丹>石黄>银朱>朱砂>群青>铅白>石绿，光油光泽度变化最大，其次为群青，其余颜料基本不变。未老化样板附着力强度顺序为：群青<石绿<樟丹<银朱、石黄、铅白<朱砂<光油。老化后，光油、群青、石绿附着力降低，银朱、朱砂、樟丹、石黄、铅白等附着力均有所升高。紫外线照射的影响远远大于湿度的不同造成的影响，总的来说，85%湿度影响最大。

（3）樟丹、群青颜料的颜色对温度较为敏感，石绿、朱砂耐高温老化。老化后，光油光泽度下降幅度最大，群青下降也较明显，其余颜料光泽度基本不变。群青、樟丹、银朱附着力相对较差，石黄、铅白、朱砂附着力较好。

（4）群青、樟丹、铅白、银朱较不耐湿度老化，特别是在高湿条件下，群青、铅白、银朱等颜料表面长霉，颜色变化最显著，而石黄、朱砂、光油、石绿较耐老化，55%~66%的中湿条件最有利于油饰彩画的保存。

（5）烟熏主要成分为单酚、双酚、甲酚、苯二酚、甲苯酚及炭黑、HS-硫酸盐、有机酸及其酯、酰胺等。这些有机成分和炭黑等使油饰彩画表面严重污染。香熏对群青、铅白、樟丹、石黄、油饰影响严重，而对银朱、朱砂影响较小；油蜡熏对群青、石绿、樟丹、铅白、光油影响严重，对银朱、朱砂影响较小。烟熏后光油光泽度下降明显，颜料光泽度基本不变。油饰彩画对基层的附着力均有很大程度的提高。油蜡熏的危害大于香熏。

（6）降雨作用时间越长，pH值越小，对油饰彩画的腐蚀越严重；酸性降雨对铜箔、樟丹、群青、石黄等的影响很大，对银朱的影响稍大于朱砂，石绿、光油、金箔受降雨影响变化小。反复的降雨也会导致颜料层应力积聚，出现龟裂纹。

（7）在各环境影响因素中，紫外线光辐射对油饰彩画的影响最大，烟熏和酸性降雨的影响次之，高温及大气降尘的影响较大，湿度的影响最小。

（8）研究表明，古建彩画中相同质量颜料，群青含胶量最少，石绿次之，而银朱、朱砂含胶量比例最大，这成为彩绘蓝绿色颜料易脱落的主要原因。群青折射率很低，遮盖力弱，颗粒细腻，颜料涂层相对较厚，且易溶于水，吸胶性强，因此对基层的附着力非常弱。石绿颜料颗粒较粗大，遮盖力较弱，涂层较厚，吸胶性较强，与地仗基层结合也较弱。

第24章　人造木材

木材是宝贵的自然资源，但资源有限。中国是一个少林的国家，全国森林覆盖率仅为12%，人均森林占有面积为1.8亩（1200m^2），森林蓄积量为9m^3，分别相当于世界平均数的18%和13%。随着人类活动的加剧，全球森林面积迅速减少，木材资源极度紧张，全球如此，中国更甚，大径级的优质树木资源面临枯竭。这已造成全球性的气候变化，自然灾害频发。为解决国内木材供需矛盾，既要加快林业发展步伐，加大速生丰产林的建设投入，也要加大研发力度，开发木材的高效利用技术，还要研发与天然木材功能相似或更优异、且能去除木材易燃、易蛀、遇水膨胀、干燥收缩等缺点的替代性材料——人造木材，这具有重大的意义。

24.1　人造木材的概念

人造木材是指以木材加工剩余废弃料、纸浆或农作物秸秆等植物剩余物为主要原料，以纤维、水玻璃、生石灰、废石料、硅酸盐等为辅助原料，经适当的配比组合，采用高分子酚醛树脂等粘合剂或聚乙烯（PE）、聚丙烯（PP）和聚氯乙烯（PVC）等废旧高分子材料在高温高压下粘结或压制而成的合成材料。

24.2　人造木材的主要特性与优势

24.2.1　人造木材的主要特性

人造木材具有强度大、硬度高、耐酸碱、抗腐蚀、不变形、不含甲醛、易回收等显著特点。规格种类齐全，型号和颜色可选，可根据要求生成不同的仿木纹理，并随意调控长度，做到天然木材难以做到的组合，将安装损耗降到最小。

24.2.2　人造木材的优势

从国内外人造木材的成分来看，许多是由伐材、造材、清理伐区、木材加工剩余物的锯木、刨花、碎木块及树皮、树叶、劣质木材等构成。农业剩余物也是人造木材的好原料。中国是个农业大国，农作物秆茎资源极为丰富。农业剩余物制人造木材工艺简单，成本较低。

与传统木材相比，M-WOOD2人造木材的主要优势体现在以下几个方面：

（1）对环境保护贡献大，节省木材，有利于保护生态环境，不需要油漆，避免对环境的污染。

（2）可多次循环再利用，M-WOOD2人造木材使用后可以粉碎进行无限次回收再利用，实现废弃物为零的目标，为建立资源循环型社会作出贡献。

（3）使用寿命长，成材率可达100%，大大高于木材，其性价比远高于木材，且污点和损伤处可以简单修复，节省维护费用。

（4）耐候性好，耐酸雨、海水的腐蚀，吸水率低于木材，铺装而成的景观耐水防腐、不开裂，使用年限是普通木材的3～4倍。

（5）可防虫蛀、鼠咬，不会出现木刺伤人的现象，没有添加福尔马林等有害物质，是一种不含重金属的安全材料。

24.3 人造木材的类型与应用

24.3.1 化学木材

以环氧树脂聚氨酯和添加剂配合而成，在液态可注塑成型，因而容易形成制品形状。

24.3.2“原子”木材

将木料与塑胶混合，再经钴60新材料加工处理而制成，是美国生产的性能胜过普通木材的一种新型人造木材，是1984年的科学成果之一。新的木塑胶料比天然木料更为坚硬，具有塑胶的特性，且其花纹和色泽比天然木材更美观，易锯、易钉、易打磨，用普通木工工具即可进行加工，不改变木料的纤维结构。此外，在浸透过程中，可以加入颜料把木料制成所需的颜色。它还可以加入适当的化学物质而成为防火材料，这是普通木材所不具备的特点。

24.3.3 增强木材

以一种先进的木材改性增强处理技术，通过将木材放在惰性气体环境下进行缓慢高温处理使之发生化学变化，提高了木材的耐磨性、耐久性、抗裂性，增强木材的硬度及抗挤压能力，在很大程度上提高了木材的尺寸稳定性、平衡水分含量和抗腐蚀能力，提高了木材品质。该技术不使用化学药剂，安全环保，处理的木材可替代昂贵的进口木材，这拓宽了速生林木等低档次木材的应用范围，极大提高了木材的附加值。

木材增强改性处理技术是一种先进的处理技术，通过对木材的增强处理后，可以大范围提高木材的使用价值和使用范围。据研究，经处理改性后的木材品质可提高两个等级，可使低档的速生丰产林的木材提高到中高档木材的性能，使木材的适用范围更加广泛，也可增强木材的硬度及抗挤压能力，提高木材的耐磨能力，延长木材的使用寿命，同时，高温处理一方面使木材内部的昆虫和真菌被消灭以防虫蛀，另一方面使半纤维素被破坏，降低木材缩水程度和变形程度，既防止木材营养成分被水解，增强木材的稳定性，防止木材开裂，又因半纤维素被破坏和木质素的改变防止木材霉变，另一方面能对油性较大的木材去油，经去油处理后的木材，从里到外都呈褐色，其色近似柚木和胡桃木，并保持木材的天然香味等。正因为上述性能，增强木材广泛应用于户外阳台及泳池等平台、门窗、地面地板及家具用材。

24.3.4 复合木材

以聚氯乙烯为主要原料，加入适量的耐燃剂制成。由日本建材与化工行业联合开发出的一种PVC硬质高泡复合木材，不连续、不传导、不穿透，隔热、隔间、防火、耐用。

24.3.5　硬硅钙石类人造木材

以石灰类原料加上硅类原料及水配成料浆，在90℃反应釜内反应3h，再在210℃、1.9 MPa的高压釜内生成硬硅钙石，冷却后加上玻璃纤维和有机高分子乳液在搅拌机中搅拌均匀，再经加压脱水成型，干燥后即成成品。该人造木材比高分子的脉醛树脂、酚醛树脂、环氧树脂合成的人造木材在耐火、安全、毒性等方面优异得多，能进行所谓的潮气呼吸，可以加工、钉、刨、锯和拧螺栓，且无毒，尺寸性能稳定，不易弯曲变形，不会腐朽，是建筑上理想的木材代用品，可用于建筑上的肋条、龙骨、框架、顶棚、回缘、墙板、天花板、贴面板以及混凝土用木模板等。

24.3.6　硅酸钙系人造木材

将石英砂、生石灰原料按一定比例在高水固比（一般为8～20）条件下形成水化硅酸钙料浆，再掺加一定量的抗碱玻纤、纸浆纤维等纤维材料与丙烯酸酯类乳液高分子胶结料进行补强与增韧，在带有搅拌装置的高压釜中与水玻璃进行高温水热合成反应，从而获得一种轻质高强、保温隔热性能好的新型材料。轻质硅钙板不仅具有与天然木材类似的性能，可钉可锯，还具有耐高温，干湿变形小，不会腐蚀等特点，适用于复合墙体的墙面和室内吊顶装修等，是一种很有发展前途的建筑薄板材。

24.3.7　秸秆胶合人造木材

以葵花秆、稻草秸秆、花生壳、高粱秆、甘蔗渣、麻秆等农业秸秆废弃物或竹刨花和竹木屑等竹木加工剩余物为主要原料，改性尿醛树脂为胶粘剂经压制而成，或与造纸厂的废弃物木质素胶合而成的秸秆胶合人造木材。产品材料来源广，成本低，吸水性小，不易燃，耐腐蚀，不裂缝，不翘不曲，制成的家具坚固耐用，在其表面贴上单板或贴面后，具有木材真实感，贴上塑料或玻璃钢装饰面层后，美观大方，防腐防潮性能好，不需要刨削加工，板面宽长，整体性好。可制作门窗、家具、屋面板、地板、天花板等室内装饰品。

24.3.8　塑木复合材料（WPC）

1. 定义

WPC是wood-plastic composites的缩写，美国材料实验协会的标准将塑木复合材料定义为："a composite made primarily from wood-orcellulose-based materials and plastic（s）。"如果直译的话是"一种主要由木材或者纤维素为基础材料与塑料（也可是多种塑料）制成的复合材料"。目前中国生产或研发的基本上都是属于此类材料。

2. 名称的确定

塑木复合材料作为一种环保型的新材料现在正越来越受到了人们的重视，但不少地方出现"木塑复合材料"、"木塑合成材料"等的名称。

"塑木"与"木塑"的名称，其实是同一个概念。因为在有关的资料中不论是称谓"木塑复合材料"还是称谓"塑木复合材料"的，英文缩写为WPC。"塑木"与"木塑"两种不同的名称已经给生产者、使用者、设计和管理人员等各方面人员的工作带来一定的麻烦，尤其是在初次接触这种新产品的时候。这种同类产品，不同称谓确有统一的必要。但目前要统一可能困难较大，国家或行业还未制定统一的标准，没有一个权威部门来进行这项工作。根据塑木复合材料目前迅速发展的形势应加快制定有关的国家标准。

名称统一以后，相对而言取“塑木”可能更合适，理由如下：

（1）这种新型复合材料的主要用途是替代木材，它与松木、杨木、桉木等天然木材的差别在于它是一种用塑料和木质纤维合成的“木”。

（2）目前，在中国生产的塑木复合材料产品中木质纤维的含量大部分都大于50%，以木为主。

（3）在美国标准的定义中表述了以木质纤维为基础原料的意思，“木”是主体。

（4）国内外对这种材料还起了一些别名，如“塑胶木”、“环保木”等，日本的爱因公司生产的塑木复合材料，称其为“爱因木”，这都是与“木”相提并论，因此称其为“塑木复合材料”（简称“塑木”）更合理些。

3. 塑木复合材料的原料

（1）塑料原料

受木材热稳定性的限制，木塑复合材料生产只能使用熔点在200℃以下或200℃以下可被加工的塑料，生产中常用的塑料是原生和回收的聚乙烯（PE）、聚丙烯（PP）、聚氯乙烯（PVC）等。不同的塑料拥有不同的性能，与木纤维复合后得到的WPC型材的性能及适用范围又各有不同（表24-1）。塑料的选择主要从它自身的性能、产品要求、供给情况、成本表和加工企业对它的熟悉程度等方面考虑。

木塑复合材料中的常见塑料成分　　表24-1

分类	特性	常见用途	WPC应用
HDPE高密度聚乙烯	无毒、无味、无臭，熔点约130℃，耐热性、耐寒性、化学稳定性好，刚性、韧性、机械强度好	常见白色药瓶、清洁用品、电缆线、管材和型材、HDPE薄膜	窗框、门框、室外铺地板材
PVC聚氯乙烯	可塑性优良，收缩率低，价廉，使用十分普遍，热稳定性和耐光性较差，熔点低	雨衣、建材、塑料膜、塑料盒、软管、电缆、电线、凉鞋、鞋底、玩具、汽配	室内铺板、装饰材料
PE聚乙烯	不耐高温，110℃时会出现热熔现象，高温时有有害物质产生	保鲜膜、塑料膜、塑料食品袋、奶瓶、提桶、水壶	建筑型材、室外铺板
PP聚丙烯	无毒、无味，密度小，熔点高达167℃，可放进微波炉使用。低温时变脆、不耐磨、易老化	豆浆瓶、优酪乳瓶、果汁饮料瓶、微波炉餐盒	汽车业、日用品、建筑型材、室外铺板、护栏

（2）木材、木纤维等各种植物纤维

与矿物纤维相比，植物纤维原料来源广泛、价格低廉、可反复加工、可自然再生、可生物降解、密度低、长径比较高、比表面积大。此外，植物纤维作为一种增强材料用于热塑性塑料中还显示了较好的力学性能，如强度高、硬度低、对加工设备磨损小等优点。

最常用的原材料是木材以及木材加工的剩余物，都可以加工成短纤维或细颗粒、粉末，锯屑直接使用。另外农业植物纤维也占有一定的比例，尤其在欧洲和中国，大部分工厂都使用了秸秆、稻壳等作为来源原料。随着农村生产的发展和农民生活水平的日益提高，过去被用作燃料的农业植物纤维（尤其是稻糠、秸秆、果壳等自然腐变较慢的材料）被焚烧处理，这不仅造成了自然资源的严重浪费，更对农村及其周边城市的环境造成污染。据调查，中国国内农业纤维的年产量在4亿t以上，木粉有100万t以上，其他天然纤维也有500万～1000万t以上，丰富的农业资源优势为木塑产业在国内的迅速发展提供了良好的条件。

（3）偶联剂和添加剂

作承力或次承力结构材料时，要求木塑复合材料质量轻，强度和刚度高，膨胀系数小，绝热性能好或耐介质腐蚀，且能耐受一定的温度。复合材料界面相（增强体与基体所接触所构成的界面）的结构性能对复合材料整体的性能影响很大。复合材料受到荷载时，复合材料界面应该能把基体上的应力传递到增强体上，这就需要界面相有足够的粘结强度，且两相能够互相润湿。正因为如此，木塑复合材料不能仅由木材和塑料组成，还应有用于提高材料力学性能和改善原料加工性能的其他物质，如偶联剂、光稳定剂、颜料、润滑剂、防腐剂和发泡剂等添加剂。

偶联剂是指能改善填料与高分子材料之间界面特性的一类物质。其分子结构中一般存在着两种有效的官能团，一种官能团可与憎水性的高分子基体发生化学反应或有良好的相容性，另一种官能团可与亲水基团形成键结合。这样偶联剂具有桥梁的作用，可以改善填料与高分子材料之间界面特性，提高界面的粘合性，从而提高复合材料的性能。

在木塑复合材料中，木材为亲水性物质，而塑料为憎水性物质，二者界面相容性差，因此必须对材料添加偶联剂进行改性以得到性能良好的复合材料。

此外，木塑复合材料中还需加入少量添加剂以改善加工性能和使用性能，见表24-2。一般塑料加工中使用的光稳定剂、颜料、润滑剂、防腐剂、抗氧化剂等添加剂都可用于木塑复合材料的制造。

木塑复合材料助剂　　表24-2

助剂	应用	举例
热稳定剂	防止加工过程中聚合物降解	酚醛树脂（主）和亚磷酸盐（次）
光稳定剂	防止紫外光对聚合物的伤害； 光吸收剂	HALS（阻胺光稳定剂）
偶联剂	改善木塑界面结合，提高强度，减少吸水，保持机械性能	马来酸酐改性聚烯烃
润滑剂	改善流动性能，提高生产效率，减少边缘磨损	硬脂酸锌、乙烯基双硬脂酰胺
色素	美化制品表面，并有一定紫外防护能力	混合染料
杀虫剂	防止细菌真菌侵蚀	异噻唑类物质
发泡剂	减小材料密度和制品重量	放热型（偶氮碳胺），吸热型（碳酸氢钠）

4. 塑木复合材料的性能

塑木原料配方是决定塑木发泡复合材料性能的关键因素，配方中各组分及用量与材料的加工流变性、木塑制品的成型性能密切相关，各种原材料的配合比、组分之间的相互作用情况、产品设计形式都决定着木塑复合材料的性能。

（1）理化性能

塑木复合材料的密度为0.6～1.2cm^3/g，含水率≤2%，吸水厚度膨胀率≤1%，硬度（HRR）≥58，抗拉强度为22～33MPa，抗弯强度为26～35MPa，抗弯模弹为2.5～4.0GPa，静曲强度≥20MPa。弯曲弹性模量≥1800MPa，表面耐磨指数为（$G/100r$）≤0.08，低温落锤冲击，破裂个数≤1个，加热后状态呈现出无气泡，有裂痕和麻点出现。加热后尺寸变化率为2.5%左右，高低温反复尺寸变化率为±20.2%，板面的握钉力大于等于1000N，板材的握钉力≥800N，是木材的2～3倍，刨花板的5倍。与木材相比，塑木复合材料具有抗强酸碱、耐水、耐腐蚀，并且不繁殖细菌、不易被虫蛀、不长真菌的特点，使用寿命长达50年以上。

（2）抗老化性能

由于绝大部分产品都是在室外或潮湿环境下使用，耐老化问题越来越受到关注。研究发现，埋入地下及和雨水地面接触的塑木复合材料有被真菌或白蚁生物降解的现象，暴露在阳光和空气中的塑木复合材料发生结构变化。室外使用的木质填充量较高的塑木复合材料，同天然木材一样发生收缩、膨胀、污染、弯曲、褪色现象，或发霉，长出菌类，受水侵蚀，甚至被白蚁吃掉。耐老化性能的优劣对塑木复合材料的可持续发展应用至关。

WPC材料的老化过程主要有热老化、气候老化、生物降解。其中，气候因素包括太阳辐射、氧气、温度、水、大气污染等，而多种因素的结合对老化过程会产生协同效应，如温度升高会加速紫外线辐射下的老化；有的颜料结合少量湿气后，也能成为有效的光氧催化剂。除力学性能以外，木塑复合材料的表观性能也会大受影响，如出现发黄褪色等现象。最新研究表明，木质复合材料各组分间复杂的相互作用会影响耐候性、颜色损失、防潮性、防霉性和耐老化性能。

（3）光学性能

1）紫外线对塑木制品颜色的影响

Falk等（2000）对聚乙烯（PE）基和聚丙烯（PP）基的复合板材进行紫外老化试验表明，经过1500h的加速老化后，几乎所有暴露试件都发生了褪色现象，且色度反应是非线性的。与1000～1500h之间的颜色变化相比，最初的400h内褪色较快；PP基复合材比PE基更容易褪色。此外，木粉含量高的材料比木粉含量低的褪色稍快一些，这与紫外线对木粉颗粒的漂白作用有关。老化后复合材料的颜色变浅，而且在最初的1000h内变化最大，2000h后颜色变化深度可以达到0.3mm，大于聚合物富集的表层厚度。因此可以推测，老化试验进行3000h 以后，注塑或挤出等加工方式对褪色几乎没有影响。

紫外线照射和喷水对材料的颜色褪变具有交互作用，紫外线照射加上喷水给木塑复合材料造成的损害比单独紫外光照射或浸水要大得多。按照美国ASTM标准规定的方法，对50%木含量的HDPE注塑试件进行测试，经过3000个周期的紫外线照射加喷水（每个周期包括 102min的紫外线照射和1min的紫外线加喷水）处理后，试件的颜色浅了87%，且厚度减小。而单独的紫外线照射并没有改变试件厚度，颜色浅了约28%。研究认为，紫外线照射加喷水处理实际上会冲刷掉一层木质素，使木材降解。

木材的光降解源于纤维素、半纤维素、木质素、抽提物等组分的降解。木质素以多种方式经历光降解，遭受破坏后生成水溶性产物并最终形成发色官能团，如羧基、醌、过氧羟基等结构，成为木材褪色（主要是发黄）的主要原因。最主要的光降解反应是苯氧—醌—氧化还原循环反应，在光辐射作用下，以对苯二酚的氧化开始反应历程，生成的对位醌（发色结构）又分解成对苯二酚，使反应循环进行。实际生产中可通过添加颜料来延缓褪色，使颜色变化不易察觉，有的生产商还采用紫外稳定塑料覆层与木塑复合材料同时挤出的方法。

2）紫外线对力学性能的破坏

室外使用的木塑复合材料经过紫外老化最终将导致力学性能的下降。表面的木质成分越多，复合材料在老化初期产生的性能损失占总损失的比例越大，而表面聚合物增多则可减少性能损失。尽管不同研究对材料性能下降发生的时间有所差异，但可以肯定经过2000h老化处理后，木塑复合材料的力学强度和颜色都发生了显著的改变。

注射成型的复合材料在每1000h老化过程中弹性模量都呈明显下降趋势，而抗弯强度在2000h以后才发生显著变化。挤出成型的复合材在2000h以内弹性模量和抗弯强度都显著下降，以后基本没有变化。经历3000h处理老化后，两种加工方式制备的复合材料最终的性能下降幅度接近。

添加着色剂不仅能够减小复合材料的颜色变化，而且有助于降低力学性能损失，尤其是黑色着色剂的效果特别明显，在试验时间内力学性能变化很小；但同时也发现，着色剂本身对材料的力学性能也有不利影响。力学性能下降的原因被归结为表面氧化、材质结晶度改变、因吸湿导致界面分离等因素的综合作用。

（4）冻融稳定性

Jeanette等对PVC/木粉复合材进行研究发现，冻融循环处理对密度没有造成影响，但随木粉含量的增加其厚度膨胀和宽度变化幅度都有所改变，不过与实木等材料相比，变化率非常小。冷冻对低木纤维含量复合材的抗弯强度影响不大，但对高木纤维含量复合材的抗弯性能有显著影响，这是因为木材组分所占比例大则塑料的包覆效果差，吸湿量大。研究还发现，在冻融循环处理过程中浸水对材料力学性能的下降起到显著作用，其破坏性比单纯的冷冻更大。

塑料对木质纤维的包覆可以起到良好的防水作用，因此努力提高木材组分与塑料之间的结合能力能够隔离水分与木纤维的接触，减小水分的破坏作用。有研究表明，冰冻和熔化会导致刚性的显著下降，而添加2%的耦合剂就可以避免这种现象。

对于较厚的塑木复合材料来说，短期内气候条件不会造成显著的破坏作用。不过，为了减轻重量和降低成本，目前市面上常见的塑木复合材料产品已经不再局限于实心结构，而是加工成更为复杂的中空截面形状，实质壁厚减小了很多。这种情况下，水分、冷冻、紫外线照射等因素就可能对那些厚度较薄的木塑复合材料造成更为明显的影响，因此有必要进行更深入的抗老化研究。

（5）生物降解性

与其他硼酸盐相比，硼酸锌（ZB）具有生物功效好、对哺乳动物毒性低、抗流失强等特性，成为木塑复合材研究中的首选防腐剂。使用ZB能够对木材组分提供适当保护，即使在用量很低（1%）情况下木材也没有明显的质量损失，说明抗腐朽性强。研究表明，木材含量的增加会增大木塑复合材的吸湿量和真菌繁殖，添加碳酸铜也可以有效地防止真菌感染，但对吸水和挠性都有不利影响。加入生物杀灭剂，如1%～1.5%的四氯异苯睛也可以抑止霉菌生长。

目前已开发出综合性能较好的Borogard ZB防腐剂，在抗生物降解、耐热、抗紫外线破坏、抗流失、抗老化等方面都有较好的表现。将其应用于50%～70%木含量的HDPE铺板复合材料，质量损失可从10%～20%降到1.1%。此外，其他一些公司也研制出专门用于塑木复合材料的防腐剂。

塑木复合材料表面的塑料成分可抑制菌类生长，与实木相比具有很强的防真菌和防霉菌能力。不过，也应该考虑到，真菌侵蚀后留下的微小空隙为雨水渗透和紫外线降解提供了更多的渠道，长期室外使用条件下对产品的外观、颜色、表面光滑程度以及力学性能可能具有加速性的破坏作用。

（6）装饰性

塑木复合材料的加工工艺的多样性决定着材料的装饰性。塑木复合材料既可通过添加各种颜色及纹理供客户选择，也可根据客户的需求生产各种尺寸的板材或型材。

塑木复合材料的外观类似木质材料，保留了木材富有生命力的质感和完美纹理，观感佳，能够满足人们在心理上亲近自然的需求，其制品表面光滑、平整、坚固，并可压制出立体图案和其他要求的形状，也可加入各种着色剂或覆膜，能制得色彩绚丽的各种制品，装饰效果好。

塑木复合材料的尺寸稳定性比木材好，不易变形，且不会有木材疤痕、色斑、腐朽的自然缺陷，也没有顺纹、横纹等异向力学性能。有类似木材的二次加工性，可切割、粘贴、用钉子和螺栓固定，施工方便，无须进行打砂和上漆等后期维护工作。

总之，塑木复合材料原料广，废物利用，产品可100%回收再生产，可分解，内含塑料使之具有较好的弹性模量，其抗压、抗弯曲等性能与硬木相当，耐水、耐腐性能好，耐用性也明显优于普通木质材料，表面硬度高，一般是木材的2～5倍，可锯、可钉、可刨，可根据需要制成多种形状、图案、色彩，性能优势十分明显。

5. 塑木复合材料形式

从塑木复合材料的产品形态来看，可以设计成实心的矩形截面，也可以设计成中空的截面形状（图 24-1、图24-2），以减少质量，提高强度。表面可加工出逼真的木材纹理和材色（图24-3），让使用者得到与木材相似的感官享受。有的产品还可以进行染色、涂饰等二次加工。塑木复合材料可分为线材、片材（厚1.5～5mm）、板材（宽500～1200mm，厚12～30mm）、普通型材、异型材等多种系列（图24-3）。

图24-1 中空WPC型材

图24-2 WPC型材系列

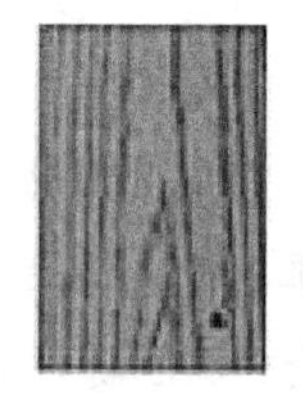
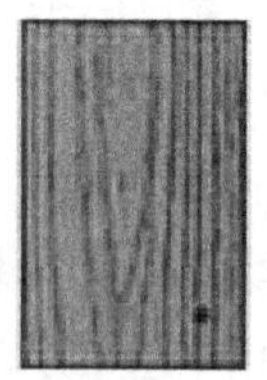
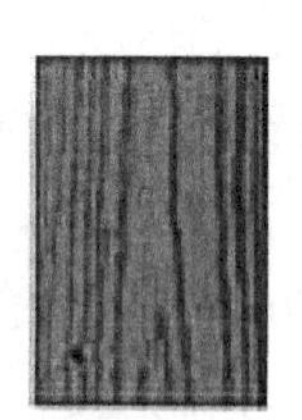
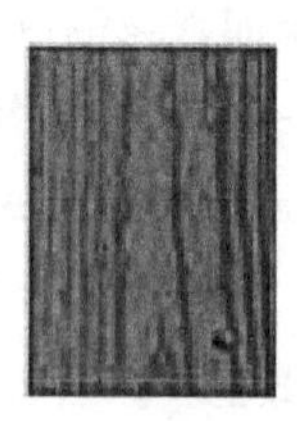
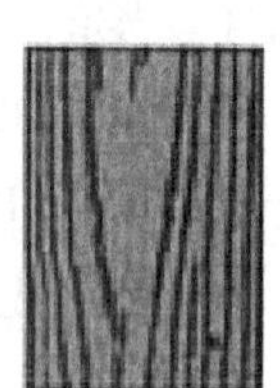

图24-3 WPC型材纹理和材色

6. 塑木复合材料在风景园林中的应用

塑木复合材料作为一种替代木材的新型复合材料，既具有植物纤维的优点，又具有塑料的特色，应用范围十分广泛，几乎包括了整个原木、塑钢、铝合金和塑料等复合材料的使用领域，广泛应用于建设和装修领域，能够帮助解决木材行业废弃资源和塑料的再生利用问题。

对于设计师来说，塑木地板属于节能环保型的产品，不但能很好地控制有害物的排放，独特的生产过程和技术还能使原料的损耗量降低到零，环保功能突出，可以循环利用，几乎不含对人体有害的物质和毒气挥发。经有关部门检测，其甲醛的释放只有0.3mg/L，大大低于国家标准（1.5mg/L），是一种真正意义上的绿色合成材料。

根据其特性，塑木复合材料不仅可以广泛应用于风景园林中的地面铺装、栅栏、护栏、休闲座椅和垃圾箱等，还可用于风景园林建筑结构材料、装饰材料以及花箱、秋千、指示牌、花坛等小品材料，具体见表24–3。

WPC的应用　　表24–3

形式	主要用途	规格
花箱板	花箱、树池、篱笆、垃圾箱	依用户要求提供
装饰板	外墙装饰板、遮阳板、百叶窗条、花坛	依用户要求提供
板条	座凳、椅靠、靠背条、休闲桌面、秋千	依用户要求提供
标志牌	标志牌、指示牌、宣传栏	依用户要求提供
结构材	立柱、横梁、龙骨（可镶套金属件）	方形、圆形、工字型均可
亲水板材	码头铺板、水上通道、近水建筑	宽度10～15cm，高度2～3cm
型（板）材	栈道、步道、桥板（实心或空心）	宽度10～15cm，高度2～3cm
型（杆）材	扶手、护栏、栅栏、隔断、衬档	依用户要求提供
花架、廊、亭		依用户要求提供成套建筑

24.3.9　不燃木材

将金属氧化物和以木材成分为基础的树脂混合在一起，再加入玻璃纤维，进行连续发泡后成型，期间虽经高温加热，但无有毒气体产生，防火性能良好。该材料厚度为10～40mm，最大宽度为1m，长度不拘，轻巧而结实，加工简单，广泛应用于住宅、大楼室内装饰，也适用于制作家具、门、地板和实验室。

日本一家公司的专家们将一种特制的防火剂，用高压均匀地渗压到木材内，使木材变成由防火剂充填导管间组织的密封结构体，从而使木材变成一种难燃木材。试验表明，这种难燃木材在明火点燃、火烤和加热后，虽会慢慢地炭化变胶，但不易在短时间内燃烧殆尽。经测定，燃烧3cm厚的这种板材需要40分钟，几乎是相同厚度的普通木材燃烧时间的3倍。这种难燃木材，由于表面有一层炭化层会使燃烧速度减慢，这在火灾时对防止火势蔓延颇有效果，且所渗压的药剂在着火时不会放出任何有毒气体。

另外，保加利亚一船舶研究所的科研人员制造一种新溶液，当木材浸过溶液后，就不会燃烧起火，甚至在750℃的烈火中也不改变原型和加工性能。这种不燃木材主要用来制造船舶上的零件，增加船舶的安全可靠程度和耐用性。

24.3.10　铁火木材

苏联利用铁化工艺法，在真空中用油母页岩处理质地松软的木材，然后经焙烧处理使木材变得极其结实，同时具有防火的性能，提高了松软木材的利用价值。

24.3.11 再生木材

荷兰一家造纸公司将垃圾中的废旧塑料、废纸、杂物等破碎成颗粒状，在高温下充分搅拌使之均匀，再加上适量树脂，待其冷却后，在挤压机上挤压成各种板材、管材或绽材等。这种再生木材与一般木材性能相似，可钻、可刨、可割、可切，能耐腐蚀，不怕虫蛀，寿命长，造价仅为纤维板的1/4。

24.3.12 陶瓷人造木材

以高纯度石灰和高纯度硅酸在高温高压坩埚里炼成高纯度硅酸钙，再加上合成树脂、玻璃纤维制成的以陶瓷为原材料的人造木材，商品名为“爱斯拉伊特”。其重量和普通木材几乎相等（比重0.5），同时具有天然木材和人造木材的双重特性，可用斧子、刨子加工，也可钉钉子和拧螺丝，且水泡不涨、不翘、不裂、不燃、不烂，容易上涂料，更具有天然木材所特有的温暖性。主要应用于装饰天花板、门窗、底层材料、窗帘挡板等室内装饰材料。该材料价格与柳桉木相当。

24.3.13 其他人造木材

美国Correct建筑制品公司21世纪初推出了一种叫Correct Dect的人造木材地板，这种人造木材用耐紫外线聚丙烯树脂和硬木木屑制成，具有非常优良的性能。它的表面上压有均匀细密而美观、逼真的花纹，并且有多种颜色款式，没有节疤，也没有金属零件，不易开裂，表面防滑，无须染色，供货尺寸与普通的木地板的尺寸相同，保用10年，其强度与木地板相近，质地像热带雨林木材一样坚硬，但又比一般的复合材料地板重量轻，也不像复合材料地板那样易于变形，压纹非常耐磨，即使在炎热和潮湿的夏季仍具有很好的防滑性。施工时可以使用普通的地板螺钉，无须维护，便于施工，省工省时。

24.4 人造木材的发展

人造木材产品于20世纪末发明于日本，逐渐在世界各地发展。近年来在北美发展较快，而欧洲正逐渐发展应用人造木。据国际塑木复合材料（WPC）年会上发布的消息，人造木材的销售额以年均25%的速度递增。在森林资源丰富的北美，其平均增长已超过50%，仅美国和加拿大2005年的产量就达1000万t。调查显示，现在人造木材料50%用于地板、15%用于门窗、15%用于护栏、20%作其他用途。与此同时，从2006年4月1日起，实木地板要缴5%的消费税，这意味着本就水涨船高的实木地板价格还将继续上扬。出于价格因素的考虑，开发“科技木”、“人造木”等新的实木替代产品将是木业发展的新出路。

人造木产品作为新型环保材料，随着人们对其认知度的提高，它的发展已逐渐步入快车道。中国是一个木材资源贫乏的国家，由于树木过度砍伐，导致绿色屏障遭到破坏，沙尘暴愈演愈烈，因此政府现特别重视资源的循环利用和对生态环境的保护，这给人造木材的发展创造了极为良好的大环境，再加上人造木材本身特质，因此人造木材发展的前景可用“快、广、高”三个字来表述，即发展速度越来越快、应用范围越来越广、研发和技术水平越来越高。但目前国内的技术大多来自于国外技术信息的消化、吸收，尽管取得了一定成绩，但工业化应用还任重道远。同时，需要加强加工设备、工艺技术等研发，提高产品质量达到国际认可的标准，从原料进货到制造、建设、运营、维护、管理、解体、处理的各项标准符合认证基准要求，并淘汰落后企业。

国际上，欧美建筑市场人造木的应用很普遍，尤其以澳洲市场最为突出。这也体现了人造木在世界建材界的受欢迎程度。100%的再生材料——M-WOOD2，必将在室外建材领域里引起一次材料革新，成为外装修领域的一个重要组成部分，目前，M-WOOD2人造木材在庭院、公园、花园小区、近水景观、栈桥栈道、海滨休闲、码头等室外地面铺装上已经作为主要基材使用，并在耐久性、保养性、安全性上得到一致好评，在各种国际国内大型项目中得到广泛采用，并将扩大到港口、铁路、公路等领域。可以预见，人造木材将犹如雨后春笋般，在日益提倡环保材料和可循环建材的呼声中得到更大量与广泛的应用。

第25章　高分子材料

25.1　高分子材料的内涵

高分子材料是指以聚合物、适当的填料和助剂配制而成的分子量大于10000以上的有机化合物（又称聚合物）材料。这种材料在高温和高压下具有流动性，可塑制成各种制品，并且在常温、常压下制品能保持形态不变。与传统材料相比，高分子材料具有质轻、比强度高、化学稳定性好、导热系数小、装饰性和加工性能好及耗能较低的特点。近年来，中国已普遍推广使用各种塑料管道卫生设备、塑料装饰板、塑料门窗等建筑材料，其主要形式有塑料、橡胶、粘结剂、密封材料等。

25.2　高分子材料的组成

高分子材料并不是一种纯物质，它是由许多材料配制而成的。其中树脂是高分子材料的主要成分，为了改进塑料的性能，还要在聚合物中添加各种辅助材料，如填充剂、增塑剂、润滑剂、稳定剂、着色剂等。

25.2.1　合成树脂

高分子化合物结构不但复杂，而且相对分子质量大，一般在1000以上，甚至达数万、数千万或更大。合成树脂在塑料中起胶结作用，通过它把其他成分牢牢胶结在一起，使其具有加工成型性能。

合成树脂是高分子材料的基本组成，是决定高分子材料性质的主要成分，在高分子材料中的含量可达30%～100%。合成树脂是有机高分子化合物，它是由低相对分子质量的有机化合物（又称单体）经加聚反应或缩聚反应而制得。合成树脂按生产时的化学反应不同，可分为聚合树脂和缩合树脂两类。

1. 聚合树脂

聚合树脂是由一种或一种以上的不饱和化合物（单体），经热、光及催化剂的作用聚合而成的树脂。许多烯类及其衍生物单体在一定反应条件下，其中有一个不饱和键（如双键）断开，相互聚合成链状高分子物质。加聚反应所得的高聚物一般为线型分子。建筑塑料常用的加聚合成树脂有聚氯乙烯（PVC）、聚乙烯（PE）、聚苯乙烯（PS）、聚丙烯（PP）、聚甲基丙烯酸甲酯（PMMA）等。

2. 缩合树脂

在一定反应条件下，由两种或两种以上单体，通过缩合反应形成高分子化合物。如缩聚酚醛树脂是由苯酚和甲醛两种单体缩聚而成。缩聚反应所得的高聚物可以是线型的，可以是体型的（三度空间许多分子交联）。建筑塑料常用的缩聚树脂有酚醛树脂（PF）、脲醛树脂（DF）、环氧树脂（EP）及聚酯树脂等。单组分塑料中合成树脂含量几乎达100%；在多组分塑料中，合成树脂含量为30%～70%。

树脂与塑料是两个不同的概念。树脂是一种未加工的原始聚合物，它不仅用于制造塑料，而且还是涂料、胶粘剂以及合成纤维的原料。而塑料除了极少一部分含100%的树脂外，绝大多数的塑料，除了主要组分树脂外，还需要加入其他物质。

25.2.2　填充料

填充料是高分子材料的另一重要组分，约占塑料重量的40%～70%。它可以提高高分子材料的强度、耐热性、耐磨性、硬度，增加化学稳定性，而且由于填料价格低于合成树脂，因而可以节约树脂，降低高分子材料的成本。例如酚醛树脂中加入木粉后可大大降低成本，使酚醛塑料成为最廉价的塑料之一，同时还能显著提高机械强度。填料按其化学组成不同可分为有机填料和无机填料两类，前者如木粉、碎布、纸张和各种织物纤维等，后者如玻璃纤维、云母、滑石粉、石墨、硅藻土、石棉、炭黑等。填料按按形状可分粉状和纤维状。

25.2.3　添加剂

添加剂是为改善高分子材料性质而掺入的某些助剂，如增塑剂、固化剂、稳定剂、抗老化剂、阻燃剂、着色剂、润滑剂、发泡剂、抗静电剂等。其用量虽少，但对改善塑料性能起着重要作用。

增塑剂：掺入增塑剂可提高高分子材料的可塑性，减少脆性，便于加工制作，同时又能使高分子材料制品具有柔软性。对增塑剂的要求是：能与合成树脂均匀混合在一起，并具有足够的耐光、耐大气、耐水性能。常用的增塑剂有邻苯二甲酸酯类、磷酸酯类、樟脑和二苯甲酮等。

固化剂：固化剂的作用是使合成树脂中的线型分子交联成体型结构，使其固化。

稳定剂：稳定剂可以增强塑料的抗老化能力。稳定剂应能耐水、耐油、耐化学药品并与树脂相溶。常用的稳定剂有硬脂酸盐、铅化合物、环氧化合物。

抗老化剂：可提高高分子材料抗热氧老化和光氧老化的能力。

阻燃剂：可提高高分子材料阻止燃烧的能力，可降低高分子材料的燃烧速度或使火焰自熄。如阻燃剂三水合氧化铝。

着色剂：可掺有机染料或无机染料，使高分子材料具有各种所需的颜色。对着色剂的要求是：色泽鲜明、着色力强、分散性好、与塑料结合牢靠、不起化学反应、不变色。常用的颜料有酞菁蓝、甲苯胺红和苯胺黑等。

润滑剂：塑料在加工成型时，加入润滑剂可以防止粘模，并使塑料制品光滑。常用的润滑剂有油酸、硬脂酸、硬脂酸的钙盐和镁盐。塑料中润滑剂一般用量为0.5%～1.5%。

其他添加剂：为了满足塑料的某些特殊要求还需加入各种助剂。如加入异氰酸酯发泡剂，可制成泡沫塑料；加入适量的银、铜等金属微粒，可得导电塑料；在组分中加进一些磁铁末，可制成磁性塑料。

25.3　高分子材料的性能

高分子材料有如下性能：

（1）表观密度小

高分子材料的表观密度一般在0.9～2.2g/cm^{3}之间，平均密度约为铝的1/2，铜的1/6，钢的1/8～1/4，混凝土的1/3～2/3。

（2）比强度高

高分子材料的比强度（单位质量的强度）接近或超过钢材，约为混凝土的5～15倍，是一种很好的轻质高强材料。这大大减轻了建筑物的自重，符合现代高层建筑的要求。

（3）可加工性好

高分子材料可以采用多种方法加工成型，制成薄板、管材、门窗异型材等各种形状的产品，如板材、管材、中空异形材等，并且便于切割、粘结和焊接加工。

（4）耐化学腐蚀性好

化学稳定性优良，在酸、碱、盐等化学药品及蒸汽等作用下具有较好的稳定性。因此高分子材料常常被用作化工厂的输水和输液管道、建筑物的门窗等。

（5）导热系数小、电绝缘性优良

高分子材料的导热系数一般为（0.024～0.69）W/（m·K），只有金属的1/100。特别是泡沫塑料的导热性最小，与空气相当，常用于隔热保温工程中。高分子材料具有良好的电绝缘性，是良好的绝缘材料。

（6）装饰性、耐磨性好

高分子材料装饰效果好，色彩丰富，掺入不同的颜料，可以得到各种色泽鲜艳且永久的塑料制品，其表面还可以进行压花、印花处理。高分子材料的耐磨性也优异，适合用作地面、墙面装饰材料。

（7）耐热性、耐火性差，受热变形大

塑料的耐热性一般不高，在高温下承受荷载时往往软化变形，甚至分解、变质，普通的热塑性塑料的热变形温度为60～120℃，只有少量品种能在200℃左右长期使用。

（8）耐水性、耐水蒸气性能好

塑料具有较好的耐光性和隔声、隔热性能，部分塑料还具有弹性。但塑料制品吸水性和透水蒸气性很差，因而较适于防水、防潮、给水排水管道等。

塑料的主要缺点是刚度差、易老化、易燃烧，膨胀系数比传统建筑材料高3～4倍。然而这些缺点可以通过改性或改变配方而得到改善。

25.4 高分子材料常用的种类

25.4.1 热塑性塑料

1. 聚氯乙烯（PVC）

聚氯乙烯是以由氯乙烯单体经聚合而成的聚氯乙烯树脂为主要原料，添加某些增塑剂、润滑剂、填料、着色剂等塑制或压铸而成的多功能塑料。通过调整增塑剂的加入量，可制得硬质和软质聚氯乙烯。

硬质聚氯乙烯表观密度为1.38～1.43g/cm^3，机械性能好，化学稳定性、耐油性及耐老化性较好，介电性能优良，耐酸碱性特强，价格低，但抗冲击性较差，耐热性较差，使用温度低（60℃以下），线膨胀系数大，成型加工性不好。风景园林工程常应用作给水排水管道、屋面采光板、塑料门窗、电线配管、装饰面板、楼梯扶手等。

软质聚氯乙烯材质较软，耐摩擦、耐挠曲、耐寒，大气稳定性、化学稳定性好，具有较好的伸长率、拉伸强度，吸水性低，冲击韧性较硬质PVC低，易于加工成型。但抗拉强度、抗弯强度较低，使用温度低，经挤压成型所得板材、片材、型材可作装饰材料，也可制成薄膜、管材。

现已研制的高聚合度聚氯乙烯（聚合度达4000～8000），具有价低、性能优异的特点，可用于各种软管、各种性能电缆料、伸缩绝缘带以及压延透明膜等。

2. 聚乙烯（PE）

聚乙烯树脂是由乙烯单体经聚合而成的一种热塑性树脂，也是中国合成树脂中产能最大、进口量最多的一种。以聚乙烯树脂为主要原料制成的聚乙烯塑料表观密度较小，有良好的耐低温性（-70℃），柔性好，耐磨性、耐溶剂性好，能耐大多数酸碱作用，电绝缘性和耐辐射性优良，机械性能好，但机械强度不高，质较软，易燃烧（燃烧时火焰呈蓝色，且熔融滴落，导致火焰蔓延，因此往往须掺加阻燃剂以改善其耐燃性）。

聚乙烯按密度可分为高密度聚乙烯（HDPE）、低密度聚乙烯（LDPE）、线型低密度聚乙烯（LLDPE）三种。在风景园林工程中，聚乙烯塑料主要应用于配制多种涂料，也可用作防水、防潮材料、给水排水管材等。

3. 聚碳酸酯塑料（PC）

聚碳酸酯塑料是一种力学性能和耐热性能俱佳的非结晶型热塑性工程塑料，有不碎玻璃之称。该塑料具有特高的冲击强度，在-40～120℃温度范围内，其冲击强度是玻璃的250倍，是有机玻璃的150倍，而且透光率好，3mm厚透光率为86%；质轻，仅为玻璃的50%左右；隔热性能好，与玻璃相比可节约10%的能源；具有自熄性、阻燃性；抗紫外线能力强且施工方便。可进行冷弯，最大弯曲半径约为板厚的100倍。其常制作成板材，在风景园林中常用于现代廊道采光棚板、车库雨棚、广告牌等。

4. 聚丙烯（PP）

聚丙烯树脂是由丙烯单体聚合而成的一种结构规整的淡乳白色结晶性聚合物，以聚丙烯树脂为主要成分的聚丙烯塑料的机械性能和耐热性都优于聚乙烯，耐溶剂性好，易燃烧，耐低温性较差，有一定的脆性，化学稳定性好，耐酸、碱和有机溶剂，与大多数化学药品（如发烟硝酸、铬酸溶液、卤素、苯、四氯化碳、氯仿等）不发生作用，且几乎不吸水。在风景园林中主要用作管材PPR管。

5. ABS塑料

ABS塑料是由丙烯腈、丁二烯和苯乙烯3种单体经共聚而成的塑料，是一种经改性的聚苯乙烯。ABS塑料具有较好的抗冲击性、耐低温性、耐热性、耐候性及抗静电性，是通用工程塑料中应用最为广泛的一种，可用作结构材料，也可作管道、工程模板等。

热塑性塑料品种较多，建筑工程中常用的热塑性塑料的识别方法见表25-1。

常用热塑性塑料的简易识别方法　　表25-1

塑料名称	识别方法				
	燃烧难度	离火状态	火焰状态	烧后变形	燃烧气味
聚苯乙烯（PS）	易	继续燃烧	橙黄色、浓黑烟炭束	软化、起泡	特殊苯乙烯单体味
聚乙烯（PE）	易	继续燃烧	上端黄色、下端蓝色	熔融、滴落	石蜡燃烧的气味
聚氯乙烯（PVC）	难	离火即灭	黄色、下端绿色、白烟	软化	刺激性酸味

续表

塑料名称	识别方法				
	燃烧难度	离火状态	火焰状态	烧后变形	燃烧气味
聚丙烯（PP）	易	继续燃烧	上端黄色、下端蓝色、少量黑烟	熔融、滴落	石油味
聚甲醛（POM）	易	继续燃烧	上端黄色、下端蓝色	熔融、滴落	强烈刺激的甲醛味、鱼腥臭味
聚甲基丙烯酸甲酯（PMMA）	易	继续燃烧	浅蓝色、顶端白色	熔融、起泡	强烈花果臭味、腐烂蔬菜臭味
尼龙（PA）	慢燃	渐灭	蓝色、上端黄色	熔融、滴落、起泡	羊毛、指甲燃焦气味

25.4.2 热固性塑料

1. 酚醛塑料（PF）

酚醛塑料是由苯酚与甲醛经缩合反应而成的酚醛树脂在加入填充料后所制得的一种硬而脆的热固性塑料，俗称电木粉。酚醛塑料耐热、耐化学腐蚀，绝缘性能好，坚硬，阻燃，但色调深，性脆，易碎，抗冲击强度小。酚醛树脂含有极性羟基，在熔融或溶解状态下，对纤维材料胶合能力很强。酚醛塑料的性能常因填料的不同而呈现不同的差异，如加入石英粉或云母粉会使塑料的电绝缘性增强，加入石棉会提高塑料的耐热和耐化学性，以纸、棉布、木片、玻璃布等为填料可以制成强度很高的层压塑料。制作酚醛塑料常用的填料有纸浆、木粉、玻纤和石棉等。

酚醛塑料广泛应用于园林家具零件、园林工艺小品、建筑饰面板、涂料或粘结剂等。

2. 脲醛塑料（UF）

脲醛树脂由尿素和甲醛为原料，经缩合反应而制得的脲醛树脂，经加填料、着色剂、润滑剂、增塑剂等加工成压塑粉（电玉粉），再经加热、模压而制成的热固性塑料，俗称“电玉”。脲醛塑料表面硬度大，有一定的机械强度，不易变形，无色、无毒、无臭、无味，电绝缘性良好，着色性好，色彩鲜艳，粘结强度高，耐热性好，有自熄性，耐酸、耐碱，脆性较大，耐水性较差，吸水性较大。低分子量时为液态，常用于生产涂料或粘结剂；高分子量时为固体（又称电玉），可应用于制作娱乐设施小品、景观灯饰电器元件等。

3. 不饱和聚酯塑料（UP）

不饱和聚酯塑料是以多元酸和二元醇经缩聚合成而制得的不饱和线型热固性树脂，再加入不饱和单体共聚而成的热固性塑料。不饱和聚酯塑料化学稳定性高，强度高、粘结性好，弹性、耐热性、耐水性及工艺性能优良，可用于生产玻璃钢、人造大理石、人造花岗石等，应用于风景园林的景观雕塑、景观铺地及贴面等。

4. 聚氨酯塑料（PV）

聚氨酯组合料分为异氰酸酯和组合聚醚两个组分，两者按一定比例搅拌混合后发生聚合反应，生成具有独立闭孔结构的聚氨酯硬质泡沫塑料。聚氨酯塑料是一种性能优良的热固性塑料，根据其组成的不同可分为单组分和双组分两种。双组分的聚氨酯塑料为软性，而单组分的为硬性。聚氨酯塑料机械性能良好，耐老化性、耐热性、耐磨性、耐污性好，其产品具有容量轻、强度高、绝热、隔声、阻燃、耐寒、防腐、不吸水、施工简便快捷等优异特点，可用于制作建筑涂料、防水材料、密封材料、粘结剂、塑料地板等。

5. 玻璃纤维增强塑料（GFRP或FRP）

玻璃纤维增强塑料又称玻璃钢，是一种以玻璃纤维增强不饱和聚酯、环氧树脂与酚醛树脂等树脂为基体材料，以玻璃纤维及其制品（玻璃布、带、毡、纱等）为增强材料制成的轻质高强塑料制品。玻璃纤维增强塑料的相对密度在1.5～2.0之间，只有碳钢的1/4～1/5，但拉伸强度却接近甚至超过碳素钢，强度可以与高级合金钢媲美，质轻、高强（抗拉强度可达100～150MPa，超过钢材），化学稳定性好，价低，但刚度不如金属。由于纤维布层与层之间的不同以及纤维布平面内经纬向不同，玻璃钢表现出各向异性。玻璃钢常用作采光材料和装饰材料，如透明波形板、雕刻、贴面板等，也可制作管道及各种容器，还可做成雕塑、屋面防水材料等。

25.5　高分子材料的园林应用

高分子材料在风景园林工程的各个领域均有广泛的应用。它既可应用于防水和装饰工程作功能材料；也可制成玻璃纤维或碳纤维增强塑料，应用于雕刻材料；还可加工成型材，广泛应用于风景园林工程中。

25.5.1　塑料管

塑料管是指以塑料为原料，经挤压、注塑、焊接等工艺加工成型的管材和管件。

与金属管材相比，塑料管生产成本低，易模制，韧性好，强度高，质量轻，运输和施工方便，表面光滑、流体阻力小，不生锈，耐腐蚀，适应性强，使用寿命长，可回收加工再利用，在风景园林工程中应用十分广泛。

塑料管材按主要原料可分为聚氯乙烯（RPVC或UPVC）管、聚乙烯（PE）管、聚丙烯（PP）管、ABS（丙烯腈—丁二烯—苯乙烯共聚物）管、聚丁烯（PB）管、玻璃钢（FRP）管以及铝塑复合管等复合塑料管，按用途可分为受压管和无压管。塑料管材分为建筑排水管、雨水管、给水管、波纹管、电线穿线管、天然气输送管等。

1. 聚乙烯（PE）管材

聚乙烯（PE）是三大通用塑料之一，是世界上热塑性树脂中产量最高的种类。常用的PE树脂主要有高密度聚乙烯（HDPE）、中密度聚乙烯（MDPE）、低密度聚乙烯（LDPE）和交联聚乙烯（PE-X）等4个种类。当前国外塑料管仍以PVC和PE为主导产品，其中PE管比PVC管应用更广泛，特别是PE-X管材经欧美数十个国家权威机构论证，为优选管材。

（1）聚乙烯（PE）管材的特点和应用

聚乙烯因具有密度低、强度和质量比值高、脆化温度低（-80℃）、介质流动阻力小、耐化学腐蚀等优点而成为优良管材。

聚乙烯管有单壁管、波纹管、PE金属内衬管等产品。

普通聚乙烯（PE）由线性或短支键分子组成，由于分子之间由范德华力结合，其强度随温度升高而降低的幅度较大，所以此类材料不能用作热水管。

高密度聚乙烯管透气、透湿性极低，渗透性也超低，其耐热性能和机械性能均高于中密度和低密度聚乙烯管，其应力—寿命曲线性能尤为优良，当工作温度在-70～40℃时，工作压力可达1.0MPa。

中密度聚乙烯管既有高密度聚乙烯管的刚性和强度，却比高密度聚乙烯管有更高的热熔连接性，又有低密度聚乙烯管的柔性和耐蠕变性，其综合性能高于高密度聚乙烯管，安装便利。在欧美各国，中密度聚乙烯管比高密度聚乙烯管应用更广泛。

低密度聚乙烯管的化学稳定性和高频绝缘性能十分优良，柔软性、伸长率、耐冲击和透明性比高、中密度聚乙烯管好，但管材许用应力仅为高密度聚乙烯管的一半，管壁较厚，市场销售量远不及高密度和中密度管。低密度和中密度管在管径小于110mm时，可盘绕成盘供应，施工方便。

PE管广泛应用于水管、风景园林灌溉管及燃气管。美国近30年来使用PE管作燃气管已占92%，德国、加拿大等国家PE管作燃气管道普及率也很高。

城市给水HDPE管、LDPE管执行标准为《给水用聚乙烯（PE）管材》（GB/T 13663—2000）；压力等级分为0.25MPa、0.4MPa、0.6MPa和1.0MPa四个级别，颜色一般为黑色或本色。国内聚乙烯供水管生产的品种主要有LDPE管、LLDPE管和HDPE管，规格一般是Φ16~315。国内PE管特别是LDPE管用量最多，在农村主要是给水、灌溉工程，约占50%。用于城市给水和建筑给水使用量也在逐年增加。

（2）交联聚乙烯（PE-X）管材的特点与应用

对PE材料进行交联改性即得交联聚乙烯（PE-X）管，其长期耐高温、高压方面的性能优越。据报道，欧美国家在冷热水管系统应用上，PE-X管使用率最高，应用最广，是目前国际公认的适用于冷热水及饮用水的最佳管材之一。

1）PE-X管材的性能

物理化学性能见表25-2。

管材的力学性能见表25-3。

PE-X管材和管件的物理化学性能　　表25-2

项目	技术性能要求	静液压强度（MPa）	温度（℃）	试验时间（h）	试验方法
密度（g/cm^3）	≥0.940				
拉伸强度（MPa）	≥16				
纵向收缩率（%）	≤3		120	*en*≤8mm：1； 8mm<*en*≤16mm：2	EN［155w1056］方法（120℃）
热稳定性	无破损或泄漏	2.5	110	8760	EN921A型端帽（暴露于空气中）
交联度： 过氧化物交联（%） PE-Xa（%） 硅烷交联（%） PE-Xb（%） 辐射交联（%） PE-Xc（%） 偶氨交联（%） PE-Xd（%）	>70 >65 >60 >60			EN579	

注：*en*为壁厚。

管材的力学性能　　表25-3

性能	要求	试验参数			试验方法
		静液压强度（MPa）	试验温度（℃）	试验时间（h）	
耐内压（a）	试验中无破裂	12.0	20	1	EN921A型端帽
耐内压（b）		4.8	95	1	

续表

性能	要求	试验参数			试验方法
		静液压强度（MPa）	试验温度（℃）	试验时间（h）	
耐内压（c）	试验中无破裂	4.7	95	22	EN921A型端帽
耐内压（d）		4.6	95	165	
耐内压（e）		4.4	95	1000	

2）PE-X管材的突出特点

由于聚乙烯经过交联，其机械性能、尺寸稳定性、耐化学药品性、耐高温、耐高压和耐环境应力开裂性等都大大提高，PE-X管不仅具有塑料管材的优点，还具有以下更突出的特点。

①耐高低温性优异。

PE-X管材的使用温度范围为-70～110℃，是塑料管材中最宽的材料之一，可用于高温热水输送系统，寿命可达50年，额定工作压力可达1.25MPa。

②耐化学腐蚀性好。

由于PE-X管的三维网状分子结构，即使处于高温下也能输送多种化学物质而不被腐蚀。

③抗弯曲性能好。

当PE-X管被加热到适当温度（小于180℃）时会变成透明状，再冷却时会恢复到原来的形状，从而表现出良好的记忆性能。在安装过程中，出现错误弯曲都可以通过热风枪加以矫正，使用起来更加自由。

④不结垢特性更突出。

PE-X管因具有较低的表面张力而使高表面张力的水不会浸润管壁，从而防止管内壁水垢的形成。

⑤良好的环保性能。

PE-X管材本身无毒、无味，也不释放有害物质，对水质不产生二次污染。

PE-X管的废料虽然不像PP-R管废料一样可以回收再一次熔化利用，但PE-X管材的废料易降解，它被焚烧后只产生水和二氧化碳。因此，PE-X管可以说是绿色环保管材。

3）PE-X管材的不足

①一般只有小口径管（管径Φ20～63），而大口径交联管（Φ300～600）至今暂未见商品问世，原因可能是当管径为Φ300～600时，壁厚为12～50mm，任何一种固化交联方式都将消耗大量能源，致使交联出的产品价格昂贵，市场无法接受。据报道，改变“接枝液”配方可以解决这个问题，成本甚至低于中、小口径管。这一发现对大口径交联管的生产和推广起到决定性作用。

②PE-X管材热膨胀系数比较大。

③连接形式为机械式连接，采用卡套夹紧式金属接头连接，一般用铜接头，配件成本较高。

4）PE-X管的应用

PE-X管的使用领域非常广泛，在风景园林工程中既可以应用作室内给水管、热水管、纯净水输送管，也可作水暖供热系统、太阳能热水器系统等管道系统。

2. 聚氯乙烯（PVC）管材

聚氯乙烯（PVC）也是三大通用塑料之一，是最早被工业化的塑料品种之一。在塑料管材中，它也是应用较早、价格最为低廉的管材。

最初聚氯乙烯制品表现出质软、强度低、不结实、易老化、有毒性等缺点，但随着科技的不断进步，PVC树脂和管材性能已获得很大改善，特别是硬质聚氯乙烯（PVC-U）管材，因加入稳定剂、抗老化剂、耐冲击改性剂等各种添加剂，其强度和使用寿命大大提高。PVC-U给水管道不仅承压完全符合要求，而且经长期蠕变性能试验测定，其使用寿命在50年以上。

全世界PVC-U管材的应用相当普遍，而中国对PVC管材的应用起步较晚，使用率提高快，使用管径也在不断增大，其市场潜力很大。

（1）PVC-U管材的特性和应用

1）PVC-U管材的特性

①符合卫生性能要求。PVC-U的加工配方可以达到无毒级，其成分中的游离氯在加工时可基本挥发掉，如严格按照国家标准生产，其卫生性能可以达到国家饮用水卫生的要求，使用安全。

②具有良好的耐老化性，能长期保持其理化性能，阻燃性好，耐腐蚀性强，使用寿命长。

③管径范围约为Φ20～1000，或更大。

④耐温等级较低，使用温度范围为-5～45℃。

⑤PVC-U管材的击穿电压在35kV/mm以上，绝缘性能好。

2）应用

PVC-U塑料管材是国内外应用最为广泛的塑料管道，也是中国国内发展较为成熟的一种塑料管材，主要用于建筑排水、给水、落水、排污、穿线、通风、农业输水灌溉等方面。在给水管中仅限于常温下输送饮用水，在排污管中应用较广。目前，应用在排水工程占50%，给水管占5%，化工管占15%，穿线管占15%，通讯管占5%，绿地排灌管占5%，其他占5%。

（2）PVC-U管材的种类

随着科技进步、人们生活水平的不断提高以及环保意识的增强，人们对建筑给、排水管的要求也越来越高，新型PVC-U管材应运而生。新型结构的PVC-U管材有波纹管、双壁波纹管、螺旋缠绕管、螺旋消声管、空壁螺旋管、加强筋管和芯层发泡管，现正趋于发展PVC-U低发泡管材。

1）单层实壁管

这是应用最早、最传统、也是应用最普遍的一种管材。

2）双壁波纹管

双壁波纹管管壁纵截面由两层结构组成，外层为波纹状，内层光滑。这种管材比实壁厚管节省40%的原料，并且提高了管子承受外荷载的能力。它主要用于室外埋地排水管和农用排水管等处。

双壁波纹管管材、承口尺寸见表25-4。

双壁波纹管管材、承口尺寸表（单位：mm） 表25-4

公称外径D_c	110	160	200	250	315	400	500	630
内径D_0	97.0	135.0	172.0	216.0	270.0	340.0	432.0	540.0
波纹壁外径D_{01}	110.5	160.6	200.7	250.9	316.1	401.3	501.6	632.0
承口长度L_2	41.1	46.0	50.0	55.0	61.0	70.0	80.0	93.0

注：1. 表中数值根据《埋地排水用硬聚氯乙烯（PVC-U）结构管道系统 第1部分：双壁波纹管材》（GB/T 18477.1—2007）标准列出。
2. 管子长度为6m，管材环应力取决于管子的壁厚，由生产厂提供。

3）螺旋缠绕管

螺旋缠绕管由带“上”型肋的PVC-U塑料板材卷制而成，而板材之间由快速嵌接的自锁机构锁定，在白锁机构中加入胶粘剂粘合。它可以根据工程需要在施工现场卷制所需要的不同直径（Φ150～260）管道，适于风景园林排水、绿地灌溉和输水工程等。

4）螺旋消声管

螺旋消声管是在管内壁有与管壁一起加工成型的8根三角形起导向作用的螺旋肋，是餐饮建筑和招待建筑物室内排水立管的专用管。

①消声构造和原理。

建筑物室内排水螺旋单立管系统主要是由螺旋消声管及与之配套的消声三通或四通组成。由于管内螺旋筋的导流作用，管内水流沿管内壁呈螺旋旋转下落，管中心形成一个通畅空气柱，使通气能力提高5～6倍，管内壁形成较为稳定而密实的水流，大大提高了通水能力，显著地降低了立管内的压力波动。消声三通或四通与排水立管相接不对中，能把横支管流来的污水从圆周切线方向导流进入立管，因而减少了水流碰撞，为降低排水管噪声创造了条件，同时可以削弱支管进水的水舌，避免形成水塞。在消声三通的下端还设有防止排水逆流的特殊构造。实践证明，这种室内排水管系统排水量和通气效果卓越，建筑物均取消了辅助通气管。

螺旋消声管排水量大，Φ110的消声管最大通水能力达6L/s，由于该系统省略通气管系统，不但节省材料，节约了人工等安装费用，同时增加了室内使用面积。螺旋消声管比普通塑料管降低噪声5～7dB，创造了很好的家居环境，同时因螺旋管良好的减压性能，大大提高了高层建筑排水管的安全系数，降低了因各种原因形成的大便器返溢的可能性。管道系统采用丝扣柔性连接，不仅安装、维修方便，而且外观精美，抗震效果好。

②螺旋消声管结构和规格见表25-5。

螺旋消声管规格表（单位：mm）　　表25-5

公称外径D_e		壁厚E		螺旋高度e		长度L	
基本尺寸	公差	基本尺寸	公差	基本尺寸	公差	基本尺寸	公差
75	±0.3	2.3	±0.3	3.0	±0.4	4000或6000	±10
110	±0.4	3.0	±0.3	3.0	±0.4		
160	±0.5	3.8	±0.6	3.0	±0.4		

5）空壁螺旋管

空壁螺旋管通过特定的模头和其他辅助设施，在PVC空壁管材内壁均匀形成6条三角形螺旋筋。由于空壁内带有螺旋筋以及管空壁的作用，它除了具有螺旋消声管特点外，隔音消声性能更佳，并且有隔热、保温作用，其环刚度≥0.6MPa，纵向回缩率≤5%。

PVC-U空壁螺旋管因为管壁沿圆周均匀分布与轴向平行的小孔即空壁腔，管内水流产生的声音，在经过管内壁的同时还须经过小孔中的空气层才能传至管外，使水流噪声得以衰减，同时，水流在管内壁三角形螺旋筋的导流作用下，呈螺旋状附壁下落，从而大大降低了管道的水流噪声。在排水过程中比PVC实壁管噪声低7～9dB，其排水噪声功率仅为普通管的50%。同济大学声学研究所通过丹麦BD2215声级计，对PVC-U普通管、螺旋管及空壁螺旋管三种形式的排水管进行了相似条件下的噪声测试比较，结果如表25-6。

PVC-U排水管的噪声比较　　表25-6

试验条件：高度（楼层数） 同时放水流量（L/s）	11 2	10，11 4	9，10，11 6	8，9，10，11 8
普通管噪声（dB）	60	61	62	64
螺旋管噪声（dB）	53	54	57	59
空壁螺旋管噪声（dB）	51	53	55	57

与普通管相比，PVC-U空壁螺旋管具有改善管内水流状态，减少立管内压力波动，降低排气量，提高管道排通能力等优点。其排通能力比普通管增加25%～35%，排气量降低15%～20%，见表25-7。空壁螺旋管的热传导系数约为实壁管的70%，节能，它属于一种新型的节能环保管材。

普通PVC-U管与PVC-U空壁螺旋管性能比较　　表25-7

测试项目	测试流量（L/s）	普通PVC-U管	PVC-U空壁螺旋管
排气量（L）	4.0	15.2	21.6
	6.0	20.3	16.9
	8.0	21.5	18.6
最大负压（Pa）	4.0～8.0	–380	–19
最大正压（Pa）	6.0	1180	360
	8.0	1300	490

6）加强筋管

PVC-U加强筋管，又称加筋管。从20世纪80年代开始，已在发达国家排水、排污工程中得到广泛应用，逐步取代了传统水泥管和实心壁PVC-U管材，成为目前世界上最先进的埋地排水、排污管材之一。

①加筋管主要优点。

PVC-U加强筋管是由PVC树脂一次挤压成型，内壁光滑，外壁带有与轴线垂直的同心圆加强筋，同样环刚度比普通实壁PVC-U管节省原材料35%～50%，具有材质新颖、结构合理、强度高、重量轻、搬运安装方便、橡胶圈承插连接方便可靠、施工质量可靠性高、柔性接口、抗不均匀下滑能力强、耐酸碱等多种介质的腐蚀等特点。

②产品主要性能见表25-8。

产品主要性能　　表25-8

项目	指标
管道工作内压	0.2MPa
管道环刚度（抗外负载）	8kN/7m^2
压扁：100% 压扁：30%	两边无裂痕 能复原

续表

项目	指标
抗冲击： *DN*300mm、*DN*400mm，7.5kg，落锤2m高，冲击20次 *DN*225mm，5.5kg，落锤2m高，冲击14次 *DN*150mm，3.6kg，落锤2m高，冲击8次	均无损坏
使用环境温度	-30～70℃

③产品主要规格。目前加筋管主要生产规格为：*DN*150、*DN*225、*DN*300、*DN*400。

④根据国际标准规范，加筋管管顶最小覆土层厚度不受汽车负载时为300mm，受汽车负载穿越园路时为500mm，受汽车负载沿着道路时为600mm，受土建工程设备荷载时为600mm。

7）芯层发泡管

PVC-U芯层发泡管，是PVC三层共挤芯层发泡管材，是一种新型建筑管道材料，特别适合于建筑排水管，已广泛应用于城乡建筑排水、低压力给水管、通信电缆护套管、通风、排气、农业灌溉等领域，是具有广泛发展前景的一种新型管材，也是国家大力推广应用的主要化学建材产品。

PVC-U芯层发泡排水管由三层组成，内、外层由普通硬质PVC-U实壁管材料成分组成，一般选用SG-4、SG-5PVC树脂，仅中间发泡层由PVC树脂经发泡后形成。在生产PVC-U芯层发泡管时，芯层的挤出要求流动性稍高于实壁层的SG-6、SG-7PVC树脂。发泡管材的芯层与内外皮层熔接一定要紧密。

皮层（内外实芯层）和芯层的厚度比例是发泡管生产的一个重要参数，若皮层所占比例大，则管材的密度高，管壁较重，未能发挥发泡管用材少的优势；若皮层所占比例少，则管较轻，但机械强度有些下降。根据经验，皮层和芯层的挤出量比例为11：13时，管材质量既满足国家标准要求，重量又轻（密度为0.95g/cm^3）。一般，PVC-U芯层发泡管内外实壁层的维卡软化点≥83℃，拉伸强度≥45.4MPa，断裂伸长率≥92%，密度0.9～1.29/cm^3。由于中间发泡层的密度仅为0.7～0.9g/cm^3，比普通实壁管低10%～35%，所以管材口径越大，发泡芯层所占壁厚的比例就越大，节省材料就越多。一般来说，同等壁厚的PVC-U芯层发泡排水管比PVC-U实壁管节省材料约25%，每米成本降低32%。

与PVC-U普通管比较，PVC-U芯层发泡管具有隔声效果好、内壁抗压能力强、隔热性强、使用温度范围大等优点，发展前景十分广阔。

（3）PVC-U管材的规格

PVC-U塑料管是中国重点发展的管材种类之一，主要规格有：给水管*Φ*16～700，建筑排水管*Φ*90～160，双壁波纹管*Φ*90～400，螺旋缠绕管*Φ*150～2600，电工护套管*Φ*16～20。从整体上看，主要是*Φ*400以下规格。

（4）PVC-U管材安装注意事项

PVC-U管道的施工安装除应遵守管道安装的基本要求外，还应特别注意以下要求。

1）管道在安装前应对材料外观、管材管件及其内外表面是否被污物、配合公差等进行检查，严禁管道用作吊、拉、攀件使用，对口径大于32mm的水表、阀门及其管道附件宜设固定措施。

2）室外入户管道穿越沉降缝、伸缩缝应采用90°转弯折角安装形式，其折边长度为500～700mm。

3）管道穿越墙壁等，应预埋硬聚氯乙烯套管或预留孔洞。

4）管道穿越水池应按设计要求预埋耐腐蚀金属材料套管或硬聚氯乙烯材质专用套管，水池溢流管可留孔或直接预埋硬聚氯乙烯管及配件。

5）给水管道穿越预埋套管，其孔隙的中间部位，应采用防水胶泥嵌缝，厚度不小于35mm，待嵌缝材料密实固化后，再用M10水泥砂浆填实，墙体两侧应与墙面抹平。

6）管道与给水栓连接部位应采用塑料增强管件、镶嵌金属或耐腐蚀金属管件，明敷管道的配水点应利用带锚固件管件或两端设金属管卡，采取可靠的固定措施。

7）管材、管件在运输、装卸和搬运时应小心轻放、排列整齐，不得受尖锐物品碰撞，不得抛、摔、滚、拖和烈日曝晒。

8）安装管道应适时对整个系统进行严格的水压试验，试验合格后将管道系统内存水放空，进行管路消毒，消毒时应灌注含20～30mg/L有效氯的溶液，静置消毒不得少于24h。

9）PVC-U管道的最大支承间距规定按表25-9选取。

PVC-U管道的最大支承间距（单位：mm） 表25-9

外径	20	25	32	40	50	63	75	90	110
水平管间距	500 （400）	550 （400）	650 （500）	800 （600）	950 （700）	1100 （800）	1200 （900）	1350 （1000）	1550 （1100）
立管间距	900 （500）	1000 （500）	1200 （600）	1400 （700）	1600 （800）	1800 （900）	2000 （1000）	2200 （1100）	2400 （1200）

若管道布置环境可能使管道的温度升高时，应参考表25-9括号内数值缩短管道支承距离。另外，因PVC-U管材的抗冲击能力随温度下降而下降，在0℃以下施工安装时需倍加小心。

3. 聚丙烯（PP）管材

普通聚丙烯（PP）具有低温脆性和长期蠕变性能差等缺点，在管道上的应用不广。对PP经过改性，先后开发出了均聚聚丙烯（PP-H）、嵌段共聚聚丙烯（PP-B）和无规共聚聚丙烯（PP-R）管道专用料，特别是无规共聚聚丙烯（PP-R）管道专用料性能优良，目前欧美国家每年应用递增幅度在塑料管中首屈一指。由于原料性能、价格差异，选用PP-R管材时一定要认清品牌。

（1）PP-R管材的特性

PP-R管材除具有一般塑料管质量轻、耐腐蚀、不结垢、使用寿命长等优点外，还具有以下特点。

1）良好的卫生性能。PP-R管的制作原料属聚烯烃，其分子仅由碳、氢元素组成，原料和辅料完全达到食品卫生标准要求。因此，PP-R管不仅可用于冷、热水管系统，且可用于纯净饮用水系统。

2）保温节能。PP-R管导热系数为0.21W/（m·K），仅为钢管导热系数的1/200，用于热水管道，保温节能效果明显。

3）耐热性能好，使用寿命长。PP-R管维卡软化点为131.5℃，最高工作温度可达95℃，工作温度70℃使用寿命可达50年（1.0MPa下），若在常温下（20℃）使用寿命可达100年。

4）熔接性能良好，安装方便，连接可靠。由于PP-R管具有良好的熔接性能，因此，PP-R管材、管件可采用热熔连接和电熔连接，连接技术可靠安全，接头质量高，其连接部位的强度大于管材本体的强度，不易渗漏，施工效率高。

5）PP-R管性能优越，价格适中，性价比在目前可供管材中名列前茅。

6）物料可回收利用。PP-R管材、管件在生产及施工过程中产生的废料，经清洗、破碎后可回收利用，绿色、环保，可降低成本。

7）PP-R原料可生产直径大于110mm的大口径管材。

（2）PP-R管材的应用

PP-R管材主要应用于工业与民用建筑冷、热水管系统，饮用水系统和采暖系统（包括地板辐射采暖）。欧美在建筑冷、热水管系统中，使用PP-R管较为普遍，已逐渐上升为主导产品。

（3）PP-R管材的产品技术要求

1）管材和管件的外观质量规定

管材和管件的内外壁应光滑平整，无气泡、裂口、裂纹、脱皮和明显的痕纹、凹陷，且色泽基本一致，管材的端面应垂直于管材的轴线，管件应完整、无缺损、无变形，合模缝和浇口应平整，无开裂，冷水管、热水管必须有醒目的标志。

2）管材规格

管材的公称外径、平均外径及管系列S对应的公称壁厚见表25-10。管材规格用管系列S和公称外径d_n×公称壁厚e_n表示，如公称外径为32mm，公称壁厚为2.9mm的管系列S5表示为S5，d_n32mm×e_n2.9mm。

管材管系列和规格尺寸（单位：mm）　　表25-10

公称外径	平均外径		管系列				
			S5	S4	S3.2	S2.5	S2
d_n	$d_{em,\ min}$	$d_{em,\ max}$	公称壁厚e_n				
12	12.0	12.3				2.0	2.4
16	16.0	16.3		2.0	2.2	2.7	3.3
20	20.0	20.3	2.0	2.3	2.8	3.4	4.1
25	25.0	25.3	2.3	2.8	3.5	4.2	5.1
32	32.0	32.3	2.9	3.6	4.4	5.4	6.5
40	40.0	40.4	3.7	4.5	5.5	6.7	8.1
50	50.0	50.5	4.6	5.6	6.9	8.3	10.1
63	63.0	63.6	5.8	7.1	8.6	10.5	12.7
75	75.0	75.7	6.8	8.4	10.3	12.5	15.1
90	90.0	90.9	8.2	10.1	12.3	15.0	18.1
110	110.0	111.0	10.0	12.3	15.1	18.3	22.1
125	125.0	126.2	11.4	14.0	17.1	20.8	25.1
140	140.0	141.3	12.7	15.7	19.2	23.3	28.1
160	160.0	161.5	14.6	17.9	21.9	26.6	32.1

注：1. 公称外径为12、S为2.5时，所对应的壁厚的基本尺寸和偏差值为该规格最小值，所以S5、S4、S3、S2对应壁厚的基本尺寸和偏差值与S2.5对应的壁厚基本尺寸和偏差值一致。

2. 同样，公称外径为16，S4系列对应的壁厚基本尺寸和偏差值为该规格最小值。所以S5对应的壁厚基本尺寸和偏差值与S4一致。

3）壁厚偏差

壁厚偏差见表25-11。

壁厚偏差　　表25-11

公称壁厚e_n	允许偏差	公称壁厚e_n	允许偏差	公称壁厚e_n	允许偏差
$1.0<e_n\leq 2.0$	+0.3	$12.0<e_n\leq 13.0$	+1.4	$23.0<e_n\leq 24.0$	+2.5
$2.0<e_n\leq 3.0$	+0.4	$13.0<e_n\leq 14.0$	+1.5	$24.0<e_n\leq 25.0$	+2.6
$3.0<e_n\leq 4.0$	+0.5	$14.0<e_n\leq 15.0$	+1.6	$25.0<e_n\leq 26.0$	+2.7
$4.0<e_n\leq 5.0$	+0.6	$15.0<e_n\leq 16.0$	+1.7	$26.0<e_n\leq 27.0$	+2.8
$5.0<e_n\leq 6.0$	+0.7	$16.0<e_n\leq 17.0$	+1.8	$27.0<e_n\leq 28.0$	+2.9
$6.0<e_n\leq 7.0$	+0.8	$17.0<e_n\leq 18.0$	1.9	$28.0<e_n\leq 29.0$	+3.0
$7.0<e_n\leq 8.0$	+0.9	$18.0<e_n\leq 19.0$	+2.0	$29.0<e_n\leq 30.0$	+3.1
$8.0<e_n\leq 9.0$	+1.0	$19.0<e_n\leq 20.0$	+2.1	$30.0<e_n\leq 31.0$	+3.2
$9.0<e_n\leq 10.0$	+1.1	$20.0<e_n\leq 21.0$	+2.2	$31.0<e_n\leq 32.0$	+3.3
$10.0<e_n\leq 11.0$	+1.2	$21.0<e_n\leq 22.0$	+2.3	$32.0<e_n\leq 33.0$	+3.4
$11.0<e_n\leq 12.0$	+1.3	$22.0<e_n\leq 23.0$	+2.4		

注：表中所列为允许偏差上偏差值，下偏差值均为0。

4）热熔承插连接管件的承口尺寸

热熔承插连接管件承口尺寸应符合图25-1及表25-12的规定。

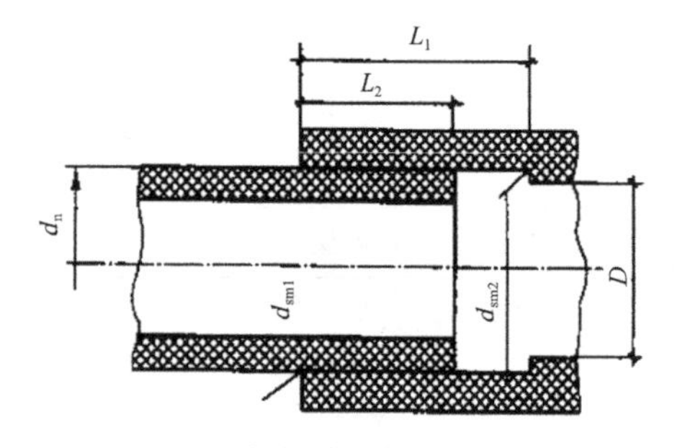

图25-1　热熔承插连接管件承口尺寸

热熔承插连接管件承口尺寸（单位：mm）　　表25-12

公称外径 d_n	最小承口深度 L_1	最小承插深度 L_2	承口的平均内径				最大不圆度	最小通径D
			里端内径d_{sm1}		外端内径d_{sm2}			
			最小	最大	最小	最大		
16	13.3	9.8	14.8	15.3	15.0	15.5	0.6	9
20	14.5	11.1	18.8	19.3	19.0	19.5	0.6	13
25	16.0	12.5	23.5	24.1	23.8	24.4	0.7	18
32	18.1	14.6	30.4	31.0	30.7	31.3	0.7	25
40	20.5	17.0	38.3	38.9	38.7	39.3	0.7	31
50	23.5	20.0	48.3	48.9	48.7	49.3	0.8	39
63	27.4	23.9	61.1	61.7	61.6	62.2	0.8	49
75	31.0	27.5	71.9	72.7	73.2	74.0	1.0	58.2
90	35.5	32.0	86.4	87.4	87.8	88.8	1.2	69.8
110	41.5	38.0	105.8	106.8	107.3	108.5	1.4	85.4

5）电熔连接管件承口尺寸

PP-R管电熔连接管件的承口应符合表25-13之规定。

电熔连接管件承口尺寸（单位：mm） 表25-13

公称外径d_n	熔合段最小内径d_{min}	熔合段最小长度L_{2min}	插入长度L_1	
			min	max
16	16.1	10	20	35
20	20.1	10	20	37
25	25.1	10	20	40
32	32.1	10	20	44
40	40.1	10	20	49
50	50.1	10	20	5S
63	63.2	11	23	63
75	75.2	12	25	70
90	90.3	13	28	79
110	110.3	15	32	85
125	125.3	16	35	90
140	140.3	18	38	95
160	160.4	20	42	101

注：此处的公称外径d指与管件连接的管材的公称外径。

（4）PP-R管材和管件物理力学性能

PP-R管材和管件物理力学性能见表25-14。

管材和管件物理力学性能 表25-14

项目		单位	指标		试验方法
			管材	管件	
密度（20℃）		g/cm^3	0.89～0.91		《塑料 非泡沫塑料密度的测定》（GB/T 1033）
导热系数		W/（m·K）	0.23～0.24		《塑料导热系数试验方法 护热平板法》（GB/T 3399—1982）
膨胀系数		mm/（m·℃）	0.14～0.16		《塑料 -30℃～30℃线膨胀系数的测定 石英膨胀计法》（GB/T 1036—2008）
弹性模量（20℃）		N/mm^2	800		《塑料 拉伸性能的测定》（GB 1040）
拉伸强度		MPa	≥20		GB 1040
纵向回缩率（135℃，2h）		%	≤2		《热塑性塑料管材纵向回缩率的测定》（GB/T 6671—2001）
摆锤冲击试验15J，0℃，2h破损率		%	<10		《塑料 简支梁冲击性能的测定 第1部分 非仪器化冲击试验》（GB 1043.1—2008）
液压实验	短期20℃，1h，环应力	16MPa	无渗漏	无渗漏	《流体输送用热塑性塑料管材耐内压试验方法》（GB/T 6111—2003）
	长期95℃，1000h，环应力	3.5MPa	无渗漏	无渗漏	GB 6111—2003
承接口密封试验	20℃，1h，试验压力为2.4倍公称压力		无渗漏或无破坏	无渗漏或无破坏	GB 6111—2003

（5）PP-R管材的布置与敷设

1）给水聚丙烯管道提倡暗敷，既方便解决热膨胀，也有利于隔热、防火。明敷的给水立管宜布置在靠近用水量大的卫生器具的墙角、墙边或立柱旁，给水管不得穿越烟道、风道，远离热源。

2）根据规定，管外径≤D_e25是按一般地平面层厚度只有50mm的情况下来取值的，如面层厚度小于50mm，则直埋的管外径应相应减小。直埋暗管强调接口须采用热熔连接。

3）设置在公共场所部位的给水立管宜敷设在管道井内。

4）管道穿越水池应设固定支架，以防止管道受温差变形，引起渗漏水。固定支架位置宜贴近水箱、水池外壁。

5）由于给水塑料管道刚度差，不允许将水浮球阀等设备直接支于管道上，而应单独设固定措施。

6）给水聚丙烯管抗紫外线性能差，应防阳光直射。

7）当管道用于给水加压水泵的出水管时，应采取防止发生水锤作用的技术措施。

（6）PP-R管材的连接

1）PP-R管材的连接方法选择

PP-R管道连接方式主要有热熔连接和电熔连接，同质的PP-R管材、管件应优先采用热熔连接，对部位狭窄等安装不方便的场合，宜采用电熔连接，电熔连接成本较高。

此外，PP-R管道的连接还可以采用法兰连接和丝扣连接。当PP-R管与金属管件、五金配件、阀门、仪表或洁具等或其他不同材质的管件连接时，采用这两种方法。法兰连接是法兰管件和PP-R法兰式管套的连接，它适用于大口径管道连接，而丝扣连接是丝扣管件和带金属丝扣嵌件的PP-R管件的连接，它适用于小口径管道的连接。当与管道连接的器具可能需要拆卸的情况下，宜采用法兰或丝扣连接。

暗敷直埋管道为防止接口渗漏，规定禁止使用法兰连接或丝扣连接方式。

2）热熔连接

热熔连接采用专用热熔器，要选用匹配和良好的热熔器。

一般来讲，PP-R管在热熔连接时，易产生虚焊、假焊、塑孔等问题，造成管道漏水、渗漏、破裂、脱落。为保证管道热熔接质量，使用热熔焊接器时应注意下列几个方面：

①严禁用小功率设备焊接大口径管材。

②对焊接中等口径以上的管材、管件时，须使用半自动化机械焊接设备。

③预热套外径绝对不能超出热熔焊接设备的聚能板边缘以免焊接半生不熟。

④预热套的表面涂层若发生脱落应及时更换以免焊接部位吻合不良。

⑤热焊接作业要有良好的接地设备，保障人身和设备的安全。

⑥切割管材时，管材端面应去除毛边和毛刺，管材与管件连接端面必须清洁、干燥、无油。

⑦焊接温度宜控制在约260℃，到达工作温度指示灯亮后方能开始操作。

⑧熔接时，无旋转地把管端导入加热套内，插入到所标志的深度，用力要适度，既不能插入太深，也不能插入太浅。刚熔接好的接头可校正，但严禁旋转。加热时间应满足工具生产厂家的规定。热熔连接操作时间参见表25-15。

热熔连接技术参数　　表25-15

公称外径（mm）	加热时间（s）	调节时间（s）	冷却时间（min）
20	5	4	3
25	7	4	3
32	8	4	4
40	12	6	4
50	18	6	5
63	24	6	6
75	30	10	8
90	40	10	8
110	50	15	10

⑨当操作环境接近0℃时，加热时间应延长50%，调节时间相应缩短。

⑩热熔连接管件的承口和尺寸应符合图25-1和表25-12的规定。

3）电熔连接

电熔连接是新近开发的采用控制设备自动进行塑料管材熔接的连接方法，电熔接口具有性能稳定、质量可靠、操作简便等优点，但需设备较多，多适于大型工程施工。

电熔连接应符合下列规定：

①应保持电熔管件与管材的熔合部位不受潮。

②电熔承插连接管材的连接端应切割垂直，并应用洁净棉布擦净管材和管件连接面上的污物，并标出插入深度，刮除其表皮。

③在夹具上将连接管固定，校直两对应的连接件，使其处于同一轴线上。

④电熔连接机具与电熔管件的导线连通应正确。接线前，应检查通电加热的电压，加热时间应符合电熔连接机具与电熔管件生产厂家的有关规定。

电熔连接的标准加热时间应由生产厂家提供，并应随环境温度的不同而加以调整。电熔连接的加热时间与环境温度的关系应符合表25-16的规定。

电熔连接的加热时间与环境温度的关系　　表25-16

环境温度（℃）	修正值	举例	环境温度（℃）	修正值	举例
-10	T+12%T	112s	30	T+12%T	96s
0	T+12%T	108s	40	T+12%T	92S
10	T+12%T	104s	50	T+12%T	88s
20	标准加热时间T	100s			

若电熔机具有温度自补偿功能，则不需调整加热时间。

⑤在熔合及冷却过程中，不得移动、转动电熔管件和熔合的管道，不得在连接件上施加任何压力。

⑥焊接完毕，细心拆卸接口夹具和接线。

⑦电熔连接管件的承口应符合表25-13的规定。

4）法兰连接及丝扣连接

当管道采用法兰连接时，应符合下列规定：

①法兰盘套在管道上。

②PP-R管过渡接头与管道热熔连接步骤和方法，应符合热熔连接法的规定。

③校直两对应的连接件，使连接的两片法兰垂直于管道中心线，表面相互平行。

④法兰的衬垫，应采用耐热无毒橡胶圈。

⑤应使用相同规格的螺栓，安装方向一致。螺栓应对称紧固。紧固好的螺栓应露出螺母之外，宜齐平。螺栓、螺帽宜采用镀锌件。

⑥连接管道的长度应精确，当紧固螺栓时，不应使管道产生轴向拉力。

⑦法兰连接部位应设置支吊架。

当管道采用丝扣连接时，与金属管道及用水器连接的塑料管件，必须带有耐腐蚀金属螺纹嵌件，即厂家提供的钢塑转换过渡件，不能直接在PP-R管上采用丝扣或法兰连接形式，弯头、三通等过渡件一端可现场热熔连接，而另一端内或外嵌有金属镀铬丝扣。其螺纹应符合《55°密封管螺纹　第1部分：圆柱内螺纹与圆锥外螺纹》（GB/T 7306.1—2000）的规定，其强度与水密性试验压力不得低于规定的试验压力。

4. 其他新型管材

（1）氯化聚氯乙烯管材（PVC-C）

PVC-C管是国外20世纪90年代初开发的一种新型管材，由于其制造原料添加了额外的氯原子，所以被称为“氯化聚氯乙烯管”。

1）PVC-C管材主要特点

PVC-C原料主要从石油（30%～37%）及食盐（63%～70%）中提炼出来，与其他塑料制品相比，它较少使用石油，属环保产品。它的抗张力比PVC、PP-R、PE-X、PB管材高，管材的导热系数、热膨胀系数比PP-R、PE-X、PB管材低，热损失较小，长期可耐最高温度可达93℃，表现出出色的均衡性。

PVC-C管材的限氧指数是60，燃烧能力低，不易产生火，火焰扩散慢，还能限制烟雾产生，也不会产生有毒气体，不会受水中余氧影响，对酸或碱都有较强的防腐性能。PVC-C管道在所有测试管道中，细菌繁殖率最低，综合性能良好。PVC-C与其他管材性能比较见表25-17。

PVC-C与其他管材性能比较　　表25-17

性能	PVC-C	PVC-U	PP-R	PE-X	PB
抗拉强度（23℃）	55	50	30	25	27
热膨胀系数［mm/（m·℃）］	0.07	0.08	0.18	0.20	0.13
热传导率［w/（m·K）］	0.14	0.14	0.22	0.22	0.22
限氧指数	60	45	18	17	18
水中余氯影响	无	无	有	有	有
安装方法	粘结	粘结	热熔	机械连接	热熔

2）PVC-C管材与PVC-U管材的区别

氯含量相差较大。普通PVC-U管材含氯量为56.7%，而PVC-C管材含氯量为67%～74%。

PVC-U属于晶状结构，是一种挠性物质，而PVC-C由于在制造过程中加入了氯，较刚化、较脆化。PVC-U管材的最高长期操作温度只能达到60℃，而PVC-C管材可以高达93℃，具有较好的耐高温性能。

3）PVC-C管材技术数据

PVC-C管材技术数据见表25-18。

PVC-C管材技术数据 表25-18

外径（mm）	最小壁厚（mm）	质量（kg/m）	最大工作压力（MPa）
21.34	3.73	0.337	58.6
25.57	3.91	0.457	47.6
33.40	4.55	0.571	43.4
42.16	4.85	0.928	35.9
48.26	5.08	1.130	32.4
60.33	5.54	1.560	27.6

注：管外径是根据英寸换算后的数据。

4）PVC-C管材工作压力校正因子

PVC-C管材工作压力是基于23℃水及非螺纹连接基础而获得，当温度高于23℃时，需要采用校正因子，如表25-19所示。

压力校正因子 表25-19

温度（℃）	压力校正因子	温度（℃）	压力校正因子	温度（℃）	压力校正因子	温度（℃）	压力校正因子
23～27	1.00	38	0.82	60	0.50	82	0.25
32	0.57	49	0.65	71	0.40	93	0.20

5）PVC-C管材的应用

PVC-C管具有许多优异的性能，广泛应用于仪表及饲料工业，应用于排放含有腐蚀性化学物质的冷、热废水，也可应用于输送冷、热生活用水，效果好，施工方便。

6）PVC-C管道系统的连接方法

PVC-C管可用胶水粘结法连接，参见PVC-U管道的粘结（Ts）连接法，这是PVC-C管道系统最普遍和简单的连接方法。当管道系统需要拆或维修时，不能用胶水时，可用法兰式连接法连接。对于管径小于100mm的PVC-C管道系统以及操作温度小于54℃时，常采用螺纹连接法连接。

PVC-C管材安装注意事项可参照PVC-U管材进行。

（2）聚丁烯管材（PB）

聚丁烯塑料由丁烯聚合而成。目前，国际公认的适用于冷、热水及饮用水的最佳管道是PE-X和PB管，尤其是在长期耐高温、高压方面，其性能最佳。PB管材完全无毒，管材使用温度范围最宽，为-70～110℃，可输送90℃左右的热水，长期使用温度为95℃，并具有良好的综合物理机械性能，具有优良的长期压力作用下的抗蠕变性和卫生性。

PB管适合制作薄壁小口径受压管，安装时可以熔焊与压接相结合，连接牢固。

PB管和PE-X管在性能上没多大区别，但是PE-X管的价格要比PB管低30%～50%。PB管价格昂贵，限制了它在工程中的应用。

（3）铝塑复合管（PAP）

1）铝塑复合管的种类

铝塑复合管按塑料材料不同，分为PE/AL/PE复合压力管和PEX/AL/PEX复合压力管两大类。其中有以下几种：

①HDPE/AL/HDPE复合压力管——内外管壁为聚乙烯或高密度聚乙烯，中间层为热熔胶铝合金成型的复合管。

②PEX/AL/PEX复合压力管——内外管壁为交联聚乙烯，中间层为热熔胶铝合金成型的复合管。

③HDPE/AL/PEX复合压力管——外壁为高密度聚乙烯，内壁为交联聚乙烯，中间层为热熔胶铝合金成型的复合管。

2）特点

铝塑复合管是指由几种基本等强度、等物理性能的复合材料，通过亲和助剂热压，以特殊的复合工艺紧密结合成的管材，具有复合的致密性、极强的复合力，兼有高分子材料和金属材料的优点。其主要特点体现在以下方面：

①良好的耐腐蚀性。与钢管相比，铝塑复合管更能耐酸、碱、盐的腐蚀。

②铝塑复合管具有良好的塑性变形能力。与塑料管相比，它能在一定范围内弯曲，且弯曲后不反弹，可以盘绕，连续长度可达200m以上，能几十米、几百米长度连续敷设，减少接头，还能自由弯曲，减少弯头。

③耐压强度高、使用寿命长，工作压力完全可以满足多层建筑的需要。由于铝塑管冷脆温度低，在无强射线辐射的条件下，寿命可达50年。

④质量轻。铝塑管单位长度质量仅为同规格的镀锌铁管1/17～1/15，为同规格钢管的1/4～1/3。

⑤PEX复合铝塑管工作温度达到-40～90℃，HDPE复合铝塑管工作温度也达到-40～60℃。抗冻性能好。

⑥阻力小。铝塑管PE内壁塑料层表面光滑，不易积水垢，其沿程阻力系数仅为0.009，而钢管为0.3～0.4。流量比相同金属管增加20%～30%。内外管壁均不发生锈蚀。

⑦卫生性能优异。管内层为PE层，无毒无味，内壁不积水垢和滋生微生物，解决了令人头疼的生活用水二次污染的问题。

⑧管材具有一定弹性，能减弱供水中的水锤现象，减弱管内流水产生噪声。

⑨由于铝合金是良好的隔磁材料，具有良好的导电性能，管材抗静电性能好，也有较好的抗氧性。

⑩铝塑复合管的接头配件齐全，采用嵌入压装式接头和管子，均不用加工螺纹，施工较方便。

3）应用

铝塑复合管广泛应用于住宅小区、公共建筑的冷、热水系统管道，通信、输供电用屏蔽电气导管和绝缘电气导管，还是地板采暖用理想管材之一。

（4）ABS管

1）ABS管材特点

ABS是丙烯腈、丁二烯、苯乙烯的三元共聚物树脂。丙烯腈组分使ABS具有良好的耐化学腐蚀性、热稳定性及表面硬度，丁二烯组分使ABS具有韧性和抗冲击性，苯乙烯组分则赋予ABS塑料刚性和良好的加工性和染色性。用于管材和管件的ABS丁二烯最少含量为6%、丙烯腈为15%、苯乙烯为25%。由于三组分各显其性，故ABS管材具有良好的综合性能，主要特点是：

①ABS管材在温度-40～100℃范围内能保持刚性和刚度，受到高的屈服应变时能恢复到原尺寸而不损坏，具有极高的韧性，能避免严寒条件下装卸运输的损坏。一般ABS热变形温度为93℃，耐热级可达115℃。

②具有质轻、较高耐冲击强度和表面硬度，耐腐蚀，抗蠕变性、耐磨性良好。

③加工容易，收缩率小而价格相对低廉。

④由于抗冲击强度高，可以采用轻型管螺纹绞板直接在管材两端绞丝，管件上的螺纹经注塑一次成型。因此管路系统可采用塑料螺纹连接，管道连接方式可实现与传统镀锌管兼容。

⑤管材本身无毒，卫生性能良好。

2）应用

由于ABS管材具有良好的综合性能，所以在国外常用作卫生洁具下水管、输气管、高腐蚀工业管道。在国内一般用于室内外给水管网、室内热水管和水处理的加药管道、有腐蚀作用的工业管道。

3）ABS管道的连接方法

ABS管的连接主要是用ABS溶胶粘接，也可用螺纹连接。

ABS溶胶是一种黏稠状的粘合剂，其中溶剂很容易挥发。当把ABS溶胶涂在ABS管和管件上，通过溶胶中的溶剂使ABS母材表面的树脂开始熔化一部分，在管和管件插在一起后，溶胶中的溶剂慢慢挥发出去，从而固化成坚硬的ABS树脂，使管件与管结合在一起，形成一个整体。使用ABS溶胶前，应充分搅拌，使其均匀，稠度合适，使用ABS溶胶时粘接口不能有渗漏以保证粘接牢固，ABS溶胶盒随开随关以防溶剂挥发和落入灰尘。同时，在确保不堵塞管腔的同时，尽量控制缩颈。

螺纹连接可参照镀锌管的施工方法。

（5）钢塑复合管（SP）

钢塑复合管的性能主要取决于涂塑层原料的性能。近年来不断开发出多种功能钢塑复合管用的粉末和管材，包括各种树脂、新型的稳定剂、固化剂、流平剂、增泡剂等，使钢塑复合管功能越来越丰富，使用范围越来越广泛。

钢塑复合管按生产方法分类有流化床涂装法、静电喷涂法、真空抽吸法、钢管喷涂法、钢管衬塑法和挤出成型法等钢塑复合管。

目前，中国企业开发的钢塑复合管主要品种见表25-20。

钢塑复合管主要种类　表25-20

种类	特点及应用
PE涂敷衬里钢管	钢管外镀锌，内涂敷PE塑料，涂层厚度在0.55mm以上，规格Φ20～120
	管子刚性好，承受最高压力为1MPa，涂层具有良好的卫生性和耐久性，可在-30℃环境下使用，供水温度可达55℃
环氧树脂涂敷衬里钢管	外镀锌钢管，内涂敷环氧树脂塑料，涂层在0.3mm以上，规格Φ12～120
	由于涂料是改性环氧粉末涂料，具有很好的强度和耐腐蚀性能，可用作供热水管、油井管和注水管等
UPVC管衬里钢塑复合管	用UPVC塑料管衬里的钢管，规格有Φ12～120，衬里UPVC管的壁厚1～2.5mm
	具很好的强度和耐腐蚀，供水温度可达70℃，主要作给水管

续表

种类	特点及应用
PE-X管衬里钢塑复合管	在钢管内衬上PE-X管材衬里，厚度1.5 ~ 4.5mm，规格Φ12 ~ 120
	具很好强度和耐腐蚀性，良好的卫生性能，供水温度可达105℃，适用于净水工程和热水工程
钢塑电缆套管	在钢管内外涂敷黑色的PE
	刚性好、绝缘性能好、隔潮气，用于供电和通信电缆的埋地保护套管
	采用管节连接
挤出成型钢塑复合管	①国内已开发生产出挤出成型钢塑复合管，此管为三层结构，中间层为带有孔眼的钢板卷焊层或钢网焊接层，内外层为熔于一体的HDPE层或PE-X层，目前生产规格为中小口径管； ②有良好的强度，耐腐蚀、卫生性能好，可用于给排水管道

25.5.2 塑料管件

管件的选用及其连接相当重要。一般来说，对管件的各项性能要求与管材基本相同，包括材料的机械性能、物理性能、耐化学性能、耐压能力、连接的密封性和良好的长期使用性能等。但是，管件生产与管材生产稍有不同，生产管件一般需要较高的成型工艺，而且管件用料及配比要求较高。

1. 管件分类

管件的种类繁多，按管件材质分，可以分为铜质管件、镀镍的特殊黄铜管件、不锈钢管件、镀锌钢管件等金属材料管件，PVC-U、PE、PP-R、PB、ABS等塑料材质管件，以及金属管件外涂敷新型塑料和金属管件内涂敷新型塑料等塑覆金属管件。按用途可分为用于焊接连接的管件、用于热熔连接（包括电熔连接）的管件、用于粘结的管件、用螺纹连接的各种管件、封堵管口用的管件、用于法兰连接的管件、用于弯管连接的管件、特殊用途的管件，如水锤吸纳器、减震接头等、各种用途管道支承固定件。按管件形式分，包括直管连接管件、45° 弯头、90° 弯头、三通接头、四通接头、法兰盘接头、管堵、管帽、弯管接头、托架、追码等。

2. 管件选择

应根据使用管材选用合理的连接方法，选择匹配的管件，满足暗埋管道连接要求，保证管道连接质量。这是管道设计者和施工安装者保证管道连接的接头和管件的可靠性关键因素。

1）选择正确的管件连接方式

①机械式连接用管件。

钢管、PE-X、PP-R、PAP、内衬PE-X铝合金管、钢塑复合管、薄壁不锈钢管、铜管及塑铜复合管等，均可采用可锻铸铁、铸钢、钢制、铜制、不锈钢、铝合金管件或复合管件，采用机械式连接和密封方法。实践证明，这一类管接头明装性能较好，即使发现渗漏，绝大部分情况下，紧一紧接头即可。

由于铝、黄铜合金制品在混凝土内有腐蚀作用，加上外形尺寸较大、造价较高，如果出现渗漏，修理也困难，因此，在暗埋管道连接的接头不宜采用机械式连接用管件。

②热熔（或电熔）承插连接用管件。

PE、PP-R、PB管道连接用热熔（或电熔）连接承插式管件，相对于机械式连接管道，这种连接的可靠性有极大的提高。唯一缺点是，万一承插焊接出现质量故障，必须剪断管件及承插管而重新进行连接操作。

③胶水粘结用管件。

PVC–U、ABS等管，可以用胶水粘结，如果管道与管件配合公差适当，操作规范，应该说这种连接质量是可以得到保证的。

④焊接用管件。

铜管、金属管和塑料管的焊接连接方法是最为牢靠的，但施工安装费时，焊接的质量受焊接方法、操作人员素质等条件因素影响较大。焊缝一旦出现渗漏，维修困难。

2）选择合理的管件形式

在管道系统中，管件为管材的各种连接件，其作用主要表现在连接管道、改变管径、改变管道方向、接出支线管道和封闭管道等方面。管件按接口形式分为：螺纹连接管件、法兰连接管件和承插口连接管件等；按接口方式分为：各种角度的弯头，短接、活接，各种同径与变径三通、四通，堵头和异形管等管件。

3）承插连接与螺纹连接的选择

在管件选择上还有一个值得业内人士注意的问题，就是小口径管（如Φ20以下）的连接同大口径（如Φ50以上）的连接与配件，在很多方面有不同的特点。对于大口径管道来说，承插式、滑入式接口已为现今各种新型管材所接受，并成为首选的连接方式。对于小口径管来说，管螺纹连接是最可靠的连接，它的许多优点是其他连接方法难以比拟的。在今后的发展中，仍是主要连接方式，这是因为：

①管件的通用化、标准化程度高，使复杂的管线配置能方便地完成。

②小口径阀门、给水器具等几乎均采用管螺纹连接，给水管道采用的各种连接，最后必须用过渡管件转换成管螺纹。

③无论是连接强度还是密封性能，均是最安全可靠的。

④管螺纹连接处的整体性能好，因伸缩、振动而脱开几乎是不存在的。

螺纹连接方法和承插连接是不能互相取代的。

4）新型管材典型管件

各种类别典型管件简单介绍如下：

①直管连接的管件、弯头和三通，见表25–21。

直管连接的管件、弯头和三通　　表25–21

形式	管件名称	活接	承插件	螺纹件	承口	插口	外螺纹	内螺纹	变径
直管连接的管件	一承一插异径接头		*		1	1			*
	双承口异径接头		*		2				*
	承口外螺纹接头		*	#	1		1		
	承口内螺纹接头		*	#	1			1	
	双承口活接头	#	*	#	2				
	承口外螺纹活接头	#	*	#	1		1		
	套筒接头		*						
	全塑双承口活接头	*	*		2				
	金属承口外螺纹接头			#	1		1		
	金属双外螺纹接头			#			2		

续表

形式	管件名称	活接	承插件	螺纹件	承口	插口	外螺纹	内螺纹	变径
直管连接的管件	金属内外螺纹接头			#			1	1	
	金属双内螺纹活接头	#		#				2	
	金属承口外螺活接头	#		#	1		1		
	金属双承口活接头	#		#	2				
	金属承口内螺活接头	#		#	1				
	金属双承口异径接头			#	2				#
90° 弯头	90° 承口外螺纹弯头		*	#	1		1		
	90° 承口内螺纹弯头		*	#	1			1	
	90° 双承口弯头		*		2				
	90° 双内螺纹弯头			#				2	
	90° 双承口长半径弯头			#	2				
	90° 承口内螺纹弯头			#	1			1	
45° 弯头	45° 双承口全塑弯头		*						
	45° 双承口弯头			#					
	45° 一承一插弯头			#	1	1			
180° 弯头	180° 双承口弯头								
	180° 一承一插弯头								
三通接头	三承口三通接头		*		3				
	三承口三通异径接头		*		3				
	承口内螺纹三通接头		*	#	2			1	
	承口外螺纹三通接头		*	#			1		
	三内螺纹三通接头			#				3	

注：表中数字为管件中承口、插口、内螺纹、外螺纹的数量，#表示金属材料，*表示塑料。活接除全塑管件外一般均为金属材料，外螺纹和内螺纹均为金属材料，承口与插口材料按表中所列，规格尺寸参照厂家说明。

②管堵、管塞、管帽。

管堵也称丝堵，插头为外螺纹，用于堵塞管道端头为内螺纹的管道附件或预留口。管堵有外方堵头、带边外方堵头、内方堵头等种类，规格见表25-22。

管堵　　表25-22

公称通径D_e（mm）	管螺纹（英寸）（1英寸=2.5cm）	管堵长度L（mm）	方形（mm）
6	1/8	15（20）	4.5
8	1/4	18（24）	6
10	3/8	20（26）	8
15	1/2	24（30）	10
20	3/2	27（33）	12
25	1	30（37）	16
32	5/4	34（41）	18
40	3/2	37（45）	22
50	2	40（48）	27

管塞也称插堵，插头为外楔形，用于堵塞端头为承口的管道附件或管道预留口。管塞规格见表25–23。

管塞　表25–23

楔头长度（英寸）	管塞长度L（mm）	楔头长度G（英寸）	管塞长度L（mm）
1/4	18	1	29
3/8	18	5/4	32
1/2	23	3/2	32
3/4	24	2	37

管帽也称承堵，为内螺纹形或内楔形，内螺纹形用于堵塞管道端头成外螺纹的管道附件或预留口，内楔形用于堵塞热熔连接或粘结连接的管端头、管道附件或预留口，规格见表25–24。

管帽（mm）　表25–24

公称通径D_e（mm）	管螺纹R（英寸）	帽端长度Z（mm）	公称通径D_e（mm）	管螺纹R（英寸）	帽端长度Z（mm）
20	3/4	8	63	5/2	13
25	1	9	75	3	15
32	5/4	10	90	7/2	18
40	3/2	10	110	4	22
50	2	11			

③法兰。

法兰用于带有法兰的阀件相接和需要经常检修拆卸的管道。法兰的基本尺寸参见表25–25。

法兰的基本尺寸（单位：mm）　表25–25

公称直径DN	法兰外径D	螺孔间距K	螺栓孔	法兰厚度L
15	95	65	4×Φ14	16～38
20	105	75	4×Φ14	18～42
25	115	85	4×Φ14	20～45
32	140	100	4×Φ18	22～51
40	150	110	4×Φ18	25～52
50	165	125	4×Φ18	26～57
65	185	145	4×Φ18	30～63
80	200	160	4×Φ18	36～74
100	220	180	4×Φ18	40～79
125	250	210	4×Φ18	42～79
150	285	240	4×Φ23	48～79

常用法兰有如下种类：

Ⅰ　普通金属法兰盘和塑覆金属法兰，用于新型管材的一般法兰盘连接。

Ⅱ　承口铜翻边松套钢法兰，用于通过腐蚀性介质的耐腐蚀管道的连接，厚度尺寸见表25–26。

承口铜翻边松套钢法兰尺寸（单位：mm）　　表25-26

DN	15	20	25	32	40	50	65	80	100	125	150
L	30	35	35	41	41	50	50	55	65	65	75

Ⅲ 外螺纹松套钢法兰和内螺纹铜环松套钢法兰，用于高温高压管道，利用凹凸肩圈受力将密封垫片挤严，承压能力高。其法兰厚度尺寸见表25-27、表25-28。

外螺纹松套钢法兰尺寸（单位：mm）　　表25-27

公称直径*DN*	15	20	25	32	40	50	65	80	100	125	150
法兰厚度*L*	38	42	45	51	52	57	63	74	79	79	79

内螺纹铜环松套钢法兰尺寸（单位：mm）　　表25-28

公称直径*DN*	15	20	25	32	40	50	65	80	100
法兰厚度*L*	22	22	25	27	28	31	35	37	43

Ⅳ 承口全铜法兰厚度，其尺寸见表25-29。

承口全铜法兰尺寸（单位：mm）　　表25-29

公称直径*DN*	15	20	25	32	40	50	65	80	100	125	150
法兰厚度*L*	16	18	20	22	25	26	30	36	40	42	48

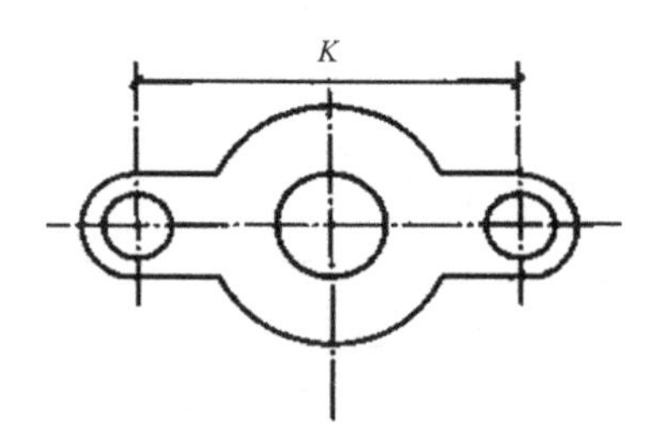

图25-2 法兰密封垫片图

Ⅴ 带压盖法兰。

法兰密封垫片一般采用橡胶垫、橡胶石棉垫、金属垫片等，其结构与尺寸见图25-2和表25-30。

法兰密封垫片尺寸（单位：mm）　　表25-30

管材规格*DN*	法兰孔中距*K*	管材规格*DN*	法兰孔中距*K*	管材规格*DN*	法兰孔中距*K*	管材规格*DN*	法兰孔中距*K*
20	75	65	145	40	110	125	210
25	85	80	160	50	125	150	240
32	100	100	180				

④管道固定件。

Ⅰ 托架/追码，其结构、尺寸见图25-3和表25-31。

托架/追码尺寸（单位：mm）　　表25-31

编号	配用管径	内径d	长度L	高度H	编号	配用管径	内径d	长度L	高度H
ET_0	16	15.2	21	23	ET_2	25	24.2	31	29
ET_1	20	19.2	26	26	ET_3	32	30.2	36	34

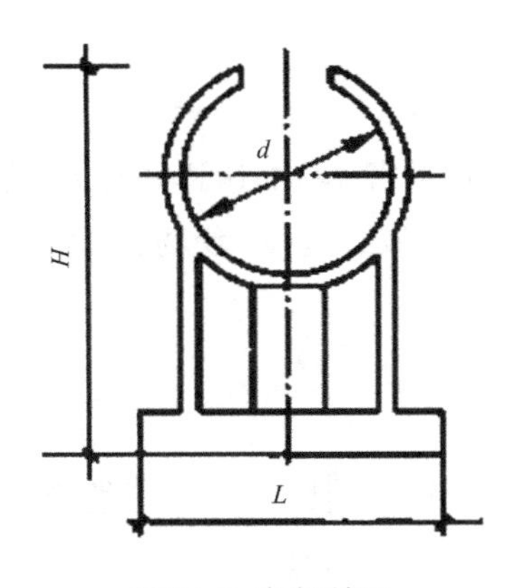

图25-3　托架/追码

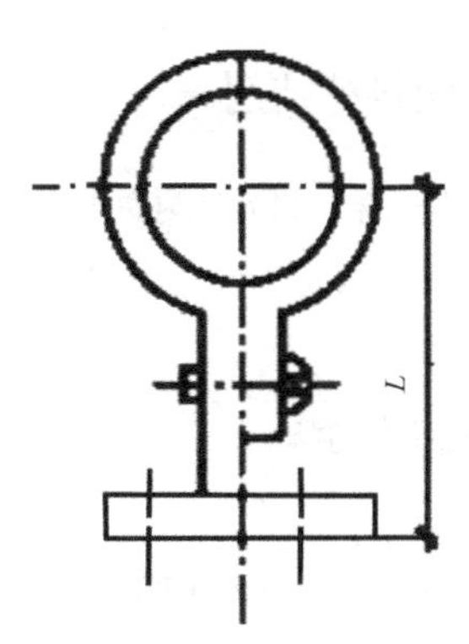

图25-4　铜管架

Ⅱ 铜管架，结构、尺寸见图25-4和表25-32。

铜管架尺寸（单位：mm）　　表25-32

管径DN	管心高L	管径DN	管心高L	管径DN	管心高L	管径DN	管心高L
15～16	31	32	45	20	35	50	63
15～19	33	40	58	25	41		

Ⅲ 鞍形管箍，形似马鞍，其规格见表25-33。

鞍形管箍规格（单位：mm）　　表25-33

管径DN	管心高L	管径DN	管心高L	管径DN	管心高L
8	4.5	15～19	9.0	32	17.0
10	5.5	20	10.5	40	21.5
15～16	7.5	25	13.5	50	27.0

Ⅳ 单柄管架，结构见图25-5，规格：DN8～50。

Ⅴ 管吊架，结构见图25-6，规格：DN10～50。

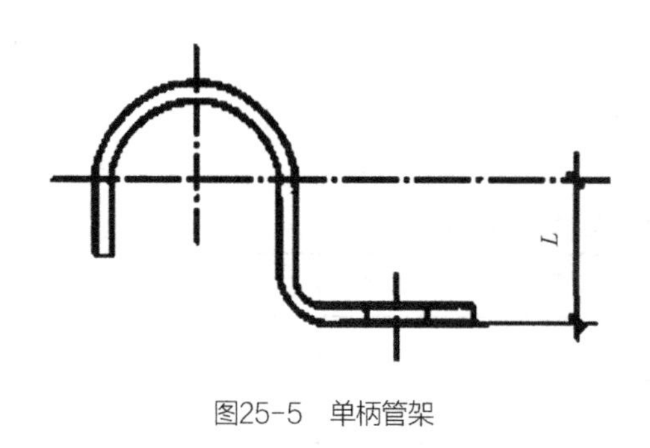

图25-5 单柄管架

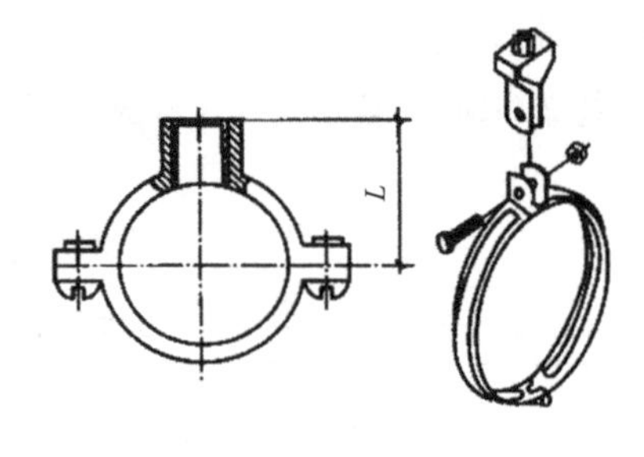

图25-6 管吊架

25.5.3 塑料粘结剂

塑料粘结剂是一种可以把两种物体的表面通过薄膜紧密连接而达到一定物理化学性能要求、具有良好粘合性能的物质。它能将木材、玻璃、陶瓷、橡胶、塑料、织物、纸张、金属等材料紧密粘结在一起。

1. 塑料粘结剂的组成

（1）粘料

粘料即粘合物质，是塑料粘结剂的基本组分，并决定塑料粘结剂的主要性能。粘料包括热固性树脂（如酚醛树脂、脲醛树脂、环氧树脂、有机硅树脂等）和热塑性树脂（聚醋酸乙烯酯、聚乙烯醇缩醛类酯、聚苯乙烯等）。

（2）硬化剂和催化剂

加硬化剂以便使线型高分子化合物与粘料交联成体型结构，加入催化剂以加速高分子化合物的硬化过程。常用的硬化剂有胺类、酸酐类，常用的催化剂有硫化剂、硫化促进剂。

（3）填料

加入填料增加粘结剂的稠度，使黏度增大，并降低膨胀系数，减少收缩性，提高胶层的冲击韧性及其机械强度。常用的填料有石棉粉、石英粉、滑石粉、氧化铝粉、金属粉等。所用填料要求干燥，必须磨细通过200目筛孔，并经烘干后，才能使用。

（4）溶剂

在溶剂型粘结剂中，需用有机溶剂来溶解粘结剂，调节粘结剂的黏度以便施工。要求溶剂的挥发速度不能太快，否则胶层表面迅速干燥形成封闭表面，阻止胶层内溶剂挥发；也不能太慢，否则胶层内残留溶剂而影响胶结强度。常用的溶剂有二甲苯、丁醇、丙酮、酒精等。

（5）其他外加剂

为满足某些特殊要求，在塑料粘结剂中还须加入某些外加剂。如增塑剂、防霉剂、防腐剂、稳定剂等，以使粘结剂增塑、防霉、防腐、稳定。

总之，塑料粘结剂成分复杂，根据使用要求的不同，粘结剂组分也不同，但粘料是各种粘结剂必不可少的组分。

2. 塑料粘结剂的分类

通常将塑料粘结剂分为结构粘结剂和非结构粘结剂两类。前者主要为热固性树脂，用于胶结受力或次受力结构；后者主要为热塑性树脂，用于胶结受力小的构件或用作定位。

3. 常用的塑料粘结剂

随着化工业的快速发展，建筑胶粘剂的品种和性能获得了很大发展，广泛地应用于建筑构件、材料的连接，建筑工程的维修、养护、装饰和堵漏等工程中。目前建筑胶粘剂的基料主要有聚醋酸乙烯（PVAC）及其共聚物、丙烯酸酯聚合物、环氧树脂及聚氨酯等。

（1）聚醋酸乙烯胶粘剂

聚醋酸乙烯胶粘剂是由醋酸和乙炔合成醋酸乙烯，再经乳液聚合而成的一种乳白色、具有酯类芳香的乳状液体，又称白乳胶。

聚醋酸乙烯胶粘剂黏聚层有较好的韧性和耐久性，不易老化，无毒，可在常温下固化，使用方便，固化较快，粘结强度高，无污染，价低，但耐水性、耐热性较差，只能作室温下非结构胶用。聚醋酸乙烯胶粘剂主要应用于墙纸、木材、玻璃、陶瓷、混凝土等非金属材料的粘结，与水泥混合配制的"乳液水泥"，用于粘结混凝土、玻璃及金属等。

（2）醋酸乙烯-乙烯共聚乳液（VAE）

由于在醋酸乙烯-乙烯共聚乳液分子长链中引进了乙烯基，使高分子主链变得柔韧，不会产生由于低分子外加增塑剂引起的迁移、挥发、渗出等问题。其成膜温度和玻璃化温度比聚醋酸乙烯（PVAC）乳液低，它对臭氧、氧、紫外线稳定，耐冻融，抗酸碱性能优良，价格适中。

用醋酸乙烯-乙烯共聚乳液作为胶料配成的聚合物水泥混凝土或砂浆有非常明显的技术经济效益，可广泛应用于风景园林工程中。

（3）丙烯酸系胶粘剂

丙烯酸系胶粘剂是以丙烯酸酯为基料制成的胶粘剂。其原料来源充足，无毒，无污染，附着力高，固化快，用途广泛。丙烯酸系胶粘剂主要有聚甲基丙烯酸酯胶，具有室温快速固化、强度高、韧性好、可油面粘接、耐水、耐热、耐老化等特点，但气味较大，储存稳定性较差，牌号有SA-102、SA-200。

α-氰基丙烯酸酯胶粘剂室温瞬间固化，强度较高，使用方便，无色透明，毒性很小，耐油，脆性大，耐热、耐水、耐溶剂，但耐候性较差，价格较高。牌号有502、504、508这3种。

（4）环氧树脂胶粘剂

环氧树脂是由二酚基丙烷（双酚A）及环氧氯丙烷在氢氧化钠催化作用下缩合而成的。环氧树脂本身不会硬化，必须加入固化剂，经室温放置或加热处理后，才能成为不溶（熔）的固体。固化剂常用乙烯多胺及邻苯二甲酸酐。环氧树脂分子中含有极性基因（羟基、醚键、环氧基），因此环氧树脂突出的性能是与各种材料有很强的粘结力，能牢固地粘结钢筋、混凝土、木材、陶瓷、玻璃和塑料等。经固化的环氧树脂具有良好的机械性能、电化性能、耐化学性能。建筑工程中，环氧树脂广泛地用作粘结剂、涂料及各种增强塑料，可制成屋架、屋面板、门窗、屋面采光板等。

环氧树脂胶粘剂是由环氧树脂、同化剂、硬化剂、增塑剂、稀释剂、填料、增韧剂等配制而成的室温硬化环氧树脂胶粘剂。配方不同时，可得到不同品种和用途的胶粘剂。环氧胶粘剂具有粘结强度高、韧性好、耐热、耐酸碱、耐水等特点，适用于金属、塑料、橡胶、混凝土、陶瓷、木材等多种材料的粘结。

（5）不饱和聚酯树脂（UP）胶粘剂

不饱和聚酯是一种热同性树脂，未固化时为一种高黏度的液体，一般为室温固化，固化时需加固化剂和促进剂。它具有工艺性能好、可室温固化、固化时收缩率较大等特点，主要用于制造玻璃钢，也可粘结陶瓷、金属、木材、混凝土等材料。

（6）聚乙烯醇缩甲醛粘结剂（107胶）

聚乙烯醇缩甲醛粘结剂是以聚乙烯醇与甲醛在酸性介质中进行缩合反应而得到的一种透明的水溶性胶体，无臭、无味、无毒，具有良好的粘结性能，是一种应用最广泛的粘结剂。建筑工程中可以用作墙布、墙纸、玻璃、木材、水泥制品的粘结剂。用该粘结剂配制的聚合砂浆可用于贴瓷砖、马赛克等，且可提高粘结强度。

（7）酚醛树脂类粘结剂

酚醛树脂是许多粘结剂的重要成分，它具有很高的粘附能力，但由于硬化后性能很脆，所以大多数情况下，用其他高分子化合物（如聚乙烯醇缩丁醛）改性后使用。酚醛树脂类粘结剂用于粘结各种金属、塑料及其他非金属材料。

（8）聚氨酯类粘结剂

聚氨酯类粘结剂对纸张、木材、玻璃、金属、塑料等具有良好的粘结力。主要用于粘结塑料、木材。

25.5.4 玻璃纤维增强塑料（GFRP）

玻璃纤维增强塑料（Galss-fiber Reninforced Plastic，GFRP）是一种以高分子环氧树脂为基材，经一定工艺复合而成的复合材料。因为除玻璃纤维外，还常用碳纤维等其他纤维作增强纤维，故又统称为纤维增强塑料（FRP）。该类复合材料是近年来在土木工程结构中开始应用的一种新型高性能工程材料，具有轻质、高强、耐腐蚀、施工成型方便等优点，已成为改善混凝土、钢材等传统工程材料性能的重要补充。FRP桥梁与传统钢或混凝土桥梁相比，具有如下的突出优势：

（1）架设速度快。纤维复合材料具有很高的材料强度，纤维复合材料的抗拉设计强度可达到2300MPa以上，而其相对质量密度仅为1.6～2.0，比强度（强度/相对质量密度）为钢材的5～10倍，因此FRP桥梁上部结构的自重可以大幅减轻，为传统结构的30%～60%，从而减小了运输和施工的难度，大大提高了施工的机动性和架设速度。

（2）节省下部结构工程造价。由于复合材料桥梁上部结构比传统桥梁轻很多，所以可大幅降低下部结构的造价和缩短施工周期。在旧桥翻新工程中，桥梁上部结构用复合材料替换原有的钢结构或混凝土结构，不仅能加快施工速度，还不用专为上部结构的变更而加固下部结构，承载能力还有提高的空间。

（3）抗腐蚀能力强。复合材料桥梁具有远高于混凝土和钢材的抗腐蚀性能，能够保证长期使用的可靠性和提高结构的安全性，降低维护运营的投入。

（4）成型灵活，外形美观。复合材料桥梁可采用拉挤、缠绕、真空注入等多种成型技术，能形成形式多样的桥梁结构，并且复合材料具有色泽鲜艳、持久的特点，不需要特殊维护。这些特点特别适合建造城市景观桥梁。

25.5.5 生态树脂板

生态树脂板作为一种新颖、持久耐用的透光材料，巧妙地将柔和光泽、颜色、型式、有机材料和精细纹理等融于一体，造就个性化设计。生态树脂板坚固结实耐用，可承受重负荷；可塑性强，可制成曲面形状；更新性能好，使用数年后可更新表面，稳固厚实；透明度高；颜色可以订制，可以多次重新铺设和重新上色。这种材料是各种水平或垂直安装应用的理想选择。或隔断，或外墙、或地板，或雕刻，或照明运用，或吊顶，极大地拓展了设计想象，是景观应用的上佳材料（彩图25-7）。

25.5.6　其他常用塑料制品

塑料壁纸是目前发展迅速，应用最广泛的壁纸。塑料壁纸可分三大类：普通壁纸、发泡壁纸和特种壁纸。

塑料地板与传统的地面材料相比，具有质轻、美观、耐磨、耐腐蚀、防潮、防火、吸声、绝热、有弹性、施工简便、易于清洗与保养等特点，近来已成为主要的地面装饰材料之一。

其他塑料制品如塑料饰面板、塑料薄膜等也广泛应用于建筑工程及装饰工程中。

第26章　种植功能材料

在风景园林工程中，工程材料成本常常占项目建设成本的60%以上。与建筑工程相比，风景园林工程往往是一个综合性的工程，其所需材料种类非常繁多，其中植物材料的成活与否关系到整个建设项目的成败和盈亏。因此，为了保障风景园林工程质量，节约成本，提高经济效益，掌握种植工程中所涉及的工程材料显得十分重要。

26.1　种植功能材料定义

种植功能材料是指在风景园林种植工程中，为了保证风景园林植物在新的种植地正常生长而采用的辅助性功能材料。

26.2　种植功能材料的分类

根据使用的目的，种植功能材料可分为生理性材料、保护性材料、光照性材料、养护性材料、固定性材料等五类。生理性材料主要指保水剂、植物输液、活力素、促根剂以及抗蒸腾剂等材料。保护性材料主要包括保水用的各种苔藓、稻草等，保护树体用的各种农药，保护树皮用的塑料带、塑料布以及保护树干用的涂料等材料。光照性材料主要指遮光网。养护性材料主要指肥料、腐殖土等材料。固定性材料主要指支撑桩、柱、绳、索、铁丝等。

根据使用的位置，种植功能材料可分为地上材料、地面固定材料、地下结构材料等三类。地上材料包括各种生理性材料、保护性材料、光照性材料、养护性材料，地面固定材料包括平地固定材料、边坡固定材料、水面浮床材料等，地下结构材料主要指植物根颈部以下、屋顶面以上的种植根阻材料、防水材料、排水材料、过滤材料等。

26.3　种植功能材料的常见种类

26.3.1　生理性功能材料

1. 保水剂

种植工程所用保水剂具有较强的亲水功能，其主要成分为聚丙烯酸盐（钾盐或钠盐）与聚丙烯酰胺共聚体。当土壤水分盈足时，施用的保水剂吸水膨胀，改善周围土壤团粒结构，提高土壤的透水透气性，从而激发微生物活性，以利于树木的生长。当土壤水分不足时，施用的保水剂缓慢释放所吸收的水分，从而缓解缺水对大树根系所造成的影响。施用保水剂可以长时间地保持土壤处于湿润状态，遇缺水时为移植的大树根系提供水分保证。

对于移植的裸根苗木，应在苗木出土后，及时用1%的保水剂凝胶液浸渍苗木根部，以减少苗木运输过程中水分蒸发所造成的水分损失，以使苗木保存和运输时间延长3~5天。

栽植苗木时，先根据树木的大小挖好定植穴，每穴施保水剂100~50g，浇水并打成糊状，然后将苗定植于中央培土。土层深厚、保水保肥能力强的土壤和黏土地，适当少施，土层浅，保水保肥能力差的砂土地和贫瘠土地，适当多施，一般增减幅度可在20%左右。保水剂须施在根系分布层，以便被根系吸收，充分利用。大树移植，可按保水剂与土1：（1000～2000）的比例拌匀，填在树底部和树根周围培土踩实灌水。

2. 植物输液

园林植物被挖离原生长地之后，其根系主要依靠树冠的蒸腾拉力被动吸水，经由植物树干木质部向上输送到树冠各枝条和叶片。基于植物的水分传输原理，可以在大树水分传输的通道——木质部直接接入输水滴管，增加木质部水分供水途径，以便为树体补充水分和保湿。通常做法是，在植物树干的不同方位高处分别悬挂输液瓶，内盛清洁的清水，同时在大树基部以树木生长锥在斜向正下方成45° 角钻输液孔3～5个，及至髓心，取出生长锥，输液孔水平分布均匀，垂直分布交错，输液孔数量和大小由树木胸径和输液器插头大小确定。然后用预先准备好的输液针头扎入输液孔，用胶布贴严插孔进行输液。输液速度为针头每分钟滴水18～20滴左右，可连续输液1～3周。

输液时将输液袋挂于树干高处，输液管捋顺，拧开开关即可输液。输液完毕后，拔出针头，用棉花团塞入输液孔即可。输液间隔时间根据天气和树体恢复情况而定。输液以水为主，还可加入微量植物激素和磷钾矿质元素，每升水溶入ABT6号生根粉0.1g和磷酸二氢钾0.5g。树体恢复到一定程度后，停止营养液滴注，输液孔口用波尔多液涂封，转入一般养护即可。

对大树进行树干输液的同时，可根据大树感染病虫情况在输液中加入适当的防病虫害药剂，以便在对大树进行水分补充的同时还可防除病虫害。

吊针输液原理在于为了防病、治病、补充营养和水分，给树体输液打吊针与给人体输液打吊针原理相同，具有见效快、效果好、安全环保、利用率高、节水、节工、节药、节肥等优点。吊针输液袋（瓶）是园林养护、大树移植的必备用品，特别适合干旱、干热风、缺水地区。输液可用于园林树木、移栽树木、各种果树、古树名木、老弱病树等的移植和养护，树体休眠期、各个生长期、大树移栽前后及运输过程中、老弱病树各个时期等均可进行注射，但在不同的时期注射的浓度不同，休眠期浓度高些，生长期浓度低些。

对“树动力”插瓶，可在树干上部呈45°角钻孔，孔深5～6cm，孔径6～8mm，旋下装有“树动力”液插瓶的瓶盖，刺破封口后旋上（调节松紧控制流速），一般情况下，胸径8～10cm的大树插一瓶，胸径大于10cm以上的大树一般插2～4瓶，尽量插在树干上部（主干和一级主枝分叉处），也可插在粗大树的一级主枝上，每枝插一瓶。首次用完后的加液量一般根据树体需求和恢复情况决定，用完后吊注3～4天清水。应用“树动力”插瓶给树体输入生命平衡液，促进其早生根、发芽，提供生长动力，提高成活率，恢复树势。

3. 抗蒸腾剂

抗蒸腾剂是一种高分子化合物，主要缓解反季节绿化施工过程中出现的苗木失水和夏季移栽时的叶片灼伤。根据其作用原理，抗蒸腾剂可分为代谢型抗蒸腾剂、成膜型抗蒸腾剂、反射型抗蒸腾剂等三类。代谢型抗蒸腾剂通过使气孔开度减少而降低蒸腾作用，主要药剂有PMA（苯汞乙酸）、ABA、$NaHSO_3$、阿特拉津、甲草胺、三唑酮、黄腐酸（FA）等。成膜型抗蒸腾剂通过在叶表面形成一层很薄的具有透气性、可降解的薄膜，在一定程度上降低蒸腾速率而降低蒸腾作用，主要药剂有WUt-Pmff、Vapor Gard、Mobileaf、Folicote、plantguard、丁二烯酸、氯乙烯二十二醇等。成膜型抗蒸腾防护剂中含有大量水分，在自然条件下缓释期为10～15天，形成的固化膜不仅能有效抑制枝叶表层水分蒸发，提高植物的抗旱能力，还能有效抑制有害菌群的繁育，提高大树移植的成活率。反射型抗蒸腾剂通过将其喷洒在植物叶面反射部分太阳辐射，降低叶片温度，从而降低蒸腾作用，主要药剂有高岭土（Kaoline）和高岭石（Kaolinite）。

在移植大树后的生长季节时期内，尤其在夏季（6～9月），大部分时间气温在28℃以上，空气湿度小、土壤干旱，而此时树体对水分的需求量较大，可根据树种情况使用抗蒸腾剂降低树体表面的蒸腾强度，达到保持水分的目的。

由于气孔主要分布在叶背面，挖取苗木前用抗蒸腾剂喷洒树冠叶背面，使叶片气孔关闭，减少水分的蒸发。晴天时，保证每天在上午的9时前及下午的4时后给新移植苗木喷水2次，以及时为苗木补充蒸腾耗费的水分。

使用抗蒸腾剂要在土壤有效水分尚未耗尽前均匀喷洒，重点喷叶背面。不同树种对同一药剂反应不一致，使用之前应根据经验或一定的试验后，确定药剂配方及浓度方可使用。药剂配方和浓度的选择要慎之又慎，不然轻则药物无效，重则直接导致树木死亡。

抑制蒸腾剂主要适用于新移植苗木和大树日常养护，以及温度高、干旱缺水环境中的植物、苗木及大型树木的移栽运输，可有效防止树体脱水。

4. 活力素

应用活力素浇灌树根时，用50～80倍活力素稀释液浇灌大树根部，可使种植穴内泥土富含各种活力成分，催使大树萌发新根，提高大树移植的成活率。根据苗木的成长状况，不断使用此稀释液，浇灌时土表面应松散，易于活力素渗透。使用间隔约7～10天，每月2～3次，直到确定大树成活为止。

应用活力素注射树干时，用10mm钻头在树干1.2～1.5m位置钻一角度为45°、深度为5cm的孔，再将活力素容器橡皮套管插入孔中，然后将容器尖嘴插入橡皮套孔中2～3cm，以液体不漏出树体外为标准。挤压瓶体，排出孔内空气，再在容器底面打一个针眼孔，让活力素缓缓注入大树体内。大树定植后，在活力素灌根的基础上，配以树干注射活力素药剂，可以加快新根的萌发和生长，提高移植成活率。

5. 生根粉

ABT生根粉能通过强化、调控植物内源激素的含量和重要酶的活性，促进生物大分子的合成，诱导植物不定根或不定芽的形成，调节植物代谢强度，提高育苗、移植成活率。

ABT生根粉应用于大树移植当中，能增加抗逆能力，促进大树原有根系发育并催发新根，增加根系生长量可达20%～60%。在大树移栽、珍贵树种养护、城乡园林绿化、小区绿化、道路两旁、河堤绿化、平原绿化、三北防护林、防沙治沙等园林绿化工程中应用ABT3号或GGR6号生根粉，效果显著。

26.3.2 保护性功能材料

1. 包装材料

对树干采用麻包片、草帘、草绳或草带进行包裹，一般从根颈至分枝点处，包裹之前先用1%的硫酸铜溶液涂刷树干灭菌。这样，既可减少水分蒸发，以减少树干蒸腾，又可减少移植过程中的擦伤，还可预防日灼和冻害的发生，从而有效地提高成活率。具体的操作方法是将直径

1～1.5cm的草绳，从乔木的根部一直向上无间隔地缠绕，直到距离根部1.5～2m的地方或者是树枝的分支点。

对于每一圈都需要草绳按照相关的顺序进行紧密排列，而不能留下空隙，也不能重叠。在缠绕最后一圈时，可以将绳头压在该圈的下方，收紧绳索之后切断。在具体的操作过程中用力需要均匀，不能过松或者过紧。

植物绷带是指将干枯植物的表皮纤维通过脱水、染色以及加工改良而成的新型植物性裹干材料，由南京宿根植物园开发，见图26-1。相比草绳、稻草、麻袋片等传统的植物裹干材料，植物绷带操作省时、方便，外形美观，质轻，保温保湿，使用本产品能使植物成活率提高10%～15%，防菌防虫，目前主要包括通用型、温带春用型、温带秋用型、大树类专用系列等七大类。植物绷带一般为淡绿色，也可以根据需求生产出不同颜色、型号的产品，保证使用时美观大方。植物绷带的宽度设计也经过了反复的试验，以黄金分割点比例为基础，宽度设计为12.36cm。普通的植物绷带价格每卷不足 10元，成本仅为草绳的 80%，还节约人工成本。

（a）各种类型植物绷带

（b）植物绷带的应用

图26-1　植物绷带

2. 涂覆材料

移植植物需要对树干涂白灰，有时只涂白灰还不够，需应用带杀菌、杀虫的树干涂白剂进行保护，而树木修剪伤口除用抗蒸腾剂外，还应用带有杀菌或防止病菌侵入伤口的涂抹剂处理。

愈伤涂膜剂在植物切口处能迅速形成保护膜，该膜具有一定的膜透性，能防止水分、养分的流失。加入了细胞激动素、细胞分裂素等的愈伤涂膜剂促进伤口愈合物的产生，能激活细胞、促进愈伤组织再生，伤口愈合快，有利于植物伤口防污、防腐、杀菌，主要适于修剪口的杀菌防腐，枝干及树皮受损、病虫危害后的涂抹。

根腐宁具有内吸、治疗双重作用，对大树、苗木、花卉、草坪等常发生的根腐病、枯萎病、立枯病、茎基腐烂病、猝倒病等有显著效果。

3. 病虫害防治材料

移植大树的病害主要有叶斑病、黑斑病、霉污病等，虫害主要有天牛、金龟子、蚜虫等，一旦发现病虫害，要根据病虫害种类及时防治。常用病害药剂有20%硅唑・咪鲜胺1000倍液、38%恶霜嘧铜菌酯800～1000倍液或4%氟硅唑1000倍液、50%托布津1000倍液、70%代森锰500倍液、80%代森锰锌400～600倍液、50%克菌丹500倍液等，常用虫害药剂有40%氧乐果乳油1000倍液、90%美曲膦酯原液800倍液等。另外，可对移植大树进行冬季涂白，以减少病害发生。

26.3.3 光照性功能材料

在大树移植初期或高温干燥季节，要尽量架设荫棚遮荫，以降低温度，减少树体的水分损失。大型树木刚移植以后要尽量减少阳光的直射，尤其是天气炎热的夏季，为了避免过多的水分流失，降低树体的温度，需要搭建简易遮荫棚，对树木进行一定的遮荫处理。搭建遮阳棚时可用毛竹或钢管搭成井字架，在井字架上盖上遮阳网，避免树木受阳光直射，降低树冠水分散失，同时避免强光高温破坏叶绿体的活性，还必须注意网和栽植的树木最少要保持50cm以上的距离，以便空气流通。棚顶离树冠顶部也是如此，棚子应该是开放性的，保持通风并能够接收到一定的阳光，根据树木的生长情况适当对遮荫范围进行调整。

26.3.4 养护性功能材料

1. 根际肥料

根际肥料是指能够集中施于根部的，能促进根系生长，调控根系空白分布，扩大根系范围的肥料。根际肥料是一种新型肥料，具有很高的肥料利用率。

2. 促根有机质

泥炭是迄今为止被世界各国确认为最好的无土栽培基质。泥炭多呈现微酸性反应，持水量大，营养丰富，肥料有效性较高，容重较大，园林栽培上可以单独施用，有明显的促根作用，也可以与沙子、蛭石、碳化物壳、生根粉混合栽培使用，可以改善结构，对调节pH值有一定的作用。稻壳能够降低园林土壤容重，提高土壤的孔隙度和通透性能，提高根系活性，为根系下扎创造良好的土壤物理条件。稻壳中硅酸盐丰富，对调节大树的抗病性有重要作用，园林公司常用于园林施工栽培。

锯末是木材加工的下脚料，质轻具有较强的吸水、保水能力，也可以作为促根的栽培基质。园林施工栽培之前一定要做发酵处理，避免夏季高温发酵危害根系。锯末发酵应加入1%氮肥，调节碳氮比，最好添加专门发酵菌种，通过特殊的发酵程序，生成生物黄腐酸。发酵锯末还要配比添加适量的菌糠、牛粪、草木灰配成园林生根肥，这种促根肥也有良好的提高大树及一般树木成活率的效果。这种基质是长效促根特种肥料，是一种优良的自制园林生根肥，对于难生根树木有提高成活率的独特效果。

菌糠是食用菌的废弃物，既是一种培养基质，又是一种促根肥料。有资料报道，发酵后的菌糠可以代替泥炭使用，菌糠的氮、磷、钾含量较高，不宜直接作栽培基质使用，应与泥炭、蔗渣、砂子、生根粉等按一定比例混合使用，成为复合栽培促根基质。这也是一种自制园林生根肥，能明显提高园林植物成活率。

3. 根腐宁

根腐宁具有内吸、治疗双重作用，对大树、苗木、花卉、草坪等常发生的根腐病、枯萎病、立枯病、茎基腐烂病、猝倒病等有显著效果。

4. 屋面轻基质

中国用于屋顶绿化的栽培基质主要有自然田园土、改良土、轻质人工混合基质等三类。其中，改良土为田园土混合珍珠岩、蛭石、泥炭等材料，轻质人工混合基质即无土栽培基质，其成分包括无机质和有机质两大类，无机质可用蛭石、珍珠岩、陶粒、沙、石砾、浮石、煤渣等，有机质可用泥炭、椰糠、菌渣、锯木屑、棉籽壳、稻壳灰、泡沫有机树脂制品、腐熟秸秆、腐熟树皮（松鳞）、有机肥、微生物有机肥等。

田园土一方面容重大，易超过屋顶的有限荷载，存在较大安全隐患，一方面其营养物质含量不够，需要长期施肥，易造成板结，透气性差，另一方面易滋生大量杂草，增加养护难度。改良土中的珍珠岩易浮在土壤表面失去应有的透气功能，且易被大风刮起，造成空气污染。而合理配置的混合基质质轻环保、营养丰富全面、排水透气性佳、不易滋生杂草。

国外很多国家早在19世纪80年代就研发出了轻质人工混合基质，欧洲的德国、英国、西班牙、荷兰、瑞士等，北美的美国、加拿大等，亚洲的韩国、日本、新加坡等在屋顶绿化无土人工栽培基质的研究中走在前端，都有属于本国气候区的人工混合基质。他们的混合基质成分中，有机类包括田园土、腐殖质、腐熟树皮、泥炭、锯木屑、椰子壳、（海）鸟粪、牛粪等，无机类包括膨化页岩、膨化板岩、膨化黏土、珍珠岩、陶粒、蛭石、沙、碎瓦、红砖粉、铁渣、煤渣、浮石、火山岩、蒙脱石（膨润土）等无机类，种类十分丰富，见表26-1。其中，膨化成分被认为对增加基质的透气性，减轻基质容重起着至关重要的作用。

国外植被屋面常用基质配比　　表26-1

基质成分	各成分比例
膨化页岩、沙、密西根泥炭、镁石、废弃垃圾、禽粪	40：40：10：5：3.33：1.67
膨化页岩、沙、密西根泥炭、混合有机肥	（60\70\80\90\100）：（25\18.75\12.5\6.25\0）：（10\7.5\5\2.5\0）：（5\3.75\2.5\1.25\0）
沙、淤泥、黏土	43：5：2
膨化黏土	全部
膨化页岩	全部
碎砖块、碎陶粒、沙、微生物肥料	3：3：3：1
膨化黏土、河沙、沙土、混合有机肥	15：2：2：1
膨化板岩、河沙、混合有机肥	11：6：3
黏土、红砖粉、混合有机肥	3：3：1
泥炭、沙或蛭石、盆栽土（混合少量有机肥、石灰）	2：1：1
沙、淤泥、黏土	91.18：5.6：3.22
矿物质、蛭石、混合有机肥	12：3：5
粗沙、铁渣、混合有机肥	3：2：1
浮石、泥炭、混合有机肥	4：5：1
膨化页岩、铁渣、混合有机肥	8：9：3
膨化页岩、红砖、混合有机肥	8：9：3
陶粒、珍珠岩、田园土	2：2：1
陶粒、砾石、椰子壳、砂	4：3：2：1
珍珠岩、树皮	3：1
珍珠岩、椰子壳	3：1
田园土、锯木屑、粗砂	5：3：2
泡沫塑料、黏土、混合有机肥	6：3：1

续表

基质成分	各成分比例
腐熟树皮、沙、鸡粪	3：6：1
腐熟树皮、沙、膨化页岩	2：9：9
陶粒、有机肥	4：1
矿质土、珍珠岩、混合有机肥	1：1：1
珍珠岩、松树皮、蛭石、泥炭	80：5：3：2
浮石、混合有机肥	52：48

按膨化板岩40%、沙40%、密西根泥炭10%、白云岩5%、有机堆肥3.33%、腐熟禽粪1.67%的比例进行栽培基质配比，并按2.5cm、5cm、7.5cm等3个基质厚度进行栽培试验。结果表明：以建植成活率、生长速度以及覆盖度为评价指标，所有植物在7.5cm的基质中的建植成活率和生长速度均势最高。

对10种混合基质进行筛选试验，通过综合评价10种植物在10种基质中个体和整体的生长表现，包括生长势、生长速度、覆盖度、景观效果，发现混合基质适配性结果从高至低依次为：泥炭：腐熟秸秆：膨化浮石=20：8：5；泥炭：腐熟秸秆：蛭石=30：8：15；泥炭：腐熟秸秆：膨化浮石=10：1：5；泥炭：蛭石：膨化浮石=4：3：3；泥炭：蛭石：膨化浮石=6：6：1；泥炭：腐熟秸秆：蛭石=20：3：30；泥炭：腐熟秸秆：蛭石：膨化浮石=10：3：15：5；泥炭：腐熟秸秆：蛭石：膨化浮石=10：8：30；田园土：泥炭：珍珠岩：蛭石=8：3：8：1。

5. 防护剂

移植植物经过移植和修剪，伤口多，抵抗力弱，极易遭受病虫侵害，因此，对于移植植物的断枝、伤口应及时涂抹液状石蜡封闭，同时还应根据大树特性及病虫害发生规律，利用物理防治、生物防治和化学防治相结合的综合防治策略，及时有效地阻止大树病虫害的发生。

6. 根部透气管

园林树木夏季全冠移植后，为防止根部受损，用特制的塑料透气管，在土球放入树穴后将透气管环绕在土球周围，管头露出地面，这样既可透气，又可连接供水管，水分直接供应根系，提高浇灌效率。也可用长约1m、直径约10cm的通心竹筒，两头用纱网封口，放置于树穴内，回填土时管头也露出，一般每株大树放置3～4个。除此之外，还可以采用透气袋技术，透气袋内填充珍珠岩，长度在1m左右，直径为12～15cm，土球放进树穴定位后回填前，把透气袋垂直放在土球四周，这对缓解土壤黏重效果显著。

利用根部土壤透气技术可有效地调节树木根际水、气平衡，有效促进根系活力的恢复，操作简单，成本低廉。但不利之处便是，一旦管道堵塞，很难清理，如撤除管道，会使土球周边形成一定的“空洞”，影响树木固定。

26.3.5 固定性功能材料

1. 挖运固定材料

挖树前在树干高度1/2处固定3根绑绳，且有一根必须在主风向上位逆拉，其他两根均匀分布。

苗木挖好放倒以后，要对土球表面的伤残根进行修剪，然后用草绳或者蒲包捆绑严密。

运输过程中要保护苗木的冠形完整，应用麻袋片等软物于大枝扎缚处由上而下、由内至外，依次向内收紧收扎树冠，不能损伤树木。

2. 种植固定材料

种植好树木后，在风力比较大的季节需要使用树木支撑，以有效地预防树冠的根部动摇，以免影响整个根系的生长。使用树木支撑可以采用木杆、竹竿和钢丝、铁丝等，要结合不同的树木高度和支撑方式来选择合适的支撑材料。具体的支撑方式有单支式、双支式、三支式以及纵横双向支撑等。对于单支式而言，可以选用立支法和斜支法，其中立支法较多使用于行道树，占地面积较小；斜支法则占地面积比较大，多使用在人流比较稀少的地方；双支式是在树木的两边各自打入一杆桩，并且把树干捆扎在横杆上面从而完成相关固定。

3. 防风障材料

在冬季比较寒冷的地区，对灌木、地被植物应搭设防风屏障，以保护植物抵抗寒冷的西北风，从而减少寒风、寒流对植物的破坏与侵袭。具体而言，可以使用塑料薄膜、竹片、铁丝、玉米秸秆等来保护植物。对于防风屏障来说，一般都设置在植被的北侧或者西侧，将竹片按照垂直方向做好框架，再使用塑料薄膜进行具体的固定。另外一种方式是挖好地沟，将玉米秸秆放置其内，之后再用土壤固定。前面一种方法比较大方美观，后面一种方法成本比较低，并且有着更好的防风效果。对植物进行防风屏障的构建，需要较高的要求，尤其要重视风障的相关高度。若是防风障比较高，因抵挡了过大风力，容易带来防风障的破裂和损坏。如果防风障比较矮，则将植物的头部暴露在寒风中，不能够起到很好的防风效果。在具体的操作中，要结合植物的实际高度，因地制宜采取合理的防风障设置措施。

4. 屋面固定材料

由于屋顶环境较地面风力大，且种植土层薄，新植树木高度超过2.5m，必须固定。屋顶环境树木的固定可采用地下金属网拍固定法。固定方法是将金属网拍（尺寸为固定植物树冠投影面积的1～1.5倍）预埋在种植基质内；用结实且有弹性的牵引绳将金属网拍四角和树木主要枝干部位连接，绑缚固定（绑扎中注意对树木枝干的保护）；依靠树木自身重量和种植基质的重量固定树体，防止倒伏，如高度2.5m、冠幅2.0m、土球直径0.55m油松的固定技术流程见图26–2。

（a）预埋金属网格（其上加过滤布）

（b）牵引绳与网格四角相连并与地上枝干绑缚固定

（c）地面覆土、踏实

图26–2　树木固定技术流程图

5. 边坡固定材料

（1）生态袋

生态袋边坡防护系统是在生态袋中装入植生土，把生态袋、联结扣、锚杆、加筋格栅等构件按照一定规则相互连接组成稳定的软体边坡，既可以稳定边坡，又可以让植物快速生长。生态袋

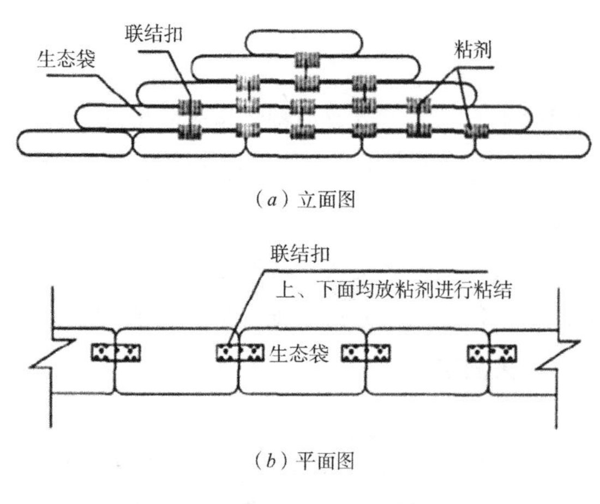

图26-3 生态袋边坡防护施工工艺图

护坡系统的根植土厚度达0.3m以上，完全符合园林规范对植被土层的厚度要求，可以为各种草本和木本植物提供良性生长的土壤环境。生态袋边坡防护系统见图26-3。

1）生态袋由聚乙烯（PP）合成材料制成，具有高强度、抗老化、抗紫外线、耐酸碱、无毒不降解等特点，使用寿命70年以上，可100%回收。生态袋具有透水不透土的过滤功能，既能防止填充物（土壤和营养成分混合物）的流失，又能实现水分在土壤中正常交流。

2）联结扣把无数个生态填充袋连接在一起，形成稳定的三角内摩擦紧密内锁结构，优化设计的倒钩棘爪最大限度地将生态袋紧密相连，其网孔状结构的双向通道凹槽和垂直孔洞组合成相互交错的非流线形凸肋，加大了联结扣表面与生态袋之间的摩擦力，倒钩棘爪始终与袋体保持垂直紧贴，充分发挥其柔性结构的受力特点，它不仅具有很高的强度，同时还具有排水功能和很好的柔韧度，对构件稳固的边坡起到了重要作用。

3）扎口带是一种自锁式黑色带，具有抗紫外线及抗拉性强的特点，对保证工程安全稳定起到不容忽视的作用。

4）加筋格栅在构造较陡的回填土边坡时，联结扣把加筋格栅和生态袋进行连接，同时对外露袋体墙面进行分层反包，对工程的坚固和稳定起到重要作用。

5）生态袋边坡防护施工工艺：

①坡面处理与基础开挖。

使用生态袋治理的边坡，坡度不宜大于50°，首先需要对坡面进行修整，削去表面浮土，夯实坡面，具体可采用挖掘机爪斗背面拍夯的方法，夯实后削至设计坡度。生态袋基础埋深不应小于0.5m，建基面必须足够密实，压实度不应小于85%。

②生态袋封装。

一般在现场装填，以减少运输费用。基础层装入砾石或碎石，级配2～5cm；非基础层装入植生土，植生土中粗沙与土的比例约为3：7，并加入保水剂、肥料，每立方植生土中掺入保水剂50g左右，蘑菇肥或其他肥料20kg左右。以上掺和物需拌合均匀，装袋封口必须确保填满，封口结实牢固，不破不漏。

③生态袋堆叠与夯实。

采用品字形堆叠方式，底部基础第一层与坡顶封顶层采用丁袋堆放，其余均采用顺袋堆放。叠层时将联结扣放在本层两个袋子之间，靠近内边缘1/3的位置，抹上胶粘剂再堆叠上一层，本层袋与袋及坡面之间的空隙，采用1：（2～3）的碎石土填满，以防止出现孔洞。堆叠完成摇晃上层以便联结扣每个棘爪可以穿透袋子的中部，再用小型打夯机夯实以达到袋子相互自锁的目的，从而确保联结扣与生态袋之间的良好接触。

④封顶。

封顶层下方应平铺防水薄膜，防止雨水下渗，膜厚应大于0.2mm，宽度不宜小于1.2m。封顶层应丁袋堆放，以提供一个可靠的顶部，用土把顶层完全覆盖，并施打锚杆锚入原土层，锚杆间距隔袋布置，通常采用Φ16钢筋制成，锚入深度不小于1m。

6）生态袋边坡防护施工中应注意的问题：

①生态袋灌装时应装到生态袋的标志处，保证每个袋子灌装量均匀，重量一致；植生土中各掺和物应拌合均匀，应选用中粗沙，土一般采用原土，不得采用腐殖土、淤泥质土与杂填土。

②袋体安装时应配备整形工具，如平板木夯、铁夯或圆木夯，整形工具必须具有一定的重量，以确保整形效果。每个作业点要落实好固定的整形人员，对坡面、顶面、连接侧面进行整形，做到坡面平顺，顶面平整，侧面咬合紧密，确保生态袋堆叠质量和外观质量。

③安装联结扣时应先用小圆木夯击联结扣，使棘爪完全压入下层生态袋中，堆叠完上层生态袋时再人工踩实，以确保棘爪完全压入上下两层生态袋中。

④生态袋每铺一层均须夯实，应采用机械夯实，压实度应大于70%。生态袋每堆叠2m高应浇水一次，待其完全沉降后再进行下道工序。

⑤生态袋护坡坡脚应设置排水涵管或排水沟，以确保坡脚积水能够及时顺利排出，保证护坡稳定。

⑥植被应做好后期的养护工作，出苗15d后，为促进植被生长，应施氮肥（5g/m^2）一次，再过10d施复合肥（15g/m^2）一次，并根据气候情况适当浇水，以达到良好的绿化效果。

（2）生态植被袋

生态植被袋又称生态柔性边坡，以聚丙烯为原料，并添加抗紫外线、防老化等助剂，采用特殊的工艺制成的薄而强度高的无纺布袋，它是21世纪初从加拿大引进的一种新型环保产品。生态植被袋装进土并加入植被种子后，与相应配件组成生态植被化柔性边坡或墙体，是目前世界上唯一采用自然材料和植物，而不用钢筋水泥等硬质材料来建造的具有稳固结构的护坡、挡墙系统，成为良好的植被承载体。该项技术与产品目前在国外发达国家和地区已有广泛应用，在中国也以极快的速度被接受、采用并发展，见图26-4。

由生态植被袋构成的边坡是一个柔性结构，它具有一定顺应变形的能力，从而保证系统的稳定，见图26-5。袋与袋之间采用连接扣、粘合剂和锚杆等附件堆叠而成的边坡系统，使得整体强度也很高。而经过一定时间，植被根系生长壮大，整体的牢固性更加强大。生态植被袋的原料中加入了抗紫外线、防老化的助剂，使袋子的寿命可达到50年以上。生态植被袋透水不透土的性能，既能防止水土流失，又为植被提供了生长载体，比传统钢筋水泥、石块等硬性护坡单调的外观更具观赏性。随着植被的不断生长，其根系穿过植被袋而进入与之相邻的植被袋或边坡土体，既加强了系统的整体性又起到了固土作用。

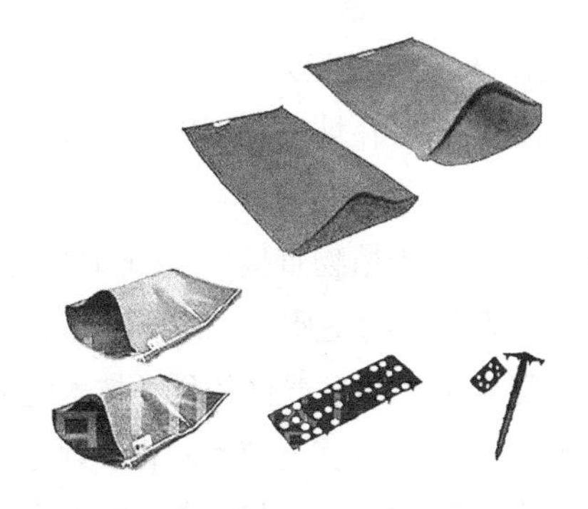

图26-4　生态植被袋

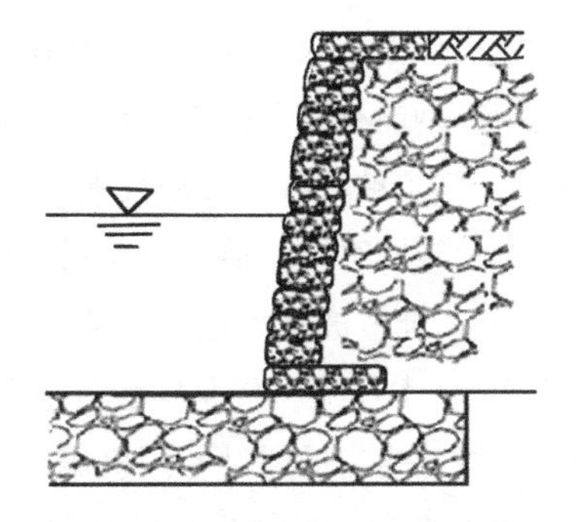

图26-5　生态植被袋边坡剖面示意图

（3）植生纱

所谓植生纱，就是在专用纺织设备上按照特定的生产工艺，把种子按照一定的密度定植在可以自然降解的纤维网基质中，如果需要的话，还可掺入肥料、杂草抑制剂等成分，在加捻和缠绕作用下，基质将种子等包卷起来形成粗纱状，称其为种子植生纱。德国萨克森研究所研制的植生纱以亚麻纤维为原料，采用Maliwatt缝编工艺，编织成亚麻纤维网，同时用一种特殊的计量器将草种均匀地置入网中，用缝合线连接而成的一种用来增强斜坡、保持土壤、帮助草种发芽的土工布。瑞士开发的苎麻纤维培育垫，采用编链衬纬组织，将苎麻和丙纶（其中丙纶纤维经过特殊处理，即加入了降解组分，并可根据需要，控制添加剂的用量来调节降解时间）两种纱线编织成方形小网格，纵向组织丙纶，横向的衬纬是苎麻。采用这种结构的培育垫，有规律地加入植物种子，将垫子置于土壤中，种子逐渐发芽生长，而培育垫中的苎麻纤维开始分解，纵向的丙纶仍保护幼苗生长，直至植物长到一定程度，丙纶才逐渐分解，这时植物的根取代了培育垫。

与植生带相比，植生纱既具有植生带在草坪种植中所具有的一切优点与长处，包括草坪建植简单方便、工序少、草坪出苗均匀、出苗率高、出苗齐、节约种子、节约纤维材料，也可将一些复合肥料、除草剂、灭虫剂等直接加入植生纱的原料中，减少在建植时施加的麻烦等，还能满足运动场草坪的性能要求，可用于室内外环境的美化。

植生带（有时也称为种子带）就是将草种按一定密度要求均匀撒播在一定宽度的基质（如无纺布、纱布或纸带）上，撒播种子后再通过粘合或针刺复合上一层无纺布成型。

（4）土工三维植被网

1）土工三维植被网

三维植被网以热塑性树脂为原料，采用一定配方，经挤出、拉伸等工序精制而成。它无腐蚀性，化学性稳定，对大气、土壤、微生物呈惰性。

三维植被网的底层为一个高模量基础层，采用双向拉伸技术，其强度高，足以防止植被网变形，并能有效防止水土流失。三维植被网的表层为一个起泡层，蓬松的网包以便填入土壤、种上草籽帮助固土，这种三维结构能更好地与土壤相结合。聚乙烯聚合物厚度≥12 mm，单位重量$0.45 \sim 0.5kg/m^2$，单位拉力3.2kN/m，常用尺寸$50m \times 2m$。

2）土工三维植被网特点

①由于网包的作用，能降低雨滴的冲击能量，并通过网包阻挡坡面雨水的流速，从而有效地抵御雨水的冲刷。

②网包中的充填物（土颗粒、营养土及草籽等）能被很好地固定，这样在雨水的冲蚀作用下就会减少流失。

③在边坡表层土中起着加筋加固作用，从而有效地防止了表面土层的滑移。

④三维植被网能有助于植被的均匀生长，植被的根系很容易在坡面土层中生长固定。

3）土工三维植被网客土喷播技术

土工三维植被网客土喷播技术是指在砂岩、泥炭岩等不利于植物直接生长的边坡上，通过锚杆/锚钉将土工三维植被网固定在边坡上，形成可容纳并固着植物基质的空间，然后将客土（有机质营养土壤）、木纤维、普通硅酸盐水泥、保水剂、复合肥等经过严格的科学技术配方后形成植生基材，经搅拌均匀后通过专用机械空压机、高压喷射机直接将客土植生基材喷射于土工三维植被网内，形成有利于植物生长的基层，最后用喷播机将根系发达、成坪快、固土能力强、耐旱、耐贫瘠等优点的草种及部分原料（有机肥、纸浆、粘合剂等）均匀喷播于基材表面，覆盖无纺布，待植物出芽生长后形成坡面表层、底网、植物根系、锚钉共同组成的防护体系，达到对边坡永久的固坡作用和美化环境的目的，并对砂岩、泥炭岩等边坡土质起到一定的改善作用，对日后边坡植被的自我演替营造积极的基础条件，最终使其演变成为可持续的防护系统。

4）土工三维植被网主要材料及要求

①客土（种植土）。客土选用黏性黄土（红土）为佳，使用前应进行过筛处理，土粒粒径应控制在2cm以内，客土含水量应控制在≤30%为宜。在过筛时应剔除土壤中的石块等杂质，以免在使用过程中出现堵管现象。

②木纤维。木纤维的添加对于调整边坡表层结构、增加客土有机质含量、滋养水分、防止流失、促进物种发芽、生长具有不可代替的作用。土工三维植被网客土喷播用的木纤维以5.5～6mm为主。

③保水剂。保水剂是一种高吸水性树脂，是一种吸水能力特别强的功能高分子材料，无毒无害，可反复吸水、释水，在农、林业生产上人们常把其称之为“微型水库”。土工三维植被网客土喷播用保水剂的使用寿命在2年以上，初始吸水率在300倍以上，其主要原料以淀粉为主，能自动降解，不会对环境造成危害。

④复合肥。复合肥具有养分含量高、副作用成分少且物理性状好、肥效长等优点，宜用作基肥，对于平衡肥效，提高肥料利用率，促进植物的生长有其十分重要的作用。土工三维植被网客土喷播复合肥一般选用符合《肥料标识　内容和要求》（GB 18382—2001）要求，以肥力为N–16、K–16、P–16的复合肥产品为主。

⑤种子

种子的选择应根据当地的气候、施工季节的降雨量、植物的生长特点综合考虑。所选草本科植物种子质量应不低于《禾本草种子质量分级》（GB 6142—2008）中规定的二级质量标准；木本科植物种子质量应不低于《林木种子质量分级》（GB 7908—1999）中所规定的二级质量标准。如选用自行采集的乡土树种植物、乡土草种，在使用前应进行种子发芽率试验，以确定种子喷播单位用量。

⑥无纺布

无纺布是由化学纤维和植物纤维等原料在水或空气作为悬浮介质的条件下在湿法或干法抄纸机上制成，虽为布而不经纺织故称之为无纺布。无纺布是新一代环保材料，具有强力好、透水防水、环保、柔韧、无毒无害且价格低廉等优点。

在边坡植被层形成前，无纺布兼具保护坡面防冲刷、防侵蚀的作用，在选用无纺布产品上应选用具有一定抗刺破、抗风吹作用的无纺布规格产品，在以往实践中推荐采用≥20g/m^{2}的无纺布产品。

5）土工三维植被网工艺技术及要求

①边坡场地处理。

在修整后的坡面上进行场地处理，对表面光滑的坡面进行刮花处理；对于土质较松软的坡面采用适当人工夯实，对于凹陷处采用人工垫土修平，不可出现坡面凹凸不平、松垮现象，应充分保证土工三维植被网和坡面的平坦融合。

②挂网。

土工三维植被网在坡顶延伸50cm埋入截水沟或土中，然后自上而下平铺到坡肩，网与网间平搭，网紧贴坡面，无褶折和悬空现象。

③固定土工三维植被网。

固定土工三维植被网常用的方法是采用锚钉固定法，主锚钉和辅锚钉轮番进行。主锚钉选用Φ12钢筋做成的U形钢钉，辅锚钉选用Φ8的U形钢钉，在坡顶、搭接处采用主锚钉固定，坡面其余部分采用主、辅锚钉交替布置固定。坡顶主锚钉间距多采用180cm，坡面主、辅锚钉间距多采用180cm×3600cm。主锚钉为（Φ12钢筋）U形钢钉长500mm；辅锚钉为（Φ8钢筋）U形钢钉长300mm。固定时，网要拉紧，钉与网紧贴坡面。

④喷射基材。

网固定后，将由黏性土壤、木纤维、保水剂、复合肥充分混合并利用搅拌机充分搅拌，视土壤的具体黏结度可加入少量普通硅酸盐水泥。准备工作完成后，利用喷射机将混合均匀的有机土壤喷射于固定的土工三维植被网坡面上，喷射时，水的用量通过在喷枪上的开关进行人工控制，用水量应适中，避免出现溢流和散落现象。喷射应尽可能从正面进行，凹凸及死角部分应喷射充分，喷射的平均厚度为4～5cm，保证形成的新土层全面覆盖三维植被网，不得出现网包外露现象。

⑤喷播草籽。

运用喷射机将附有促种子萌发、生长的种子附着剂、纸纤维、复合肥、少量保湿剂、种子和一定量的清水，溶于喷播机内经过机械充分搅拌，形成均匀的混合液，而通过高压泵的作用，将混合液高速均匀喷射到已喷射基材的坡面上，附着在边坡表面与土壤形成一个有机整体。

⑥覆盖无纺布。

施工期间可根据气候情况及边坡的坡度，来确定在喷播表面层盖单层或多层无纺布，以减少因强降水量造成对种子的冲刷，同时也减少边坡表面水分的蒸发，从而进一步改善种子的发芽、生长环境。

覆盖无纺布用从上而下平整覆盖，坡顶延伸≥30cm用土压实；两幅相接叠加10cm左右，然后用一次性竹筷或8#铁线做成的“U”形钉进行固定。待坡面植被长至5～6cm或2～3片叶子时，揭开无纺布。同时应组织人员及时清理，不得遗落于现场。

⑦养护管理。

覆盖无纺布2～3d后开始养护，养护初期应保持坡面湿润。前期养护时间为30～45d，以每天浇水为主，早晚各一次，早上浇水时间应在10：00前完成，晚上浇水应在下午4：00后进行，注意避免在强烈阳光下进行浇水养护，以免灼伤幼苗。后期待幼苗长至10cm以上后主要依靠自然降水为主，但应根据气候情况，如果出现连续超过一个星期没有降雨的应及时组织浇水养护，保证植被生产过程中足够的水分供给。

6. 水面固定材料

生态浮床是运用无土栽培技术原理，以高分子材料为载体和基质，采用现代农艺与生态工程措施综合集成的水面无土种植植物而建立的去除水体中污染物的人工生态系统。通过水生植物根系的截留、吸附、吸收和微生物的降解作用，达到水质净化的目的，同时营造景观效果。

7. 地下结构固定材料

（1）根阻材料

绿色种植屋面是以绿色植物为主要覆盖物，配以植物生存所需要的营养土层、蓄水层以及屋面所需要的植物根阻拦层、排水层、防水层等共同组成的屋面系统。

（2）植物根穿透常规防水材料的机理

首先，植物根系的生长都具有向水性和向下性，在生长过程中对处于下部的防水层产生巨大的压力。其次，普通沥青基防水卷材由SBS或APP改性沥青涂层及胎基（聚酯胎、玻纤胎或复合胎）构成。沥青中含有一种植物亲和物质——蛋白酶，是植物的一种营养物质，当植物根系接近该物质后，根系会主动穿入沥青吸收营养。而普通的防水卷材胎基对植物根系的抵抗能力近乎为零，结果导致植物根系1年时间就可穿入常规改性沥青防水系统的种植屋面防水系统，造成在很短的时间内破坏防水系统。

（3）根阻拦材料的根阻作用机理

对于沥青基防水材料，以德国威达公司的屋顶花园根阻系列产品为例。一般的卷材（如VEDATECT系列），通常在弹性沥青涂层中（SBS）加入可以抑止植物根生长的生物添加剂，由于沥青是比较柔软的有机材料，很容易与添加剂融合，当植物根的尖端生长到涂层时，根在添加剂的作用下角质化，不会继续生长以至破坏下面的胎基。考虑到有的植物根穿透能力极强（特别是在重型绿化屋面上），有些卷材的胎基还经过了铜蒸汽处理（如VEDAFLOR系列），使胎基更加坚固，另一方面，由于植物根系遇到金属铜离子会改变生长方向，从而使植物根系不会继续向下生长，胎基本身也具备了根阻功能，这给种植屋面的防水加了双保险。

（4）对植物根阻拦材料的相关规定

用于种植屋面的防水卷材，不仅要满足不同屋面规定的材料性能指标，同时要具备根阻拦性能。根据欧洲规范EN13948-2007①的规定，德国风景园林协会设计了相关的根阻拦材料试验方法。方法规定，根阻拦试验应该至少在温室里进行4年或者在通畅的玻璃大棚中进行6年，以确定其是否具有根阻拦的作用。

26.4　种植功能材料选择注意事项

种植功能材料选择注意事项如下：

（1）读懂读透施工设计文件及招标文件

详细研究施工设计图纸和招标文件，编制主要工程材料汇总表，明确各种材料的名称、规格、要求、数量标准及消耗定额，根据施工程序及工程进度制定详细的用料进度计划表。

（2）掌控材料市场信息

材料的质量是工程质量的基础，没有合格的材料就没有合格的工程。全面掌握材料市场信息，根据采购计划、材料性能、质量标准、适用范围、使用部位和品质要求等方面，合理选择质优价廉的工程材料，材料进场时掌控好材料正式的出厂合格证或植物检疫证。

（3）根据设计意图选择材料

依据工程特点，领会设计意图，合理选择恰当的种植功能材料。

① 该规范为：Flexible sheets for waterproofing-bitumen, plastic and rubber sheets for roof water proofing-determination for resistance to root penetration BSEN13948-2007。

参考文献

［1］刘叙杰．中国古代建筑史（第一卷）［M］．北京：中国建筑工业出版社，2003.

［2］刘墩祯．中国古典园林史［M］．北京：中国建筑工业出版社，1984.

［3］柯国军．土木工程材料［M］．第2版．北京：北京大学出版社，2012.

［4］（明）计成．陈植注译，杨伯超校订，陈从周校阅．园冶注释［M］．北京：中国建筑工业出版社，1999.

［5］中国大百科全书（建筑、园林、城市规划卷）［M］．北京：中国大百科全书出版社，1988.

［6］马眷荣，等．建筑玻璃［M］．北京：化学工业出版社，1999.

［7］李远远．试论园林材料的应用［D］．哈尔滨：东北林业大学，2006.

［8］周维权．中国古典园林史［M］．北京：中国建筑工业出版社，1981.

［9］李书进，高迎伏，张利．土木工程材料［M］．重庆：重庆大学出版社，2013.

［10］温如镜，田中旗，文书明．新型建筑材料应用［M］．北京：中国建筑工业出版社，2009.

［11］李伟华，梁媛．建筑材料及性能检测［M］．北京：北京理工大学出版社，2011.

［12］张松榆，刘祥顺．建筑材料质量检测与评定［M］．武汉：武汉理工大学出版社，2007.

［13］蒋莹．浅析建筑材料在景观中的应用［D］．北京：北京林业大学，2005.

［14］于学勇．材质美及其在景观设计中的应用［D］．青岛：山东大学，2007.

［15］王末英，黄达．建筑装饰材料［M］．北京：化学工业出版社，2010.

［16］柳肃．古建筑设计［M］．武汉：华中科技大学出版社，2009.

［17］赵成．生土建筑研究综述［J］．四川建筑，2010，30（1）：31–33.

［18］汪丽君，张晰，杨凯．自然重塑——生土材料在当代建筑设计中的建构逻辑研究［J］．学术论文专刊，2012（7）：114–116.

［19］Mac D C. Natural building materials in mainstream construction; Lessons from the UK［J］. *J Green Build*, 2008, 3: 3.

［20］Pachcco T F, Ialali S. Earth construction: Lessons from the past for future eco-efficient construction［J］. *Constr Build Mater*, 2012, 29: 512.

［21］Hall M, Djerbib Y. Moisture ingress in rammed earth: Part 1-The effect of soil particle-size distribution on the rate of capillary suction［J］. *Constr Build Mater*, 2004, 18：269.

［22］Hall M, Djerbib Y. Moisture ingress in rammed earth; Part 2-The effect of soil particle-size distribution on the absorption of static pressure-driven water［J］. *Constr Build Mater*, 2006, 20：374.

［23］张波．生土建筑墙体改性材料探讨［J］．攀枝花学院学报，2010,27（3）：27–29.

［24］刘俊霞，张磊，杨久俊．生土材料国内外研究进展［J］．材料导报，2012，26（12）：14–17.

［25］科尔曼FFP，科泰WA.木材学与木材工艺学原理——实体木材（1968）［M］．江良游，朱政贤，戴澄月，等，译．第1版．北京：中国林业出版社，1991.

［26］刘东．建筑材料［M］．北京：中国计量出版社，2010.

［27］刘炯宇．建筑工程材料［M］．重庆：重庆大学出版社，2006.

［28］兰璐璐．木材在地域性建筑设计中的应用策略研究［D］．石家庄：河北工业大学，2009：5–7.

［29］罗建举，吕金阳．树木髓心构造及其美学应用［J］．南方农业学报，2012，43（9）：1367–1372.

[30] 王颖．探寻木工艺的材料美［ J ］．艺术 · 生活，2008（ 3)：49–50.

[31] 李宇．建筑的材料表现力［ D ］．上海：同济大学，2007.

[32] 卫立群．木材在杭州园林景观中的应用研究［ D ］．福州：浙江农林大学，2011.

[33] 焉树娟．探究腐朽木材的变化及木材防腐的机理［ J ］．黑龙江科技信息，2013（ 36)：258.

[34] 陈允适．古建木构件及木质文物的保护和化学加固（ 三)［ J ］．古建园林技术，1993（ 3)：33–35.

[35] 吴征．当代热改性木材在建筑中应用前景探析［ J ］．赤峰学院学报：自然科学版，2012，28（ 12下)：64–65.

[36] 苏婧．园林木材在景观营造中的艺术运用［ J ］．南京林业大学学报：人文社会科学版，2014（ 1)：103–106.

[37] 葛勇，张宝生．建筑材料［ M ］．北京：中国建材工业出版社，2005.

[38]［ EB/OL ］http：//www.zuojiaju.com/thread-149447-1-1.html.

[39] 赵志曼，张建平．土木工程材料［ M ］．北京：北京大学出版社，2012：32–33.

[40] 侯建华．石材护理知识讲座（ 二)——建筑装饰石材基本分类、性能与可护理性［ J ］．石材，2012（ 2)：47–51.

[41] 沈志野．简述装饰石材的特性［ J ］．安徽文学，2014（ 6)：136–137.

[42] 肖宏．城市广场中石材的运用研究［ D ］．南京：南京林业大学，2004：3–5.

[43] 户善文，晏辉．谈谈石材常用黏粘剂及其使用［ J ］．石材，2013（ 8)：15–20.

[44] 吴伟东．石材的养护与病症处理浅析［ J ］．丽水学院学报，2004，26（ 5)：69–70.

[45] 张秉坚．装饰石材的清洗技术［ J ］．清洗世界，2005，21（ 9)：37–40.

[46] Hamind J,Nasrin G. Preparation and characterization of water-based polyurethane–acrylic hybrid nanocomposite emulsion based on a new silane-containing acrylic macromonomer［ J ］*Coat.Technol.Res.*，2012，9（ 3)：323–324.

[47] 曾繁杰，江雷．纳米防护液在石材领域中的应用［ J ］．石材，2002（ 6)：13–14.

[48] 陈建新．如何科学地选用石材养护产品［ J ］．石材，2002（ 4)：21–23.

[49] 徐辉，卢安琪，陈健，等．国内外植物纤维增强水泥基复合材料的研究［ J ］．纤维素科学与技术，2005（ 12)：60–63.

[50] 倪达生，于湖生．天然植物纤维增强复合材料的研究应用［ J ］．化纤与纺织技术．2006（ 2)：29–33.

[51] 郭斌．天然植物纤维增强水泥复合物综述［ J ］．江苏建材．2005（ 3)：49–52.

[52] 李文亮．草砖房在农村建筑工程中的应用［ J ］．科学中国人，2007（ 2)：98–99.

[53] 庄卫东．可再生节能型墙体材料草砖标准研究探讨［ C ］//中国环境科学学会学术年会优秀论文集，2006：3447.

[54] 于海，张妍．农村地区新型节能住房探析——浅析草砖房设计原理［ J ］．林业科技情报，2010，42（ 1)：28–29.

[55] King B.*Buildings of earth and straw*［ M ］. Ecological Design Press.1996.

[56] 章秀萍．生态节能草砖房［ J ］．建筑节能，2008（ 7)：48–49.

[57] 肖蓉．地方原生材料在云南传统民居中的应用解析［ D ］．昆明：昆明理工大学，2009.

[58] 靳志丽，梁文旭，胡述泉，等．稻草覆盖对土壤理化性状和烤烟产量及品质的影响［ J ］．中国土壤与肥料，2007（ 3)：20–22.

[59] 石元春．盐碱土改良——诊断、管理、改良［ M ］．北京：农业出版社，1996.

[60] 孙荣国，韦武思，马明，等．秸秆—膨润土—PAM 改良材料对沙质土壤团粒结构的影响［ J ］．水土保持学报，2011，25（ 2)：91–92.

[61] Puget P，Angers D A，Chenu C. Nature of carbohydrates associated with waterstable aggregates of two cultivated soils［ J ］. *Soil Biology and Biochemistry*,1998,31（ 1)：55–63.

[62] Bronick C J，Lal R. Soil structure and management: a review［ J ］. *Geoderma*，2005，124（ 1–2)：3–22.

[63] 朱捍华，黄道友，刘守龙，等．稻草易地还土对丘陵红壤团聚体碳氮分布的影响 [J]．水土保持学报，2008，22（2）：135–140.

[64] 郭垂根，韩福芹，邵博，等．稻草增强水泥基复合材料的研究 [J]．混凝土与水泥制品，2008（1）：38–40.

[65] 虞强华．稻草板轻隔墙在工程中的应用 [J]．建筑技术，1991（5）：30–31.

[66] 刘大可．古建园林工程施工技术 [M]．北京：中国建筑工业出版社，2005.

[67] 刘民伟，周泽君．茅草屋面的应用与施工工艺 [J]．中国高新技术企业，2009（20）：132–133.

[68] 施维琳．草顶文化的启示 [J]．重庆建筑大学学报：社科版，2000，1（4）：4–5.

[69] 王海洋．仿真茅草瓦及其施工技术 [J]．中国建筑防水，2013（23）：37–39.

[70] 雷凌华，肖悠，唐京华．稻草及其景观应用研究 [J]．山西建筑，2015，41（23）：177–178.

[71] 雷凌华，杨英书，唐京华，等．怀化传统侗族聚落应用乡土景观材料的生态效应 [J]．西北林学院学报，2014，30（5）：262–268.

[72] 莫紫梅．糯米淀粉分子结构及其物化性质的研究 [D]，武汉：华中农业大学，2010.

[73] 杨富巍，张秉坚，曾余瑶，等．传统糯米灰浆科学原理及其现代应用的探索性研究 [J]．故宫博物院院刊，2008（5）：105–114.

[74] Liu Q, Zhang B J. Syntheses of a novel nanomaterial for conservation of historic stones inspired by nature [J]. *Mater Lett*, 2007, 61（28）: 4976–4979.

[75] Zeng Y Y, Zhang B J, Liang X L. A study on the characteristics and consolidating mechanism of Chinese traditional mortars used on his-torical architecture [J]. *Sci Conserv Archaeol*, 2008, 20（2）: 1–7.

[76] 纪晓佳．糯米浆三合土的物理力学性能研究 [D]．杭州：浙江大学，2013.

[77] 周颖，钱海峰，张晖．糯米的化学成分与其米糕淀粉老化的关系研究 [J]．食品工业科技，2013（16）：136–137.

[78] Keetels C,Van V T，Jurgens A，et al. Effects of lipid surfactants on the structure and mechanics of concentrated starch gels and starch bread [J]. *Journal of Cereal Science*,1996,24（1）: 33–45.

[79] 文昌贵．糯米粉的保存方法 [J]．粮油仓储科技通讯，1988（8）：40–41.

[80] 王燕谋．中国水泥发展史 [M]．北京：中国建筑工业出版社，2005.

[81] 唐晓武，王艳，林廷松，等．桐油和糯米汁改良土体防渗性和耐久性的研究 [J]．岩土工程学报，2010，32（3）：351–354.

[82] 魏国锋，张秉坚，方世强．添加剂对传统糯米灰浆性能的影响及其机理 [J]．土木建筑与环境工程，2011，33（5）：143–145.

[83] 金大珍．北魏洛阳城的建筑材料与建筑色调 [J]．洛阳师范学院学报，2010，29（3）：39–42.

[84] 徐京华．中国古建筑元素瓦当艺术形式研究与应用 [D]．武汉：湖北工业大学，2010.

[85] 胡英盛．浅谈瓦作工艺之美 [J]．设计艺术，2013（6）：92–93.

[86] 江婉玉，刘亚兰，孙文．谈紫禁城建筑中琉璃瓦的运用 [J]．山西建筑，2014，40（5）：231–232.

[87] 张仁深．琉璃瓦的发展概况 [J]．景德镇陶瓷，1986（2）：43–45.

[88] 刘晚香．古建筑琉璃瓦件的加固保护初探 [J]．科学之友，2013（7）：113.

[89] 梁思成，刘志平．建筑设计参考图集 [M]．北京：中国营造学社，1936.

[90] 张仁深．琉璃瓦的发展概况 [J]．景德镇陶瓷，1986（2）：43–45.

[91] 郭东海．青瓦的现代建构初探 [J]．建筑与文化，2011（4）：98–99.

[92] 李锋．旧貌展新颜——青瓦装饰艺术在现代商业空间中的应用 [J]．艺术与设计（理论），2013（11）：56–59.

[93] 刘大可．传统青砖青瓦质量检验参考标准 [J]．古建园林技术，2006（4）：56–59.

[94] 黄希明．古建筑的铜铁什件［J］．故宫博物院院刊，1989（4）：77–79.

[95] 李林丽．鎏金和外金瓦殿［J］．文物春秋，1992（12）：67–69.

[96] 得荣泽，仁顿珠．藏族的金瓦屋顶［J］．西藏民俗，2001（2）：50.

[97] 刘剑平．新型环保材料在园林设计中的应用［J］．现代园艺，2012（10）：92.

[98] 王纪．长白山满族木屋保护研究［J］．北京林业大学学报：社会科学版，2011，10（3）：22–24.

[99] 中国建筑业协会古建筑施工分会．古建园林工程施工技术［M］．北京：中国建筑工业出版社，2005.

[100] 吴磐军．燕下都瓦当文化考论［M］．石家庄：河北大学出版社，2008.

[101] 吴泽恩．人造石材料中骨料与无机胶凝物质之间的相互作用［J］．四川建材学院学报，1993，8（2）：108–109.

[102] 孙丽英．复合人造石材［J］．技术与市场，2004（6）：12.

[103] 刘圣栋．树脂基人造合成石分类及可持续发展［J］.石材 · 人造合成石，2007（2）：27–30.

[104] 马晓霞．杨敬帅．现代家庭中的石材装修［J］．城市住宅，2008（10）：118–119.

[105] 杨元高．论微晶石装饰板材料的视觉美感［J］．现代装饰（理论），2011（9）：10–11.

[106] 李炳武．斩假石应用浅谈［J］．建材工业信息，1988（9）：12.

[107] 周忠华．人造石材的树脂修补办法［J］．石材，2010（11）：27–28.

[108] 苑金生．稀土元素的发色特性及其在人造石材中的应用［J］．石材，2010（12）：34–36.

[109] 雷翅，徐海军，祝雯．人造石材的研究与发展现状［J］．广州建筑，2014，42（1）：37–40.

[110] 王琰．铜的建筑材料语言探究［D］．西安：西安建筑科技大学，2009.

[111]［美］Watts A.现代建筑施工手册［M］．廖锦翔，译．北京：机械工业出版社，2003.

[112] 黄丹丹．浅谈钢结构建筑耐火性［J］．读与写杂志，2014，11（1）：41.

[113] 唐璐．钢材的景观表现力分析研究［D］．北京：北京林业大学，2013.

[114] 杨向兵．建筑钢材的分类与技术标准［J］．门窗，2012（7）：311.

[115] 靳萍，刘春晓．浅析建筑钢材检测及试验［J］．黑龙江科技信息，2010（4）：24.

[116] 朱建国．建筑用钢材的优劣鉴别［J］．监督与选择，2001（7）：30.

[117] 郑天军．钢材新标准下建筑用钢筋的抽样与检测［J］．科技风，2011（3）：139–140.

[118] 纪士斌，纪婕．建筑材料［M］．北京：清华大学出版社，2012.

[119] 寇俊同，宋玉楚．浅析建筑钢结构防腐技术［J］．中国建筑金属结构，2013（6）：68.

[120] 张爱兰．建筑钢结构发展现状［J］．新型建筑材料，2002（10）：93–96.

[121] 廖威．某钢厂钢结构防腐技术研究与管理［D］．湖南：湖南大学土木工程学院，2010.

[122] 王麒，陶诗君，萧以德，等．热喷涂锌——铝合金涂层对钢结构防护性能研究［J］．公路交通科技，2010，27（9）：25–30.

[123] 沈建荣，蔡启上，章程华．建筑钢结构的涂漆［J］．新型建筑材料，1998（4）：7–10.

[124] 甘月玫，宛定宏．钢结构油漆涂装的施工与监理［J］．安徽冶金科技职业学院学报，2004，14（4）：51–52.

[125] 沈建荣，蔡启上，章程华．建筑钢结构的涂漆［J］．新型建筑材料，1998（4）：7–10.

[126] 徐伟良，范鹏飞．耐火耐候钢在中国建筑业的发展与工程应用［J］．四川建筑科学研究，2009，35（5）：171–173.

[127] 杨艳菊．浅析建筑钢材的锈蚀及防止措施［J］．中国新技术新产品，2012（4）：193.

[128] 张广锜．铝及铝合金在建筑业中的应用［J］．铝加工，1992（6）：8–10.

[129] 王琰．铜的建筑材料语言探究［D］．西安：西安建筑科技大学，2009.

[130] 周宝茂．塑覆铜水管的研究及在建筑领域的应用［J］．塑料制造，2007（8）：81–85.

[131] 王福川．新型建筑材料 [M]．北京：中国建筑工业出版社，2003.

[132] 杜怡安．玻璃在现代园林景观中的应用 [J]．长沙：湖南农业大学，2010.

[133] 黄杏玲，王宇，黄彬．玻璃的建筑表达 [J]．华中建筑，2003 (5)：75-76.

[134] Micllael W. *Glassin architecture* [M]．London：Phaidon,1996：59.

[135] Mrs.Merrifield. "*The Harmony of Colors", in The Crystal Palaee Exibition Illustration Catalogue* [M]．New York：Dover Publications,1970：l.

[136] 刘先觉．建筑艺术的语言 [M]．南京：江苏教育出版社，1998：144-206.

[137] 王静．日本现代空间与材料表现 [M]．南京：东南大学出版社，2005：23.

[138] 符芳．建筑材料 [M]．第2版．南京：东南大学出版社，2003：67.

[139] 杨玲．民国江南建筑水泥花饰述析 [D]．苏州：苏州大学，2011.

[140] 徐建军．谈建筑水泥的应用与验收 [J]．民营科技，2012 (3)：288.

[141] 李志勇．探析建筑工程检测中水泥的检测 [J]．门窗，2014 (8)：116.

[142] 孙淑欣．保证建筑质量控制水泥检测方法 [J]．科技信息，2007 (13)：351.

[143] 陈少强．水泥检测的影响因素及其质量控制 [J]．科技创新与应用，2014 (27)：247.

[144] 李志勇．探析建筑工程检测中水泥的检测 [J]．门窗，2014 (8)：116.

[145] 梁红．浅谈混凝土结构裂缝产生及防治 [J]．江西建材，2015 (2)：59-61.

[146] 陈伟．混凝土的裂缝控制 [J]．江西建材，2015 (3)：63.

[147] 赵崇荣．水泥混凝土抗冻性能的影响因素 [J]．建材发展导向，2014 (2)：288.

[148] 王东．浅析混凝土耐久性的影响因素及改善措施 [J]．中国新技术新产品，2015 (2上)：97.

[149] 刘固祥．建筑工程水泥与混凝土施工材料检测 [J]．中外企业家，2014 (10)：218-221.

[150] 王立久，李振荣．建筑材料学 [M]．北京：中国水利水电出版社，1997.

[151] 唐朝晖，程瑶．土木工程材料 [M]．北京：中国水利水电出版社，2010.

[152] 施惠生，郭晓潞．土木工程材料 [M]．重庆：重庆大学出版社，2011.

[153] 鞠建英．防渗膨润土的研究及其在工程中的应用 [J]．水利水电科技进展，2000，20 (5)：27-29.

[154] 雷金山，阮波，孙利民，等．渗透结晶型防水材料的防水机理试验 [J]．铁道科学与工程学报，2008，29 (4)：48-52.

[155] 薛绍祖．国外水泥基渗透结晶型防水材料的研究与发展 [J]．中国建筑防水，2001 (6)：9-12.

[156] 杜延龄，许安，黄一和．复杂岩基三维渗流分析研究 [J]．水利学报，1996 (12)：1-3.

[157] 杨其新，刘东民，盛草樱，等．隧道及地下工程喷膜防水技术 [J]．铁道学报，2002，21 (2)：44-46.

[158] Streltsova T D.Hydrodynamics of groundwater flow in a fractured formation [J]．*Water Resources Research*,1976,12 (3)：405-414.

[159] 沈春林，苏立荣．建筑防水卷材 [M]．北京：化学工业出版社，2002.

[160] 张树培．建筑防水材料的新发展 [J]．施工技术，2004 (7)：7-9.

[161] 中华人民共和国国家标准．高分子防水材料 [M]．北京：中国标准出版社，2013.

[162] 吴卫虹．真石漆在园林工程中的应用 [J]．黑龙江科技信息，2013 (6)：254.

[163] 朱亮亮，毛水芬．外墙仿真石涂料工程施工技术与质量控制 [J]．中华民居，2013 (4)：96-97.

[164] 西安建筑科技大学，重庆建筑大学，华南理工大学，等．建筑材料 [M]．第2版．北京：中国建筑工业出版社，1997.

[165] 王立久，李振荣．建筑材料学 [M]．北京：中国水利水电出版社，1997.

[166] 曾余姚．石材工业废料的综合利用技术 [J]．石材，2002 (5)：48-49.

[167] Architectural Coatings—A Review of World Technical & Market Status [C]. //Powder Coating’94 Conference Proceedings, Organised by PCI USA,Oct 11–13,1994.

[168] Harry E A. Paint & coating testing manual [M] // Gardner Sward Handbook.14th Edition,1995.

[169] 北京土木建筑学会．中国古建筑修缮与施工技术 [M]. 北京：中国计划出版社，2006.

[170] 赵立德，赵梦文．清代古建筑油漆作工艺 [M]. 北京：中国建筑工业出版社，1998.

[171] 崔振．建筑工程中涂料的选择及施工技术研究 [J]. 现代装饰（理论），2011（2）：191.

[172] 黄梦林．浅析油漆工程主要质量通病及防治方法 [J]. 福建建设科技，1996（4）：37–38.

[173] 严静．中国古建油饰彩画颜料成分分析及制作工艺研究 [D]. 西安：西北大学，2010.

[174] 陈岚．中国古建筑中的彩画艺术 [J]. 建筑知识，2002（6）：14–16.

[175] 蒋广全．历代帝王庙保护修缮工程的油饰彩画设计 [J]. 古建园林技术，2004（3）：28–33.

[176] 曹春平．闽南传统建筑彩画艺术 [J]. 福建建筑，2006，（1）：43–47.

[177] 戴琦，赵长武，孙立三，等．中国古建筑中的彩画文化内涵浅析 [J]. 辽宁建材，2005（5）：32–33.

[178] 肖厚忠．中国民族建筑研究论文汇编 [M]. 北京：中国建筑工业出版社，2008：160–165.

[179] 吴卫，刘志．清代官式梁仿旋子彩画及其文化意蕴 [J]. 求索，2006（4）：131–133.

[180] 蒋广全．中国清代官式建筑彩画技术 [M]. 北京：中国建筑工业出版，2005：204–238.

[181] 李奕兴．台湾传统彩绘 [M].（中国）台北：艺术家出版社，1995：54.

[182] 周文晖．古建油饰彩画制作技术及地仗材料材质分析研究 [D]. 西安：西北大学，2009.

[183] 田永复．中国园林建筑施工技术 [M]. 北京：中国建筑工业出版社，2002：300–350.

[184] 何秋菊．中国古代建筑油饰彩画风化原因及机理研究 [D]. 西安：西北大学，2008.

[185] 文化部文物保护科研所．中国古代建筑修缮技术 [M]. 北京：中国建筑工业出版社，1983.

[186] 马瑞田．中国古建彩画 [M]. 北京：文物出版社，1996.

[187] 姚启均．硬硅钙石类人造木材 [J]. 建材工业信息，1996（20）：7.

[188] 段梦麟，郑宏奎，王树林．葵花秆胶合人造木材研究 [J]. 内蒙古工业大学学报，1999，18（3）：225–228.

[189] 蒋应梯．纤维素废料与造纸黑液木质素制人造木材之探讨 [J]. 林产化学与工业，2005，25（增刊）：165–167.

[190] Clemons C.Wood-plastic composites in the United States [J]. *Forest Pord*. 2002, 52（6）：10–18.

[191] 江波．木塑复合材料成型设备技术装备的研究现状和发展方向 [J]. 橡胶技术与设备. 2005,31（2）:4–13.

[192] 王清文，王伟宏．木塑复合材料与制品 [M]. 北京：化学工业出版社，2007.

[193] 钟鑫．木塑复合材料性能研究的关键问题 [C] //2002年中国工程塑料加工应用技术研讨会论文集．北京：中国科学技术出版社，2002.

[194] 黄丽，白绘宇，姜志国．表面改性剂对植物纤维/聚丙烯复合材料力学性能的影响 [J]. 北京化工大学学报，2001，28（3）：85–87.

[195] 刘玉强，赵志曼．木塑复合材料及其发展 [J]. 化工新材料，2005，33（3）：59–61.

[196] Castelian A, Nourmamode A, Jaeger C, et al. Photochemistry of methoxy –pbenzoquninone and nethoxyhydroquinone in solid-hydropxypropyl cellulose film and on filter paper: UV/VIS（UV/visible light）absorption and diffuse reflectance spectroscopy studies [J]. *Nord Pulp Paper Res*,1993（8）:239–244.

[197] Mankowski M, Morrell J J. Patterns of fungal attack in wood plastic composites following exposure in a soil block test [J]. *Wood and Fiber Sci*,200,32（3）：340–345.

[198] Morris P I, Copper P A. Recycled plactic/wood composite lumber attacked by fungi [J]. *Forest products journal*,1998,48（1）：86–88.

[199] Lei L H, Xiao Y, Tang J H. Study on glutinous rice and its landscape application [J]. *Agricultural science & Technology*, 2015, 16 (12) .

[200] 黄发荣. 环境可降解塑料的研究开发 [J]. 材料导报，2000(7): 59–61.

[201] Falk R H, Lundint C F. The effects of weathering on wood-therrnoplastic composites intended for outdoor applications: proceedings of the 2nd annual conference on durability and disaster mitigation in wood-rame housing [J]. *Polym.Eng.Sci*, 2000(9): 6–8.

[202] Stark N M, Matuana L M. Ultraviolet weathering of photostabilized wood-flour-filled high-density polyethylene [J]. *Appl Polym Sci*,2003,90 (10): 2609-2617.

[203] Chetana CW, Sookkho D, Sutthitavil W, et, al. PVC wood: A new look in construction [J]. *Vinyl&Additive Technology*, 2001 (7): 134–137.

[204] Lin S. Y, Dence CW. Methods in lignin chemistry [J]. *Springer-Verlag*,1992 (9): 33–62.

[205] Heither C, Scaiano J C. Light induced yellowing of wood containing papers: Photochemistry of lignocellulostic materials [J]. *American Chemical Society*,1993 (9): 3–25.

[206] Hon D N-S, Marcel D,Shiraishi N. Weathering and photochemistry of wood [J]. *Wood and cellulostic chemistry*, 2000 (5): 512–546.

[207] Zhang L, Gellerstedt G.Quinone formation and their contribution to photoyellowing in lignin [J] . *Fifth European workshop on lignocellulostics and pulp proceedings*,1998(1): 28–289.

[208] Agarwal U P. On the importance of hydroquinone-p-quinone redox system in the photoyellowing of mechanical pulps [J]. *International Symposium in Wood Pulping Chemistry*,1999 (1): 694–697.

[209] Li C, Ragaukas A J. Brightness reversion of mechanical pulps.Part XVⅡ: diffuse reflectance study on brightness stabilization by additives under various atmospheres[J]. Cellulose, 2000,7 (4): 369–385.

[210] Jeanette M P, Matuana L M. Urability of wood flour-plastic composites exposed to accelerated freeze-thaw cycling.Part 1.rigid PVC matrix [J]. *Journal of Vinyl&Additive Technology,* 2005(1): 1–8.

[211] Khavke M, Kazayawolko M, Iaw S, et, al. Durability of wood flour-thermoplastic composites under extreme environmental conditions and fungal exposure [J]. *International Journal of Polymeric Materials*, 2000, 46 (1 &2): 255–269.

[212] Craing C，朱家琪. 美国木塑复合材料的历史、现状及展望 [J]. 人造板通讯，2002 (11): 85–87.

[213] Craing C，朱家琪. 美国木塑复合材料的历史、现状及展望（续）[J]. 人造板通讯，2002 (12): 12–15.

[214] 李大纲，周敏，许小君. 木塑复合材的产品性能及其应用前景 [J]. 机电信息，2004 (5): 48–49.

[215] 苑会林. 木粉填充聚氯乙烯发泡体系的力学性能研究 [J]. 聚氯乙烯，2002 (6): 14–17.

[216] Xu B, Simonsen. Creep resistance of wood2filled polystyrene/high-density polyethylene blends [J]. *Journal of Applied Polymer Scienc* .2001,79 (03) : 418–425.

[217] Ichaz F. Effects of load rate on flexural properties of wood-plastic composites [J]. *Wood and Fiber Science*. 2003,35 (1): 478–490.

[218] 钱世准. 人造木材地板 [J]. 建材工业信息，2001 (12): 40.

[219] 新日本建材馆. M-WOOD2人造木材料——一场保“木”运动新革命 [J]. 上海建材，2007 (4): 37.

[220] 梅葵花. FRP筋的特点及在桥梁工程中的应用 [J]. 公路，2007 (7): 13–15.

[221] 邵忠民，冯鹏. GFRP材料的工程应用实例 [J]. 市政技术，2012，30 (2): 125–126.

[222] 范红岩，范文昭. 建筑材料 [M]. 武汉：武汉理工大学出版社，2010.

[223] 胡锡华. 大树全冠免修剪移植技术探索 [J]. 中国园艺文摘，2009 (9): 53–55.

[224] 罗伟聪. 以抗蒸腾剂为核心的大树全冠移植技术 [J]. 中国园艺文摘，2012 (3)：125-126.

[225] 周伟伟. 植物绷带代替草绳成为园林用新材料 [J]. 2011 (14)：13.

[226] 陈松林. 城市园林反季节绿化施工技术措施 [J]. 河北林业科技，2008 (1)：50-51.

[227] 贺静，徐生贵. 大树移植技术 [J]. 现代农业科技，2014 (23)：194-195.

[228] 魏坤峰. 大树移植促根技术要点（下）[R]. 中国花卉报，2015-01-29 (A05).

[229] 杨恒. 北京地区植被屋面植物材料和栽培基质的筛选研究 [D]. 北京：北京林业大学，2012.

[230] 马吉柏. 大树移栽和养护管理技术 [J]. 湖南林业科技，2010，37 (6)：60-61；98.

[231] 骆会欣. 夏季全冠移植树木成败何在？[N]. 中国花卉报，2010 (3)：1-2.

[232] 马叶婷. 园林绿化工程植物保护的目的、材料及操作方法分析 [J]. 现代园艺，2013 (6)：176.

[233] 韩丽莉，李连龙，单进. 屋顶绿化系统及材料技术应用——北京红桥市场屋顶绿化设计与施工技术要点解析 [J]. 建设科技，2010 (19)：38-40.

[234] 邢建龙，张慧兴. 生态袋在边坡防护工程中的应用 [J]. 四川建材，2012，38 (4)：87-88.

[235] 邓汉成. 生态植被袋在现代建筑景观中的应用 [J]. 江苏建筑，2011 (3)：97-98.

[236] 冯杰红. 我国研制出新型沙漠治理材料 [J]. 草业科学，2004，21 (2)：78-78.

[237] 张基强. 植生纱的研制与开发 [M]. 青岛：青岛大学，2003：9-18.

[238] Holloway, David Howard1Seed germination med-ium：America patent [P]. 2002-09.

[239] William1Improvements relating to the unwinding of yarn from cops in winding or reeling frames or in loom shuttles：European patent [P]. 2001-08.

[240] Lee Young Bum (KR) 1Seed feeder for seed tape producer：KR-patent [P]. 2001-11.

[241] 周奉磊，马建伟. 新型草坪种植材料——植生纱 [J]. 草业科学，2005，22 (4)：96-97.

[242] 覃怡壮，蓝常菱. 土工三维植被网客土喷播技术在公路边坡防护工程运用中的技术要点及要求 [J]. 科学之友，2010 (8)：41-42.

[243] 曹勇，孙从军. 生态浮床的结构设计 [J]. 环境科学与技术，2009 (2)：121-123.

[244] Wen Y Q, LEI L H, Wu L X,et al. Study on Landscape Application of Glass Materials [J]. *Agricultural science & Technology*, 2015,16 (3)：562-564.

[245] 施韬，施惠生. 植物根阻拦材料与绿色种植屋面 [J]. 新型建筑材料，2006 (2)：17-19.

彩图3-5　砖、木、石、瓦的固有色

彩图3-6　砖块经烧制留下的瘢痕

光面

荔枝面

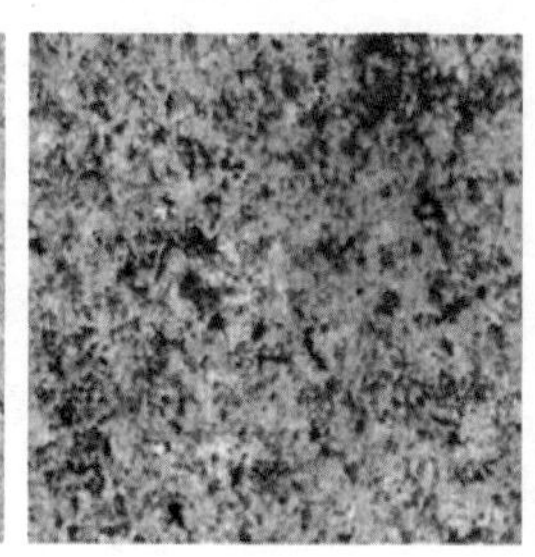

自然面

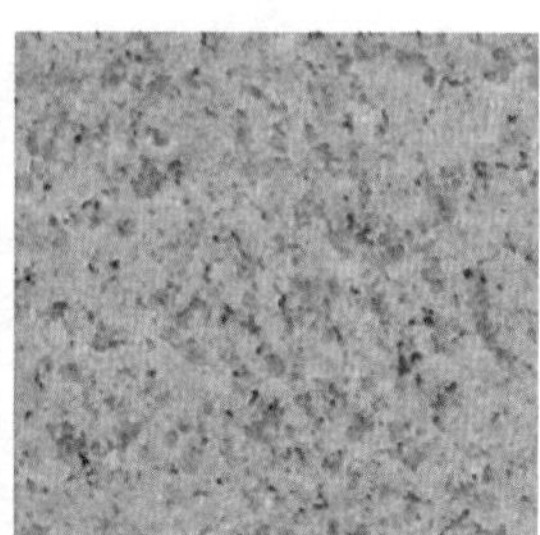

烧面

彩图3-7　天然花岗石的人工肌理

彩图3-8　五福捧寿

彩图7-3　印茄木

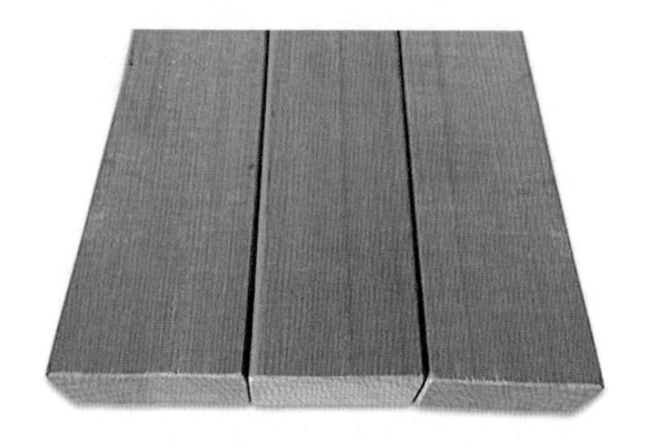

彩图7-4　巴劳木

彩图7-5　加拿大红雪松

彩图7-6　美国南方松

彩图7-7　北欧赤松

彩图7-8　俄罗斯樟子松

彩图7-9　碳化木

彩图8-2　中国黑花岗石

彩图8-3　滨州青花岗石大花磨光板

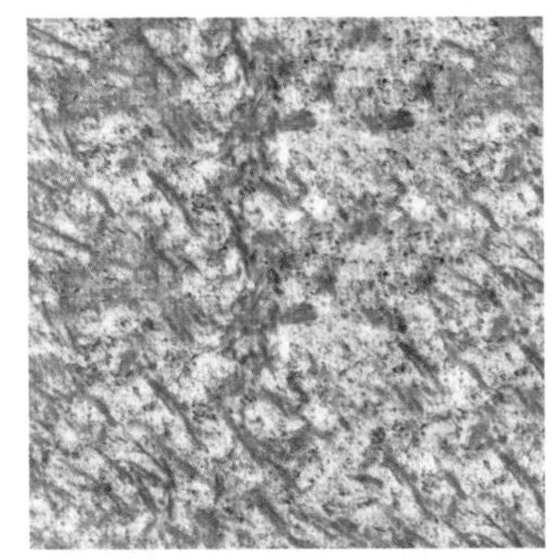

彩图8-4　竹叶青花岗石

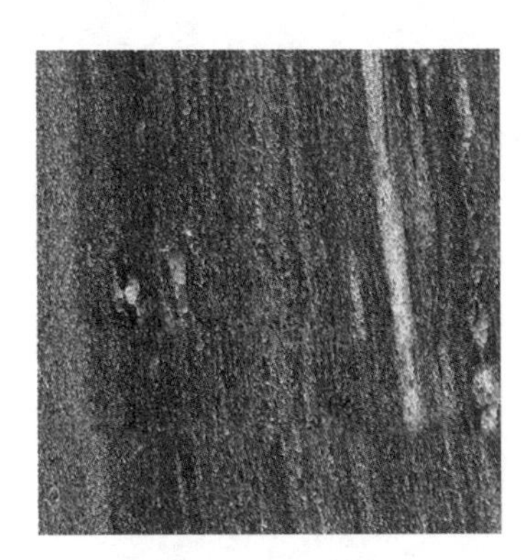

彩图8-5　广西黑花岗石

彩图8-6　深芝麻黑花岗石

彩图8-7　福建黑花岗石

彩图8-8　山西黑花岗石

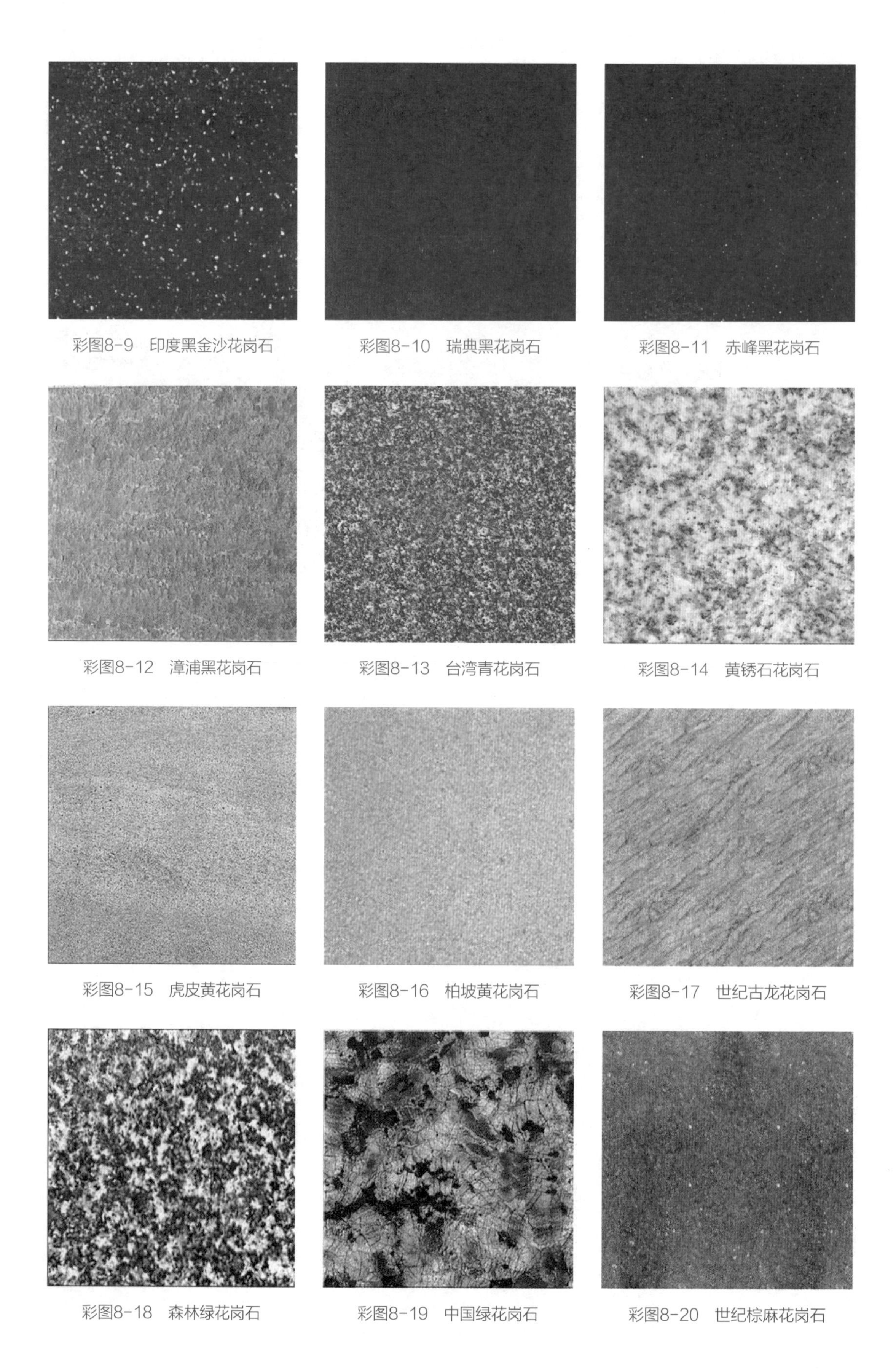

彩图8-9　印度黑金沙花岗石

彩图8-10　瑞典黑花岗石

彩图8-11　赤峰黑花岗石

彩图8-12　漳浦黑花岗石

彩图8-13　台湾青花岗石

彩图8-14　黄锈石花岗石

彩图8-15　虎皮黄花岗石

彩图8-16　柏坡黄花岗石

彩图8-17　世纪古龙花岗石

彩图8-18　森林绿花岗石

彩图8-19　中国绿花岗石

彩图8-20　世纪棕麻花岗石

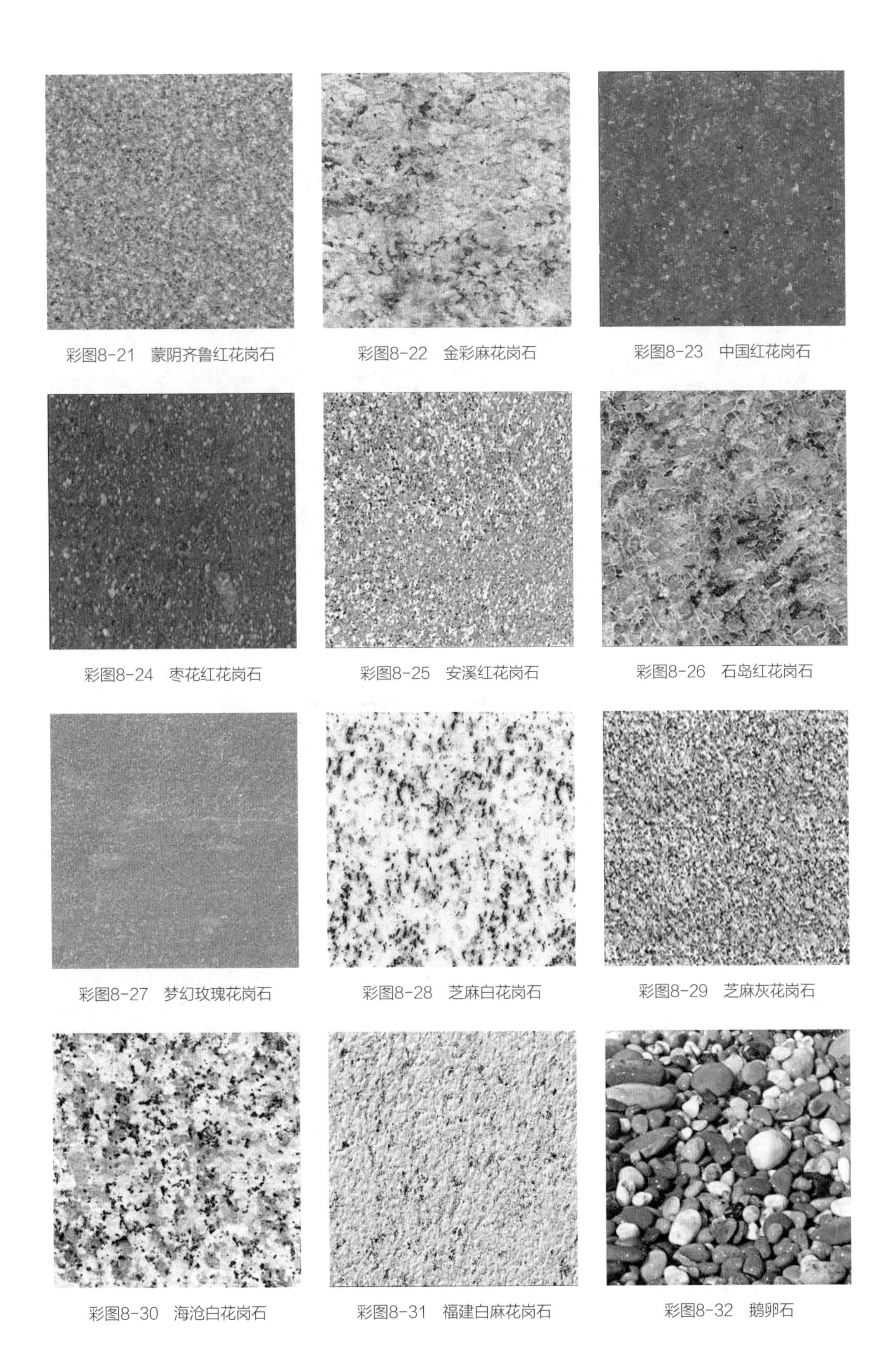

彩图8-21　蒙阴齐鲁红花岗石

彩图8-22　金彩麻花岗石

彩图8-23　中国红花岗石

彩图8-24　枣花红花岗石

彩图8-25　安溪红花岗石

彩图8-26　石岛红花岗石

彩图8-27　梦幻玫瑰花岗石

彩图8-28　芝麻白花岗石

彩图8-29　芝麻灰花岗石

彩图8-30　海沧白花岗石

彩图8-31　福建白麻花岗石

彩图8-32　鹅卵石

彩图8-33　留园的黄石

彩图8-34　石笋中的白果笋

彩图8-35　留园的太湖石

彩图8-36　个园的房山石

彩图8-37　乡村青石路

彩图8-38　曲院风荷的英石

彩图8-39　独置的灵璧石

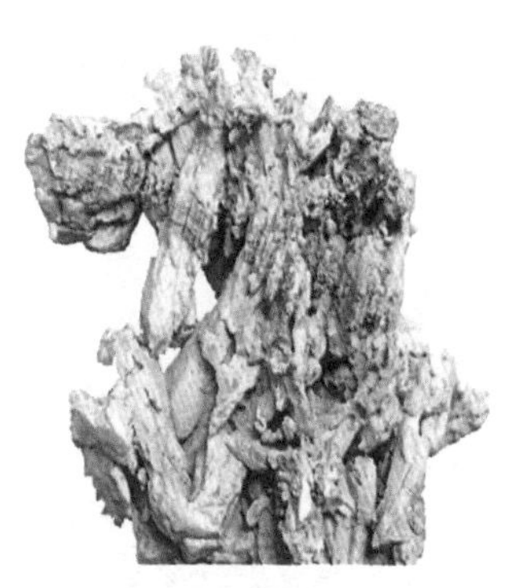

彩图8-40　马牙宣

彩图8-41　灯草宣

彩图8-42　米粒宣

彩图8-43　水墨宣

彩图8-44　白宣

彩图8-45　墨宣

彩图8-46　彩宣

彩图13-1　透光石灯饰

彩图17-1　植被混凝土

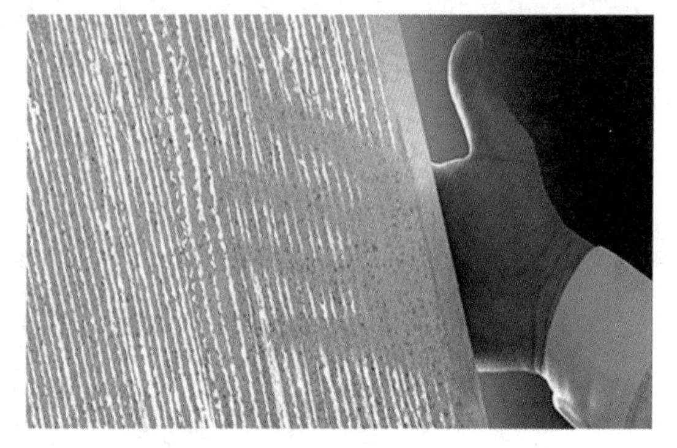

彩图17-2　透明混凝土

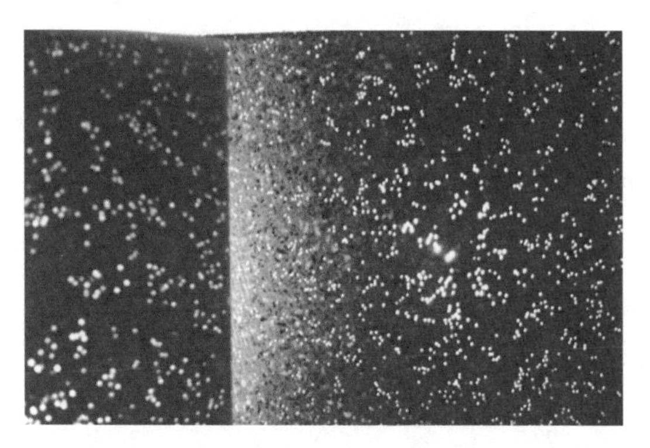

彩图17-3　发光混凝土

彩图17-4　发光混凝土砖

彩图25-7　生态树脂板（来自深圳造源）